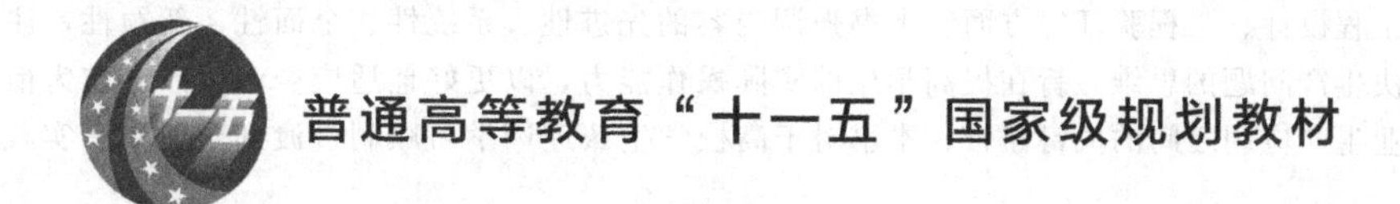

药物制剂工程

第三版

陈燕忠　朱盛山　主编

化学工业出版社

·北京·

《药物制剂工程》（第三版）为普通高等教育“十一五”国家级规划教材，阐释了制剂工业化生产的筹划准备、组织实施、维护和改进等工程性问题。全书以制剂工业生产为主线，结合2010年版GMP，对药物制剂工程的主要技术内容进行详细介绍，包括药物制剂及其辅料、制剂单元操作、生产工程、质量控制、产品包装、工程设计、工程验证等方面。本书强调内容的先进性、系统性、全面性、新颖性，注重培养学生发现并解决生产问题的思维，旨在提高学生的实际操作能力，以更好地适应企业生产。作为衔接理论基础研究和工业生产应用之间的关键纽带，本书对于高校学生从理论学习顺利过渡到企业生产实践起着重要作用。

《药物制剂工程》（第三版）可作为各高等院校制药工程、药物制剂及相关专业的教材，也可供生产、研究技术人员阅读、参考。

图书在版编目（CIP）数据

药物制剂工程/陈燕忠，朱盛山主编. —3版. —北京：化学工业出版社，2018.7（2023.3重印）

普通高等教育“十一五”国家级规划教材

ISBN 978-7-122-32015-5

Ⅰ.①药… Ⅱ.①陈…②朱… Ⅲ.①药物-制剂-高等学校-教材 Ⅳ.①TQ460.6

中国版本图书馆CIP数据核字（2018）第079930号

责任编辑：杜进祥 何 丽 马泽林　　文字编辑：丁建华

责任校对：吴 静　　装帧设计：关 飞

出版发行：化学工业出版社（北京市东城区青年湖南街13号 邮政编码100011）

印　　装：北京建宏印刷有限公司

787mm×1092mm 1/16 印张24 字数632千字 2023年3月北京第3版第4次印刷

购书咨询：010-64518888　　售后服务：010-64518899

网　　址：http://www.cip.com.cn

凡购买本书，如有缺损质量问题，本社销售中心负责调换。

定　　价：49.00元

《药物制剂工程》（第三版）编写人员

主　编　陈燕忠　朱盛山

参　编　（按姓氏笔画排序）

马丽芳（四川大学）

巨晓洁（四川大学）

尹莉芳（中国药科大学）

刘　强（南方医科大学）

李晓芳（广东药科大学）

何　伟（中国药科大学）

张　珩（武汉工程大学）

张卫民（陕西步长高新制药有限公司）

陈美婉（澳门大学）

徐　晖（沈阳药科大学）

黄思玉（广东药科大学）

曹　爽（武汉工程大学）

魏振平（天津大学）

前言

药物制剂工程学是一门以药剂学、工程学及相关科学理论和技术来综合研究制剂工程化的应用学科。该学科应用性强，要求学生在掌握制剂理论的基础上，具备一定制剂生产的业务操作能力，能够解决工业制剂生产过程中出现的问题，指导工业化生产的合理运作，监管制剂产品的安全、稳定生产。高校学生虽具备一定的理论知识基础，但距离企业对应用型人才的要求仍有一定距离。因此，进一步对制剂工业化应用方面的知识进行再学习，对提高学生的实际操作能力，加快学生适应企业生产的节奏，缩小制剂基础理论和制剂工业化大规模生产之间的差距，完成从理论基础到实践应用的过渡起着举足轻重的作用。

《药物制剂工程》第二版自2009年出版以来，先后印刷6次，累计售出13000余册，为培养药学工程专业人才发挥了积极作用，受到诸多用书单位的好评。随着我国的GMP认证制度的不断完善，原国家食品药品监督管理局于2010年正式出台新版GMP，同时科学技术的发展日新月异，各学科相互促进、相互渗透，药物制剂工程的设备和技术都有了全新的发展，此外，药品一致性评价正在如火如荼地进行，这些都对药学界相关人士提出了更高的要求，药物制剂从业人员面临更加严峻的考验。为了应对新挑战和新机遇，制药工程专业及药学教育也要紧跟时代步伐，与时俱进，在此背景下，《药物制剂工程》第三版酝酿而出。

药物制剂工程的基本任务是规模化、标准化、规范化生产出安全、稳定、有效的制剂产品，把制剂单元有机地组成生产线，有计划、有组织地按照最经济的方式将原料高效地生产成合格的制剂产品，因此，本书用七个章节分别阐述制剂生产实践过程的主要内容。与第二版相比，全书内容的整体编排基本保持不变，结合新版GMP的要求以及制药企业新的生产工程体系，对相应内容做了修改。本书删除了第二版中制剂新产品研究开发内容，在第一章绪论中增加了药物新制剂的介绍；第二章“制剂及单元操作”，增加了相关剂型的特点、质量要求及处方组成方面内容；第三章“药物制剂生产工程”，补充了软袋包装输液剂生产的工艺流程与质量控制；第四章“药物制剂包装工程”，补充了共挤膜软袋输液包装的相关内容。第五章系统地提出制剂质量控制工程的相关理念和知识；第六章主要围绕制剂工程设计进行讨论，涉及对工艺流程、车间布置、净化系统等的设计问题；第七章对工程验证进行介绍，内容涉及检验方法、灭菌、生产工艺、设备清洗及各种系统的验证。全书涵盖了制剂生产的主要技术过程，涉及药物制剂及其辅料、制剂单元操作、生产工程、质量控制、产品包装、工程设计、工程验证等各个方面。

本书在进行编写时以新颖、实用、深入、系统为宗旨，注重内容的实用性、科学性、先进性，力求适合制药行业的培养目标和业务要求，可作为高等院校制药工程、药物制剂及相关专业的课程教材，亦可供一线生产人员及有关科研人员参考使用。

本书第三版由陈燕忠、朱盛山主编。参与本书编写的人员有：第一章由陈燕忠和陈美婉编写，第二章由马丽芳、巨晓洁和李晓芳编写，第三章由魏振平和张卫民编写，第四章由徐晖编写，第五章由刘强和黄思玉编写，第六章由张珩和曹爽编写，第七章由尹莉芳和何伟编写。在此向参与本书编写工作和提供帮助的同行和编辑表示诚挚的感谢。

由于编者水平有限、编写时间仓促，书中疏漏之处恳请读者指正，并希望各位同仁提出宝贵意见和建议，以便再版时进一步修改完善。

编者

2018 年 3 月

第一版前言

随着科学技术的迅猛发展，新技术、新材料、新设备不断开发并应用于制剂生产，提升药物制剂产品技术含量，推动生产过程自动化、产品质量标准化的进程。中国已加入WTO，国际市场竞争要靠技术优势、规模化生产经营和规范化管理。药物制剂的生产涉及人员素质、厂房条件、设备设施、新药的研发、材料供应、生产组织、工艺过程控制、质量监测等诸多方面，是一个系统工程。

2001年，中国换生产许可证的制药企业达4800余家，纯制剂企业3200余家，原料制剂综合企业近千家。制剂企业是我国医药工业的主体，其现状是星罗棋布规模小，老产品、老技术、老设备水平低，管理落后。但医药市场的竞争正从国内转向国际，落后就要面临被淘汰，不规范就被关在市场门外。医药工业正面临前所未有的挑战和机遇。“发展是硬道理”，发展需要既懂药学又懂工程的专业人才。近年来，国家对工程学倍加重视，教育部在大量缩减专业设置的情况下，于1998年在药学教育中却增设制药工程专业，特别列出制剂工程学为必修课。

如何规模化、规范化、标准化生产制剂产品是制剂工程学的基本任务。如何以低成本高效率生产出制剂产品是研究制剂生产实践过程的重要内容。本书分四部分（九章），首先介绍制剂生产相关的基本知识，制剂和辅料及主要制剂各单元操作；第二部分讨论如何组织制剂生产、监控生产过程，保证制剂质量；在掌握前述的基础上，第三部分主要围绕先进地、合理地讨论处方和剂型、工艺和非工艺、厂房及车间的设计；第四部分按新药审评办法要求介绍新药研制报批及获生产批文后中试放样；结合GMP认证的需要，介绍工程验证，这是保证制剂生产过程和产品质量的一致性和重现性的重要一环。全书主要介绍药物制剂及其辅料、单元操作、生产工程、质量控制、产品包装、工程设计、工程验证及制剂新药研究开发，涵盖了制剂生产企业的主要技术过程。

本书是药学教育中制药工程和药物制剂两个专业的必修课，由于这两个专业的课程设置有所不同，如制剂专业开设了药剂学，制剂工程专业开设了车间设计，所以使用本教材时，可以根据教学时数、课程设置适当选用。本书不仅可供教学用，还可作为制剂生产和科研单位技术人员的参考书。

本书由广东药学院、北京大学、浙江大学、中国药科大学、武汉化工学院、苏州第一制药厂、广州中药一厂和广州市药学会等单位的专家编写。朱盛山担任主编。著名药剂学专家中国药科大学刘国杰教授审阅第一、二、三、九章，国家药品监督局白惠良高级工程师审阅第四～八章。各章编写人员分别是：第一章朱盛山；第二章龙晓英；第三章栾立标；第四章朱益民、冯帆生、朱盛山；第五章吕万良；第六章凌绍枢、朱盛山；第七章张珩、刘永琼；第八章朱盛山；第九章梁文权、张小玲。在编写过程中，得到编者所在单位领导的大力支持，医药界行政和生产企业的同仁刘晓梅、杨其葍、周性泉、陈洪生、林辉、薛洁华、高建胜参加了部分资料的收集，在此一并深表谢意。

本书尚属初版，时间仓促，水平有限，肯定存有不少问题和疏漏，尤其是新技术在制剂工业中的应用，热望相关专家和读者批评、指正。

朱盛山

2002年4月6日

第二版前言

《药物制剂工程》2002年首版以来，已印刷多次，为培养药学工程专业人才发挥了积极作用。随着制药新技术、新设备不断开发并应用于制剂生产，国家药品法规的修改并实施，读者提出很多宝贵意见，且本教材2006年列为普通高等教育“十一五”国家级规划教材，这些是激励作者修订本教材的依据和动力。

本书在内容编排上，删除了原书第二章药物制剂的辅料选用及配伍的内容外，为了保持授课的延续性，编写体例基本保持不变；增加了新技术、新设备及新剂型的工程化内容，删除了过时的小试设备；介绍了新法规，并结合新法规（中华人民共和国药典、药品注册管理办法、直接接触药品的包装材料和容器管理办法等）对相应内容作了修改，也吸收了近几年制药企业GMP认证经验，补充了相关内容。

本书第三章“制剂生产工程”是以广州白云山制药总厂生产实践为依托，对一版书相关内容进行了较大篇幅修改；第五章“制剂质量控制工程”增加ISO 14000与产品质量关系的内容；第四章“药物制剂包装工程”补充了橡胶材料的内容；第六章“制剂工程设计”纳入了近年来GMP对厂房、车间设计的新要求以及设计经验；第八章“制剂新产品研究开发”结合工程需要增加了立项信息调查和经济学评估等内容。本版教材经修订，内容更系统、充实、实用。

本书内容适用于制药工程、药物制剂相关本科教学需要和制药工程技术人员参考。但限于水平和能力，书中内容一定有不足之处，期待读者赐教。

参与本书修订人员分别是：第一章朱盛山、刘强，第二章栾立标，第三章叶放，第四章吕万良，第五章魏振平，第六章张珩、刘永琼，第七章刘强、朱盛山，第八章梁文权。本次修订工作得到修订人员所在单位、教材使用单位和医药界同仁白惠良、钟瑞建、凌绍枢、陈矛、徐端彦、胡燕、莫国强、裘建社等的支持和指导，在此一并表示诚挚的谢意。

朱盛山

2008年5月于广州

目 录

第一章 绪论

本章学习要求

1. 掌握药物制剂工程学的概念。
2. 熟悉制剂工程的内容及其基本任务。
3. 了解药物制剂工程的起源与发展，药物新制剂的发展。

药物（drugs）是指能够用于预防、诊断、治疗人类和动物的疾病，以及对机体的生理功能产生影响的物质。适合于治疗与预防应用，并具有与一定给药途径相对应的药物形式，称为药物剂型，简称剂型（dosage forms）。将原料药物制成适合临床需要并具有一定质量标准的具体品种为药物制剂，简称制剂（preparation）。药剂学是以药物剂型和药物制剂为研究对象，以患者获得最佳疗效为目的，研究药物制剂的设计理论、处方工艺、生产技术、质量控制与合理应用等综合性应用技术学科。药物制剂工程学（engineering of drug preparation，DPE）是一门以药剂学、工程学及相关科学理论和技术来综合研究制剂工程化的应用学科。简而言之，DPE是研究制剂工业化生产的筹划准备、组织实施、维护和改进的工程性应用学科。生产实践是一个整体，其综合研究的内容包括产品开发、工程设计、单元操作、生产过程和质量控制等。DPE是药剂学在生产实践中的应用，与药剂学有所不同。例如将某药制成片剂，每片含药50mg，以同样的辅料（混合辅料配比一致）制成片重规格200mg、300mg和400mg的片剂。从药剂学的观点看，将药物制成质量符合标准的制剂，这三种片剂都符合要求。但从制剂工程学观点讲，生产片重为200mg的片剂更合理。因为与片重为300mg、400mg相比，片重为200mg的片剂辅料投料少，物料处理量减少，使用的包装材料少（小），运输、贮存方便。从而可大大降低成本，提高劳动生产率。

制剂工程学是紧紧围绕企业的需要来确立内容。任何企业从创办到发展都是围绕着一个中心——经济效益。要实现降低成本、提高效益这个目标，就必须在设计和管理上充分利用好每一个人、每一寸场地、每一元钱、每一个信息、每一个市场，必须在工程实施上控制好每一个参数、每一个过程、每一道工序、每一项指标，深入挖潜力，降消耗，堵漏洞，调动一切积极因素。制剂生产企业又是一部活的制剂工程学“教材”，其中的每一项设计、每一步操作、每一个问题的解决都是生动的案例。

一、药物制剂工程起源与发展

药物制剂的加工，国内外都是从手工操作开始。中国古代的医药不分家，医生行医开方、配方并加工制剂，大多制剂是即配即用。唐代开始了作坊式加工，“前店后坊”。到了南宋，全国熟药所均改为“太平惠民局”，推动了中成药的发展。当时的生产力水平低下，加工器械主要靠称量器、盛器、切削刀、粉碎机、搅拌棒、筛滤器、炒烤锅和模具。加工技术有炒、烤、煎煮、粉碎、搅拌、发酵、蒸馏、生物转化、手搓、模制和泛制。制剂剂型相当丰富，从原药、原汁到加工成丸散膏丹、酒露汤饮等达130余种。明代以后，随着商品经济的发展，作坊制售成药进一步繁荣。1669年北京同仁堂开业，以制售安宫牛黄丸、苏合香丸、虎骨酒驰名海内外。1790 年广州敬修堂开业，所生产的回春丹也颇具盛名。19 世纪以后洋药开始输入我国，1882 年首个由国人创办的西药店泰安大药房在广州挂牌。1907 年由德国商人在上海创办了“上海科发药厂”，洋药的大量输入使民族制药业受到严重的冲击。到 1949 年前，中药制药仍分散存在于各私营药店的“后坊”中，生产方式十分落后。

中华人民共和国成立后，从 20 世纪 50 年代初开始将“后坊”集中，联合组建中药厂。各厂逐步增设一定数量的单机生产设备，较多工序由机械生产取代了手工制作。由于我国的国民经济长期在计划经济体制下运行，制剂生产企业中形成了一种重品种、重产量、轻工程、轻效率的模式，导致劳动生产率低、资源浪费严重。造成这种情况的原因除与当时的经济和技术落后有关外，还直接与缺乏制药工程概念有关。全国的制剂厂星罗棋布，出现数十家甚至数百家药厂生产同一制剂产品的情况，导致市场纷乱、设备闲置、原料浪费，无法形成规模化生产。改革开放以来，由于对外交流扩大，《药品管理法》和《药品生产质量管理规范》（GMP）的颁布实施，国家加大对 GMP 认证的实施力度和知识产权保护，有效地扼制了产品低水平重复。我国制剂新技术、新辅料、新装备和新剂型，从引进、仿制到开发创新，有力地推动了制剂工程的发展。中国的制药企业正在重组、合并，希望以此壮大规模，以集团军的形式争夺国际市场。这使得企业对高级工程技术人才的需求急剧增加，而真正懂得制剂工程的科技人才却非常缺乏。

近年来，国家对工程学倍加重视，在医药行业组建了若干个医药方面国家工程技术中心，其中包括药物制剂国家工程研究中心。教育部在大量缩减专业设置的情况下，于 1998 年在药学教育和化学与化学工程学科中增设了制药工程专业，特别列出制剂工程学为必修课。这将为培养制药工程人才、缓解企业人才紧缺矛盾起到关键作用，为制药企业的发展注入生命活力。

二、药物制剂工程内容及其任务

如何将原、辅料生产出合格的制剂产品贯穿着制剂工程。药物制剂工程涵盖了新制剂的研究开发、制剂生产工艺控制、制剂质量控制、厂房车间及设施设备设计、安装、工程验证、包装设计等内容。制剂工程涵盖的内容如图 1-1 所示。

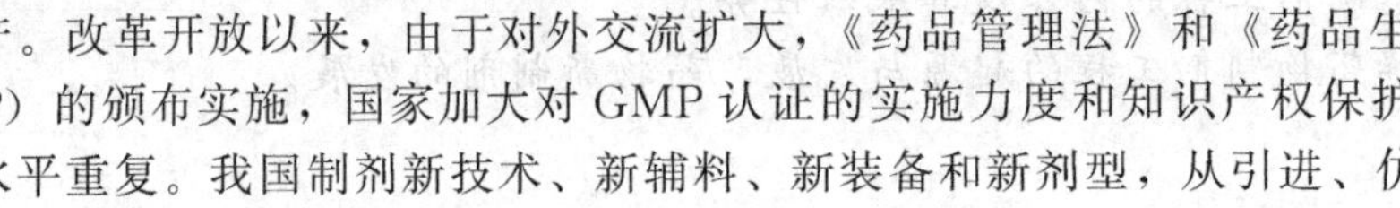

各操作单元　质量控制
（产品）处方设计—研制—报批批准—中试
—验证—生产—包装—合格产品
（条件）厂房设施设备设计—施工（安装）—竣工

图 1-1　制剂工程简图

制剂生产过程是各操作单元有机联合作业的过程。不同剂型制剂的生产操作单元不同，同一剂型也会因工艺路线不同而操作单元有异。同一操作单元的设备选择又往往是多类型多规格的。制剂操作单元内容丰富，参照企业生产的实际情况，将操作单元按口服固体制剂、灭菌制剂、中药制剂及其他制剂，遵循工艺流程顺序分别介绍。每个操作单元的作业完成都有一个产品（半成品）产出。把各操作单元进行有序的配套组装就是生产线。在严格的规范管理下，制订生产计划，组织生产实施，控制每一个工艺参数，以低成本、高效率、批量地生产出标准化的制剂产品，这是制剂工程学的重要内容。

质量是企业的生命，药品质量必须从生产过程中控制，把引起质量不合格的因素和引起质量不一致的因素解决于生产过程中，控制原料辅料、包装材料、卫生环境及工艺条件，并做好质量跟踪和质量分析、成本分析。制剂成型后进入待检、待包装，质量检验合格后进行包装。在一定程度上，制剂是通过包装来实现药品贮存过程中的稳定、贮存、携带和使用方便。包装是制剂生产线的最后一道工序，属制剂操作单元的一部分。包装工序主要涉及制剂生产中专门的包装材料、技术和设备。包装是制约药物制剂工业发展的主要因素之一。

工程设计是一项综合性、整体性工作，涉及的专业多、部门多、法规条例多，必须统筹安排。制剂工程设计必须首先掌握法规要求、工程计算、生产工艺和质量控制，以此指导设计（选择）厂房、设备、设施及生产辅助系统。工程设计的主要内容是根据现有条件，遵循设计原则，进行图纸设计及其说明。一切工程优劣的基础在于设计。无论是厂房、设备设施的设计、建造安装竣工到投放使用，还是新产品的设计研制到批准生产，在投放批量生产之前都必须经过一系列验证。以现有的设施、设备生产现有产品也必须制订复验证计划，尤其会影响产品质量的生产条件发生变更时必须进行生产条件变更验证。验证一般包括设备设施和工艺条件的预确认、确认和运行测试，以证明设备设施运行参数、工艺条件在设计范围内的反复测试结果具有重现性，保证生产在验证条件（状态）下产品质量的一致性。

药物制剂工程包括了上述内容，其基本任务是以规模化、规范化、现代化的生产方式将药物制造成符合质量标准的制剂产品。以制剂产品处方及工艺为出发点，通过对制剂工业化生产的筹划准备、组织实施、维护和改进展开研究，探索制剂工业化生产运动过程的一般规律，推动制剂产品工业化生产的实现。其具体任务主要有：研究工程设计，提高工程效率；加速新剂型产业化和产品结构调整，争创市场优势；开发应用新材料、新技术、新装备，提高生产力水平；加强过程开发，缩短新技术工业化周期；加速中药制剂产业现代化，发挥传统中药优势；强化企业管理，发展规模经济。

通过本课程学习，让学生懂得如何进行制剂厂房（车间）设计、工程验证、制剂生产和质量控制，了解相关的法规，使学生在制剂生产企业有能力承担并做好相应的工作。

三、药物新制剂

药物制剂应用于临床的宗旨在于将药物有效地递送到靶位点发挥疗效，避免药物的非特异性分布，控制最小给药剂量和最低的毒副作用。传统的药物剂型如口服制剂、注射剂等均无法满足所有要求，发展安全高效的药物传递途径和技术可促进药物以适宜的剂型和给药方式，用最有效的方法和途径进入并作用到人体的各个靶位点，减少药物剂量，降低毒副作用，提高患者依从性，达到最佳的治疗效果。因此，发展和完善新型药物递送系统（drug delivery system，DDS）是现代药物制剂发展的新方向。DDS是指将必要量的药物，在必要的时间输送到必要的部位，以达到最大的疗效的药物递送技术，是现代科学技术在药剂学中应用与发展的结果。DDS的研究提高了患者的生存质量，延长了药品的生命周期，已成为推动全球医药发展的原动力，推动着制药行业的发展。

（一）缓（控）释制剂

缓（控）释制剂（sustained/controlled-release preparation）是指在规定的释放介质中，按要求缓慢地非恒速或恒速释放药物，与相应的普通制剂比较，给药频率比普通制剂减少一半或有所减少，且能显著增加患者的依从性的制剂。缓（控）释制剂的给药途径包括口服、眼用、鼻腔、阴道、直肠、口腔、肌内注射、皮下植入等。

（1）口服缓（控）释制剂　口服缓（控）释制剂包括择速、择时、择位控制释药系统。释药原理主要有溶出控制、扩散控制、溶蚀与扩散相结合、渗透泵控制、离子交换作用。新型口服缓（控）释制剂不仅可达到缓慢释放药物的目的，而且还能保护药物不被胃肠道酶降解，促进药物胃肠道吸收，提高药物的生物利用度。

（2）注射型缓（控）释制剂　经口服后其活性易在胃肠道内被破坏或生物利用度低，且需长期使用的药物，适宜于制成注射型缓（控）释制剂。缓（控）释注射剂可分为液态注射系统和微粒注射系统。以生物降解型高分子聚合物材料为载体的蛋白质、多肽类药物长效微粒注射系统（如微囊、微球、纳米粒等）成为研究热点，已有曲普瑞林、亮丙瑞林、布舍瑞林、戈舍瑞林等药物的长效微球制剂相继上市，可在体内实现数月的缓慢释药。

(3) 原位凝胶缓释给药系统 指一类以溶液状态给药后能立即在用药部位发生相转变，由液态转化形成非化学交联半固体凝胶的一类制剂。形成机制是利用高分子材料对外界刺激（如温度、离子强度或pH等）的响应，使聚合物在生理条件下发生分散状态或构象的可逆变化，完成由溶液状态向半固体凝胶状态的相转变。该系统能够以液体状态自由加载各种不同性质的药物，或作为微球、脂质体及纳米粒等药物传递系统的载体，有效延长药物在用药部位（如注射部位、鼻黏膜、口腔黏膜、眼黏膜、直肠黏膜及阴道黏膜等）滞留时间，达到缓释长效目的。

(4) 植入型缓（控）释制剂 植入型药物释放系统（implantable drug delivery systems，IDDS）是指由原料药物与辅料制成的经手术植入体内或经穿刺导入皮下的控制释药制剂。高分子聚合物植入系统是目前研究最多的一类IDDS，主要利用高分子骨架来控制药物释放，根据所选用的高分子聚合物又可以分为不可降解型和可降解型。药物应用范围包括激素类、抗肿瘤、胰岛素给药、心血管疾病、抗结核、疫苗等多种治疗领域。

（二）经皮给药制剂

经皮给药制剂也称为经皮给药系统（transdermal drug delivery system，TDDS），是指经皮肤敷贴方式用药，药物经由皮肤吸收进入全身血液循环并达到有效血药浓度、实现疾病治疗或预防的一类制剂，也称为贴剂。TDDS具有以下优点：①避免口服给药可能发生的肝脏首过效应和胃肠道代谢。②避免药物对胃肠道的刺激性。③长时间维持恒定的血药浓度，避免峰谷现象，降低药物毒副作用。④延长作用时间，减少给药次数，提高患者用药依从性。⑤患者可以自主用药，发现副作用时可随时中断给药。针对经皮给药存在的局限性，如不适合剂量高、分子量大的药物，通过药剂学手段、化学手段、物理手段及生理学手段等可以促进药物的吸收。

（三）黏膜给药制剂

应用适宜的载体将药物通过人体的黏膜部位（如鼻黏膜、肺黏膜、口腔黏膜、眼黏膜、直肠黏膜、阴道黏膜等）吸收进入大循环而起全身作用的给药系统。黏膜给药途径可有效避免药物的首过效应，拓宽了药物的给药途径，提高药物的生物利用度，并且一些药物通过特定区域黏膜吸收而具有一定靶向作用。特别是对于蛋白多肽类大分子药物，应用黏膜给药的非注射途径递送药物成为了现代药剂学领域研究的热点。

（四）靶向制剂

靶向制剂也称为靶向给药系统（targeted drug system，TDS），是指载体将药物通过局部给药或全身血液循环而选择性地浓集于靶器官、靶组织、靶细胞和细胞内结构的给药系统，能够提高疗效并显著降低药物对其他组织、器官的毒副作用，控制给药速度和方式，达到高效低毒的目的，从而提高药物的安全性、有效性、可靠性及病人用药的顺应性。靶向给药的方法有载体介导、受体介导、前药、化学传递系统等。

（五）生物技术药物制剂

随着生物技术的发展，多肽类和蛋白质类药物制剂的研究与开发已成为药剂学研究的重要领域，也给药物制剂的设计带来新的挑战。蛋白质、多肽类药物具有药理活性强、给药剂量小，药物稳定性差、在胃肠道易降解，分子量大，不易穿透胃肠黏膜等特点，目前生物技术药物多以注射途径给药，使用不便，在体内的作用时间较短，往往不能充分发挥其作用。研究生物技术药物新型给药系统，提高其稳定性和患者使用的顺应性，是制剂研究人员面临的迫切而艰巨的任务。目前，生物技术药物制剂的研究包括：生物技术药物长效注射剂的研究，以延长体内作用时间；生物技术药物的非注射给药系统，如鼻腔、肺部、口服、皮肤给药等研究，实现给药途径多样化，提高患者的顺应性及体内生物利用度；用于基因治疗的基因传递系统的研究，是目前生物技术药物制剂的研究热点。

（六）智能型药物递送系统

智能型药物递送系统（即智能给药系统）是一种按信息自动调节药物输出量的给药系统，通常又称应答式给药系统。通过对给药载体进行多重复合设计（包括使用智能型材料），使其能够随时间或体内环境（如 pH、酶等）的变化而发生自我调节，或者对外部刺激产生响应，调节药物释放，顺利通过体内各种复杂屏障，实现更好的靶向效果。所控制的给药因素可分为两类：①开环式或外调式给药系统，是利用体外变化因素，如磁场、光、温度、电场及特定的化学物质等的变化来调节药物的释放。②闭环式或自调式给药系统，是由生物体的信息自动调节药物释放量的给药系统。

（七）3D 打印药物制剂

3D 打印（three-dimensional printing，3DP）技术，又称快速成型技术或固体自由成型技术，是 20 世纪 80 年代开始兴起的一项新兴制造技术，依据“逐层打印，层层叠加”的概念，通过计算机辅助设计模型，计算机控制直接制备具有特殊外形或复杂内部结构物体的快速成型技术。3D 打印技术广泛应用于机械制造、建筑工程及生物医学工程等多个科技领域，近年也被越来越多地应用于药物制剂领域的研究。应用不同功能的 3D 打印设备及其技术，结合不同类型和性质的辅料，可制造出从简单到复杂的特定释药模式的药物高端制剂，改善患者用药的顺应性，提高治疗效果；可在计算机的帮助下准确控制剂量，帮助不同病人实现个性化药物的定制。目前应用的 3D 打印药物制剂技术主要包括喷墨成型打印技术、熔融沉积成型技术、挤出打印技术、光固化成型技术等。2015 年 8 月，美国食品药品监督管理局（FDA）批准了全球第一个应用 3D 打印技术的新药——左拉西坦速溶片在美国上市，用于治疗成人或儿童患者的部分性癫痫发作、肌阵挛发作以及原发性全身癫痫发作。该片剂应用粉液打印技术，通过液体黏合剂将药物黏结在一起，载药量高，制剂内部具有丰富的孔洞，只需少量水即能在短时间内实现快速崩解，解决了老人和儿童等病患吞咽困难的问题。该新药上市不仅标志着 3D 打印药物正式进入临床应用，而且证明了 3D 打印技术在制药领域中的重要价值，同时表明释药系统的创新离不开制剂技术、药用辅料、给药装置、制剂设备、包装材料等的创新。

思考题

1. 什么是药物制剂工程学？主要内容有哪些？
2. 药物制剂工程学与药剂学有何不同？
3. 药物制剂工程的基本任务是什么，具体任务是什么？

参考文献

[1] 陈新谦．中华医药史纪年．北京：中国医药科技出版社，1994.
[2] 朱盛山．本草纲目特殊制药施药技术．北京：学苑出版社，1997.
[3] 曹光明．中药工程学．第 2 版．北京：中国医药科技出版社，2001.
[4] 宋梅，平其能．药物制剂工程学本体论．药学教育，2006，22（4）：7-11.
[5] 崔福德．药剂学．第 7 版．北京：人民卫生出版社，2011.
[6] 方亮．药剂学．第 8 版．北京：人民卫生出版社，2016.
[7] 肖云芳，王博，林蓉．3D 打印的个性化药物研究进展．中国药学杂志，2017，5（2）：89-95.
[8] 王雪，张灿，平其能．3D 打印技术在药物高端制剂中的研究进展．中国药科大学学报，2016，47（2）：140-147.
[9] YuDG，Zhu LM，Branford-White C，et al. Three-dimensional printing in pharmaceutics-promises and problems. J Pharm Sci，2008，97（9）：3666-3690.

第二章 制剂及单元操作

本章学习要求

1. 掌握固体制剂中片剂、胶囊剂、颗粒剂、散剂等剂型的概念与特点、处方组成、制备工艺；熟悉片剂、胶囊剂、颗粒剂、散剂等剂型的质量要求、常用辅料，了解片剂、胶囊剂、颗粒剂、散剂的概念和特点。

2. 掌握液体制剂中溶液剂、混悬剂、乳剂的概念与特点、处方组成、制备工艺；熟悉溶液剂、混悬剂、乳剂的质量要求和常用辅料，了解溶液剂、混悬剂、乳剂的概念和特点。

3. 掌握注射剂的概念与特点、质量要求、处方组成、制备工艺流程；熟悉小容量注射剂、大容量注射液、无菌粉末质量要求、常用辅料；了解小容量注射剂、大容量注射液、无菌粉末的概念和特点。

4. 掌握软膏剂、凝胶剂、栓剂、气雾剂等剂型的概念与特点、处方组成；熟悉软膏剂、凝胶剂、栓剂、气雾剂的质量要求、常用辅料；了解软膏剂、凝胶剂、栓剂、气雾剂的概念和特点。

5. 掌握常用浸出制剂的概念与特点、药材浸提方法和浸出机制；

6. 熟悉固体制剂制备各单元操作原理、过程以及常用设备；

7. 熟悉注射剂制备各单元操作原理、过程以及常用设备；

8. 熟悉液体制剂制备各单元操作原理、过程，混悬剂、乳剂的稳定性与质量评价；

9. 熟悉中药制剂浸提、浓缩、干燥等单元操作原理、过程以及常用设备；

10. 了解软膏剂、栓剂、气雾剂、常用中药制剂制备工艺与质量要求。

制剂是新药开发的重要方面，发现的新药只能说是一种化学实体，或是具有化学作用的物质，将药物用于临床使用时，不能直接使用原料药，必须制备成具有一定形状和性质的剂型，以充分发挥药效、减少毒副作用、便于使用与保存等。应该根据药物的理化性质并结合临床应用为目的研制适宜的剂型，如散剂、颗粒剂、片剂、胶囊剂、注射剂、溶液剂、乳剂、混悬剂、软膏剂、栓剂、气雾剂等。制剂对药物疗效的发挥具有主导作用，能够使药物具有速效、高效、长效、定时、定位等作用，同时还可降低药物的毒副作用。本章将对固体制剂、液体制剂、注射剂等常规剂型及其单元操作进行介绍。

第一节 固体制剂及单元操作

固体制剂是指呈固体形态的制剂，约占所有制剂的70%，是临床最常用的制剂，常用的有散剂、颗粒剂、片剂、胶囊剂、滴丸剂、膜剂等。固体制剂的特点是：物理、化学稳定性好，生产成本低，服用、携带方便等。固体制剂口服给药进入体内需经崩解（分散）、溶出后才能被吸收，药物在体内的溶出影响药物起效时间、作用强度和实际疗效，是固体制剂质量控制的主要内容之一。

一、概述

（一）散剂、颗粒剂、片剂

散剂（powders）系指原料药物与适宜的辅料经粉碎、均匀混合制成的干燥粉末状制剂，可口服和外用。其特点是：制备工艺简单；口服易分散，溶出和吸收快，剂量调整方便，适于儿童服用；外用覆盖面积大，可以同时发挥保护和收敛等作用，促进凝血和愈合。但是，剂量较大的散剂不易服用，刺激性较强、性质不稳定的药物不宜制备成散剂。散剂的质量检查项目主要有粒度、外观均匀度、干燥失重、水分、装量差异（装量）、微生物限度等；用于烧伤或创伤的局部外用散剂须进行无菌检查。

颗粒剂（granules）系指原料药物与适宜的辅料混合制成的干燥颗粒状制剂，主要用于口服。常用的颗粒剂有可溶颗粒、混悬颗粒、泡腾颗粒、肠溶颗粒、缓释颗粒、控释颗粒等。与散剂相比，其特点是：飞散性、附着性、聚集性、吸湿性均较小，利于分剂量，服用方便；加适当辅料可做到色、香、味俱全；通过包衣可使颗粒剂具有防潮性、缓释性或肠溶性。颗粒剂的质量检查项目主要有粒度、干燥失重、水分、溶化性、装量差异（装量）、微生物限度等。

片剂（tablets）系指原料药物与适宜的辅料混合后经压制而成的片状固体制剂。其特点是：剂量准确，质量稳定，贮存期长，携带和服用方便，使用面广，生产成本低，机械化及自动化程度高。但是，婴幼儿、老年患者及昏迷病人不易服用，并且所用辅料及制备工艺会影响药物溶出及生物利用度。根据用途片剂可分为口服片、咀嚼片（chewable tablets）、口含片（buccal tablets）、舌下片（sublingual tablets）、植入片（implant tablets）、溶液片（solution tablets）、阴道片（vaginal tablets）等。片剂质量要求外观完整光洁、色泽均匀、含量准确、重（质）量差异小、崩解时限或溶出度以及生物利用度符合规定，符合微生物限度检查的要求。

散剂、颗粒剂、片剂的制备工艺流程如图2-1所示。其中，片剂的制备包含三种不同制备工艺，即粉末直接压片、干法制粒压片和湿法制粒压片。

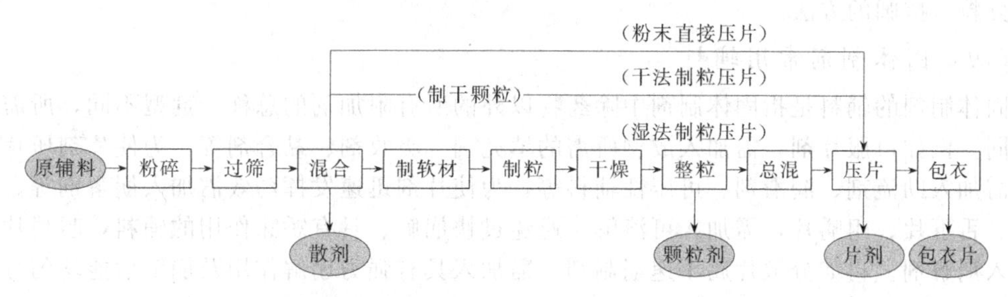

图2-1　散剂、颗粒剂、片剂制备工艺流程

（二）胶囊剂

胶囊剂（capsules）系指原料药物与适宜辅料充填于空心胶囊或密封于软质囊材中制成的固体制剂，根据其理化性质，可分为硬胶囊、软胶囊（包括胶丸）、缓释胶囊、控释胶囊和肠溶胶囊，主要用于口服。药物制成胶囊剂的目的有：①掩盖药物的不良气味，或减小药物的刺激性；②提高药物对光、湿气的稳定性；③提高药物在胃肠液中的分散性和生物利用度；④实现液体药物的固体化，液态、含油量高或溶于油的小剂量药物均能制成固体剂型的胶囊剂；⑤控制药物的释放速度与释放部位。⑥利用具有颜色或印字的胶壳，不仅美观，而且便于识别。

硬胶囊及软胶囊的制备工艺流程如图 2-2 所示。

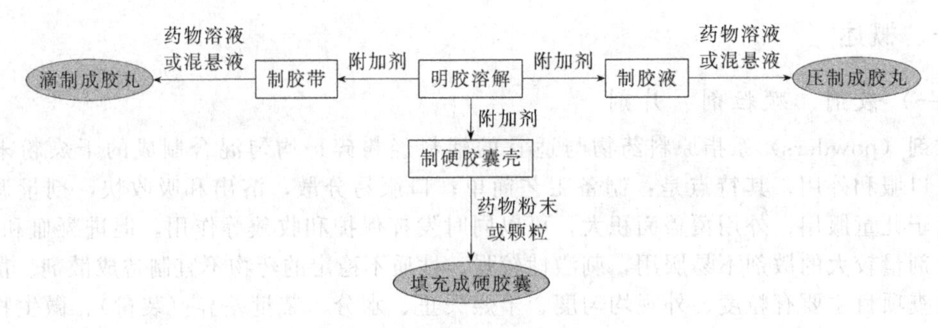

图 2-2　胶囊剂制备工艺流程

（三）丸剂

丸剂系指原料药物与适宜的辅料制成的球形或类球形固体制剂。化学药丸剂包括滴丸、糖丸等，中药丸剂包括蜜丸、水蜜丸、水丸、糊丸、蜡丸、浓缩丸和滴丸等。

1. 滴丸剂

滴丸剂（dropping pills）系指原料药物与适宜的基质加热熔融混匀后，滴入不相混溶、互不作用的冷凝介质中制成的球形或类球形制剂。除口服外，还可外用于眼、鼻、直肠等。其特点是：药效迅速，生物利用度高；能选择缓释材料制成缓释制剂；可使液体药物固体化，便于服用与运输；设备简单，操作成本低。

2. 中药丸剂

中药丸剂系指药材细粉或药材提取物加入适宜的黏合剂及其他辅料制成的球状制剂。其特点是：传统的中药丸剂药效作用缓慢持久，可减少毒副作用；可容纳较多黏稠性及液体药物；适宜贵重及芳香等不宜加热的药物，制法简单。常用的制备方法有泛制法和塑制法。泛制法是在转动的机械中将药材细粉与液体赋形剂交替加入，使药粉润湿、翻滚、逐渐增大的方法。塑制法是将药材细粉与黏合剂混匀后，制成软硬适宜的可塑性丸团，然后依次制成丸条、分粒、搓圆的方法。

（四）固体制剂常用辅料

固体制剂的辅料是指固体制剂中除药物以外的所有附加剂的总称。剂型不同，所需辅料也不同。例如口服片剂，需加入成型所需的填充剂、吸收剂、黏合剂等，为使片剂压片顺利进行需加入助流剂、润滑剂、可压性辅料等，为使片剂迅速发挥药效需加入崩解剂等。而口含片、舌下片、咀嚼片，需加入可溶解、避免过快崩解、具有矫味作用的辅料，咀嚼片则不需加入崩解剂。再如分散片属于速崩制剂，需加入具有强力崩解作用及崩解后能均匀分散的辅料。

口服固体制剂中常用的辅料见表 2-1。

表 2-1　口服固体制剂常用辅料

作　用	常用材料
填充剂(稀释剂)、吸收剂	乳糖，甘露醇，山梨醇，淀粉，预胶化淀粉，糖粉，微晶纤维素，磷酸氢钙，氧化镁，碳酸镁
黏合剂、润湿剂	淀粉浆，糖浆，乙烯基吡咯烷酮-乙烯乙酸酯共聚物(PVP/VA)，纤维素胶浆(羧甲基纤维素 CMC、羟丙基纤维素 HPC、甲基纤维素 MC)，明胶浆，阿拉伯胶浆，乙醇
崩解剂	淀粉，羧甲基淀粉钠，低取代羟丙基甲基纤维素(L-HPC)，羧甲基纤维素钙(CMCCa)，交联羧甲基纤维素钠(CCNa)，交联聚乙烯吡咯烷酮(PVPP)
润滑剂	硬脂酸，硬脂酸镁，聚乙二醇(PEG)，微粉硅胶，滑石粉，十二烷基硫酸钠

续表

作 用	常 用 材 料
胃溶型薄膜包衣材料	羟丙基甲基纤维素(HPMC),丙烯酸树脂Ⅳ,丙烯酸树脂 Eudragit E,聚乙二醇(PEG),聚乙烯吡咯烷酮(PVP)
肠溶型薄膜包衣材料	邻苯二甲酸醋酸纤维素(CAP),羟丙基甲基纤维素邻苯二甲酸酯(HPMCP),丙烯酸树脂Ⅱ、Ⅲ,丙烯酸树脂 Eudragit LS
控释型薄膜包衣材料	乙基纤维素(EC),丙烯酸树脂 Eudragit RL、Eudragit RS

二、粉碎

粉碎是借机械力（或其他方法）克服固体物料内部的凝聚力，将其破碎成碎块或微粉的操作过程。粉碎可减小物料粒径、增加比表面积，对制剂加工操作和制剂质量都有重要的意义，所以是药物制剂工程的一个重要单元操作。

（一）粉碎的目的

① 有助于增加难溶性药物的溶出度，提高药物的吸收和生物利用度从而提高疗效；

② 有助于改善药物或辅料的流动性，促进制剂中的各成分混合均匀，便于加工制成分剂量剂型；

③ 有利于提高制剂质量，如提高混悬剂的动力学稳定性、改善其流变学特性；

④ 有利于天然药材中有效成分的提取。

值得注意的是，粉碎时也可能伴随产生一些不良作用，如晶型转变、热分解、黏附、凝聚性增大、密度减小等。

（二）粉碎的原理

起粉碎作用的机械力有冲击力、压缩力、研磨力、剪切力和弯曲力。粉碎过程一般是上述几种力综合作用的结果，在这些机械力作用下物体内部产生相应的应力，当应力超过一定的弹性极限时，物料被粉碎或产生塑性变形，塑性变形达到一定程度后破碎。弹性变形范围内的破碎称为弹性粉碎（或脆性粉碎），塑性变形之后的破碎称为韧性粉碎。粉碎作用除与施加的机械力有关外，也与干湿物料的聚集力和物料的流动状态有关。一般极性晶体药物的粉碎为弹性粉碎，粉碎较易；非极性晶体药物的粉碎为韧性粉碎，粉碎较难。理论上，外加机械力在物料内部产生的应力超过物质本身分子间的内聚力时即可使物料发生粉碎。粉碎消耗的机械能主要用于物料破碎前的变形能、物料粉碎新增的表面能、晶体结构或表面结构发生变化所消耗的能量及粉碎机械转动过程中的能耗等。但有研究表明，消耗于新表面的能量还不到总消耗的机械能量的1%，因此如何提高粉碎的有效能量，减少振动、噪声和设备转动等无效能耗是值得研究的问题。

通常把粉碎前粒径与粉碎后粒径之比称为粉碎度或粉碎比，用来表示粉碎的程度。粉碎度越大，物料被粉碎得越细。因粒子形态多样并非球形，故粒径是用各种方法表示的等价直径。粉末中各粒子直径也不相同，故常用平均直径表示。

（三）粉碎的方法

1. 单独粉碎与混合粉碎

大多数药物通常采用单独粉碎，便于在不同的制剂中配伍应用。两种以上的物料掺和在一起进行的粉碎称为混合粉碎，这既可避免一些黏性物料或热塑性物料单独粉碎的困难，又可使粉碎与混合操作同时进行，有时混合粉碎还可提高粉碎效果。如灰黄霉素和微晶纤维素（1∶9）混合粉碎后，灰黄霉素的结晶可变成无定形，因而溶出速率能增加2.5倍。

氧化性药物与还原性药物必须分开单独粉碎，以免引起爆炸。

2. 干法粉碎与湿法粉碎

干法粉碎是物料处于适当干燥状态下（一般含水量＜5%）进行粉碎的操作，一般药物粉碎通常采用此法。湿法粉碎是指药物中加入适量的水或其他液体进行研磨粉碎的方法，此法可减少粉尘飞扬，刺激性和有毒药物粉碎多用此法，液体也可减少物料的黏附性进而提高研磨粉碎效果。

3. 低温粉碎

低温粉碎是利用物料在低温时脆性增加、韧性与延伸性降低的性质以提高粉碎效果的方法。低温粉碎一般的方法有：①物料先进行冷却，迅速通过高速锤击粉碎机粉碎；②粉碎机壳通入低温冷却水，物料在冷却下进行粉碎；③将干冰或液氮与物料混合后进行粉碎；④组合上述冷却方法进行粉碎。

4. 闭塞粉碎与自由粉碎

闭塞粉碎是粉碎过程中已达到粉碎度要求的细粉不能及时排出而继续和粗粒一起重复粉碎的操作。自由粉碎则是在粉碎过程中能及时排出已达要求的细粉同时不影响粗粒继续粉碎的操作。因闭塞粉碎中的细粉成了粉碎过程的缓冲物，影响粉碎效果且能耗较大，故只适用于小规模的间歇操作。自由粉碎的粉碎效率高，常用于连续操作。

5. 开路粉碎与闭路粉碎

开路粉碎与闭路粉碎的示意图如图 2-3 所示。开路粉碎是一边把物料连续地供给粉碎机，一边不断地从粉碎机中取出已粉碎的细物料的操作。该法工艺流程简单，物料只一次通过粉碎机，操作方便，设备少、占地面积小，但成品粒度分布宽，适用于粗碎或粒度要求不高的粉碎。闭路粉碎是将粉碎机和分级设备串联起来，经粉碎机粉碎的物料通过分级设备分出细粒子，而将粗颗粒重新送回粉碎机反复粉碎的操作。该法操作的动力消耗相对低，成品粒径可以任意选择，粒度分布均匀，成品质量高、纯度高，适合于粒度要求比较高的粉碎，但投资大。

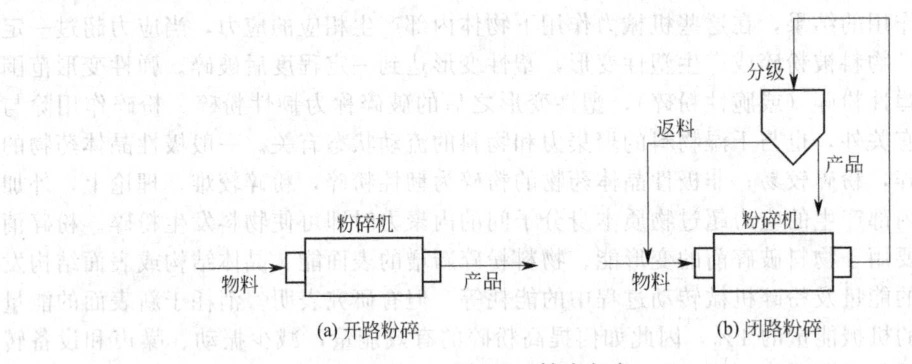

图 2-3　粉碎方式

（四）常用粉碎设备

粉碎器械类型很多，依据粉碎原理，有机械式和气流式粉碎之分，可根据对粉碎产物的粒度要求和其他目的选择适宜的粉碎机。常用的粉碎机有如下几种。

1. 锤击式粉碎机

锤击式粉碎机对物料的作用力以撞击力为主，适用于脆性、韧性物料以及中碎、细碎、超细碎等的粉碎要求，故又称为“万能粉碎机”。此类粉碎机的粉碎度一般为 20～70 左右，典型的锤击式粉碎机如图 2-4 所示。锤击式粉碎机由带有衬板的机壳、高速旋转的旋转主轴（轴上安装有许多可自由摆动的 T 形锤）、加料斗、螺旋加料器、筛板以及产品排出口等组成。当小于 10mm 粒径的固体物料自加料斗由螺旋加料器连续地定量进入到粉碎室时，物料受高速旋转锤的强大冲击作用、剪切作用和被抛向衬板的撞击等作用被粉碎，细料通过筛板及产品排出口排出，粗料继续被粉碎。机壳内的衬板为可更换的，衬板的工作面呈锯齿状，有利于颗粒撞击内壁而被粉碎，锤头的“迎料”面装置碳化钨保护套以提高耐磨性。锤击式粉碎机结构简单，操作方便，粉碎粒度比较均匀，其粒度可由锤头的形状、大小、转速以及筛网的目数来调节。但物料过于微细时筛子容易堵塞，因此以 30～200 目筛为好。

2. 冲击式粉碎机

冲击柱式粉碎机（也叫转盘式粉碎机）由若干圈冲击柱分别刚性固定在高速旋转的转盘和另一与转盘相对应的固定盘上。物料由加料斗加入，由固定板中心轴向进入粉碎机，由于高速旋转转盘的离心作用，物料从中心部位被抛向外壁的过程中受到冲击柱的冲击，而且所受冲击力越来越大（因为转盘外圈速度大于内圈速度），粉碎得越来越细，最后物料达到外壁，细粒自底部的筛孔出料，粗粉在机内继续粉碎。冲击柱式粉碎机如图 2-5 所示。

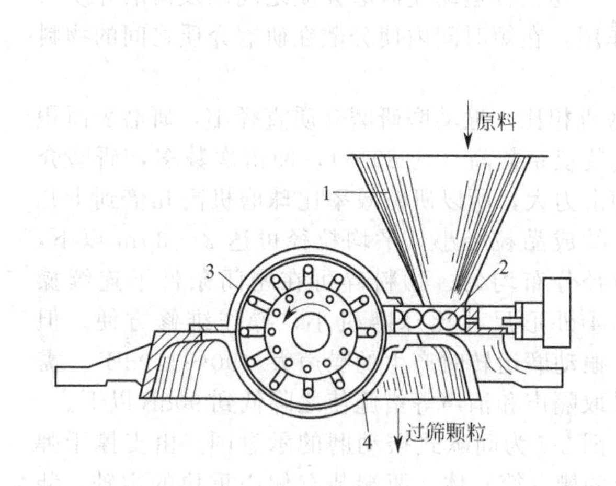

图 2-4 锤击式粉碎机

1—加料斗；2—锤头；3—旋转轴；4—未过筛颗粒

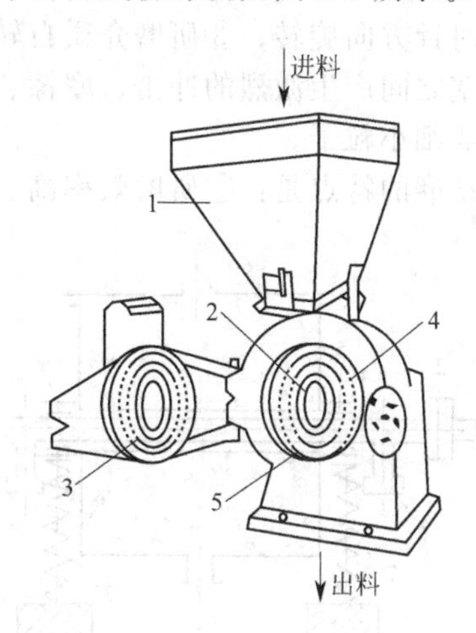

图 2-5 冲击柱式粉碎机

1—加料斗；2—转盘；3—固定盘；4—冲击盘；5—筛圈

3. 球磨机

球磨机是最古老的粉碎机之一，一般由不锈钢或瓷制的圆柱筒、内装一定数量大小不同的钢球或瓷球构成（图 2-6），可用于干法或湿法粉碎。当圆筒旋转时，由于离心力和筒壁摩擦力的作用使筒内内装球和物料被带到一定的上升高度后由于重力作用下落，靠球的上下运动使物料受到撞击力或研磨力而被粉碎，同时物料不断改变其相对位置可达到混合目的。粉碎效果与圆筒的转速、球与物料的装量、球的大小与重量等有关。球磨机内球的三种运动情况见图 2-6。如果圆筒转速过小［图 2-6(c)］，球和物料主要靠摩擦力上升到混合物休止角所对应的高度后往下滑落，这时物料的粉碎主要靠研磨作用，效果较差。转速过大时［图 2-6(d)］，球与物料靠离心力作用随罐体一起旋转，失去物料与球体的相对运动，从而失去粉碎和混合作用，其中，球体开始发生离心运动状态的转速称为临界转速。当转速适宜时

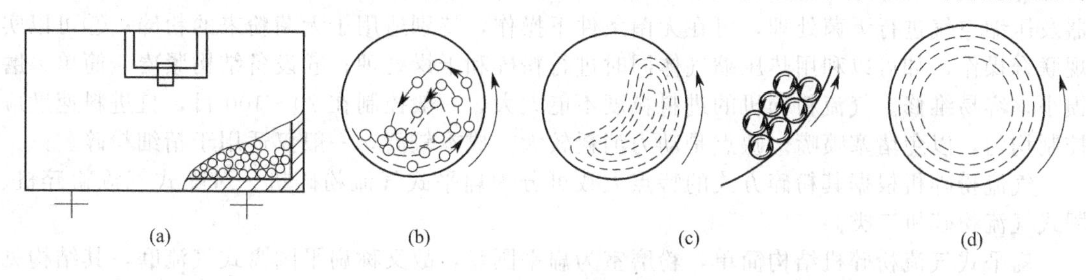

图 2-6 球磨机与球的运动状态

[图 2-6(b)]，由于离心力作用，球和物料随罐体上升至一定高度后沿抛物线抛落，此时物料的粉碎是撞击和研磨的联合作用，粉碎效果最好。球磨机结构简单，可获得过 200 目筛的极细粉末，密闭操作，粉尘少，常用于毒、剧毒、贵重药物以及黏附性、凝结性的粉粒状物料的粉碎或混合，但粉碎效率较低。

4. 振动磨

振动磨是一种超细机械粉碎机器，它利用研磨介质（球形或棒状）在振动磨筒体内做高频振动产生冲击、研磨、剪切等作用，将物料研细，同时将物料均匀混合和分散。振动磨可用于干法和湿法研磨粉碎。振动磨的种类，按操作方法可分为间歇式与连续式，按筒体数目可分为单筒式、多筒式。振动磨工作时，研磨介质在筒体内有以下几个运动：①研磨介质的高频振动；②研磨介质逆主轴旋转方向的循环运动，例如主轴以顺时针方向旋转，则研磨介质按逆时针方向旋转；③研磨介质自转运动。上述三种运动使研磨介质之间以及研磨介质与筒体内壁之间产生激烈的冲击、摩擦、剪切作用，在短时间内使分散在研磨介质之间的物料被研磨成细小粒子。

振动磨的特点是：①研磨效率高。与球磨机相比，振动磨研磨介质直径小，研磨表面积大，装填系数高（约 80%），冲击次数多，研磨介质冲击力大，所以研磨效率比球磨机高几倍到十几倍；②成品粒径小，平均粒径可达 2～3μm 以下，且粒径分布均匀；③粉碎可在密闭条件下连续操作；④外形尺寸比球磨机小，操作维修方便。但是，振动磨运转时产生的噪声大（90～120dB），需要采取隔声和消声等措施使之降低到 90dB 以下。

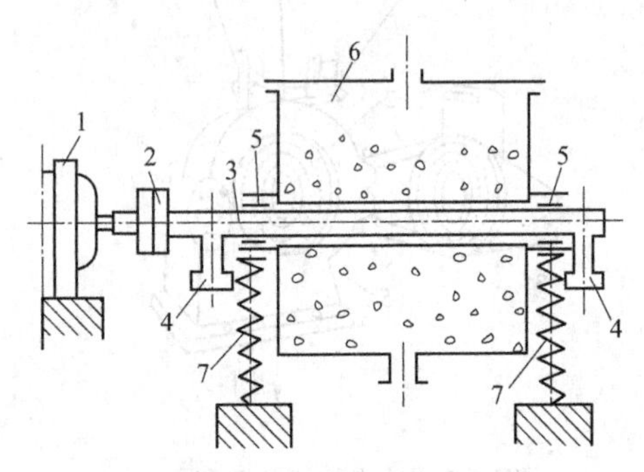

图 2-7　间歇式振动磨示意图

1—电动机；2—联轴器；3—主轴；4—偏心重块；5—轴承；6—槽（筒）体；7—弹簧

图 2-7 为间歇式振动磨的示意图。由支撑于弹簧上的槽（筒）体、两端装有偏心重块的主轴、装在筒体上的主轴轴承、联轴器和电动机等组成。筒体内装有钢球、钢棒、钢柱等研磨介质及待粉碎物料。工作时电动机通过挠性联轴器带动主轴快速旋转时，偏心重块的离心力使筒体产生一个近似于椭圆轨迹的快速振动，筒体的振动带动研磨介质及物料呈悬浮状态，研磨介质之间及研磨介质与筒壁之间的冲击、研磨等作用将物料粉碎。

5. 气流粉碎机

气流粉碎机又称流能磨（fluid energy mills），与其他超细粉碎设备不同，系利用高速弹性流体（压缩空气或惰性气体）作为粉碎动力，在高速气流作用下，使物料颗粒间相互激烈冲击、碰撞、摩擦，以及气流对物料的剪切作用，进而达到超细粉碎，同时进行均匀混合。其特点是：①所得成品为超细粉，平均粒径可达到 5μm 以下；②能自行分级，粗粉受离心力的作用不会混入成品中，因此成品粒度均匀；③粉碎过程中，由于气体自喷嘴喷出膨胀时的冷却效应，粉碎过程中温度几乎不升高，适用于低熔点或热敏感物料的粉碎；④易于对机器及压缩空气进行无菌处理，可在无菌条件下操作，特别适用于无菌粉末的粉碎；⑤可以实现联合操作，如可以利用热压缩气体同时进行粉碎和干燥处理；⑥设备结构紧凑、简单、磨损小，容易维修。气流粉碎机的进料粒度不能太大，一般控制在 20～100 目，且进料速度应控制均匀，以免堵塞喷嘴。缺点是动力消耗较大，成本较高，一般仅适用于精细粉碎。

气流粉碎机根据其粉碎方式的特点大致可分为扁平式气流粉碎机、对喷式气流粉碎机、靶式气流粉碎机三类。

扁平式气流粉碎机结构简单，粉磨室为扁平圆盘，故又称扁平圆盘式气流磨，其结构见图 2-8。沿粉磨室的圆周安装多个（8～12 个）喷嘴，各喷嘴都倾斜成一定角度，气流携带物料以较高的压力（0.2～0.9MPa）喷入磨机，在磨机内形成高速旋流，使颗粒彼此之间产生冲击、剪切作用而粉碎。被粉碎颗粒随气流从圆盘中部排出进入空气分级器分出。但是，这类气流粉碎机的粉碎能力较低，物料与气流在同一喷嘴给入，气流在粉磨室中高速旋转，故喷嘴与衬里磨损较快，不适于处理较硬物料。

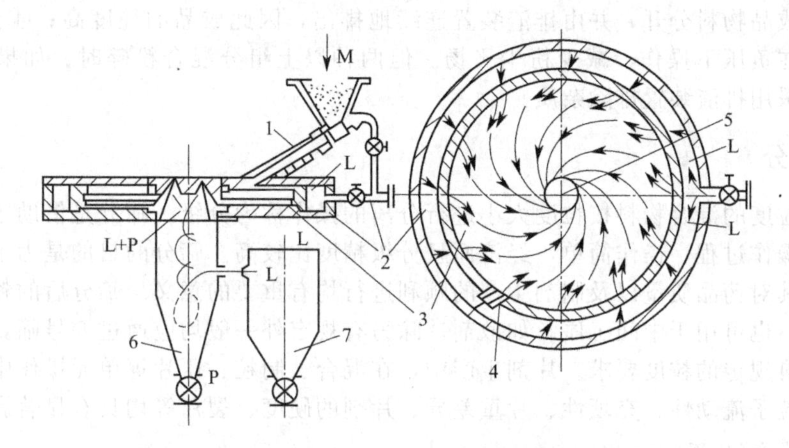

图 2-8　扁平圆盘式气流磨结构

1—给料喷嘴；2—压缩空气；3—粉磨室；4—喷嘴；5—旋流区；6—气力旋流器；7—滤尘器；L—气流；M—原料；P—最终产品

对喷式气流粉碎机是一种先进的超微气流粉碎机，其结构示意图见图 2-9。物料经螺旋加料器进入上升管中，由上升气流带入分级室分级，其粗粒返回粉碎室并受到两股来自喷嘴的相对喷气流的冲击而粉碎，粉碎的物料由气流再带入粉碎室分级，细料经分级转子变为产品。

靶式气流粉碎机由粉碎室、超声速喷嘴、冲击靶、加料斗及电动机带动的搅拌器构成，见图 2-10。物料由加料斗加入，经搅拌器搅拌后，均匀地加入到喷嘴管中，物料在喷嘴管中与喷入的超声速气流（2.5 倍声速以上）相混，成为超声速气固混合流。物料在湍流作用下相互冲击、摩擦和剪切后部分粉碎，然后混合流经喷嘴强制射向冲击靶，颗粒进一步受冲击、碰撞、摩擦和剪切作用粉碎成细小颗粒。粉碎的细小颗粒经出口管去分级器分级，分出的细颗粒成为成品，粗颗粒回喷管中与新加入的物料重新再粉碎。

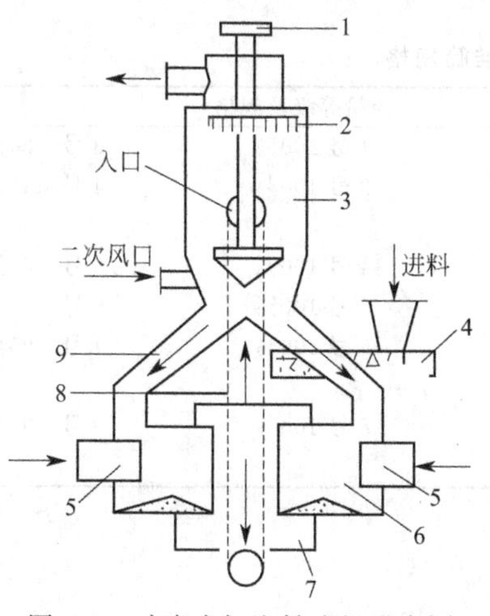

图 2-9　对喷式气流粉碎机示意图

1—传动杆；2—分级转子；3—分级室；4—加料器；5—喷嘴；6—混合管；7—粉碎室；8—上升管；9—粗粉返回管

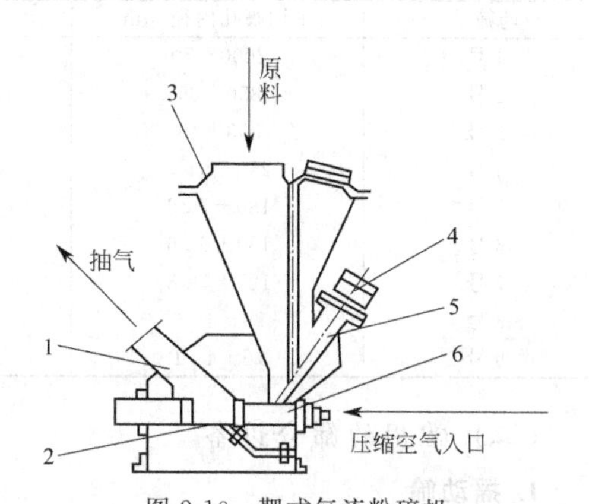

图 2-10　靶式气流粉碎机

1—冲击靶；2—粉碎室；3—加料斗；4—电动机；5—搅拌器；6—超声速喷嘴

6. 内分级涡轮粉碎机

内分级涡轮粉碎机为机械气吹式粉碎机械，适宜粉碎硬度较小的物质。其特点是：①动力消耗小，该机本身具有两级粉碎和内分级，故动力消耗比气流粉碎低；②粉碎粒度细，平均粒径在3～100μm之间；③粉碎成品纯度高，由于机中设置内分级和排渣装置，可将物料中的杂质与成品物料分开，并由排渣装置连续地排出，因此成品的纯度高；④操作环境好，整个系统可在负压下操作，减少粉尘飞扬。但两种以上组分混合粉碎时，如果相对密度较大，则不宜采用排渣装置排除杂质。

三、筛分

将不同粒度的混合物料按粒度大小进行分离的操作称为分级。筛分是借助于筛网将物料进行分级的操作过程，操作简单，经济而且分级精度比较高。筛分的目的是为了得到粒度均匀的物料，其对药品质量以及制剂生产的顺利进行均有重要的意义。筛分后的粉末可用于直接制备成品，也可用于中间工序。如散剂，除另有规定外一般均应通过6号筛，其他粉末制剂亦都有药典规定的粒度要求。片剂生产中，在混合、制粒、压片等单元操作中，筛分对混合均匀度、粒子流动性、充填性、片重差异、片剂的硬度、裂片等均具有显著影响。

（一）筛分用筛

按制作方法筛分用筛可分为冲眼筛（又称模压筛）和编织筛两种。冲眼筛系在金属板上冲制出圆形的筛孔而成，其筛孔坚固不易变形，多用于高速旋转粉碎机的筛板及药丸等粗颗粒的筛分。编织筛是用一定机械强度的金属丝（如不锈钢、铜丝、铁丝等）或其他非金属丝（如尼龙丝等）编织而成。尼龙丝对一般药物较稳定，在制剂生产中应用较多，但筛孔易变形。筛子孔径的规格有药典标准和工业标准，符合药典规定标准的筛叫药筛（也叫标准筛）。药筛的孔径大小用筛号表示，即以每平方厘米面积含有的筛孔数目表示筛孔大小，用1 cm长度上安排筛孔的数目表示筛号。2015年版《中华人民共和国药典》（以下简称《中国药典》）标准筛分1～9号九种规格，筛号越大，筛孔内径越小（见表2-2）。另外，目前我国制药工业用筛，常以目数来表示筛号，即以每1in（1in＝0.0254m）长度上的筛孔数目表示，但还没有统一标准的规格。如筛网所用筛线材质不同或直径不同，目数虽相同，但实际筛孔大小是不一样的，因此必须注明孔径的具体大小。此外，工业上也常用目数表示粉粒粒度，如能通过100目筛的粉末称为100目粉。

表2-2 《中国药典》标准筛规格

药筛号	平均筛孔内径/μm	药粉等级及规格		
1号	2000±70	最粗粉	1号100%	3号<20%
2号	850±29	粗粉	2号100%	4号<40%
3号	355±13			
4号	250±9.9	中粉	4号100%	5号<60%
5号	180±7.6	细粉	5号100%	6号>95%
6号	150±6.6	最细粉	6号100%	7号>95%
7号	125±5.8			
8号	90±4.6	极细粉	8号100%	9号>95%
9号	75±4.1			

（二）常用的筛分设备

1. 摇动筛

将筛网从上向下，按由粗到细的顺序排列，最上为筛盖，最下为接受器，如图2-11所示。取一定量的样品置于最上层筛上，加上筛盖，固定在摇动台摇动一定时间后，即完成对物料的分级。摇动筛常用于粒度分布的测定。

2. 振荡筛

利用机械装置（如偏心轮、偏重轮等）或电磁装置（电磁铁和弹簧接触器等）使筛产生振动将物料进行分离的设备，如图 2-12 所示。不平衡重锤分别装在电机的上轴及下轴，上轴与筛网相连，筛框以弹簧支撑于底座上，开动电机后上部重锤带动筛网做水平圆周运动，而下部重锤又使筛网做垂直方向运动，故筛网在三维方向上发生振荡使物料筛分。物料加在筛网中心部位，筛分后粗料由上部出料口排出，细料由下部的出口排出。振荡筛具有分离效果好，单位筛面处理能力大，占地面积小，质（重）量轻等优点。类似的筛分设备还有旋动筛、滚动筛、多用振动筛等。

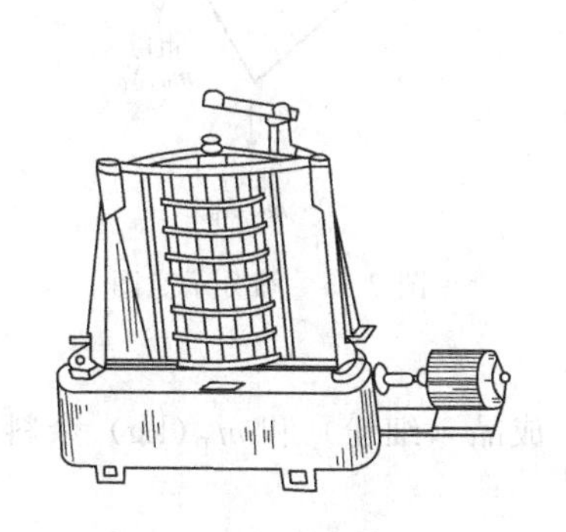

图 2-11　摇动筛的示意图

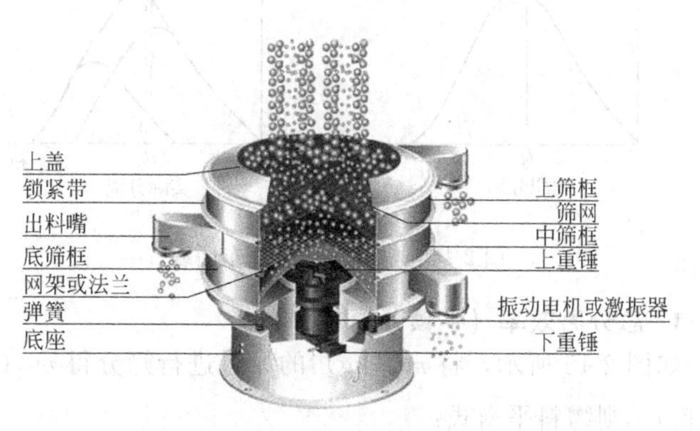

图 2-12　振荡筛的示意图

3. 气流分级器

气流分级器又称微细分级机，为离心机械式气流分离筛分机械。它依靠轮叶高速旋转，使气流中夹带的粗、细微粒因所产生的离心力大小不同而分开，适用于各种物料的分级，可单独使用，也可在干燥与粉碎的工艺流程中，安装在主机的顶部配套使用。当安装在粉碎机的顶部时，流程中的引风机或鼓风机将气流及其夹带的细粉引入分级机分级后，细粉自排出口排出，后经捕集器捕集为成品，而粗粒物料沿排出口回到粉碎机内重新粉碎。微细分级机的结构见图 2-13。操作时待处理的物料随气流经给料管和可调节的管进入机内，向上经过锥形体进入分级区。由轴带动做高速旋转的旋转叶轮进行分级，细物料随气流经过叶片之间的间隙，向上经排出口排出，粗粒被叶片所阻，沿中部机体的内壁向下滑动，经环形体自机体下部的排出口排出。冲洗气流（又称二次风）经气流入口送入机内，流过沿环形体下落的粗粒物料，并将其中夹杂的细物料分出，向上排送，以提高分级效率。微细分级机的特点有：①分级范围广，纤维状、薄片状、近似球形、块状、管状等各种形状的物料均可分级，成品粒度可在 5～150μm 之间任意选择；②分级精度高，通过分级可提高成品质量和纯度；③结构简单，维修、操作、调节容易；④可与各种粉碎机配套使用。

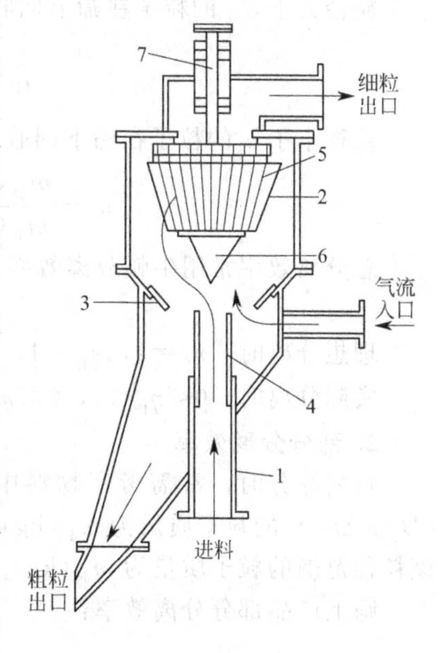

图 2-13　微细分级机结构
1—给料管；2—旋转叶轮；3—环形体；4—可调节的管子；5—叶片；6—锥形体；7—轴

（三）筛分效果评价

物料经过筛孔孔径为 a 的筛子分级后，如果筛上全部是粒径大于 a 的粒子，筛下全部是粒径小于 a 的粒子，这种分离称为理想分离。但在实际操作中，往往筛上夹留部分粒径小于 a 的粒子，筛下混有部分粒径大于 a 的粒子，使分级效果受到影响。理想分离和实际分离情况下的典型粒度分布曲线见图 2-14。分离效果可根据物料衡算用总分离效率和部分分离效率来评价。

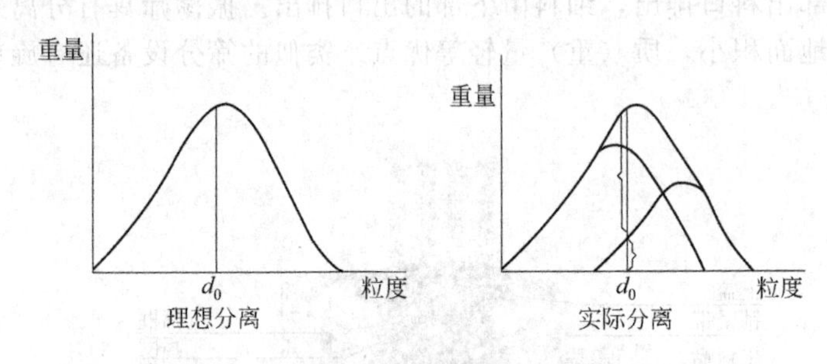

图 2-14 筛分的粒度分布曲线

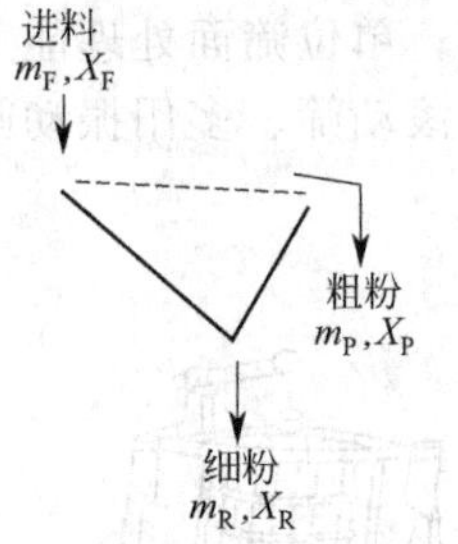

进料 m_F, X_F
粗粉 m_P, X_P
细粉 m_R, X_R

图 2-15 筛分示意图

1. 总分离效率（牛顿分离效率）

如图 2-15 所示，将 m_F(kg) 的原料进行筛分得 m_R(kg) 成品（细粉）和 m_P(kg) 余料（粗粉）。则物料平衡式：

$$m_F = m_R + m_P \tag{2-1}$$

设大于设定分离粒径 d_0 的粗粉在 m_F、m_R、m_P 中所含质量分数分别为 X_F、X_R、X_P，则下列平衡式成立：

$$m_F X_F = m_R X_R + m_P X_P \tag{2-2}$$

粒径大于 d_0 的粒子在筛上回收率（η_P）：

$$\eta_P = \frac{m_P X_P}{m_F X_F} = \frac{X_P (X_F - X_R)}{X_F (X_P - X_R)} \tag{2-3}$$

粒径小于 a 的粒子在筛下回收率（η_R）：

$$\eta_R = \frac{m_R (1 - X_R)}{m_F (1 - X_F)} = \frac{(X_P - X_F)(1 - X_R)}{(X_P - X_R)(1 - X_F)} \tag{2-4}$$

总分离效率常用牛顿分离效率 η_N 表示，即：

$$\eta_N = \eta_P + \eta_R - 1 \tag{2-5}$$

理想分离时，$\eta_P = 1$，$\eta_R = 1$，$\eta_N = 1$；

实际分离时，$0 < \eta_P < 1$，$0 < \eta_R < 1$，$0 < \eta_N < 1$。

2. 部分分离效率

物料筛分时，常需考察物料中某粒度范围内粒子的分离程度，设物料中某粒径范围（$D_i + \Delta D_i$）的粒子质量为 m_F(kg)，筛分后，筛上该粒径范围的粒子质量为 m_P(kg)，筛下该粒径范围的粒子质量为 m_R(kg)。

筛上产品部分分离效率：

$$\Delta\eta_{上} = m_P / m_F \tag{2-6}$$

筛下产品部分分离效率：

$$\Delta\eta_{下} = m_R / m_F \tag{2-7}$$

部分分离效率是某粒度范围内该粒度粒子的筛分回收率。用同样的方法可求出其他粒径范围粒子的部分分离效率。如部分分离效率为50%，表示该粒度的粒子过筛后正好一半在筛上，一半在筛下。如果某粒径范围的粒子完全被分离，该粒子的部分分离效率 $\Delta\eta_{上}=1$，$\Delta\eta_{下}=0$ 或 $\Delta\eta_{上}=0$，$\Delta\eta_{下}=1$。

影响分离效率的因素很多，主要是粒子的性质（如粒度、粒子形态、密度、电荷性、含湿量等）及筛分设备的参数（如振动方式、时间、速度、筛网孔径、面积等）。筛网的筛孔尺寸（边长为 L）规格应按物料粒径（d）来选取，当 $d/L<0.75$ 时粉粒容易通过筛网，当 $0.75<d/L<1$ 时颗粒难以过筛，当颗粒达到 $1<d/L<1.5$ 时就更难通过筛网并易堵塞。

四、混合

广义上把两种或两种以上相互间不发生化学反应的物质均匀混合的操作统称为混合，包括了固-固、固-液、液-液等组分的混合。通常，将固-固粒子的混合简称为混合；将大量固体和少量液体的混合叫捏合；将大量液体和少量不溶性固体或液体的混合（如混悬剂、乳剂、软膏剂等混合过程）称为匀化。本节主要讨论固体微粉的混合，目的是使药物与各辅料成分在制剂中均匀一致，混合对制剂的外观质量和内在质量都有重要的意义，是制剂工艺重要的基本工序之一。例如，在片剂生产中，混合不均会导致药物制剂的含量均匀度、崩解时限、硬度等不合格，片剂外观可能出现斑点、颜色不均等；而对治疗窗狭窄的小剂量药物，主药含量不均匀会影响药物的安全性和有效性。因此，合理的混合操作是保证制剂质量的重要措施之一。

（一）混合机理

（1）对流混合　在机械转动下固体粒子群体产生大幅度位移时进行的总体混合。

（2）剪切混合　由于粒子群内部力的作用结果，在不同组成的区域间发生剪切作用而产生滑动面，破坏粒子群间的凝聚状态而进行的局部混合。

（3）扩散混合　相邻粒子间产生无规则运动时相互交换位置而进行的局部混合。

上述三种混合方式在实际操作过程中并不互相独立进行，只是表现的程度大小不同而已。例如，水平转筒混合器内以对流混合为主，搅拌混合器内以强制的对流与剪切混合为主。一般来说在混合开始阶段以对流与剪切为主导，随后扩散作用增加。必须注意，以剪切和扩散作用混合不同粒径的自由流动粉体时常伴随分离，影响混合的效果。

（二）混合设备

大批量生产中的混合过程多采用搅拌或容器旋转使物料产生整体和局部的移动而达到混合目的。固体的混合设备大致分为两大类：容器旋转型和容器固定型。

1. 容器旋转型

（1）混合筒　混合筒是最基本的容器旋转型混合设备，该类混合设备由安装在水平轴上不同形状的筒体组成，如图2-16所示。混合筒能沿轴做不同角度的旋转运动，带动物料上下运动，同时筒体运动所产生的力对物料施加剪切力，达到混合目的。其特点是：①混合筒结构简单，进料和出料方便，容易清洗，几乎无需特殊的保养和维修；②分批操作，容积可根据实际生产规模进行设计，可满足多品种混合需要；③因混合筒仅依靠筒体整体运动进行混合，故主要适用于流动性好、物性差异不大的粉粒体的混合；④可用带夹套的容器进行加热或冷却操作；⑤对于具有黏附性、凝结性的粉粒体必须在机内设置强制搅拌叶或挡板，或加入钢球。存在的问题有：①物料加入及排出时会产生粉尘，必须注意防尘；②对于较硬的凝结块往往不易混合均匀。

容器旋转型混合设备中，V形和双锥形混合桶混合速度快，效果好，应用广泛。

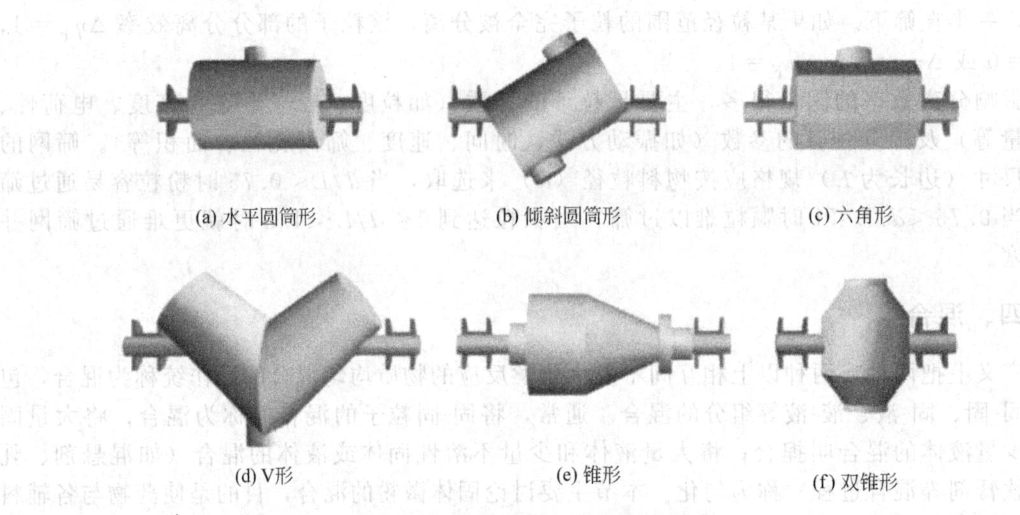

图 2-16 容器旋转型混合设备形式

混合筒的混合效果与混合桶装填系数和转速有关，装填系数一般为 30%～50%。当混合桶转速低时，由于筒体对物料的剪切力较弱，所需混合时间较长。但若转速过大，物料易发生分离。混合的时间也影响混合效果，若混合时间过长，已混合均匀的物料可能发生离析。因此，应根据物料粒度和密度等性质，通过工艺研究确定最适宜的转速和时间，使物料达到均匀混合状态。粒度分布均一的物料混合时最适宜转速可由式(2-8) 计算：

$$N_{opt}=\frac{C}{D^{0.47}X^{0.14}} \tag{2-8}$$

式中，N_{opt} 为最适宜转速，r/min；D 为混合筒直径，m；X 为混合筒内物料装填率，%(体积分数)；C 为常数，约 54～70，根据物性而定。

(2) 三维运动混合机 三维运动混合机由机座、传动系统、电气控制系统、多向运动系统和混合筒等部件组成。混合筒具有多方向的运动，筒内物料在进行自转的同时进行公转，混合点多，混合效果好，避免了一般混合筒因离心力作用所产生的物料偏析和积聚现象，混合均匀度要高于一般混合机。其最大装料容积比一般混合筒大，可达到筒体全容积的 80%。此外物料在全密闭状态下进行混合，出料时物料在自重作用下顺利出料，具有不污染、易出料、不积料、易清洗等优点。图 2-17 为 SYH 系列多向运动混合机。

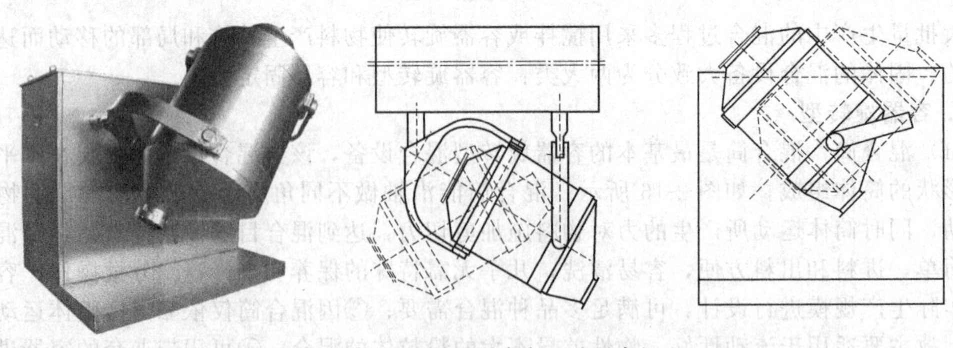

图 2-17 SYH 系列多向运动混合机

(3) 双臂快夹容器式混合机 双臂快夹容器式混合机在混合操作时，先将料斗推入方形回转臂内，臂内压力传感器感知后，启动夹紧装置，将料斗夹紧。气缸驱动锁紧装置。随后方形回转臂开始提升，使料斗离开地面一定距离以便回转。混合机回转按工艺参数进行混合作业。混合机采用计算机控制，机、电、液、气一体化，实现自动操作。该混合设备结构合理、工作平稳、操作简便、工艺参数调整方便；单机可夹持多种规格和数量的料斗，只需配置一台混合机及多个料斗，就能满足大批量多品种的混合要求，不必配置许多台固定料斗式混合机，节约投资和占地面积。混合后的物料不出料斗从回转臂上随斗卸下，可直接转入下道工序，不但省去了转料工序，大大提高了混合机的使用效率，还可避免因转料造成物料污染；料斗“斜夹”的独特设计，能使物料在混合过程中产生多维运动，从而大大提高了混合均匀度。机上设有多种安全互锁机构，能保证工作和维护时的安全，并且清洗维修方便。

2. 容器固定型

容器固定型混合设备是物料在容器内靠叶片、螺带或气流的搅拌作用进行混合的设备。其特点是：①可间歇或连续操作或两者兼有；②容器外可设夹套进行加热或冷却；③适用于品种少、批量大的生产；④对于黏附性、凝结性物料也能适应。常用混合机如下。

（1）搅拌槽式混合机　该混合机一般由断面为U形的固定混合槽和内装螺旋状二重带式搅拌桨组成，如图2-18所示。搅拌桨可使物料不停地在上下、左右、内外的各个方向运动的过程中达到均匀混合。混合时以剪切混合为主，混合时间较长，但混合度与V形混合机类似。混合槽可以绕水平转动便于卸料。这种机型亦可适用于制粒前的捏合（制软材）操作。

（2）锥形垂直螺旋混合机　该混合机是一种新型混合装置，对于大多数粉粒状物料都能满足混合要求，一般由锥形容器部分和转动部分组成，锥形容器内装有一个或两个与锥壁平行的提升螺旋推进器。转动部分由电动机、变速装置、横臂传动件等组成。单螺旋锥形混合机见图2-19，螺旋推进器由旋转横臂驱动在容器内既做自转又做公转，自转的速度约为60r/min，公转的速度约为2r/min，容器的圆锥角约35°，充填量约30%。在混合过程中物料在推进器的作用下自底部进行错位提升，使物料一边上下运动，一边旋转运动，物料靠其自重，又从罐的上部下降到底部，不断改变其空间位置，逐渐达到随机分布混合的目的。此种混合机的特点是：混合速度快，混合度高，混合量比较大也能达到均匀混合，而且动力消耗较其他混合机少。

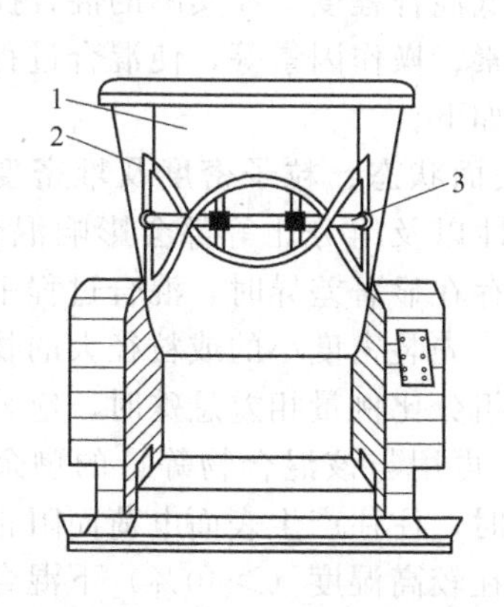

图2-18　搅拌槽式混合机

1—混合槽；2—搅拌桨；3—固定轴

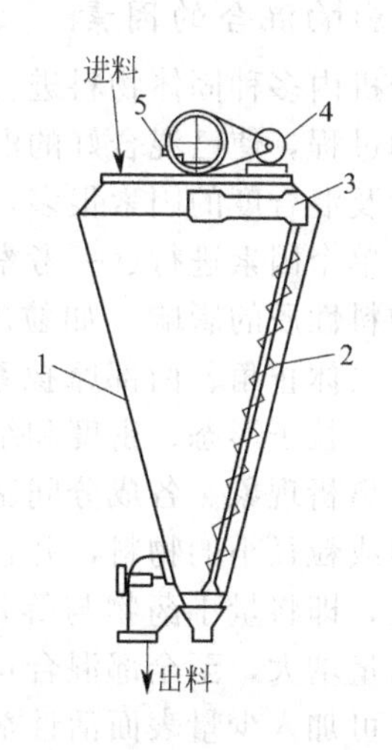

图2-19　锥形垂直螺旋混合机

1—锥型筒体；2—螺旋桨；3—摆动臂；4—电动机；5—减速器

（3）无重力粒子混合机　该混合机为双轴双桨W形筒体卧式混合机，混合室内一对转轴上分别装有若干对具有一定形状且与轴成一定角度的叶片，在混合室上方装有喷嘴和可高速旋转的分散棒。工作时一对主轴做等速反向转动，旋转的叶片使部分物料抛向整个混合室并在一定圆周速度下产生瞬间失重状态，形成流化态混合。同时桨叶也使物料做轴向和径向运动，从而形成广泛交错的对流和扩散运动，使物料短时间内均匀混合。如有需要，在混合过程中喷嘴可喷雾及液体，其下方高速旋转的分散棒可打散因喷雾形成的二次聚集物。此机混合效果好，特别适用于密度、粒度、形状等差异悬殊的物料的混合；混合速度快，一般粉体混合只需1min。装填系数可变范围大（0.1～0.6），积物少；亦具有密闭操作、能耗低等优点。

此外，还有气流混合机，借高压气流使物料在混合装置中悬浮或循环而不断改变位置以达到混合目的，混合效率高。

为了解决混合装料过程中，靠人工装料，工人劳动强度大，粉尘容易外溢的问题，有的混合机上采用自动上料机（见图2-20），自动上料机由吸料嘴、布袋过滤器、振打清理器和整孔泵组成。操作时粉料、颗粒料能自动进入各种混合机。

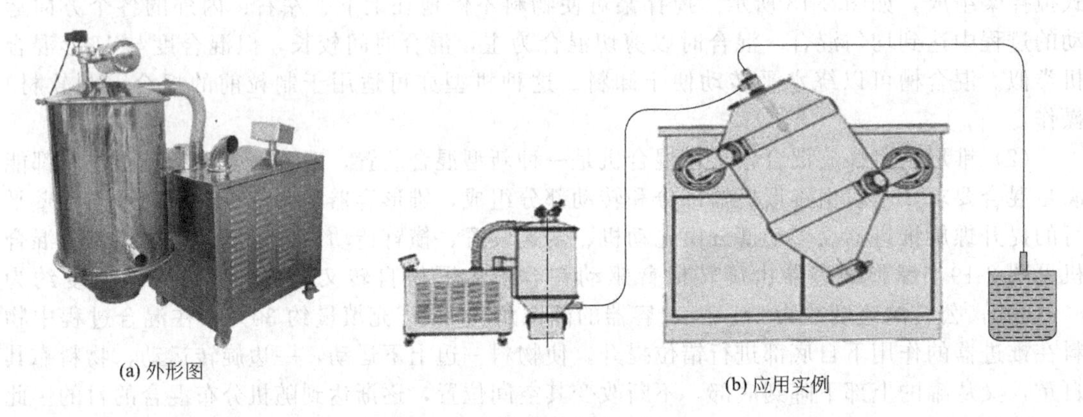

(a) 外形图　(b) 应用实例

图2-20　混合机自动上料机

（三）影响混合的因素

在混合机内多种固体物料进行混合时往往伴随离析（segregation）现象，离析是与粒子混合相反的过程，使已混合好的混合物料重新分层，降低混合程度。在实际的混合操作中影响混合速度及混合度的因素很多，如物料因素、设备因素、操作因素等，使混合过程错综复杂，很难对单个因素进行逐一考察。总体来说影响因素如下。

（1）物料性质的影响　如粒度分布、粒子形态及表面状态、粒子密度及堆密度、含水量、流动性（休止角、内部摩擦系数）、黏附性、凝聚性以及组分比等都会影响混合过程。特别是粒径、粒子形态、密度和组分比等在各个成分间存在显著差异时，混合过程中或混合后容易发生离析现象。各成分间密度差及粒度差较大时，先装密度小的或粒径大的物料，后装密度大的或粒径小的物料，并且混合时间应适当。当组分比例量相差悬殊时，应采用等量递加混合法，即将量小药物与等量的辅料混合均匀后，再用与该混合物等量的剩余辅料混合，如此倍量增大，至全部混合均匀。物料在混合摩擦时，往往产生表面电荷而阻止粉末的混合。通常可加入少量表面活性剂以提高表面导电性或在较高湿度（>40%）下混合，亦可加入润滑剂（如硬脂酸镁）作抗静电剂。

（2）设备类型的影响　影响因素有混合机的形态及尺寸、起物料搅拌作用的内部插入物（挡板，强制搅拌等）、材质及表面情况等。应根据物料的性质选择适宜的混合器。如物性相差较大的物料混合时，用容器固定型混合机混合效果好于容器旋转型混合机。即使粒度比

$d_A/d_B \leqslant 6$，容器固定型混合机也能达到较好的混合效果。

(3) 操作条件的影响 物料的充填量、装填方式、混合机的转动速度、混合比及混合时间等都可影响混合的效果。

（四）混合效果评价

混合度是混合过程中物料混合程度的指标。从统计学观点出发，当物料在混合机内的位置达到随机分布时，称此时的混合达到完全均匀混合。事实上固体间的混合不能达到完全均匀排列，只能达到宏观的均匀性，因此常常以统计混合限度作为完全混合状态，并以此为基准表示实际的混合程度。固体粉粒混合度的测定，通常在粉粒状物料混合均匀后，在混合机内随机取样分析，计算统计参数（如标准偏差 σ 或方差 σ^2）和混合度。也可在混合过程中随时检测混合度，找出混合度随时间变化的关系，从而了解和研究各种混合操作的控制机理及混合速度等。

1. 标准偏差 σ 或方差 σ^2

$$\sigma=\left[\frac{1}{n-1}\sum_{i=1}^{n}(x_i-X)^2\right]^{1/2} \tag{2-9}$$

$$\sigma^2=\frac{1}{n-1}\sum_{i=1}^{n}(x_i-X)^2 \tag{2-10}$$

式中，n 为抽样次数；x_i 为某一组分在第 i 次抽样中的分率（质量或个数）；X 为样品中某一组分的平均分率（质量或个数），以 $X=\frac{1}{n}\sum x_i$ 代替某一组分的理论分率。计算结果，σ 或 σ^2 值越小，越接近于平均分率，当 σ 或 σ^2 值为 0 时，此混合物达到完全混合。

2. 混合度

$$M=\frac{\sigma_0^2-\sigma_t^2}{\sigma_0^2-\sigma_\infty^2} \tag{2-11}$$

式中，σ_0^2 为两组分完全分离状态下的方差，即 $\sigma_0^2=X(1-X)$；σ_∞^2 为两组分完全均匀混合状态下的方差，即 $\sigma_\infty^2=X(1-X)/n$，n 为样品中固体粒子的总数；σ_t^2 为混合时间为 t 时的方差，即 $\sigma_t^2=\sum(x_i-X)/N$，N 为样品数。

完全分离状态时：

$$M=\lim_{t\to 0}\frac{\sigma_0^2-\sigma_t^2}{\sigma_0^2-\sigma_\infty^2}=\frac{\sigma_0^2-\sigma_0^2}{\sigma_0^2-\sigma_\infty^2}=0 \tag{2-12}$$

完全混合状态时：

$$M_\infty=\lim_{t\to\infty}\frac{\sigma_0^2-\sigma_t^2}{\sigma_0^2-\sigma_\infty^2}=\frac{\sigma_0^2-\sigma_\infty^2}{\sigma_0^2-\sigma_\infty^2}=1 \tag{2-13}$$

混合度 M 一般介于 0～1 之间。

3. 混合指数

混合指数法是取适量的混合样品，测定含量与规定含量相比较，计算出混合指数：

$$I=\frac{X_1+X_2+\cdots+X_n}{n}\times 100\% \tag{2-14}$$

式中，I 为混合指数；n 为同一时刻不同位置所取样本数；X 为混合浓度（百分数）。

当测定含量 x_W（质量分数）大于规定含量 x_{W_0}，则：

$$X=(1-x_W)/(1-x_{W_0}) \tag{2-15}$$

当 $x_W < x_{W_0}$ 时

$$X=x_{W}/x_{W_0} \tag{2-16}$$

混合指数一般在0%～100%。混合指数与前述的混合度非常相似，混合指数越大，混合均匀程度也越高，以100%为其极限。该法适用于已知成分的混合。成分复杂含量难以测定的样品（如中药材）应用较困难。

五、制粒

制粒（granulation）是把粉末、熔融液、水溶液等状态的物料经加工制成具有一定形状与大小的粒状物的操作，是使细粒物料团聚为较大粒度产品的加工过程。制粒物可能是最终产品也可能是中间体，如散剂、颗粒剂、胶囊剂中的颗粒是产品，而在片剂中所制颗粒是中间体。制粒可保证产品质量和生产顺利进行，例如，制粒可以改善物料的流动性以减少片剂的重量差异，可以改善颗粒的压缩成型性，还可以防止各组分离析、避免黏附和飞扬、保护生产环境等。制粒方法有多种，制粒方法不同，即使是同样的处方，不仅所得颗粒的形状、大小、强度不同，而且崩解性、溶解性也不同，进而影响制剂的安全性和有效性，因此应根据所需颗粒的特性选择适宜制粒方法。在制剂生产中广泛应用的制粒方法可分为四大类，即湿法制粒、干法制粒、流化制粒和喷雾法制粒。

（一）湿法制粒

湿法制粒是在药物粉末中加入黏合剂溶液，靠黏合剂的架桥或黏结作用使粉末聚结从而制备颗粒的方法。由于湿法制粒得到的颗粒经过表面润湿，具有圆整度高、外形美观、耐磨性较强、压缩成型性强等优点，在医药工业中应用最为广泛。但是，湿法制粒工序多、时间长，并且对湿热敏感的药物不宜用此法。

1. 湿法制粒机理

（1）液体的架桥原理　湿法制粒首先是黏合剂中的液体将药物粉粒表面润湿，使粉粒间产生黏着力，然后在液体架桥与外加机械力的作用下形成一定形状和大小的颗粒，经干燥后最终以固体桥的形式固结。当把液体加入到粉末中时，由于液体的加入量不同，液体在粉粒间存在的状态也不同，从而产生不同的作用力，见图2-21。

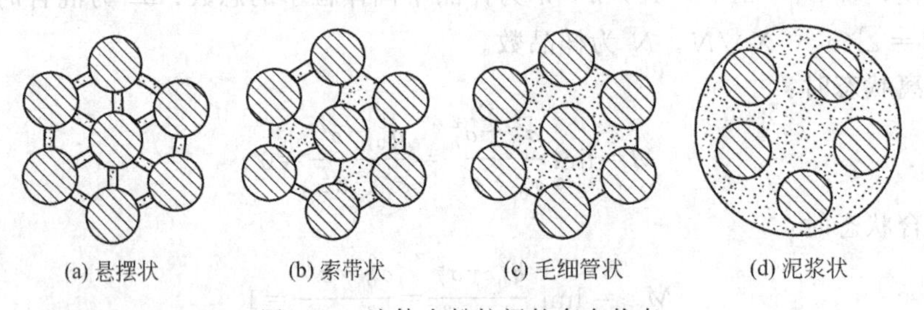

图2-21　液体在粉粒间的存在状态

液体的添加量可以用饱和度 S 表示，即在颗粒空隙中液体所占的体积与总空隙体积比。当 $S \leqslant 0.3$ 时，液体的加入量很少，颗粒内空气是连续相，液体是分散相，粉粒间的作用力来自于架桥液体的气液界面张力，此时状态称为悬摆状（pendular state）[图2-21(a)]；当适当增加液体添加量达到 $0.3 < S < 0.8$ 时，空隙变小，空气成为分散相，液体成为连续相，粉粒间的作用力取决于架桥液的界面张力与毛细管力，此时称为索带状（funiqular state）[图2-21(b)]；当 $0.8 \leqslant S < 1$ 时，液体量增加到刚充满全部颗粒内部空隙，而颗粒表面没有润湿液体，此时毛细管负压和界面张力产生强大的粉粒间的结合力，此时称为毛细管状（capillary state）[图2-21(c)]；当 $S \geqslant 1$，液体充满颗粒内部与表面时，粉粒间的结合力消失，靠液体的表面张力来保持形态，此时状态称为泥浆状（slurry state）[图2-21(d)]。一

般，在颗粒内液体以悬摆状存在时颗粒松散，毛细管状存在时颗粒发黏，索带状存在时得到较好的颗粒。可见液体的加入量对湿法制粒起着决定性作用。

(2) 从液体架桥到固体架桥的过渡　主要有三种形式。①部分溶解和固化：亲水性药物粉末制粒时，粉粒之间架桥的液体将接触的表面部分溶解，在干燥过程中部分溶解的物料析出而形成固体架桥。②黏合剂的固结：水不溶性药物粉末制粒时，加入的黏合剂溶液作架桥，靠黏性使粉末聚结成粒。干燥时黏合剂中的溶剂蒸发，残留的黏合剂固结架桥。③药物溶质的析出：小剂量药物制粒时，常将药物溶解于适宜液体架桥剂中制粒以便药物能均匀混合在颗粒中，干燥时溶质析出而形成固体架桥。

2. 湿法制粒方法和设备

湿法制粒的常用方法有挤压制粒、转动制粒和高速搅拌制粒，相应的设备有挤压制粒机、转动制粒机和高速搅拌制粒机。

(1) 挤压制粒　挤压制粒是把药物粉末用适当的黏合剂经捏合制成软材后，强制挤压使其通过一定大小孔板或筛网而制粒的方法。捏合操作使粉末便于制粒，利于混合，可以改善物料的流动性和压缩成型性。捏合的本质是固-液混合，因此常用的设备也是混合机，如搅拌槽式混合机和立式搅拌混合机。

挤压制粒的设备有螺旋挤压式、旋转挤压式、摇摆挤压式等。挤压式制粒机具有以下特点：①颗粒粒度由筛网的孔径大小调节，粒子形状为圆柱状，粒度分布较窄；②挤压压力不大，可制成松软颗粒，适合压片；③制粒过程经过混合、制软材等，程序多、劳动强度大，不适合大批量生产。挤压制粒过程中制软材（捏合）是关键步骤，黏合剂用量过多软材被挤压成条或重新黏合在一起，用量少时不能制成完整的颗粒而成粉状。因此，选择适宜黏合剂及适宜用量非常重要。软材质量往往靠熟练技术人员或熟练工人的经验来控制，如以“手紧握能成团不粘手，手指轻压能裂开”为度，但其可靠性与重现性较差。

(2) 转动制粒　转动制粒是在药物粉末中加入黏合剂，在转动、摇动、搅拌等作用下使粉末聚结成球形粒子的方法。这类制粒设备有圆筒旋转制粒机、倾斜转动锅等，多用于丸剂的生产，其液体喷入量、撒粉量等生产工序多凭经验控制。转动制粒过程分为母核形成、母核长大及压实三个阶段。

近年来出现了转动圆盘制粒机，也称为离心制粒机，见图 2-22。容器底部旋转的圆盘带动物料做离心旋转运动，并在圆盘周边吹出的空气流的作用下使物料向上运动，同时在重力作用下物料上部的粒子往下滑动落入圆盘中心，落下的粒子重新受到圆盘的离心旋转作用，使物料不停地旋转运动而形成球形颗粒。黏合剂向物料层斜面上部的表面定量喷雾，靠颗粒的激烈运动使表面均匀润湿，并使散布的药粉或辅料均匀附着在颗粒表面层层包裹，如此反复操作可得所需大小的球粒。调整在圆盘周边上升的气流温度可对颗粒进行干燥。

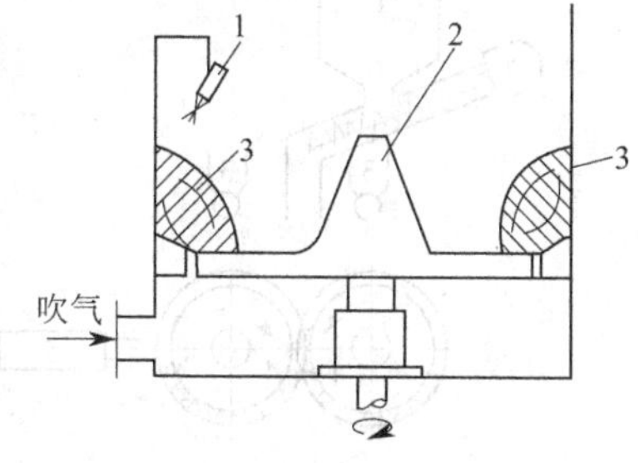

图 2-22　离心制粒机

1—喷嘴；2—转盘；3—粒子层

(3) 高速搅拌制粒　将药物粉末、辅料和黏合剂加入一个容器内，靠高速旋转的搅拌器迅速混合并制成颗粒的方法。图 2-23 为常用高速搅拌制粒机的示意图。虽然搅拌形状多种多样，但其构造主要由容器、搅拌桨、切割刀和动力系统所组成。操作时先把药粉和各种辅料倒入容器中，盖好，开动搅拌使物料混合均匀后，加入黏合剂继续搅拌制粒。制粒完成后倾倒湿颗粒或由安装于容器底部的出料口放出，干燥即得所需颗粒。

搅拌制粒的机理：在搅拌桨作用下使物料混合、翻动、分散，甩向器壁后向上运动，在切割刀的作用下将大块颗粒绞碎、切割，并和搅拌桨的作用相呼应，使颗粒受到强大的挤压、滚动而形成致密均匀的颗粒。粒度大小由外部破坏力与颗粒内部凝聚力平衡的结果来决定。

高速搅拌制粒的特点：在一个容器内进行混合、捏合、制粒过程，与传统的挤压制粒相比具有省工序、操作简单、快速、无粉尘飞扬等优点，制备一批颗粒所需时间仅为8～10min，将电流表或电压表与切割刀连接，根据电流或电压读数即能精确控制制粒终点，改变搅拌桨的结构，调节黏合剂用量及操作时间可制备致密、强度高的适合用于胶囊剂的颗粒，也可制备松软的适合压片的颗粒。高速搅拌制粒在制药工业中应用非常广泛，最近还研制了带有干燥功能的搅拌制粒机，即在搅拌制粒机的底部开孔，物料在完成制粒后，通热风进行干燥，可节省人力、物力，减少人与物料的接触机会。

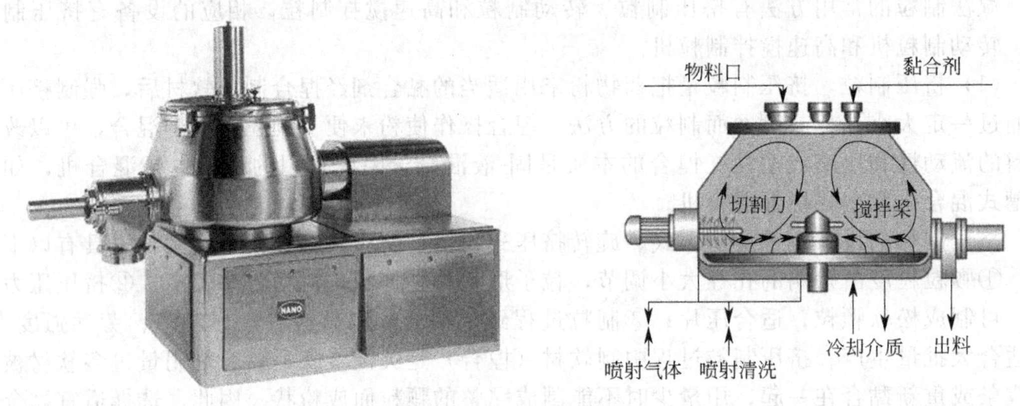

图 2-23 高速搅拌制粒机

（二）干法制粒

干法制粒是把药物和辅料的粉末混合均匀后直接压缩成较大片状物后，重新粉碎成所需大小颗粒的方法。该法不加入任何液体，靠压缩力的作用使粒子间产生结合力。常用干法制粒有压片法和滚压法。

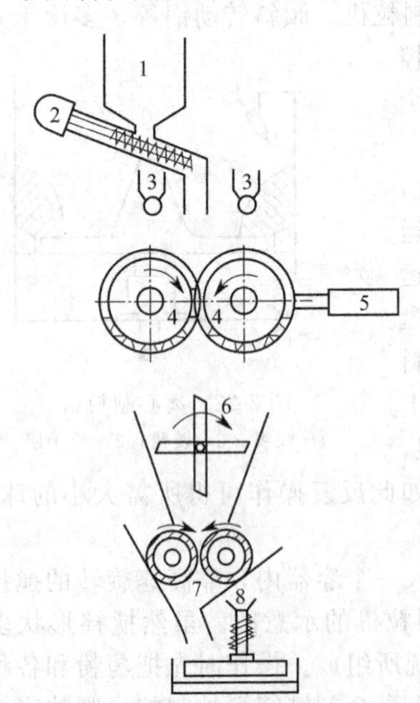

图 2-24 滚压法干法制粒机结构与操作流程

1—料斗；2—加料斗；3—润滑剂喷雾装置；4—滚筒；5—滚压缸；6—粗碎机；7—滚碎机；8—整粒机

压片法是将固体粉末首先在重型压片机上压实，制成直径为20～25mm、厚度为5～10mm的坯片，然后再破碎成所需大小的颗粒。

滚压法是利用两个转速相同、旋转方向相反的滚动圆筒之间的缝隙，将药物粉末滚压成片状物，然后再经过粉碎和筛分得到适宜大小颗粒的方法。片状物的形状根据压轮表面的凹槽花纹来决定。图2-24所示为滚压法干法制粒机结构与操作流程。

首先将原料粉料加入料斗中，用螺旋输送机（加料器）定量而连续地将原料经过料斗（筛除粗粒子）和脱气槽（脱气）后送至一对圆柱表面具有条形花纹的滚筒中压缩，由滚压筒连续压出的薄片，经粉碎、整粒后形成粒度均匀、密度较大的粒状制品，而筛出的细粉再返回重新制粒。滚筒是干法制粒机的核心部件，采用特种材料定制，具有良好的塑性、韧性及强度。滚筒表面的硬度处理国际上现采用表面硬氮化技术，保证表面硬度达到 HV1200°以上，氮化层深度 0.2mm，以提高滚筒的耐磨性、抗疲劳强度和抗腐蚀性。

干法制粒特别适用于热敏性物料、遇水易分解药物的制粒，方法简单、省工省时，操作过程可实现全部自动化。但是，干法制粒设备结构复杂，转动部件多，维修护理工作量大，造价较高；此外，还应注意由于压缩引起的晶型转变及活性降低等问题。

（三）流化制粒

流化制粒是利用容器中自下而上的气流使粉末悬浮，呈流态化，再喷洒黏合剂溶液，使粉末凝结成颗粒的方法。目前，此法广泛应用于制药工业中。

1. 流化制粒过程和机理

流化制粒可以在一台设备内完成混合、制粒、干燥等过程，也称为“一步制粒法”。流化床设备主要由容器、气体分布装置（如筛板等）、喷嘴（雾化器）、气固分离装置（如袋滤器）、空气送排装置、物料进出装置等组成，见图 2-25。

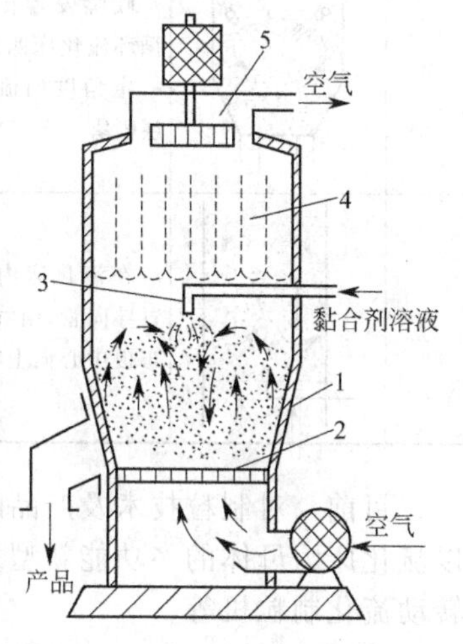

图 2-25 流化床制粒装置

1—容器；2—筛板；3—喷嘴；4—袋滤器；5—排风机

空气由送风机吸入，经过空气过滤器和加热器，从流化床下部通过气体分布板吹入流化床内，热空气使床层内的物料呈流化状态，然后送液装置泵将黏合剂溶液送至喷嘴管，由压缩空气将黏合剂均匀喷成雾状，散布在流态粉粒体表面，使粒体相互接触凝集成粒。经过反复的喷雾和干燥，当颗粒大小符合要求时停止喷雾，形成的颗粒继续在床层内送热风干燥，出料。集尘装置可阻止未与雾滴接触的粉末被空气带出。尾气由流化床顶部排出，由排风机放空。在一般的流化床制粒操作中，黏合剂的浓度通常受泵送性能限制，一般为 0.3～0.5Pa·s。在颗粒形成过程中，起作用的是黏合剂溶液与颗粒间的表面张力以及负压吸力，在这些力作用下的物料粉末经黏合剂的架桥作用相互聚结成粒。当黏合剂液体均匀喷于悬浮松散的粉体层时，黏合剂雾滴使接触到的粉末润湿并聚结在自己周围形成粒子核，同时再由继续喷入的液滴落在粒子核表面产生黏合架桥，使粒子核与粒子核之间、粒子核与粒子之间相互交联结合，逐渐凝集长大成较大颗粒。干燥后，粉末间的液体变成固体骨架，最终形成多孔性颗粒产品。

2. 流化床和喷嘴的组合方式

根据流化床制粒装置使用的目的，喷嘴的位置和方向多种多样，见表 2-3。

通常，在粉末上凝集的制粒操作中，为了减少未被液体凝集的微粉末数量，喷嘴多设在流化床的上部。对于在药物颗粒上进行包衣制粒过程，喷嘴多设在流化床层内部或粉体层下部，这样可减少衣层雾化液的损失。如果喷嘴位置安装不当，则会使粉末向器壁运动，从而发生粘壁或者在喷嘴前壁出现结块现象。因此，在流化床制粒装置中，喷嘴的位置是十分重要的。

3. 流化制粒的特点

流化制粒的特点有：①在同一设备内可实现混合、造粒、干燥和包衣等多种操作。用于流化包衣的制粒装置由垂直圆筒的流化床和喷雾喷嘴组成（见表 2-3 中序号 5），垂直圆筒分内外两层，内层为喷涂层，外层为下落层。颗粒在内层被流化起来后，与喷雾液滴接触至下落层进行干燥。如此多次循环，则可得到一定厚度包衣层的颗粒。

②简化工艺，节约时间，粉末凝聚制粒整个工序大约需要30～60min，1000μm的球形颗粒包衣约需时1h。③产品粒度分布较窄，颗粒均匀，流动性和可压性好，颗粒密度和强度小。

表 2-3 流化床和喷嘴的组合方式

序号	组合方式	喷雾方式	用途	序号	组合方式	喷雾方式	用途
1		喷嘴在循环流化床上部，向下喷雾	小颗粒造粒 颗粒包衣	4		喷嘴安在特殊流化床中心，向水平方向喷雾	颗粒包衣 药片包衣
2		喷嘴安置在强制循环流化床四周，以一定角度向流化床层喷雾	小颗粒造粒 颗粒包衣	5		在流化床中心，安导向管，喷嘴装在导向管中心，向上喷雾	结晶颗粒包衣 药片包衣
3		在流化床内部设置导向管，由气体分布板中心向上喷雾	颗粒涂层 药片包衣				

目前，对制粒技术及产品的要求越来越高，为了发挥流化床制粒的优势，出现了一系列以流化床为母体的多功能新型复合型制粒设备，如搅拌流化制粒机、转动流化制粒机、搅拌转动流化制粒机等。

(四) 喷雾制粒

喷雾制粒是将药物溶液或混悬液用雾化器喷雾于干燥室的热气流中，使水分迅速蒸发从而直接制成干燥颗粒的方法。该法在数秒钟内即完成料液的浓缩、干燥、制粒过程，制成的颗粒呈球状。原料液含水量可达70%～80%。以干燥为目的的过程称喷雾干燥，以制粒为目的的过程称喷雾制粒。

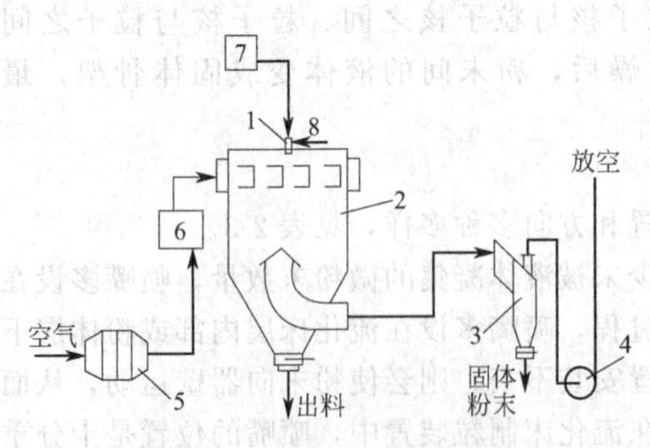

图 2-26 喷雾干燥制粒流程

1—雾化器；2—干燥室；3—旋风分离器；4—风机；5—蒸汽加热器；6—电加热器；7—料液贮槽；8—压缩空气

图2-26所示为喷雾干燥制粒的流程。料液由贮槽7进入雾化器1喷成雾状液滴分散于热气流中，空气经蒸汽加热器5及电加热器6加热，热气流沿切线方向进入干燥室2与液滴接触，液滴中水分迅速蒸发，干燥后形成固体粉末落于器底连续或间歇出料，废气由干燥室下方出口流入旋风分离器3进一步分离固体粉末，然后经风机4和袋滤器后放空。

(1) 雾化器 料液在干燥室内喷雾成微小液滴是靠雾化器完成的，因此雾化器是喷雾干燥制粒机的关键零件。常用雾化器有三种形式，即压力式、气流式、离心式。压力式雾化器是利用高压泵将料液加压送入雾化器，沿切线进入旋转室，料液的静压能转变为动能而高速旋转，自喷嘴喷出分散成雾滴。气流式雾化器利用压缩空气（表压0.2～0.5MPa），以200～300m/s

的速度经喷嘴内部通道喷出，使料液在喷嘴出口处产生液膜并分裂成雾滴喷出。离心式雾化器将料液注于高速旋转的圆盘上，液体在圆盘的离心作用下被甩向圆盘的边缘并分散成雾滴甩出，由于料液以径向喷出，因此粒径相应较大。

(2) 热气流与雾滴流向的安排　雾滴的干燥情况与热气流及雾滴的流向安排有关。流向的选择主要由物料的热敏性、要求的粒度及粒密度等来考虑。常用的流向安排有并流型、逆流型、混合流型。并流型使热气流与喷液并流进入干燥室，干燥颗粒与较低温的气流接触，因此适用于热敏性物料的干燥与制粒。逆流型使热气流与喷液逆流进入干燥室。由于干燥颗粒与温度较高的热风接触，物料在干燥室内悬浮时间较长不适宜于热敏性物料的干燥与制粒。混合流型是热气流从塔顶进入，料液从塔底向上喷入与下降的逆流热气接触，而后雾滴在下降过程中再与下降的热气流接触完成最后的干燥。这种流向在干燥器内的停留时间较长，具有较高的体积蒸发率，但不适于热敏性物料的干燥和制粒。

(3) 喷雾制粒的特点　优点是：①由液体直接得到粉状固体颗粒；②热风温度高，但雾滴比表面积大，干燥速度快（通常需要数秒至数十秒），物料的受热时间极短，干燥物料的温度相对低，适合于热敏性物料；③粒度范围约在 30μm 至数百微米，堆密度约在 200～600kg/m^3 的中空球状粒子较多，具有良好的溶解性、分散性和流动性。缺点是：①设备高大，汽化大量液体，设备费用高、能量消耗大、操作费用高；②黏性较大料液容易粘壁使应用受到限制，且需用特殊喷雾干燥设备。

近年来喷雾干燥设备在制药工业中得到广泛的应用与发展，如抗生素粉针的生产、微型胶囊的制备、固体分散体的研究以及中药提取液的干燥。

此外，在液相中晶析制粒法也用于制备颗粒，此法是使药物在液相中析出结晶的同时，借架桥剂和搅拌的作用聚结成球形颗粒的方法。因为颗粒的形状为球状，所以也叫球形晶析制粒法（简称球晶制粒法）。球晶制粒物是纯药物结晶聚结在一起形成的球形颗粒，其流动性、充填性、压缩成型性好，因此可少用辅料或不用辅料进行直接压片。球晶制粒法的特点是：①在一个过程中同时进行结晶、聚结、球形化过程，结晶（第一粒子）与球形颗粒（第二粒子）的粉体性质可通过改变溶剂、搅拌速度及温度等条件来控制；②制备的球形颗粒具有很好的流动性，接近于自由流动的粉体；③利用药物与高分子的共沉淀法，可制备缓释、速释、肠溶、胃溶性微丸、生物降解性纳米囊等多种功能性球形颗粒剂。

六、干燥

干燥是利用热能使物料中的湿分（水分或其他溶剂）汽化，并利用气流或真空带走汽化湿分而获得干燥产品的操作。干燥除去的湿分多数为水，一般用空气作为带走湿分的气流。用于物料干燥的加热方式有：热传导、对流、热辐射、介电等，而对流加热干燥是制药过程中应用最普遍的一种，简称对流干燥。本节主要讨论以空气为干燥介质，以含少量水分的固体为对象的对流干燥。

干燥是制剂生产中重要的单元操作，如固体原料药、湿法制粒物、辅料和流浸膏等都需要干燥。干燥不仅应用于中间体也应用于最终产品。干燥的目的是控制物料的水分含量，便于物料加工、运输、贮藏和使用，保证药品的质量，提高药物的稳定性。但若物料过分干燥容易产生静电，或压片时易产生裂片等，反而对生产过程造成不利。

(一) 干燥原理

在对流干燥过程中，热空气通过与湿物料接触将热能传至物料表面，再由表面传至物料

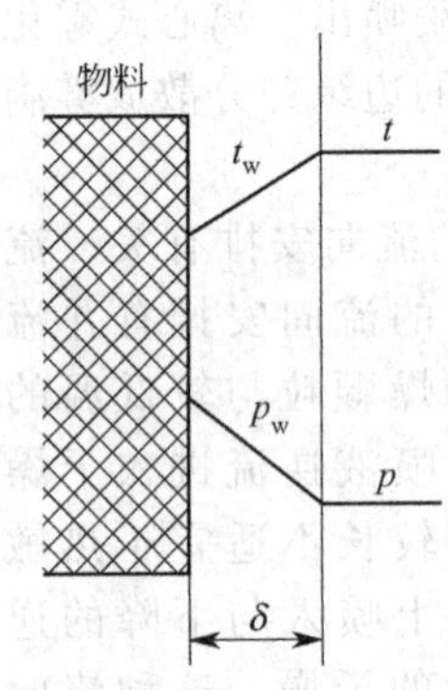

图 2-27 热空气与湿物料之间传热和传质过程机理示意图

内部，这是一个传热过程；湿物料受热后，表面水分首先汽化，内部水分以液态或气态扩散到物料表面，并不断汽化到空气中，这是一个传质过程。因此，物料的干燥过程是传热和传质同时进行的过程。图2-27即为热空气与湿物料之间传热和传质过程机理示意图。

设物料表面温度为 t_w，物料表面上产生的蒸汽分压为 p_w，空气主体温度为 t，空气中水蒸气分压为 p。空气主体与物料表面之间有一层气膜，其厚度为 δ，传热、传质的阻力集中在该气膜中，其中温差 $(t-t_w)$ 为传热推动力；分压差 (p_w-p) 为传质推动力。可见干燥过程得以进行的必要条件是 $p_w-p>0$；如果 $p_w-p=0$，空气与物料中水汽达到平衡则干燥停止；如果 $p_w-p<0$，物料非但不能干燥，反而吸湿。在一定条件下温差越大，传递热量越大，水分汽化越多，越有利于干燥。物料的干燥速率与物料内部水分的性质及空气的性质有关。

(二) 物料中水分的性质

1. 平衡水分与自由水分

在一定空气状态下，当物料表面产生的水蒸气分压与空气中水蒸气分压相等时，物料中所含水分是不能被干燥除去的，称为平衡水分。物料所含水分中大于平衡水分的部分称为自由水分，或称游离水分，是干燥过程中能除去的水分。平衡水分与物料的种类和空气的状态有关。各种物料的平衡含水量随空气中相对湿度（RH）的增加而增大，因此可根据平衡含水量曲线，选择合适的干燥条件。为使干燥得以进行，干燥器内空气的相对湿度必须低于干燥产品要求的含水量所对应的相对湿度值。

2. 结合水分与非结合水分

结合水分与非结合水分是根据物料中水分除去的难易程度划分的。以物理化学方式结合的水分称为结合水分，如动植物物料细胞壁内的水分、物料内毛细管中的水分、可溶性固体溶液中的水分等。这些水分与物料具有较强的结合力，因此干燥速率缓慢。以机械方式结合的水分称为非结合水分，它与物料的结合力较弱，干燥速率较快。含有结合水分的物料叫吸水性物料，而仅含非结合水分的物料叫非吸水性物料。

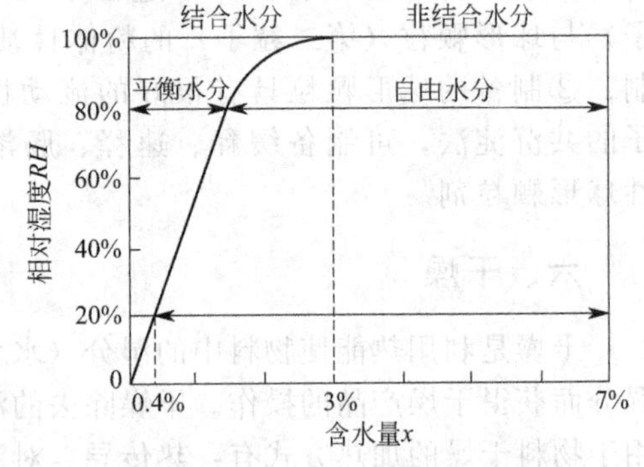

图 2-28 非那西丁的平衡含水量曲线

图 2-28 所示为非那西丁的平衡含水量曲线（20℃测定）。当 RH 为 100%时，平衡水分 x^* 等于 3%，物料中的含水量在 3%以上时物料表面产生的蒸气压等于同温度下纯水的饱和蒸气压，而含水量低于 3%时物料表面产生的蒸气压低于同温度下纯水的饱和蒸气压。根据定义，RH 为 100%时物料的平衡含水量为结合水与非结合水的分界点。例如，非那西丁的含水量为 7%，在 RH 为 20%，t 为 20℃的空气条件下干燥，根据平衡曲线可查到：①结合水分为 3%；②非结合水分为 4%；③平衡水分为 0.4%；④自由水分为 6.6%。

从以上分析可以看出，结合水分仅与物料性质有关，而平衡水分与物料性质及空气状态有关。研究物料水分的性质对研究其干燥速率很有帮助。

3. 干燥速率

干燥速率是在单位时间、单位面积上被干燥物料所能气化的水分量。用方程表示为：

$$U=\frac{dW}{A\,d\tau}=-\frac{G\,dx}{A\,d\tau} \tag{2-17}$$

式中，U 为干燥速率，$kg/(m^2 \cdot s)$；dW 为在 $d\tau$ 干燥时间内水分的蒸发量，kg；A 为被干燥物料的干燥面积，m^2；G 为湿物料中所含绝干物料的质量，kg；dx 为物料干基含水量的变化，kg 水分/kg 绝干料；负号表示物料中的含水量随干燥时间的增加而减少。

（1）干燥速率曲线　干燥速率可由干燥实验测定。图 2-29 所示为在恒定的干燥条件下测定 U 与 x 绘制的干燥速率曲线。图中 $A\rightarrow B$ 为物料的预热阶段，空气中有部分热量消耗于物料加热。物料的含水量从 x 至 x_0 范围内，物料的干燥速率保持恒定（$B\rightarrow C$ 段），不随含水量的变化而变化，称为恒速干燥阶段。物料的含水量低于 x_0 直到平衡水分 x^* 为止，即图中 $C\rightarrow D\rightarrow E$ 段，干燥速率随含水量的减少而降低，称为降速阶段。恒速阶段与降速阶段的分界点为 C 点，称为临界点，该点所对应的浓度 x_0 为临界含水量。

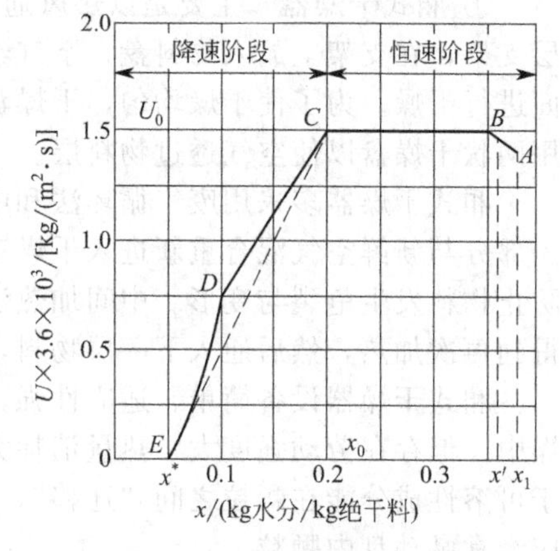

图 2-29　恒定干燥条件下的干燥速率曲线

（2）干燥速率的影响因素　在恒速干燥阶段，物料中的水分含量较多，物料表面的水分汽化并扩散到空气中，物料内部的水分及时补充到表面，保持充分润湿的表面状态，这个过程完全与纯水的汽化情况相同，干燥速率取决于水分在表面的汽化速率，主要受物料外部条件的影响。因此，此阶段的加速途径有：①提高空气温度或降低空气中湿度，以提高传热和传质的推动力；②改善物料与空气的接触情况，提高空气的流速使物料表面气膜变薄，以减少传热和传质的阻力。

在降速干燥阶段，当水分含量低于 x_0 之后，物料内部水分向表面的移动已不能补充表面水分的汽化，因此随着干燥过程的进行，物料表面逐渐变干，温度上升，物料表面的水蒸气压低于恒速阶段时的水蒸气压，传质推动力下降，干燥速率也降低。此阶段的干燥速率主要由物料内部水分向表面的扩散速率所决定，而内部水分的扩散速率主要取决于物料本身的结构、形状、大小等。因此降速干燥阶段的强化途径有：①提高物料的温度；②改善物料的分散程度，以促进内部水分向表面扩散。此时改变空气的状态及流速对干燥的影响不大。

由于两个干燥阶段的影响因素不同，在考虑强化措施时应先确定干燥阶段，即确定物料的临界含水量 x_0。临界含水量与物料的性质及干燥条件有关，同一物料，采用的干燥方法不同，临界含水量也不同。如干燥速率过快，而物料与空气的接触情况不好（物料层厚等）则临界含水量高。通常临界含水量由实验测定，一般大于或等于结合水分。

4. 水分的测定方法

常用干燥失重来测定。该法常采用：①保干器干燥法，常用干燥剂为无水氯化钙、硅胶或五氧化二磷；②常压加热干燥法；③减压干燥法等。减压干燥时除另有规定外，压力应在 2.67kPa 以下，恒重减压干燥器中常用的干燥剂为五氧化二磷。应用时根据物料性质选择适当的干燥方法。

精确测定微量水分时，必须采用费休法或甲苯法。费休法是根据碘和二氧化硫在吡啶和甲醇溶液中能与水起反应的原理来测定。其详细内容参看 2015 年版《中国药典》。

5. 干燥方法与设备

由于被干燥物料的性质、干燥程度、生产能力的大小等不同，所采用的干燥方法及设备也不同。

（1）干燥方法　干燥方法的分类方式多种多样。按操作方式可以分为间歇式、连续式。按操作压力可以分为常压式、真空式。按加热方式可以分为传导干燥、对流干燥、辐射干燥、介电加热干燥。

（2）干燥设备

① 厢式干燥器　主要是以热风通过湿物料的表面达到干燥的目的。在干燥厢内设置多层支架，在支架上放入物料盘。空气经预热器加热后进入干燥室内，以水平方向通过物料表面进行干燥。为了使干燥均匀，干燥盘内的物料层不能过厚，必要时在干燥盘上开孔，或使用网状干燥盘以使空气透过物料层。

厢式干燥器多采用废气循环法和中间加热法。废气循环法是将从干燥室排出的废气中的一部分与新鲜空气混合重新进入干燥室，不仅提高设备的热效率，同时可调节空气的湿度以防止物料发生龟裂与变形。中间加热法是在干燥室内装有加热器，使空气每通过一次物料盘得到再次加热，然后通入下一层物料，以保证干燥室内上下层干燥盘内物料干燥均匀。

厢式干燥器设备简单、适应性强，在制剂生产中广泛应用于生产量少的物料的间歇式干燥中。但存在劳动强度大、热量消耗大等缺点。被干燥物料颗粒中可能含有可溶性成分，由于可溶性成分能在颗粒之间“迁移”，造成颗粒间含量差异，影响均匀度，故在干燥过程中，应经常翻动盘内颗粒。

② 流化床干燥器　用热空气自下而上通过松散的粒状或粉状物料层形成“沸腾床”而进行干燥的操作，因此生产上也叫沸腾干燥器。工作时将湿物料由加料器送入干燥器内多孔气体分布板（筛板）上，将加热后的空气吹入流化床底部的分布板与物料接触使其呈悬浮状态做上下翻动而得到干燥，干燥后的产品由卸料口排出，废气由干燥器顶部排出，经袋滤器或旋风分离器回收，其中夹带的粉尘随后由抽风机排空。为了防止药物颗粒从筛板中漏出，促进流化空气的均匀分布，操作时可在筛板上再铺一层 120 目的不锈钢筛网。

流化床干燥器构造简单，操作方便，操作时颗粒与气流间的相对运动激烈，接触面积大，强化了传热和传质，提高了干燥速率；物料的停留时间可任意调节，适宜于热敏性物料。流化床干燥器不适宜于含水量高和易黏结成团的物料，要求粒度适宜（30μm～6mm），粒度太小易被气流夹带，粒度太大不易流化。流化床干燥器在片剂颗粒的干燥中得到广泛的应用。

③ 喷雾干燥器　喷雾干燥是把药物溶液喷进干燥室内进行干燥的方法。由于蒸发面积大、干燥时间非常短（数秒至数十秒），在干燥过程中雾滴的温度大致等于空气的湿球温度，一般为 50℃左右，对于热敏物料及无菌操作非常适用。干燥制品多为松脆的空心颗粒，溶解性好。喷雾干燥器内送入的料液及热空气经除菌高效过滤器滤过可获得无菌干品，如抗生素粉针的制备与中药粉针的制备都可利用。

④ 红外干燥器　红外干燥是利用红外辐射元件所发出的红外线对物料直接照射加热的一种干燥方式。红外线是介于可见光和微波之间的一种电磁波，其波长在 0.72～1000μm 的广泛区域，波长在 0.72～5.6μm 区域的称近红外，波长在 5.6～1000μm 区域的称远红外。

红外线辐射器所产生的电磁波以光的速度辐射至被干燥的物料，当红外线的发射频率与物料中分子运动的固有频率相匹配时引起物料分子的强烈振动和转动，使物料内部分子间发生激烈的碰撞与摩擦而产生热，从而达到干燥的目的。红外线干燥时，由于物料表面和内部的物料分子同时吸收红外线，故受热均匀、干燥快、质量好。缺点是电能消耗大。

⑤ 微波干燥器　属于介电加热干燥器。把物料置于高频交变电场内，从物料内部均匀加热而达到迅速干燥的方法。工业上使用的频率为 915MHz 或 245MHz。外加电场不断改变方向，水分子就会极化并随着电场方向不断地迅速转动，水分子间即产生剧烈的碰撞和摩擦，部分能量转化为热能。微波干燥器内是一种高频交变电场，能使湿物料中的水分子迅速

获得热量而汽化，从而使湿物料得到干燥。微波干燥器加热迅速、均匀、干燥速率快、热效率高，对含水物料的干燥特别有利。微波操作控制灵敏、操作方便。缺点是成本高，对有些物料的稳定性有影响。因此常在需避免物料表面温度过高或防止主药在干燥过程中迁移时使用。

七、压片

（一）压片机工作原理

压片是用压片机将药物与适宜辅料压制加工成片状制剂的过程。压片机直接影响到制品的质和量，其结构类型很多，但其工艺过程及原理都相似。压片的方法一般分为制粒压片和粉末直接压片两种。

1. 制粒压片

（1）压片前干颗粒的处理　湿法制粒在干燥过程中，一部分颗粒彼此粘连结块，应经过过筛整粒，使成适合压片的均匀颗粒，筛网目数可比制粒时小一号；润滑剂和崩解剂常在整粒后用细筛加入干颗粒中混匀。如果片剂中含有对湿、热不稳定且剂量又较小的药物时，可将辅料以及其他对湿热稳定的药物先以湿法制粒，干燥并整粒后，再将对湿热不稳定的小剂量药物先溶于适宜溶剂，再与干颗粒混合后压片。挥发性成分也经常采用本法加入。

（2）冲模　冲模是压片机的主要工作元件，是压制药片的模具，由优质钢材制成，耐磨，强度大。通常一副冲模包括上冲、模圈、下冲三个零件，上、下冲的结构相似，其冲头直径也相等且与模圈的模孔相配合，可以在模圈孔中自由滑动，但药粉不能泄漏。片剂的形状由冲模决定，上、下冲的工作端面决定片剂的表面形态，模圈孔的大小即为药片的大小。冲模按结构形状可划分为圆形、异形（包括多边形和曲线形）。冲头端面的形状有平面形、斜边形、浅凹形、深凹形及综合形等。平面形、斜边形冲头用于压制扁平的圆柱状片剂，浅凹形用于压制双凸面片剂，深凹形用于压制包衣片剂的芯片，综合形主要用于压制异形片剂。为了便于识别及服用，在药片冲模端面上也可刻制药品名称、剂量及纵横线条等标志。冲头直径有多种规格，供不同片重压片时选用。

（3）压片机自动上料机　压片机自动上料机是一种粉状、颗粒状物料的真空输送机，一般由吸料嘴、料斗、布袋过滤器、振打装置、真空泵及料位控制装置等组成。自动上料机能将粉末、颗粒等物料自动输送到压片机、包装注塑机的料斗中，并能自动控制吸料和除尘操作以及料面高度等，具有显著减少粉尘飞扬，改善工作环境，降低操作者劳动强度等优点。

（4）压片机制片原理

① 剂量的控制　各种片剂有不同的剂量要求，不同剂量的调节是通过选择不同直径的冲模并调节模容积来实现的，如有6mm、8mm、11.5mm、12mm等冲模直径。选定冲模直径后，通过调节下冲伸入中孔模的深度，从而达到调节孔中药物体积（和重量）的目的。因此，压片机上设有片重调节器以调节下冲在模孔中位置来调节模容积，从而实现片剂剂量的调节要求。由于不同批号的药粉配制总有比容的差异，这种调节功能是十分必要的。在剂量控制中，加料器的动作原理也有相当的影响，比如颗粒药物是靠自重自由滚入模孔中时，其填装情况较为疏松；如果采用多次强迫性填入方式将会填入较多药物，填装情况则较为密实。

② 压力的控制　当药物剂量确定后，为了能使片剂成型并满足片剂运输、保存和崩解时限要求，压片时的压力是有一定要求的。压力调节是通过调节上冲在孔中的下行的高度来实现的。有的压片机在压片过程中不单有上冲下行动作，同时也可有下冲上行动作，由上下冲相对运动共同完成压片过程。

(5) 压片机 压片机可分为单冲式压片机、多冲旋转式压片机及高速压片机。

① 单冲式压片机 单冲式压片机的主要构造见图 2-30，主要由上下冲头、模圈、片重调节器、出片调节器、压力调节器、饲料器、加料斗、转动轮等组成。饲料器外部呈靴形，由凸轮带动在冲模上完成左右摆动加料、刮平和推片动作。片重调节器可调节下冲在模孔中下降的深度，借以变动模孔的容积而调节片重，当下冲下移时，模孔内容积增大，药物填充量增加，片剂重量增大；相反下冲向上调节时，模孔内容积减小，片剂重量也减少。压力调节器调节上冲下降的距离来调节压力，当进行压力调节时，可旋转上冲套，上冲下移时，上下冲之间的距离小，颗粒受压大，压出的片剂薄而硬；反之则受压小，片剂厚而松。出片调节器是调节下冲抬起高度，使下冲头端恰与模圈上缘相平，进而将压成的药片从模孔中顶出，以利饲粉器推片。此外，下冲上升的最高位置是需要调节的，如果下冲顶出过高，会使饲料器拨药片动作和下冲运动发生干涉，从而造成下冲损坏现象；如果下冲顶出过低，药片不能完全露出上表面，则容易发生药片碎裂。

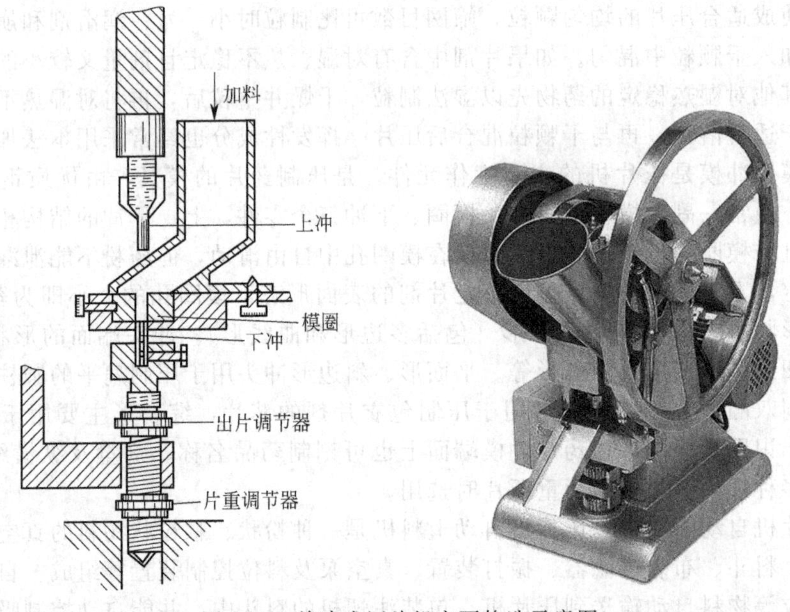

图 2-30 单冲式压片机主要构造示意图

单冲式压片机的压片过程见图 2-31。a. 饲料：上冲抬起，饲料器移动到模孔之上，下

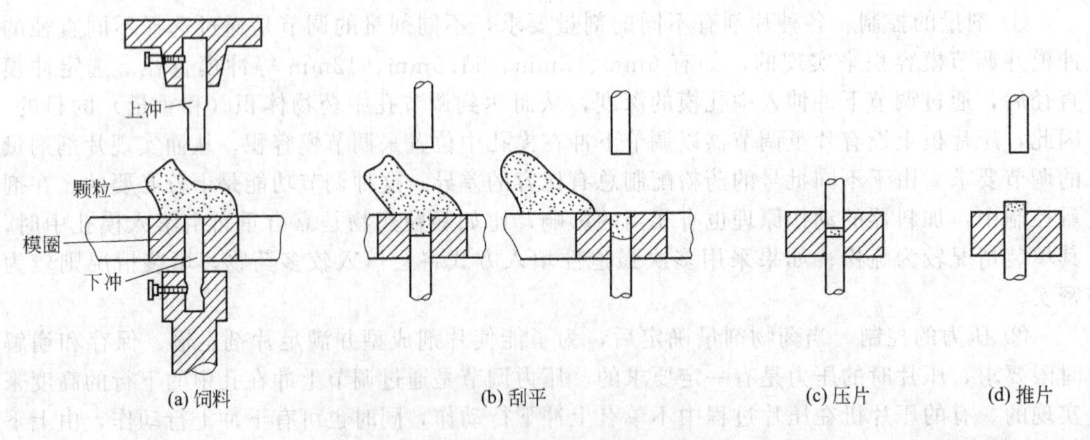

图 2-31 单冲式压片机的压片过程

冲下降到适宜深度（使容纳的颗粒重恰等于片重），饲料器在模上面摆动，颗粒填满模孔；b. 刮平：饲料器由模孔上离开，使模孔中的颗粒与模孔的上缘持平；c. 压片：上冲下降，并将颗粒压成片；d. 推片：上冲抬起，下冲随之上升到恰与模孔缘相平，此时饲料器又移到模孔之上，将药片推开落于接受器中，同时下冲又下降，模孔内又填满颗粒进行第二次饲粉，如此反复进行。

单冲式压片机加料器中的药粉随加料器摆动容易造成药粉分层，且压片时，是单侧加压（上冲加压），所以压力分布不均，易裂片，噪声大；生产效率比较低，一般单冲式压片机产量为 80 片/min，故仅适用于实验室和大尺寸片剂生产。

② 多冲旋转式压片机　是目前生产中广泛使用的多冲式压片机，主要由动力部分、传动部分和工作部分组成，结构示意图如图 2-32 所示。动力部分是以电动机作为动力，传动部分的第一级是皮带轮，第二级是由涡轮涡杆带动压片机机台（亦称转盘）；工作部分主要包括装冲头冲模的绕轴面旋转机台、上下压轮、片重调节器、压力调节器以及加料斗、饲粉器、推片调节器、吸尘器和防护装置。

机台装于机座中轴上，分为三层，上层为上冲转盘，中间为固定冲盘的模盘，构成一个有多个模孔的转盘，下层是下冲转盘。机台绕轴面旋转运动时带动机台上的上、下冲及模圈做旋转运动；上、下冲在旋转的同时，受各自导轨控制在转盘孔中做上下轴向运动，以完成加料及出片等工作。当上冲在上冲上行轨道中行走时，压片刚刚结束，上冲由底向高慢慢提升逐渐由模圈孔中退出达最高点。当上冲在平行轨道中开始行走时，下冲在下冲上行轨道上提升进而逐渐达到最高点并顶出药片。当上冲于上冲下行轨道中保持在最高处时，下冲已开始下落，其后下冲于填充轨道上运行，此间冲模孔完全暴露在加料器的覆盖区，完成加料过程；上冲转盘之上，有一个与之垂直的上压轮，在机台下面对应位置上有一个下压轮，机台每旋转一次，每个上冲便经过上压轮被压下降一次，下冲经过下压轮被压上升一次，此时上、下冲头在模孔内将颗粒挤压成片。冲头随机台旋转时可以自转（个别类型不能自转）；模盘上有一固定于机架上的栅式饲粉器，此饲粉器的底部与模盘表面保持一定间隙（约定 0.05～0.1mm），当旋转中的模圈从饲料器下方通过时，栅格中的药物颗粒落入模孔中，弯曲的栅格板造成药物的多次填充，加料器最末一个栅格装有刮料板，它紧贴于转盘的工作平面，可将转盘及模圈表面的多余颗粒刮平带走，随后下冲再有一次下降，以便在刮料板刮料后再次使模孔中的药粉震实。加料斗处于它的上面，颗粒源源不断地加到饲粉器中。模盘每转动一圈，每个冲模便经过刮粉器一次，加一次料压一次片。

压力调节器用于调节下压轮的位置，当下压轮升高时，上下压轮间的距离缩短，上下冲头的距离亦缩短，压力加大；反之压力降低。片重调节器是装在下轨道上的填充轨，是一个可以调节高低的铜质斜板，调节填充轨的高低可以调节下冲在模孔中的位置，从而达到调节颗粒充填量的目的。

旋转式压片机有多种型号，按冲数分为 16 冲、19 冲、27 冲、33 冲、55 冲、75 冲等；按流程分为单流程及双流程等。单流程（如国产 ZP-19 型）压片机仅有一套压轮，旋转一圈每个模孔仅压制出一片；双流程压片机（如国产 ZP-33 型）有两套压轮，中盘旋转一周每付冲模可压制出两片。此外还有三流程和四流程压片机，实际应用比较少。旋转压片机的饲料方式合理，片重差异较小，上下冲相对加压，压力分布均匀，生产效率高，ZP-33 型双流程压片机的出片速度为 900～1600 片/min。

③ 高速压片机　高速压片机是一种先进的旋转式压片设备，通常每台压片机有两个旋转圆盘和两个给料器，为适应高速压片的需要，采用微电脑控制系统、自动给料装置、压力过载保护装置和片重不合格片剂剔除系统等。

具体优点：a. 机器操作压力大，同时设置了预压轮装置，延长了受压时间，使片剂质

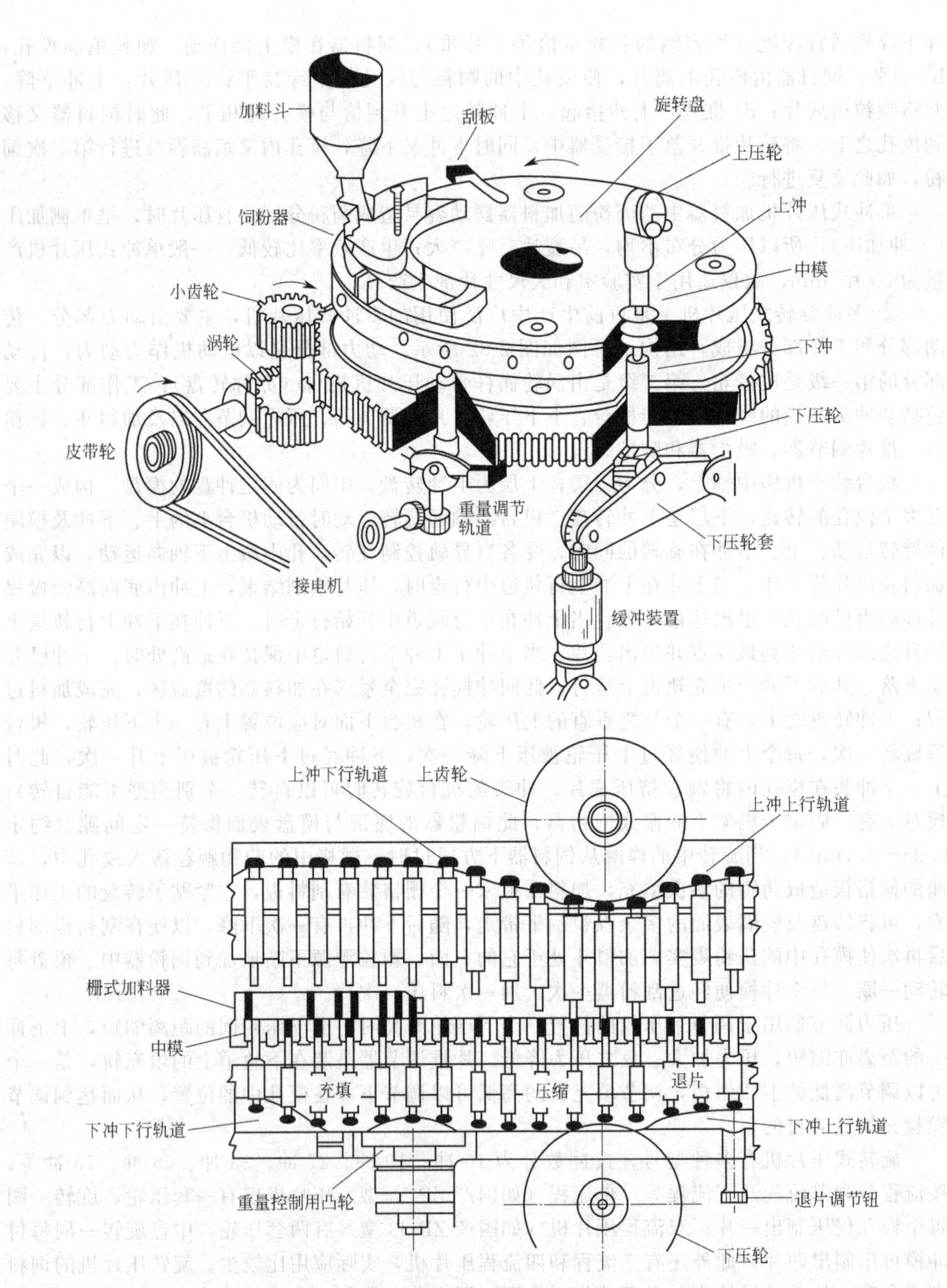

图 2-32　多冲旋转式压片机的结构与工作原理示意图

量更符合质量要求；b. 转台转速高，产量可达 15.2 万片/h，适应药厂大批量生产的需求；c. 上压轮部位安装了压力传感器，通过放大器和显示屏准确显示片剂的平均工作压力，便于观察，同时可以设定所需要的最大工作压力，当工作压力超过设定值时，机器自动紧急停车，起到保护作用；d. 设置了上冲断冲保护装置，当上冲断裂下落触动微动开关时，机器瞬间紧急停车，有效保护加料器等零件免受破坏；e. 机器外形美观新颖，主机和控制操作台分别设置，可实现人机隔离模式；f. 机器控制部分采用可编程序控制器，终端操作面板为触摸显示屏，为用户的操作界面，可以设置转台转速等运行参数和压力等控制参数，显示主要的技术参数、压力平均值等，可快速定位故障点，显示故障原因及排除方法，提高维修效率。

2. 粉末直接压片

粉末直接压片是指药物的粉末与适宜的辅料混合后，不经过制粒而直接压片的方法。

直接压片法省去了制粒、干燥等工序，工艺简单，节能、省时，有利于片剂生产的连续化和自动化，特别适于对湿热不稳定的药物。本法对物料的规格要求比较高，如药物粉末需有适当的粒度、结晶形态和可压性，并应选用有适当黏结性、流动性和可压性的新辅料等。解决粉末流动性和可压性差的问题一般可从以下两个方面考虑改进。

（1）改善物料性能　粉末直接压片的先决条件应选用具有良好流动性和可压性的辅料，国外常用的辅料有：微晶纤维素、喷雾干燥乳糖、甘露醇、山梨醇、磷酸氢钙二水合物、蔗糖、葡萄糖以及淀粉的一些加工制品等。它们都有较严格的性质要求。此外，在一些品种中还需要优良的助流剂如微粉硅胶。当药物的剂量小，药物在整个片剂中占的比例不大，不管药物本身的流动性和可压性如何，当与大量的流动性和可压性好的辅料混合后，即可考虑直接压片；当药物的剂量大，且药物本身具有良好的流动性和可压性时，如阿司匹林、氯化钾等结晶性或颗粒性药物，均可加入适当崩解剂和润滑剂混合均匀后直接压片；当药物的剂量大且药物的流动性和可压性又不好时，可通过适宜方法来改变粒子的形态和大小，如用球形结晶法、喷雾干燥法等。

（2）压片机的改进　根据粉末直接压片中容易出现的问题，压片机的改进一般包括：

① 饲粉装置　细粉末的流动性总是不及颗粒，为了防止粉末在压片机的饲料器中形成空洞或流动时快时慢，常用强迫式加料器饲粉，这是较新发展的一种密封型加料器，此加料器的出料口装有两组旋转刮料叶，当冲模随转盘进入加料器的覆盖区域时，刮料叶迫使颗粒多次填入模孔中。这种加料器适用于高速旋转压片机，尤其适于压制流动性较差的颗粒，可提高制品剂量的精确度。

② 增加预压片结构　为了克服一次压制存在的成型性差、转速慢的缺点，将一次压制机改成二次、三次压制机，直至把压缩轮安装成倾斜型的压制机。物料经过一次压轮或预压轮（初压轮）适当压制后，移到二次压轮再进行压制最终成型。由于经过两步压制，整个受压时间延长，成型性增加，形成的片剂密度较均匀，而且可减少顶裂现象并增加制品的硬度。

③ 除尘机构　粉末直接压片时，产生的粉尘比较多，所以应安装除尘装置加以回收。另外，也可安装自动密闭加料设备，以克服药粉加入料斗时的飞扬。

近20年来，随着可用于直接压片的优良辅料与高效旋转式压片机的发展，直接压片的应用逐渐普及，各国国家的直接压片品种不断上升，有些国家高达60%以上。

（二）片剂成型原理及影响因素

药片的成型是由于药物颗粒（或粉末）及辅料在压力作用下产生足够的内聚力和辅料的黏结作用而紧密结合的结果。为了改善药物的流动性和克服压片时成分的分离而常将药物制成颗粒后压片。因此，颗粒（或结晶）的压制固结是片剂成型的主要过程。虽然对颗粒中粉末的结合机理已做了较深入的研究，但对压制成型过程中颗粒间的结合则因涉及的因素很多至今尚未完全清楚。

1. 粉末结合成颗粒

粉末相互结合成颗粒与黏附和内聚有关，黏附是指不同种粉末或粉末与固体表面的结合，而内聚是指同种粉末的结合。在湿法制粒中，粉末间存在的水分可引起粉末的黏附。如果粉末间只有部分空隙充满液体，则所形成的液桥便以表面张力和毛细管吸力使粉末结合；如果粉末间的空隙都充满液体，并延伸至空隙边缘时，颗粒表面的表面张力及整个液体空间的毛细管吸力可使粉末结合。当粉末表面完全被液体包围后，虽然没有颗粒内部引力存在，但粉末仍可凭借液滴表面张力彼此结合；颗粒干燥后，虽然尚剩余少量的水分，但由于粉末之间接触点因干燥受热而熔融，或由于黏合剂的固化或被溶物料的重结晶等作用会在粉末间形成固体桥，从而加强了粉末间的结合；对于无水的粉末，粒子间的作用力主要是分子间力（范德华力）和静电力，即使粒子间表面距离在 10μm 时，其分子间力仍很明显。颗粒中粉末间的静电力比较弱，故对颗粒形成的作用不大，但分子间力的作用则很强，故可使颗粒保持必要的强度。

2. 颗粒压制成型

压片是在压力下把颗粒（或粉末）状药物压实成片的过程。疏松颗粒在未加压时，其不同大小的颗粒彼此接触，这时只有颗粒的内聚力而无颗粒间的结合力，且在颗粒间存有很多间隙，间隙内充满着空气。压片时，由于压力的作用，颗粒发生移动或滑动而排列得更加紧密，同时颗粒受压变形或破碎，压力越大破碎越多，颗粒间的距离缩短，接触面积增大，致使粒子间的范德华力等发挥作用，同时因粒子破碎而产生了大量的新面积与较大的表面自由能，致使粒子结合力增强。又在压力继续作用下，颗粒黏结，比表面积减少，颗粒产生了不可逆的塑性变形，变形的颗粒则借助分子间力与静电力等而结合成更加坚实的片型。

影响颗粒间结合作用的因素很多，如亲水性药物，由于颗粒表面存在未饱和的力场，可与水相结合形成一层厚约 3nm 的水膜，此水膜在颗粒接触面上有润滑作用，能使颗粒活动性增强，填装更紧密。水膜还可增强颗粒在压力下的可塑性使易于成型，而且水膜越薄，分子间力的作用也越强。在片剂的空隙中毛细管充满了水，压力解除后，被挤压的毛细管力图复原而产生很强的吸力使管壁收缩，从而可使片剂的黏结力大大增强。另外在物料受压时，由于颗粒间和颗粒与冲模壁间的摩擦力以及物料发生塑性和（或）弹性变形等作用可产生热量，也由于制片物料的比热容较低且导热性能差等原因可导致局部温度增高，致使颗粒间接触支撑点部分可因高温而产生熔融，或由于两种以上组分而形成低共熔混合物，当压力解除后又结晶，在颗粒间形成固体桥，或将相邻粒子联系起来而有利于颗粒的固结成型。实践证明，在相同压片条件下，同系物中熔点低者，其片剂的硬度较大。此外，原辅料中的氢键结合作用等对片剂的成型也产生了一定的作用。

3. 压片过程中压力的传递和分布

压片压力通过颗粒传递时可分解为两部分，一部分是垂直方向传递的力（轴向力 F_a），另一部分则是呈水平方向传递到模圈壁的力（径向力 F_r），如图 2-33 所示。径向力由于受到颗粒间的摩擦、契合等作用的影响，比轴向力要小得多。单冲压片机在压片时，下冲的位置不动，仅由上冲施加压力，而由上冲传递到下冲的力（F_b）总是小于施加的力，即 $F_a > F_b$；对于旋转式压片机则由于上冲和下冲都被导轨及压轮推动而做相对运动，所以上、下冲间的压力相差不大。

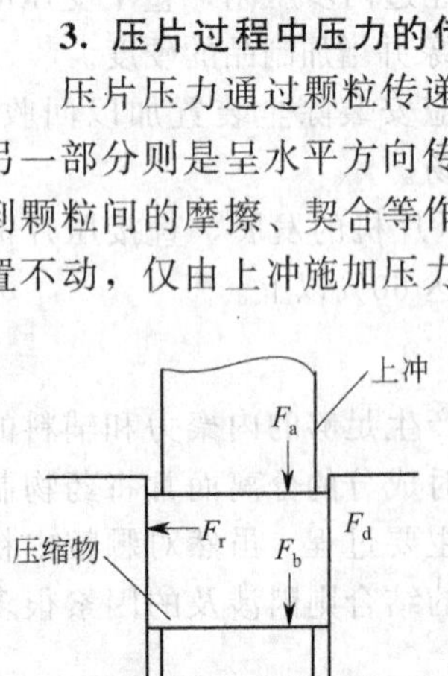

图 2-33 压片时力的分布

颗粒与模壁间摩擦力的大小与径向力的关系可用下式表示：

$$F_d = \mu F_r \tag{2-18}$$

式中，F_d 为颗粒与模壁的摩擦力；μ 为颗粒与模壁的摩擦系数；F_r 为径向力。某一药物颗粒受压缩时，径向力的大小不仅与轴向力有关，而且与物质的压缩特性也相关，物料不同，轴向力转变为径向力的分数，即径向力与轴向力的比值也不同。

此外，颗粒与模壁的摩擦力还与接触面积有关，因此上冲力与下冲力的关系可由下式表示：

$$F_a = F_b e^{4L\mu\eta/D} \quad (2\text{-}19)$$

式中，L 为颗粒层的厚度；D 为颗粒层的直径；η 为径向力对轴向力的比值；μ 为摩擦系数。

由于颗粒中各种压力分布不均匀，所以药片周边、片芯及片面各部分的压力和密度的分布也不均匀。

4. 片剂的弹性复原

固体颗粒被压缩时，既发生塑性变形，又有一定程度的弹性变形，因此在压成的片剂内存在一定的弹性内应力，其方向与压缩力相反。当外力解除后，弹性内应力趋向松弛和恢复颗粒原来形状而使片剂体积增大（一般约增大 2%～10%）。所以当片剂由模孔中推出后，一般不能再放回模孔中，片剂的这一膨胀现象称为弹性复原。由于压缩时片剂各部分受力不同，因此各方向的内应力也不同，当上冲上提时，片剂在模孔内先呈轴向膨胀，推出模孔后，同时呈径向膨胀，当黏合剂用量不当或黏结力不足时，片剂压出后就可能引起表面一层出现裂痕，所以片剂的弹性复原及压力分布不均匀是裂片的主要原因。由于轴向力较大，所以常用轴向的弹性复原率来表示片剂弹性复原的程度。片剂加压时的高度一般可用位移传感器测定压片时冲的位移来测定。

（三）压片中易出现的问题及解决方法

压片中易出现的问题、主要原因及解决办法见表 2-4。

表 2-4　压片中易出现的问题、主要原因及解决办法

出现的问题	主要原因	解决办法
1. 裂片 指片剂在受震或经放置时，从腰间或顶层裂开的现象	物料的压缩成型性差	选用弹性小、塑性强的辅料
	物料中细粉过多	选用适宜的制粒方法
	压力分布不均匀（单冲式压片机较易发生）	选用旋转式压片机
	压片速度过快	降低压片速度
	黏合剂选择不当或用量不足	选择合适的黏合剂或增加用量
	冲模与冲圈不符	更换冲模
2. 松片 片剂硬度不够，在包装、运输过程中稍加触动即散碎的现象	药物或辅料的弹性回复大	增多具有较强塑性的辅料
	黏合剂选择不当或用量不足	选择合适的黏合剂或增加黏合剂用量
	压片时压力不足或压缩时间短	调整压片机压片条件
3. 黏冲 指冲头或冲模上粘着细粉，导致片面不平整或有凹痕的现象	颗粒含水量过多	将颗粒适当进行干燥
	润滑剂选用不当或用量不足	添加适当的润滑剂
	冲头表面粗糙	更换冲头
	工作场所环境湿度高	控制环境湿度
4. 崩解迟缓 指崩解时间超过《中国药典》的规定	崩解剂用量不足	选用优良崩解剂或增加崩解剂用量
	黏合剂黏性大	减少黏合剂用量
	疏水性润滑剂用量过多	加入亲水性润滑剂
	压力过大	降低压片压力
5. 片重差异超限 指片重差异超过《中国药典》的规定	颗粒流动性不好	加入助流剂
	颗粒中细粉太多或颗粒大小不均匀	筛去细粉，重新整粒
	下冲升降不灵活	停机检查，调整下冲
	加料斗装料时多时少	调节加料斗使填料量一致
6. 含量不均匀	所有造成片重差异过大的因素，皆可造成片剂中药物含量的不均匀	采取相应措施
	对于小剂量药物，混合不均匀和可溶性成分的迁移是片剂含量均匀度不合格的两个主要原因	采取相应措施确保混合均匀； 采取适当的干燥方法，避免可溶性成分在干燥过程迁移
7. 溶出超限 片剂在规定的时间内未能溶出规定量的药物	片剂崩解迟缓，颗粒过硬，药物的溶解度差	在药物崩解、溶出、吸收等方面进行调节

八、包衣

在制剂生产中，包衣是指在药片（片芯）、微丸和颗粒等的表面包裹上适宜材料的衣层。其中微丸和颗粒包衣后常用于填入胶囊制成胶囊剂。

包衣的目的：①掩盖药物的苦味或不良气味；②防潮、避光、隔绝空气，以增加药物的稳定性；③控制药物的释放部位，减少胃酸或胃酶对药物的破坏，或减轻刺激性药物对胃的局部刺激性；④控制药物的释放速度；⑤制成包芯片或包衣颗粒，将有配伍禁忌的药物分开；⑥改善片剂外观。

（一）片剂包衣

包衣片芯（或素片）的特性和要求有：片芯外形上需具有深弧度，以避免其边缘部位难以覆盖衣层；片芯硬度不仅要能承受包衣时的滚动、碰撞与摩擦，还要使片芯对包衣过程中所用溶剂的吸收降低至最低程度。

常用的包衣方式有糖包衣、薄膜包衣等。

1. 包衣方法

① 滚动包衣法（锅包衣法） 滚动包衣机一般由包衣锅、动力部分和加热器及鼓风设备等组成。包衣锅常由不锈钢或紫铜等性质稳定并有良好导热性的材料制成，其形状有莲蓬形、荸荠形、梨形和圆柱形等多种形式。图 2-34 所示为常见的荸荠形包衣机，包衣锅的轴与水平成一定角度（一般为 30°～45°），以便片剂在包衣锅中既能随锅的转动方向滚动，又能沿轴的方向运动，有利于将包衣材料均匀地分散于片面和干燥成衣。片剂在包衣锅中转动时，是借助于离心力和摩擦力的作用使之随锅的转动而上升到一定高度，直到片剂的重力克服离心力和摩擦力的作用成弧度运动而落下。

包衣时，将片芯置于转动的包衣锅中，加入包衣材料溶液，使均匀地分散到各个片剂的表面上，必要时加入固体粉末以加快包衣过程，有时加入的包衣材料是高浓度的混悬液，然后加热、通风干燥。按上述方法操作若干次，直至达到规定要求。

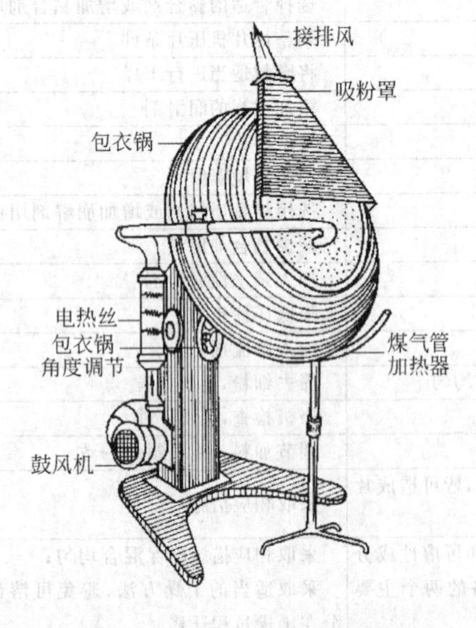

图 2-34 荸荠形滚动包衣机

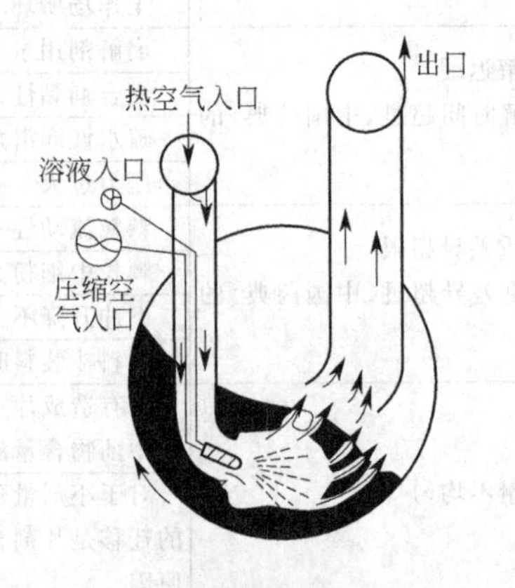

图 2-35 埋管式包衣机结构

② 埋管式包衣法 埋管式包衣机的结构原理见图 2-35，是在普通包衣锅的底部装有通入包衣溶液、压缩空气和热空气的埋管。包衣时，该管插入包衣锅中翻动着的片床内，包衣

材料的浆液由泵打出经气流式喷头连续雾化，直接喷洒在片剂上，干热空气也随之同时从埋管吹出，穿透整个片床进行干燥，湿空气从排出口引出经集尘滤过器滤过后排出。本法可用有机溶剂溶解衣料，也可用水性混悬浆液的衣料，既可用于糖包衣也可用于薄膜包衣。由于雾化过程连续进行，故包衣时间短，且可避免粉尘飞扬，故适用于大生产。目前，已有全自动包衣锅问世，由程序控制自动进行包衣。

③ 流化床包衣法　流化床包衣原理与流化床喷雾制粒相近（见本章第一节流化制粒部分），即将片芯置于流化床中，通入气流，借急速上升的空气流使片剂悬浮于包衣室空间上下翻滚处于流化（沸腾）状态时，另将包衣材料的溶液输入流化床并雾化，以使片芯的表面黏附一层包衣材料，继续通入热空气使之干燥，按此法操作，直至达到规定要求。

④ 压制（干压）包衣法　压制包衣法是指用由两台旋转式压片机经单传动轴配装成套的压制包衣机完成包衣的方法。包衣时，先用压片机压成片芯后，一边用吸气泵将片芯外的细粉除去，一边用特制的传动器将片芯送至第二台压片机已填入部分包衣物料的模孔中，再加入包衣材料填满模孔，第二次压制成最后的包衣片。

⑤ 高效包衣机　高效包衣机由主机、计算机控制系统、喷雾系统、热风柜、排风柜、搅拌配料系统和进出料装置等组成，见图 2-36。其中，主机包括封闭式工作室、筛孔式包衣滚筒、搅拌器、清洗盘、驱动结构、热风阀门结构、排风阀门结构。使用时，包衣锅由筛孔板制成，被包衣的片芯在包衣机的滚筒内做连续复杂的运动，在运动过程中，按计算机控制系统设定的工艺参数（如温度、滚动压力、进风温度、主机转速等）将包衣介质经蠕动泵及喷枪自动地以雾状喷洒在片芯表面，同时由热风柜提供经过 10 万级过滤的洁净热空气穿透片床，从滚筒底部由排风机抽走，并经除尘后排放，从而使片芯快速形成坚固、光滑的表面薄膜。

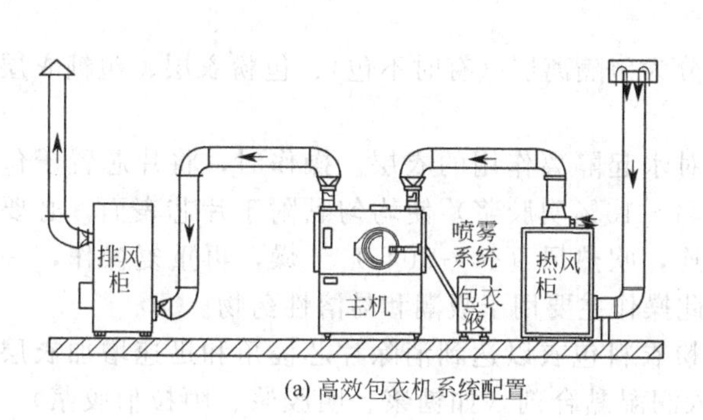

(a) 高效包衣机系统配置

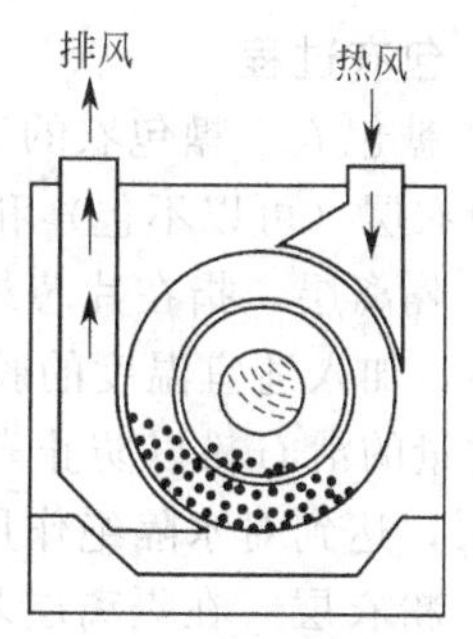

(b) 包衣机(主机)

图 2-36　高效包衣机

⑥ 包衣的喷液装置　普通包衣锅包糖衣时，包衣料液一般用勺子分次一勺勺加入，这种方法加液不够均匀，特别不适用于包薄膜衣。现在使用的包衣喷液装置常采用无气喷雾或空气喷雾技术。无气喷雾技术装置包括高压无气泵及自动喷枪，是借助于压缩空气推动的高压无气泵对包衣液加压后再通过喷嘴小孔雾化喷出，故包衣液的挥发不受雾化过程的影响。无气喷雾包衣适用于薄膜包衣和糖包衣。压缩空气只用于对液体加压并使其循环，因此对空气的要求相对较低。由于人为因素降低到最低点，因此产品质量重现性好、技术参数稳定。但包衣时液体喷出量较大，只适用于大规模生产，且生产中还需严格调整喷出速度、包衣液雾化程度以及片床温度、干燥温度和流量三者之间的平衡。一般一台高压无气泵可同时满足多台包衣锅的包衣需要，图 2-37 所示为高压无气喷雾生产工艺流程。与无气喷雾包衣不同，空气喷雾包衣因通过压缩空气雾化包衣液，故小量包衣液就能达到较理想的雾化程度，小规模生产中采用空气喷雾包衣，但空气喷雾包衣对压缩空气要求较高，一些有机溶剂在雾化时

即开始挥发，因此空气喷雾包衣法更适用于水性薄膜包衣操作。为了提高包衣质量、适应大生产的要求，高效包衣机的喷雾系统由能恒压输出包衣液的蠕动泵和具有独立的二路压缩空气的喷枪组成，这种蠕动泵不论包衣液的流量如何，可恒压输出包衣液，而喷雾量的大小则完全由喷枪控制。喷枪则由独立的二路压缩空气（即控制气和雾化气）控制，控制气控制枪的开关，关枪时枪针顶出，防止堵枪；雾化气除雾化包衣介质外还可对雾化扇形角度进行调节，使包衣效果更好。

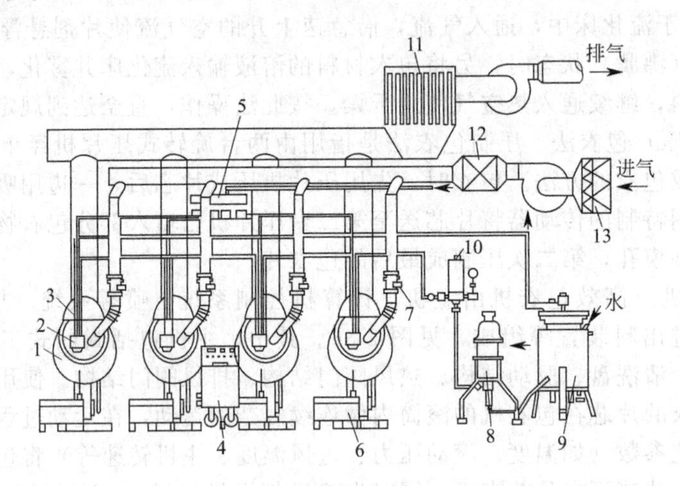

图 2-37 高压无气喷雾生产工艺流程

1—包衣锅；2—喷头；3—湿空气收集罩；4—程序控制箱；5—贮气灌；6—煤气加热装置；7—自动风门；8—高压无气泵；9—带夹套的贮液箱；10—稳压过滤器；11—热交换器；12—加热器；13—空气过滤器

2. 包衣过程

① 糖包衣 糖包衣的工艺流程可分为包隔离层（有时不包）、包粉衣层、包糖衣层、包着色糖衣层（可以不包）和打光。

a. 隔离层 指在片芯外先包一层对水起隔离作用的衣层。操作时，将片芯置于包衣锅中滚动，加入适宜温度的胶浆（如 10%～15%明胶浆）使均匀黏附于片芯表面，必要时可加入适量的滑石粉以防止药片相互粘连，吹热风（40～50℃）干燥，再重复操作，一般包 3～5 层，达到对水隔绝作用的要求。此操作主要用于吸潮和易溶性药物。

b. 粉衣层 在隔离层基础上，用粉衣料包衣以达到消除片芯棱角和迅速增加衣层厚度的目的。操作时，在滚动的片剂上加入润湿黏合剂（如糖浆、明胶浆、阿拉伯胶浆），使片剂表面均匀湿润后加入撒粉（滑石粉、蔗糖粉、白陶土、糊精、沉降碳酸钙、淀粉等或其混合物）适量，使其黏着在片剂表面，继续滚动并吹风干燥，重复操作若干次，直至片剂棱角消失。一般须包 15～18 层。

c. 糖衣层 具体操作与包粉衣层基本相同，但只用 65%～75%（g/g）糖浆包若干层（一般约 15～18 层），由于糖浆干燥缓慢，形成了细腻的表面和坚实的蔗糖衣层，增加了衣层的牢固性和甜度。

d. 着色糖衣 用着色糖浆包衣 8～15 层，注意色浆由浅到深，并注意层层干燥，其目的是使片衣着色，增加美观、便于识别或起遮光作用。

e. 打光 在包衣片剂上打蜡，使片剂表面光洁美观且有防潮作用，常用材料为川蜡。操作时，将川蜡细粉（和 2%硅油）加入包完有色衣层的片剂中，由于片剂间和片剂与锅壁间的摩擦作用，使糖衣表面产生光泽。

② 薄膜包衣 薄膜包衣是指在片芯之外包裹上一层比较稳定的高分子衣层。一般薄膜

包衣液由成膜材料、分散剂、增塑剂和着色剂及掩盖剂组成。

成膜材料一般为纤维素衍生物和丙烯酸树脂等材料。常用的纤维素衍生物有羟丙基甲基纤维素（HPMC）、羟丙基纤维素（HPC）、乙基纤维素（EC）、甲基纤维素（MC）、邻苯二甲酸醋酸纤维素（CAP）、羟丙基甲基纤维素邻苯二甲酸酯（HPMCP）。常用的丙烯酸树脂有 Eudragit E、Eudragit L、Eudragit S、Eudragit RL、Eudragit RS 等。其中 CAP、HPMCP、Eudragit L 和 Eudragit S 为肠溶成膜材料，Edudragit RL、Edudragit RS 和 EC 为控释成膜材料。薄膜包衣技术除用于片剂外，现已广泛应用于微丸剂、颗粒剂、胶囊剂等剂型中。包衣时一般在片芯（或丸芯）上直接包薄膜衣。

与糖衣相比，薄膜包衣产品具有生产周期短、效率高、用料少（片重一般增加 2%～4%）、防潮能力强、包衣过程自动化、对崩解影响小等特点，但其外观往往不及糖衣层美观。

（二）微丸（或颗粒）剂包衣

微丸（直径小于 2.5mm）或颗粒的包衣通常包薄膜衣，以达到矫味、稳定和缓（控）释的目的。微丸或颗粒的包衣物可作为半成品装入胶囊后供病人使用，也可直接作为制剂供临床使用。

特别是，微丸剂的缓、控释剂型近年来得到广泛重视，上市品种日益增多，其优点为：①药物在胃肠道表面分布面积增大，服用后可迅速达到治疗浓度，提高了生物利用度，减少了局部刺激性；②微丸属多剂量剂型，可由不同释药速度的多种小丸组成，故可控制释药速度制成零级、一级或快速释药的制剂，减少时滞现象；③基本不受胃排空因素的影响，药物的体内吸收速度均匀且个体间生物利用度差异较小；④微丸含药百分率范围大，可从1%至95%以上，单个胶囊内装入控释微丸的最大剂量可达 600mg；⑤制备工艺简单。

根据薄膜衣在体内的溶出机制不同，可将微丸做如下分类。

（1）可溶性薄膜衣微丸　以亲水性聚合物为衣料，药物可加在丸芯中，也可加在薄膜衣中，或二者兼有。

（2）不溶性薄膜衣微丸　薄膜衣是由蜡质、脂肪酸及其酯以及疏水性聚合物组成，这类微丸中药物的释放多为溶蚀或溶蚀-崩解过程，故只适用于水溶性药物制备该类微丸。

（3）有微孔的不溶性薄膜衣微丸　薄膜衣由疏水性材料和致孔剂组成，遇消化液后，致孔剂溶出形成微孔以控制药物溶出。微丸的释药速度主要由药物的溶解度、微丸的粒径、包衣材料的性质、衣膜的厚度及孔隙率等决定。当药物和微丸的粒径确定后，通常可利用衣层厚度和衣膜中致孔剂的含量来调节微丸的释药速度。微丸薄膜衣一般由成膜材料、增塑剂、致孔剂、润滑剂和表面活性剂组成。微丸的包衣方法主要有滚动包衣法和空气悬浮包衣法。操作与片剂薄膜衣包衣相似，由于微丸或颗粒形态接近于球形且粒径小，故其薄膜衣的比表面积比片剂大且均匀，故缓（控）释效果好，由于空气悬浮包衣法包衣过程中微丸和颗粒处于流化状态，丸或粒之间不易粘连，且溶剂挥发干燥速率快，故包衣效果优于滚动包衣法。

九、胶囊填充、模压胶囊、滴制胶丸

将药物和辅料（有时可不含辅料）填充于硬质空胶囊中的操作称为胶囊填充，其成品称为硬胶囊。

将药物密封于软质囊材中得到成品称为软胶囊，常用压制法和滴制法制备。压制法是将药物和辅料模压入具有弹性的软质胶囊中，称为模压胶囊；滴制法是将溶液与油状药液两相通过滴丸机喷头按不同速度喷出，使一定量的明胶液将定量的油状液包裹后，滴入另一种不相混溶的液体冷却剂中，借表面张力作用形成球形，并逐渐凝固而成胶丸，或称滴制胶丸。

（一）胶囊填充

1. 空胶囊的组成与规格

空胶囊主要由明胶、增塑剂和水组成，根据需要还可以加入其他成分，如色素、防腐剂、遮光剂等。空胶囊由大小不同的囊身、囊帽两节紧密套合而成，一般经溶胶→蘸胶（制坯）→干燥→脱模→截割→（囊体和囊帽）套合等工序制成。制备时的操作环境温度应为10～25℃，相对湿度为35％～45％。

2. 空胶囊大小的选择

空胶囊的质量和规格均有明确规定，共有8个规格，从大到小依次为000＃、00＃、0＃、1＃、2＃、3＃、4＃、5＃，随着号数由小到大，容积由大到小，0＃、1＃、2＃、3＃、4＃和5＃空胶囊相对应的容积分别为0.75mL、0.55mL、0.40mL、0.30mL、0.25mL和0.15mL。由于胶囊填充药物多用容积来控制其剂量，而药物的密度、结晶、粒度不同，所占体积也不同，一般应按药物剂量所占容积来选用适宜大小的空胶囊来填充。

3. 药物的填充

药物粉末（颗粒）可直接分装于硬空胶壳中，也可将一定量的药物加辅料制成均匀的粉末或颗粒后充填于胶壳中。对小剂量药物，常加入稀释剂，如乳糖、甘露醇、碳酸钙、碳酸镁和淀粉等。为了使药粉具有良好的流动性，保证药粉快速而精确地填充入胶囊，可加入2％以下的润滑剂，如聚硅酮、二氧化硅、硬脂酸盐、硬脂酸、滑石粉以及淀粉等。为了使疏水性药物在体液中更好地分散、溶出，以利其吸收，常以亲水性物质（如甲基纤维素、羟乙基纤维素和羟丙基纤维素）对药物进行处理后再装，这样可以提高药物的生物利用度。生产应在温度为25℃左右和相对湿度为35％～45％的环境中进行，以保持胶壳含水量不致有大的变化。

根据硬胶囊灌装生产工序，硬胶囊生产操作可分为手工操作、半自动操作、全自动操作。根据主工作盘具有间歇回转和连续回转两种运转形式，全自动操作分为全自动间歇操作和全自动连续操作。除手工操作外，机械灌装胶囊工艺过程包括：排列、定向、分离（拔囊体、囊帽）与体错位、计量填充、闭合、出料、清洁等工序。这几道工序可由设备一步完成（全自动操作）或由设备与人工共同完成（半自动操作）。这些操作工序中药物计量填充是最关键的工序，常用的药物计量填充方式有模板法、间隙式压缩法、连续式压缩法和真空压缩法。目前大量生产时常用自动填充机装填药物，这里主要介绍全自动胶囊填充机。

(1) 全自动间歇式胶囊填充机　胶囊填充机工作台面上设有灌装转台，由固定不动的固定轴、组合凸轮、回转转台和上下胶囊模板等组成。回转转台拖动胶囊模板绕轴线做水平间歇回转，其回转半径始终不变。围绕灌装转台设有空胶囊排列装置、拔囊、计量填充、闭合、出料、清洁等机构。另有传动系统和送粉机构。

全自动间歇式填充机的计量填充方式有间歇式压缩法和模板法。

间歇式压缩法是依靠剂量器定量吸取药物并将粉末填入胶囊。剂量器的结构见图2-38，由活塞、校正尺、重量调节环、弹簧和剂量头等组成。填充计量的调节可通过控制活塞在剂量头中的高度而实现。实际操作时，剂量器插入粉体贮料斗后，活塞可将进入剂量头内的药物粉末压缩成具有一定黏结性的块状物，然后计量器移向胶壳，将药物推入胶壳内，见图2-39。间歇式压缩法填充效果直接取决于贮料斗内粉末的流动性及粉床高度。意大利产Zanasi AZ-60型全自动间歇式胶囊填充机就是用此法计量填充药物。工作时，首先将自胶囊贮桶来的空心胶囊借助于定向排列装置自行进入排囊板的滑道，并一个接一个轴向排列（有的帽在上，有的帽在下）依次自由下落，进入定向囊座滑槽中，由于定向囊座的滑槽宽度略大于胶囊体直径而小于胶囊帽的直径，在水平运动的推爪与滑槽对胶囊帽的夹紧点之间形成一个力矩，见图 2-40，因此当推爪推动胶囊做水平运动时，胶囊按帽体倾向方向调整而使胶壳自动转向，排列成胶囊帽在上、胶囊体在下的状态，并落入到主工作盘上的囊板孔中。真空抽力，使胶囊帽留在上囊板，而胶囊体落入下囊板孔中。接着，上囊板将连同胶囊帽移开，而装有胶囊体的下囊板则转入计量填充装置部分的药物料斗下方进行填料工序，其送料部分由一个总料斗和三个分料斗组成，药物的流动由总料斗内搅拌器和分料斗内搅拌翼片完成。每个分料斗负责 8 个计量器的装料。每块囊板上的 4 只胶壳由一个分料斗上的 4 个计量器负责填料，完成填料后转出填料区进入下一工序，未打开的胶壳由机器自动剔除。在药物闭合工位，上下囊板重新合并，胶囊闭合。闭合后的胶囊从上下囊板孔中顶出，进入下一步包装。清洁工位是为了确保各工位动作的顺利进行，利用压缩空气和吸尘系统将上下囊板孔中的药粉、碎胶囊皮等清除。

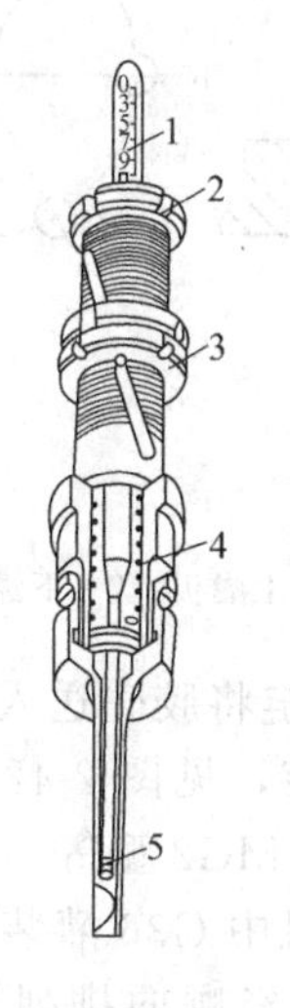

图 2-38 剂量器结构示意图

1—剂量活塞；2—校正尺；3—重量调节环；4—弹簧；5—剂量管

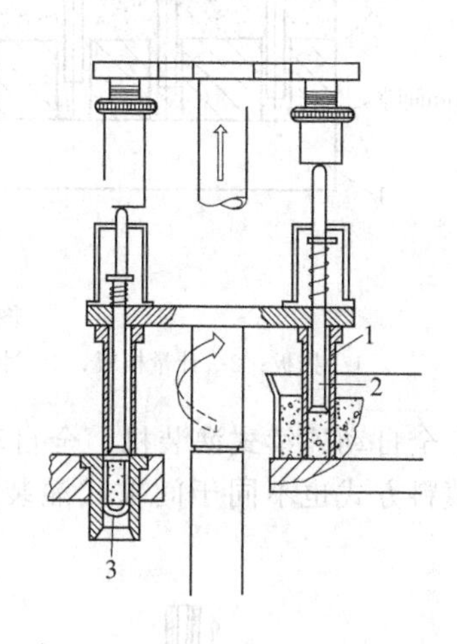

图 2-39 间歇式压缩法灌装示意图

1—剂量管；2—剂量冲头；3—胶壳套管

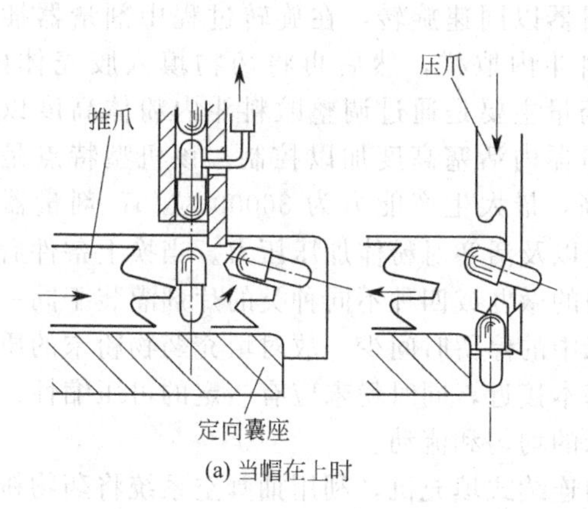

(a) 当帽在上时

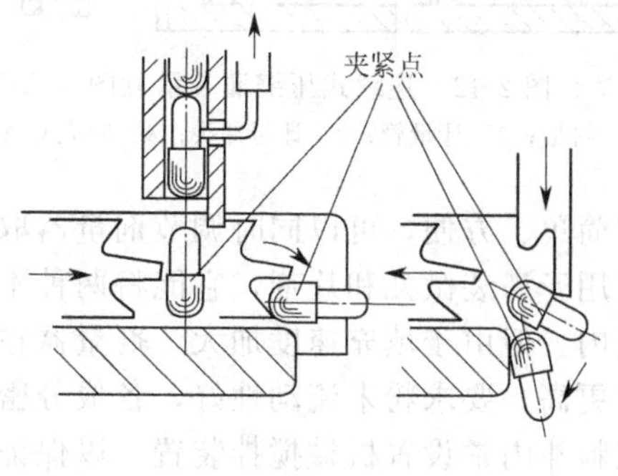

(b) 当帽在下时

图 2-40 空心胶囊定向装置

模板法主要依靠机械方式将粉末直接填入胶壳中。德国产 GKF 型全自动间歇式灌装机就是采用模板法。模板计量装置见图 2-41，主要由药粉盒（包括计量模板和粉盒圈）、若干组冲杆和上、下囊板等组成，计量模板上开有若干组（图 2-41 所示为 6 组）贯通的模孔，呈周向均匀分布，各组冲杆的数目与各组模孔的数目相同。工作时药粉盒带着药粉做间歇水平回转运动，故各组冲杆依次将模孔中的药粉压实一次成一定厚度的块状，然后冲杆抬起，粉盒转动，药粉自动填满模孔剩余的空间。如此填充一次、压实一次，直到第 f 次时，第 f 组冲杆将模孔中的药粉柱块捅出计量模板，填入胶壳内。在第 f 组冲杆位置上有一固定的刮粉器，利用刮粉器与模板间的相对运动将模板表面上的多余药粉刮除，以保证药粉柱的计量要求。加药量主要通过调节冲杆的转速和高度以及药粉盒在胶壳上的停留时间加以控制。模板法要求药物粉末需有良好的流动性。

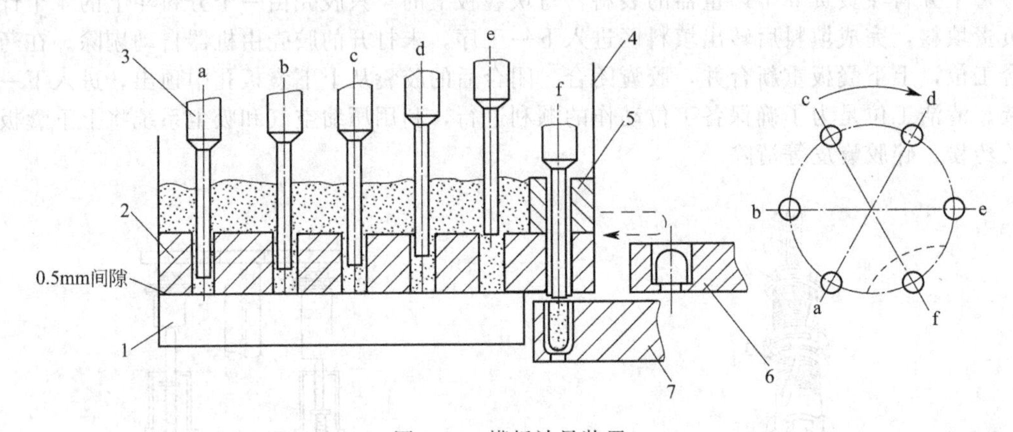

图 2-41　模板计量装置

1—托板；2—计量模板；3—冲杆；4—粉盒圈；5—刮粉器；6—上囊板；7—下囊板

（2）全自动连续式灌装机　全自动连续式灌装机依靠输送链将胶壳送入各个区域进行处理，其填料方式也不同于间歇式灌装机，为连续式压缩法灌装，见图 2-42。典型的连续式灌装机有意大利产 MG2 型等。

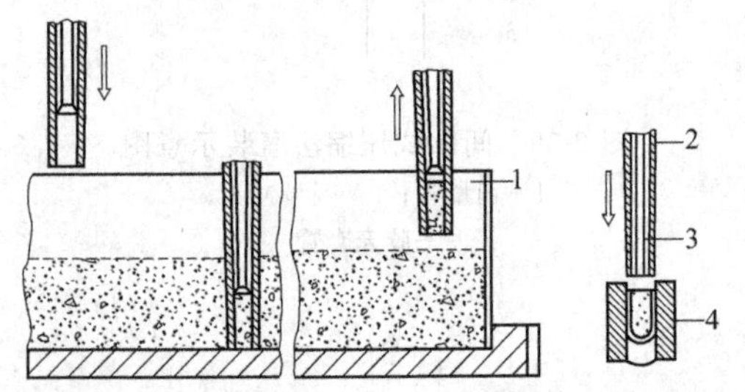

图 2-42　连续式压缩灌装示意图

1—料槽；2—计量管；3—计量冲头；4—胶壳套管

MG2 型灌装机中 G36 灌装机灌装时，置于胶壳料斗的空胶壳经顺向排列后依次送入输送链的模孔内，并且通过真空将帽体分开，然后再送入其他工作区域。在填料区域，贮料斗与剂量器以同速旋转，在旋转过程中剂量器插入贮料斗内取样，然后再将药物填入胶壳体内，装药量主要是通过调整贮料斗内粉体高度以及剂量器内活塞高度加以控制。该机型特点是产量高，最大生产能力为 36000 粒/h；剂量器的调整简单、方便，可以同时调节剂量器取样重量以及活塞对粉体加压压力。当换上备件后该机可用于灌装微丸和片剂，它能将两种不同类型的微丸或四种不同种类的片剂灌装于同一个胶壳内。但由于填充速度加大，剂量器在粉体床中的停留时间少，故对填充药物粉末的质量要求更高，要求粉末流动性好，各成分密度应基本接近，同时粉末应有一定的可压缩性；另外贮料斗内常设置机械搅拌装置，以保证粉体床的均匀和流动。

（3）真空填充机　真空填充机是一种新型的连续式填充机，利用抽真空系统将药物粉末吸入单位剂量器中，然后再用压缩空气将药粉装入胶壳中，见图 2-43(a)，如美国 PerryIndustries 公司产的 Accfil 填充机。真空计量器由圆筒和带有滤片的活塞构成，活塞与空气系统相接，调节活塞在圆筒内的高度可控制药物填充量。另一种真空填充机采用抽去胶壳内空气的方法，使药物粉末直接吸入胶壳，见图 2-43(b)，为了避免填充时药物外泄，胶壳顶部采用封闭环使胶壳与外界隔绝。当操作杆将胶壳顶起后即启动真空系统，药物被吸入胶壳。填充量系通过控制抽取真空的时间来控制，填量达到后真空系统关闭。其最大优点是可以单独填充药物而无需加入润滑剂。

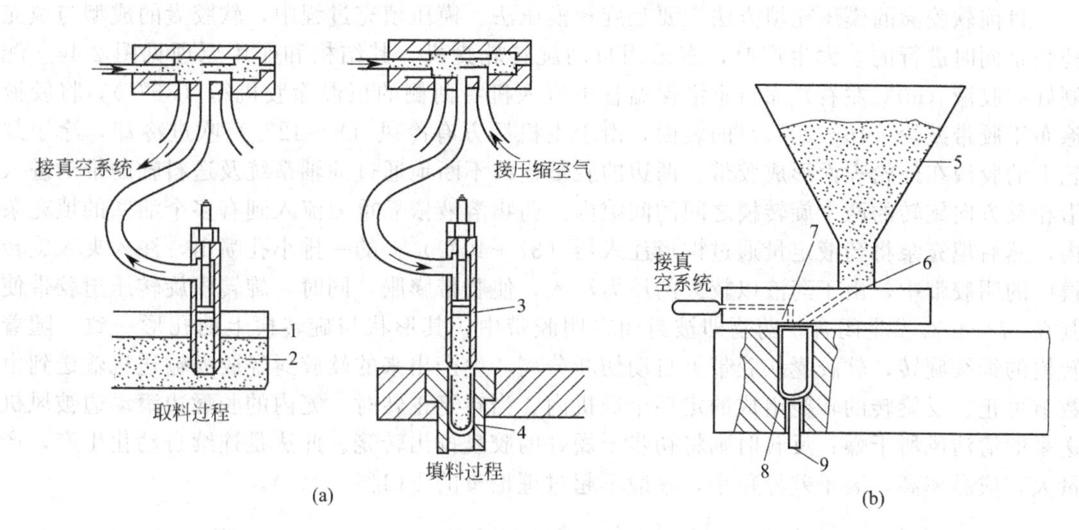

图 2-43　真空罐装示意图

1—剂量管；2—料槽；3—带有滤片的活塞；4—胶壳套管；5—料斗；6—填料管；7—密闭圈；8—胶壳；9—启动杆

（二）模压胶囊

1. 软胶囊胶壳胶液的配制

软胶囊胶壳（或胶皮）组成与硬胶囊壳相似，主要有明胶、增塑剂、防腐剂、遮光剂、色素、芳香剂等成分，与硬胶囊不同之处主要是胶壳中增塑剂所占比例高（大于20%），故有可塑性强、弹性大、装量差异小的特点。弹性大小取决于胶壳明胶、增塑剂和水三者的比例，一般为1∶（0.4～0.6）∶1。胶液的配制与硬空胶囊制备溶胶过程相似。

2. 填充药液的配制

软胶囊中可以填充油类或对明胶无溶解作用的液体药物、药物溶液或混悬液。分散剂可分为与水不相混溶（如植物油）和与水相混溶（如PEG、吐温80、丙二醇）两类。由于囊壁以明胶为主，因此对填充药液有一定要求：①处方中水分含量不应超过50%；②避免含有低分子量的水溶性和挥发性有机化合物，如乙醇、丙酮、酸、胺以及酯等；③pH应控制在4.5～7.5之间，否则均能使软胶囊壳软化、溶解或变性。

对于本身是油或油溶性的药物（如鱼肝油、维生素E、维生素A等），一般以油溶液填充软胶囊。对于溶于PEG和吐温80等的药物（如地高辛等），宜制成溶液充填于软胶囊，但这类附加剂具有吸水性，囊壳本身含有的水往往可能转移到填充物中，所以在药物填料中加入5%～10%的甘油且保留5%的水或混悬于油溶液中再填充于软质囊材中。制成药物混悬液时，药物应过80目筛，且加适量的助悬剂（如10%～30%油蜡或PEG4000～6000）和表面活性剂。

3. 软胶囊大小的选择

软胶囊有球形、椭圆形、管形、栓剂形等不同形状，选择时软胶囊容积一般要求尽可能小，填充的药物一般为一个有效剂量。液体药物包囊时按剂量和密度计算囊核大小。混悬液制成软胶囊时软胶囊的大小，可用“基质吸附率”来决定。基质吸附率是指：将1g固体药物制成填充胶囊混悬液时所需液体基质的克数。测定时，取适量的待测固体药物，称重，置烧杯中，在搅拌下缓缓加入液体基质，直至混合物达到填充物要求，记录所需液体基质的量，计算出该固体的基质吸附率。

4. 模压生产过程

目前软胶囊的模压充填方法主要是旋转模压法。模压填充过程中，软胶囊的成型与填充药物是同时进行的。大生产时，多采用自动旋转轧囊机，其结构和作用原理见图 2-44。配制好的胶液（60℃左右）靠自重沿保温管子流入机身两侧的恒温涂胶机箱（36℃），将胶液涂布于胶带鼓轮（16～20℃）的表面，由于主机后方有冷风（8～12℃）吹进冷却，涂于鼓轮上的胶液在鼓轮表面形成胶带。两边的胶带连续不断地通过油轴系统及送料轴的带动进入沿相反方向旋转的两个旋转模之间的间隙内。药物溶液依靠重力流入到有多个活塞的填充泵内，然后填充泵将药液定量通过楔形注入器（37～40℃）上的一排小孔喷出，注入夹入旋转模中的明胶带中，由于药液以较大的压力注入，使胶带膨胀，同时，旋转模旋转压迫胶带使其在 37～40℃发生闭合，药物即被封闭在明胶带中，其形状与旋转模上的孔形一致。随着转模的继续旋转，软胶囊从胶带上自动切断分离。生产出来的软胶囊经胶囊输送机输送到由数节可正、反旋转的转笼组成的定型干燥机内，当转笼正转时，笼内的胶囊边滚动边被风机送来的清洁风所干燥；反转时则将初步干燥好的胶囊排出转笼。此法是连续自动化生产，产量大，成品率高，装量差异很小，一般不超过理论量的±(1%～3%)。

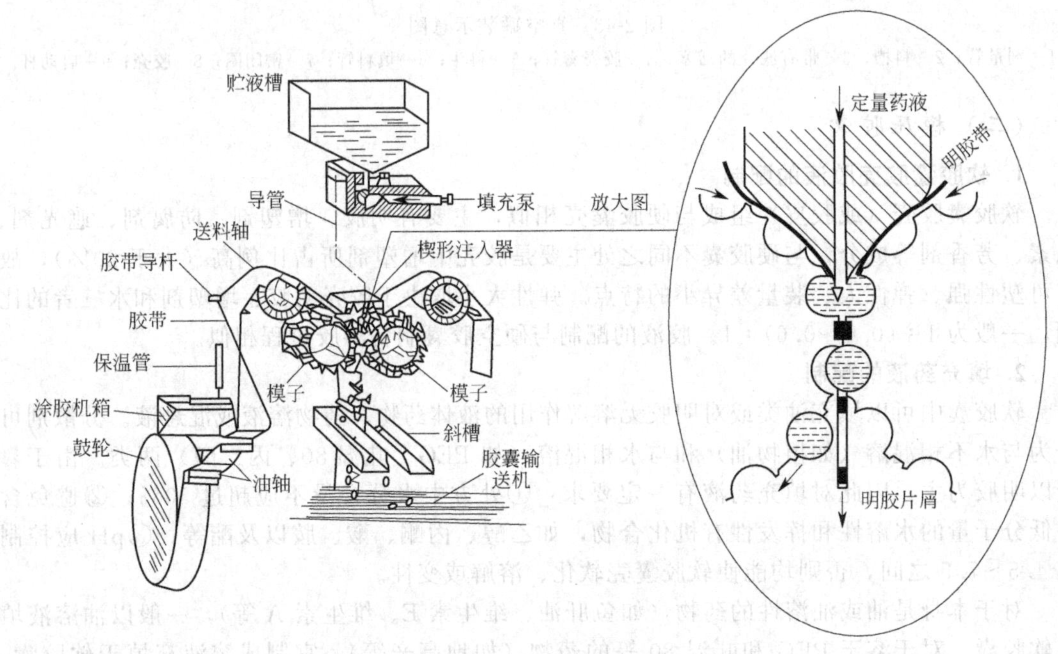

图 2-44 自动旋转轧囊机旋转模压示意图

（三）滴制胶丸

滴制胶丸常用具有双层滴头的滴丸机（如图 2-45 所示）生产，将胶液与油状药液两相分别通过滴丸机的外层与内层喷头按不同速度喷出，使一定量的胶液将定量的油状液包裹后，滴入另一种与胶液不相混溶的冷却液中，借表面张力作用形成球形，并逐渐凝固而成胶丸（如常见的浓缩鱼肝油胶丸），亦常称为滴丸。滴制胶丸机由贮槽、定量控制器（注塞式计量泵）、双层喷头、冷却器等主要部分组成。与模压法比较，滴制法生产过程回料少，节省生产成本，但生产速度较低，且只能生产圆形胶丸。

此外，滴丸剂一般也采用滴制法制备。

滴丸剂是指固体或液体药物与基质加热熔融混匀后，滴入不相混溶的冷凝介质中冷凝而制成的球形或类球形制剂。

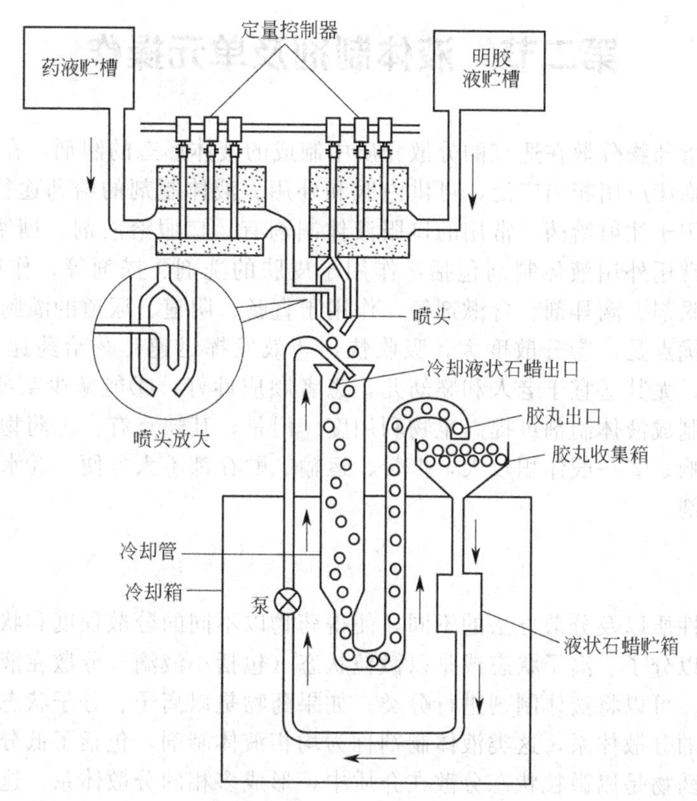

图 2-45　软胶囊（胶丸）滴制法生产过程示意图

滴丸剂的基质可分为水溶性基质和脂溶性基质两大类。常用的水溶性基质有：聚乙二醇类、聚氧乙烯单硬脂酸酯（S-40）、硬脂酸钠、甘油明胶、尿素、泊洛沙姆（poloxamer）。脂溶性基质有：硬脂酸、单硬脂酸甘油酯、虫蜡、氢化植物油、十八醇、十六醇（鲸蜡醇）等。在实际应用时亦常采用水溶性基质与脂溶性基质的混合物作为滴丸的基质。冷凝液也分两类：一类是水性冷凝液，常用的有水或不同浓度的乙醇等，适用于脂溶性基质的滴丸的制备；另一类是油性冷凝液，常用的有液状石蜡、二甲基硅油、植物油、汽油或它们的混合物等，适用于水溶性基质的滴丸的制备。

滴法制丸的过程，实际上是将固体分散体制成滴丸的形式。因此具有生物利用度高、药效发挥迅速、副作用小等特点，亦可制成缓释滴丸剂。目前滴制法不仅能制成球形丸剂，而且也可制成椭圆形、橄榄形或圆片形等异形丸剂。滴丸主要供口服，亦可供外用（如度米芬滴丸）和局部如眼、耳、鼻、直肠、阴道等使用。滴丸剂虽有许多优点，但由于目前可供使用的基质品种较少，且难以滴制成大丸（一般丸重多在 100mg 以下），所以只能应用于剂量较少的药物。

目前，国内滴丸机按滴出方式主要有单品种滴丸机、多品种滴丸机、定量泵滴丸机及由下向上滴的滴丸机四种。冷凝方式有静态冷凝与流动冷凝两种。熔融方式可在滴丸机中或用熔料锅进行。由下向上滴制的方法只适用于药液密度小于冷凝液的品种，如芳香油滴丸。滴丸机的主要部件有：滴管系统（滴头和定量控制器）、保温设备（带加热恒温装置的贮液槽）、控制冷凝液温度的设备（冷凝柱）及滴丸收集器等。型号规格多样，有单滴头、双滴头和多至 20 个滴头者，可根据情况选用。

第二节 液体制剂及单元操作

液体制剂系指药物分散在适宜的分散介质中制成的液体形态的制剂，在药物制剂中占有相当大的比例，临床应用相当广泛，可供内服和外用。液体制剂的给药途径多，可以口服，也可外用，还能用于注射给药。常用的口服液体制剂有：口服溶液剂、糖浆剂、芳香水剂、酏剂、滴剂等。常用外用液体制剂包括：作用于皮肤的洗剂、搽剂等，作用于五官的洗眼剂、滴鼻剂、滴眼剂、滴耳剂、含漱剂等，作用于直肠、阴道、尿道的灌肠剂、灌洗剂等。

液体制剂的优点是：①分散度大，吸收快，药效发挥迅速；②给药途径多；③服用方便，易于分剂量，尤其适宜于老人和婴幼儿，患者顺应性好；④能减少某些药物的刺激性；⑤某些固体制剂制成液体制剂可提高生物利用度。但是，其缺点有：①药物分散度大，制剂稳定性会受到影响；②一般体积较大，携带、运输、贮存都不太方便。③水性液体制剂易霉变，需加入防腐剂。

一、概述

由于药物的性质以及分散方法的不同，使得药物以不同的分散程度和状态分散在液态介质中，药物可以以分子、离子状态或是以微粒状态（包括小液滴）分散在液态介质中。根据分散系统的不同，可以将液体制剂进行分类。如果药物是以离子、分子状态分散在液态介质中，形成单一相的分散体系，这类液体制剂称为均相液体制剂，包括了低分子溶液剂和高分子溶液剂。如果药物是以微粒状态分散在介质中，形成多相的分散体系，这类液体制剂称为非均相液体制剂，包括了溶胶剂、混悬剂、乳剂等。

（一）低分子溶液剂

低分子溶液剂是指小分子药物以分子或离子状态分散在溶剂中制成的可供口服或外用的均相液体制剂，应用十分广泛。包括溶液剂、糖浆剂、芳香水剂、醑剂、酏剂、酊剂、甘油剂、涂剂等。

1. 溶液剂

溶液剂指非挥发性药物或少数挥发性药物溶解于适宜溶剂中形成澄明液体制剂。常用溶剂为水，也可用不同浓度的乙醇或油为溶剂。

溶液剂有两种制备方法工艺，即溶解法和稀释法。

a. 溶解法　药物、添加剂称量→溶解→过滤→补溶剂至全量→质量检查→包装。

具体方法：取处方总量 1/2～3/4 量的溶剂，加入称好的药物，搅拌使其溶解，过滤，并通过滤器加溶剂至全量。过滤后的药液应进行质量检查。制得的药物溶液应及时分装、密封、贴标签及进行外包装。如果使用非水溶剂，容器应干燥。

b. 稀释法　先将药物制成高浓度溶液，使用时再用溶剂稀释至需要浓度。

用稀释法制备溶液剂时应注意浓度换算，挥发性药物浓溶液在稀释过程中应注意挥发损失，以免影响浓度的准确性。

制备溶液剂时应注意的问题：易氧化的药物溶解时，应加入适量抗氧化剂，以减少药物氧化损失；易挥发的药物应最后加入，以免在制备过程中损失；溶解度较小的药物应先溶解，再加入其他药物溶解；难溶性药物可采用适宜的增溶方法使其溶解。

2. 糖浆剂

糖浆剂系指含有药物的浓蔗糖水溶液，蔗糖含量应不低于45%（g/mL），供口服应用。

纯蔗糖的近饱和水溶液称为单糖浆。单糖浆含糖量为85%（g/mL）或64.7%（g/g）。

糖浆剂的溶剂为水，所以选用的药物应是可溶性的化学药物或中药材提取物。其制备方法有溶解法和混合法两种。

a. 溶解法 溶解法又分为热溶法和冷溶法。

热溶法是将蔗糖溶于沸蒸馏水中，根据药物的耐热性，在适当温度加入药物，搅拌溶解，滤器过滤，再通过滤器加蒸馏水至全量，分装于灭菌的洁净干燥容器中，密封。此法适用于对热稳定的药物和有色糖浆的制备。

冷溶法是将蔗糖溶于冷纯化水或含药的溶液中，过滤，分装即得。此法适用于制备对热不稳定或挥发性药物糖浆剂。

b. 混合法 是将含药溶液与单糖浆均匀混合制备而成，此法适用于制备含药糖浆剂。

（二）高分子溶液剂

高分子溶液剂系指高分子化合物溶解于溶剂中制成的均相液体制剂。以水为溶剂的高分子溶液剂称为亲水性高分子溶液剂，或称胶浆剂；以非水溶剂制备的高分子溶液剂称为非水性高分子溶液剂。

高分子溶液剂的制备较为简单，通常采用溶解法制备，主要流程为：药物称量→溶胀→溶解→质量检查→包装。

（三）溶胶剂

溶胶剂系指固体药物的细微粒子分散在水中形成的非均相液体制剂，又称疏水胶体溶液。溶胶剂中分散的微粒粒径在1～100nm，胶粒是多分子聚集体，有极大的分散度，属于热力学不稳定体系。

溶胶剂的微粒具有带相反电荷的吸附层和扩散层，称为双电层，双电层之间的电位差称为ζ电位。ζ电位越高，微粒间斥力越大，溶胶越稳定。

目前溶胶剂使用较少，但其性质对药剂研究十分重要。

1. 光学性质

由于胶粒粒度小于自然光波长而产生光散射，溶胶剂可以产生丁铎尔（Tyndall）效应。

2. 电学性质

溶胶剂由于双电层结构而带电，在电场作用下，胶粒或分散介质发生移动，产生电位差，可发生电泳现象。

3. 动力学性质

溶胶剂中的粒子在分散介质中有不规则的运动，称为布朗运动。这种运动是由于胶粒受溶剂水分子不规则的撞击产生的。

4. 稳定性

溶胶剂属热力学不稳定体系，主要表现为聚结不稳定性和动力不稳定性。但由于胶粒表面所带电荷的静电斥力作用、胶粒双电层结构中离子的水化作用、以及胶粒具有布朗运动，增加了溶胶剂的稳定性。

（四）混悬剂

混悬剂系指难溶性固体药物以微粒状态分散于液体介质中形成的非均相液体制剂。混悬剂中药物微粒的大小一般在0.5～10μm之间，小者可为0.1μm，大者可达50μm以上。所用分散介质多为水，也可用植物油。混悬剂属于热力学不稳定的粗分散体系。

混悬剂包括干混悬剂，即难溶性固体药物与适宜辅料制成的粉状物或粒状物，使用前加水振摇即可分散成混悬剂。

1. 适合药物

药物制成混悬剂的情况：①难溶性药物需制成液体药剂供临床应用；②药物的剂量超过了溶解度而不能制成溶液剂；③两种溶液混合后，由于药物的溶解度降低而析出固体药物；④为了使药物缓释长效，可设计成混悬剂。但是，对于毒剧药物或生物活性高、剂量太小的药物，为了保证用药的安全性，则不宜制成混悬剂。

2. 质量要求

混悬剂的质量要求有：①药物本身的化学性质应稳定，在使用或贮存期间含量应符合要求；②混悬剂中药物微粒大小根据用途不同而有不同要求；③粒子的沉降速度应缓慢，沉降后不应有结块现象，轻摇后应迅速均匀分散；④应有一定的黏度要求，能方便取出。⑤外用混悬剂应易涂布。

（五）乳剂

乳剂系指互不相溶的两种液体混合，其中一相液体以液滴状态分散于另一相液体中形成的非均相液体制剂。形成液滴的一相称为分散相、内相或非连续相，另一相则称为分散介质、外相或连续相。

1. 乳剂的组成

乳剂中互不相溶的两相通常一相为水或水性溶液，称为水相，用 W（water）表示；另一相是与水不相溶的有机液体，称为油相，用 O（oil）表示。乳剂由水相、油相、乳化剂组成，三者缺一不可。

一般情况下，水相和油相混合时，可形成不同类型的乳剂。当水相以液滴状态分散于油相时，称为油包水型（W/O）乳剂；当油相以液滴状态分散于水相时，称为水包油型（O/W）乳剂。单乳进一步乳化可得复乳，用 W/O/W 或 O/W/O 表示。

2. 乳剂的分类

乳剂按乳滴大小分类可分为普通乳、亚微乳、纳米乳。

（1）普通乳　液滴大小一般在 1～100μm 范围，此时乳剂为白色不透明液体。由于液滴具有较大的分散度，表面自由能高，属于热力学不稳定体系。

（2）亚微乳　液滴大小一般在 0.1～1.0μm 范围，常作为胃肠外给药的载体，静脉注射乳剂应为亚微乳，粒径可控制在 0.25～0.4μm 范围；

（3）纳米乳　液滴大小小于 0.1μm 时称为纳米乳，粒径一般在 0.01～0.1μm 范围，乳剂呈透明液体，稳定。

3. 乳剂特点

① 液滴分散程度大，可增加药物吸收，提高生物利用度，减少剂量，降低毒副作用；

② 油性药物制成乳剂分剂量准确，使用方便；

③ O/W 型乳剂可掩盖药物不良臭味；

④ 外用乳剂能改善对皮肤、黏膜的渗透性，减少刺激性；

⑤ 静脉注射乳剂注射后分布快、药效高、具有一定的靶向性。

二、液体制剂的溶剂

溶剂对药物的溶解和分散起着重要作用，对制剂的性质和质量影响都非常大。液体制剂制备方法的确定、药物的分散程度、制剂的稳定性以及所产生的用药效果等，都与溶剂有密切的关系。

选择溶剂的原则是：①对药物有良好的溶解性或分散性；②化学性质稳定，不与药物或附加剂发生反应；③不影响药效的发挥和含量的测定；④无刺激性，毒性小，无不良气味。

（一）液体制剂常用溶剂

根据介电常数的大小，溶剂可分为极性溶剂、半极性溶剂和非极性溶剂。

1. 极性溶剂

（1）水　水是最常用的溶剂，水溶解范围广泛，能与乙醇、甘油、丙二醇以任意比例混合，能溶解大多数无机盐和极性大的有机药物，如药材中的糖类、蛋白质、酸类及生物碱盐类等；但水作为溶剂易产生霉变，不宜长久储存。

《中国药典》2015年版中收载的制药用水，因其使用的范围不同而分为饮用水、纯化水、注射用水及灭菌注射用水。配制水性液体制剂时应使用纯化水。

（2）甘油　甘油即1,2,3-丙三醇，为无色黏稠性澄明液体；有甜味、毒性小；与水、乙醇等以任意比例混合；对酚、鞣质和硼酸类药物的溶解度比水大；含甘油30%以上有防腐作用；可供内服或外用，外用制剂应用较多。

（3）二甲基亚砜　二甲基亚砜为无色澄明液体，有不良臭味，有较强的吸湿作用，能与水、乙醇以任意比例混合。溶解范围很广，具有“万能溶剂”之称。

2. 半极性溶剂

（1）乙醇　没有特殊说明时，所用乙醇指95%（体积分数）的乙醇。乙醇可与水、甘油等以任意比例混合；能溶解大部分有机药物和植物药材中的有效成分，如生物碱及其盐类、苷类、挥发油、鞣质、色素等；20%以上的乙醇即有防腐作用，40%可延缓某些药物的水解，但具有易燃烧、易挥发等缺点。

（2）丙二醇　药用为1,2-丙二醇。丙二醇性质基本与甘油相近，但黏度、毒性均较甘油小，无刺激性；溶解性能好，能溶解磺胺类、维生素A、维生素D及性激素等有机药物；与水以一定比例混合时可延缓许多药物的水解，增加药物的稳定性；可作为口服和肌内注射的溶剂。

（3）聚乙二醇　不同规格的聚乙二醇有不同应用，制药中主要作为润滑剂、保湿剂、分散剂、黏结剂、赋型剂等。

分子量1000以下的聚乙二醇为液体，常用PEG-300～600。

可以以任何比例与水混溶，具有与各种溶剂的广泛相容性，是很好的溶剂和增溶剂；不同浓度的PEG水溶液能溶解许多水溶性无机盐和水不溶性的有机药物；无毒，无刺激性；稳定、不易变质。

3. 非极性溶剂

（1）脂肪油　多指植物油，如麻油、豆油、花生油、橄榄油、棉籽油等。能与非极性溶剂混合，而且能溶解油溶性药物，如激素、挥发油、游离生物碱和许多芳香族药物，多为外用制剂的溶剂，如洗剂、搽剂等。

（2）乙酸乙酯　无色油状液体，微臭；能溶解挥发油、甾体药物及其他油溶性药物；常作为搽剂的溶剂。

（3）液体石蜡　液体石蜡是从石油产品中分离得到的液状烃的混合物，为无色无臭的澄明油状液体，化学性质稳定；能与非极性溶剂混合，而且能溶解生物碱、挥发油及一些非极性药物等；可作为口服制剂和搽剂的溶剂。

（二）制药用水的制备

1. 概述

水是制药生产中用量大、使用广的一种辅料，用于生产过程和药物制剂的制备。

《中国药典》2015年版中所收载的制药用水，因其使用的范围不同而分为饮用水、纯化水、注射用水及灭菌注射用水。

(1) 饮用水　饮用水为天然水经净化处理所得的水，其质量必须符合现行中华人民共和国国家标准《生活饮用水卫生标准》(GB 5749—2006)。

饮用水可作为药材净制时的漂洗、制药用具的粗洗用水；除另有规定外，也可作为饮片的提取溶剂。

(2) 纯化水　纯化水为饮用水经蒸馏法、离子交换法、反渗透法或其他适宜方法制备的制药用水，不含任何附加剂，其质量应符合《中国药典》2015 年版二部纯化水项下的规定。

纯化水可作为配制普通药物制剂用的溶剂或试验用水；可作为中药注射剂、滴眼剂等灭菌制剂所用饮片的提取溶剂；可作为口服、外用制剂配制用溶剂或稀释剂；可作为非灭菌制剂用器具的精洗用水。也用作非灭菌制剂所用饮片的提取溶剂。但纯化水不得用于注射剂的配制与稀释。

(3) 注射用水　注射用水为纯化水经蒸馏所得的水，应符合细菌内毒素试验要求。注射用水必须在防止细菌内毒素产生的设计条件下生产、贮藏及分装，其质量应符合《中国药典》2015 年版二部注射用水项下的规定。

注射用水可作为配制注射剂、滴眼剂等的溶剂或稀释剂及容器的精洗用水。

(4) 灭菌注射用水　灭菌注射用水为注射用水按注射剂生产工艺制备所得的水，不含任何附加剂，其质量应符合《中国药典》2015 年版二部灭菌注射用水项下的规定。

灭菌注射用水主要用于注射用灭菌粉末的溶剂或注射剂的稀释剂。

2. 纯化水的制备

制药用水的原水通常为饮用水，制药用水制备系统的配置方式根据地域和水源的不同而异。目前国内纯化水制备系统的主要配置方式如图 2-46 所示。

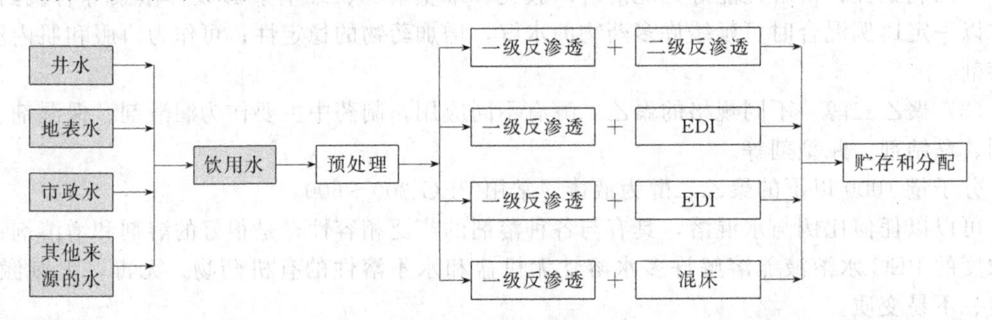

图 2-46　纯化水制备系统主要配置方式

(1) 原水预处理　预处理的装置一般由原水泵、多介质过滤器、活性炭过滤器、精密过滤器、软水器组成。

① 多介质过滤器　大多填充石英砂等，主要通过机械过滤作用和吸附作用，去除水中的悬浮物等固体杂质，降低水的浊度。水中的细菌、有机物等也能随着浊度的降低而被大量除去。

② 活性炭过滤器　具有极强的物理吸附能力，能够有效吸附水中的杂质，特别是有机物和微生物。对水中残存的氯也有很好的吸附作用；活性炭还具有一定的化学吸附作用，能够除去水中的部分金属离子。

③ 精密过滤器　精密过滤器的作用在于截留一切粒径大于 5μm 的物质，以满足电渗析、反渗透和离子交换的进水要求。

(2) 离子交换法　离子交换法是原水处理的基本方法之一，是通过离子交换树脂将水中溶解的盐类、矿物质及溶解性气体等存在的阴、阳离子去除。

常用的离子交换树脂有两种，一种是 732 苯乙烯强酸性阳离子交换树脂，其极性基团是磺酸基，可用简化式 $R—SO_3^- H^+$ 和 $R—SO_3^- Na^+$ 表示，前者叫氢型，后者叫钠型；另一种是717苯乙烯强碱性阴离子交换树脂，其极性基为季铵基团，可用简化式 $R—N^+(CH_3)_3Cl^-$ 或 $R—N^+(CH_3)_3OH^-$ 表示，前者叫氯型，后者叫羟（OH）型，氯型较稳定。

离子交换树脂颗粒通常多是装在有机玻璃管内使用，简称为离子交换树脂床（柱）。离子交换法处理原水一般可采用过滤器、阳床、阴床、混合床串联的组合形式，过滤器的作用是除去水中的有机物、固体颗粒及其他杂质，阳床和阴床的作用是分别除去水中的阳离子和阴离子。混合床为阳、阴树脂以一定比例（一般为1∶2）混合而成，其作用是将水质进一步净化。阳床、阴床和混合床的填充量分别为交换床高的2/3、2/3和3/5。大生产时，为了减轻阴离子树脂的负担，常在阳床后加一脱气塔，除去产生的二氧化碳。开始制备交换水时，应对新树脂进行处理和转型，当交换一段时间后出水质量不合格时，则需将树脂再生。

离子交换法处理原水的主要优点是所得水化学纯度高，比电阻可达 $100\times10^4\Omega\cdot cm$ 以上，设备简单，节约燃料与冷却水，成本低。但是微生物和热原不易除尽，并且离子交换树脂需经常再生或定期更换树脂。

（3）电渗析法　电渗析是依据在电场作用下阴阳离子定向迁移及离子交换膜对离子的选择透过作用，使水纯化。图2-47为电渗析原理示意图。当电极接通直流电源后，原水中的离子在电场作用下迁移，若阳离子交换膜选用磺酸型，则膜中 $R—SO_3^-$ 基团构成足够强的负电场，排斥阴离子，只允许阳离子透过，并使其向阴极运动。同理季铵型阴离子膜带正电 $R—N^+(CH_3)_3$ 基团，排斥阳离子而只允许阴离子透过并使之向阳极运动。这样隔室1、3、5中阳、阴离子逐渐减少为淡水室，将它们并联起来即成为一股淡水。电渗析法较离子交换法经济，节约酸碱，但制得的水比电阻低，一般在 $(5\sim10)\times10^4\Omega\cdot cm$。

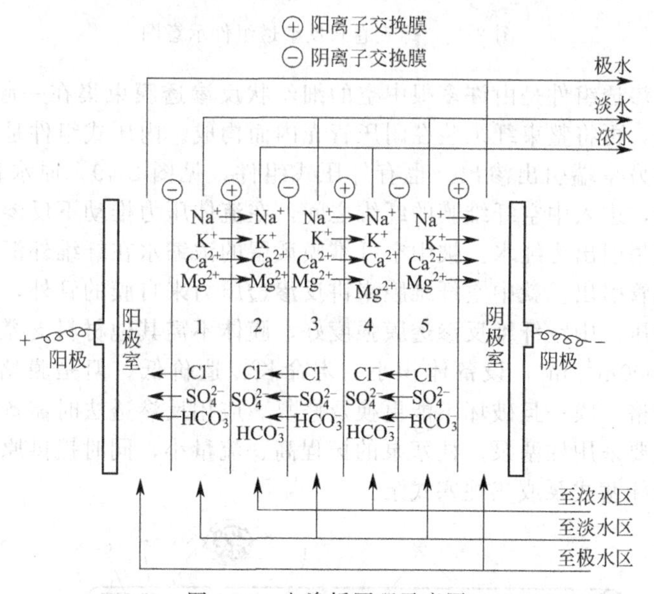

图2-47　电渗析原理示意图

（4）反渗透法　反渗透又称逆渗透（reverse osmosis，RO），是一种以压力差为推动力，利用半透膜去除水中溶解的盐类物质的膜分离操作。国内目前主要用于纯化水制备，若装置合理也能达到注射用水的质量要求而且比较经济。

反渗透法常用的半透膜有醋酸纤维膜（如三醋酸纤维膜）和聚酰胺膜。一般一级反渗透装置能除去一价离子90%～95%，二价离子98%～99%，同时还能除去微生物和病毒，但其除去氯离子的能力达不到《中国药典》的要求。只有二级反渗透装置才能较彻底地除去氯离子。有机物的排除率和分子量有关，相对分子质量大于300的有机物几乎全部除尽，故可除去热原。反渗透法排除有机物微粒、胶体物质和微生物的机理，一般认为是机械的过筛作用。

反渗透的装置与一般微孔膜过滤装置的结构相同，只是由于需要较高的压力（一般在2.5～7MPa）因而对结构要求高。由于水透过膜的速率较低，故一般反渗透装置中单位体积的膜面积要大。因而工业中使用较多的反渗透装置多用螺旋卷绕式及中空纤维式结构。

螺旋卷绕式组件是将两张单面工作的反渗透膜相对放置，中间夹有一层原水隔网以提供原水流道，如图2-48所示。在膜的背面放置有多孔支撑层以提供纯水流道。将这样四层材料的一端固封于开孔的中心管并以中心管为轴卷绕而成，在卷轴的一端保留原水通道，而另一端留有纯水通道。将整个卷轴装入机壳中即成组件。利用高压力迫使原水以较高的流速沿隔网空隙流过膜面，纯水即透过膜汇集于中心管。带有截留物的浓缩水则顺隔网空隙从组件的另一端引出。

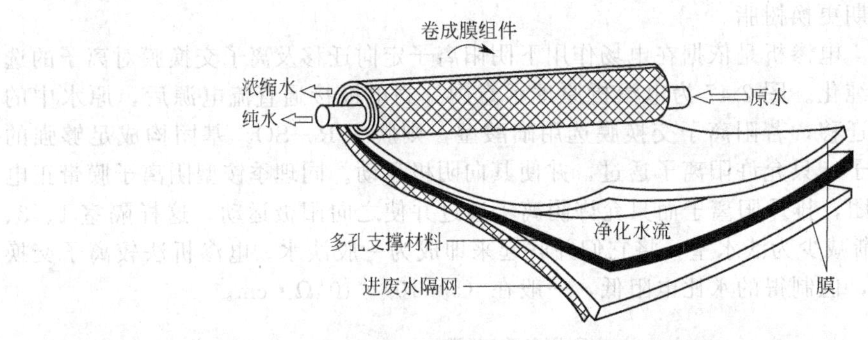

图2-48 螺旋卷式反渗透组件示意图

中空纤维式反渗透组件是由许多根中空的细丝状反渗透膜束集在一起用环氧树脂固封，并使其成型为管板，再将整束纤维装在耐压管壳内而构成。内压式组件是自一端管内通入原水，浓缩水由纤维另一端引出渗出。也有外压式组件，见图2-49。原水自管壳一端引到中心的原水分布管后，进入中空纤维膜的纤维之间，在流体压力推动下反渗透到纤维中心，再于树脂管端板部汇集引出为纯水。被中空纤维膜截留的浓缩水在纤维外汇集并穿过隔网自管壳上的浓缩水引出管引出。就中空纤维膜来讲反渗透压力来自膜的管外，膜受外压，而组件外壳还是承受的内压。中空纤维反渗透膜强度好，膜体不需其他材料支撑，单位体积膜表面积可达16000～30000m^2/m^3，设备体积小、寿命长、造价低。但是膜堵塞时，去污困难，水的预处理要求严格。膜一旦破坏不能更换及修复。应用反渗透法时需备有高压泵来提供原水的压力。目前主要采用柱塞泵。柱塞泵的扬程高、流量小，同时提供原水的流量总有起伏脉动，因此常用双柱塞式泵或三柱塞式泵。

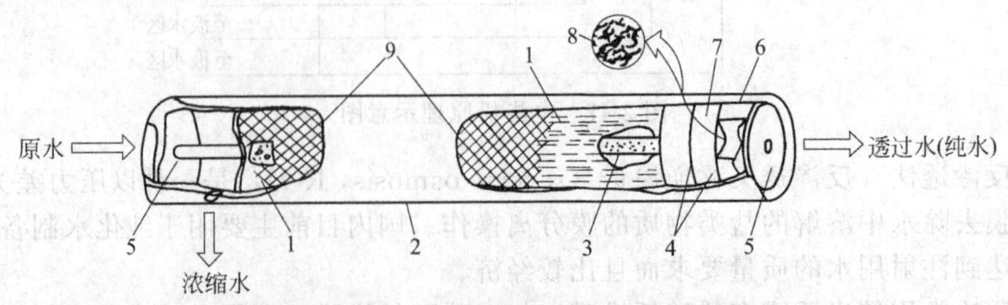

图2-49 中空纤维式反渗透组件

1—中空纤维；2—外壳；3—原水分布管；4—密闭隔圈；5—端板；
6—多孔支撑板；7—环氧树脂板；8—中空纤维部示意；9—隔网

（三）注射用水制备

蒸馏法是制备注射用水最经典最可靠的方法。蒸馏法是通过重复蒸发冷凝这种过程来除去各种挥发性与不挥发性物质，包括热原、无机盐、有机盐、可溶性高分子材料等。获得的注射用水质量与水源、原水的处理、蒸馏器的材质结构以及水的贮存有密切的关系。其中，蒸馏器有塔式蒸馏水器、多效蒸馏水器、气压式蒸馏水器等。

(1) 塔式蒸馏水器

塔式蒸馏水器的基本结构见图 2-50，主要包括蒸发锅、隔沫装置和冷凝器三部分。

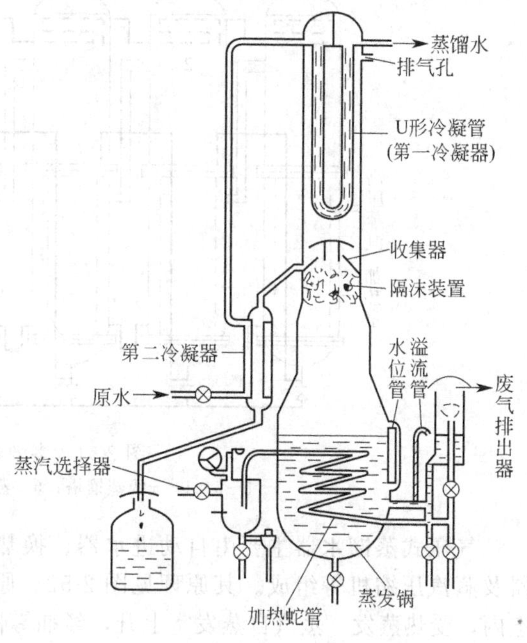

图 2-50　塔式蒸馏水器基本结构

制备蒸馏水时，首先在蒸发锅内放入大半锅蒸馏水或去离子水，打开进气阀；由锅炉来的蒸汽经蒸汽选择器除去夹带的水珠，再经加热蛇管进行热交换然后喷入废气排出器中，此时不冷凝气、废气（二氧化碳、氨等）则从废气排出器内的小孔排出。而回气水则流入蒸发锅内，以补充蒸发锅中的水量，过量的水则由溢流管排出。蒸发锅内的蒸馏水由于受蛇管加热继续蒸发并通过隔沫装置，而隔沫装置是由挡板和中性玻璃管组成，蒸汽通过此隔沫层，沸腾的泡沫和大部分雾滴被这些障碍物挡住，流回蒸发锅内，蒸汽则继续上升，碰到拱形水罩，雾滴再一次被截留分离。为了加强冷却效果，冷凝器分两级，上升的蒸汽先在塔顶的 U 形冷凝管（第一冷凝器）冷凝后落于挡水罩上，并汇集到挡水罩周围的凹槽进而流入第二冷凝器，继续冷却，最后成重蒸馏水。

塔式蒸馏水器生产效率低，只适用于小规模生产，产量为 50～100 L/h，目前已很少应用。

(2) 多效蒸馏水器和气压式蒸馏水器

多效蒸馏水器和气压式蒸馏水器这两种蒸馏水器的主要特点是耗能低、产量高、质量优，并有自动控制系统，是近年发展起来的制备注射用水的重要设备。

多效蒸馏水器（multiple-effect water distillator），是由 5 只圆柱形蒸馏塔（塔内上部为冷凝器，下部为蒸发室）和冷凝器及一些控制元件组成。如图 2-51 所示，在前 4 组塔的上半部装有盘管，互相串联起来，蒸馏时，进料水（去离子水）先进入冷凝器（也是预热器），被由塔 5 进来蒸汽预热，然后依次通过 4 级塔、3 级塔和 2 级塔，最后进入 1 级塔，此时进料水温度达 130℃或更高，在 1 级塔内，进料水在加热室受到高压蒸汽加热，一方面蒸汽本身被冷凝为回笼水，同时进料热水迅速被蒸发，蒸发的蒸汽即进入 2 级塔加热室，作为 2 级塔热源，并在其底部冷凝为蒸馏水，而 2 级塔的进料水是由 1 级塔底部在压力作用下进入。同样的方法供给 3 级、4 级和 5 级塔。由 2 级、3 级、4 级和 5 级塔生成的蒸馏水加上 5 级塔蒸汽被第一、第二冷凝器冷凝后生成的蒸馏水，都汇集于蒸馏水收集器而成为蒸馏水。废气则自废气排出管排出，此种蒸馏水器出水温度在 80℃以上，有利于蒸馏水的保存，产量 6 t/h，质量符合《中国药典》规定，特别是电导率比塔式蒸馏器所得蒸馏水显著下降，热能充分利用，经济效益明显提高。

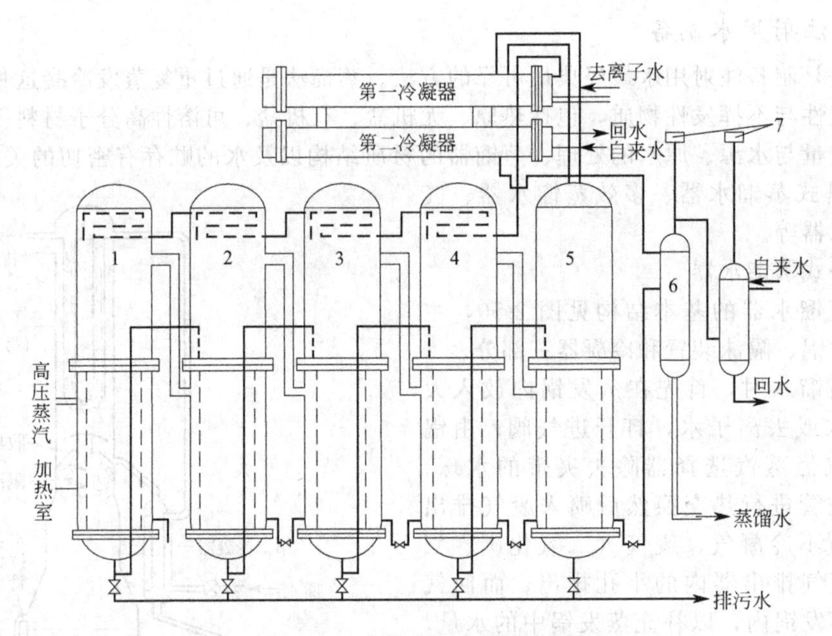

图 2-51　多效蒸馏水器示意图

1～5—1～5 级蒸馏塔；6—蒸馏水收集器；7—废气排出管

气压式蒸馏水器主要由自动进水器、换热器（预加热器）、加热室、蒸发室、蒸发冷凝器及蒸汽压缩机等组成。其原理见图 2-52。原水自进水管引入预加热器后由离心泵打入加热室内，受热蒸发。蒸汽自蒸发室上升，经捕雾器后被压缩机压成过热蒸汽（温度达 120℃），在蒸发冷凝器的管间，通过管壁与进水换热，使进水受热成为蒸汽，进入蒸发室开始新的循环。自身放出潜热冷凝，再经泵打入换热器使新进水预热，并将产品自出口引出。蒸发冷凝器下部设有蒸汽加热管及辅助电加热器。叶片式转子压缩机是气压式蒸馏水器的关键部件，过热蒸汽的加热保证了蒸馏水中无菌、无热原的质量要求。这种蒸馏水机的优点还在于运转费用低，仅是多效蒸馏水机的 15%，使用方便，效果较好且省去了冷却水，可节省水资源。缺点是有易磨损部件、维修量大、电能耗大等，且有一定的噪声。

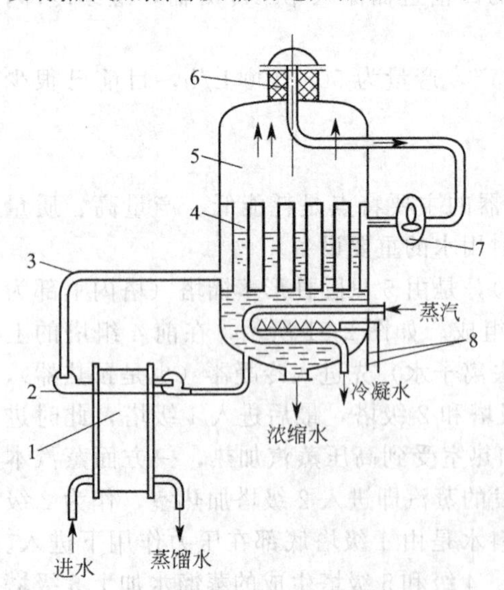

图 2-52　气压式蒸馏水器原理示意图

1—换热器（预加热器）；2—泵；3—蒸汽冷凝管；4—蒸发冷凝管；5—蒸发室；6—捕雾器；7—压缩机；8—电加热器

(3) 注射用水的收集和保存

初馏水适当弃去一部分，检查合格后方能正式收集。收集时应注意防止灰尘及其他污物落入，最好采用带有无菌过滤装置的收集系统。在 80℃以上或灭菌后密封保存。

三、溶解度与溶胀

(一) 溶解度

药物必须达到某一有效、安全的浓度，才能满足临床治疗所需药效，这就涉及药物的溶解度问题。

药物的溶解度在溶液型液体制剂的处方设计中，是最重要的一个设计依据，溶剂的选择、附加剂的选择、制备工艺都与药物的溶解度相关。

但有些药物的自身溶解度不能达到最低有效治疗浓度，如一些难溶性药物在临床又需要制成溶液剂，就需要通过一些增溶的方法增大药物的溶解度。

1. 溶解度的表示方法

药物溶解度系指在一定温度（气体在一定压力）下，药物在一定量溶剂中达饱和时溶解的最大药量，是反映药物溶解性的重要指标。

溶解度常用一定温度下 100g 溶剂（或 100mL 溶剂）中溶解溶质的最大质量（g）来表示，也可用物质的摩尔浓度（mol/L）表示。

《中华人民共和国药典》2015 年版关于溶解度有七种表示方法，分别为极易溶解、易溶、溶解、略溶、微溶、极微溶，几乎不溶和不溶，详见《中华人民共和国药典》2015 年版四部凡例。

2. 影响药物溶解度的因素

药物的溶解度除了与药物的分子结构、晶型、粒子大小等有关外，溶剂的种类、溶解温度、溶剂的 pH 值及添加成分对药物的溶解度也会产生重要影响。

(1) 药物的分子结构、晶型、粒子大小　若药物分子间的作用力大于药物与溶剂分子间的作用力，则药物溶解度小，反之则溶解度大，即遵循“相似相溶”原则。

同一化学结构的药物，由于晶型不同，药物的溶解速度、溶解度等也不同。

对于可溶性药物，药物溶解度与其粒子大小之间的影响关系不大。但对于难溶性药物，当药物粒子$>2\mu m$时，粒径对药物溶解度几乎没有影响，但粒径$<0.1\mu m$时，其溶解度随粒径的减小而增大。

(2) 溶剂化物　药物在结晶过程中，因溶剂分子加入使晶格发生改变，得到的结晶称为溶剂化物。通常，药物的溶剂化会影响药物在溶剂中的溶解度。一般药物水合物的溶解度最小，其次是无水物，而其他溶剂化物的溶解度要大于无水物。

(3) 温度　温度对溶解度的影响取决于溶解过程是吸热还是放热过程。如果固体药物溶解时，需要吸收热量，则其溶解度通常随着温度的升高而增加。

(4) pH 与同离子效应　多数药物为有机弱酸、弱碱及其盐类。这些药物在水中溶解度受 pH 影响很大。

若药物的解离性或盐型是限制溶解的因素，则其在溶液中的相关离子浓度是影响该药物溶解度大小的决定因素。一般在难溶性盐类药物的饱和溶液中，加入含有相同离子的化合物时，其溶解度降低，这就是同离子效应。

3. 增加药物溶解度的方法

(1) 增溶作用　增溶作用是指由于表面活性剂在水中形成胶束，使得在溶剂中难溶甚至不溶的药物溶解度显著增加的作用。具有增溶能力的表面活性剂称为增溶剂，被增溶的药物称为增溶质。

表面活性剂是指能明显降低表面张力（或界面张力）的化合物的总称，包括离子型表面活性剂和非离子型表面活性剂两大类，是液体制剂中的重要组成部分，具有增溶、乳化和润湿等作用。

增溶剂的性质、增溶质的性质、增溶剂亲水疏水平衡值（*HLB* 值）、温度、增溶剂的用量及加入的顺序等均是增溶效果的影响因素。

(2) 助溶作用　助溶作用是指难溶性药物与加入的第三种物质在溶剂中形成可溶性分子络合物、复盐或分子缔合物等，以增加药物在溶剂中溶解度的作用。加入的第三种物质就为称为助溶剂，多为低分子化合物。

例如，碘在水中的溶解度为 1∶2950，而加入适量的碘化钾（助溶剂）后，可明显增加碘在水中的溶解度，可制成含碘5%的水溶液，这里碘化钾就是助溶剂。碘与碘化钾形成分子间的络合物KI_3，增加碘在水中的溶解度。

（3）选用混合溶剂　为了提高难溶性药物的溶解度，常常使用两种或多种混合溶剂。当混合溶剂中各溶剂在某一比例时，药物的溶解度与在各单纯溶剂中的溶解度相比，出现极大值，这种现象就称为潜溶。该比例的混合溶剂就称为潜溶剂。与水可形成潜溶剂的有：乙醇、甘油、丙二醇、聚乙二醇等。

例如，甲硝唑在水中溶解度为10%，如果采用水-乙醇混合溶剂，溶解度提高5倍。

（4）制成盐或药物结构修饰　对于一些难溶性的弱酸或弱碱药物，若加入适当的碱或酸，将它们制成盐类，使之成为离子型极性化合物，可以增加其溶解度。含羧基、磺酰胺基、亚胺基等酸性基团的药物，常可用氢氧化钠、碳酸氢钠、氢氧化钾、氢氧化铵、乙二胺、二乙醇胺等碱作用生成溶解度较大的盐。天然及合成的有机碱，一般用盐酸、醋酸、硫酸、硝酸、磷酸、氢溴酸、枸橼酸、水杨酸、马来酸、酒石酸等制成盐类。通过制成盐类来增加溶解度，还要考虑成盐后溶液的pH、溶解性、毒性、刺激性、稳定性、吸潮性等因素。如新生霉素单钠盐的溶解度是新生霉素的300倍，但其溶液不稳定而不能用。

将亲水基团引入难溶性药物分子中，可增加其在水中的溶解度。引入的亲水基团有：磺酸钠基、羧酸钠基、醇基、氨基及多元醇或糖基等。

但应注意，有些药物被引入某些亲水基团后，除了溶解度有所增加，其药理作用也可能有所改变。

（5）固体分散技术　固体分散体是利用一定方法（如熔融法、溶剂法、溶剂-熔融法）将药物以分子、微晶或无定形状态，高度分散在某一固体载体材料中所形成的固态分散体系。

最早，固体分散技术是将难溶性药物与水溶性材料制成固体分散体，提高了难溶性药物的溶出速度，以致提高药物的生物利用度。近年来，固体分散技术已从提高难溶性药物的溶出速度，进入到缓（控）释和靶位释药的研究。当采用水不溶性材料、肠溶性材料等为载体制备固体分散体时，可以延缓或控制药物的释放，大大扩展了固体分散技术的应用范围。

此外，固体分散体还可以提高药物的稳定性，掩盖药物的不良气味和刺激性，使液态药物固态化。

（6）包合技术　一种分子被包嵌于另一种分子的空穴结构内形成特殊复合物的技术，称为包合技术。包合物又称分子胶囊（molecule capsule），由主体分子（host molecule）和客体分子（guest molecule）组成。其中，具有较大空穴结构、起包合作用的分子称为主体分子，被包合到主体分子空间中的小分子物质，称为客体分子。药物作为客体分子被包合后，可以达到多种目的，如提高药物稳定性、增加药物溶解度、液体药物粉末化、防止挥发性成分挥发、掩盖不良气味、降低药物的刺激性和不良反应、调节药物溶出速度、提高生物利用度等。

目前在药物制剂中常用的包合材料为环糊精及其衍生物。环糊精是一类由6～12个α-D-吡喃葡萄糖单元通过1,4-糖苷键首尾相连形成的环状低聚糖，由于其具有“外亲水，内疏水”特殊空腔结构，以及无毒的优良性能，可与多种适当大小的疏水性客体分子发生包结作用，从而改善客体分子的水溶性、稳定性和生物相容性等性质。

（二）溶胀

高分子溶解时首先要经过溶胀过程。溶胀是指水分子渗入到高分子化合物分子间的空隙中，与高分子中的亲水基团发生水化作用而使体积膨胀，结果使高分子空隙间充满了水分子，这一过程称有限溶胀。由于高分子空隙间存在水分子降低了高分子分子间的作用力（范德华力)，溶胀过程继续进行，最后高分子化合物完全分散在水中形成高分子溶液，这一过程称为无限溶胀。无限溶胀过程，常需加以搅拌或加热等步骤才能完成。制备高分子溶液的过程称为胶溶，胶溶的快慢取决于高分子的性质以及工艺条件。

四、混悬

(一) 混悬剂的物理稳定性

混悬是借助机械方法，将难溶性固体微粒近似均匀地分散于适宜的液体分散介质中的过程。混悬液中的固体微粒因分散度大而具有较高的表面自由能，容易聚结（絮凝）。同时，固体分散微粒易受重力作用产生沉降。

1. 混悬粒子的沉降

混悬剂中药物微粒受重力作用会产生自然沉降，其沉降速度服从 Stokes 定律。

$$V=\frac{2r^2(\rho_1-\rho_2)g}{9\eta} \tag{2-20}$$

式中，V 为沉降速度，cm/s；r 为微粒半径，cm；ρ_1、ρ_2 为微粒和介质密度，g/mL；g 为重力加速度，cm/s^2；η 为分散介质的黏度，Pa·s。

根据 Stokes 定律可知，微粒沉降速度与微粒半径的平方 r^2、微粒与分散介质的密度差 $(\rho_1-\rho_2)$ 成正比，与分散介质的黏度 η 成反比。混悬剂微粒沉降速度越大，动力稳定性就越小。增加混悬剂动力稳定性的主要方法如下。

① 尽量减小微粒半径，以减小沉降速度，但要注意粒子不能太小，否则会增加其热力学不稳定性；

② 加入高分子助悬剂，增加分散介质的黏度，同时还减小了微粒与分散介质间的密度差，微粒吸附了助悬剂分子而增加了亲水性。

2. 微粒的荷电与水化

混悬剂中微粒可因本身离解或吸附分散介质中的离子而荷电，具有双电层结构，即存在有 ζ 电位。由于微粒表面荷电，水分子在微粒周围形成水化膜。混悬剂因其微粒表面荷电产生的静电斥力，以及有水化膜的存在，阻止了微粒间的相互聚结，使混悬剂稳定。疏水性药物混悬剂的微粒水化作用很弱，对电解质更敏感，亲水性药物混悬剂微粒除荷电外，本身具有水化作用，受电解质的影响小。

3. 絮凝与反絮凝

混悬剂中的粒子受重力作用必然要发生沉降，甚至挤压结块，不能再重新分散。如果加入适当的电解质，调整其 ζ 电位，使微粒间的引力略大于排斥力，微粒间就会形成疏松的絮状聚集体。这种情况下混悬剂处于稳定状态，粒子间的结合力相对很弱，形成的絮凝物面积大，沉降后不易结块，其松散的结构只要一经振摇就能很快再分散均匀。混悬微粒形成疏松聚集体的过程称为絮凝，加入的电解质称为絮凝剂。

为了得到稳定的混悬剂，一般应控制 ζ 电位在 20～25mV 范围内，使其恰好能产生絮凝作用。絮凝剂主要是具有不同价数的电解质，其中阴离子的絮凝作用大于阳离子。电解质的絮凝效果与离子的价数有关，离子价数增加 1，絮凝效果增加 10 倍。常用的絮凝剂有枸橼酸盐、酒石酸盐、磷酸盐等。

向絮凝状态的混悬剂中加入电解质，使絮凝状态变为非絮凝状态的过程称为反絮凝。加入的电解质称为反絮凝剂。

4. 结晶微粒的长大

混悬剂中的药物粒子大小不可能完全一致，在放置过程中，微粒的大小与数量在不断变化，即小的微粒数目不断减少、大的微粒不断长大，使微粒的沉降速度加快，结果必然影响混悬剂的稳定性。混悬剂溶液在总体上是饱和溶液，但小微粒的溶解度大而在不断地溶解，大微粒过饱和而不断地变大。这时必须加入抑制剂以阻止结晶的溶解和生长，以保持混悬剂的物理稳定性。

5. 分散相浓度和温度

在同一分散介质中分散相的浓度增加，混悬剂的稳定性降低。温度对混悬剂的影响更大，温度变化不仅改变药物的溶解度和溶解速度，还能改变微粒的沉降速度、絮凝速度、沉降容积，从而改变混悬剂的稳定性。冷冻可破坏混悬剂的网状结构，也使稳定性降低。

（二）混悬剂的稳定剂

为了提高混悬剂的物理稳定性而加入的附加剂称为稳定剂，包括了助悬剂、润湿剂、絮凝剂与反絮凝剂。

1. 助悬剂

助悬剂是指能增加分散介质的黏度以降低微粒的沉降速度或增加微粒亲水性的附加剂。混悬剂有低分子化合物、高分子化合物，甚至有些表面活性剂也可以作助悬剂使用。

常用的助悬剂有：①低分子助悬剂，如甘油、糖浆剂等，在外用混悬剂中常加入甘油；②高分子助悬剂，有天然高分子助悬剂，如阿拉伯胶、西黄蓍胶、桃胶、海藻酸钠、琼脂、淀粉浆等；也有合成或半合成高分子助悬剂，如甲基纤维素、羧甲基纤维素钠、羟丙基纤维素、卡波普、聚维酮、葡聚糖等，此类助悬剂大多性质稳定，受pH影响小，但应注意某些助悬剂与药物或其他附加剂有配伍变化。

2. 润湿剂

润湿剂系指能增加疏水性药物被水润湿的能力的附加剂。润湿剂可吸附于微粒表面，增加其亲水性，产生较好的分散效果。常用的润湿剂是*HLB*值在7～11之间的表面活性剂，如聚山梨酯类、聚氧乙烯蓖麻油类、泊洛沙姆等。

3. 絮凝剂与反絮凝剂

制备混悬剂时常加入絮凝剂，使微粒发生絮凝形成疏松的聚集体，以增加混悬剂的稳定性。絮凝剂与反絮凝剂均为电解质，其种类、性能、用量、混悬剂所带的电荷以及其他附加剂等均对絮凝剂与反絮凝剂的使用有影响，应在试验的基础上加以选择。

（三）制备工艺和质量要求

1. 混悬剂的制备

混悬剂的制备方法分为机械分散法和凝聚法。

（1）机械分散法　机械分散法是先将粗颗粒的药物粉碎成符合混悬剂粒径要求的微粒，再分散于分散介质中制备混悬剂的方法。分散法制备混悬剂时，具体工艺可根据药物的亲水性、硬度等选择。

亲水性药物，如碳酸钙、碳酸镁、氧化锌等，一般先将药物干燥粉碎到一定细度，再加入处方中的适量液体研磨至适宜的分散度，最后加入处方中的其余液体使成全量。

疏水性药物，如薄荷脑等，干燥粉碎到一定细度仍不能被水润湿，制备混悬剂时，必须首先加入一定量的润湿剂与药物研磨，再加入部分液体研磨，最后加入其余液体至全量。

加液研磨法可使药物更易粉碎，微粒可达0.1～0.5 μm。对于质重、硬度大的药物制备混悬剂时，可采用“水飞法”，即将药物加适量水研磨，再加大量水搅拌，稍加静置，倾出上清液，悬浮的药物细粒随上清液分离出去，留下的粗粒再湿研，如此反复直至完全研细为止。

（2）凝聚法

① 物理凝聚法　是将分子或离子状态分散的药物溶液加入于另一分散介质中凝聚成混悬液的方法。一般将药物制成热饱和溶液，在搅拌下加至另一种不同性质的液体中，使药物快速结晶，可制成 $10\mu m$ 以下的微粒，再将微粒分散于适宜介质中制成混悬剂。

② 化学凝聚法　是利用化学反应法使两种药物生成难溶性的药物微粒，再混悬于分散介质中制备混悬剂的方法。为使微粒细小均匀，化学反应在稀溶液中进行并应急速搅拌。

2. 混悬剂质量评定

(1) 微粒大小　混悬剂中微粒的大小不仅关系到混悬剂的质量和稳定性，也会影响混悬剂的药效和生物利用度，所以测定混悬剂中微粒大小及其分布是评定混悬剂质量的重要指标。一般可以用显微镜法、库尔特计数法、浊度法、光散射法、漫反射法等方法测定混悬剂粒子大小。

(2) 沉降容积比　沉降容积比是指沉降物的容积与沉降前混悬剂的容积之比。

测定方法：将混悬剂置于量筒中，混匀，测定混悬剂的总容积 V_0，静置一定时间后，观察沉降面不再改变时沉降物的容积 V，其沉降容积比 F：

$$F=V/V_0=H/H_0 \tag{2-21}$$

沉降容积比也可用高度表示，H_0 为沉降前混悬液的高度，H 为沉降后沉降面的高度。F 值在 1～0 之间，F 值越大混悬剂越稳定。

混悬微粒开始沉降时，沉降高度 H 随时间而减小，所以沉降容积比 H/H_0 是时间的函数。以 H/H_0 为纵坐标，沉降时间 t 为横坐标作图，可得沉降曲线，曲线的起点最高点为 1，以后逐渐缓慢降低并与横坐标平行。根据沉降曲线的形状可以判断混悬剂处方设计的优劣，沉降曲线比较平和缓慢降低可认为处方设计优良。但较浓的混悬剂不适用于绘制沉降曲线。

(3) 絮凝度　絮凝度是反映混悬剂絮凝程度的重要参数，用下式表示：

$$\beta=F/F_\infty=(V/V_0)/(V_\infty/V_0)=V/V_\infty \tag{2-22}$$

式中，F 为加入絮凝剂后混悬剂的沉降容积比；F_∞ 为去絮凝混悬剂的沉降容积比；V_∞ 为去絮凝混悬剂的沉降物容积；絮凝度 β 表示由絮凝所引起的沉降物容积增加的倍数，β 值愈大，絮凝效果愈好。用絮凝度评价絮凝剂的效果、预测混悬剂的稳定性有重要价值。

(4) 重新分散试验　优良的混悬剂经过贮存后再振摇，沉降物应能很快重新分散，这样才能保证服用时的均匀性和分剂量的准确性。

试验方法：将混悬剂置于 100mL 量筒内，以 20r/min 的速度转动，经过一定时间的旋转，量筒底部的沉降物应重新均匀分散，说明混悬剂再分散性良好。

(5) ζ 电位测定　混悬剂中微粒具有双电层，既 ζ 电位，ζ 电位的大小可表明混悬剂存在状态。一般 ζ 电位在 25mV 以下，混悬剂呈絮凝状态；ζ 电位在 50～60mV 时，混悬剂呈反絮凝状态。一般可用电泳法测定混悬剂的 ζ 电位。

(6) 流变学测定　主要是用旋转黏度计测定混悬液的流动曲线，由流动曲线的形状确定混悬液的流动类型，以评价混悬液的流变学性质。若为触变流动、塑性触变流动和假塑性触变流动，能有效减缓混悬剂微粒的沉降速度。

五、乳化

(一) 乳化的原理

乳剂是由水相、油相和乳化剂经乳化制成的，但要制成符合要求的乳剂，首先必须提供足够的能量使分散相能够分散成微小的乳滴，其次是提供使乳剂稳定的必要条件。

1. 降低界面张力

界面张力是影响乳剂稳定性的一个主要因素。乳剂的形成必然使体系界面面积大大增加，也就是对体系要做功，从而增加了体系的界面能，这就是体系不稳定的原因。因此，为了增加体系的稳定性，可减少其界面张力，使总的界面能下降。而表面活性剂能够降低界面张力，因此是良好的乳化剂。

凡能降低界面张力的添加物都有利于乳状液的形成及稳定。

2. 形成牢固的乳化膜

乳剂中的乳化剂吸附于乳滴周围，有规律地定向排列成膜，不仅降低油、水间的界面张力和表面自由能，而且可以阻止乳滴的合并。在乳滴周围形成的乳化剂膜称为乳化膜。乳化剂在乳滴表面排列越整齐，乳化膜就越牢固，乳剂也就越稳定。

乳化膜有三种类型：单分子乳化膜、多分子乳化膜、固体微粒乳化膜。

表面活性剂类乳化剂吸附于乳滴表面，有规律地定向排列成单分子乳化膜。若乳化剂是离子型表面活性剂，乳化膜的离子化使乳化膜本身带有电荷，由于电荷互相排斥，阻止乳滴的合并，从而使乳剂更加稳定。

亲水性高分子化合物类乳化剂吸附于乳滴表面，形成多分子乳化膜。强亲水性多分子乳化膜不仅阻止乳滴的合并，而且增加分散介质的黏度，使乳剂更稳定。

作为乳化剂使用的固体微粒对水相和油相有不同的亲和力，因而对油、水两相表面张力有不同程度的降低，在乳化过程中固体微粒吸附于乳滴表面排列成固体微粒乳化膜，起阻止乳滴合并的作用，增加乳剂的稳定性。

（二）乳化剂

乳化剂是乳剂的重要组成部分，对于乳剂的形成、稳定性以及药效等方面起重要作用。

乳化剂的作用：①有效地降低油、水界面张力，有利于形成乳滴、增加新生界面，使乳剂保持一定的分散度和稳定性；②在乳剂的制备过程中不必消耗更大的能量，用简单的振摇或搅拌的方法就能制成稳定的乳剂。

乳化剂应具备的条件：①应有较强的乳化能力，并能在乳滴周围形成牢固的乳化膜；②应有一定的生理适应能力，乳化剂不应对机体产生毒副作用，也不应有局部的刺激性；③受各种因素的影响小；④本身化学性质稳定。

1. 乳化剂的类型

（1）表面活性剂类乳化剂　表面活性剂类分子中有较强的亲水基团和疏水基团，作为乳化剂乳化能力强，性质稳定，容易在乳滴周围形成单分子乳化膜。阴离子型表面活性剂适用于外用乳剂，非离子型表面活性剂适用于外用或内服制剂。这类乳化剂混合使用效果更好。

（2）天然高分子乳化剂　天然高分子材料具有较强亲水性，能形成多分子乳化膜，适合用于O/W型乳剂的乳化剂；并且由于具有较大黏度，能增加乳剂的稳定性。常用的有：阿拉伯胶、西黄蓍胶、明胶等。

（3）固体微粒乳化剂　不溶性固体微粉，可聚集于油、水界面上形成固体微粒膜而起乳化作用。

形成乳剂的类型由接触角θ决定，一般$\theta < 90°$易被水润湿的固体微粉，可形成O/W型乳剂，如氢氧化镁、氢氧化铝、二氧化硅、皂土等；$\theta > 90°$易被油润湿的固体微粉，可形成W/O型乳剂，如氢氧化钙、氢氧化锌、硬脂酸镁等。

固体微粒乳化剂可与表面活性剂、亲水高分子乳化剂配合使用。

（4）辅助乳化剂　辅助乳化剂是指与乳化剂合并使用能增加乳剂稳定性的乳化剂。辅助乳化剂的乳化能力一般很弱或无乳化能力，但能提高乳剂的黏度，并能增强乳化膜的强度，防止乳滴合并。

2. 乳化剂的选择

应根据欲制备乳剂的类型、乳剂的给药途径、乳化剂的性能等综合考虑进行乳化剂的选择。

(1) 根据欲制备乳剂的类型 在设计乳剂的处方时，首先确定乳剂的类型，如 O/W 或 W/O，根据乳剂的类型和药物的性质分别选择所需的 O/W 型和 W/O 型乳化剂。乳化剂的 *HLB* 值为乳化剂的选择提供了重要的依据。

(2) 根据乳剂的给药途径 口服乳剂应选择无毒的天然乳化剂或某些亲水性高分子乳化剂等；外用乳剂应选择对局部无刺激性、长期使用无毒性的乳化剂；注射用乳剂应选择磷脂等乳化剂。

(3) 根据乳化剂的性能 应选择乳化性能强、性质稳定、无毒和无刺激性的乳化剂。

(4) 混合乳化剂 乳化剂混合使用时特点：①改变 *HLB* 值，使其具有更大的适应性，乳化剂混合使用时，必须符合乳剂中的油相对 *HLB* 值的要求；②增加乳化膜的牢固性；③非离子型乳化剂之间可以混合使用；④非离子型乳化剂可与离子型乳化剂混合使用，但阴离子型乳化剂和阳离子型乳化剂不能混合使用。

(三) 乳剂的稳定性

1. 影响乳剂稳定性的主要因素

① 乳化剂的性质 适宜 *HLB* 值的乳化剂是乳剂形成的关键，任何改变原乳剂中乳化剂 *HLB* 值的因素均影响乳剂的稳定性；

② 乳化剂的用量 一般控制在 0.5%～10%，用量不足则乳化不完全，用量过大则形成的乳剂黏稠；

③ 分散相的浓度 一般宜控制在 50%左右，过低（25%以下）或过高（74%以上）均不利于乳剂的稳定；

④ 分散介质的黏度 适当增加分散介质的黏度可提高乳剂的稳定性；

⑤ 乳化及贮藏时的温度 一般认为适宜的乳化温度为 50～70℃，乳剂贮藏期间过冷或过热均不利于乳剂的稳定；

⑥ 制备方法及乳化设备 油相、水相及乳化剂的混合次序及药物的加入方法会影响乳剂的形成及稳定性，乳化设备所产生的机械能在制备过程中转化成乳剂形成所必需的乳化功，且决定了乳滴的大小；

⑦ 微生物的污染等。

2. 乳剂的不稳定现象

(1) 分层 分层系指乳剂在放置过程中，出现乳滴上浮或下沉的现象，又称乳析。分层的原因主要是由于分散相和分散介质之间的密度差造成的。减小分散相和分散介质之间的密度差、增加分散介质的黏度都可以减小乳剂分层的速度。乳剂的分层也与分散相的相容积比有关，通常分层速度与相容积比成反比。

(2) 絮凝 乳剂中乳滴发生可逆的聚集现象称为絮凝，但由于乳滴荷电以及乳化膜的存在，阻止了絮凝时乳滴的合并，絮凝状态仍保持乳滴及其乳化膜的完整性。乳剂中的电解质和离子型乳化剂是产生絮凝的主要原因，同时絮凝与乳剂的黏度、相容积比以及流变性有密切关系。由于乳剂的絮凝作用，限制了乳滴的移动并产生网状结构，可使乳剂处于高黏度状态，有利于乳剂稳定。絮凝与乳滴的合并不同，但絮凝状态进一步变化也会引起乳滴的合并。

（3）转相　由于某些条件的变化而改变乳剂的类型称为转相，又称转型，如由 O/W 型转变为 W/O 型或是由 W/O 型转变为 O/W 型。转相主要是由于乳化剂的性质改变而引起的。向乳剂中加入相反类型的乳化剂也可使乳剂转相，特别是两种乳化剂的量接近相等时更容易转相。

（4）合并与破裂　由于乳化膜破裂导致乳滴变大，称为合并。合并进一步发展使乳剂分为油、水两相称为破裂。乳剂的稳定性与乳滴的大小有密切关系，乳滴越小乳剂越稳定，乳剂中的乳滴大小是不均一的，小乳滴通常填充于大乳滴之间，使乳滴的聚集性增加，容易引起乳滴的合并。所以为了保证乳剂的稳定性，制备乳剂时尽可能地保持乳滴的均一性。此外分散介质的黏度增加，可使乳滴的合并速度降低。

（5）酸败　乳剂受外界因素（光、热、空气等）及微生物作用，使体系中油或乳化剂发生变质的现象称为酸败，所以乳剂中通常须加入抗氧剂和防腐剂防止氧化或酸败。

（四）乳剂的制备工艺和质量要求

1. 乳剂的制备

（1）手工法

① 油中乳化剂法　本法也称为干胶法。本法的特点是先将乳化剂（胶）与油相混合研磨均匀后，加水制备成初乳，然后稀释至全量。本法适用于以阿拉伯胶或阿拉伯胶与西黄蓍胶的混合胶作为乳化剂的乳剂的制备。

在初乳中油、水、胶的比例为：油相是植物油时为 4∶2∶1，油相是挥发油时为 2∶2∶1，油相是液状石蜡时为 3∶2∶1。

② 水中乳化剂法　本法也称为湿胶法。本法的特点是乳化剂先与部分水混合研磨均匀后，再将油相加入，用力搅拌成初乳，加水将初乳稀释至全量。初乳中油、水、胶的比例与干胶法相同。

（2）新生皂法（nascent soap method）　将油水两相混合时，两相界面上生成的新生皂类产生乳化的方法。植物油中含有硬脂酸、油酸等有机酸，加入氢氧化钠、氢氧化钙、三乙醇胺等，生成的新生皂为乳化剂，经搅拌即形成乳剂。生成的一价皂则为 O/W 型乳化剂，生成的二价皂则为 W/O 型乳化剂。本法适用于乳膏剂的制备。

（3）机械法　将油相、水相、乳化剂混合后用乳化机械制备乳剂的方法。机械法制备乳剂可以不考虑混合顺序，借助于机械提供的强大能量制成乳剂。

2. 乳剂制备设备

（1）搅拌乳化装置　小量制备可用乳钵，大量制备可用搅拌机。

（2）高压乳匀机　借助强大的推动力将两相液体通过乳匀机的细孔而形成乳剂，制备时先用其他方法初步乳化，再用乳匀机乳化，效果较好。

（3）胶体磨　利用高速旋转的转子和定子之间的缝隙产生强大的剪切力使液体乳化，对要求不高的乳剂可用本法制备。

（4）超声波乳化器　利用10～50kHz 的高频振动来制备乳剂，可制备 O/W 和 W/O 型乳剂，但黏度大的乳剂不宜用本法制备。

3. 乳剂质量评定

（1）乳剂的粒径大小　乳剂的粒径大小是衡量乳剂质量的重要指标。不同用途的乳剂对粒径大小要求不同，如静脉注射乳剂其粒径应在 0.5μm 以下，其他用途的乳剂粒径也都有不同的要求。

一般可以用显微镜测定法、库尔特计数法、激光散射光谱法、透射电镜法等测定乳剂的粒径大小。

(2) 分层现象 乳剂经长时间放置，粒径变大，进而产生分层现象，这一过程的快慢是衡量乳剂稳定性的重要指标。

为了在短时间内观察乳剂的分层，可以用离心法加速其分层，一般 4000r/min 离心 15min，如不分层可认为乳剂质量稳定。此法可用于比较各种乳剂间的分层情况，以估计其稳定性。

(3) 乳滴合并速率 乳滴合并速度符合一级动力学规律，其方程为：

$$\lg N = -\frac{Kt}{2.303} + \lg N_0 \tag{2-23}$$

式中，N、N_0 分别为 t、t_0 时间的乳滴数；K 为合并速度常数；t 为时间。根据测定随时间 t 变化的乳滴数 N，求出合并速度常数 K，估计乳滴合并速度，用以评价乳剂的稳定性大小。

(4) 稳定常数 乳剂离心前后的吸光度变化百分率称为稳定常数，用 K_e 表示，其表达式如下：

$$K_e = \frac{(A_0 - A)}{A_0} \times 100\% \tag{2-24}$$

式中，A_0 为未离心乳剂稀释液的吸光度；A 为离心后乳剂稀释液的吸光度。

第三节 注射剂及单元操作

一、概述

(一) 注射剂的概念、特点、质量要求、处方组成

1. 注射剂的概念、特点、质量要求

注射剂 (injections) 系指药物制成的供注入体内的溶液、乳状液、混悬液及供临用前配制或稀释成溶液或混悬液的粉末或浓溶液的无菌制剂，主要供注入体内或接触创伤面和黏膜，使用前处于无菌状态。该类制剂可以经皮内、皮下、肌肉、静脉、脊髓腔等进入体内，用量大、种类多，约占临床用药的 40%，是很重要的一类制剂。注射剂的特点有：药效迅速，作用可靠，适于不宜口服药物和不能口服给药的病人，对危重病人的治疗尤其重要，但这类制剂使用不便，有疼痛感，由于直接注入人体，对设备、人员、环境、原辅料要求严格。注射剂主要可分为小容量注射液、大容量注射液（输液）和无菌粉末（无菌分装或冻干）。

注射剂质量要求严格，除应具有制剂的一般要求如色泽、装量、含量、有关物质外，还须满足下列各项要求：

① 无菌 即注射剂中不得含有任何活的微生物，需符合药典无菌检查的要求。注射剂的无菌状态可通过灭菌或无菌技术来实现。灭菌 (sterilization) 是指采用物理、化学方法杀灭或除去所有活的微生物繁殖体和芽孢的技术。无菌操作法 (aseptic technique) 是指利用、控制一定条件，使产品避免微生物污染的一种操作方法或控制技术。

② 无热原 热原是细菌等微生物产生的一种内毒素，具有很强的致热能力。无热原是注射剂的一项重要质量指标，特别是对量大的、供静脉注射和脊椎注射的注射剂，需热原检查合格方可使用。

③ 澄明度高 因为微粒可引起肉芽肿或血栓，故注射剂不得有不溶性微粒和可见异物，

需经过澄明度检查合格后方可使用。

④ 渗透压 要求与血液等渗或偏高渗，低渗透压液体大量进入血液会导致红细胞肿胀破裂。

⑤ pH 值 要求与血液 pH 相近，肌肉注射耐受范围一般为 pH 3～10，静脉注射为 pH 4～9，过高或过低将导致酸碱中毒。

⑥ 稳定性 具有物理、化学稳定性。

⑦ 安全性、刺激性、降压物质应符合规定。

2. 注射剂的处方组成

注射剂的处方中除主药外，还有溶剂（或分散剂）和附加剂。

注射剂中的药物必须用注射级，除满足无菌要求外，对含量和杂质的要求较高，使用前必须小样试制。如需使用活性炭，也要用针用炭。

注射剂常用的溶剂（或分散剂）有注射用水、注射用油和非水溶剂。配制注射剂的水必须使用注射用水，其制备方法和设备详见第二章第二节。注射用油常用植物油，如麻油、茶油等，应无异臭无酸败味，色泽应淡，10℃时保持澄明，碘值、酸值、皂化值应符合规定。碘值反映油中不饱和键的多少，碘值高的油易氧化。酸值是油中游离脂肪酸的含量，酸值高表明油水解后产生的游离脂肪酸含量高，油质量较差。皂化值指 1g 油脂（包括游离脂肪酸和结合成酯的脂肪酸总量）完全皂化所需氢氧化钠的质量（mg），与油脂分子量大小成反比，也可反映油脂的质量，不纯的油脂皂化值低。不溶或难溶于水及在水中不稳定的药物使用非水溶剂，常用的非水溶剂有乙醇、甘油、丙二醇、聚乙二醇、苯甲酸苄酯等。

注射剂常用的附加剂按其用途可分为渗透压调节剂、抗氧剂、金属络合剂、乳化剂、pH 调节剂、止痛剂、抑菌剂、增溶剂、助溶剂、润湿剂、助悬剂。对需等渗的输液可加入等渗调节剂，如葡萄糖、氯化钠、山梨酸、二甘醇等。对易氧化的药物可加入抗氧剂，如亚硫酸钠、亚硫酸氢钠、焦亚硫酸钠和维生素 C 等。对药物易受金属催化的降解反应（如水解或氧化反应）使用金属络合剂，如 EDTA-2Na。对易水解的药物，可通过调节溶液 pH 或使用混合溶剂，将水解速度调节到较低的水平。需要注意的是，在调节 pH 增加溶解度或稳定性时，应兼顾对人体生理 pH 的适应性。对肌注有刺激的药物，可适量加入止痛剂（局麻药）如盐酸普鲁卡因或利多卡因。当药物在溶剂中即使达到饱和浓度也满足不了治疗所需的药物浓度时，往往通过加入增溶剂、助溶剂或使用混合溶剂等方法增加药物溶解度。注射剂常用附加剂如表 2-5 所示。

表 2-5 注射剂常用附加剂

种类	性质	举例
抗氧剂	水溶性	亚硫酸钠，亚硫酸氢钠，硫代硫酸钠，焦亚硫酸钠
	油溶性	叔丁基对羟基回香醚(BHA)，二丁甲苯酚(BHT)
金属络合剂		依地酸二钠(EDTA)，枸橼酸，酒石酸
乳化剂	肌内	非离子型表面活性剂
	静脉	卵磷脂，普朗尼克 F-68
止痛剂(局麻药)		盐酸普鲁卡因，盐酸丁卡因，苯甲醇，三氯叔丁醇
抑菌剂		三氯叔丁醇，苯甲醇，甲酚，氯甲酚，硝酸苯汞，硫柳汞，尼泊金
pH 调节剂(缓冲剂)		三乙醇胺，氢氧化钠，氢氧化钾，盐酸，硫酸，酒石酸及盐，枸橼酸及盐，硼酸及盐，磷酸及盐
渗透压调节剂		氯化钠，葡萄糖，山梨酸，硼酸

（二）注射剂的制备工艺流程

1. 小容量注射剂的制备

小容量注射剂（small volume injections）的制备过程包括容器的洗烘灭菌、原辅料称量、配制、过滤、灌封、灭菌、灯检、印字、包装等步骤，最终灭菌小容量注射剂生产工艺流程与环境洁净分区如图 2-53 所示。图 2-53 流程中药物配制过程符合大多数小容量注射剂的情况，但根据药物性质不同需采用不同的工艺。如水不溶液性药物制成乳剂型注射剂，溶解度小、要求长效的固体药物可制成混悬剂。生产环境涉及一般生产区、控制区和洁净区（详见第六章）。

2. 大容量注射液（输液）的制备

大容量注射液（large volume injections）又称输液，是指供静脉滴注输入体内的注射液，主要包括以下几类：电解质输液用于补充水分，纠正酸碱平衡；营养输液主要含糖类、氨基酸、脂肪乳、维生素和微量元素等，用于不能正常进食的病人；胶体输液用于调节体内渗透压，有多糖、明胶等；含药输液。

输液由于大量注入静脉，对无菌、无热原、澄明度要求严格，此外渗透压应为等渗或偏高渗，无异性蛋白、降压物质，并不得添加任何抑菌剂。输液的制备工艺包括容器的预处理、原辅料称量、浓配、稀配、灌封、灭菌、灯检、包装等，其灌装容器主要有玻璃瓶、塑料瓶和软袋，不同容器输液及是否最终灭菌的生产流程及环境分区如图 2-54～图 2-57 所示。

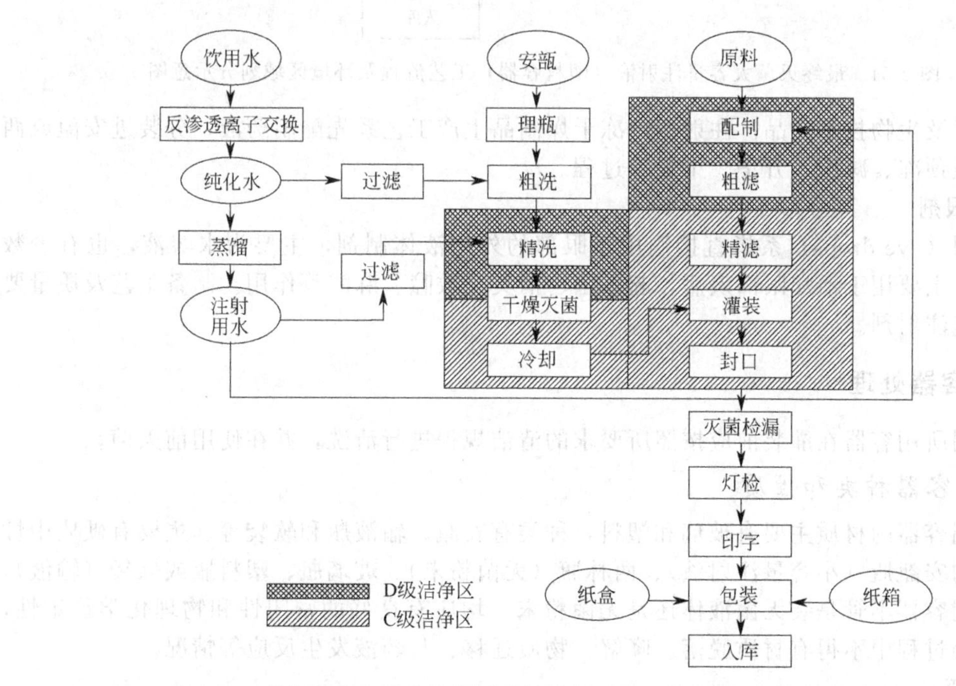

图 2-53　最终灭菌小容量注射剂单机灌装工艺流程及环境区域划分示意图

3. 注射用无菌粉末（粉针）的制备

注射用无菌粉末（sterile powder for injection）系临用前用灭菌注射用水溶解后注射的无菌制剂，又称粉针剂，适用于水中不稳定药品。按生产工艺分为无菌分装产品和注射用冷冻干燥制品。

无菌分装产品是由灭菌溶剂结晶法和喷雾干燥法所得的无菌粉末在避菌下分装而得，常

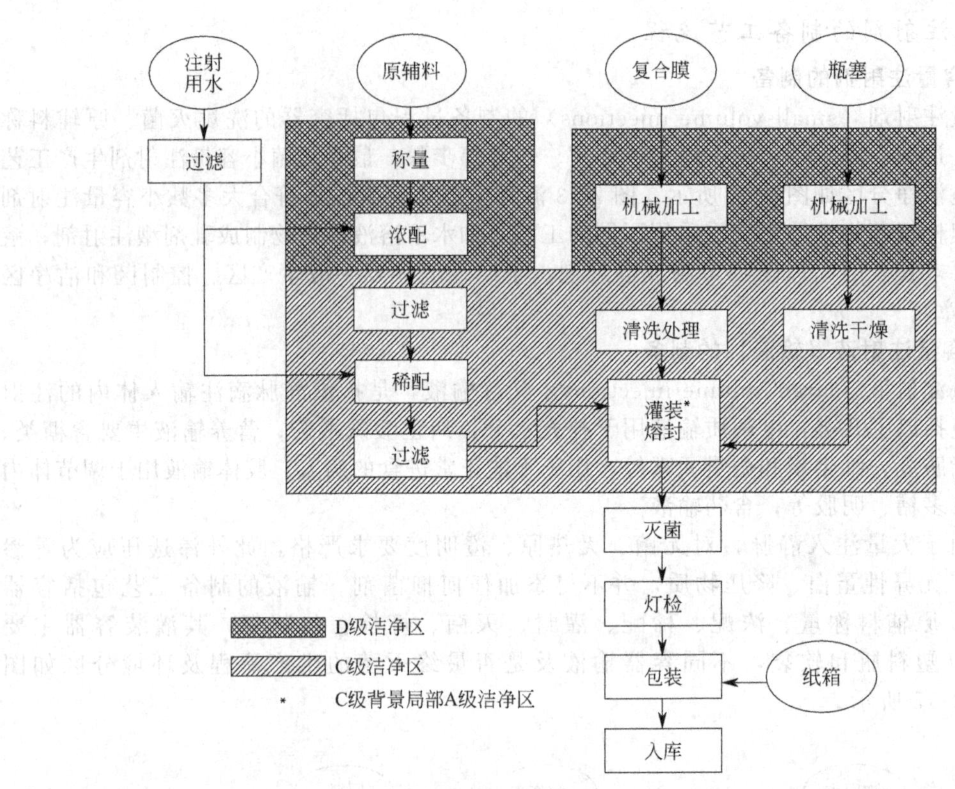

图 2-54 最终灭菌大容量注射液（塑料容器）工艺流程及环境区域划分示意图

用于抗生素及生物技术产品。注射用冷冻干燥制品生产工艺系先配制药液，分装进安瓿或西林瓶，再经预冻、减压、升华、干燥等过程。

4. 滴眼剂

滴眼剂（eye drops）系指直接滴用于眼部的外用液体制剂，主要为水溶液，也有少数水混悬剂。主要用于治疗眼部疾病，起杀菌、消炎、散瞳、麻醉等作用。制备工艺及质量要求同小容量注射剂。

二、容器处理

注射剂所用容器在灌装前应按照所要求的清洁规程进行清洗，并在使用前灭菌。

（一）容器种类和性质

注射剂容器的材质主要有玻璃和塑料，种类有安瓿、输液瓶和软袋等。主要有硬质中性玻璃制成的安瓿瓶（小容量注射液）、西林瓶（无菌粉末）、玻璃瓶、塑料瓶或软袋（输液）。注射剂所用容器不管是装无菌液体还是无菌粉末，均应有良好的密闭性和物理化学稳定性，与药液接触过程中不得有材质脱落、降解、物质迁移、与药液发生反应等情况。

1. 安瓿

安瓿主要分有颈安瓿、粉末安瓿（西林瓶），材质为硬质中性玻璃，其容积通常为1mL、2mL、5mL、10mL、20mL 等几种规格，如图 2-58 所示。

安瓿多为无色，便于澄明度检查。琥珀色安瓿可滤除紫外线，适用于对光敏感的药物，但其中含氧化铁，痕量的氧化铁有可能浸入产品中。如果药液含有能被铁离子催化降解的成分，则不能使用此种容器。目前国内规定用刻痕曲颈易折安瓿，分色环易折和点刻痕易折（环折或点折），即在安瓿瓶颈上有一环或刻痕，用时沿痕折断，使用方便。

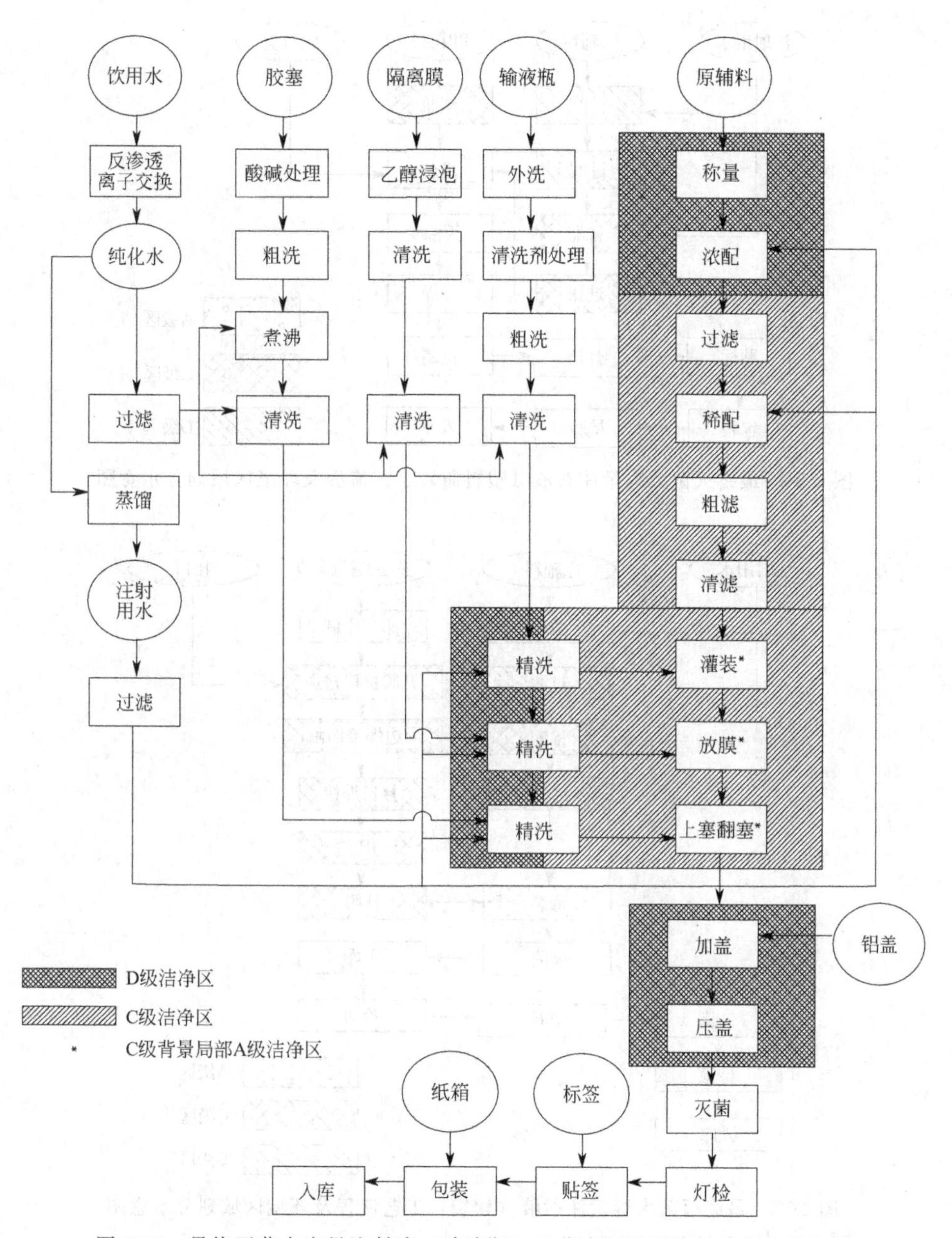

图 2-55　最终灭菌大容量注射液（玻璃瓶）工艺流程及环境区域划分示意图

粉末安瓿系供分装注射用粉末或结晶性药物之用，故瓶的口径粗或带喇叭口，以便于药物装入。近年来开发出一种可同时盛装粉末与溶剂的注射容器，容器分两隔室，下面隔室装粉末，上面隔室盛溶剂，中间用特制隔膜分开，用时将顶上的塞子下压打开隔膜，溶剂流入下隔室溶解药物，特别适用于一些在溶液中不稳定的药物，避免普通粉末安瓿临用时注入灭菌注射用水可能导致的污染。

目前制造安瓿的玻璃分为中性玻璃、含钡玻璃与含锆玻璃三种。中性玻璃常用的为低硼硅安瓿 7.0 和中性硼硅安瓿 5.0 两种，其化学稳定性较好，可作为 pH 接近中性或弱酸性注射剂的容器，如装葡萄糖注射液、注射用水等。含钡玻璃的耐碱性能好，可作为碱性较强注射剂的容器，如磺胺嘧啶钠注射液（pH 10～10.5）等。含锆的中性玻璃具有更高的化学稳

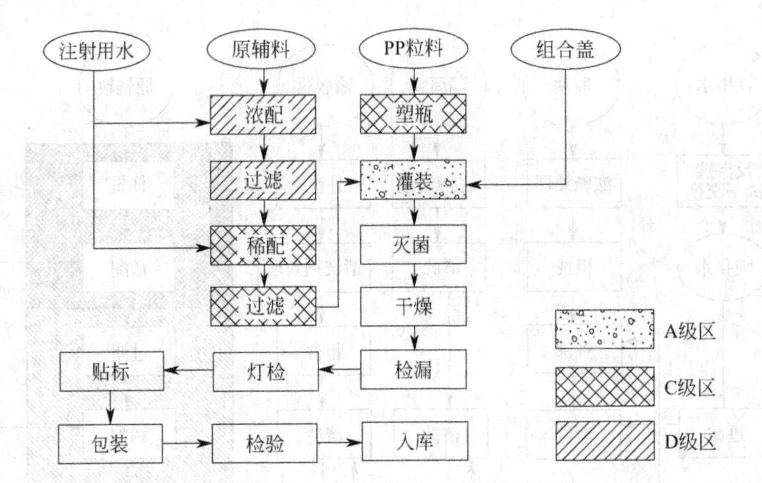

图 2-56 最终灭菌大容量注射液（塑料瓶）工艺流程及环境区域划分示意图

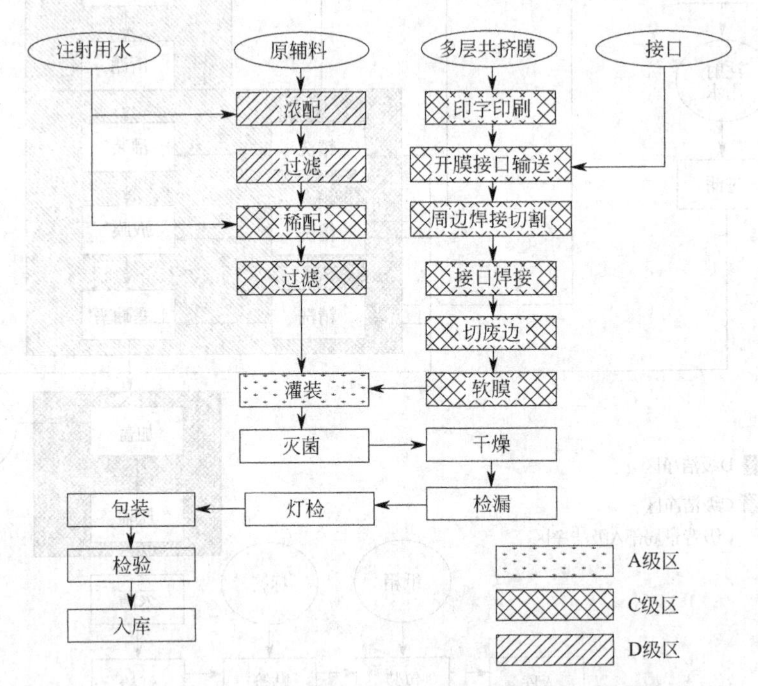

图 2-57 最终灭菌大容量注射液（软袋）工艺流程及环境区域划分示意图

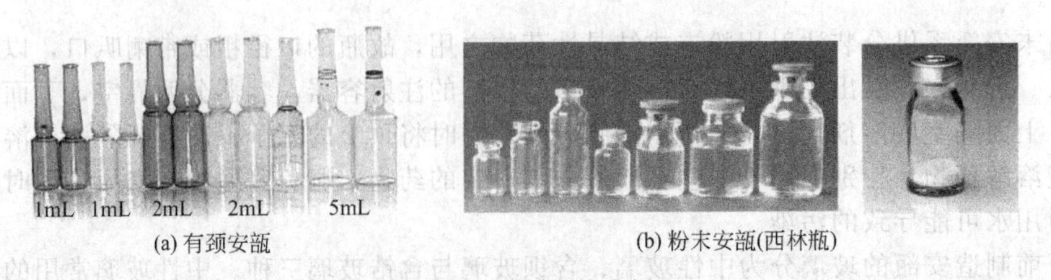

(a) 有颈安瓿 (b) 粉末安瓿(西林瓶)

图 2-58 不同规格安瓿

定性，耐酸、耐碱性均好，且不易受药液侵蚀，此种玻璃安瓿可用于盛装如乳酸钠、碘化钠、磺胺嘧啶钠、酒石酸锑钾等注射液。

2. 输液瓶（袋）

输液瓶（袋）主要有玻璃输液瓶、塑料输液瓶和软袋，如图 2-59 所示，常用的有 100mL、250mL、500mL 和 1000mL 等规格。

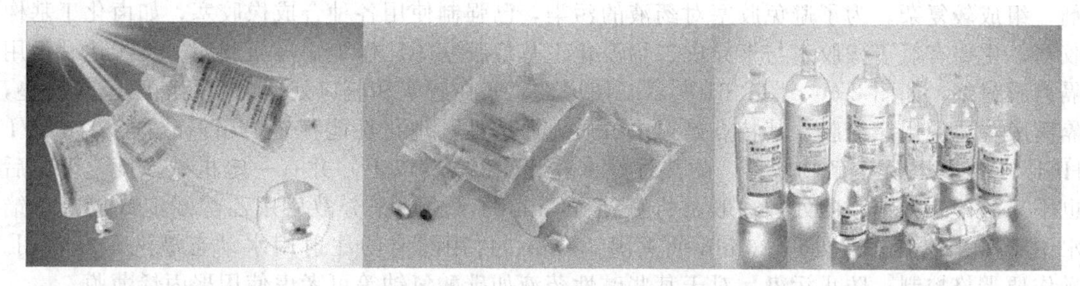

图 2-59　输液瓶（袋）

玻璃输液瓶常用硬质中性玻璃制成，其物理化学性质稳定并符合国家标准，瓶口内径必须符合要求，光滑圆整，大小合适，以免影响密封程度。

塑料瓶的材质主要是聚丙烯（polypropylene，PP），具有耐水耐腐蚀，无毒、质轻、耐热性好、机械强度高、化学稳定性强等特点，还可以热压灭菌。但用塑料瓶尚存在一些缺点，如湿气和空气可透过塑料瓶而影响贮存期的质量，透明性和耐热性较差，强烈振荡可产生轻度乳光等。其输液体系属于半封闭式输液体系，输液过程中需通大气，进入输液瓶的空气可能对药液造成污染。

塑料软袋体积小、重量轻、节省贮存空间，便于运输与携带；抗压、抗摔力强、透明度较好；使用材料制袋后无需清洗直接灌装，减少工序，降低能耗；实现全封闭式输液，提高了输液的安全性。临床使用时药液输出后，因软袋具备自收缩性，无须形成空气回路，利用大气压的挤压使药液滴出，避免了开放式输液方式的安全隐患。塑料软袋的材质主要有聚氯乙烯（polyvinyl chloride，PVC）和非聚氯乙烯。由于 PVC 对人体健康及环境存在潜在危害，目前已禁止使用。

非 PVC 多层共挤膜软袋输液更以其安全、方便、环保，彻底地改变了传统的输液方式，目前已逐步取代传统玻璃瓶、塑料瓶进入临床。非 PVC 软袋为聚烯烃采用多层共挤膜技术制备而成，该技术在制软袋过程中将多层聚烯烃材料同时熔融交联挤出，一般为五层或三层共挤输液膜叠合后，经过在其边缘的高温热压焊封，同时高温热压焊接上接口，使其形成袋状。成分组成有两类，一类是内层、中层采用聚丙烯（PP）与不同比例的弹性材料混合，无毒、惰性且具有良好的热封性，外层为机械强度较高的聚丙烯或聚酯材料；另一类是内层采用聚丙烯与苯乙烯-乙烯-丁烯-苯乙烯（SEBS）共聚物的混合材料，中层采用 SEBS，外层采用聚丙烯材料。聚烯烃多层共挤膜软袋隔氧隔湿，透气性低，化学惰性、药物相容性好，适宜包装各种输液瓶（袋）；不使用黏合剂、增塑剂，膜材无溶出、不掉屑，使用安全；温度耐受范围广，既可耐受 121℃下灭菌，又抗低温（－40℃）；透明度高，利于澄明度检查；膜材易于热封、弹性好、抗冲击；不含氯化物，后处理对环境无害。但在软袋边缘和接口焊缝处，不能完全杜绝产生泄漏的可能性。目前生产使用制袋、灌封自动化生产线，可实现全封闭生产，工艺简单、效率高，但生产设备多为进口，价格昂贵。

聚丙烯共混、直立式聚丙烯输液袋材料为聚丙烯和苯乙烯-乙烯-丁烯-苯乙烯共聚物共混而成，具有共挤输液袋类似的柔韧性，且无毒无味、化学稳定性好、耐腐蚀、耐药液浸泡。瓶口盖子具有内盖、异戊二烯胶垫和有易拉环的外盖组合盖，采用焊封工艺，密封性好，不易漏气。可直立，漏液少，不溶性颗粒比玻璃瓶少。具有自动排液功能，输液时无需通空气，排空完全，排除了空气对输液的潜在污染。废袋焚烧后分解物无毒性，属环境友好型产品，价格比软袋便宜。

3. 胶塞

输液瓶所用胶塞对输液澄明度影响很大，以前胶塞的主要成分为天然橡胶和大量的附加剂，组成较复杂。为了避免胶塞对药液的污染，已强制使用各种合成橡胶塞，如卤化丁基橡胶塞，主要有氯丁橡胶塞与聚异戊二烯溴化丁基橡胶塞等，作为输液瓶胶塞，逐步达到不用隔离膜衬垫，如图 2-60、图 2-61 所示。使用玻璃瓶在胶塞和瓶口处还需使用隔离膜作衬垫，隔离膜主要使用涤纶膜，其特点是对电解质无通透性，理化性能稳定，用稀酸（0.01mol/L HCl）或水煮均无溶解物脱落，耐热性好（软化点 230℃以上）并有一定机械强度，灭菌后也不易破碎。涤纶膜的处理一般是将直径 38mm 的薄膜逐张分散后用乙醇浸泡或放入蒸馏水中于 112～115℃热处理 30min 或煮沸 30min，再用滤清的注射用水动态漂洗干净备用。操作要严格控制，防止污染。对于某些碱性药液如碳酸氢钠等可考虑使用聚丙烯薄膜。

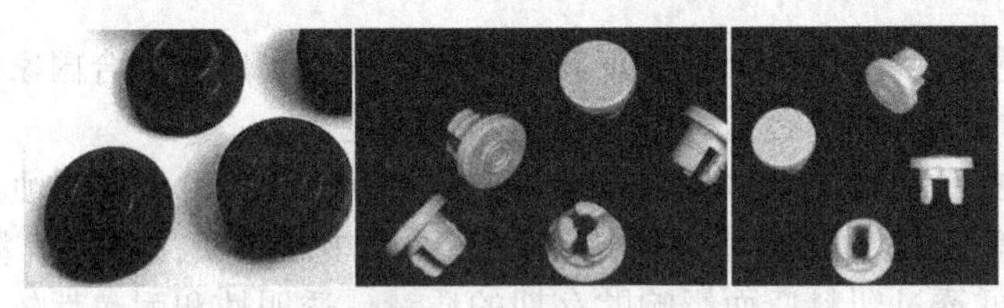

图 2-60　丁基橡胶塞

图 2-61　铝塑复合盖

（二）容器洗涤

1. 安瓿的洗涤

安瓿的洗涤方法一般有甩水洗涤法、加压喷射气水洗涤法和连续回转超声清洗法。

（1）甩水洗涤法　甩水洗涤法是将安瓿经冲淋机灌满滤净的水，再用甩水机将水甩出，一般反复三次以达到清洗的目的。此法洗涤安瓿清洁度一般可达到要求，生产效率高、劳动强度低。但洗涤质量不如加压喷射气水洗涤法好，适用于 5mL 以下的安瓿。

（2）加压喷射气水洗涤法　该法是目前生产上认为有效的洗瓶方法，特别适用于大安瓿的洗涤，它是利用已滤过的蒸馏水与已滤过的压缩空气由针头喷入安瓿内交替喷射洗涤。压缩空气的压力一般为 294.2～392.3kPa（3～4kgf/cm^2），冲洗顺序为气-水-气-水-气，一般 4～8 次。此种方法洗涤水和空气的滤过是关键。压缩空气先经冷却，经贮气筒使压力平衡，再经过焦炭（或木炭）、泡沫塑料、瓷圈或砂棒滤过净化。近年来国内已有采用无润滑油的空气压缩机，此种压缩机出来的空气含油雾较少，滤过系统简化，可使用微孔滤膜滤过。最后一次的洗涤用水，应使用通过微孔滤膜精滤的注射用水。药厂一般将加压喷射气水洗涤机与烘干灭菌和灌封机一起组成洗、烘、灌、封联动机。气水洗涤的程序由机械自动完成，大大提高了生产效率。

（3）连续回转超声清洗法　系将加压喷射气水洗涤与超声波洗涤相结合的清洗方法。首先安瓿被加压注满循环水，再传送至 60～70℃的装满除菌蒸馏水的水槽中进行超声波清洗，然后用循环水倒置冲洗安瓿三次，空气吹洗一次，最后再用新鲜蒸馏水倒置冲洗和空气吹洗。超声波清洗不仅保证内部洁净，也可保证安瓿外壁清洁。

安瓿的洗涤也有只采用洁净空气吹洗方法的，但安瓿在玻璃厂生产时就应严格防止污染。

2. 输液瓶的洗涤

在大规模输液剂生产中，目前广泛使用的玻璃瓶以500～1000mL者为多。洗涤时首先将玻璃瓶送入理瓶机，按顺序排列起来，并逐个由传送带输送进入外刷瓶机。此时输送带的两侧竖立着两排旋转毛刷，使瓶在输送带上边前进边旋转，同时用传送带上方的淋水冲刷瓶体，经传送带将外刷后的瓶子带入内刷瓶机完成洗涤操作。内刷瓶机的形式很多，有滚筒式、超声波清洗式、箱式等，图2-62所示为超声波洗瓶机。封闭箱式洗瓶机的工艺流程如下：

热水喷淋（两道）→碱液喷淋（两道）→热水喷淋（两道）→冷水喷淋（两道）→喷水毛刷清洗（两道）→冷水喷淋（两道）→蒸馏水喷淋（三喷两淋）→沥干（三工位）

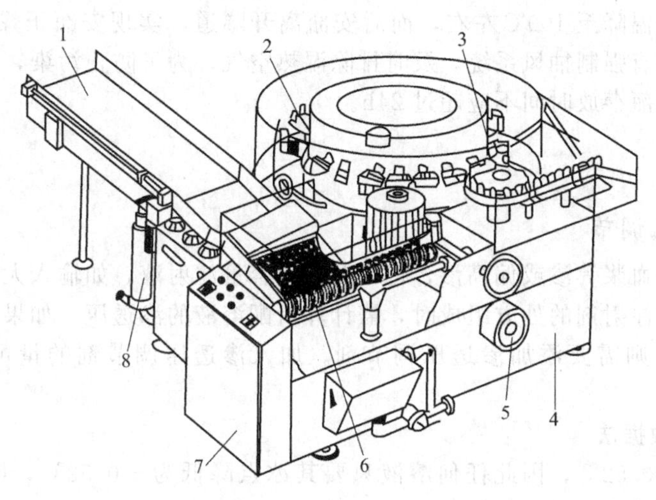

图2-62 超声波洗瓶机

1—送瓶机构；2—冲洗机构；3—出瓶机构；4—床身；5—主传动系统；6—清洗装置；7—电气控制系统；8—水气系统

“喷”是指用ϕ1mm的喷嘴由下向上往瓶内喷射具有一定压力的流体以产生较大的冲刷力。“淋”是指用ϕ1.5mm的淋头提供较多的洗水由上向下淋洗瓶外以达到除污的目的。在各种喷淋液装置的下部均设有单独的液体收集槽，其中碱液是循环使用的。为防止各工位淋溅下来的液滴污染轨道下的空瓶盒而在箱体内安装一道隔板收集残液。机上部装有引风机，强制排出热水蒸气与碱蒸气，以保证洗瓶后净化阶段的正压。玻璃瓶在进入洗瓶机轨道之前是瓶口朝上的，利用一个翻转轨道将瓶口翻转向下，并使瓶子成排落入瓶盒中。瓶盒在传送带上是间歇移动前进的。因为各工位喷嘴要对准瓶口喷射，所以必须保证瓶子相对喷嘴的停留时间。同时旋转的毛刷也有探入、伸出瓶口和在瓶内相应停留时间（3.5s）的要求。玻璃瓶在沥干后，利用翻转轨道脱开瓶盒落在净化室平台上。为保证空瓶洁净度的要求，常不使用毛刷和碱液，而是采用高压水及高压气流冲洗。

塑料瓶已不需要常规清洗，只要注入蒸馏水或高压气流冲洗即可达到要求，有的塑料瓶成型后立即灌药而不需要洗瓶工序。

3. 胶塞和隔离膜清洁处理

输液瓶所用胶塞对输液澄明度影响很大，胶塞的清洗目前常用全自动胶塞清洗烘干灭菌一体机，使胶塞的高压水喷淋、硅化、烘干、灭菌在箱内一次完成。

（三）安瓿的干燥或灭菌

安瓿洗净后，一般要在烘箱内用120～140℃温度干燥。无菌操作或低温灭菌的产品装药前，安瓿则需用150℃以上温度干热灭菌1h以上。大量生产多采用隧道式电热烘箱，烘箱由传送带、加热器、层流箱、隔热机架等组成。电热丝装在镀有反射层的石英管内，热量经反射聚集到安瓿上，以充分利用热能，烘箱中段干燥区的湿热气经专用风机排出箱外，但干燥区应保持正压，必要时由A级净化气补充。近年来广泛采用隧道式远红外线烘箱，远红外线是指波长大于5.6μm的红外线，以电磁波的形式直接辐射到被加热物体上进行加热。一般在碳化硅电热板辐射源表面涂上远红外涂料，如氧化钛、氧化锆等，便可辐射远红外线。此法具有效率高、质量好、速度快和节约能源等特点。其设备主要由远红外线发射装置与安瓿自动传送装置两部分组成。隧道加热分预热段、中间段及降温段三个区域，预热段内温度为室温至100℃，安瓿的大部分水分在这里蒸发；中间段为高温干燥灭菌区，温度达300～450℃左右，杀灭细菌及热原（一般350℃，5min即能达到灭菌目的），除去残余水分；降温区是由高温降至100℃左右，而后安瓿离开隧道，实现安瓿干燥灭菌连续化生产。另外在隧道顶部设有强制抽风系统，及时排除湿热空气，为了防止污染，可附有局部层流装置，灭菌好的空安瓿存放时间不应超过24h。

三、配液

（一）渗透压调节

注射液需要与血浆等渗或偏高渗，特别对于大容量注射液，如输入大量的低渗溶液会导致溶血。因此研制注射剂的处方组成时，需计算所配溶液的渗透压，如果药物溶液的渗透压低于血浆渗透压，则需要添加渗透压调节剂。加入渗透压调节剂的量可通过下面的方法计算。

1. 冰点降低数据法

血浆冰点为－0.52℃，因此任何溶液只要其冰点降低为－0.52℃，即可认为与血浆等渗。可按下式计算等渗调节剂的用量：

$$W=(0.52-a)/b \tag{2-25}$$

式中，W为配制等渗溶液所需加入等渗调节剂的质量分数；a为未调整药物溶液的冰点下降值；b为等渗调节剂1%溶液的冰点下降度。可用冰点渗透压仪测定冰点。

2. 氯化钠等渗当量法

氯化钠等渗当量指1g药物相当于具有相同渗透效应的氯化钠的质量（g），以此值计算应加入等渗调节剂的量。氯化钠等渗当量计算公式：

$$W=0.9-EX \tag{2-26}$$

式中 W——配制100mL等渗溶液需加入等渗调节剂的量，g；

E——1g药物的氯化钠等渗当量；

X——100mL溶液中药物的质量，g。

例2-1 已知1g盐酸麻黄碱的氯化钠等渗当量为0.28，欲配制2%盐酸麻黄碱溶液1000L，求需加多少克NaCl，才能使配制的液体与血浆等渗？

解 由题可知，$E=0.28$，$X=2$

则 $W=(0.9-0.28\times2)\times1000000/100=3400\text{g}$

（二）配制

1. 原辅料的称量

供注射用的原料药，必须符合药典所规定的各项杂质检查与含量限度。在配制前，应先将原料按处方规定计算其用量，如果注射剂在灭菌后含量下降应酌情增加投料量。在称量计算时，如原料含有结晶水应注意换算，在计算处方时应将附加剂的用量一起算出，然后分别准确称量。称量时应至少两人核对，以保证称量准确。

2. 用具的选择与处理

生产上注射剂的配制常用装配轻便式搅拌器的夹层不锈钢配液罐，夹层锅可以通蒸汽加热也可通冷水冷却。此外还可用不锈钢桶等容器。调配器具使用前，要用洗涤剂洗净，使用前再用新鲜注射用水荡洗或灭菌后备用。每次配液后一定要立即刷洗干净，玻璃容器可加入少量硫酸清洁液或75%乙醇放置，以免生菌，用时再洗净。现生产上多采用在位清洗（cleaning in plase，CIP）和在线灭菌（sterilization in process，SIP）。在位清洗（CIP）即原地清洗，可在设备、管道、阀门都不需要拆卸和异地的情况下，设备就在原地按照固定的程序，通过泵循环用水和不同的洗涤液对设备进行清洗，而达到清洗目的的一种技术。具有自动化程度高、操作简便，劳动强度低、效率高，清洗彻底、可达到灭菌目的，节约洗涤剂、蒸汽和水等特点。CIP清洗过程通过物理作用和化学作用两方面共同完成，物理作用包括高速湍流、流体喷射和机械搅拌；而化学作用通过水、表面活性剂、碱、酸和卫生消毒剂进行清洗，占有主要地位。如图2-63所示，CIP清洗系统由酸罐、碱罐、热水罐、清水罐、气动执行阀清洗液送出分配器、各种控制阀门、清洗管路和电气控制箱等组成。根据程序自动配制清洗液，经气动控制阀与增压阀、回流泵来完成清洗液的输送及回流循环清洗、排放、回收整个清洗过程。

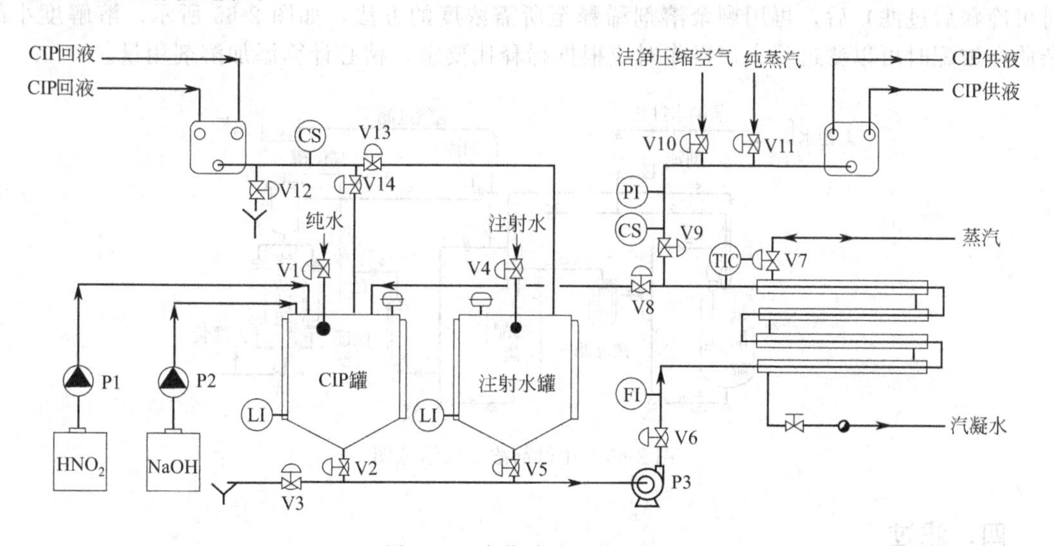

图2-63　在位清洗系统流程

在线灭菌（SIP）常指系统或设备在原安装位置不作拆卸及移动条件下的蒸汽灭菌，通常包括供汽设备、排冷凝水设备、灭菌程序监控及结果记录的设备等。可采用在线灭菌的系统的有管道输送线、配制罐、过滤系统、灌装系统、冻干机和水处理系统等。在线灭菌所需的拆装作业很少，容易实现自动化，从而减少人员的疏忽所致的污染及其他不利影响。在位清洗与在线灭菌在无菌制剂生产设备中若使用得当，会发挥其他清洗与灭菌方法无法比拟的作用，会大大减少产品的交叉污染，提高产品质量。

3. 配制方法

配制方法一般有两种，即稀配法和浓配法。配制所用注射用水的贮存时间不得超过12h。

（1）稀配法（也称溶解法） 系指将处方量的固体药物全部加入处方量的溶剂中一次配成所需浓度的方法，如图2-64所示。该方法操作简单，适用于较稳定且原料质量好的药物。为了加速药物溶解，对固体药物可加热助溶并施以机械搅拌。易挥发性药物应在最后加入以防止过多损失。

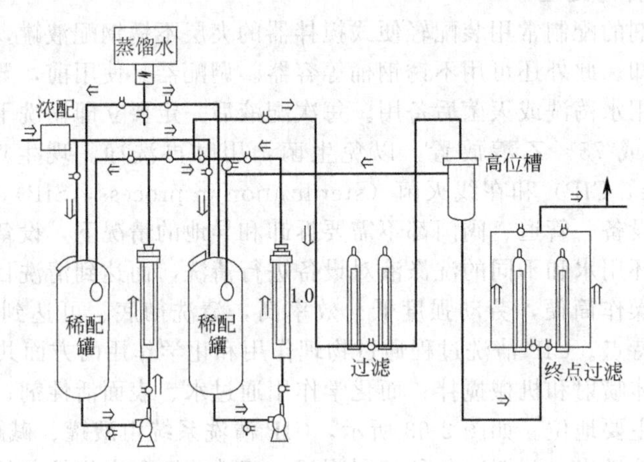

图2-64 注射剂稀配法示意图

（2）浓配法（也称稀释法） 指将药物先用部分溶剂配成高浓度溶液，加热过滤（必要时可冷藏后过滤）后，再用剩余溶剂稀释至所需浓度的方法，如图2-65所示。溶解度小的杂质在浓配时可以滤过除去，操作时应根据稀释比要求，精心计算添加溶剂用量。

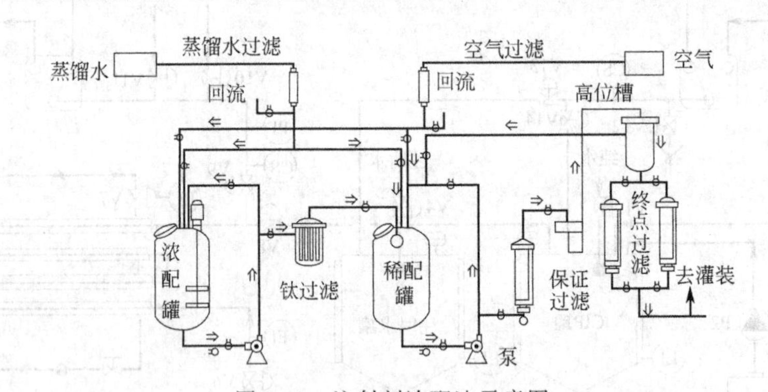

图2-65 注射剂浓配法示意图

四、滤过

滤过是一种单元操作，是用物理方法将固体和液体的混合物强制通过多孔性介质，固体沉积或截留而使液体通过，达到固液分离的操作。通常多孔性介质称为滤过介质或滤材，在滤过介质表面上截留沉积的固体称为滤饼，而通过过滤介质流出的液体称为滤液。滤过的目的视需要而定，如需要的是固体，则滤过后取其被截留固体（如重结晶），此操作称为滤饼过滤。如需滤除溶液中不溶性固体杂质以获取澄清滤液时此操作又称澄清，如注射剂、溶液剂和某些浸出制剂的滤过等。对于无菌规格的制剂还包括除去微生物的滤除。本节主要介绍以澄清为目的的滤过。

（一）滤过机理与影响因素

根据固体粒子在滤材中被截留的方式不同，将滤过过程分类为介质滤过和滤饼滤过。

1. 介质滤过

介质滤过系指药液通过滤过介质时固体粒子被介质截留而达到固液分离的操作。介质滤过的滤过机理如下。

（1）筛析作用　固体粒子的粒径大于滤过介质的孔径，粒子被截留在介质表面，滤过介质起筛网作用。常用起筛析作用的介质有微孔滤膜、超滤膜和反渗透膜等，因此也称膜滤过或表面滤过。如果要求绝对不许有大于某一尺寸的微粒通过时，必须采用介质滤过。

（2）深层截留作用　是指分离过程发生在介质的“内部”，即粒径小于滤过介质孔径的粒子在滤过过程中进入到介质的一定深度后被截留在其深层进而分离的作用。当粒子通过介质内部弯曲而不规则的孔道时，可能由于惯性、重力、扩散等作用而沉积在空隙内部搭接形成“架桥”或滤渣层，也可能由于静电力或范德华力而被吸附于孔隙内部。如砂滤棒、垂熔玻璃漏斗、多孔陶瓷、石棉滤过板等遵循深层截留作用机理，这种滤过称深层滤过。

膜滤过和深层滤过的滤过速度与阻力主要由滤过介质所控制。如果药液中固体粒子含量少于0.1%时属于介质滤过，这种情况多数以收集澄清的滤液为主要目的，如注射液滤过及除菌滤过等。

2. 滤饼滤过

固体粒子聚集在滤过介质表面之上，滤过的拦截主要由所沉积的滤饼起作用，这种滤过叫滤饼滤过。若药液中固体含量大于1%时，由于滤过介质的架桥作用，滤过开始时在滤过介质上形成初始滤饼层，在继续过滤过程中逐渐增厚的滤饼层起拦截颗粒的作用。滤过的速度和阻力主要受滤饼的影响，如药材浸出液的滤过多用滤饼滤过。

3. 滤过的影响因素

由于过滤器孔径不可能完全一致，故滤过开始时，较大的滤孔可能使部分细小颗粒通过，因而初滤液常常不澄清。随着滤过的进行，固体颗粒沉积在滤材表面和深层，由于架桥作用而形成致密的滤渣层。液体由间隙滤过，将滤渣层中的间隙假定为均匀的毛细管束，故液体的流动可遵循Poiseuile公式：

$$V=4\pi prt/(8\eta l) \qquad (2\text{-}27)$$

式中，V为液体的滤过容量；p为滤过时的操作压力（或滤床面上下压差）；r为毛细管半径；l为滤层厚度；η为滤液黏度；t为滤过时间。

滤过的影响因素可归纳为

（1）操作压力　压力越大则滤速越快，因此常采用加压或减压滤过法，但压力过大或滤过时间过长时，小微粒有可能漏下。

（2）滤液的黏度　黏度越大，过滤速度越慢。由于液体的黏度随温度的升高而降低，为此常采用趁热滤过。

（3）滤材中毛细管半径　对滤过的影响很大，毛细管越细，阻力增大，不易滤过，特别是软而易变形的滤渣层容易堵塞滤材细孔。常用活性炭打底，增加孔径以减少阻力。

（4）滤速　与毛细管长度成反比，故沉积滤饼越厚，则阻力增大，滤速越慢。因而常采用预滤过，以减少滤渣的厚度。

为了提高滤过效率，可选用助滤剂，以防止孔眼被堵塞，保持一定空隙率并减少阻力。助滤剂是一种特殊形式的滤过介质，具有多孔性与不可压缩性，在滤器表面形成微细的表面沉淀物，阻止沉淀物直接接触和堵塞滤过介质，从而起到助滤的作用。常用助滤剂有：纸浆、硅藻土、滑石粉、活性炭等。助滤剂加入的方法有两种：一种是先在滤材上铺一层助滤剂后开始滤过；另一种是将助滤剂混入待滤过液中搅拌均匀，使部分胶体被破坏而在滤过过程中形成一层疏松滤饼，使滤液易于通过。

（二）滤过器

凡能使悬浮液中的液体通过又将其中固体颗粒截留以达到固液分离目的的多孔物质都可作为滤过介质，它是各种滤过器的关键组成部分。下面介绍常用滤过器及其性能以便合理选用。

1. 微孔滤膜滤过器

微孔滤膜是用高分子材料制成的薄膜滤过介质。在薄膜上分布有大量的穿透性微孔，孔径0.025～14μm，分成多种规格。微孔滤膜的特点是孔径小、均匀、截留能力强，不受流体流速、压力的影响，质地轻而薄（0.1～15mm），孔隙率大（微孔体积占薄膜总体积的80%左右），因此药液通过薄膜时阻力小、滤速快，与同样截留指标的其他滤过介质相比，滤速快40倍；滤膜是一个连续的整体，滤过时无介质脱落；不影响药液的pH值；滤膜吸附性少，不滞留药液；滤膜用后弃去，药液之间不会产生交叉污染。由于微孔滤膜的滤过精度高而广泛应用于注射剂生产中。但其主要缺点是易于堵塞，有些纤维素类滤膜稳定性不理想。为了保证微孔滤膜的质量，应对制好的膜进行必要的质量检查。通常主要测定孔径大小、孔径分布、流速。孔径大小一般用气泡点法，每种滤膜都有特定的气泡点，它是滤膜孔隙度额定值的函，是推动空气通过被液体饱和的膜滤器所需的压力。故测定滤膜的气泡点可测定该膜的孔径大小。气泡点测定方法：将微孔滤膜湿润后装在滤过器中，在滤膜上覆盖一层水；从滤过器下端通入氮气，以34.3kPa/min的速度加压，水从微孔中逐渐被排出。当压力升高至一定值，滤膜上面水层中开始有连续气泡逸出时，此压力值即为该滤膜气泡点。此外对于用于除菌滤过的滤膜，还应测定其截留细菌的能力。微孔滤膜的种类如下。

① 聚醚砜（PES）微孔滤膜　是由聚醚砜超细纤维热熔粘连而制成，具有以下特点：物理、化学性能稳定，相容性好；独特的亲水性能，不含表面活性剂和表面润滑剂；适用的pH范围广，对蛋白质及贵重生物制剂的吸附量低，截留率高；孔隙率高，膜孔占滤膜体积80%以上；具有独特的微孔几何形状，提高了对过滤难度较大溶液的过滤效率和流通量；具有热稳定性，可高温消毒；耐压性好，强度高，可耐正向和反向压力冲击。

② 聚丙烯（PP）微孔滤膜　是由聚丙烯超细纤维热熔粘连而制成，具有以下特点：物理、化学性能稳定，相容性好；孔隙率高、纳污量大；可反冲和高温消毒；耐压性好。

③ 纤维素类　醋酸纤维素膜，适用于无菌滤过、检验、分析、测定，如滤过低分子量的醇类、水溶液类、酒类、油类等。硝酸纤维素膜，适用于水溶液、空气、油类、酒类除去微粒和细菌，不耐酸碱，溶于有机溶剂，可以120℃、30min热压灭菌。醋酸纤维与硝酸纤维混合酯膜，性质与硝酸纤维素膜类同，实验表明可适用于pH值范围为3～10。适用于10%～20%乙醇，50%的甘油，30%～50%的丙二醇，但2%聚山梨酯80对膜有显著影响。

④ 聚酰胺（尼龙）膜　适用于弱酸、稀酸、碱类和普通溶剂，如丙酮、二氯甲烷、醋酸乙酯的滤过。

⑤ 聚偏氟乙烯膜（PVDF）　滤过精度0.22～5.0μm，具有耐氧化性和耐热性能，适用pH值为1～12。A型（一般型），小于50℃（压差0.3MPa）；高温型，小于80℃（压差0.2MPa）；B型，小于90℃（压差0.2MPa）。其他还有聚碳酸酯膜、聚砜膜、聚氯乙烯膜、聚乙烯醇醛、聚丙烯膜等多种滤膜等。

⑥ 聚四氟乙烯膜　适用于滤过酸性、碱性、有机溶剂液体，可耐260℃高温。

⑦ 耐溶剂专用微孔膜　除100%乙醇、甲酸乙酯、二氯乙烷、酮类外，有耐溶剂性。可用于酸性溶液、碱性溶液、一般溶液的滤过。

微孔滤膜滤过器，其大小有 ϕ90nm、ϕ142nm、ϕ293mm。滤器器材有聚乙烯、聚碳酸酯、不锈钢、聚四氟乙烯等。微孔滤膜滤过器的安装方式有两种，即圆盘形膜滤器（单层板式压滤器）和圆筒形膜滤器。图 2-66(a) 所示为圆盘形膜滤器，由底盘、底盘圆圈、多孔筛板（支撑板）、微孔滤膜、板盖垫圈及板盖等部件组成。滤膜安放时，反面朝向被滤过液体，有利于防止膜的堵塞。安装前，滤膜应放在注射用水中浸渍润湿 12h（70℃）以上。安装时，滤膜上还可以加 2～3 层滤纸，以提高滤过效果。圆筒形膜滤器［图 2-66(b)］由一根或多根微孔滤过管组成，将滤过管密封在耐压滤过筒内制成。此种过滤器面积大，适于大量生产。

(a)圆盘形膜滤器

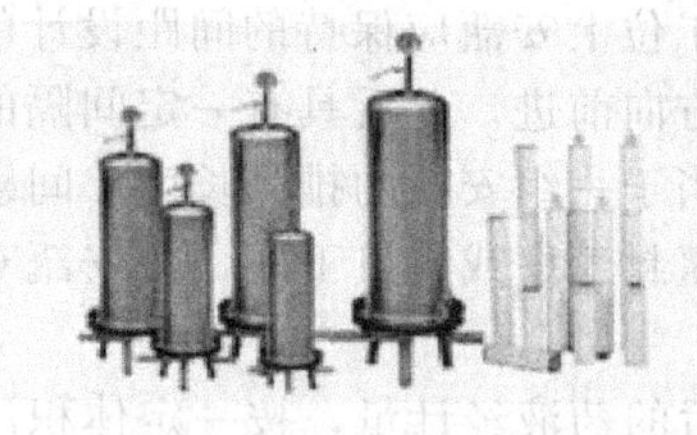

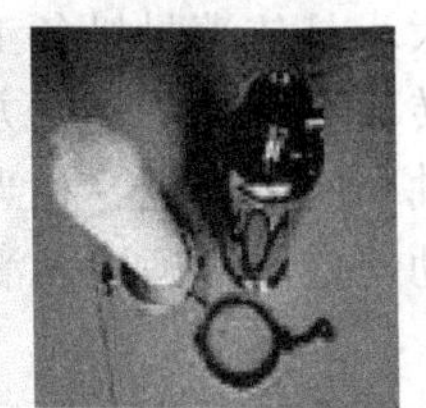

(b)圆筒形膜滤器

图 2-66 微孔滤膜滤过器

2. 钛滤器

钛滤器有钛滤棒与钛滤片，是用粉末冶金工艺将钛粉末加工制成滤过元件，钛滤器抗热震性能好，强度大，重量轻，不易破碎，过滤阻力小，滤速大。注射剂配制中的脱炭滤过，可以此装置进行连续滤过，整个系统都处于密闭状态，药液不易受污染。但进入系统中的空气必须经过滤过处理。使用 F2300G-30 钛滤棒，其气泡点测定最大孔径不大于 30μm；而注射液的除微粒预滤过则可选用 F2300G-60 钛滤片；该片气泡点测定最大孔径不大于 60μm，厚度 1.0mm，直径 145mm。钛滤器在注射剂生产中是一种较好的预滤材料，国内一些制剂生产单位已开始应用。

（三）滤过装置

注射剂的滤过通常采用高位静压滤过、减压滤过及加压滤过等方法，其装置一般采用先滤棒和垂熔玻璃滤球预滤，再经膜滤器精滤的组合过滤系统，常用滤膜孔径为 0.6μm 或 0.8μm。

（1）高位静压滤过装置　此种装置适用于生产量不大、缺乏加压或减压设备的情况，特别在有楼房时，药液在楼上配制，通过管道滤过到楼下灌封。此法压力稳定，质量好，但滤速慢。

（2）减压滤过装置　此法适应于各种滤器，设备要求简单，可以进行连续滤过，整个系统都处于密闭状态，药液不易受污染。但进入系统中的空气必须经过滤过，压力不够稳定，操作不当易使滤层松动，影响质量。

（3）加压滤过装置　加压滤过多用于药厂大量生产，压力稳定、滤速快、质量好、产量高。由于全部装置保持正压，如果滤过时中途停顿，对滤层影响也较小，同时外界空气不易进入滤过系统。但此法需要离心泵和压滤器等耐压设备，适于配液、滤过及灌封工序在同一平面的情况。无菌滤过宜采用此法，有利于防止污染。也可改用耐压的密闭配液缸，在配液缸上用氮气或压缩空气加压促进滤过，这种情况不需要离心泵，从而避免了泵对药液的污染。工作压力一般为 98.06kPa（1kgf/cm^2），滤液质量良好。

五、注射剂的灌封

将制备好的药液（或粉末）定量地灌装到洗净容器加以密封的操作叫做灌封。

（一）安瓿药液灌封

安瓿药液的灌封是灭菌制剂制备的关键操作，应在同一室内进行，其洁净环境要严格控制以免药液受污染，洁净级别通常为B+A或C+A。灌封的工艺过程包括安瓿的排整、灌注药液、充气和封口等工序，生产上多采用安瓿自动灌封机完成。

1. 空安瓿的排整

将密集堆放的灭菌安瓿，依照灌封机动作周期的要求将固定只数的安瓿，用变距螺旋推进器按一定距离间隔组排在传送装置上。变距螺旋杆上具有与安瓿外径相合的半圆槽，螺距大小是依灌封机各工位上安瓿应保持的间距设计的，自然落入半圆槽的安瓿随着推进器的回转而被带动沿杆轴方向前进。此后具有一定间隔的每组安瓿，一方面利用安瓿传送带做沿杆轴向的大跨距（相当于一组安瓿的排列长度）间歇移动，一方面利用传送带侧凸轮做间歇摆动，依次准确进入灌封工序或封口工序，使安瓿对准灌药针管或是封口燃气喷嘴。

2. 灌注

灌注是将净制后的药液经计量，按一定体积注入安瓿中。灌封是数支安瓿同时进行，故灌封机相应地有数套计量机构和灌注针头。灌封机利用具有单向阀的计量活塞完成定体积药液的抽取及灌注，其结构原理见图 2-67。

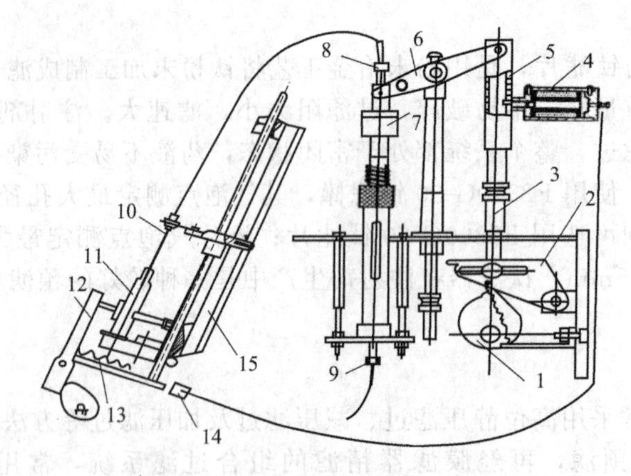

图 2-67　水针灌封机灌注机构图

1—凸轮；2—扇形板；3—顶杆；4—电磁阀；5—顶杆套；6—杠杆；7—计量活塞；8—上单向玻璃阀；9—下单向玻璃阀；10—针头；11—安瓿；12—压瓶摆杆；13—弹簧；14—行程开关；15—针座架

当活塞上移时，下单向阀打开，上单向阀关闭，药液自贮液瓶流入唧筒（在部件8与部件9之间）；当活塞下移时，下单向阀关闭，上单向阀打开，活塞推压药液通过针头注入安瓿。调节杠杆的支点位置可以改变杠杆两端的臂长比例，从而改变活塞行程以达到调节药液剂量的目的。传动系统使灌注凸轮旋转一周，活塞则往返运动一次而实现一次灌注。灌注凸轮需与主轴侧凸轮协调。机器上设有自动止灌装置，当安瓿空缺时计量活塞不工作，即停止灌注。灌封的药液要求做到剂量准确，不沾瓶，不污染。容器中的装量要比标示量稍多，以抵偿在抽取时由于瓶壁黏附和注射器与针头的吸留所造成的损失，以保证剂量的准确性。不同量注射剂增加装量表可在《中国药典》2015年版中查到。为使灌注容量准确，在每次灌注以前，必须用精确的小量筒校正注射器的吸取量，然后试灌若干支安瓿，合乎规定时再行灌注。

3. 充惰性气体

由于某些产品稳定性较差，在安瓿内往往通入惰性气体以置换其中的空气，常用的有氮气和二氧化碳。高纯度氮气可不经处理，纯度低的氮气可先通过缓冲瓶纯化，如经浓硫酸

(除水)、碱性焦性没食子酸（邻苯三酚，除氧）和1%的高锰酸钾溶液处理。二氧化碳可先用装有浓硫酸、硫酸铜溶液、1%高锰酸钾溶液与50%甘油溶液的洗气瓶处理。通气时空安瓿先通气再灌注药液，最后再通一次气。惰性气体要根据药品来决定，例如一些碱性药液或钙制剂，则不能使用二氧化碳。所有充气过程都是在充气针头插入安瓿内的瞬时完成的。针头的动作要快速进退与短时停留，气阀要同时快速启闭。针头架及气阀各由凸轮摆杆机构拖动其做定时、定距的间歇往复运动。

4. 封口

封口是用火焰将已灌好的安瓿颈部熔融密封。封口方法一般分拉封和顶封两种。如图2-68所示，拉丝封口时压瓶板和橡胶轮带动安瓿自身旋转，在安瓿颈部的喷嘴喷火使安瓿颈部玻璃均匀受热熔融，拉丝钳向上拉，将安瓿瓶颈玻璃自身融合封口，并将瓶颈封口上部多余的玻璃强行拉走。拉丝封口严密不漏，封口玻璃薄厚均匀，不易出现冷爆现象，故目前多用拉丝封口。

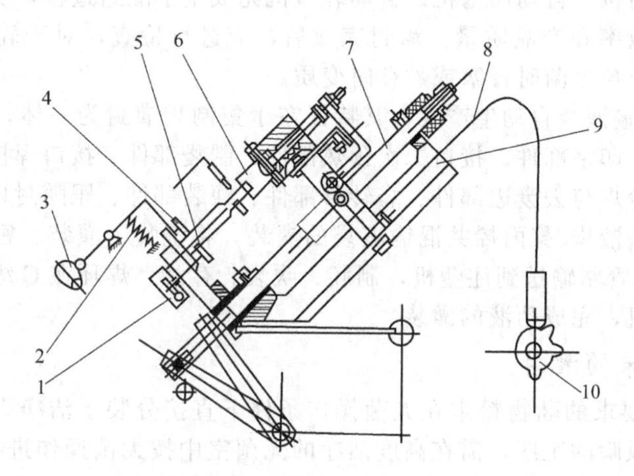

图2-68　水针灌封机拉丝封口机构

1—蜗杆蜗轮箱；2—拉簧；3—压瓶凸轮；4—压瓶滚轮；5—转瓶滚轮；6—拉丝钳夹；7—钳子升降轴；8—拉丝钳钢丝；9—升降轴架；10—甩丝凸轮

在封口工序常安置两套喷嘴，一套用于熔断，一套用于熔封。熔断的火焰大，工序上辅有拉丝钳机构。熔封喷嘴火焰小，用以在拉丝断口上充分密接。燃气可用煤气、液化天然气、气化汽油等，同时吹以压缩空气助燃。

5. 灌封中常见的问题及解决办法

灌封常出现的问题有剂量不准确、封口不严、出现泡头（鼓泡）、瘪头、尖头、焦头等。产生问题的原因有多种，应根据具体情况加以分析解决。

① 冲液　灌药时给药太急，溅起的药液挂在安瓿壁上方或冲出安瓿外，导致剂量不准，焦头和封口不严等。一般通过调节针头进入安瓿的位置，使药液不直冲瓶底，沿瓶身进液，以及通过设计凸轮保证针头出液先急后缓等来解决。

② 束液　束液是针头往安瓿里注药后，针头立即缩水回药。否则尖端带有药液水珠，容易弄湿安瓿颈，产生焦头和封口时瓶颈破裂等。解决办法是通过设计灌药凸轮和带有毛细孔的单向玻璃阀使注液后对针筒内的药液有微小的倒吸作用。生产中在注液瓶和针筒连接的导管上夹螺丝夹可使束液效果更好。

③ 封口火焰调节　封口火焰的温度直接影响封口质量。预热和加热火力太大以及拉丝位置不适宜，易造成泡头和尖头。瓶口有水迹或药迹，拉丝熔封后因瓶口液体挥发、压力减小可倒吸形成瘪头。回火太大会使已圆口的瓶口重熔产生瘪头或封口不严。

④ 其他 如针头安装不正，使药液沾瓶；压药与针头通药的行程配合不好，造成针头刚进瓶口就注药，或针头临出瓶口时才注完药液；针头升降轴不够润滑，针头起落迟缓等情况也会造成焦头。

6. 注射剂的生产联动化

注射剂生产目前上通常使用洗、灌、封联动机，使生产效率有很大提高。在洗涤、干燥灭菌、灌封各部分装上局部层流装置，可以用于生产无菌产品，有利于提高产品质量。

（二）输液的灌封

玻瓶输液灌封由药液灌注、盖橡胶塞和轧铝盖完成。有关输液灌装设备的结构与原理和安瓿灌装设备大同小异，只是玻璃瓶输液不需要火焰封口，只用弹性压塞。灌封是制备输液的高风险环节，必须严格控制室内的洁净度，防止细菌粉尘的污染，并按照操作规程连续完成，通常最终灭菌的输液需要至少 C＋A 的洁净级别，药液维持 50℃为好。目前药厂生产多用旋转式自动灌封机、自动加塞机、自动轧盖机完成整个灌封过程，实现了联动化机械化生产，提高了工作效率和产品质量。灌封完成后，应进行检查，对于轧口不紧，松动的输液，应剔出处理，以免灭菌时冒塞或贮存时变质。

非 PVC 软袋大输液全自动生产线，其特征在于集制袋灌封为一体，包括机架，机架上依次设有上膜部件、印字部件、接口二次预热部件、制袋部件、接口焊接部件、接口热焊与去废角部件、接口冷焊与去废边部件、袋转移部件、灌装部件、跟随封口部件。

直立式聚丙烯输液袋/聚丙烯共混输液袋的灌装，将洗袋、灌装、密封三位一体化。首先 PP 粒料通过密封管路输送到注塑机，制胚、吹袋、存袋、焊环在 C 级区完成，然后进入输液袋洗灌封一体机，完成药液的灌装。

（三）无菌粉末的灌封

将符合注射用要求的药物粉末在无菌操作条件下直接分装于洁净灭菌的小瓶中密封而成，无菌分装是高风险的工序，需在高度洁净的无菌室中按无菌操作进行，通常需在 B＋A 洁净级别环境中进行，灌装设备目前多采用带有在位清洗和灭菌的封闭式灌装设备。灌装前所用的玻璃瓶要经过洗瓶、灭菌后送入无菌室备用。洗瓶可用超声波振荡清洗后再经滤过的蒸馏水冲洗，然后立即进行灭菌烘干，以防止污染。通常用连续式隧道烘箱高温（350℃）短时（15min）灭菌干燥，或者洁净烘箱 180℃干热灭菌 1.5h，洁净烘箱由进出风口的高效过滤器、内加热风循环和前后对开门等组成。干燥后的玻璃瓶送入无菌室待用。胶塞的处理需先用 0.3% HCl 溶液煮沸 5～15min，然后用滤过后的自来水冲洗至中性（约需 1～2h），再用滤过后的蒸馏水洗净。为了便于应用振荡器输送胶塞，漂洗后需用甲基硅油在 100℃温度下硅化 60min。硅化后的胶塞还应在 150℃以上干热消毒灭菌 3h，而后室温冷却待用。无菌原料可用灭菌结晶法、喷雾干燥法制备，必要时需进行粉碎、过筛等操作，在无菌条件下制得符合注射用的灭菌粉末。粉末晶形与工艺有密切关系，如喷雾干燥法制得的多为球形，机械分装易于控制。但溶剂结晶则有针形、片状或各种性状的多面体等，特别是针形粉末分装时最难掌握。青霉素钾盐是针状结晶，为了解决分装装量问题，生产上将分离后的湿晶体，通过螺旋挤压机使针状结晶断裂，再通过颗粒机，真空干燥后再分装。分装室的相对湿度必须控制在分装产品的临界相对湿度以下以免吸潮变质。分装后为了确保安全，对于耐热的品种如青霉素，一般以 150℃、1.5h 或 170℃、1h 再进行一次干热灭菌。

1. 分装机及分装过程

目前使用的分装机械有螺旋自动分装机、真空吸粉分装机等。分装好后小瓶立即加塞并用铝盖密封。无论采用哪种分装形式，在粉针剂的灌装机上都必须有瓶子的输送机构、喂料器、计量分装机构、胶塞振荡器及上塞机构。分装机上各工序由一个圆柱凸轮拖动做水平间歇回转的主工作盘来协调，圆柱凸轮每转一周，主工作盘只转过一个工位，即转过一个卡瓶凹槽。主工作盘的间歇转位周期由各工序动作完成所需的最长时间来确定。

2. 计量装置及原理

计量装置是分装机的重要组成部分，计量方式有螺杆式计量和气流分装计量，两种方法都是按体积计量的，因此药粉的黏度、流动性（休止角 θ）、比容积、颗粒大小和分布都直接影响到装量的精度。必须在装量前严格测定。

图 2-69 所示为螺杆式计量装置及其原理示意图，经精密加工的矩形截面螺杆，每个螺距具有相同的容积，计量螺杆与导料管的壁间有均匀及适量的间隙（约 0.2mm）。螺杆转动时，料斗内的药粉则被沿轴向移送到送药嘴，并落入位于送药嘴下的药瓶中。通过调节螺丝可精确地控制螺杆的转角以达到定量调节的目的，其精度可达±2%。当装量要求变化较大时则需更换不同螺距及尺寸的螺杆。采用螺杆式计量分装其装量的调节范围较大，原料损耗小，无需净化压缩空气及真空等附属设备。一般在小规模生产时，特别在剂量小、重体药粉分装中的应用较为广泛。

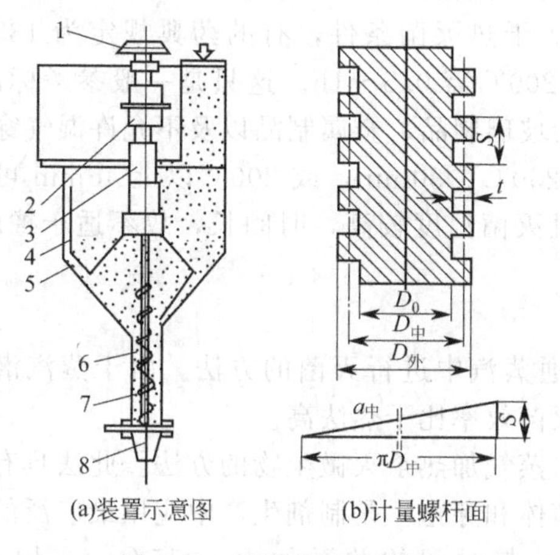

图 2-69 螺杆式计量装置

1—传动齿轮；2—单向离合器；3—支撑座；4—搅拌叶；5—料斗；6—导料管；7—计量螺杆；8—送药嘴

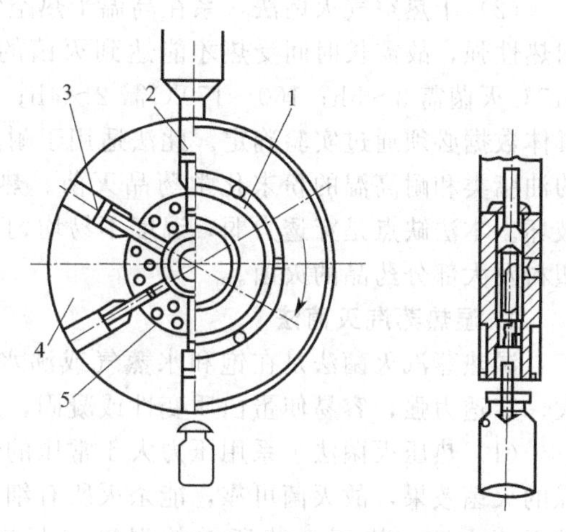

图 2-70 气流分装机构示意图

1—装量刻度盘；2—药粉槽；3—滤粉片；4—装粉鼓；5—装量调节盘

气流分装计量上有一个具有径向分布的柱形药粉槽的装粉鼓，在装粉鼓旋转时由转轴的中心部位分别向各槽通入压缩空气或与真空系统接通，当与真空系统接通的药粉槽正对粉锥斗时，利用真空吸满药粉（图 2-70），当装粉鼓转过 180°与压缩空气接通时，又将药粉槽内的药粉吹到下部的药瓶中，从而完成分装过程。计量的精度是通过调节滤粉片在粉槽孔中的位置来保证的，装量刻度盘只能指示滤粉片在孔底的位置，而不能代表药粉的实际重量。生产时先在出瓶传送带上连续取出六支瓶子试装称重，装量满足要求后再正式分装。若真空吸力不足，药粉槽中的药粉松散，在装粉盘旋转及吹粉装瓶时，容易造成药粉的散失，通常真空度不低于 0.08MPa。压缩空气压力不足时，药粉吹不净，气量过大又会造成药粉扑出瓶外，所以一般压缩空气压力在 0.1MPa 左右。因此认真调节真空系统的真空度和压缩空气的供气压力也是保证装量准确的必要条件。气流分装适于剂量大、轻体药粉的分装，且气流分装的产量也较螺杆分装大，故目前大规模生产的抗生素分装多采用此法。但气流分装需要相应的真空及压缩空气设备，占用厂房也较大。气流分装机见图 2-70。

六、灭菌

灭菌法是指杀灭或除去所有微生物繁殖体和芽孢的方法，其中包括细菌、真菌、病毒等。微生物的种类不同、灭菌方法不同，灭菌效果也不同。细菌的芽孢具有较强的抗热性，因此灭菌的效果常以杀灭芽孢为准。制剂的灭菌是一项重要的操作，对注射液、眼用制剂等的无菌制备更是不可缺少的环节。药剂学中灭菌的目的是在制品中，既要除去或杀灭所有微生物，又要保证稳定性、治疗性及用药安全性。因此选择灭菌方法时必须结合药物的性质全面考虑。灭菌方法对保证产品质量有着重要意义。通常药品的灭菌法分为物理法、化学法、无菌检查法三类。其中物理灭菌法最常用。

（一）物理灭菌法

1. 干热灭菌法

加热可以破坏蛋白质与核酸中的氢键导致蛋白质变性或凝固，核酸破坏，酶失去活性，使微生物死亡。干热灭菌法是利用火焰或干热空气进行灭菌的方法。

（1）火焰灭菌法　直接在火焰中烧灼灭菌的方法。灭菌迅速、可靠、简便，适用于耐火焰材质的金属、玻璃及瓷器等用具的灭菌，但不适用于药品的灭菌。

（2）干热空气灭菌法　系在高温干热空气中灭菌的方法。由于干燥状态下微生物的胞壁耐热性强，故需长时间受热才能达到灭菌的目的。干热灭菌条件，有的药典规定为135～145℃灭菌需3～5h；160～170℃需2～4h；180～200℃需0.5～1h。这只是一般参考标准，具体数据必须通过实验确定。此法适用于耐高温的玻璃制品、金属制品以及不允许湿气穿透的油脂类和耐高温的粉末化学药品灭菌。热原经250℃、30min，或200℃以上45min可以破坏。本法缺点是穿透力弱，温度不易均匀，而且灭菌温度较高，时间长，故不适于橡胶、塑料及大部分药品的灭菌。

2. 湿热蒸汽灭菌法

湿热蒸汽灭菌法是在饱和水蒸气或沸水或流通蒸汽中进行灭菌的方法。由于蒸汽潜热大，穿透力强，容易使蛋白质变性或凝固，所以灭菌效率比干热法高。

（1）热压灭菌法　系用压力大于常压的饱和水蒸气加热杀灭微生物的方法。此法具有很强的灭菌效果，故灭菌可靠，能杀灭所有细菌繁殖体和芽孢，是制剂生产中应用最广泛的一种灭菌方法。热压灭菌所需的温度（蒸汽表压）与时间的关系如下：115℃（67kPa），30min；121℃（97kPa），20min；126℃（139kPa），15min。凡能耐高压蒸汽的药物制剂、玻璃容器、金属容器、瓷器、橡胶塞、膜滤过器等均能采用此法。

卧式热压灭菌柜是一种大型灭菌器，见图2-71，全部用坚固的合金制成，带有夹套的灭菌柜内备有带轨道的格车，分为若干格。灭菌柜顶部装有压力表两只，一只指示蒸汽夹套内的压力，另一只指示柜室内的压力。两压力表中间为温度表，灭菌柜的上方安有排气阀，以便开始通入加热蒸汽时排除不凝性空气。

操作方法：在使用前将柜内洗净。先开夹套蒸汽加热10min以除去夹套中的空气，在夹套压力上升至所需压力时，将待灭菌的物品置于铁丝篮，排列于格车架上，推入柜室，关闭柜门并将门匝旋紧。待夹套加热完成后，再将蒸汽通入柜内。当温度上升至规定温度（如121℃）时，此时为灭菌开始的时间，柜内压力表应固定在规定压力（如70kPa）。在灭菌时间完成后，先将蒸汽关闭，逐渐排出柜内蒸汽，灭菌过程结束。

安瓿灌封后，需进行检漏，检查安瓿封口的严密性以保证灌封后的密闭性。一般在灭菌后用灭菌检漏两用高压灭菌器来进行检漏。具体操作是：灭菌完毕后稍开锅门，从进水管放进冷水淋洗安瓿降低温度，然后关紧锅门并抽气使灭菌器内压力降低。如有安瓿漏气，则安瓿内空气即被抽出。当真空度达到85.3～90.6kPa后，停止抽气。将有色溶液吸入灭菌锅中至盖过安瓿后再关闭色水阀，放开气阀，再将带色水抽回贮器中，开启锅门，将注射剂车架推出，冲洗后检查，剔去带色的漏气安瓿。也可在灭菌后趁热置

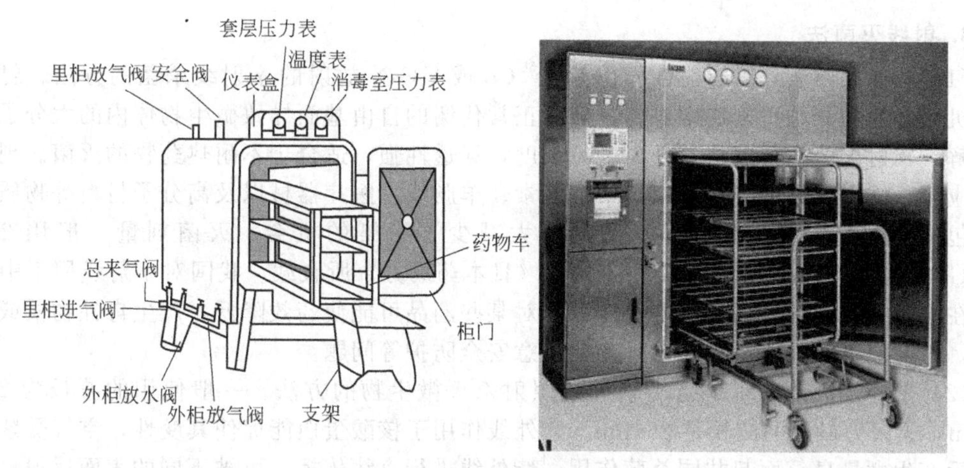

图 2-71 卧式热压灭菌柜

于灭菌锅内放入带色水，安瓿遇冷内部压力收缩，带色水即从漏气的毛孔进入而将漏气的安瓿检出。热压灭菌操作的关键是全部过程使用饱和蒸汽，故必须将器内的空气全部排出。如果有空气存在，则压力表上的压力是蒸汽与空气二者的总压并非纯蒸汽压力，而温度却未达到规定值。实验证明，加热蒸汽中含有1%空气时，传热系数可降低60%，直接影响灭菌效果。因此灭菌器上往往附有真空装置，通入蒸汽前将灭菌器内的空气抽出。灭菌时间是由瓶内全部药液温度达到所要求温度时算起。通常测定灭菌器内的温度，而不是灭菌物内部温度，因此最好能设计直接测定灭菌物内温度的装置或使用温度指示剂。目前国内已采用灭菌温度和时间自动控制、自动记录的装置。灭菌完毕后停止加热，必须使压力逐渐降到零后才可放出锅内残余蒸汽。锅内压力和大气压相等后稍稍打开灭菌锅，而后缓慢逐渐再全部打开。这样可以避免锅内外以及瓶内外压差太大和温差太大而使物品从容器中冲出或炸裂。

影响湿热灭菌的因素有：①细菌的种类与数量。不同细菌，同一细菌的不同发育阶段对热的抵抗力有所不同，耐热耐压能力的强弱顺序为：芽孢＞繁殖体＞衰老体。细菌数越少，达到无菌所需灭菌时间越短，因此注射剂在配制灌封后为防止细菌繁殖需尽快进行灭菌。②药物性质与灭菌时间。一般来说灭菌温度越高灭菌时间越短，但温度越高药物的分解速度也加快。因此考虑到药物的稳定性，应在达到有效灭菌的前提下降低灭菌温度或缩短灭菌时间。③蒸汽的性质。蒸汽有饱和蒸汽、湿饱和蒸汽、过热蒸汽。饱和蒸汽热量较高、穿透力大进而灭菌效力高。湿饱和蒸汽带有水分，热含量较低，穿透力差，灭菌效力较低。过热蒸汽温度高于饱和蒸汽，但穿透力差，灭菌效率低。④介质的性质。制剂中往往含有营养物质，如糖类、蛋白质能增强细菌的抗热性。细菌的生活能力也受介质pH值的影响，一般在中性环境耐热性最大，碱性次之，酸性不利于细菌发育。

(2) 流通蒸汽灭菌法　是指在常压下100℃流通蒸汽加热杀灭微生物的方法，通常时间为30～60min。本法不能保证杀灭所有的芽孢，是非可靠的灭菌法，适用于临时器械或手术前消毒，不适用于制剂的生产。

(3) 煮沸灭菌法　把待灭菌物品放入沸水中加热灭菌的方法。通常煮沸30～60min。本法灭菌效果差，常用于注射器、注射针等器皿的消毒。而在制剂生产中难以保证质量。

(4) 低温间歇灭菌法　将待灭菌的物品，用60～80℃水或流通蒸汽加热1h，将其中的细胞繁殖体杀死，然后在室温中放置24h，让其中的芽孢发育成为繁殖体，再次加热灭菌；反复进行3～5次，直至消灭芽孢为止。本法适用于不耐高温的制剂的灭菌。缺点是费时，工效低，且芽孢的灭菌效果往往不理想，但在细菌检验时往往用此法。

3. 射线灭菌法

（1）辐射灭菌法　以放射性同位素（^{60}Co 或 ^{137}Cs）放射的 γ 射线杀菌的方法。射线可使有机化合物的分子直接发生电离，破坏正常代谢的自由基而导致微生物体内的大分子化合物分解。辐射灭菌的特点是不升高产品温度，穿透性强，适合于不耐热药物的灭菌。现已成功地应用于维生素类、抗生素、激素、肝素、羊肠线、医疗器械以及高分子材料等物质的灭菌。包装材料也可用此法灭菌，从而大大减少了污染的机会。灭菌剂量一般用 2.5×10^{-4}Gy（戈瑞），此法已被《英国药典》、《日本药局方》所收载。我国对 γ 射线用于中药灭菌尚在研究之中。辐射灭菌设备费用高，对某些药品可能使药效降低，产生毒性物质或发热物质，且溶液不如固体稳定，用时还要注意安全防护等问题。

（2）紫外线灭菌法　是指用紫外线照射杀灭微生物的方法。一般使用的波长为 200～300nm，灭菌力最强的波长是 254nm。紫外线作用于核酸蛋白能促使其变性，空气受紫外线照射后产生微量臭氧而起共同杀菌作用。紫外线进行直线传播，可被不同的表面反射，穿透力微弱，但较易穿透清洁空气及纯净的水。因此本法适用于物体表面的灭菌，无菌室空气及蒸馏水的灭菌，而不适用于药液与固体物质等的深部灭菌。普通玻璃可吸收紫外线，因此装于容器中的药物不能灭菌。紫外线对人体照射过久会发生结膜炎、红斑及皮肤烧灼等现象，故一般在操作前开启 1～2h 灭菌而在操作时关闭。如若必须在操作中使用时，工作者的皮肤及眼睛应做适当防护。

（3）微波灭菌法　是用微波照射产生的热杀灭微生物的方法。所谓微波是指频率在 300～300000MHz 之间的电磁波。其电场方向每秒钟改变几亿次或几十亿次，在交变电场的作用下水分子极化，并随电场方向的改变而产生剧烈的转动而发热。微波能穿透到介质的深部，通常可使介质表里同时加热。本法适用于水性注射液的灭菌。对高压蒸汽灭菌不稳定的药物（如维生素 C、阿司匹林等）使用此法时比较稳定，分解程度较低。国内开发的微波灭菌机是利用微波的热效应和非热效应（生物效应）相结合而成。其中热效应使细菌体内蛋白质变性。非热效应干扰了细菌正常的新陈代谢并破坏细菌生长条件，起到物理、化学灭菌所没有的特殊作用，且能在低温（70～80℃左右）即达到灭菌效果。微波灭菌法具有低温、常压、省时（灭菌速度快，一般为 2～3min）、高效、均匀、保质期长（灭菌后的药品存放期可增加 1/3 以上）、节约能源、不污染环境、操作简单、易维护等优点。

4. 滤过除菌法

用滤过方法除去活的或死的微生物的方法，是一种机械除菌的方法，主要适用于对热不稳定的药物溶液、气体、水等的灭菌，所用机械叫做除菌滤过器。该技术应配合无菌操作技术，并必须对成品进行无菌检查以保证其除菌质量。因为繁殖型细菌很少有小于 1μm 者，芽孢大小为 0.5μm 或更小些，故常用的除菌滤器为微孔薄膜滤器，孔径在 0.22μm 或 0.3μm。最常用的测定孔径的方法，是用大小为 0.7μm 左右的灵菌（*Baccillus predigiosus*）混悬液滤过，滤液通过培养实验，观察有无灵菌生长。膜滤器性能参见本章相关内容。

（二）灭菌参数 F_T 与 F_0 值

近年来灭菌过程和无菌检查中存在的问题已引起人们的关注。检品中存在的微量微生物往往难以用现行检验法检出。因此有必要先对灭菌方法的可靠性进行验证。应用 F_T 与 F_0 的检测值即可作为验证灭菌可靠性的参数。（详见第七章第六节灭菌验证）

1. *D* 值与 *Z* 值

（1）*D* 值（对数单位灭菌时间）　研究表明，微生物受高温、辐射、化学药品等作用时就会被杀灭，其灭菌速率符合一级过程，即：

$$dN/dt=-kN \tag{2-28}$$

$$\lg N_t=\lg N_0-kt/2.303 \tag{2-29}$$

式中，N_0 为原有微生物数；N_t 为灭菌时间为 t 时残存的微生物数；k 为灭菌速率常数。$\lg N_t$ 对 t 作图得一直线，斜率 $=-k/2.303=(\lg N_t-\lg N_0)/t$，令斜率的负倒数为 D 值，即：

$$D=2.303/k=t/(\lg N_0-\lg N_t) \tag{2-30}$$

由式(2-30) 可知，当 $\lg N_0-\lg N_t=1$ 时，$D=t$，即 D 的物理意义为在一定温度下杀灭 90%微生物或残存率为 10%时所需的灭菌时间，故称 D 值为对数单位灭菌时间。

(2) Z 值（灭菌温度系数） 由于灭菌条件不同，灭菌速率也不同。在温度升高时速率常数 k 增大，因而 D 值（灭菌时间）能随温度的升高而减小。在一定温度范围内（100～138℃），$\lg D$ 与温度 T 之间呈直线关系。

$$Z=(T_2-T_1)/(\lg D_1-\lg D_2) \tag{2-31}$$

故 Z 值为降低一个 $\lg D$ 值所需升高的温度数。即灭菌时间减少到原来的 1/10 所需升高的温度。如 $Z=10℃$，即表示灭菌时间减少到原来灭菌时间的 10%，达到相同的灭菌效果时所需升高的灭菌温度为 10℃。式(2-31) 可以改写为：

$$D_2/D_1=10^{(T_1-T_2)/Z} \tag{2-32}$$

设 $Z=10℃$，$T_1=110℃$，$T_2=121℃$，则 $D_2=0.079D_1$，即 110℃灭菌 1min 与 121℃灭菌 0.079min，其灭菌效果相当。若 $Z=10℃$，灭菌温度每增加 1℃，则 $D_1=1.259D_2$；即温度每增加 1℃，其灭菌速率提高约 25.9%。

2. F_T 值与 F_0 值

(1) F_T 值（T℃灭菌值） F_T 值的数学表达式如下：

$$F_T=\Delta t\sum 10^{(T-T_0)/Z} \tag{2-33}$$

式中，Δt 为测量被灭菌物料温度的时间间隔，一般为 0.5～1.0min；T 为每个时间间隔 Δt 所测得的被灭菌物料的温度；T_0 为参比温度。

根据表达式，F_T 值为在一系列温度 T 下给定 Z 值所产生的灭菌效力与在参比温度 T_0 下给定 Z 值所产生的灭菌效力相同时，T_0 温度下所相当的灭菌时间，以 min 为单位。即整个灭菌过程效果相当于 T_0 温度下 F 时间的灭菌效果。F_T 值常用于干热灭菌中。

(2) F_0 值（标准灭菌值） 称 F_0 为标准灭菌时间（min），是指在湿热灭菌，温度为 121℃时微生物降解所需时间。参考式(2-30)，F_0 值等于 D_{121} 值与微生物的对数降低值的乘积。由于 F_0 由微生物 D 值和微生物初始数及残存数所决定，所以又称生物 F_0。

$$F_0=D_{121}\times(\lg N_0-\lg N_t) \tag{2-34}$$

式中，N_t 为灭菌后预期达到的微生物残存数，又称染菌度概率（probability of non-sterility）。将其对数值的负数（$-\lg N_t$）定义为无菌保证值（sterility assurance level，SAL），即：

$$SAL=-\lg N_t \tag{2-35}$$

目前各国药典均将 SAL 值定为 6，取 N_t 为 10^{-6}，即每 100 万瓶注射液经灭菌后染菌数量不得超过 1 瓶即可认为达到了可靠的灭菌效果。将保证值 6 定为产品中灭菌后最终微生物残存量，则：

$$\Delta\lg N_t=\lg(N_0/10^{-6})=\lg N_0+6 \tag{2-36}$$

$$F_0=D_{121}(\lg N_0+6) \tag{2-37}$$

比如，将含有 200 个嗜热脂肪芽孢杆菌的 5%葡萄糖输液以 121℃热压灭菌时，其 D 值为 2.4min。则：

$$F_0=2.4\times(\lg 200-\lg 10^{-6})=19.92\text{min}$$

因此，F_0 值也可认为是以121℃热压灭菌时杀死容器中全部微生物所需要的时间。为了保证灭菌效果，根据式(2-34)，若 N_0 越大，即被灭菌物品中微生物数越多，灭菌时间也越长。故应尽可能减少各工序中微生物对药品的污染，分装好的药品应尽快灭菌，最好使每个容器的含菌量控制在10以下（即 $\lg N_0<1$）；应适当考虑增强安全因素，一般 F_0 值增加50%。例如，规定 F_0 为8min，则实际操作应控制 $F_0=12$min为宜。

影响灭菌效力的因素主要有：容器大小、形状、热穿透系数；灭菌产品溶液黏度、容器充填量，容器在灭菌器内的数量与排布等。对灭菌工艺及灭菌器进行验证时要求灭菌器内热分布均匀一致，重现性好。为了使温度测定准确，应选用灵敏度高、重现性好、精密度为0.1℃的热电偶，灭菌时应将热电偶探针置于被测物品内部经灭菌器通向温度记录仪。

（三）化学灭菌法

化学灭菌法是用化学药品直接作用于微生物将其杀死的方法。化学杀菌剂不能杀死芽孢而仅对繁殖体有效。化学杀菌剂的效果依赖于微生物种类及数目，物体表面的光滑度或多孔性以及杀菌剂的性质。化学杀菌的目的在于减少生产环境和用具中微生物的数目以保持无菌或抑菌状况，一般不用于制剂成品中。

1. 气体灭菌法

气体灭菌法系指利用环氧乙烷等杀菌性气体进行杀菌的方法。可应用于粉末注射剂，不耐加热灭菌的医用器具、设施、设备等。甲醛蒸气、丙二醇蒸气、甘油和过氧乙酸蒸气也可用于操作室的灭菌。但该法不适用于对制品的质量有损害的场合，也要注意灭菌后残留气体的处理。

2. 药液法

药液法系指利用药液杀灭微生物的方法。常用的有0.1%～0.2%苯扎溴铵溶液，2%左右的酚或煤酚皂溶液，75%乙醇等。该法常用作灭菌法的辅助措施，即手指、无菌设备和其他器具的消毒等，而不用于制剂产品中。

（四）无菌操作法

无菌操作法是把整个过程控制在无菌条件下进行的一种操作方法。无菌操作所用的一切用具、材料以及环境均须灭菌，操作也在无菌操作室或无菌柜内进行。在药物制剂中，将一些不耐热的药物制成注射剂、眼用溶液、眼用软膏、皮试液等时，往往采用无菌操作法制备。按此法制备的产品最后不再灭菌而直接使用，故无菌操作法对于保证不耐热产品的质量至关重要。

1. 无菌操作室的灭菌

为防止制品在操作过程中受到污染，常用空气灭菌法对无菌操作室进行灭菌。如乳酸蒸气熏蒸法，臭氧熏蒸法，紫外线空气灭菌法等。除用上述方法定期进行较彻底的灭菌外，还要对室内的空间、用具、地面、墙壁等，用3%酚溶液、2%煤皂酚溶液、0.2%苯扎溴铵或75%乙醇喷洒或擦拭。其他用具尽量用热压灭菌法或干热灭菌法灭菌。每天工作前开启紫外线灯1h，中午休息时也要开灯0.5～1h以保证环境的无菌状态。

2. 无菌操作

操作人员进入操作室之前要洗澡并换上灭菌的工作服和清洁的鞋子和帽子以免造成污染。安瓿要以150～180℃、2～3h干热灭菌。胶塞要以121℃、1h热压灭菌。有关器具都要经过灭菌。用无菌操作法制备的注射剂，大多须加适量的抑菌剂以防止残余菌生长。小量无菌制剂的制备，可用层流洁净工作台进行操作，也可在无菌操作柜中进行，柜内灭菌可用紫外灯，使用前1h启灯灭菌，或使用药液喷雾灭菌。

（五）无菌检查法

无菌检查法系指检查药剂成品是否符合无菌要求的一种方法。经灭菌或无菌操作法制备的制剂，必须经过无菌检查法检验证实已无微生物生存后方能出厂。《中国药典》规定的无菌检查法有“直接接种法”和“薄膜过滤法”。直接接种法将供试品溶液接种于培养基中，培养数日后观察培养基中是否出现浑浊或沉淀，与阳性和阴性对照品比较或直接用显微镜观察。薄膜滤过法取规定量的供试品经薄膜滤过器滤过后，取出滤膜在培养基上培养数日，进行阴性与阳性对照。其具体操作方法以及在一些特殊情况下的变动，详见《中国药典》2015年版第四部规定。薄膜滤过用于无菌检查的突出优点在于可滤过较大量的样品，可直接接种于培养基，或直接用显微镜观察。此法优点是操作简便，灵敏度高，不易出现假阴性结果。检查的全部过程应严格遵守无菌操作工艺技术，多在层流洁净工作台中进行。

七、冷冻干燥

冷冻干燥（freeze drying）是将含有大量水分的物料（溶液或混悬液）在冰点以下温度（通常－10～－50℃）冻结成固态，再在高真空条件下加热使其水分不经液态直接升华成气态脱水干燥的过程。水分升华所需的热量主要依靠固体的热传导，故此干燥过程属于热传导干燥。冷冻干燥有如下特点：①干燥过程中真空度高、温度低，适合于热敏性药物、易氧化物以及易挥发成分的干燥，并防止药物的变质和损失；②干燥后制品体积与液态时相同，产品呈疏松、多孔、海绵状而易溶解，故常用于生物制品、抗生素等临用时溶解的固体注射剂。但缺点是设备投资费用比较高、动力消耗大、干燥时间长和生产能力低。

（一）冷冻干燥原理

从水的物态三相平衡图（图2-72）可以看出，固态的水（冰）和液态的水在不同的温度下，都具有不同的饱和蒸气压。当压力低于冰、水、汽三相共存平衡点（O点）压力（613.3Pa，4.6mmHg）时，不管温度如何变化，只有水的固态和气态存在（液态不存在），根据冰和水蒸气的平衡曲线OC，对于冰，降低压力或升高温度都可打破气固平衡，当其饱和蒸气压高于系统真空度时，冰即被升华干燥。

冷冻干燥时，通常所采用的真空度约为相应温度下饱和蒸气压的1/2～1/4。如在－40℃时干燥，采用的真空度为2.67～6.67Pa。冻干过程包括预冻、升华和再干燥三阶段。被干燥的产品要先预冻，再在真空状态下进行升华，使水分直接由冰变成气而获得干燥。在预冻阶段要掌握合适温度，通常预冻温度比产品的共熔点低几度，产品就能完全冻结。如果预冻温度不够低，则产品可能没有完全冻结，在抽真空升华时往往会膨胀起泡；若预冻的温度太低，不仅增加不必要的能量消耗，而且对某些产品会减少冻干后的成品率。在干燥升华阶段，由于产品升华时要吸收热量（每1g冰完全升华成水蒸气大约需要吸收2.8kJ的热量），如果不对产品进行加热或热量不足，在升华时将吸收产品本身热量而使产品的温度降低，相应的产品的蒸气压亦降低，从而引起升华速率降低使整个干燥时间延长。如果加热过多，产品的升华速率固然提高，但在抵消了产品升华所吸收的热量后，多余的热量会使冻结产品的温度上升，以致使产品出现局部熔化或全部熔化，直至引起产品的干缩起泡现象而使整个干燥失败。制

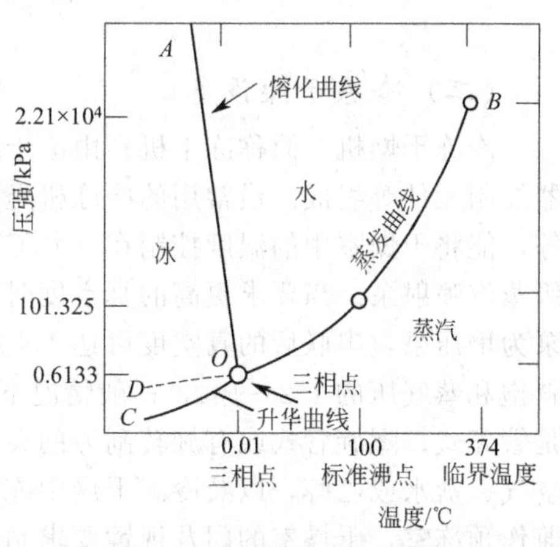

图2-72 水的物态三相平衡图

品经再干燥所除去的水分是结合水，此时固体表面的蒸气压降低，故干燥速率明显下降。在保证制品安全的情况下，将物料温度逐渐升到或略高于室温（此时物料中的水分已很低，不会再融化），可以提高干燥速率，一般控制在30～40℃左右，经此阶段水分含量可以减少到低于0.5%。

为了获得良好的冻干产品，一般在冻干时，根据干燥机性能和产品的特点，在产品研发实验的基础上，可制订一条冻干曲线以控制冻干机，使冻干过程各阶段温度的变化符合冻干曲线。也可通过程序控制器，按照预先设定的冻干曲线来自动工作。图2-73为某药的冷冻干燥曲线，除了预冻温度－40℃左右、时间约2h外，在低于熔点的温度下，将水分从冻结的物料内升华，大约有98%～99%的水分均在此时去除；进入再干燥期后将物料温度逐渐升到室温或略高于室温（约35～40℃），以进一步除去结合水分，物料的水分可以减少到低于0.5%。冻干产品干燥的升华阶段，物料温度约为－30～－35℃，绝对压强约为4～7Pa。为了减少水蒸气升华时的阻力，物料的厚度不宜过厚，一般不宜超过12mm。整个干燥时间约需要12～24h。

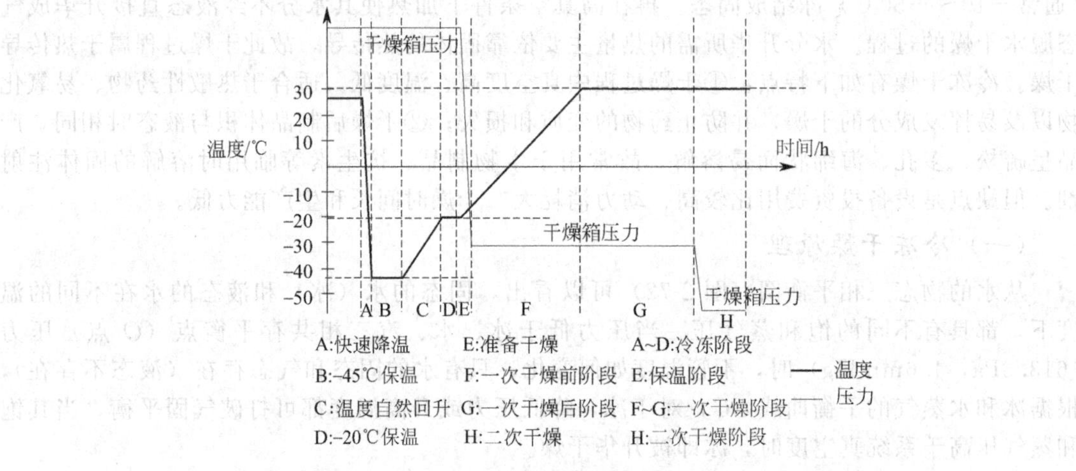

图2-73 某药冷冻干燥曲线

（二）冷冻干燥设备

冷冻干燥机（简称冻干机）由冻干箱、冷凝器、冷冻机、真空泵、加热装置和阀门、电器控制元件等组成。最常用的冷冻机是蒸汽压缩式制冷机，冷冻剂有氨、氟利昂、二氧化碳等，能将干燥室中的温度控制在－45℃以下。常用的真空泵有X型滑片式机械真空泵、多级蒸汽喷射泵。当要求更高的真空度时，也可用机械泵（旋片式真空泵）为前级泵，油扩散泵为增压泵，串联后的真空度可达1×10^{-5}Pa。冷冻干燥时干燥箱中的绝对压力应为冻结物料饱和蒸气压的1/2～1/4，一般情况下干燥箱中的绝对压力约为1.3～13Pa。常用的冷凝器是管壳式、螺旋管式或有旋转刮刀的夹套冷凝器。冷凝器的冷却介质（载冷剂）常用低温的空气、盐水或乙醇，以及冷冻干燥中冻结物料升华后被真空泵抽出来的水蒸气。干燥室一般兼作预冻室，干燥室的门及视镜要求制作得十分严密，室内夹层搁板中还应设有冷冻剂的蒸发管或载冷剂的导管。加热的方法有借夹层加热板的传导或热辐射面的辐射等。传导加热的加热剂一般为热水或热油，其温度应不使冻结物料熔化。当采用辐射加热时，干燥室内各块搁板的中间要安装搁板式辐射加热板，以使放物料的托架不与加热板接触。

冷冻干燥有如下特点：①干燥过程中真空度高、温度低，适合于热敏性药物、易氧化物以及易挥发成分的干燥，并能防止药物的变质和损失；②干燥后制品体积与液态时相同，产品呈疏松、多孔、海绵状而易溶解，故常用于生物制品、抗生素等临用时溶解的固体注射剂。但缺点是设备投资费用比较高、动力消耗大、干燥时间长和生产能力低。

图 2-74 为冷冻干燥器的示意图。冻干箱是能抽成真空的密闭容器，其内部以 80～120mm 的间距设置若干层搁板，搁板内置有冷冻管和加热管，可在－40～50℃温度范围内冷却或加热，搁板上安放托架，直接接触物料进行干燥操作。冷凝器内装有螺旋状的冷冻蛇管，其操作温度应低于冻干箱内制品的温度，工作温度达－45～－60℃，其作用是将来自干燥箱中升华的水汽进行冷凝以保证冻干的顺利进行。装入瓶内的物料冻干后，各块搁板在真空状态下借助气缸升降，沿轴向使搁板上的瓶塞盖紧。

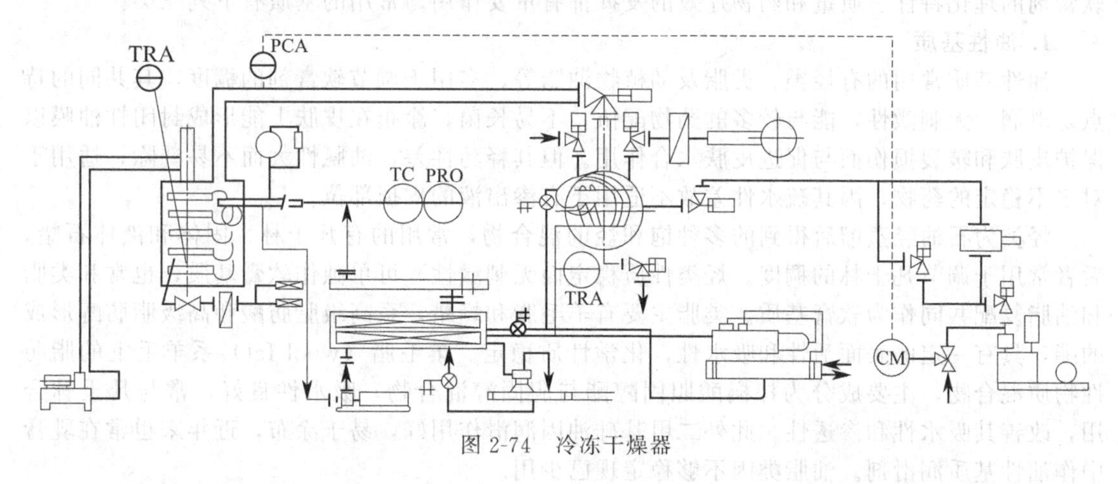

图 2-74 冷冻干燥器

盖紧瓶盖的冻干产品经过轧盖而成成品，图 2-75 和图 2-76 分别为轧盖示意图和轧盖设备。

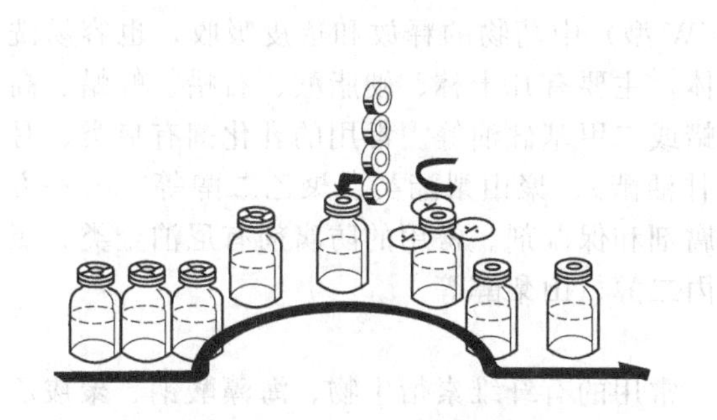

图 2-75 挂盖、轧盖原理图

图 2-76 三刀头轧盖装置

第四节 其他制剂及单元操作

一、软膏剂和乳膏剂

软膏剂（ointments）是指由药物与适宜基质均匀混合制成的一种容易涂布于皮肤、黏膜或创面的外用半固体制剂。其中用乳剂型基质的亦称乳膏剂（creams）。含有大量粉末药物（25%～75%）的软膏剂也称为糊剂（paste）。软膏剂主要作用于表皮或皮下抗感染、消毒、止痒、止痛、麻醉等，发挥局部治疗或起保护、润滑皮肤作用，但某些软膏剂中药物透皮吸收后亦可产生全身治疗作用。

软膏剂的质量要求：应有适当的黏稠性，均匀、细腻、易涂布；对皮肤无刺激、无过敏性及其他不良反应；无酸败、异臭、变色、变硬、油水分离等变质现象；符合卫生学要求，即不得检出金黄色葡萄球菌和铜绿假单胞菌，其他细菌和霉菌不得大于100个/g；用于治疗大面积烧伤的软膏剂应无菌。

(一) 软膏剂基质

软膏剂由主药和基质两部分组成，基质占软膏的大部分，不仅是软膏的赋形剂，同时对软膏剂的理化特性、质量和药物疗效的发挥都有重要作用。常用的基质有下列三类。

1. 油性基质

油性基质常用的有烃类、类脂及动植物油脂等，多用于调节软膏剂的稠度，其共同的特点是滑润、无刺激性，能与较多的药物配伍，不易长菌，涂布在皮肤上能形成封闭性油膜以保护皮肤和皲裂损伤面与促进皮肤水合作用。但其释药性差，油腻性大而不易洗除，适用于对水不稳定的药物，因其疏水性差故不适用于有渗出液的皮损部位。

烃类为石油经蒸馏后得到的多种饱和烃的混合物，常用的有凡士林、固体和液体石蜡，后者常用于调节凡士林的稠度。烃类性质稳定而无刺激性，可单独作软膏基质，也常和类脂和油脂复配共同作为软膏基质。类脂主要有羊毛脂和蜂蜡，系高级脂肪酸和高级脂肪醇形成的酯，具有一定的表面活性和吸水性，化学性质稳定。羊毛脂（wool fat）系羊毛上的脂肪性物质混合物，主要成分为棕榈酸胆固醇酯与胆固醇混合物，吸水性良好，常与凡士林合用，改善其吸水性和渗透性。此外二甲基硅油因润滑作用好，易于涂布，近年来也常在乳膏中作油性基质润滑剂。油脂类因不够稳定现已少用。

2. 乳剂基质

乳膏型基质由固体或半固体的油相加热液化后与水相借乳化剂乳化而形成，分W/O型与O/W型两类。乳剂型基质不阻止皮肤表面分泌物的分泌和水分蒸发，对皮肤的正常功能影响较小，易于涂布，有利于基质（特别是O/W型）中药物的释放和透皮吸收，也容易洗除。乳剂型基质中的油相物质多为半固体或固体，主要有凡士林、硬脂酸、石蜡、蜂蜡、高级醇等，有时为了调节稠度而酌情加入液状石蜡或二甲基硅油等。常用的乳化剂有皂类、月桂醇硫酸钠、多元醇的脂肪酸酯（如单硬脂酸甘油酯）、聚山梨酯类、聚乙二醇等。另一方面为防止乳膏基质霉变和失水变硬，常加入防腐剂和保湿剂。常用的防腐剂有尼泊金类、氯甲酚、三氯叔丁醇等。常用的保湿剂有甘油、丙二醇、山梨醇等。

3. 水溶性基质

由天然或合成的高分子水溶性物质所组成，常用的有纤维素衍生物、海藻酸钠、聚羧乙烯及聚乙二醇等。其中除聚乙二醇（PEG）为真正的水溶性基质外，其余在水中溶解或溶胀后形成水凝胶，故亦称水凝胶基质（hydrogel base）。水溶性PEG类基质易溶于水，随分子量增大由液体变成固体，能与渗出液混合并易洗除，故可用于湿润皮肤的表面。本类软膏的化学性质较稳定，但由于其较强的亲水性对皮肤的润滑与保护作用比较差，长期应用可引起皮肤干燥。水凝胶基质一般用胶性高分子物质在水中溶胀或溶解并调节适宜的稠度后制得，其稠度随分子量、取代度、浓度和介质不同而异，水凝胶基质释放药物较快，无油腻性，易涂展，易洗除，对皮肤及黏膜无刺激性。本类基质的缺点是易失水、干涸及霉败，故需加保湿剂（如甘油）及防腐剂。

(二) 软膏剂制备

1. 基质的预处理

油性基质若质地纯净可直接取用，若混有异物或在大量生产时需加热滤过后再用。一般在加热熔融后通过数层细布或120目铜丝筛趁热滤过后加热至150℃保温1h使灭菌并除水。常用耐高压蒸汽夹层锅加热。

2. 药物加入的方法

① 可溶于基质中的药物宜溶解在基质中制成“溶液”。

② 不溶于基质中的药物应先用适宜方法磨成细粉，并通过九号筛，先与少量基质研匀。若处方中含有液状石蜡、植物油、甘油等液体组分，可先研匀成细糊后再与其余基质混匀。

③ 处方中含量较小的药物如皮质激素类、生物碱盐类等，可用少量适宜溶剂溶解后再加至基质中混匀。

④ 容易氧化、水解的药物和挥发性药物加入时，基质温度不宜高，以减少药物的破坏和损失。

3. 配制方法和设备

软膏剂的配制方法有研和法和熔和法。

(1) 研和法　该法适用于通过研磨基质能与药物均匀混合，或药物不宜受热的软膏剂的制备。通常可先取药物细粉与部分基质或适宜液体研磨成细腻糊状，再递加其余基质研匀。此法适用于少量制备，如100g以内的软膏，常在软膏板上用软膏刀进行配制。大量生产时可用电动研钵或滚筒研磨机。

(2) 熔和法　该法适用于由熔点较高的组分组成的软膏基质，常温下药物与基质不能均匀混合者用此法。一般应将熔点高的基质先熔化，再将低的加入。若药物可溶于基质则可直接混溶于上述基质。不溶性药物将药物细粉筛入熔化或软化的基质中，用搅拌混合机混合，并通过齿轮泵回流数次混匀。含不溶性固体粉末的软膏，经一般搅拌混合往往还不够细腻，需要通过研磨机（如三滚筒软膏机或胶体磨等）进一步研匀至无颗粒感。

（三）乳膏剂的制备

乳膏剂通常采用乳化法制备。将油溶性物质（如凡士林、羊毛脂、硬脂酸、高级脂肪醇、单硬脂酸甘油酯等）在一起加热（水浴或夹层锅）至80℃左右使熔融并消毒，作为油相；另将水溶性成分（如硼砂、氢氧化钠、三乙醇胺、月桂醇硫酸钠及保湿剂、防腐剂等）溶于水，加热至较油相温度略高时（防止两相混合时油相中的组分过早析出或凝结），作为水相；将水相慢慢加入油相中，边加边搅，并搅拌至冷凝，制成乳剂基质。药物根据其溶解性而加入油相或水相，也可用适量溶剂溶解后，酌情加入油相或水相。乳化搅拌时若混入空气，乳膏剂中有气泡残留，不仅容积增大，而且成为在贮存中分离、变质的原因。为此在乳化时抽真空防止混入气泡，大量生产时可使用有旋转型热交换器的连续式乳膏剂制造装置和均质乳化机。若需要软膏足够细腻，可在温度降至30℃时再通过乳匀机或胶体磨使其更细腻均匀。

（四）中药软膏剂的制备

制备方法与一般软膏剂基本相同，往往将中药细粉水煎液浓缩成浓浸膏或使用其有效粗提半固体物为原料制作。为了便于贮存，应加入适量防腐剂。

（五）软（乳）膏灌装

软（乳）膏配制后需灌入软管中封包，以利于使用及贮运。其灌装操作环境要求空气洁净度为D级，眼膏要达到无菌操作要求。软膏灌装用的软管有塑料管、铝管和铝塑复合管。塑料管耐腐蚀性好、重量轻、材料来源广泛、成本低，但其管壁易透气、遮光性差、易回吸。铝管材料来源充足，价格便宜，其遮光性和气体密闭性也均能满足要求，通常使用内壁涂耐腐蚀涂料的铝管。铝塑复合管基本结构为五层，表面薄膜/黏合层/阻隔层/黏合层/内层薄膜，表面和内层薄膜通常是聚乙烯，阻隔层为铝箔。铝塑复合管具有化学稳定性和阻隔性好，强度高，柔软耐折不易破裂，外形美观，印刷图案清晰美观等特点。

生产上软膏灌装多采用软管灌装机，软管灌装机灌装包括输管、灌注、封尾三个主要过程。

二、凝胶剂

药物与适宜辅料制成的均一或混悬的透明或半透明的半固体制剂，主要外用，也可口服，根据使用不同分为皮肤外用凝胶、鼻用凝胶、眼用凝胶、阴道凝胶、直肠凝胶、口服凝胶等，主要发挥抗细菌、抗炎、抗过敏、抗病毒、抗真菌作用是局部和皮肤常用药。具有药物释放快，不良反应少，稳定性好，使用舒适，不污染衣物等优点，因含水量大，常需加保湿剂和防腐剂。按药物在基质中分散情况分为单相凝胶和双相凝胶，其中单相凝胶常用。单相凝胶基质主要为水凝胶。

（一）凝胶剂基质

单相凝胶：药物以分子状态分散于凝胶基质中。单相凝胶的基质一般是有机高分子化合物，其中水性凝胶最常用，如卡波姆，纤维素衍生物，海藻酸盐。这些基质在水中溶胀而不溶解，易涂展，易洗除，能吸收组织渗出液，黏滞度小，利于水溶性药物释放。但润滑性较差，易失水和霉变。需添加保湿剂（甘油、丙二醇）、防腐剂（尼泊金）。卡波姆是常用的水性凝胶基质，系丙烯酸和丙烯基蔗糖交联共聚，含大量羧基。在水中溶胀而不溶解，添加甘油和吐温 80 碾磨后可加快溶胀。配制水凝胶常用其 1%的水分散液，pH 值为 2.5～3，黏度较小，需用氢氧化钠或三乙醇胺调节 pH6～11，使黏度增加。因卡波姆的降解受金属催化，故水凝胶处方中常加入金属螯合剂如乙二胺四乙酸二钠。

双相凝胶：小分子无机药物胶体小粒以网状结构存在于液体中，如氢氧化铝凝胶。

（二）凝胶剂制备

水凝胶的制备：通常将水凝胶基质与药物溶液或药物混悬液或药物细粉混合而成。将卡波姆均匀撒入水中使其溶胀，为加快溶胀时间，常将卡波姆与吐温 80 研匀后再加入水，将处方中除主药外的成分加入水凝胶基质。药物若溶于水，则先溶于部分水、丙二醇或甘油中，必要时加热，再与药物混匀，加水至处方量搅拌混匀即得凝胶剂。

三、栓剂

栓剂（suppositories）系指药物与基质制成的供腔道给药的固体制剂。栓剂的质量要求：在常温下为固体，其外形应光滑完整、无刺激性，有适宜的硬度及弹性，塞入腔道后在体温下能软化熔融或溶解于分泌液，逐渐释放药物而产生局部或全身作用。

常将润滑剂、收敛剂、局部麻醉剂、甾体、激素以及抗菌药物制成栓剂，在局部起通便、止痛、止痒、抗菌消炎等作用。药物从基质中释放，再扩散溶解入直肠分泌液，发挥局部作用。

全身作用栓剂临床上主要用于抗炎、退热、镇痛。肛门给药后能迅速吸收，达到有效血药浓度。与口服制剂比较具有以下特点：不受胃肠道酸性、酶的破坏而失活；胃刺激性药物可直肠给药（降低胃肠道反应）；减少药物的首过作用及对肝的毒性；对不能口服或不愿吞服药物的成人、小儿患者给药方便；对伴有呕吐患者的治疗是一有效途径。缺点是与传统用药观念不同，生产成本较高。

全身作用栓剂经历药物从基质中释放，再扩散溶解入直肠分泌液，最后通过血管、淋巴管吸收进入体循环产生全身作用。药物经直肠吸收途径与栓剂进入肛门的深浅有关：若栓剂塞入距肛门 6cm 处，则药物主要经上直肠静脉进入门静脉，经过肝脏代谢后，运行全身；

若栓剂塞入距肛门2cm处，药物主要经中、下直肠静脉、肛管静脉，绕过肝脏，从下腔大静脉直接进入血循环而达到全身治疗作用。此外药物还可经直肠部膜进入淋巴系统。影响栓剂吸收的因素有：人体生理因素，如吸收位置（2cm）、pH（7.4）、粪便、保留时间；药物的理化性质，如溶解度（分泌液少）、粒径（非溶解性药物）、脂溶性与解离度（吸收过程）、油脂性基质 $K_{O/W}$ 小而释放快、水溶性基质 $K_{O/W}$ 大而释放快、加入表面活性剂等。通常水溶性的药物应选择脂溶性基质，而脂溶性的药物则选择水溶性基质。

目前使用的栓剂主要有肛门栓和阴道栓两种。肛门栓一般规定成人用，每枚重约2g，儿童用，每枚重约1g，长约3～4cm。形状有圆锥形、鱼雷形等（见图2-77）。阴道栓每枚重约3～5g，直径约1.5～2.5cm，其形状有球形、卵形或鸭嘴形等。上述栓剂的重量皆指可可豆油基质的栓剂重量，其他基质因密度差异，栓剂重量略有差异。

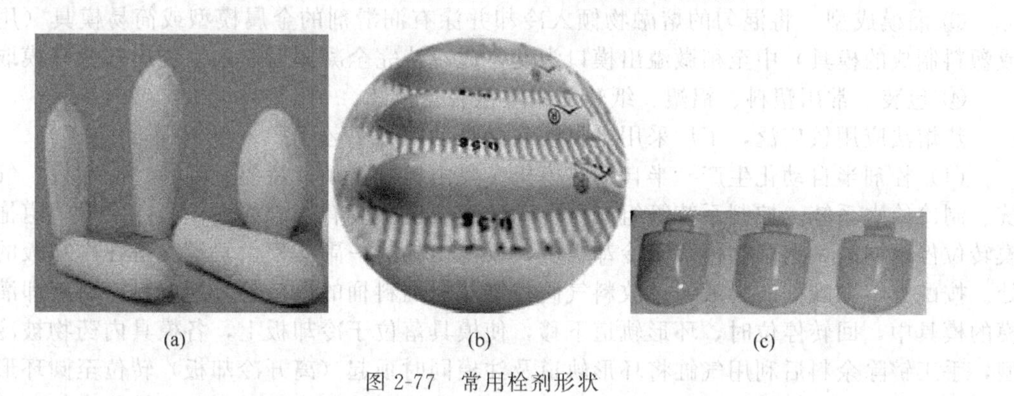

(a)　(b)　(c)

图2-77　常用栓剂形状

（一）栓剂基质

栓剂的基质是栓剂的赋形剂，对药物释放与吸收有直接影响，因此除了具有一般赋形剂的要求外，还要在室温下有适宜的硬度和韧性，在塞入腔道时不变形、不碎裂，而在体温分泌液环境下应易融解、软化或溶化。同时基质应具有湿润、乳化性质和必要的酸价、皂化价、碘价等特性。栓剂基质可分为油脂性基质和水溶性基质。出于药理的要求或生产的需要，在栓剂处方设计时还要使用一些附加剂，如防腐剂、硬化剂、乳化剂、着色剂、增黏剂及熔距修正剂以调节热带地区用栓剂的熔点等。栓剂的基质主要分为油脂性基质和水溶性基质，如表2-6所示。

表2-6　栓剂常用基质

分类	名称	特点
油脂性基质	可可豆酯	可可树种仁中提取的黄白色固体，性质稳定、成型性好，有合适的熔点和一定的保湿性，性质稳定不易酸败、无刺激性，可与大多药物配伍，m.p.31～34℃，25℃开始软化，在体温下迅速熔化，同质多晶体熔点不同
	半合成脂肪酸甘油酯	脂肪酸和甘油形成的酯，性质稳定、成型性好，有合适的熔点和一定的保湿性。
	甘油明胶	由甘油、明胶、水组成，多用于阴道栓剂，有弹性不易折，体温下不熔化，入腔道后能软化并缓溶于分泌液，使药效缓和持久。常用以水∶明胶∶甘油＝10∶20∶70。禁忌：如鞣酸、重金属等引起蛋白质变质的物质
水溶性基质	聚乙二醇	难溶性药物载体，具缓释效果；熔融法制备；吸湿性强，有刺激性（水量宜大于20%，或使用前润湿，或在栓剂表面涂一层鲸蜡醇或硬脂醇薄膜）
	泊洛沙姆	聚氧乙烯和聚氧丙烯嵌段共聚物，常用Poloxamer188(m.p.52℃)；具有促进吸收，缓释的作用。常见如复方甲硝唑栓、吲哚美辛栓、阿司匹林栓
	聚氧乙烯(40)硬脂酸酯	聚乙二醇的单硬脂酸酯和二硬脂酸酯的混合物，系非离子型表面活性剂，与PEG混合使用，崩解释放较好且稳定

（二）栓剂制备

药物需制成细粉，全部通过六号筛，可溶于或混悬于基质中。

栓剂成型制备的基本方法有两种，即冷压法与热熔法。前者可用模型冷压，后者热熔灌模。生产时栓孔内涂的润滑剂通常有两类：①脂肪性基质的栓剂，常用软肥皂、甘油各1份与95%乙醇5份混合所得；②水溶性或亲水性基质的栓剂，则用油性为润滑剂，如液状石蜡或植物油等。有的基质不粘模，如可可豆酯或聚乙二醇类可不用润滑剂。

1. 热熔法（fusion method）

① 基质熔融　将计算量的基质锉末置熔解罐加热熔化，勿使温度过高。

② 混合　按药物性质以不同方法加入药物，用桨式或螺旋式搅拌机进行混合。

③ 灌模成型　将混匀的熔融物倾入冷却并涂有润滑剂的金属模型或简易模具（用铝箔或塑料制成的模具）中至稍微溢出模口为度，放冷待完全凝固后，削去溢出部分开模取出。

④ 包装　常用塑料、铝塑、纸塑和双塑包装盒包装。

热熔法应用较广泛，工厂采用半自动或全自动两种工艺生产。

（1）栓剂半自动化生产　半自动注模机主要由机械传动、注模、导轨、冷却板、气动系统、制冷给水系统、控制系统等组成。传动环形轨道上装有八副灌注模具，在上轨道拖带注模转位停歇期间，七副注模落于冷却板上，仅待出料的一副注模由轨道支持在冷却板的缺口处。按配方熔融配好的料液通过放料气阀控制从恒温料桶的出口管间断放料，料液即灌入注模的模具中，回转停位时，环形轨道下移，使模具落位于冷却板上，各模具内药物被冷却成型，手工铲除余料后利用气缸将环形轨道及注模同时顶起（离开冷却板）转位至圆环形冷却板缺口处进行手工脱模出料。此后气缸再次将环行轨道和注模同时顶起再转位重新开始下一回转。环形轨道每回转一周停位八次，使注模依次于各工位处完成灌装、冷却、铲除余料、脱模出料等过程。针对不同基质的冷却速度及生产量要求可以调整轨道的旋转、停位时间。针对基质的不同要求也可自动控制料桶的恒温温度。

（2）栓剂全自动生产　栓剂全自动生产包括自原料药经成型到包装的全过程，其特点是可自动化连续生产，保证无菌，也适于热带气候，贮存时不需冷冻，即使栓剂有点熔化，模型包装仍能使其保持原形，再经冷却后形状仍不变，也不影响患者使用。将成品定型栓剂壳即成卷的塑料片材（PVC，PVC/PE）经过栓剂制带机正压吹塑成形，自动进入灌注工位，已搅拌均匀的药液通过高精度计量装置自动灌注到空壳内后，连续进入冷却工位，经过一定时间的低温定型，实现液态到固态的转化，变成固体栓剂。通过封口工位的预热、封上口、打批号、打撕口线、切底边、齐上边、计数剪切工序制成成品栓剂。

比较典型的栓剂生产自动机分双塑包装和双铝箔包装两大类。前者用于生产各种双塑简易模栓剂，其操作是从两卷塑料带筒开始，能自动地完成塑料带的熔接和栓模成型、灌装、冷却、封口、包装、冲切等工序，也可以更换不同规格（容量及尺寸）和形状的栓剂模具。自动机还能在每块小包装的栓剂板上打印数码和完成相邻两粒之间的预制切口，以便于患者从板上分离单个栓剂。

在双铝箔包装的栓剂生产自动机上，铝箔上的栓剂模型是用模具冷挤压成型。然后两条铝箔带由滚轮合拢。于灌装工位利用楔形机构撑开灌装口，同时灌装头插入带模中灌注药物，经冷却后形成栓剂，再经挤压封合工位封合灌装口。而后进行打批号、预制分离切口、冲切一定长度、装盒。冷却后封口，可以防止栓剂在冷却过程中，由于体积收缩造成腔内真空和使栓剂在凝固过程中发生变形。

栓剂生产自动机各工序都是自动的，一般只需调换铝塑带及添加料液，其他诸如料斗的恒温及液位控制、热封温度控制成型带的平衡及各个工位的动作等均由电气箱和程序控制器自动控制，故有较高的生产效率，是现代栓剂生产的发展趋势。

2. 冷压法（cold compress）

将药物与基质的锉末置于冷却的容器内混合均匀，再装入制栓模型机内压成一定形状的栓剂。此法生产效率低、装量差异大，现在生产上已几乎不用。

四、气雾剂和粉雾剂

气雾剂（aerosol）在药剂学上系指一种或一种以上药物，借含有的特殊液化气体（抛射剂）或压缩空气的压力使之喷入患部（如呼吸道深部）发挥作用的一种给药制剂。一般用压缩气体抛射的气雾剂称为喷雾剂（spray），因常温下压缩气体蒸气压高，容器必须坚固严密，成本较高，故使用不多。本章主要介绍以抛射剂为动力的气雾剂。其特点：①具有速效和定位作用。气雾剂可以直接到达作用部位，药物分布均匀，奏效快；②药物于容器内密闭，能保持药物清洁和无菌状态；③局部用药刺激性小。但气雾剂因需使用专门的耐压容器、精密阀门及特殊生产设备，故售价较高，而且在遇热及撞击时容易发生炸裂。抛射剂出现泄漏时也会造成制品失效。

药用气雾剂按其用途分为吸入气雾剂、外用气雾剂和空间消毒剂三类，按组成可分为二相气雾剂（气相和液相）和三相气雾剂（气相、液相和固相或液相）。二相气雾剂一般为溶液系统，而三相气雾剂一般为混悬液或乳剂液。国内生产的大多为吸入气雾剂。

（一）气雾剂的组成

气雾剂由抛射剂、药物与附加剂、耐压容器和阀门系统组成。

1. 抛射剂

抛射剂多为液化气体，为喷射药物的动力，并可兼作药物的溶剂或分散剂。液化抛射剂一般用氟氯烷烃类和碳氢化合物类，因碳氢化合物毒性大，易燃易爆故应用比较少，氟氯烷烃类化合物 F_{11}（三氯一氟甲烷）、F_{12}（二氯二氟甲烷）和 F_{114}（二氯四氟乙烷）是目前主要使用的抛射剂，其特点具有比大气压高的蒸气压，且沸点低，毒性小，性质稳定，不易燃。抛射剂在常压下沸点低于室温，因此需装入耐压容器内由阀门控制。在阀门开放时，压力突然降低，抛射剂急剧气化，借其压力将药物喷射成雾状而到达作用或吸收部位。气雾剂喷射能力的强弱取决于抛射剂的用量及其自身蒸气压，一般说，用量大，蒸气压高，喷射能力强。吸入用溶液型气雾剂中的抛射剂用量至少含有30%。三相气雾剂中抛射剂用量可达99%，蒸气压至少应大于196kPa。二相和三相气雾剂中抛射剂用量一般分别为6%～10%和30%～45%。为了制备符合临床要求的分散度，单一气雾剂往往不能满足（如蒸气压低于101.3kPa）要求，若混合使用几种抛射剂，通过调节用量改变其蒸气压，则可达到调整喷射能力的要求。混合抛射剂的总蒸气压可依据Raoult定律计算。

2. 药物与附加剂

气雾剂的药物可以是液体、半固体或固体粉末，而附加剂多为溶剂、潜溶剂、助悬剂、乳化剂以及表面活性剂。药物溶于抛射剂，或加入适量乙醇、丙二醇等潜溶剂使药物与抛射剂混成均相者，常配制成溶液型气雾剂。药物若不溶于抛射剂及潜溶剂者常以微粉（$<5\mu m$）分散于抛射剂中，并加入适量表面活性剂使其湿润、分散和助悬，而配制成混悬型气雾剂。

常用的表面活性剂有三油酸山梨坦、油醇、月桂醇、磷脂及其衍生物等。为了提高稳定性，水分含量应控制在0.003%以下。乳剂型气雾剂一般以抛射剂、脂肪酸及酯作为油相，水、甘油、丙二醇和PEG等作为水相，脂肪酸皂、聚山梨酯类等表面活性剂作为乳化剂，O/W型气雾剂喷雾时形成泡沫，有利于药物的局部应用，如治疗真菌性阴道炎的抗生素。W/O型气雾剂以泡沫状态喷射出来，然后泡沫消失后成为液体。

3. 耐压容器

要求能耐受工作压力，并有一定的耐压安全系数，例如不锈钢和马口铁材料制的容器及搪有塑料防护层的玻璃瓶。

4. 阀门系统

有浸出管的定量喷雾阀门系统，其基本功能是在密闭条件下控制药物喷射的剂量。由封帽、阀门杆（内孔、膨胀室）、橡胶封圈、弹簧（供给推动钮上升的弹力）、浸入管、定量室和推动钮组成（图 2-78）。使用时，按下按钮，阀杆下行，弹簧受压后阀杆上部的膨胀室通过侧向的内孔与定量室相通，此时定量室中的药液减压气化，进入阀杆上膨胀室充分膨胀雾化，然后从喷嘴喷出。同时由于定量室下端的进液弹性封环的作用，浸入管与定量室隔离。当松开按钮时，弹簧使阀杆自动上升恢复原位，药液再进入定量室，再次重复这一过程。

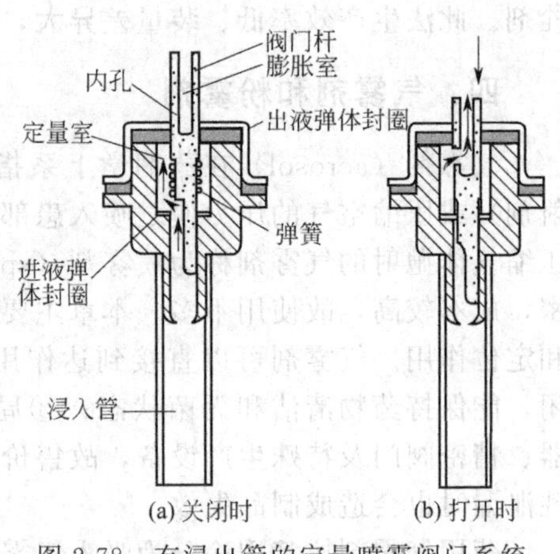

图 2-78 有浸出管的定量喷雾阀门系统

（二）气雾剂的制备

气雾剂的制备过程可分为：容器、阀门系统的处理与装配，药物的配制与分装和抛射剂的罐装三部分。此外，还需经过检测其耐压与泄漏情况，试喷检测阀门使用效果，以及进行加套防护罩、贴标签、装盒、装箱等工序。

1. 容器、阀门系统的处理与装配

（1）玻瓶搪塑（冷凝成型） 先将玻瓶洗净烘干，一般预热至 120～130℃，趁热浸入塑料黏浆中使瓶颈以下黏附一层浆液，倒置，在 150～170℃下烘干 15min 备用。对塑料涂层的要求是：能均匀紧密地包裹玻瓶，万一爆瓶不致玻片飞溅，外表平整、美观。

常用塑料黏浆的处方是：糊状树脂 200g，苯二甲酸二丁酯 100g，苯二甲酸二辛酯 110g，硬脂酸钙 5g，硬脂酸锌 1g，色素适量。混合均匀成浆状。

（2）阀门系统的处理与装配 将阀门的零件分别处理：橡胶制品可在 75％乙醇中浸泡约 24h 以除去色泽并消毒干燥备用；塑料、尼龙零件洗净后再浸入 95％乙醇备用；不锈钢弹簧在 1％～3％碱液中煮沸 10～30min，再用水洗涤数次，最后用蒸馏水冲洗数次，直至去除油腻后浸泡在 95％乙醇中备用。上述已处理好的零件，按照阀门的结构装配应用。

2. 药物的配制与分装

按处方组成及要求的气雾剂类型进行配制：溶液型气雾剂应制成澄清药液；混悬型气雾剂应将药物微粉化并保持干燥均匀状态；乳剂型气雾剂应制成稳定的乳液。

将上述配制合格的半制品，定量分装在准备好的容器内，安装阀门，轧紧封帽。

3. 抛射剂的罐装

一般分压灌法和冷灌法两种。

（1）压灌法 先将配好的药液在室温下灌入容器内，再将阀门装上并轧紧，然后通过压装机压入定量抛射剂（最好先将容器内空气抽去）。操作时液化抛射剂自进口经砂棒滤过后进入压装机。操作的压力以 68.65～105.975kPa 为宜，压力低于 41.19kPa 时充填无法进行。若压力偏低，抛射剂钢瓶可用热水或红外线等加热提高。当容器上顶时，灌装针头伸入阀杆内，压装机与容器的阀门同时打开，抛射剂即以自身膨胀压进入容器内。

压灌法的设备简单，不需要低温操作，抛射剂损耗较少，生产上多用此法。但生产速度比较慢，且在使用过程中压力的变化幅度比较大。

（2）冷灌法　系指将装有药液的容器借助冷灌装置中热交换冷至－20℃左右，抛射剂冷却至沸点以下至少5℃后灌入容器中，容器上部的空气随抛射剂的蒸发而排出，然后迅速装紧阀门。操作应迅速完成以减少抛射剂损失。

冷灌法速度快，对阀门无影响，成品压力较稳定。但需制冷设备和低温操作，抛射剂损失较多。含水品不宜用此法。

（三）吸入粉雾剂

吸入粉雾剂（aerosol of micropowders for inspireation）系指微粉化药物与载体（或无）以胶囊、泡囊或多剂量贮库形式，采用特制的干粉吸入装置，由患者主动吸入雾化药物的制剂。其药物粒径应在10μm以下，其中大部分应在5μm左右，吸入粉雾剂中如需要可加入适当的辅料如润滑剂。吸入粉雾剂的干粉吸入装置叫粉末雾化器也称吸纳器，主要由雾化器的主体、扇叶推进器和口吸器三部分组成。在主体外套有能上下移动的套筒，套筒内上端装有不锈钢针，口吸器的中心也装有不锈钢针，作为扇形推进器的轴心及胶囊一端的致孔针。使用时在雾化器中装入微粉化药粉的胶囊后，压下套筒，胶囊两端刺入不锈钢针，再提起套筒，不锈钢针移出胶囊后，供患者使用，当患者由口吸器吸嘴端吸气时，空气由一端进入，经过胶囊将粉末带出，并由推进器叶扇，扇动气流将粉末分散成气溶胶后吸入病人呼吸道起治疗作用。最后应清洁粉末雾化器，并保持干燥。

碟式吸纳器是设计精美、使用方便的组合型粉末雾化器，药碟是由8个含药的泡囊组成，刺针刺破泡囊后，由吸嘴吸入药物，转轮可自动转向下一个泡囊。

第五节　中药制剂及单元操作

中药制剂是指将中药（包括中药材或饮片）加工或提取后制成的具有一定规格，用于预防和治疗疾病的药物制剂。中药是指以中医药传统理论体系表述药物性能、功效和使用规律，按其理论指导应用的药物，所以也称传统（中）药。中药制剂一般是先从中药材或饮片中提取有效成分后，经适当方法加工制成。中药材浸提后产品可直接作为内服或外用的液体药物，用此法制得的制剂称为浸出制剂；提取物也可作为原料制备中药注射剂、中药片剂等现代中药新剂型。中药制剂的制备过程包括中药制剂的前处理和制剂制备成型。

一、制备前处理

中药制剂的前处理是指根据原药材或饮片的具体性质，在选用优质药材基础上将其经适当的粉碎、筛分、混合、提取、蒸发浓缩、蒸馏、干燥等单元操作，制成具有一定质量规格的中间品或半成品，为中药制剂的成型提供优良可靠的保证。

（一）药材品质检查

1. 药材的来源与品种的鉴定

我国药用植物多达5000余种，且存在同名异物或同物异名现象，加上应用的代用品等，造成药材品种的复杂情况。药材种属不同，通常成分各异，其药效也有很大差异。因此药材使用前必须进行品种鉴定，以保证制剂质量稳定有效。

2. 有效成分或总浸出物测定

药材的产地、药用部位、采集季节、植株年龄及炮制方法等对药材的质量也有影响，其有效成分含量变化与制剂质量密切相关。对有效成分或有效部位明确的药材应测定有效成分含量或有效部位总含量，有效成分尚未明确的药材可测定药材总浸出物作为参考指标，以保证投料量及制剂质量的稳定性。

3. 含水量测定

药材含水量关系到有效成分的稳定和投料的准确性，水分太高可造成发霉变质。一般药材含水量约为9%～16%，大量生产时应根据药材的组织和成分的特性，结合实际生产经验定出含水量控制标准。

（二）粉碎、筛分、混合

中药制剂原料绝大多数是具有一定体积的固体药材，需要粉碎成适宜的片、段、块或粉状物料后进行筛分和混合。目的是为了便于提取其有效成分，有利于制剂的进一步加工。散剂等固体剂型可以促进药物的释放与吸收。具体操作详见本章第一节。

（三）药材浸提

浸提（又称浸出）是从原料药材中分离有效成分的单元操作，是利用适当的溶剂和方法，从药材中将可溶性有效成分进行提取的过程，也是两相之间的传质过程。提取的目的是提出有效成分并去除大量无效物，缩小用药剂量，便于成型加工、贮运和服用，也能提高制剂的有效性、稳定性和安全性。

中药材成分十分复杂，目前按作用可分为以下几类：①有效成分，指有药理活性能起主要药效的物质，包括有效单体和有效部位。前者一般具有明确的分子结构式，后者指尚未提纯但有活性指标的有效成分。②辅助成分，指本身没有特殊疗效，但能增强或缓和有效成分作用的物质。③无效成分，本身无效甚至有害的成分，如某些脂肪、蛋白质、淀粉等。④组织物，构成药材细胞或其他不溶性物质等，如纤维素等。植物性药材有效成分的分子量一般都比无效成分的分子量小得多，应对提取工艺过程加以选择以便能使有效成分透过细胞膜浸出。在提取过程中应根据临床疗效的需要、处方中物质的性质、剂型和生产设备等因素，综合考虑后选择合理的方法，将有效成分及辅助成分尽可能浸提出来，无效成分及组织物尽量少混入浸提物中。

1. 浸出过程

利用溶剂将有效成分自植物药材中浸出是一个复杂过程，其中包括药材浸润与溶解可溶性物质，可溶性物质从细胞内向外扩散，再向溶液主体扩散的过程。即可溶性物质从药材固相借扩散面转移到液相中的传递过程。

（1）浸润、渗透阶段　当浸出溶剂加入到药材中时，溶剂首先附着于药材表面使之润湿，然后通过毛细管或细胞间隙渗入细胞内。这种湿润作用对浸出的影响较大。浸出溶剂是否能附着于药材表面使之润湿而进入细胞组织，决定于溶剂与药材的性质及两者间的界面，其中界面张力起主导作用。界面张力越小药材越易被湿润，反之界面张力越大药材越不易被湿润，故溶剂中往往加入表面活性剂以降低其界面张力来提高其湿润性，这也是提高浸出效果的有效方法之一。植物性药材中有很多带极性基团的物质，如糖类、蛋白质等，容易被极性溶剂所湿润。但含多量脂肪油或蜡质的药材则不易被水或乙醇所湿润，需先行脱脂处理方可用水或乙醇浸出。相反，非极性溶剂也不易湿润含水量多的药材，应先将药材干燥后才能用非极性溶剂进行浸出。

（2）解吸、溶解阶段　药材中的各成分之间存在亲和力，有效成分往往被植物组织吸附。溶剂需克服药材成分之间的作用，对有效成分具有更大的亲和力才能使之解吸，这种作用称为解吸作用。解吸后的有效成分不断转入溶剂中，即溶解。有时也可在溶剂中加入适量的碱、甘油或表面活性剂以助解吸。

（3）扩散阶段　当溶剂在细胞中溶解大量物质后，溶液浓度显著增高，具有较高渗压，细胞内外出现较高的浓度差和渗透压差。而药材的细胞壁是透性膜（植物细胞的原生质膜是半透膜但死亡的细胞原生质结构已破坏，半透膜便不存在，而成了透性膜），细胞内高浓度的有效成分不断地向低浓度方向扩散，溶剂则不断进入细胞内以平衡渗透压，直到内外浓度相等，达到动态平衡时扩散中止。浓度梯度是渗透和扩散的推动力。必须指出，浸出过程的扩散阶段并不像固体化学药品在溶液中的扩散那样简单，因为被浸出的高浓度有效成分在细胞壁内要到达周围低浓度的溶剂中去时，首先必须通过药材组织这个障碍，即借助毛细管引力使细胞内高浓度浸出药液经过药材的毛细管流到药材表面形成一层薄膜，亦称为扩散“边界层”。浸出成分最终通过此边界层向四周扩散。溶质在边界层内以分子扩散方式进行，其扩散速率可由 Fick 方程来描述：

$$dM/dt=-DF\,dc/dx \tag{2-38}$$

式中，dM/dt 为扩散速率；F 为扩散面积，即浸出药材的表面积，与粒度、表面状态有关；dc/dx 为物质在 x 扩散方向上的浓度梯度；D 为扩散系数；负号表示扩散是沿浓度下降的方向进行。

扩散系数 D 值随药材不同而异，且与浸出溶剂的性质有关。可由实验按下式求得：

$$D=RT/N\cdot 6\pi r\eta \tag{2-39}$$

式中，R 为摩尔气体常数；T 为热力学温度；N 为阿伏加得罗常数；r 为扩散分子半径；η 为流体黏度。

（4）置换浸出阶段　根据 Fick 方程，提高扩散速率的有效方法是提高溶质的浓度梯度。在浸出过程中，用新鲜溶剂或低浓度浸出液随时置换药材周围的浸出液可保持溶质的最大浓度梯度，也是提高浸出效果与浸出速度的有效措施。浸出过程是由润湿、渗透、解吸、溶解、扩散及置换等几个相互联系的作用综合组成的，但几个作用并非截然分开而是交错进行的。

2. 影响浸出的因素

（1）浸出溶剂　浸出过程中，浸出溶剂的选用对浸出效果具有显著影响。浸出剂应对有效成分具有较大的溶解度，而对无效成分少溶或不溶，同时要安全、无毒、价廉、易得。

①水　水为最常用的溶剂之一。水极性大且溶解范围广，药材中的生物碱盐类、苷、苦味质、有机酸盐、鞣质、蛋白质、糖、树胶、色素、多糖以及酶和少量的挥发油都能被水浸出。其缺点是浸出范围广，选择性差，容易浸出大量无效成分，这会给制剂带来困难，即易霉变、水解、不宜贮存等。水质纯度与浸出效果有关，一般使用蒸馏水或离子交换水。

②乙醇　乙醇也是常用溶剂之一，为半极性溶剂，可以溶解水溶性的某些成分，如生物碱、苷类及糖类等；又能溶解非极性溶剂所能溶解的一些成分，如树胶、挥发油、醇、内酯、芳香化合物等，少量脂肪也可被乙醇溶解。乙醇含量在90%以上时，适于浸出挥发油、有机酸、内酯、树脂等。而乙醇含量在50%～70%时适于浸取生物碱及苷类。含20%乙醇的浸出液有防腐作用；含40%以上乙醇的浸出液可延缓某些酯类、苷类等成分的水解而增加制剂的稳定性。为了增加浸出效果，或增加制品的稳定性，有时亦应用一些浸出辅助剂。如适宜的酸可以促进生物碱的浸出；适宜的碱可以促进某些有机酸的浸出；适宜的表面活性剂也能提高浸出溶剂的浸出效果；乙醚、氯仿、丙酮、石油醚等可用于中药材脱脂，脱脂后再用水或乙醇浸出有效成分。

（2）药材的粉碎粒度　药材经粉碎后粒度变小，表面能增加，浸出速度加快。粉碎需要适当的限度，但过细的粉末并不适用于浸出。过度粉碎会使大量细胞破坏，浸出过程变为“洗涤浸出”，许多不溶性高分子物质进入浸出液，给浸出液与药渣分离带来困难，造成制品的浑浊。另一方面，过细粉末也给操作带来困难，如用渗漉法浸提时空隙太小，溶剂流动阻力大，往往造成堵塞等。

（3）浸出温度　温度升高，增加可溶性成分的溶解度，提高扩散浓度梯度；温度升高，

扩散系数 D 变大，扩散速度加快有利于浸出；而且温度适当升高可使细胞蛋白质凝固或酶破坏，进而有利于浸出制剂的稳定性。一般药材的浸出在溶剂接近于沸点温度下进行比较有利，因为在沸腾状态时，固液两相间具有较高的运动速度，扩散边界层更薄或边界层更新较快，有利于加速浸出过程。

(4) 浓度差　浓度差是指药材块粒组织内的溶液浓度与外界周围溶液的浓度差。浓度梯度越大对药物的扩散推动力也越大，浸出速度越快。在选择浸出工艺与浸出设备时应以能创造最大的浓度梯度为基础。浸出过程中可通过更换新鲜溶剂、采用渗漉法、循环式动态提取工艺等增加浓度梯度，提高浸提效果。

(5) 操作压力　对于组织坚实的药材，提高操作压力有利于浸润过程，溶剂更快充满药材组织内部，同时加压渗透可使药材组织内某些细胞壁被破坏，亦有利于浸出成分的溶解和扩散过程，缩短浸提时间。但对组织松软及容易润湿的药材，或当药材内部充满溶剂后，压力的增大对扩散速度影响不大。

(6) 药材与溶剂的相对运动　在流动的介质中进行浸出时药材与溶剂的相对运动速度加快，能使扩散边界层变薄或边界层更新加快，加大浓度梯度，有利于浸出。但相对运动速度不宜过快，以免溶剂的耗用量增加。

(7) 新技术的应用　近年来一些新技术的应用（如超声波提取、超临界流体提取、微波提取、电磁场浸出、电磁振动浸提、脉冲浸提等）也能有效地提高浸提效率。例如用超声波来加快浸提颠茄叶中的生物碱，可使原来渗漉法提取时间由48h缩短至3h。

3. 浸出方法

(1) 煎煮法　以水作为浸出溶剂的水煎煮法是最常用的方法，系将药材加水煎煮取汁的方法。一般操作是取适当切碎或粉碎的药材，置适宜煎煮器中，加适量水浸没药材，浸泡适宜时间后加热至沸，保持微沸，浸出一定时间，分离煎出液；药渣依法煎2～3次，收集各次煎出液，离心分离或沉降滤过后，低温浓缩至规定浓度，再制成规定的制剂。以酒为浸出溶剂时，应采用回流提取法进行。

煎煮前，药材的冷水浸泡一般以不少于20～60min为宜，以利于药材的润湿、有效成分的溶解和浸出。药材煎煮时间除中药汤剂曾有时间规定外，一般每次约煎1～2h。通常以煎煮2～3次较为适宜，但对于药材质地坚硬及有效成分难于浸出的药材，煎煮次数可以酌情增加。

煎煮法适用于有效成分溶于水，且对湿、热均较稳定的药材。此法简单易行，能煎出大部分有效成分，除用于制备汤剂外，也是制备散剂、丸剂、片剂、颗粒剂及注射剂或提取某些有效成分的基本方法之一。但煎出液中杂质较多，增加了以后的精制的难度，一些不耐热及挥发性成分在煎煮过程中易被破坏或挥发而损失。

(2) 浸渍法　是指将处理的药材置于提取器中，加适量溶剂在一定温度下浸泡，使有效成分浸出并使固、液分离的方法。按提取温度不同可分为常温浸渍法和温浸法。

① 常温浸渍法　即通常所指的浸渍法，传统上多用于药酒和酊剂的提取，其澄明度具有持久的稳定性。

② 温浸法　指在沸点以下的加热浸渍法，是一种简便的强化提取方法，一般利用夹套或蛇管进行加热，应用广泛。

浸渍法一般操作：取适当粉碎的药材，置于有盖容器中，加入规定量的溶剂密盖，搅拌或振摇，保温加热，浸渍3～5天或规定时间使有效成分浸出。抽取上清液，滤过，压榨残渣，合并滤液和压榨液，静置24h，滤过。药材不同，浸渍温度和时间及次数也不同。药酒浸渍时间较长，其常温浸渍多在14天以上；但加热浸渍（40～60℃）的时间一般为3～7天。为了减少药渣吸液所引起的成分损失，可采用多次浸渍法。

浸渍法适宜于黏性药物、无组织结构的药材（如安息香、没药等）、新鲜及易于膨胀的药材（如大蒜、鲜橙皮等），尤其适用于有效成分遇热易挥发或易破坏的药材。由于浸出效率差，不适用于贵重药材、有效成分含量低的药材的浸取，或制备浓度较高的制剂。

（3）渗漉法　指将适度粉碎的药材置于渗漉器中，由上部连续加入的溶剂渗过药材层后从底部流出渗漉液以提取有效成分的动态浸提方法。

渗漉法在浸提过程中能始终保持较高的浓度梯度，浸出效率高，适用于贵重药材、毒性药材、有效成分含量较低药材的提取，以及高浓度浸出制剂的制备，但不适于对新鲜、易膨胀的药材及无组织结构的药材。

具体操作方法为：进行渗漉前，先将药材粉末放在有盖容器内，再加入药材量60%～70%浸出溶剂均匀润湿后，密闭，放置15min至数小时。使药材充分膨胀；取适量脱脂棉，用浸出液润湿后，垫铺在渗漉筒底部，然后将已润湿膨胀的药粉分次装入渗漉筒中，每次投入后均匀压平。松紧程度视药材和浸出溶剂而定。装完后，用滤纸或纱布将渗漉筒顶部覆盖，并放入一些玻璃珠或石块之类的重物，以防加溶剂时药粉浮起。操作时，先打开渗漉筒进口的活塞，从上部缓缓加入溶剂以排除筒内剩余空气，待溶液自筒口流出时，关闭活塞，并继续加溶剂至高出药粉数厘米，加盖放置浸渍24～48h，使溶剂充分渗透扩散。当浸出溶剂渗过药粉时，由于重力作用而向下流动，上层流下的浸出溶剂或稀浸液置换下层溶剂位置，造成了药材内外的较大浓度梯度，使扩散加快并充分进行。

渗漉法对药材的粒度及工艺条件的要求比较高，操作不当可影响渗漉效率，甚至影响正常操作。一般渗漉液流出速度以1000g药材计算，慢速浸出以1～3mL/min为宜；快速浸出多为3～5mL/min。渗漉过程中需随时补充溶剂，使药材中有效成分充分浸出。溶剂的用量一般为1∶(4～8)（药材粉末∶浸出溶剂）。为了提高渗漉速度和节约溶剂大生产可采用强化措施，如振动式渗漉罐或在罐侧加超声装置，或用罐组逆流渗漉法加强固液两相之间的相对运动，从而改善渗漉效果。此外还有重渗漉法和加压渗漉法。

（4）回流法　用挥发性有机溶剂提取，加热提取时溶剂被蒸发，冷凝后又流回提取器中浸提药材，如此反复直至有效成分提取完全。可分为回流热浸法和回流冷浸法。后者是在溶剂蒸发后，经冷凝流入贮液罐，再由阀流入提取器进行冷浸。本法由于提取液浓度逐渐升高，受热时间长，因此不适于对热不稳定成分的提取。

（5）水蒸气蒸馏法　将含有挥发性成分的药材与水（或水蒸气）共同蒸馏，挥发性成分随水蒸气一并馏出，经冷凝后分离挥发性成分的方法。该适用于具有挥发性，能随水蒸气蒸馏而不被破坏，难溶或不溶于水的化学成分的提取和分离，如挥发油的提取。

操作方法：将药材的粗粉或碎片浸泡润湿后，直火加热蒸馏或通入水蒸气蒸馏，也可在多能式中药提取罐中对药材边煎煮边蒸馏，药材中的挥发成分随水蒸气蒸馏而带出，冷凝后分层，收集挥发产品。

（6）超临界流体提取法　超临界提取技术是利用超临界流体（supercritical fluid，SCF）对药材中天然产物具有特殊溶解性来达到分离提纯的技术。SCF是超过临界温度和临界压力的非凝缩性高密度流体，它的性质介于气体和液体之间，兼具二者的优点。即密度接近于流体，而黏度和扩散系数又与气体相似，因而它不仅具有与液体溶剂相当的提取能力，而且具有优良的传质效果。SCF对物质的溶解能力与其密度成正比关系，而密度可通过压力的变化在大范围内变化，从而可有选择地溶解目的成分，而不溶解其他成分，从而达到分离纯化所需成分的目的。

与传统的分离方法相比，超临界流体提取具有许多独特的优点：①借助于调节流体的温度和压力来控制流体密度进而改善萃取能力。②溶剂回收简单方便，节省能源。通过等温减压或等压升温，被提取物就可与提取剂分离。③可较快达到相平衡。④超临界提取工艺可在较低温度下操作，故特别适合于热敏性组分的提取。

由于超临界流体提取技术提取易挥发组分或生理活性物质时，对提取物极少造成损失和破坏，没有溶剂残留，产品质量高，因此近年来应用超临界流体提取技术提取中药有效成分引起人们的广泛关注。二氧化碳是超临界流体提取技术中最常用的提取溶剂，原因是它的临界温度（31.05℃）在室温附近，其临界压力（7.38MPa）也不太高便于操作；大多数溶质在二氧化碳相中溶解度大而在水中的溶解度却很小，有利于用临界二氧化碳来提取分离有机水溶液；此外还有全无毒、无溶剂残留、不燃烧、不腐蚀、价格便宜等优点。

（7）离子交换与大孔树脂吸附　这实际上是一种中药材水溶性有效成分的纯化提取方法，它能通过离子交换与大孔树脂（简称大孔树脂）的吸附选择性，从其他提取方法提得的稀溶液中浓集分离有效成分。一般离子交换树脂中空隙较小，多小于5nm，吸附性不大。而大孔树脂网状孔的孔径较大，一般为几十至几千纳米，因而具有较大的吸附表面积和吸附性。大孔树脂的网状孔是由于在树脂制备过程中加入了致孔剂，当高聚物结构形成时发生相分离而使树脂中留下许多大小不一、形态各异、互相贯通的孔道所致。这样大孔树脂既有类似于活性炭的吸附作用，又有离子交换能力，而且比离子交换更容易再生。所以它具有吸附选择性特殊、再生容易、稳定性高、使用寿命长及颜色浅淡等特点。大孔树脂有强酸性（如D001）、弱酸性（如D111）、强碱性（如D201，D202）和弱碱性（D301，D311）等类型。其操作一般是将需要处理的溶液通过装有树脂床的柱，柱中的树脂从上到下依次与溶液接触选择性地吸附溶质并在柱中形成色谱带，再用溶剂（如乙醇）进行逆流或正流洗脱，直至洗脱液中不含溶质为止。工业上大孔树脂吸附交换的工艺流程通常是：交换—反洗—再生—正洗。再生剂通常为酸、碱，有时为中性盐，应根据树脂类型、离子形式及再生目的来选择。

4. 浸出工艺及设备

选择适宜的浸出方法及有效的浸出工艺条件与设备，对保证浸出制剂的质量，提高浸出效率和经济效益都十分重要。常用的中药浸出工艺及设备概括如下。

（1）单级浸出工艺与间歇式提取器　单级浸出系将药材和溶剂一次加入提取器，经一定时间提取后收集浸出液排渣的操作。水浸一般采用煎煮法，乙醇浸取时可采用浸渍法或渗漉法。

图2-79为多能提取器示意图，提取罐为比较新型的气动活底出渣式的密闭提取器。全器除罐体外，还有泡沫捕集器、热交换器、冷却器、油水分离器、气液分离器、管道滤过器、温度及压力检测器、控制器等附件，具有多种用途。可提供药材水提取、醇提取、挥发油提取并可回收药渣中的溶剂，也能用于渗漉、温浸、回流、循环浸渍、加压或减压浸出等多种浸出工艺，因此也称为多能提取器。该设备主要特点是：提取时间短；应用范围广；采用气压自动排渣快而净；操作方便、安全、可靠；设有集中控制台控制各项操作，便于药厂实现机械化、自动化生产。

其提取操作根据不同需要采取不同方式。

① 加热方式　用水提取时，将水和中药材装入提取罐，开始向罐内通入蒸汽加热，当温度达到提取温度后停止向罐内而改向夹层通蒸汽进行间接加热，以维持罐内温度在规定范围内。如用醇提取，则全部用夹层通蒸汽进行间接加热。

② 强制循环　在提取过程中，用泵对药液进行强制性循环，即从罐体下部放液口放出浸出液，经管道滤过器滤过，再用水泵打回罐体内。该法加速了固液两相间的相对运动，从而增强了对流扩散及浸出过程，提高了浸出效率。

③ 回流循环　在提取过程中产生的大量蒸汽从蒸汽排出口经泡沫捕集器到热交换器进行冷凝，再进冷却器冷却，然后进入气液分离器进行气液分离，使残余气体逸出，使液体回流到提取罐内，如此循环直至提取终止。

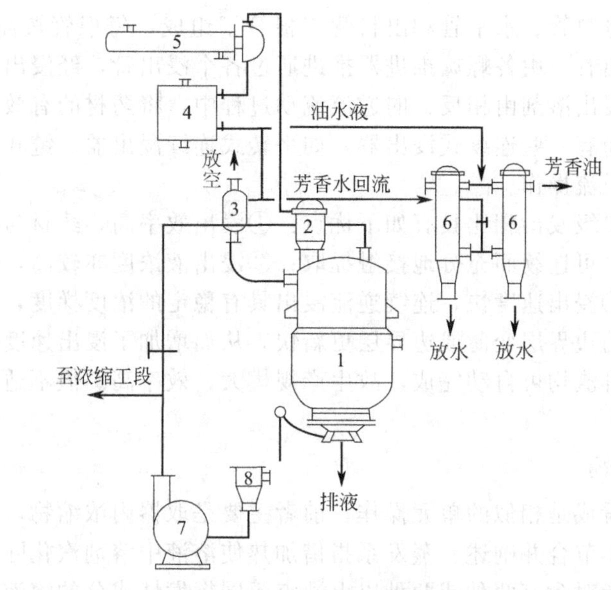

图 2-79 多能提取器示意图

1—提取罐；2—泡沫捕集器；3—气液分离器；4—冷却器；5—冷凝器；6—油水分离器；7—水泵；8—管道滤过器

④ 提取液的放出 提取完毕后，药液从罐体下部放液口放出，经管道滤过器滤过后用泵输送到浓缩工段再进行浓缩。

⑤ 提取挥发油（吊油）的操作 在进行一般的水提或醇提操作中通向油水分离器的阀门必须关闭（只有在提油时才打开）。加热方式和水提操作基本相似，不同的是在提取过程中药液蒸汽经冷却器进行再冷却后直接进入油水分离器进行油水分离，此时冷却器与气液分离器的阀门通道必须关闭。分离的挥发油从油出口放出。芳香水从回流水管道经气液分离器进行气液分离，残余气体放入大气而液体回流到罐体内。两个油水分离器可交替使用。提油进行完毕，对油水分离器内残留部分液体可从底阀放出。

（2）多级浸出工艺 亦称重浸渍法，又称半连续式提取装置，它是将药材置入浸出罐中，将定量的溶剂分次加入进行浸出的操作。亦可将药材分别装于一组浸出罐进行，新溶剂分次先进入第一浸出罐与药材接触浸出，第一罐的浸出液继续进入第二浸出罐与药材接触继续浸出，这样依次通过全部浸出罐，浸出液由最后一浸出罐流入接受器中。当第一罐内的药材浸出完全时，则关闭该罐的进出液阀门，卸出药渣，回收溶剂备用。续加的溶剂则先进入第二浸出罐并依次浸出，直至各罐浸出完毕。罐组数量可根据需要来确定。

多级浸出工艺的特点在于有效地利用了固液两相的浓度梯度，亦尽可能地减少浓渣吸收浸出液所造成的有效成分损失，从而提高浸出效果。结合生产操作管理和适应多品种、小批量的生产需要，以三口提取罐为一组合体较为实用，总提取液浓度大，溶剂耗量小，使下一道浓缩工序回收溶剂耗能低。

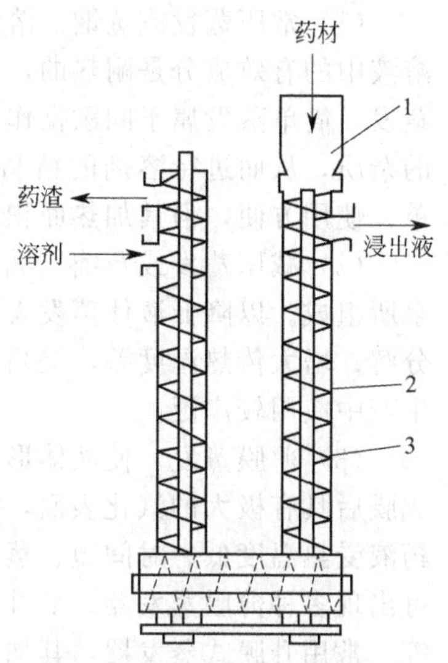

图 2-80 螺旋推进式浸出器

1—料斗；2—螺旋推进器；3—筒体

（3）连续逆流浸出工艺 该工艺是将药材与溶剂在浸出器中连续逆流接触提取。图 2-80 所示为螺旋推进式浸出器的一种形式，浸出器由进料管、水平管和出料管三根管子组成，每根管按需要可设蒸汽夹套。药材自加料斗进入浸出管，由各螺旋推进器推进通过各个浸出管，经浸出后的药渣最后被送到出料口推出管外。浸出溶剂由相反方向逆流流动过程中，将药材的有效成分浸出后由浸出液出口流出。此外，尚有一些连续式浸出器，如平转式连续浸出器、链式连续浸出器等，所有连续式浸出器均为逆流操作。

连续逆流浸出与单级浸出相比具有如下优点：①浸出效率高，药材与溶剂在提取器中为互为逆向流动的状态，可连续而充分地接触提取；②浸出液浓度亦较高，单位重量浸出液浓缩时消耗的热能少；③浸出速度快，连续逆流浸出具有稳定的浓度梯度，且固液两相处于运动状态，使两相界面的边界层变薄或边界层更新快，从而增加了浸出速度；④这类提取器多为大型设备，加料和排渣均可自动完成，故生产规模大，效率高。但不适于多品种、小批量的生产。

（四）蒸发与蒸馏

蒸发与蒸馏可以看成是相似的单元操作，前者主要是取器内浓缩物，而后者则是取器外汽化后的产物。故本小节合并阐述。蒸发系指借加热使溶液中溶剂汽化除去的过程，可用于溶液的浓缩。蒸馏系指对含有两种或两种以上沸点不同挥发性成分的溶液加热，使之汽化并分离收集的操作。即挥发性成分不断汽化馏出，溶液沸点不断升高，馏出液成分不断改变，按其不同的馏分顺次导入接受器从而达到分离的单元操作。一般蒸发多在无限空间进行，主要用于提取物的浓缩。但蒸馏均在有限空间进行，主要是为收集馏分进行分离，如药材的挥发性成分。水蒸气蒸馏是制备芳香水剂和露剂的一种方法，也是制备挥发油半成品的必要操作，另外也可采用蒸馏工艺回收有机溶剂，可同时使溶液浓缩。

蒸发和蒸馏过程的必要条件是不断地向溶液供给热能，并随时将汽化的溶剂蒸汽冷凝。工业上应用最广泛的是用水蒸气夹层加热的方法。蒸发的蒸汽量很少且无污染时可直接散入大气。被蒸发的物料常为水溶液，因此从溶液中汽化出来的是水蒸气。为了区别加热蒸汽和汽化蒸汽，把作热源的蒸汽叫做加热蒸汽或一次蒸汽。从溶液中汽化出来的蒸汽叫二次蒸汽。如将二次蒸汽利用作为其他蒸发器的热源时则称为多效蒸发。在制药生产中根据所处理的物料量、物料性质、质量要求不同应采用不同形式的蒸发方式与器械。

(1) 常压蒸发或蒸馏　溶液在一个大气压下进行蒸发或蒸馏的操作叫常压蒸发。被蒸发溶液中的有效成分是耐热的，而溶剂又无燃烧性、无毒、无害、无经济价值者可用此法进行蒸发。简单蒸发属于间歇操作，其装置可用于常压蒸馏，以回收溶剂并除去溶剂中极难挥发的杂质，从而进行溶剂的精制，以及粗混合物的初步分离。这种蒸发器的容量大，结构简单，使用方便，但其加热面积较小。

(2) 减压蒸发或蒸馏　减压蒸发或蒸馏装置是在上述常压蒸发装置的冷凝器上连接真空泵所组成。以降低液体蒸发表面上的压力，使液体沸腾温度降低，防止或减少热敏性物料的分解；增大传热温度差，提高传热系数，缩短蒸发或蒸馏时间。因此减压蒸发和蒸馏在药剂生产中应用较广泛。

(3) 薄膜蒸发　使液体形成薄膜状态而快速蒸发的操作叫做薄膜蒸发。在减压下，液体成膜后具有极大的汽化表面，热的传播较快且均匀，也没有液体静压的影响。薄膜蒸发具有药液受热温度低、时间短、蒸发快、可连续操作和缩短生产周期等优点。薄膜形成机理不同可出现多种薄膜蒸发器，如升膜式蒸发器、降膜式蒸发器、刮板式蒸发器、离心薄膜蒸发器等。常用升膜式蒸发器，其加热室的管束很长，而加热室中的液面维持较低，适用于蒸发量较大、有热敏性而黏度低于0.05Pa·s和不易结垢的溶液的蒸发。操作过程为：欲蒸发的药液经过流量计，进入预热器预热，自蒸发器底部进入列管蒸发器，被蒸汽加热后立即沸腾汽化，形成大量泡沫；生成的泡沫及二次蒸汽沿加热管高速上升并拉拽溶液呈薄膜状，溶液以膜状上升的过程中，以泡沫的内外表面为蒸发面迅速蒸发；泡沫与二次蒸汽的混合物进入气液分离器中，分离二次蒸汽与浓缩液，浓缩液经导管流入接受器收集，二次蒸汽被水泵抽走或自导管进入预热器夹层供预热蒸汽之用，多余废气则进入混合冷凝器冷凝后自出口排出。升膜式蒸发器若加热管过长，蒸发量过大或操作不当可产生局部干壁现象而降低传热效果。药材浸出液经此蒸发器蒸发后，可浓缩得到相对密度1.05～1.10左右的稠浸膏。

(4) 水蒸气蒸馏 是一种比较简单的蒸馏方法，系根据道尔顿分压定律，相互不溶液体混合物蒸气总压等于各组分饱和蒸气压（分压）之和而设计的。所以常用于常压下高沸点组分的蒸馏或在沸点易于分解物质的蒸馏。其操作是将物料装入蒸馏釜，通水蒸气，与高沸点组分一起作为共沸混合物馏出，经冷凝后由于互不相溶而分离。多能提取器提取罐罐底有蒸汽进口，罐顶有油水分离器，故可用于水蒸气蒸馏。

(5) 精馏 是对液体混合物多次蒸发与冷凝反复分离的方法，常用于溶剂的回收和精制。板式精馏塔由多层塔板组成，每层上有适当高度的液层并附有小孔和溢流管。塔高一般在4m以上，有的高达十几米。蒸馏时，蒸汽由底部通过板孔上升与板上液体接触；而回流液则经溢流管由上一板流至下一板，因此每块塔板上均同时发生上升蒸汽冷凝和回流液部分汽化，使沸点低的组分不断由液相转变成汽相，而高沸点组分则不断由汽相移入液相，使两相逆向流动。低沸点的浓馏分由塔顶经冷凝器引出，而高沸点的浓液则从塔底流出。酒精回收时可将原液装入釜底，高浓度酒精通过精馏由塔顶流出。塔板越多回收效果也越高。连续精馏装置是将预热料液连续加入到塔板上，从而连续地分离出精馏液和残液的装置。进料口以上称为精馏段，进料口以下称为提馏段。此法操作稳定，适于大规模生产。

（五）干燥

干燥是利用热能使湿物料中的湿分（水分或其他溶剂）汽化除去，从而获得干燥物品的工艺操作。在制剂生产中，新鲜药材的除水，中药颗粒剂、胶囊剂、片剂等固体剂型的制备，常需进行干燥操作。

干燥方法有常压干燥、减压干燥、喷雾干燥和冷冻干燥等，因为浸膏的成分复杂，含有多糖类、糖类、鞣质、苷类、有机酸等各种成分，给常压干燥和减压干燥操作带来很大麻烦，常常遇到浸膏液越来越黏稠而不易干燥或很难干燥的情况。目前常用喷雾干燥和冷冻干燥，其粉末松脆且溶解性好。喷雾干燥在中药浸出液的固体化制剂生产中应用较广泛，冷冻干燥主要用于含热敏成分浸出液的干燥。详见本章第一节和第三节。

二、常用中药制剂制备

（一）浸出制剂

浸出制剂系指利用适当的浸出溶剂和方法，从药材中浸出有效成分所制成的制剂，因采取浸出法制备而得名。常用的浸出制剂包括合剂、酒剂、酊剂、流浸膏剂、浸膏剂和煎膏剂等。制备方法有煎煮法、浸渍法和渗漉法。一般除汤剂用煎煮法制备外，酊剂、流浸膏和浸膏剂常选用浸出效率较高的渗漉法浸出其有效成分，然后蒸去部分溶剂至规定浓度。

浸出制剂的特点：①具有原药材所含的各种成分，有利于发挥药材成分的多效性。浸出制剂与同一药材中提取的单体化合物相比，有着单体化合物所不具有的治疗效果。如阿片酊有镇痛和止泻功能，但从阿片提取的吗啡虽有强镇痛作用，却无强止泻作用。②浸出制剂药效比较缓和持久、毒性较低，如莨菪浸膏中的东莨菪内酯，可提高莨菪碱对肠黏膜组织的亲和性而促进其吸收、延长莨菪碱在肠管中的停留时间，使莨菪浸膏具有作用缓和持久、毒性低的特点。③药材提取除去大部分组织和部分无效成分后增加了有效成分的含量，减少了剂量体积，并可增加制剂的稳定性。但浸出制剂也含有无效杂质，如高分子物质、黏液汁、多糖、鞣酸等，这些成分会使有效成分发生水解、氧化、沉淀、霉变，也会影响制剂的质量和药效。因此制备浸出制剂时应尽量除去无效成分，最大限度地保留有效成分。

1. 合剂、酒剂和酊剂

合剂系指饮片用水或其他溶剂，采用适宜的方法提取制成的口服液体制剂（单剂量灌装者也可称"口服液"）。合剂是在汤剂的基础上发展而来的，根据有效成分性质可选择不同的提取方法制备（如煎煮法、渗漉法、回流法等）。合剂保持了汤剂用药特点，服用量较汤剂小，可以成批生产，省去临时配方和煎煮的麻烦。适量加入防腐剂，并经灭菌，质量稳定，便于携带、储存。合剂不能像汤剂一样随症加减，不能代替汤剂。

酒剂，又名药酒，系指药材用蒸馏酒浸取的澄清的液体制剂。药酒为了矫味或着色可酌加适量的糖或蜂蜜。酒剂多供内服，少数作外用，也有兼供内服和外用。除另有规定外，酒剂一般用浸渍法、渗漉法制备。浸渍法又分为冷浸渍和热浸渍两种，处方中必要时可加入蔗糖、蜂蜜等作矫味剂。

酊剂（tincture）系指药物用规定浓度的乙醇浸出或溶解制成的澄清液体制剂，亦可用流浸膏稀释制成，或用浸膏溶解制成。除另有规定外，每100mL相当于原饮片20g。含有毒剧药品的中药酊剂，每100mL应相当于原饮片10g；其有效成分明确者，应根据其半成品的含量加以调整，使符合各酊剂项下的规定。

制备酊剂时，应根据有效成分的溶解性选用适宜浓度的乙醇，以减少酊剂中杂质含量，缩小剂量，便于使用。酊剂久贮会发生沉淀，可过滤除去，再测定乙醇含量，并调整乙醇至规定浓度，仍可使用。酊剂可用稀释法、溶解法、浸渍法和渗漉法制备。

2. 流浸膏剂、浸膏剂和煎膏剂

流浸膏剂系指药材用适宜的溶剂浸出有效成分，蒸去部分溶剂，调整至规定浓度而制成的液体制剂。除另有规定外，流浸膏剂每1mL相当于原饮片1g。流浸膏剂常用于配制合剂、酊剂、糖浆剂、丸剂等，也可作其他制剂的原料。流浸膏剂除另有规定外，一般用渗漉法制备，也可用浸膏剂稀释制成。制备流浸膏剂常用不同浓度的乙醇为溶剂，少数以水为溶剂。

浸膏剂系指药材用适宜溶剂浸出有效成分，蒸去全部溶剂，调整至规定浓度而制成的膏状或粉状的固体制剂。除另有规定外，每1g相当于原饮片或天然药物2～5g。浸膏剂不含溶剂，有效成分含量高，体积小，疗效确切。浸膏剂可用于制备酊剂、流浸膏剂、丸剂、片剂、软膏剂、栓剂等。按干燥程度浸膏剂可分为稠浸膏和干浸膏。浸膏剂可用煎煮法、回流法或渗漉法制备。

煎膏剂系指饮片用水煎煮，取煎煮液浓缩，加炼蜜或糖（或转化糖）制成的半流体制剂。饮片按各品种项下规定的方法煎煮，滤过，滤液浓缩至规定的相对密度，即得清膏。清膏按规定量加入炼蜜或糖（或转化糖）收膏。若需加饮片细粉，待冷却后加入，搅拌混匀。除另有规定外，加入炼蜜或糖（或转化糖）的量一般不超过清膏量的3倍。膏滋味甜、可口，服用方便，易于贮存；膏滋以滋补为主，兼有缓慢的治疗作用（止咳、补血、调经、抗衰老）。

（二）片剂

中药片剂系指将药材细粉和提取物与辅料混合压制而成的圆片状或其他形状的固体制剂。中药片剂主要从汤剂、丸剂、中成药、中药单方和复方或经验方改革而成。药剂体积大为减小，服用更方便。中药片剂除压制片、糖衣片外，还发展了口含片、泡腾片、溶液片、微囊化片剂等。

1. 片剂的制备

（1）药材的处理与提取　大多数药材要用适宜的方法尽量提取有效成分和除去无效成分以缩小片剂体积，减少服用剂量，也有利于携带、贮存和服用。

① 提取浸膏　根据制片要求与药材的性质以及浸膏在制粒过程中的作用，制成不同稠度的浸膏和干浸膏。细粉较多或药粉吸膏力较强时可将部分中药材制成稀浸膏黏合使用。如果处方中药粉量少或药粉吸膏力较低时可先制成稠浸膏作黏合剂使用。稠浸膏应控制其相对密度在1.2～1.6。稠浸膏干燥后得干浸膏，可直接磨成颗粒压片，或磨成细粉后经制粒后压片。制备浸膏时，一般均以水煎煮法提取2～3次，然后浓缩或干燥。

② 提取药材有效部位　有效部位系指除去大部分杂质的药材粗成分。药材制膏后仍不能有效地缩小片剂体积，甚至使片剂吸湿性增加，应提取药材的有效部位制粒压片。

③ 提取挥发油　含挥发油的中药材可先提取挥发油再加入到片剂中。

④ 提取有效成分　有效成分已清楚的中药材，可提取其有效成分，然后制成片剂。

（2）片剂的制粒与压片　中药片剂大部分用制粒压片法制备。制粒压片法有以下类型：

① 药材全粉末制粒法　是将处方中全部中药材（细料、贵重药材除外）混合粉碎为细粉，加适当黏合剂制软材然后制粒、干燥、压片。本法适于药味少、剂量小、药材细粉有一定黏性的处方制片。黏合剂选择应得当，10%～15%淀粉浆、10%～50%糖浆、5%～10%阿拉伯胶浆以及明胶浆等均常用。

② 浸膏与药材细粉混合制粒　将处方中的药材部分磨成细粉，部分提取浸膏，再将浸膏与药粉混合制颗粒。这种制粒方法有利于缩小片剂体积，浸膏可全部地或部分地代替黏合剂。一般是浸膏与药粉混合后恰好能制成适宜软材。根据经验一般以10%～20%药材磨粉，90%～80%药材提取浸膏为宜。浸膏与药材细粉混合后制颗粒，干燥后直接压片。也可将浸膏与药粉混合、干燥，再磨成细粉，乙醇润湿制粒干燥后压片，这种制粒压片法片面色泽均匀。

③ 干浸膏制粒　可将处方中全部药材制成浸膏（细料除外），再制颗粒压片（浸膏片）。浸膏片能有效地缩小片剂体积，减少服用剂量。但浸膏片易吸潮，需包糖衣。干浸膏也可直接粉碎成大小适宜的颗粒，供压片用。或干浸膏磨成细粉，加适宜浓度的乙醇或水制粒压片。浸膏干燥时以减压干燥或喷雾干燥为好，干燥前可加入适量淀粉起调解片重或加速崩解的作用。

④ 含挥发油药材制颗粒　应提取其挥发油加入干燥的颗粒中，也可从颗粒中筛出一部分细粉吸收挥发油后再与全部颗粒混合，或将挥发油喷洒于全部颗粒中。为使挥发油分散均匀，也可将挥发油溶于乙醇，再喷于颗粒中。挥发油含量较多时可加适量氧化镁、碳酸钙、碳酸镁、白陶土等，吸收后再与颗粒混合。

⑤ 药材有效部位制颗粒　药材有效部位的提取有利于缩小片剂体积，也可以简化片剂制备工艺。药材提取有效部位后，干燥，再粉碎成细粉，单独或与其他辅料一起制颗粒。

⑥ 含化学药物的中药片剂　若中药要制成片剂时可将化学药物粉碎成细粉与药材细粉混合后，再制粒压片。也可将化学药物细粉与浸膏混合加适量淀粉制粒压片。对湿热不稳定的化学药品可与颗粒混合均匀、压片。

2. 中药片剂制备中存在的问题

① 药效不确切　有些中药片剂可能由于组方欠合理、在提取纯化过程中有效成分损失以及药材质量控制不严等导致药效不确切。这些问题应采取有效措施加以解决。

② 吸湿问题　中药浸膏具有很强的吸湿性，含浸膏的中药片剂常因吸湿而粘连或降低药效。包衣片剂往往因吸湿而裂片或变色。解决措施有：在浸膏中加辅料稀释以降低浸膏的吸湿性，如磷酸氢钙等，也可加入部分药材细粉稀释；采用水提醇沉法尽量除去引湿性杂

质；制成包衣片剂，降低引湿性；改进包装，防止吸潮。

③ 硬度、崩解时限和溶出度问题　由于片剂含一定量浸膏使片剂硬度加大，崩解时间往往超限，导致溶出度不合格。解决措施有：将浸膏用适宜辅料稀释，或用药材细粉稀释，由于细粉吸水膨胀性大而使片剂容易崩解；压片压力减小；崩解剂用量加大以及选用高效崩解剂等。

（三）丸剂

丸剂系指原料药物与适宜的辅料制成的球形或类球形固体制剂。中药丸剂包括蜜丸、水蜜丸、水丸、糊丸、蜡丸、浓缩丸和滴丸等。传统丸剂服后在胃肠道崩解缓慢，逐渐释放药物，作用持久；对毒、剧、刺激性药物可延缓吸收，减弱毒性和不良反应。因此，临床治疗慢性疾病或久病体弱、病后调和气血者多用丸剂。

1. 丸剂分类

（1）蜜丸　是指饮片细粉以炼蜜为黏合剂制成的丸剂，其中每丸重量在0.5g（含0.5g）以上的称大蜜丸，每丸重量在0.5g以下的称小蜜丸。

（2）水蜜丸　是指饮片细粉以炼蜜和水为黏合剂制成的丸剂。

（3）水丸　是指饮片细粉以水（或根据制法用黄酒、醋、稀药汁、糖液、含5%以下炼蜜的水溶液等）为黏合剂制成的丸剂。

（4）糊丸　是指饮片细粉以米粉、米糊或面糊等为黏合剂制成的丸剂。

（5）蜡丸　是指饮片细粉以蜂蜡为黏合剂制成的丸剂。

（6）浓缩丸　是指饮片或部分饮片提取浓缩后，与适宜的辅料或其余饮片细粉，水、炼蜜或炼蜜和水为黏合剂制成的丸剂。根据所用黏合剂的不同，分为浓缩水丸、浓缩蜜丸和浓缩水蜜丸等。

（7）中药滴丸　是指中药提取物与适宜的基质加热熔融混匀，滴入不相混溶、互不作用的冷凝介质中制成的球形或类球形制剂。中药滴丸特点：①根据处方设计可达到速效、长效、高效；②可控制药物释放部位及多途径给药（口服、舌下、腔道）；③设备简单，无粉尘飞扬，有利于劳动保护等。滴丸符合现代中药发展方向，临床使用品种不断增加，目前中药滴丸治疗范围主要集中在心血管疾病、呼吸系统疾病、抗风湿、肝病及耳鼻喉科相关疾病等方面。如复方丹参滴丸、清咽滴丸、苏冰滴丸、银杏叶滴丸等。

2. 丸剂制备方法

（1）塑制法　是将药物细粉与适宜辅料（如润湿剂、黏合剂、吸收剂或稀释剂）混合制成具可塑性的丸块、丸条后，再分剂量制成丸剂的方法。如蜜丸、部分浓缩丸、糊丸、蜡丸等的制备。主要工艺流程如下：

药物和辅料→制塑性团块→制丸块、丸条→分割及搓圆→干燥→质检→包装

（2）泛制法　系指药物细粉与润湿剂或黏合剂，在适宜翻滚的设备内，通过交替撒粉与润湿，使药丸逐层增大的一种制丸方法。如水丸、水蜜丸、部分浓缩丸、糊丸、微丸等的制备。常用设备为小丸连续成丸机及包衣锅。其主要工艺流程如下：

药物和辅料→起膜→成丸→盖面→干燥→选丸→包衣→质检→包装

（3）滴制法　系指利用一种熔点较低的脂肪性基质或水溶性基质，将主药溶解、混悬、乳化后利用适当装置滴入一种不相混溶的液体冷却剂中制成丸剂，如滴丸的制备。

3. 丸剂在生产与贮藏期间应符合的有关规定

① 除另有规定外，供制丸剂用的药粉应为细粉或最细粉。

② 炼蜜按炼蜜程度分为嫩蜜、中蜜和老蜜，制备时可根据品种、气候等具体情况选用。蜜丸应细腻滋润，软硬适中。

③ 浓缩丸所用饮片提取物应按制法规定，采用一定的方法提取浓缩制成。

④ 蜡丸制备时，将蜂蜡加热熔化，待冷却至适宜温度后按比例加入药粉，混合均匀。

⑤ 除另有规定外，水蜜丸、水丸、浓缩水蜜丸和浓缩水丸均应在80℃以下干燥；含挥发性成分或淀粉较多的丸剂（包括糊丸）应在60℃以下干燥；不宜加热干燥的应采用其他适宜的方法干燥。

⑥ 滴丸冷凝介质必须安全无害，且与原料药物不发生作用。常用的冷凝介质有液状石蜡、植物油、甲基硅油和水等。

（四）中药注射剂

中药注射剂是指以中医药理论为指导，从中药药材单方或复方中提取有效物质制成的可供注入人体内的灭菌制剂。

1. 中药注射剂的分类

中药注射剂可分为溶液型注射剂、注射用混悬剂、注射用乳剂、注射用无菌粉末；按给药途径可分为皮下注射、肌内注射、静脉注射；按组成成分可分为纯有效成分注射剂、有效部位注射剂、复方提取物注射剂。

2. 注射剂的制备

中药注射剂除中药材的处理、提取、纯化方法不同外，与一般注射剂制备方法无多大区别。

(1) 药材的浸出和纯化　一般有两种情况，一种是药材所含成分为已知（多为单方），根据有效成分的理化性质进行提取、分离、纯化后得到比较纯净的成分，再用适当方法制成注射剂。这样的注射剂澄明度和稳定性都较好，质量容易控制。另一种是有效成分尚不清楚(单方或复方)，为了保持原有药效，缩小剂量，通常采用提取、分离、纯化的办法，最大限度地除去其杂质，先制成提取物再制成注射剂。

① 水醇法　是根据药材有效成分既溶于水又溶于乙醇的特性，利用其中无效成分在水醇中溶解度不同而进行分离和纯化的方法。根据水、醇加入的顺序不同，水醇法又分为水提取醇沉淀法和醇提取水沉淀法。水提取醇沉淀法较常用。

水提取醇沉淀法是将药材用水煎煮，有效成分如生物碱盐、苷类、有机酸盐、氨基酸类等可以提取出来，同时也提出了许多一定量的其他物质如淀粉、多糖类、蛋白质、黏液质、鞣质、树胶、无机盐类等。加入乙醇后由于溶剂组成的改变可将部分或大部分淀粉、多糖、无机盐等杂质沉淀分离，随乙醇浓度的增加，醇不溶性杂质沉淀更完全。蛋白质在60%以上的乙醇中即能沉淀。鞣质可溶于水和乙醇，但不溶于无水乙醇中。用乙醇沉淀杂质，可以处理一次，也可以处理几次。然后回收乙醇，冷藏、滤过，滤液供配液之用。

② 蒸馏法　某些中药材的有效成分为挥发油或其他挥发性物质，可用蒸馏法提取纯化。第一次蒸馏液可再蒸馏一次以提高纯度和浓度。但蒸馏次数不宜过多以避免挥发油氧化或分解。必要时也可减压蒸馏。

③ 透析法　透析法是利用溶液中的小分子物质能通过半透膜而大分子物质不能通过半透膜，从而将物质分开的方法。中药材提取液中的杂质如多糖、蛋白质、鞣质、树脂等均为大分子物质，不能通过半透膜，若有效成分为小分子物质，可采用透析法将有效成分分离制成注射液。操作时将药材浓缩液或水醇法处理后的浓缩液置透析袋进行透析，再将透析液于水浴上蒸发浓缩至一定浓度以供配制注射液用。透析效果与透析膜的孔径大小、透析温度和透析膜两侧的浓度差有关。但透析法不能除去色素和钙、钾、钠等无机离子，所以制得的注射液颜色较深，杂质含量相对较多。

④ 超滤法　超滤法是利用异向性结构的高分子膜为滤过介质，在常温和加压下将溶液

中不同分子量物质分离的一种方法。超滤异向性膜是膜孔径大小从膜一侧表面至另一侧表面有显著变化的高分子膜，其小孔径（异向性孔）的一侧常朝上直接与滤液接触。异向性膜皮的厚度为0.1～1.0μm，比孔径不变的一般微孔滤膜要短得多，所以超滤器不同于深层过滤器，而是一个筛网式的过滤器，皮上异向性孔的大小决定了截留分子的大小，其孔径一般在0.001～0.01μm范围内，能从溶剂中分离出相对分子质量为1000～1000000的溶质，通常所截留的溶质分子应比渗透液分子至少大1～2个数量级，所以应根据需要选用。制备超滤膜的高分子材料有醋酸纤维素、硝酸纤维素、聚砜和聚酯等。

超滤法目前已广泛用于中药注射液的杂质分离以提高质量。使用超滤法应选用适当孔径的滤膜，中药有效成分的相对分子质量常在1000以下，而蛋白质等大分子杂质可被10000～30000截留值的膜孔所截留。由于超滤膜膜孔特别小，提取液中杂质较多影响滤过速度和质量，故常对药液进行预处理，如使用500～4000r/min转速离心使药液澄清，或在超滤前用砂棒等预滤。

其他纯化方法还有离子交换法、酸碱处理法、有机溶剂萃取法等。

（2）配液与滤过　中药材经过浸出纯化后，可按一般注射剂生产工艺进行配制。但中药注射液采用一般滤过方法不易达到澄明目的，而且滤速慢，故常借助于助滤剂进行。常用的助滤剂有纸浆、滑石粉、活性炭等，这些物质均有吸附性，用时要慎重。

3. 提高中药注射剂质量的措施

中药注射剂研制的原则必须根据中医急、重症用药的原则，或注射给药的药效能明显地优于其他给药途径的药效。但应着重指出中药注射剂的给药途径和本身质量还存在着许多问题，在注射剂制备工艺上应注意下面几个问题。

（1）澄明度

① 除去鞣质等　对成分不明的中药按常规方法（水提醇沉法）制备注射剂时，其澄明度不易符合要求。因为注射剂中含有未除尽的淀粉、树胶、蛋白质、鞣质，树脂、色素等杂质往往以胶态存在，当温度、pH值等因素改变时，胶体往往陈化而呈现浑浊或沉淀，尤以鞣质、树脂对澄明度影响较大，应采用超滤法等分离法除去鞣质等杂质。

② 调节药液pH值　中药材中某些成分的溶解性与药液的pH值有关。为保证有效成分的溶解和稳定，应调节药液至最适的pH值。若有效成分是碱性的，如生物碱，药液宜调至偏酸性的；有效成分是酸性的，如有机酸，或弱酸性的（如蒽醌类），药液宜调至偏碱性。注射剂灭菌时使pH值下降而产生沉淀，可在配液时将pH值稍调高些，或加缓冲液改善。

③ 热处理冷藏法　注射液中未除尽的高分子杂质在水溶液中往往以胶体状态存在，高温时可被破坏或凝聚，在低温放置时可析出沉淀，这是改善中药注射液澄明度和稳定性的一种比较有效的方法。

④ 使用增溶剂　中药注射剂由于成分复杂，杂质不易除尽，而往往影响其澄明度和稳定性。若杂质不多时，可加适量的增溶剂或助溶剂以改善其澄明度和稳定性。但当杂质较多时即使加入增溶剂效果也不理想。其用量为0.1%～1%。

（2）刺激性问题　有些注射剂的刺激性较大，注射后疼痛难忍。原因主要有如下几方面。

① 有效成分本身　如黄芩中的黄芩素，白头翁中的原白头翁脑、挥发油，都可引起局部刺激作用而出现疼痛。较多的钾离子也可引起疼痛。可在不影响药效的前提下降低药液浓度，或酌加止痛剂加以解决。

② 含有较多鞣质　含鞣质较多的注射剂可使局部产生硬结、肿痛、压迫痛和牵引痛。鞣质可在局部形成不溶性鞣酸蛋白，多次注射时可使组织硬结坏死，甚至会造成无菌性炎症。所以鞣质应尽量除去。

（3）剂量与疗效　中药注射剂多数由中成药或其汤剂改革制成，原组方所用药材和药量较大，甚至每方有6～7种以上，且每一种用量达6～9g，但中药注射液中的肌内注射剂每次只能注射2～5mL，即相当于原药材数克至十几克，显然用量过小。制备时除杂质过程中的反复处理也会损失不少有效成分。这就是中药注射剂药效不高的原因之一。

（4）质量标准　制订适合中药注射剂质量控制的质量标准，把中药注射剂纳入科学化轨道，以提高质量和有效性，是中药制剂必须解决的核心问题之一。

思 考 题

1. 说明混悬剂物理不稳定性的表现及其解决方法。

2. 乳剂的质量评定有哪些？说明乳剂物理不稳定性的表现并分析解决方法。

3. 某一弱酸性易氧化的药物，若制备成小容量注射剂，请简要回答以下问题：

① 注射剂制备过程中哪些生产环节需要在洁净区完成，洁净区洁净度等级一般规定为多少级？

② 应采用何种玻璃的容器？为什么？

③ 制备过程中应采取哪些措施防止药物氧化？

4. 简述大容量注射剂生产的工艺流程。试分析哪些工序属于高风险和关键工序。

5. 输液常出现染菌、澄明度、污染热原等问题，简述产生的原因及解决的方法？

6. 简述冷冻干燥制备无菌粉末的工艺流程。冷冻干燥过程中出现的异常现象及处理的方法有哪些？

7. 试分析湿法制粒压片工艺中，影响片剂崩解和溶出的因素有哪些？

8. 干法制粒压片如何改善粉末的流动性和可压性？

9. 如何设计实验检验并判断药物与辅料混合的均匀性？

10. 胶囊的填装方式有哪些？各有何特点？

11. 简述气雾剂、喷雾剂和粉雾剂在处方和装置方面的区别？

12. 气雾剂的质量评价内容有哪些？试分析影响气雾剂质量的关键参数。

13. 设计全身作用与局部作用的栓剂时应考虑哪些问题？

14. 简述乳膏剂的处方组成与软膏剂的区别。水包油型乳膏和油包水型乳膏剂在乳化剂的选择和制备工艺上有哪些不同？

15. 常用的浸出方法有哪些？简述中药浸出过程及影响因素。

参 考 文 献

[1] 方亮等．药剂学．第8版．北京：人民卫生出版社，2016.
[2] 张晓丹．药物制剂技术．北京：科学出版社，2017.
[3] 韩永萍．药物制剂生产设备及车间工艺设计．北京：化学工业出版社，2015.
[4] 朱盛山．药物制剂工程．第2版．北京．化学工业出版社．2008.
[5] 杨明．中药药剂学．北京：中国中医药出版社，2012.

第三章　药物制剂生产工程

本章学习要求

1. 掌握口服固体制剂和无菌注射剂的工艺流程、质量控制点、常见的质量问题及处理方法。

2. 熟悉药品生产文件系统的构成体系及其对药品生产的重要性。

3. 熟悉药物制剂新技术、新工艺和新设备在提高药品质量方面的应用。

4. 熟悉药品生产中相关的环境保护措施和安全生产规范要求。

药物制剂是按照一定形式制备的药物成品，如片剂、胶囊剂、外用软膏剂和注射剂等，《中国药典》2015年版收录的制剂品种有30余种。药品生产过程是由彼此独立但又相互联系的一系列单元操作构成，药物制剂生产工程就是把各单元操作组成完整的生产线，按照最经济的方式，有计划、有组织地生产质量合格的药品过程。

在药品生产过程中，制药企业首先要根据市场需求制定生产计划，再通过生产和质控系统的有序衔接与配合来完成药品的生产。在三十余种制剂产品中，最为常用的为片剂和注射剂，共占了全部药品使用量的70%以上。因此，本章将重点介绍这两种制剂的生产过程、质量控制点、常见的质量问题和解决办法，以及生产过程中相关的劳动保护和环境保护，并为其他剂型的生产提供参考。

第一节　药物制剂生产的工程体系

药物制剂生产的工程体系由生产系统的组织机构体系、文件系统、生产设备和物流管理系统构成。其中，生产系统的组织机构是完成药品生产的基础，图3-1所示为某制药企业生产固体制剂的组织机构体系。

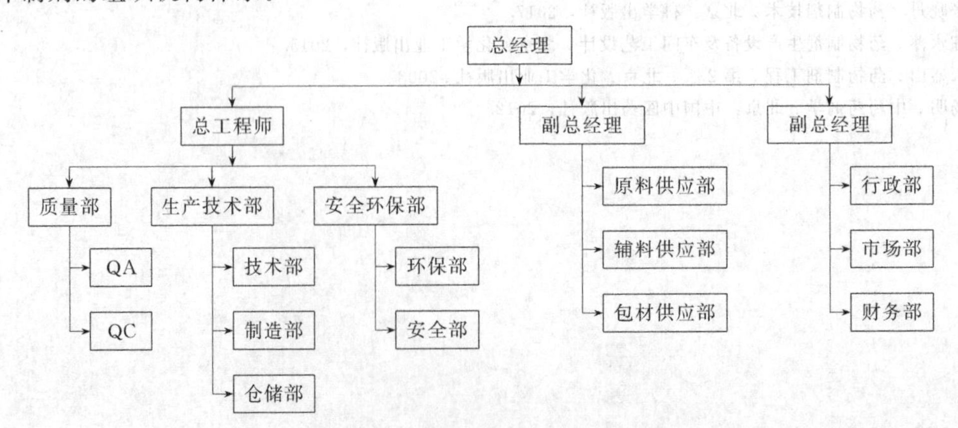

图3-1　某制药企业生产固体制剂的组织机构体系

在这个体系中，在总经理的统一指挥协调下，原辅料供应、生产加工以及质量控制等多个部门协调配合，开展生产计划的制定，并组织生产计划的实施。

首先，供应部门根据生产技术部门制定的计划进行原料、辅料和包装材料的采购，并由质检部门根据标准对所购原材料进行质量检测。然后，再由技术部和生产部联合完成药品的生产加工并进行临时仓储。最后，由市场部通过招标方式销售至医院等处。

一个制药企业能否良好运行，不能仅依靠厂房、设备等硬件方面的建设，还必须重视软件管理。与药品生产的组织机构体系一样，文件系统对药品的生产也起着不可或缺的作用。文件是企业的行为准则，也是企业的“法律”，企业必须做到一切工作文件化。

良好的文件系统是质量保证体系的基本要素，根据文件系统的具体要求，让员工制定自己具体的岗位职责，怎么做？什么时间做？做到什么程度？此外，在做了之后还要有可追溯的记录。因此，有必要建立一套完整的符合 GMP 原则规定和满足企业生产实际需要的文件系统。

2010 年版（新版）GMP 主要参考了世界卫生组织（WHO）颁布的 GMP，并结合了我国 GMP 二十多年的实践经验和具体国情。新版 GMP 的内容中，强调了良好的文件是质量保证系统的基本要素，细化了文件管理的原则，明确了文件管理的范围。文件系统的构成包括：质量标准、工艺规程、操作规程、记录、报告等。药品生产文件系统的主要组成见图 3-2。

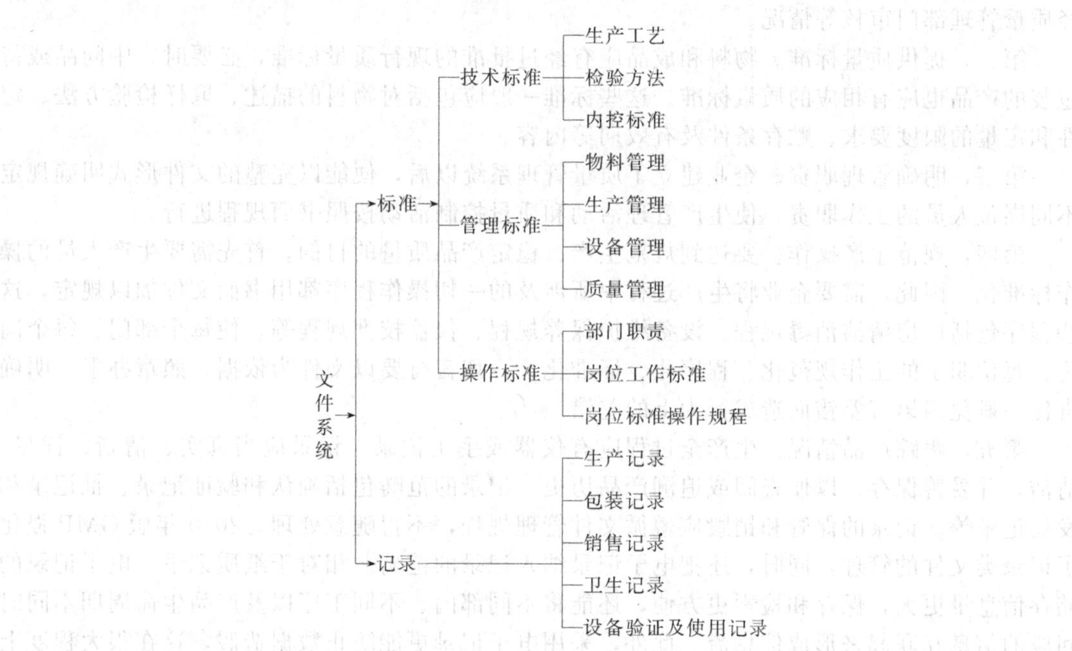

图 3-2 药品生产文件系统的主要组成

根据 2010 年版 GMP 管理要求，将文件系统的结构分为以下四个级别。

Ⅰ级：政策类，比如质量手册、质量方针、工作职责和质量目标等。

Ⅱ级：管理程序、工艺规程、生产处方和质量标准等。

Ⅲ级：各种标准操作规程。

Ⅳ级：记录。

文件的起草一般采取“谁使用谁起草”的原则，通过“自下而上”的方式，先由本部门的技术人员起草，然后交主管部门审核、修改，目的是保证文件内容的可操作性。

例如，生产工艺标准由本岗位技术人员根据产品的配方和生产工艺来编写，其中包含产品的质量控制点以及工艺流程中的关键参数；设备维护保养方面的操作规程由主管设备的专业人员起草，编写完成后用于规范设备管理人员的维护保养工作；职责文件则由人力资源部门负责起草。药品生产文件系统的编制流程如图 3-3 所示。

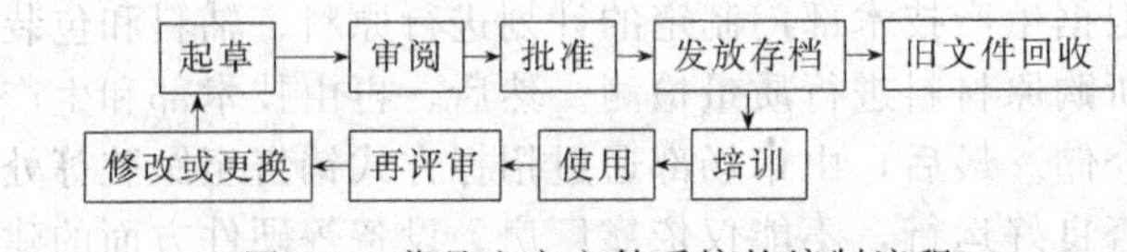

图 3-3　药品生产文件系统的编制流程

药品生产企业在实施 GMP 时，硬件是基础，软件是保证，人员是关键。从目前我国药品生产企业的现状看，多数制药企业的硬件投入不足，人员的素质技能也尚未得到全面提升，在这种情况下，软件的完善则显得尤为重要。在 GMP 涉及的以上三个要素中，比较容易改进的是人员素质和软件系统，而软件系统的改进成本更低且效率更高。由此可见，软件特别是文件系统的完善是我国 GMP 实施过程中的首要任务。建立完善的文件管理系统其意义在于：

第一，明确文件的范畴。文件范畴的明确有助于企业规范管理各类文件，GMP 的文件包括质量标准、工艺规程、操作规程、记录、报告等。以往很多企业对于各类文件出现如质量标准、工艺规程不按照文件管理方法进行管理，记录、报告编制随意，部分类别的文件不经质量管理部门审核等情况。

第二，提供质量标准。物料和成品应有经过批准的现行质量标准，必要时，中间品或待包装的产品也应有相应的质量标准。这些标准一般应包括对物料的描述、取样检验方法、定性和定量的限度要求、贮存条件及有效期等内容。

第三，明确管理职责。企业建立了质量管理系统以后，便能以完整的文件形式明确规定不同岗位人员的工作职责，使生产管理活动和质量控制活动按照书面规程进行。

第四，规范生产操作。要达到规范生产、稳定产品质量的目的，首先需要生产人员的操作标准化。因此，需要企业将生产过程中所涉及的一切操作程序都用书面文件加以规定，这些程序包括厂房清洁消毒规程、设备维护保养规程、仪器校准规程等。使每个部门、每个岗位、每位职工的工作规范化、程序化、标准化，一切言行要以文件为依据，照章办事，明确责任，避免因语言差错而造成行为上的差错。

第五，跟踪产品情况。生产全过程应有仪器或手工记录，记录应当真实、清晰、详尽、清洁，并妥善保存，以便查阅或追溯产品历史。记录的范畴包括确认和验证记录、批记录和发运记录等。记录的保管和销毁应遵循文件管理规程，不得随意处理。2010 年版 GMP 强化了记录类文件的管理，同时，还把电子记录纳入记录的范畴。相对于纸质记录，电子记录的储存信息量更大，保存和检索更方便，还能将不同部门、不同工序以及产品生命周期不同时间段的信息互联起来形成信息流。此外，采用电子记录更能防止数据造假，这在很大程度上提高了企业各级人员执行 GMP 的严谨性，也能客观反映药品生产的实际过程和追溯每一个生产细节。

第二节　生产计划与组织实施

生产计划是企业生产运作系统总体方面的计划，是企业在计划期应达到的产品品种、质量、产量和产值等生产任务的计划和对产品生产进度的安排。它反映的不是几个生产岗位或某一条生产线的生产活动，也不是产品生产的细节问题以及一些具体的机器设备、人力和其他生产资源的使用安排，而是指导企业进行生产活动的纲领性方案。

生产计划按照时间制定的长短可以分为长期计划、中期计划和短期计划，也可以称作年度计划、季度计划、月计划。根据部门管理范围，又可以将生产计划分为厂级计划、制造部计划、小组计划。生产计划的管理可以分为计划的编制、执行和调控。

生产计划一方面需要满足客户对产品要求的“交货期、品质和成本”这三个要素，另一方面也应当使企业获得适当的利益。因此，在制定生产计划时需要对生产三要素“材料、人员、机器设备”的准备、分配及使用进行合理的计划安排。一个优化的生产计划必须具备以下三个特征。

① 有利于充分利用销售机会，满足市场需求；

② 有利于充分利用盈利机会，实现生产成本最低化和企业利润最大化；

③ 有利于充分利用生产资源，最大限度地减少生产资源的闲置和浪费。

一、生产计划

（一）生产计划的内容

企业的生产计划是通过计划指标来体现的，计划指标是企业在计划期间内预期要达到的目标和水平，生产计划的指标有：产品品种指标、质量指标、产量指标和产值指标。生产计划的内容一般应包括以下四个方面。

① 产品名称，即生产什么；

② 产品数量和质量，即生产多少符合某一质量指标的产品；

③ 生产地点，即在哪里生产；

④ 交货日期，即什么时候完成。

药品是一种特殊的商品，在考核药品的质量指标时一般用产品的优级品率（%）和一次合格率（%）来表示。这些指标不仅反映了企业的生产管理水平，也体现了药品生产企业对客户的负责程度。在进行生产计划编制时，必须遵循以下四个步骤。

① 收集资料，分项研究，包括生产计划所需的资源信息和生产信息。

② 拟定优化计划方案，初步确定各项生产计划指标，包括产量指标的优选和确定、质量指标的确定、产品品种的合理搭配以及生产进度的合理安排。

③ 编制计划草案做好生产计划的平衡工作，主要是生产指标与生产能力的平衡；测算企业生产条件对任务计划的保证程度；生产任务与劳动力、物资供应、能源、生产技术准备能力之间的平衡；生产指标与资金、成本、利润等指标之间的平衡。

④ 讨论修正与定稿报批，通过综合平衡，对计划做适当调整，正确制定各项生产指标。同时，生产计划的编制要注意全局性、效益性、平衡性、群众性和应变性。

（二）供应链生产计划

供应链生产计划是指一个组织计划执行和衡量企业全面物流活动的系统，包括预测、库存计划以及分销需求计划等。通常运行在基于许多大型主机系统的集成应用系统之上来实现其功能。供应链生产计划与传统生产计划的区别体现在以下几个方面。

（1）决策信息来源的差距　生产计划的制定需要依据基础数据，传统的生产计划决策信息来源于需求信息和资源信息。需求信息来自订单和需求预测，资源信息来自生产计划决策和相应的制约条件。供应链生产计划的信息来源于多源头，例如供应商、分销商和用户。

（2）决策模式的差距　传统的生产计划决策模式是一种集中式决策，而供应链管理环境下的决策模式是分布式的群体决策。基于多代理的供应链系统是立体网络，各个节点企业具有相同的地位，有本地数据库和领域知识库。在形成供应链时，各节点企业拥有暂时性的监视权和决策权，每个节点企业的生产计划决策都受到其他企业生产计划决策的影响，因此需要一种协调机制和冲突解决机制。当一个企业的生产计划发生改变时，需要其他企业的计划也作出相应的改变，这样供应链才能获得同步响应。

(3) 信息反馈机制的差距 企业的计划要想得到执行需要有效的监督控制机制，要进行有效的监督控制必须建立一种信息反馈机制。传统企业生产计划的信息反馈机制是一种链式反馈机制，由于递阶组织结构的特点，信息传递一般是从底层向高层信息处理中心反馈，形成和组织结构平行的信息递阶传递模式；供应链生产计划的反馈机制是网络式的管理，其中的各节点企业地位平等，信息反馈速度快，这一点与传统的递阶式信息传递模式有着本质区别。

(4) 计划运行环境的差异 供应链管理环境下的生产计划是在不稳定的运行环境下进行的，因此，要求生产计划与控制系统具有更高的柔性和敏捷性，比如提前期的柔性、生产批量的柔性等。传统生产计划缺乏柔性，无法以固定的环境约束变量应付不确定的市场环境。供应链管理环境下的生产计划涉及的多是订单化生产，这种生产模式动态性更强。

药品传统的生产计划模式和供应链计划模式的结构见图 3-4 和图 3-5。

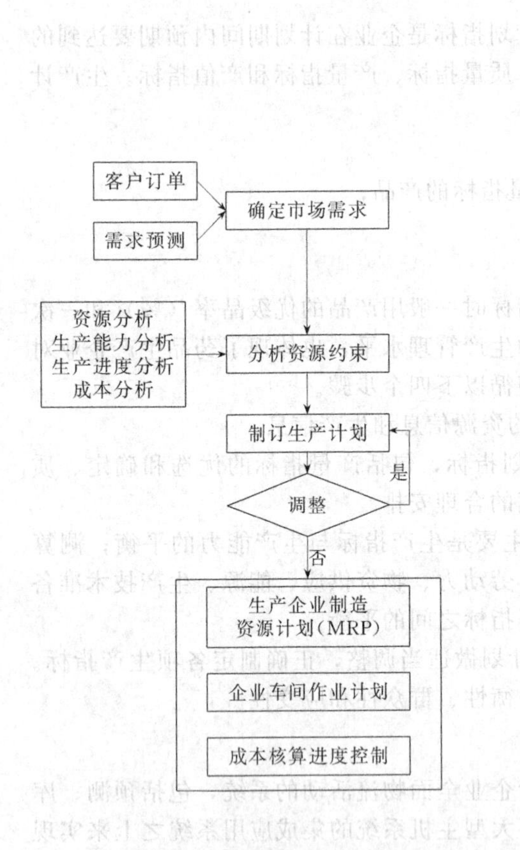

图 3-4 药品传统的生产计划模式

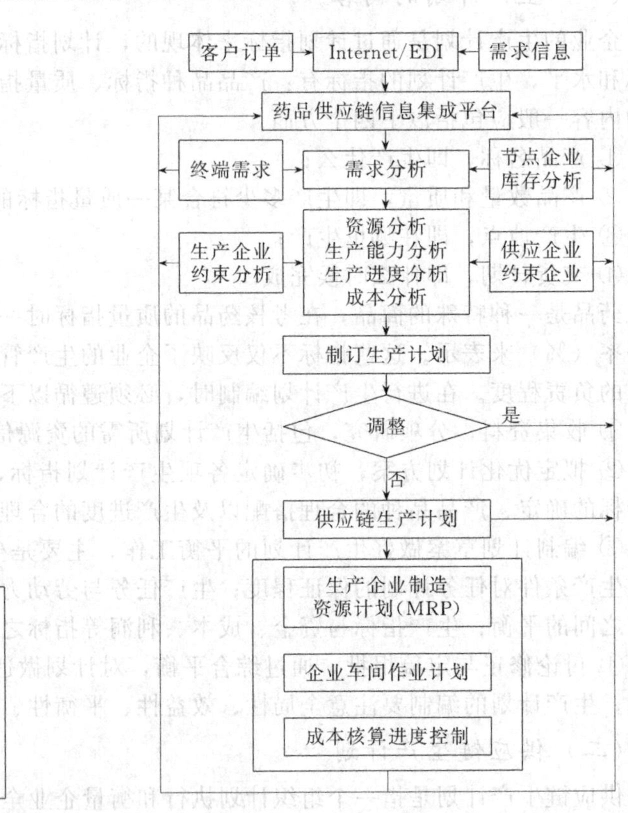

图 3-5 供应链生产计划下的药品生产模式

(三) 生产计划的编制

生产计划可以分为年度计划和月计划。年度生产计划包括计划期的总产量与进度，计划期一般为一年，制订年度生产计划是为了合理利用企业的生产资源。年度生产计划是在计划期内从整体上统一考虑生产资源的合理使用，以期获得最佳效益。由于它的时间跨度往往在一年以上，对企业决策者而言，在这段时间内市场需求有很多不确定因素。

药品的使用往往依据临床疾病的发生规律呈现季节性的变化。企业在编制生产计划时，首先要考虑各品种历年的销售规律和当期的营销策略，再依据市场需求并结合企业的生产能力和存货量来编制生产计划，使之既能满足需要不脱销，又不会积压过多。因此，制订药品生产的月度计划显得尤为重要。在制订月生产计划指标时，需要掌握的依据如下。

① 相关药品年度销量变化的规律。收集国内医院用药情况及发展趋势，了解与本企业产品同类生产企业的生产销售状况、同类产品的市场容量和走势，通过统计分析，掌握各类产品年度销量的动态曲线图，从而找出市场销量的季节变化规律，确定各月产品的大致销量。

② 当期产品销售合同统计情况。

③ 企业内部产品物流的动态存量分析。企业制订每日产品的物流存量动态表，包括产品名称、规格、数量单位、月出仓数、累计出仓数、月末库存、月排产数量和完成数量，结合合同数量制订当月拟排产数量、当期产品出厂价格、金额和耗用原辅料、包装材料的计划。

④ 当期特色营销策划的产品计划。

⑤ 市场特殊信息。通过各种媒体及时了解区域性自然灾害等突发事件，第一时间制订需要准备的产品计划。

月生产计划的制订分两步走，提前一个月制订初排计划，以便进行生产物料的组织工作，再根据销售合同、市场变化和库存对当月计划进行微调处理，最后确定当月生产计划。为了降低生产运作成本，还可以将月生产计划分成上半月和下半月品种计划，在规定的时限内集中组织准备生产物料和包装材料，确保生产有序进行。

（四）生产作业计划的编制

1. 生产作业计划的安排原则

生产作业计划是企业贯彻执行生产计划、具体组织日常生产活动的重要手段，是车间生产管理的一个重要组成部分。生产作业计划的编制需要统筹市场需求以及各工序、各设备以及品种的特点和数量等因素，以便在产量、能耗、用工、资金占用、供货等方面达到最佳效果。因此在掌握各工序、各机台产能的情况下，按以下原则编制生产作业计划。

① 市场需求急的品种优先安排；

② 工序长的品种优先安排，如生产片剂时，优先安排包衣产品，这样可提高包衣设备的利用率；

③ 对湿热敏感的品种做到求稳生产，待到一切准备就绪时一气呵成；

④ 结合上下工序的要求，统筹好不同数量规格品种，规格小的品种造粒量少、压片数量高，造粒工时率低、压片工时率高，作业计划编制要适当搭配不同规格的制剂品种。

各工序生产作业计划的调整，通常是根据设备产能，通过每日早、中、夜三班生产班次来实现。

2. 生产作业计划的制定

某药厂片剂车间设计生产能力为年产片剂 5 亿片，该厂 4 月份计划生产片剂 4700 万片，共三个品种，三个品种产量规格见表 3-1。

表 3-1　当月需要生产的三个不同规格的片剂品种

品种	生产计划/万片	规格	包装及规格
A	2000	0.1g(薄膜衣片)	100 片/瓶
B	1500	0.3g(薄膜衣片)	12 片×2 板/盒
C	1200	0.1g(素片)	12 片×2 板/盒

该厂片剂车间主要生产设备见表 3-2。

表 3-2 片剂车间的主要生产设备及生产能力一览表

序号	设备名称	型号	数量/台	生产能力
1	粉碎机	30B	1	100～200kg/h
2	漩涡振荡筛	GZS-500	1	100～1300kg/h
3	湿法混合制粒机	HLSG-220	1	100kg/批
4	流化床干燥机	FG-120	1	120kg/批
5	箱式干燥机	RXH-54-C	1	480kg/批
6	三维混合机	SYH-1000	1	400～600kg/批
7	压片机	GZPL32C	1	21 万片/(h·台)
8	压片机	ZP35A	2	15 万片/(h·台)
9	高效包衣锅	GBG-150B	1	150kg/批
10	平板式铝塑包装机	DPP-250	2	10 万～20 万片/(h·台)
11	瓶包装机		1	60 瓶/h

(1) 制颗粒　根据处方计算每个品种颗粒的总重量，相关数据见表 3-3。

表 3-3 片剂生产所需颗粒重量的测算

产品名称	本月产量/万片	片重/(kg/万片)	颗粒总重量/kg
A	2000	1.228	2456
B	1500	3.436	5154
C	1200	1.183	1419.6

根据颗粒总重（质）量，结合制粒设备的生产能力来计算制粒时的投料次数，即需要分成多少锅来制粒。例如，HLSG-220 湿法混合制粒机每一锅的产量是 100kg，所需锅数就等于颗粒总重量除以每锅的投料量。

$$颗粒锅数=\frac{颗粒总重(kg)}{100(kg/锅)}$$

根据批号划分，固体和半固体制剂在成型或分装前使用同一台混合设备一次混合量所生产的均质产品为一批。因此，片剂生产时，应当以加入崩解剂和润滑剂后的干颗粒总混量为一个批。在确定批数时，通过颗粒总重量除以总混设备一次的混合量来求得。SYH-1000 三维混合机的容积为 1000L，装料系数为 80%，干颗粒的容重一般为 40%，因此，每批所投颗粒的重量应当根据设备的容积和颗粒的容重来确定。

$$批号数量=\frac{颗粒总重(kg)}{400\sim600(kg)}$$

一台三维混合机每次混合的颗粒重量在 400～600kg，根据三个品种的规格、生产能力及设备的生产能力，确定品种 A 为 5 个生产批号，B 为 10 个生产批号，C 为 3 个生产批号，相关安排见表 3-4。

表 3-4 湿颗粒投料锅数及生产批号

产品名称	颗粒总重量/kg	湿颗粒投料锅数/锅	每批混合颗粒重量/kg	计划批号数量/批	生产批号
A	2456	25	491.2	5	01-05
B	5154	52	515.4	10	01-10
C	1419.6	14	473.2	3	01-03

(2) 压片　片剂生产车间配有 ZP35A 型压片机两台，最大生产能力为 15 万片/h，GZ-PL32C 压片机一台，最大生产能力为 21 万片/h，实际生产能力根据片重大小有所差异。ZP35A 型一般为 11 万～14 万片/h，GZPL32C 型为 15 万～20 万片/h。按每天实际生产时间为 7h 计算，该月片剂生产品种 A 需压片 45.5h，品种 B 需压片 40.5h，品种 C 需压片 28h，详细安排见表 3-5。

表 3-5 本月三个品种所需压片时间

产品名称	本月产量/万片	压片速度/(万片/h)	所需压片时间/h
A	2000	44	45.5
B	1500	37	40.5
C	1200	44	28

(3) 包衣 片剂车间拥有 GBG-150B 型高效包衣锅一台，每次可包薄膜衣片 150kg，包衣时间为 3～4h/次。根据该月片剂生产计划，需包衣 52 锅，每班可生产 2 锅，总包衣锅数见表 3-6。

表 3-6 本月片剂包衣所需锅数

产品名称	素片重量/kg	每锅重量/kg	总包衣锅数
A	2456	150	17
B	5154	150	35

(4) 包装 该车间该月生产品种 A 为 PVC 塑料瓶包装，每瓶装 100 片，其余两品种为泡罩式铝塑包装。瓶装生产线的生产能力为 60 瓶/min，DPP-250 平板式铝塑包装机 2 台，每台每小时可包装 12 万片，包装时间见表 3-7。

表 3-7 三个片剂产品包装所需时间

产品名称	片剂数量/万片	包装速度	包装耗时/h
A	2000	6000 片/min	56
B	1500	12 万片/h	63
C	1200	12 万片/h	50

(5) 生产计划的内容 根据车间现有设备的能力，制订生产计划，详细的时间进度安排见表 3-8。

表 3-8 固体制剂车间作业计划进度表

工序	生产日期		
	产品 A	产品 B	产品 C
原料粉碎、过筛	3 月 26 至 30 日	4 月 3 至 16 日	4 月 18 至 21 日
粉碎过筛间清场	3 月 31 日	4 月 17 日	4 月 22 日
配料	3 月 27 日至 4 月 2 日	4 月 4 至 17 日	4 月 19 至 24 日
配料间清场	4 月 3 日	4 月 18 日	4 月 25 日
制粒、干燥	3 月 27 日至 4 月 2 日	4 月 4 至 17 日	4 月 19 至 24 日
制粒干燥间清场	4 月 3 日	4 月 18 日	4 月 25 日
颗粒总混合	3 月 28 日至 4 月 3 日	4 月 6 至 18 日	4 月 20 至 25 日
总混间清场	4 月 4 日	4 月 19 日	4 月 26 日
压片	3 月 29 日至 4 月 6 日	4 月 11 至 19 日	4 月 23 至 26 日
压片间清场	4 月 7 日	4 月 20 日	4 月 27 日
包衣	3 月 30 日至 4 月 11 日	4 月 12 至 30 日	
包衣间清场	4 月 11 日	4 月 30 日	
塑料瓶包装线	4 月 2 至 12 日	4 月 13 至 23 日	
铝塑包装线		5 月 8 至 9 日	4 月 24 至 30 日

(6) 生产指令

根据生产计划，由技术部门下达产品批生产指令。其内容包括产品品名、规格、产量、批号、生产依据、生产日期、处方、包装材料及操作要求等，片剂的批生产指令见表 3-9。

表 3-9 片剂批生产指令

生产部门：	编制人：				编制日期：201 年 月 日	
复核人：	复核日期：201 年 月 日			批准人：	批准日期：201 年 月 日	
产品名称				规格		批号
理论产量		片			操作日期：201 年 月 日	
执行工艺规程						
物料代号	名称	厂家	批号	投料量/kg	水分/%	折合纯品/kg
		物料名称厂家见领料单				
	可回收物					
备注：						

二、药品生产的准备和组织实施

（一）生产准备

药品的生产在制造部或生产车间进行，在接到调度部门的生产指令后，生产部门应当根据生产计划进行生产前的准备，其中包括原辅料和包材的购买，生产和检验人员的安排以及生产场地和设备的落实。

人员：包括生产部门的管理人员、技术人员和操作员工，根据生产计划提前安排到位。

物料：根据生产计划领取原料、辅料和包装材料。一般情况下，对于进厂的原辅料都要进行检验，确认合格后方可进入生产环节使用。

生产设备：按照设备验证程序，确认生产设备性能正常，符合生产需要。对于生产注射剂的车间，还需要通过水质检测来验证制水系统设备的性能。总之，在产品生产前要确认设备的性能状态能够满足生产需要，对于性能完好的设备要有“完好或正常”字样的标记。

生产场地：生产场地一般是指生产车间的环境，主要是环境的洁净度。生产无菌注射剂车间的空气洁净度要达到相应的级别，不同区域的空气压力符合相关的技术标准要求。生产现场不得有与本次生产无关的物品和文件。

文件：检查落实本次生产所需的文件，确保岗位标准操作规程、企业质量标准与生产指令内容相符，如有差异，应立即向有关部门反馈，并在生产作业开始前将问题进行解决。

（二）劳动组织

1. 组织形式

药品生产企业应当配备与产品生产和技术特点相适应的组织机构和生产人员，完善的生产管理系统和经过培训取得上岗资格的生产员工是药品生产的基本要求。图 3-6 为某药厂制剂车间的生产组织机构框架图。

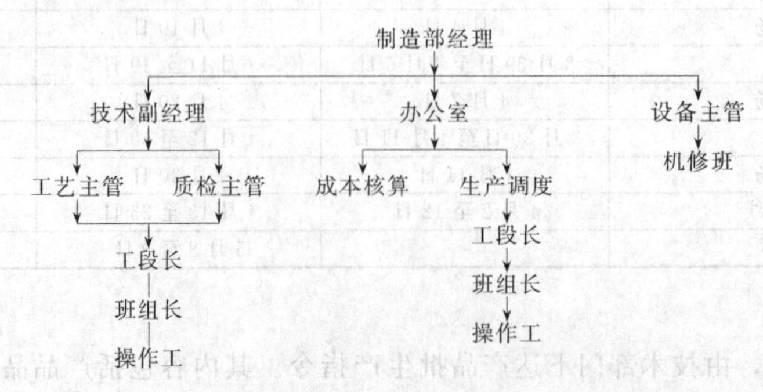

图 3-6 某药厂制剂车间的生产组织机构框架图

在药品制造过程中，制造部经理对药品制造的全过程负责，包括全面落实GMP生产，以保证生产的各个层次严格执行规定的标准操作规程和其他相关文件，最终目的是保证药品质量和生产计划按时完成。

工艺主管是生产部经理的主要技术助手，其职责是向各工段下达工艺指令，解决生产工艺中的各种技术问题以及促进生产部门GMP的实施；逐批审核批生产记录；调查并负责处理生产过程中发生的所有偏差；负责产品工艺验证试验的实施；协调研究部门进行新产品中试和产业化工艺放大试验等。

生产部门的设备主管负责生产设备的安全运行管理，同时也负责生产设备临时性故障的排除，和工艺工程师一起进行新进设备的性能验证，最终目的是保障生产任务顺利完成。

生产部成本核算员的职责是协助生产部经理管理生产中物料的消耗，并会同工艺管理人员对成本增加的原因进行分析，通过工艺管理和生产管理降低成本并提升产品质量。

2. 劳动定额

劳动定额是指在一定的生产技术和组织条件下，为生产一定数量产品或完成一定量的工作所规定的劳动消耗量标准。劳动定额的组成包括作业时间、布置工作的时间、休息等生理需要时间三部分。劳动定额有工时定额和产量定额两种形式，工时定额是生产单位产品或完成一项工作所需消耗的工时，产量定额是单位时间内必须完成的产品数量或工作量。

（1）劳动定额的重要性　劳动定额是企业管理的一项重要基础性工作，在企业的各种技术经济定额中，劳动定额占有重要地位。正确制订和贯彻劳动定额，对于组织和推动企业的生产发展具有重要作用。

① 劳动定额是企业编制计划的基础，是科学组织生产的依据。制订生产作业计划时，必须应用工时定额，以便把生产任务、设备生产能力以及各工种劳动力加以平衡；在制订劳动计划时，要首先确定各类人员的定员和定额；在生产作业计划中，劳动定额是安排工人、班组以及车间生产进度、组织各生产环节之间的衔接平衡极为重要的依据；在生产调度和检查计划执行情况过程中，同样离不开劳动定额。在科学的组织生产中，劳动定额是组织各种相互联系的工作在时间配合上和空间衔接上的工具。

② 劳动定额是挖掘生产潜力，提高劳动生产率的重要手段。劳动定额是在总结先进技术操作经验基础上制订的，同时，它又是大多数工人经过努力可以达到的。因此，通过劳动定额，既便于推广生产经验，促进技术革新和巩固革新成果，又利于把一般的和后进工人团结在先进工人周围，相互帮助，共同提高技能水平。先进合理的劳动定额可以调动广大职工的积极性和首创精神，不断地提高自己的文化、技术水平和熟练程度，促进车间、企业生产水平和劳动生产率的提高。

③ 劳动定额是企业经济核算的主要基础资料。经济核算是企业管理中的一项重要工作，它是实现勤俭办企业和加强企业经营管理的重要手段。每个企业都要对各项技术经济指标严格实行预算。一方面要求生产更多更好的产品，满足国家和人民的需要，另一方面还要尽量降低生产中的活劳动和物化劳动消耗，严格核算生产的消耗与成果，不断提高劳动生产率，降低成本。劳动定额是制订计划成本的依据，是控制成本的标准，没有先进合理的劳动定额，就无从核算和比较。所以劳动定额是企业实行经济核算，降低成本，增强积累的主要依据之一。

④ 劳动定额是衡量职工贡献大小、合理进行分配的重要依据。企业必须把职工的劳动态度、技术高低、贡献大小作为评定工资和奖励的依据，做到多劳多得、少劳少得、不劳不得。无论是实行计时奖励或计件工资制度，劳动定额都是考核工人技术高低、贡献大小、评定劳动态度的重要标准。

（2）劳动定额的制订　根据企业的生产特点、技术条件和生产类型正确选择制订和修订劳动定额，关系到企业能否快、准、全地制订先进合理的劳动定额。企业中常用的定额制订方法有：经验估工法、统计分析法、类推比较法、技术定额法和工作日写实法。

① 经验估工法　经验估工法是由定额员、技术员、有经验的老工人，根据产品的图纸、工艺规程或实样，并结合所使用的设备、工具、工艺装备、产品材料及其他生产技术组织条件，凭过去的生产经验进行分析直接估算定额的一种方法。经验估工法的优点是手续简单，方法容易掌握，制订时间短，工作量小。缺点是准确性差，水平不易平衡，缺乏先进性。此法适用于多品种、少批量和定额基础工作较差的场合。

② 统计分析法　统计分析法是把企业最近一段时间内生产该产品所消耗工时的原始记录通过一定的统计分析整理，计算出平均先进的消耗水平，并以此为依据制订劳动定额的方法。

③ 类推比较法　这种方法是以现有产品定额资料为依据，经过对比推算出另一种产品、零件或工序定额的方法。作为定额依据的资料有：相似的产品、零件或工序的工时定额；类似产品、零件或工序的实耗工时资料；典型零件、典型工序的定额标准。

类推比较法兼备了经验估工法和统计分析法的内容，且工作量较小，这种方法多用于产品品种多、批量少、单件小批生产类型的企业和生产过程。

④ 技术定额法　技术定额法是在分析技术、组织条件和工艺规程，总结先进经验，尽可能充分挖掘生产潜力的基础上，设计合理的生产条件和工艺操作方法，也是对组成定额的各部分时间通过分析计算和实地观察来制订定额的方法。

⑤ 工作日写实法　是一种对操作者在整个工作日的工时利用情况，按照时间顺序进行观察、记录、统计和分析的方法，此方法适于完全依赖手工操作的作业岗位。

3. 岗位定员

岗位定员法是一种根据岗位数量和岗位工作量计算定员人数的方法，是依据总工作量和个人劳动效率计算定员人数的一种表现形式。有时用人多少与生产任务多少没有直接关系，用岗位定员法确定定员人数所依据的工作量不是生产任务总量或其转化形式，而是各岗位所必需的生产工作时间总量；工人劳动效率也不是按照劳动定额计算，而是按照一个工人在每班内应有的工作负荷量计算。

(1) 岗位定员的作用和要求　企业在确定生产规模和产品方案的前提下来编制人员规划和确定机构设置，包括确定人员数量、素质要求、职责范围、组织机构及劳动组织形式等方面的内容。企业在岗位定员中既要精打细算合理安排劳动力，又要以较高的工作效率完成生产任务。

(2) 定员方法

① 按劳动定额定员　根据生产任务和劳动生产率来计算定员人数。

$$定员人数=\frac{一轮班应完成的工作量}{工人每班平均劳动定额\times计划出勤率}\times每日轮班次数$$

该方法适用于手工操作的工序，产量和劳动生产率的高低取决于工人的数量和工作的熟练程度，合理定员是降低生产成本的重要因素。

② 按设备定员　就是根据设备的数量、工人的操作定额和准备开设的班次来计算人员。

$$定员人数=\frac{完成生产任务所需设备台数}{工人操作定额\times计划出勤率}\times开设班次$$

制药企业设备的生产能力大多由车间建设的设计单位确定，但设备所配备的人员则由企业根据设备状况、人员素质、产品品种来定。如 ZP35 压片机，设计最大生产能力为 15 万片/h，如果生产的品种是 0.1g 的片剂，则 15 万片/h 的产量有可能达到，如果生产的品种是 0.5g 的片剂，则产量就要大幅度下降。同样是压片工序，如果颗粒的性能较好、压片顺利，一个工人可管理多台压片机，反之可能管理一台也会手忙脚乱。此外，还应考虑工人的熟练程度等。因此，定员应结合实际情况进行制订。

③ 按岗位定员　就是根据工作岗位的多少，各岗位的工作量、工作班次和出勤率来计算所需定员人数的方法。

④ 按比例定员　就是按职工总数或某一类人员总数的比例来计算某些非直接生产人员和部分辅助生产人员的定员人数。

企业在定员过程中，一般采取先定额后定员、先生产车间后辅助部门、先生产工人后服务人员的原则。既要定人员数量又要定人员质量，实行经济责任制，把责、权、利有效地结合起来。

4. 生产调度

生产调度是企业生产作业计划工作的继续，是对企业日常生产活动直接进行控制和调节的管理形式，是组织实现生产作业计划的重要手段。

(1) 生产调度的主要工作　检查生产作业计划的执行情况和生产准备工作的进行情况，发现问题及时处理。在制剂生产中除原料药外，所用的辅料和包装材料品种多、规格复杂。如片剂生产时，需要多种原辅料和包装材料，缺少其中的任何一种生产就要受影响。因此，生产管理部门需了解原辅料、包装材料的库存情况，将生产计划与物资供应紧密结合起来。

(2) 生产调度的基本要求

① 计划性　计划性是生产调度的基础，调度必须维护计划的严肃性，确保生产计划的实施和顺利完成。

② 统一性　统一性是调度工作的可靠保证，为保证生产有序进行，生产调度的权力必须相对集中，并建立强有力的调度制度和调度系统。

③ 预见性　对生产中出现的问题，应及早采取措施，做到防患于未然。

④ 灵活性　对生产中出现的问题应及时解决，当机立断，要根据市场需求，要及时、灵活地调整生产计划。

(3) 生产调度的措施和方法　通过部门经理协调企业各部门、生产各环节的进度。如生产车间和动力车间之间能源供应矛盾的协调，中心化验室与供应部门在原辅料检查中发生矛盾的协调等。有时需要根据销售部门临时提出的销售计划及时组织原辅料、包装材料，调整生产计划以满足市场需求。

三、过程管理与控制

(一) 设备运转与维护

一个企业的生产能力、产品质量和性能取决于生产设备的数量、规模及设备的性能和技术水平，对生产设备的运行管理和维修直接影响到产量、质量、成本、安全、环保等，也关系到企业生产能否正常运行。因此，有必要管好、用好、维修好现有的设备，使之处于良好的工作状态，以有效地发挥其效能。同时，还要对不能适应生产要求的设备及时进行更新和改造，以确保产品质量和提高劳动生产率。

生产设备的管理一般包括建立设备资产台账，定期清点账物，做到账物相符，账目应准确、及时反映设备现状，对购入或报废的设备应及时登记。通过检查设备的利用时间和实际生产能力两项指标，促使企业改善设备的利用状况和使用效率。此外，还要及时处理多余、闲置的生产设备，以此来减少企业固定资金的占用。

(二) 中转站管理

中转站对于固体制剂的生产是必不可少的一个环节，能起到调节各生产工序对物料需求的平衡作用。在片剂生产中，前工序颗粒的生产是均衡的，每天生产的颗粒量应该相差不大。在压片工序中，压片机的生产能力已固定，大片与小片的产量虽然相差不大，但同样数量的大片与小片对颗粒的需求量却可相差4～5倍，这样就需要在生产计划安排中对大片、小片的生产进行适当的搭配，以求最大限度利用设备的生产能力。通过中转站存放一定的颗粒可以调节前后工序的需求。固体制剂生产中需对各工序进行清场，在更换品种、对场地和设备进行全面清洁时有可能影响正常生产，此时，中转站又能起到调节作用。由于中转站存放大量不同品种的原辅料、中间体、半成品，因此也就存在混药的可能，加强对中转站的管理是药品生产管理的重要内容之一。

中转站必须有专人负责验收、保管原辅料、中间体及半成品。车间领回的原辅料交中转站工作人员，中转站工作人员应按生产指令及送料单核对原辅料的名称、代号、规格、批号、数量是否一致，包装是否完好，对收到的原辅料、中间体和半成品应分别按品种、规格、批号存放，标注明显的标志。车间生产的待包装产品应置于规定区域，贴上待检验标签，写明品名、规格、批号、生产日期、数量。待检验合格后，方可发放包装工序。

中转站还应对车间内各种周转容器及盛具进行管理，中转站的空气洁净度应与生产岗位所在区域的洁净度相一致。

（三）批号管理

1. "批"的概念

按 GMP 规定，同一批原料药在同一连续生产周期内采用同一台生产设备生产的均质产品为一批。口服制剂工艺过程因有物料混合料工序，通常以一个混合容器内混合后的物料作为一个批次，生产的每批药品均应指定生产批号。

2. 批号的编制

批号是用于识别"批"的一组数字或字母加数字。据此能查明该批的生产日期和生产检验、销售等记录。批号的编码方式通常为：年-月-日（流水号）。常用六位数字表示，前两位为年份，中间两位为月份，后两位为日期或流水号。例如，批号为 070820 时，表明为 2007 年 8 月第 20 批的产品。也有生产企业采用八位数字表示，前四位为年份，中间两位为月份，后两位为日期或流水号。

3. 混合批号

同一效期的两个批号的药品零头可合为一箱，但每箱仅允许放两个批号的药品零头。在合箱外标明全部批号，并建立合箱记录。混合批号仅用于制剂的包装中。

（四）药品有效期的标示

药品有效期截止时间的计算方法为：生产月加上规定效期再减去一个月。如某产品为 2016 年 12 月生产，有效期两年，产品的有效期应至 2018 年 11 月。

第三节　药品的生产过程与过程控制

生产过程，是指从准备生产开始直到产品产出的全过程，是劳动者借助于劳动资料直接或间接地作用于劳动对象使之成为产品的过程。药品的生产过程主要包括生产准备过程、基本生产过程、辅助生产过程、生产结束清场与设备、器具清洗和生产服务过程。生产过程的相关单元操作见第二章。

基本生产过程是指直接对劳动对象进行加工，把劳动对象变为药品的过程。如片剂从原料开始，经过粉碎、过筛、制粒、压片再到包装，最终制成临床用的片剂产品的过程。辅助生产过程是指各种辅助生产活动所构成的过程，如动力车间提供的水、电、气/汽，制备注射剂时，车间内部其他岗位提供纯化水、注射用水、输送洁净空气的活动过程。

为了防止药品混淆和交叉污染，每一个制剂品种生产结束后都要进行清场。清场一般先把本工序加工的本批产品（半成品）转交至仓库（中转站）或下道工序，剩余物料贴上标签后再与剩余包装材料一起按 GMP 规定退回指定的仓库。生产记录文件在统计核算后随产品流入下一道工序。将生产区域和辅助区域的墙壁、地面、顶棚及露出设施的表面吸尘、清扫废料，再行湿拭或清洗；对灭菌制剂生产场地的设备和器具进行彻底清洁和清洗后，还需进行杀菌消毒，经检查合格后挂上“已清洁”或“已灭菌”标志牌，填写清场和设备清洗记录，已完成清场的场地不得留有除生产设备以外的其他一切物品。

药品的剂型较多，各剂型的生产工艺也不尽相同，有的基本接近，如散剂、颗粒剂、胶囊剂和片剂；而有的则差异较大，如口服固体制剂和无菌液体制剂。因此，国内企业在片剂车间 GMP 技改中，将胶囊剂、片剂和颗粒剂设在同一车间内，总称为固体制剂车间。生产过程中将粉碎、过筛、制粒、干燥、总混及包装等工序的设备、场地共用。有些企业因产品工艺需要，在胶囊剂生产时进行干法制粒，从而增加干式造粒机及场地，颗粒剂包装增加颗粒剂包装设备。这样的安排既增加了产品品种、又节省了车间的改造投资。但这种安排也相应地增加了不同品种间混药和出差错的概率。因此，在生产中必须制订防止混药和污染的措施，认真做好清场等有关工作。

一、片剂的生产过程与过程控制

（一）片剂的生产工艺规程

片剂是药物与辅料均匀混合后压制而成的圆形片状或异形片状的固体制剂，为固体口服制剂中的主要剂型，此类产品虽属非无菌制剂，但也应符合国家有关部门规定的卫生标准。片剂生产工艺流程及环境区域划分示意图见图 3-7。

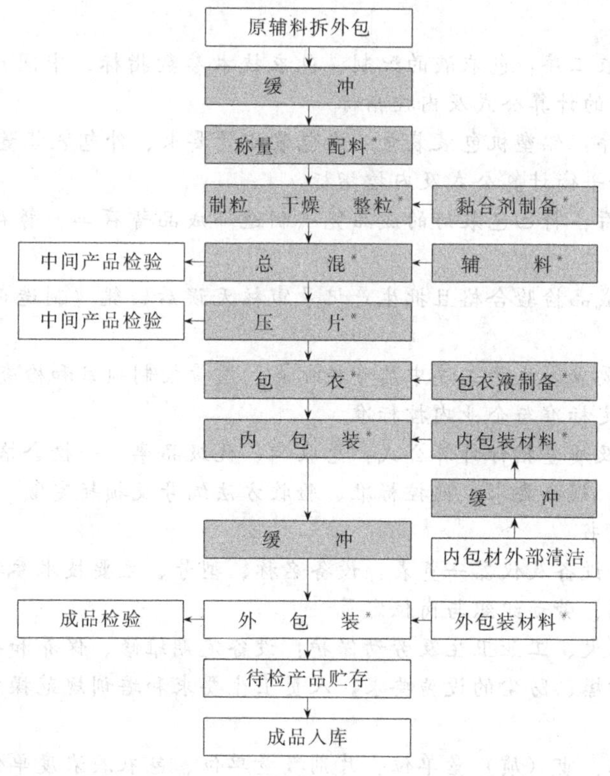

说明：□ 一般生产区域；■ D级生产洁净区；* 质量控制点

图 3-7　片剂生产工艺流程及环境区域划分示意图

生产工艺规程是药品生产过程中重要的文件系统，是保证制剂产品稳定、可靠、一致的良好技术支撑，它贯穿于产品生产的全过程，是各级生产管理人员、技术管理人员、技术经济管理人员和操作工开展工作的共同技术依据。

各种产品的生产工艺规程都应当用文字或图表形式将产品、原料、工艺过程、工艺设备、工艺指标、安全技术等主要内容给予具体的规定和说明。它是一项综合性的技术文件，具有技术法规的作用，凡正式生产的产品都必须制订生产工艺规程。以某片剂为例，其生产工艺规程内容如下。

1. 目的

2. 适用范围

3. 责任

4. 程序

4.1 概述：产品名称、英文名称、剂型、规格、贮藏、有效期、批准文号、成品质量标准依据、成品分析方法编号、成品内控标准编号

4.2 处方：制粒处方、包衣液配方

4.3 原辅料的质量标准及分析方法编号

4.4 产品工艺流程图及生产区域洁净级别

4.5 生产操作要求及工艺条件

4.5.1 物料外包装清洁

4.5.2 颗粒工序：称量配料、制粒、干燥、整粒、总混、工艺技术参数以及物料平衡、制粒收率、理论收粒量计算公式及内控指标

4.5.3 压片工序：颗粒压片、中间产品质量要求、压片收率和压片物料平衡的计算公式及内控指标

4.5.4 薄膜包衣工序：包衣液的配制、包衣技术参数指标、中间产品质量要求、薄膜包衣收率和物料平衡的计算公式及内控指标

4.5.5 包装工序：铝塑机包装装量、内包装质量要求、外包装装量、外包装质量要求、包装收率和包装物料平衡计算公式及内控指标

4.5.6 成品暂存：将已包装好的成品凭《制造部成品暂存单》暂存于成品仓的待检区中，挂上待检标志

4.5.7 入库：成品检验合格且批生产记录审核无误后，凭《制造部成品交库凭证》办理成品入库

4.6 质量控制要点：生产工序中质量控制点、质量控制项目和检查频次

4.7 成品的法定标准与企业内控标准

4.8 经济指标及质量指标计算公式：总收率、优级品率、一检合格品率、物料平衡

4.9 包装材料：规格要求、内控标准、验收方法编号及损耗定额

4.10 药品说明书

4.11 主要生产设备及仪器一览表：设备名称、型号、主要技术参数

4.12 生产周期、劳动组织与岗位定员

4.13 安全、防火、工业卫生及劳动保护：设备定期维修、保养和异常处理，操作间照明、防火、灭火、防爆、防尘的设施要求，人员卫生要求和培训规范操作、劳动纪律和劳动卫生要求

4.14 计量单位：重（质）量单位、片剂数量单位、包衣液浓度单位、容积单位、长度单位、温度单位、颗粒细度单位、片剂硬度单位

（二）片剂生产岗位标准操作规程

岗位标准操作规程是岗位安全生产、正确操作和生产合格产品的法规，其内容包括：
① 岗位工作的目的和要求；
② 生产操作法；
③ 岗位关键控制点、控制方法和指标；
④ 原始记录的标准模式；
⑤ 半成品质量标准及控制规定；
⑥ 异常情况的处理和报告；
⑦ 设备维护与使用；
⑧ 安全与劳动保护；
⑨ 工艺卫生与环境卫生；
⑩ 计量衡器的检查与校正。

企业的技术部门和人事部门要定期组织操作工人和管理人员认真学习工艺规程和岗位标准操作规程并定期考核，新职工必须按规定培训学习考核合格后才能上岗独立操作。

对工艺规程和岗位标准操作规程应当特别重视，它们体现着药品的质量、规模、经济效果和安全生产等因素。

工艺规程的制订和修改：按 GMP 规定，《产品工艺规程》和《岗位标准操作规程》等技术文件由车间主任组织编写，经企业技术部门组织专业审查，GMP 办公室形式核查，总工程师或厂级技术负责人批准后颁布执行。

工艺文件管理：企业的技术档案，除产品在投入生产时交付的研发文件、批准文件及其附件外，还包括每一产品的生产工艺规程和历史沿革过程中相关的一系列技术文件，按照不同分类进行编号、立卷、归档。这些技术资料不仅是技术工作成果的记录，也是进行生产活动的技术依据。企业必须建立完善的技术档案管理制度，做好各项技术文件的登记、保管、复制、收发、归档、注销、修改、保密等工作。

批成品检验报告书由质量部负责人审批发放，批生产记录由工艺工程师汇总审核，内容包括记录的完整性和准确性，再交质量部 QA 复审，质量部负责人终审后批准放行。

（三）生产过程

由制造部门按生产计划和生产技术部下发的批生产指令领取该批产品所需物料（原辅料及包装材料），并对产品的名称、规格、代号、批量、批号进行核对，确认无误后下达到各工段，各工段再按批生产指令和批包装指令组织生产并做好批生产记录。各工段操作人员应了解该批生产指令所要求生产的产品名称、规格、数量、批号。生产各单元具体操作可参见第二章。

1. 原辅料及包材的前处理

（1）外包装清洁　首先，核对所领用物料的品名、厂家、批号、数量后，用清洁布擦净物料的外包装表面，再除去外包装。不能脱去外包装的物料用 75% 乙醇擦拭物料的外包装，经气闸传入备料室。

（2）原辅料粉碎和过筛　结晶性的原辅料需要进行粉碎和过筛，特别是水难溶药物的原料，一般粉碎后的原料要能通过 100 目筛，特殊原料的细度应当更小，水难溶药物的原料细度与其溶出和吸收有关。药物的粒径与其溶解度呈反比，粒径越小，溶解度就越大，见式（3-1）。

$$\frac{S_2}{S_1}=\frac{2\sigma M}{\rho RT}\left(\frac{1}{r_1}-\frac{1}{r_2}\right) \tag{3-1}$$

式中，S_1 和 S_2 分别为粒径为 r_1 和 r_2 颗粒的溶解度；σ 为表面张力；ρ 为固体药物的密度；M 为药物的分子量；R 为摩尔气体常数；T 为热力学温度。

药物原料经超微粉碎或纳米化重结晶后制成的口服固体制剂可以改善其体外溶出和体内的吸收。

粉碎区为D级洁净区，在粉碎过程中会产生大量的粉尘，为了控制粉尘对其他区域可能产生的交叉污染，粉碎区相对邻近区域应保持负压，并使用带除尘系统的万能粉碎机，该设备能将粉碎过程中从集粉袋中漏出的粉尘经捕尘器捕集。常用的万能粉碎机的结构示意图见图 3-8。

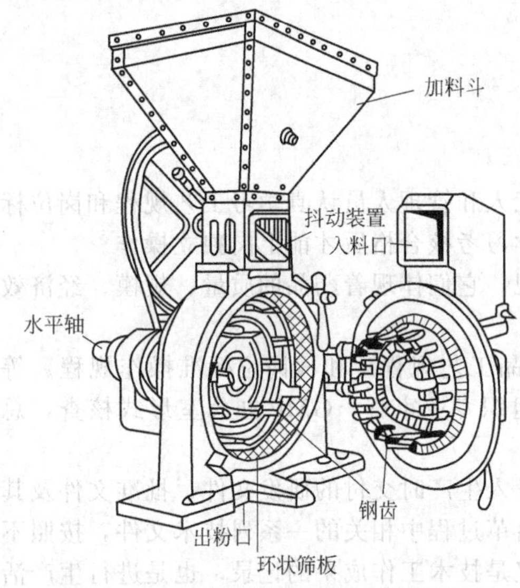

图 3-8 B 型系列万能粉碎机结构示意图

如图 3-8 所示，万能粉碎机由机座、电机、加料斗、粉碎室、固定齿盘、活动齿盘、环形筛板、抖动装置、出粉口等组成。固定齿盘与活动齿盘呈不等径同心圆排列，对物料起粉碎作用。物料从加料斗经抖动装置进入粉碎室，靠活动齿盘高速旋转产生的离心力由中心部位被甩向室壁，在活动齿盘与固定齿盘之间受钢齿的冲击、剪切、研磨及物料间的撞击作用而被粉碎，最后物料到达转盘外壁环状空间，细粉经外形筛板由底部出料，粗粉在机内重复粉碎。

利用万能粉碎机对原辅料进行粉碎与过筛程序的操作如下。

① 粉碎区的环境应达到温度 18～24℃，相对湿度 45%～70%。

② 各种称量衡器应符合要求。

③ 粉碎机、过筛机的状态牌应“完好”，粉碎机及筛网应完好，筛网规格应与工艺要求一致。

④ 捕尘系统应完好。

⑤ 根据生产指令及原辅料领料单，对物料部门送来的原辅料进行核对，物料标签上的名称、代号、批号、数量、来源等应与领料单一致，并对原辅料称重以核对数量。原辅料的称量应当双人操作，一人称量，另一人复核。

⑥ 按粉碎机的 SOP 操作，将原料投入粉碎机粉碎，并按工艺处方要求进行过筛。筛后剩余的粉渣应当称量后装入规定容器，贴上标签并标注名称、批号、数量，按规定退仓处理。

⑦ 过筛后的原料称量后装入洁净的不锈钢桶内，桶外贴标签，注明名称、代号、批号、重量、日期、操作者姓名。

⑧ 将固体辅料分别粉碎过 100 目筛，称量后装入洁净的不锈钢桶内，桶外贴标签，注明名称、代号、批号、重量、日期、操作者姓名。分别对粉碎、过筛后的原料及辅料计算收率。如收率超过工艺规程规定的范围，应立即汇报，由 QA 按有关规程处理。

$$原(辅)料收率=\frac{粉碎过筛后原(辅)料重量}{粉碎前原(辅)料重量}\times 100\%$$

⑨ 将操作情况准确填入批生产记录。

⑩ 将过筛后的原辅料送交配料岗位。

2. 配料岗位

① 检查并确认各种称量衡器符合要求。

② 检查并确认粉碎工序送来的原辅料的名称、代号、批号与本批生产指令一致。

③ 配料人员根据生产指令分别对物料称量，以每锅制粒所需原辅料为称量数。称量后的物料分别装入洁净容器内。容器内外贴标签，标注原料名称、代号、批号、重量及用于生产的产品名称、批号、规格、日期、操作人和复核人的签名。为避免差错，物料称量必须由两人操作，一人称量，另一人复核。

④ 制剂的规格是处方中药理活性原料的标示量。

⑤ 称量剩余的物料送交中转站。剩余物料的桶外贴标签，标注物料名称、代号、批号、数量、日期、称量人等。

⑥ 制剂的配料、投料是关键的生产工序，必须保证所配的物料准确。因此，不仅需对物料的称量加以监督，而且对物料取自哪个容器，又转移到哪个新容器均应由第二人复查，确认重量是否正确，原容器是否有合适的标签，新容器是否贴有合适标签等。为便于减少差错和检查，所用容器应有桶号标志。

⑦ 将称量后的物料送到中转站或直接转入制粒工序。

⑧ 填写配料记录。

3. 制粒岗位

湿法制粒仍然是片剂制备中采用最多的制粒方法，湿法制粒主要采用挤压过筛制粒、高速搅拌法制粒和流化床制粒三种方法，湿法制粒的操作程序如下。

① 从中转站领取已称量配制的本批产品所需原辅料。

② 对照工艺处方，核对每桶原辅料的名称、代号、批号、重量及本批产品名称、规格、批号。

③ 确认制粒机状态完好，挂“完好”“已清洁”状态标志牌。

④ 对每桶原辅料称重复核。

⑤ 配制黏合剂。

⑥ 将已配的原辅料置于湿法混合颗粒机中，按工艺要求时间、转速搅拌混合混匀，加入黏合剂，按颗粒机 SOP 操作制粒。按规定时间、转速继续搅拌至粒度均匀、结实。完成制粒后打开出料阀门，颗粒装入洁净盘内，送干燥室干燥。一步法喷雾制粒过程在同一容器中完成制粒和干燥过程。

⑦ 按以上顺序完成后续颗粒的制备。

⑧ 制粒结束，按制粒机清洗的 SOP 进行清洗。

⑨ 操作人员填写操作记录，复核人复核。

各个品种原料与辅料的混合时间及制粒搅拌切碎时间应通过工艺验证决定。以高速搅拌制粒为例，在制粒工艺参数的验证中，通过对各个混合时间段检测混合的均匀性来确定混合时间；通过对各个搅拌切碎时间段所形成的颗粒质量确定搅拌和切碎时间。

4. 干燥岗位

除了流化床制粒可以将颗粒的制备和干燥在同一容器中依次完成外，用过筛法和高速搅拌法所制备的湿颗粒都需要用适宜的方法如鼓风式干燥箱或流化干燥床加以干燥。

① 湿颗粒在流化床内进行干燥时，应设定干燥设备的进风温度、出粒温度和干燥时间。

② 取干颗粒测水分，应控制在规定的范围内。

③ 干颗粒用筛分法除去大颗粒，或用旋转式或摇摆式颗粒机进行整粒，保证颗粒均匀一致。

④ 将整粒后的颗粒送至混合间，填写操作记录，计算收率。

⑤ 清场并清洁设备。

5. 总混合工序

颗粒物料的总混合用三维混合机、V 形混合机或其他形式的混合机来完成。三维混合机具有体积小、混合效力高以及操作和清洗方便等多方面的优点。

① 对颗粒进行总混前，对需要外加的辅料（主要是润滑剂和崩解剂）按工艺指令称取，与颗粒一起交叉倒入混合机中并按规定时间进行混合，也可以在整粒时与干颗粒一起加入整粒机中进行过筛式初步混合。

② 取样测水分，应控制在规定范围内。

③ 将混合后的颗粒放入洁净容器内，称重，贴标签，标注产品名称、代号、批号、重量、日期和操作人等。

④ 颗粒取样检测含量，含量应控制在规定范围内。

⑤ 将颗粒送交中转站。

⑥ 填写操作记录和工艺参数，见表 3-10。

表 3-10 口服固体制剂操作记录和工艺参数

黏合剂	制粒			干燥			整粒	总混合		
	混匀/min	K_w 值/μA	制粒时间/min	进风温度/℃	出风温度/℃	时间/min	颗粒水分/%	筛网规格/目	水分/%	混合时间/min

⑦ 计算公式及指标

$$\text{配料物料平衡}=\frac{\text{配料后物料量(kg)}+\text{废弃物量(kg)}}{\text{配料前物料量(kg)}}\times 100\% \quad (\text{内控}:99.5\%\sim 101.5\%)$$

配料平衡的内控值一般在 99.5%～101.5%，以确保物料在本工序处理过程中没有太多的损失。

$$\text{制粒收率}=\frac{\text{实际收粒量(kg)}}{\text{理论收粒量(kg)}}\times 100\% \quad (\text{内控}:97.0\%\sim 101.0\%)$$

$$\left[\text{理论收粒量}=\frac{\text{原辅料总量}\times(1-\text{拌料水分})+\text{黏合剂折干量}}{1-\text{干粒水分}}\right](\text{kg})$$

$$\text{总混收率}=\frac{\text{进仓量(kg)}}{\text{总混前总投料量(kg)}}\times 100\% \quad (\text{内控}:99.5\%\sim 100.5\%)$$

$$\text{制粒物料平衡}=\frac{\text{实际收粒量(kg)}+\text{废弃物量(kg)}+\text{取样量(kg)}}{\text{理论收粒量(kg)}}\times 100\%$$

$$(\text{内控}:97.0\%\sim 101.0\%)$$

$$\text{总混物料平衡}=\frac{\text{进仓量(kg)}+\text{废弃物量(kg)}+\text{取样量(kg)}}{\text{总混前总投料量(kg)}}\times 100\%$$

$$(\text{内控}:99.8\%\sim 100.5\%)$$

$$\text{压片收率}=\frac{\text{素片重量(kg)}}{\text{颗粒重量(kg)}}\times 100\% \quad (\text{内控}:98.0\%\sim 101.0\%)$$

6. 压片岗位

国内制药企业所用压片机可分为普通压片机和高速压片机。普通压片机以 33 冲和 35 冲压片机占多数。高速压片机带有预压和强迫填料装置，在快速压片过程中能克服因颗粒流动性差而造成的片重差异波动，此外，还具有自动检测控制及自动记录仪，能自动抽样并拣出不合格的片子。该机种的整机密封性好，有较好的除尘和消音装置。为减轻劳动强度及减少加料时粉尘的产生，可采用颗粒提升及加料机，将专用的加料口盖在相应大小的颗粒桶口上，固定后由加料机提升到一定高度并将颗粒桶旋转 180°，再将加料口对准压片机上的加料斗，打开颗粒桶加料口的蝶阀即可进行放料。整个操作过程可以避免粉尘飞扬，有利于劳动保护。

如图 3-9 所示，旋转式压片机的上半部为压片结构，由上冲、中模、下冲组成，三个部分连成一体，周围 33 付冲模均匀排列在转盘的边缘上。上下冲杆的尾部嵌在固定的曲线轨导上，当转盘作旋转运动时，上下冲即随着曲线轨导作升降运动而达到压片目的。在启动压片机前，应当进行如下工作。

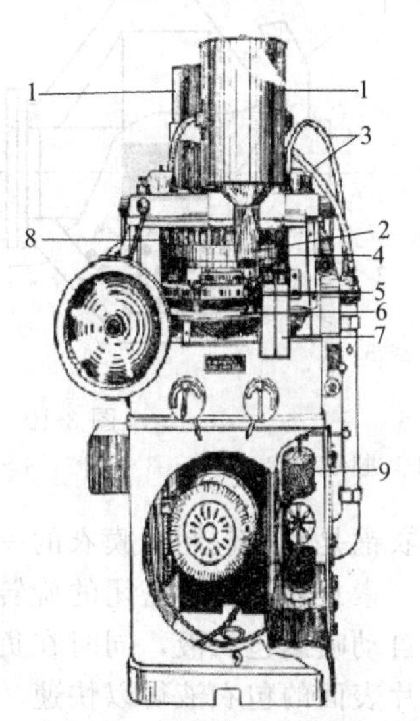

图 3-9　旋转式压片机的结构示意图

1—加料斗；2—饲料管；3—上冲；4—上冲转盘；5—模型转盘；6—下罩盖（下罩内有下冲转盘）；7—出片处；8—吸尘管；9—集尘袋

① 检查称量天平应符合要求。

② 检查压片机冲模大小应与生产的产品指令一致。检查颗粒名称、批号与生产指令是否一致。

③ 调节片重调节轮和压力调节轮到预定量。

④ 取颗粒按工艺要求尝试压片，调好压力、片重、片厚，检查外观、片重、片厚、重量差异、硬度、崩解时限，合格后方可正式开始压片。

⑤ 取样检测外观、重量差异、含量、溶出度等指标，合格的片剂装入洁净容器内，称量后贴上标签，标注产品名称、代号、规格、批号、重量、日期、操作人等，然后送交中转站。开始试压的片剂以及正式生产过程中的不合格片剂一同装入洁净容器内，称量后贴红色不合格标签，标明产品名称、代号、批号、重量、日期、操作人，送交中转站另行处理。

⑥ 填写操作记录。

⑦ 本批产品压片结束后，在对另外一批的同一产品进行压片时，可不做全面清洁，但需对压片机进行清扫，清除上批产品的残留物。在更换产品前，需按照标准操作规程对压片机进行全面清洁，具体方法和要求按压片机清洁 SOP 操作；此外还需对除尘系统进行清洁处理。

⑧ 素片中间产品工艺质量控制标准见表 3-11。

表 3-11　素片中间产品工艺质量控制标准

冲模规格/mm	工艺片重/g	外观质量	硬度/kg	崩解时限/min	溶出度	重量差异/%	厚度/mm
浅拱面冲 ϕ		片形一致、完整光洁、色泽均匀	6.0～8.0	≤	45min≥%	≤±4	4.3±0.5

⑨ 计算公式及指标

$$压片收率=\frac{素片重量(kg)}{颗粒重量(kg)}\times100\%\quad(内控:98.0\%\sim101.0\%)$$

$$压片物料平衡=\frac{素片重量(kg)+可回收物量(kg)+废弃物量(kg)+取样量(kg)}{领入颗粒重量(kg)}\times100\%$$

(内控：98.0%～101.0%)

7. 包衣工序

荸荠式包衣锅是传统的包衣设备，直径 1m 规格的包衣锅每次可包糖衣素片 40kg。高效包衣锅适宜包薄膜包衣，该设备具有包衣速度快（每锅约需 3～4h，包糖衣则需要 14～18h）、质量好、可自动控制等优点。国产型号的 GBG-150 型高效包衣锅每次可包 150kg 薄膜衣片，其结构示意图见图3-10。具体的操作过程如下。

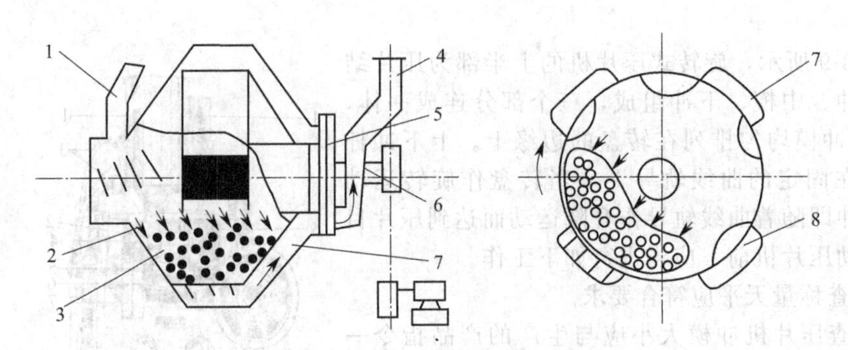

图3-10 高效包衣锅的结构示意图

1—进风管；2—锅体；3—片芯；4—排风管；5—风门；6—旋转主轴；7—风管；8—网孔区

高效包衣锅是片剂包制薄膜衣的一种高效、节能、安全、洁净、符合GMP要求的机电一体化设备。素片在洁净、密闭的旋转滚筒内在流线型导流板的作用下做复杂的轨迹运动，按工艺参数自动喷洒包衣液，同时在负压状态下，热风由滚筒中心的气体分配管一侧导入，使喷洒在素片表面的包衣液得以快速、均匀地干燥，从而在片芯表面形成一层坚固、致密、平整、光滑的薄膜。在启动包衣锅前应当进行如下工作。

① 检查并确认高效包衣锅完好，附属送风柜及除尘柜应完好。

② 从中转站领取片芯，核对片芯的名称、代号、规格、批号与生产指令是否符合，包衣材料与生产指令是否符合。

③ 按工艺处方和《包衣液配制标准操作规程》配制包衣液，每桶包衣液桶外贴标签，标注名称、浓度。

④ 按高效包衣过程的SOP要求，设定进风温度、包衣锅转速、雾化压力和包衣时间。在包衣锅内加入片芯并启动包衣锅开始包衣。

⑤ 在包衣过程中按规定检查干燥温度、控制水分，稳定冷却。

⑥ 包衣结束后，关闭高效包衣机，取出包衣片装入洁净桶内，称重，外贴标签，标注产品名称、代号、规格、批号、重量、日期、操作人。最后，将包衣片送交中转站。

⑦ 填写包衣操作记录。

⑧ 包衣片中间产品工艺质量控制标准，见表3-12。

表3-12 包衣片中间产品工艺质量控制标准

外观质量	崩解时限/min	水分/%	重量差异/%
片面完整、光洁、颜色一致、无杂质	≤min	≤	≤±4

$$薄膜包衣收率=\frac{包衣片进仓量(片)}{领取素片量(片)}\times100\% \quad (内控:98.0\%\sim101.0\%)$$

$$物料平衡=\frac{包衣片进仓量(片)+可回收物量(片)+废弃物量(片)+取样量(片)}{领取素片量(片)}\times100\%$$

(内控:98.0%～101.0%)

8. 包装岗位

(1) 片剂的内包装　药品的内包装主要有塑料瓶、铝塑泡罩和双铝膜三种包装。根据内包装的类别，包装设备也有多种，如片剂的计数多为电子计数机，塑料瓶采用铝膜封口。包装过程从包装瓶整理开始，再到药片计数、包装瓶内塞纸、盖盖、拧盖、贴签等工序基本实现了自动化操作。

包装工序相对其他工序更易发生混批、混药，因此对包装作业的管理是生产管理的重要部分之一。在药片包装过程中，需要确认塑料瓶、铝膜、PVC片等包装材料的外部应当密封，内部应清洁干净。包装区内只允许有一个批号的产品和相应的包装材料，同一包装区内有不同产品包装操作时，必须用隔板或隔屏隔开，隔墙高度应不低于1.8m。每批包装作业前必须进行清场。

① 按批包装生产指令核对有关产品的名称、规格、批号、生产日期、有效期等。

② 按包装材料清单核对包装材料的名称、规格、数量，检查外包装材料的完好情况，检查标签、包装盒上所印批号、生产日期、有效期等是否正确、清晰。

③ 检查包装设备的完好情况。

④ 按生产指令要求对产品进行包装。

⑤ 包装过程中应定时检查产品名称、规格、批号是否与生产指令一致；抽查包装内计数是否正确，标签、批号打印以及包装是否完好。

⑥ 包装结束后应检查零箱的产品，确保外纸箱上所示瓶数与实际装瓶数一致。药品零头包装只限两个批号为一个合箱，并在箱外标明两个相应的批号。

⑦ 包装结束后应统计标签的实用数、报废数和剩余数，计算标签使用率。已印有批号的剩余标签，按标签管理的SOP予以销毁。剩余标签应退回仓库。统计标签应数额平衡，否则需找出原因。

⑧ 填写包装记录，计算包装收率。

⑨ 片剂产品内包装质量要求，见表3-13。

表3-13 片剂产品内包装质量要求

批号	装量	网纹	铝箔	硬片
正确、清晰、端正、不穿孔	无空白板、无缺片、重片、碎片	网纹清晰、无走位、顶底、穿孔，边缘网格≥3mm	印字清晰、不褪色、不变色	色泽均匀、无异物、无泡眼

(2) 片剂的外包装

① 外包装小盒、中盒和合格证均需按制定的位置打印批号、有效期和生产日期。

② 将合格的铝箔包装片连同说明书一起装入小盒，每小盒1～2板，每中盒装10～50小盒，每中盒粘贴检封证、盒防伪标识，每纸箱装20～50中盒，内贴合格证，封箱。纸箱外打印批号、生产日期及有效期，粘贴防伪标识，打包装袋。

③ 外包装质检员随机取样进行成品检测。

④ 片剂产品外包装质量要求见表3-14。

表3-14 片剂产品外包装质量要求

包装打印内容	包装质量
小盒、中盒、纸箱的批号、生产日期、有效期打印正确、清晰，合格证打印内容正确、清晰、端正	整洁、无装量差异、说明书、检封证、防伪标识正确齐全，粘贴正确

⑤ 包装工序计算公式及指标

$$包装收率=\frac{进仓量(片)}{领料量(片)}\times 100\%(内控:98.0\%\sim 101.0\%)$$

$$包装物料平衡=\frac{进仓量(片)+可回收物量(片)+废弃物量(片)+取样量(片)+留样量(片)}{领料量(片)}\times 100\%$$

$$包装材料物料平衡=\frac{使用量+剩余量+残损量}{领用量}\times 100\%(说明书、小盒、中盒、纸箱都为100\%)$$

9. 成品暂存岗位

将已包装好的成品凭《制造部成品暂存单》暂存于成品仓的待检区中，挂上待检标志。

10. 成品入库

成品检验合格且批生产记录审核无误后，凭《制造部成品交库凭证》办理成品入仓。

11. 生产过程质量控制要点

表 3-15 是片剂生产质量控制点汇总。

表 3-15 片剂生产质量控制点汇总

工序	质量控制点	质量控制项目	频次
粉碎、过筛	原辅料前处理	品名、外观、细度	1 次/份
配料	原辅料投料	品名、厂家、批号、外观、数量	1 次/份
制粒	黏合剂配制	品名、批号、数量、黏合剂配制、外观	1 次/桶
	湿颗粒制备	品名、批号、数量、混匀时间、拌料水分、黏合剂用量、制粒时间、K_w 值	1 次/份
	湿颗粒干燥	滤袋的完好性，进、出口温度，水分	1 次/份
	整粒	筛网规格、筛网完好性、颗粒外观	1 次/份
	总混	品名、批号、数量、物料外观、水分	1 次/桶
压片	颗粒	品名、批号、规格、数量	1 次/批
	模具	冲模	1 次/班
	素片	外观、片重(10 片)	1 次/20min
		重量差异	1 次/2h
		崩解时限、硬度、片厚	1 次/桶
包衣	包衣液	品名、批号、数量、外观	1 次/桶
	包衣	转速、喷枪出液、进出口温度、包衣片外观	前 30min，1 次/5min；之后 60min，1 次/10min；最后，1 次/20min
	包衣片	品名、批号、规格、数量、崩解时限、重量差异、水分	1 次/锅
内包装	包衣片	品名、批号、规格、数量	1 次/班
	模具	吸塑模具	1 次/班
	铝箔	品名、规格	1 次/班
	铝箔片	批号、装量、外观	不定时/班
外包装	外包装打印	品名、规格、批号、生产日期、有效期	定时/班
	入盒	品名、批号、规格、装量、说明书、生产日期、有效期、检封证、防伪标识	定时/班
	装箱	品名、规格、装量、合格证内容、批号、生产日期、有效期、防伪标识	1 次/箱
洁净区环境		温度、湿度	2 次/班
		尘埃粒子	1 次/季度
		沉降菌	次/月

12. 经济指标及质量指标计算公式

片剂的经济指标和质量指标计算公式如下：

$$收率=\frac{实际产量(片)}{理论产量(片)}\times 100\%$$

$$\left[理论产量=\frac{总投料折纯量(g)}{片标示量(g/片)}\right](片)$$

$$物料平衡=\frac{实际产量(片)+可回收物量(片)+废弃物量(片)+取样量(片)}{理论产量(片)}\times 100\%$$

包装材料损耗率：指该批包装材料在生产中的损耗量与投入生产使用的总量之比。

$$损耗率=\frac{生产中损耗量}{生产使用的总量}\times 100\%$$

其中 生产中损耗量=生产使用的总量−实际产量生产使用的总量=领料量−退仓量

按标签管理的包装材料物料平衡：领用量＝使用量＋残损量＋剩余量

$$优级品率=\frac{成品优级品量(片)}{进成品仓量(片)}\times 100\%$$

$$一检合格率=\frac{一检合格品量(片)}{进成品仓量(片)}\times 100\%$$

（四）片剂生产过程中常见的质量问题及解决方法

片剂的生产过程包括多个单元操作，需要控制的质量点也很多。由于操作过程复杂，片剂生产中存在的质量问题也较多。片剂生产中可能产生的质量问题及解决方法如下。

1. 成品片硬度不够

松片，成品片的硬度不够，表面有麻孔，用手指轻压即碎。具体原因分析及解决方法如下。

① 颗粒的水分不足、配方中黏合剂的用量不足、颗粒中细粉过多以及压片时压力不足，都会导致成品片的硬度过低。选用黏性较强的黏合剂，或在配方中加入可压性能好的辅料，都可以解决松片的问题。

② 总混时间过长，导致颗粒表面磨损，使得颗粒受压时的结合力降低。建议缩短总混时间，或改用一步制粒机喷雾制粒，降低颗粒表面的磨损。

③ 颗粒含水量太少，过分干燥的颗粒具有较大的弹性，含有结晶水的药物在颗粒干燥过程中会失去较多结晶水，使颗粒松脆而产生裂片，因此，制粒时应按品种控制颗粒的含水量。

④ 颗粒的流过性差，填入模孔的颗粒不匀。应控制颗粒的粒径和粒径分布。

⑤ 压片机冲头长短不齐，车速过快或加料斗中颗粒时多时少会导致个别片的受压过小。可通过调节压力、检查冲模是否配套完整或调整车速使料斗内保持一定的存量。

2. 裂片

片剂受到振动或放置时，有时从腰间开裂称为腰裂，从顶部开裂称为顶裂。腰裂和顶裂总称为裂片。原因分析及解决方法如下。

① 药物本身弹性较强、原料药密度过低，或含油类成分较多。可加入可压性能好的糖粉以减少纤维弹性；提高黏合剂的黏合作用或加入油类药物的吸收剂并充分混匀后再压片。

② 黏合剂或润湿剂选择不当或用量不够，颗粒在压片时黏着力差。

③ 颗粒太干，含结晶水药物失去过多结晶水造成裂片，解决方法与松片相同。

④ 有些结晶形药物未经过充分粉碎。将此类药物充分粉碎后制粒。

⑤ 细粉过多、润滑剂过量。粉末中的部分空气不能及时逸出而被压在片剂内，当解除压力后，片剂内部空气膨胀造成裂片，可筛去部分细粉与适当减少润滑剂用量加以克服。

⑥ 压片机压力过大而反弹力大产生裂片。车速过快或冲模不符合要求，冲头长短不齐，冲模中部大而两端小或冲头向内卷边时均可使片剂顶出时造成裂片。可调节压力与车速并及时更换冲模。

⑦ 压片室的温度和湿度低也易造成裂片。需调节空调系统，控制合适的室温和相对湿度。

3. 黏冲与吊冲

片剂表面细粉黏附于冲头和冲模致使片面不光泽、不平有凹痕，刻字冲头更易发生黏冲现象。吊冲片的边缘粗糙有纹路。其原因分析及解决方法如下。

① 颗粒细粉或含水量过多、含有引湿性易受潮的药物、操作室温度与湿度过高易产生黏冲，应降低操作室温度和湿度，控制颗粒的粒径和粒径分布，减少细粉比例。

② 润滑剂用量过少或混合不匀，或细粉过多。应适当增加润滑剂用量并充分混合。

③ 冲头表面不干净、有润滑油，新冲模表面粗糙或刻字冲头刻字太深有棱角。可将冲头擦净、调换不合规格的冲模或用微量液状石蜡擦拭刻字冲头表面使字面润滑。如为机械发热而造成黏冲，应检查原因并检修设备。

④ 冲头与冲模配合过紧造成吊冲。应加强冲模配套检查，防止吊冲。

4. 片重差异超过药典规定的限度

其原因分析及解决方法如下。

① 颗粒粗细分布不匀，压片时颗粒流速不同，致使填入模孔内的颗粒粗细不均匀，如粗颗粒量多则片轻，细颗粒量多则片重，应将颗粒混匀或筛去过多细粉。采用上述办法如还不能解决时，应重新制粒。

② 如有细粉黏附冲头造成吊冲时，片重差异的变化幅度较大，此时下冲转动不灵活，应及时检查，拆下冲模，擦净下冲与模孔即可解决。

③ 颗粒流动性不好，流入模孔的颗粒量时多时少而引起片重差异过大，应重新制粒或加入适宜的助流剂如微粉硅胶等来改善颗粒的流动性。

④ 加料斗被堵塞，此种现象常发生于黏性或引湿性较强的药物。应疏通加料斗、保持压片环境干燥并适当加入助流剂。

⑤ 冲头与模孔吻合性不好，如下冲外周与模孔壁之间漏下较多药粉致使下冲发生“涩冲”，造成物料填充不足，此时应更换冲头和模圈。

⑥ 车速过快，填充量不足。

⑦ 下冲长短不一，或分配器未安装到位，造成填料不均。

5. 崩解延缓

指片剂不能在规定时限内完成崩解，影响药物的溶出、吸收和药效发挥。产生原因和解决方法如下。

（1）片剂孔隙状态的影响　水分的透入是片剂崩解的首要条件，而水分透入的快慢与片剂内部的孔隙状态有关。尽管片剂外观为一压实的片状物，但实际上它却是一个多孔体，在其内部具有很多孔隙并互相连接构成一种毛细管的网络，它们曲折回转、互相交错，有封闭型的也有开放型的。水分正是通过这些孔隙进入到片剂内部，其规律可用下述毛细管理论加以说明，该式即为水分（液体）在毛细管中流动的规律：

$$L^2=\frac{R\gamma\cos\theta}{2\eta t} \tag{3-2}$$

式中，L 为水分（液体）透入毛细管的距离；θ 为液体与毛细管壁的接触角；R 为毛细管的孔径；γ 为液体的表面张力；η 为液体的黏度；t 为时间。

由于一般的崩解介质为水或人工胃液，其黏度变化不大，所以影响水分透入片剂的四个主要因素是毛细管数量即孔隙率、毛细管孔径 R、液体的表面张力 γ 和接触角 θ。主要影响因素如下。

① 原辅料的可压性　可压性强的原辅料被压缩时易发生塑性变形，片剂的孔隙率及孔径 R 皆较小，因而水分透入的数量和距离 L 都比较小，片剂的崩解较慢。实验证明，在片剂中加入干淀粉往往可增大其孔隙率，使片剂的吸水性显著增强，而有利于片剂的快速崩解。

② 颗粒硬度　颗粒的硬度较小时易因受压而破碎，所以压成的片剂孔隙率和孔径 R 皆较小，因而水分透入的数量和距离 L 也都比较小，片剂的崩解较慢，反之则崩解较快。

③ 压片力　在一般情况下，压力愈大，片剂的孔隙率及孔径 R 愈小，透入水分的量和距离 L 均较小，片剂崩解亦慢。因此，压片时的压力应适中，否则片剂过硬难以崩解。但

是，也有些片剂的崩解时间随压力的增大而缩短，例如，非那西丁片剂以淀粉为崩解剂，当压力较小时，片剂的孔隙率大，崩解剂吸水后有充分的膨胀余地，难以发挥出崩解的作用；而压力增大时，孔隙率较小，崩解剂吸水后没有充分的膨胀余地，片剂胀裂崩解较快。

④ 润滑剂与表面活性剂 当接触角 θ 大于 90°时，$\cos\theta$ 为负值，水分不能透入到片剂的孔隙中，即片剂不能被水所润湿，所以难以崩解，这就要求药物及辅料具有较小的接触角 θ。如果 θ 较大，则需加入适量的表面活性剂来改善其润湿性，降低接触角 θ 使 $\cos\theta$ 值增大，从而加快片剂的崩解。片剂中常用的疏水性润滑剂也能严重影响片剂的润湿性，使接触角 θ 增大、水分难以透入而造成崩解迟缓。例如硬脂酸镁的接触角为 121°，当它与颗粒混合时会被吸附于颗粒的表面，使片剂的疏水性显著增强，导致水分不易透入而崩解变慢，尤其是硬脂酸镁的用量较大时，这种现象更为明显，如图 3-11 所示。

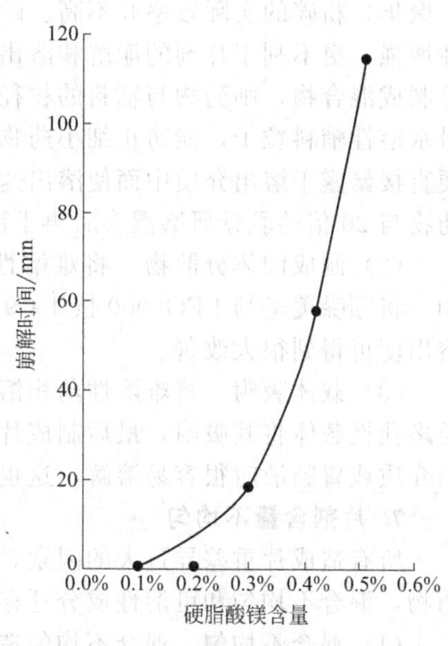

图 3-11 硬脂酸镁对磺胺嘧啶片崩解时间的影响

同样，疏水性润滑剂与颗粒混合时间越长、混合强度越大时，颗粒表面被疏水性润滑剂覆盖得就越完全，因此，片剂的孔隙壁就具有越强的疏水性，使崩解时间明显延长。因此，在生产实践中应对润滑剂的品种、用量、混合强度、混合时间加以严格控制。

(2) 其他辅料

① 黏合剂 构成片剂的颗粒间的黏合力越大，片剂崩解时间越长。黏合剂的黏度强弱顺序为：动物明胶＞树胶＞糖浆＞淀粉浆。在具体的生产实践中，必须把片剂的成型与片剂的崩解综合加以考虑，选用适当的黏合剂以及适当的用量。

② 崩解剂 片剂中的崩解剂有干淀粉、低取代羟丙基纤维素（L-HPC）、羧甲基淀粉钠（CMS-Na）和交联聚维酮等（crospovidone）。新型崩解剂交联聚维酮是水不溶性的片剂崩解剂，直接压片和干法或湿法制粒压片工艺中使用浓度为 2%～5%，其崩解机理是通过毛细管作用和水化作用。干淀粉因价廉、易得，仍作为一种常用的崩解剂在片剂制备中使用。崩解剂的加入方法不同也会产生不同的崩解效果，颗粒总混时通过外加法加入的崩解剂会吸附在颗粒表面，对片剂的崩解效果优于内加法在制粒时加入的崩解剂。此外，制粒时加入的崩解剂在经过制粒过程中的润湿和干燥过程后，其崩解性能也会受到不同程度的影响。

(3) 片剂贮存条件的影响 片剂经过贮存后崩解时间往往延长，这主要和环境的温度与湿度有关。在潮湿的环境中，片剂缓缓吸湿而使崩解剂无法发挥其崩解作用，因此崩解变得比较迟缓。

6. 溶出超限

片剂在规定时间内未能溶出规定量的药物。片剂口服后经过崩解、溶出、吸收才能产生药效，其中任何一个环节发生问题都将影响药物的实际疗效。未崩解的完整片剂，其表面积小，所以溶出速度慢。崩解后形成的小颗粒增大了其比表面积，溶出过程也随之加快。当颗粒进一步崩解或缩小使药物粒子直接暴露于溶出介质时，总表面积增至最大，药物的溶出速度也达到最快。因此，能使片剂崩解加快的因素也能加快溶出。但是，也有不少药物的片剂，虽可迅速崩解，但药物溶出却很慢，因此，崩解度合格并不一定能保证药物快速而完全的溶出，也就不能保证其具有可靠的疗效。对于许多水难溶性药物，加入崩解剂后往往仍难以改善药物的体外溶出速度，此时，就需采取一些其他方法。例如，将原料药超微粉碎或重结晶纳米化降低其粒径，或在配方中加入表面活性剂来改善药物的水溶性。改善药物的体外溶出度常用的方法有如下几种。

(1) 研磨混合物　疏水性药物单独粉碎时，随着粒径的减小表面自由能增大，粒子易发生聚集，粉碎的实际效率并不高。疏水性药物的粒径减小、比表面积增大时会使片剂的疏水性增强，更不利于片剂的崩解和溶出。如果将这种疏水性药物与大量水溶性辅料共同研磨粉碎制成混合物，则药物与辅料的粒径都可以降低到很小，并在细小的药物粒子周围吸附着大量水溶性辅料粒子，能防止细小药物粒子重新聚集。当水溶性辅料溶解时，细小的药物粒子便直接暴露于溶出介质中而使溶出速度大大加快。例如，将疏水性的地高辛、氢化可的松等药物与20倍的乳糖研磨混合后再干法制粒压片，会显著加快药物的溶出速度。

(2) 制成固体分散物　将难溶性药物制成固体分散物是改善溶出速度的有效方法。例如，将吲哚美辛与PEG6000按1∶9的比例制成固体分散物粉碎后再加入适宜辅料压片，其溶出度可得到很大改善。

(3) 载体吸附　将难溶性药物溶于能与水混溶的无毒溶剂如PEG400中，然后用硅胶一类多孔性载体将其吸附，最后制成片剂。由于药物以分子状态吸附于硅胶，所以在接触到溶出介质或胃肠液时很容易溶解，这也大大加快了药物的溶出速度。

7. 片剂含量不均匀

所有造成片重差异过大的因素，皆可造成片剂中的药物含量不均匀，此外，对于小剂量药物，混合不均匀和可溶性成分迁移是片剂含量均匀度不合格的两个主要原因。

(1) 混合不均匀　混合不均匀造成片剂含量不均匀的情况有以下几种。

① 主药量与辅料量相差悬殊时一般不易混匀，此时应采用等量递增稀释法混合，或将小量药物先溶于适宜的溶剂中再均匀地喷洒到大量辅料或颗粒中以确保药物和辅料混合均匀。

② 主药粒子大小与辅料相差悬殊，极易造成混合不均匀，所以应将主药和辅料进行粉碎，使各成分的粒子都比较小并力求一致，以便混合均匀。

③ 粒子的形态。如果粒子表面复杂或粗糙，则粒子间的摩擦力较大，一旦混匀后就不易再分离；粒子表面光滑则易在混合均匀后再分离，难以保持其均匀状态。

④ 当采用溶剂分散法将小剂量药物分散于空白颗粒时，由于大颗粒的孔隙率较高、小颗粒的孔隙率较低，所以吸收的药物溶液量有较大差异，在随后的加工过程中由于振动等原因会致大小颗粒分层，小颗粒沉于底部而造成片重差异过大以及含量均匀度不合格。

(2) 可溶性成分在颗粒之间的迁移　在干燥前，水分均匀地分布于湿粒中，在干燥过程中颗粒表面的水分发生汽化，使颗粒内外形成湿度差，颗粒内部的水分向表面扩散时，这种水溶性成分也被转移到颗粒表面，这就是所谓的迁移过程。在干燥结束时，水溶性成分就集中在颗粒表面，造成颗粒内外含量不均。当片剂中含有可溶性色素时，这种现象表现得最为直观，湿混时虽已将色素及其他成分混合均匀，但颗粒干燥后，大部分色素已迁移到颗粒表面，颗粒内部的颜色很淡，压成片剂后片剂表面形成很多色斑。为防止色斑出现，可选用色淀这样的不溶性色素。通常的干燥方法很难避免颗粒内部的可溶性成分迁移，采用微波加热干燥时，由于颗粒内外受热均匀一致，因此，可将药物的迁移降低到最小程度。

颗粒内部可溶性成分迁移所造成的主要问题是片面上产生色斑或花斑，此问题对片剂的含量均匀度影响不大。但是，颗粒之间的可溶性成分迁移将严重影响片剂的含量均匀度，尤其是采用箱式干燥时，这种现象最为明显。颗粒在盘中铺成薄层，底部颗粒中的水分会向上扩散到上层颗粒的表面，这就将底层颗粒的可溶性成分迁移到上层颗粒中，使上层颗粒中的可溶性成分含量增大。用这种上层含药量大、下层含药量小的颗粒压片时，必然造成片剂的含量不均匀。因此，采用箱式干燥时应经常翻动颗粒以减少颗粒间可溶性成分的迁移。对湿颗粒采用流化床干燥或采用一步法制粒，由于湿颗粒各自处于流化运动状态，并不相互紧密接触，一般不会发生颗粒间的可溶性成分迁移，这有利于提高片剂的含量均匀度，但流化床干燥仍无法避免药物在颗粒内部迁移。

8. 花斑与印斑

片剂表面有色泽深浅不同的斑点，造成外观不合格。

① 黏合剂用量过多、颗粒过于坚硬、含糖类品种中糖粉熔化或有色片剂颗粒因着色不匀、干湿不匀、松紧不匀或润滑剂未充分混匀，均可造成印斑。可改进制粒工艺使颗粒较松，有色片剂可采用适当方法使着色均匀后制粒，制得的颗粒应粗细均匀，松紧适宜，润滑剂应按要求先过细筛，然后再与颗粒充分混匀。

② 复方片剂中原辅料深浅不一。若原辅料未经磨细或充分混匀则易产生花斑，因此，制粒前应先将原辅料磨细，颗粒应混匀后再进行压片。

9. 其他问题

(1) 叠片　指两片叠成一片，由于黏冲或上冲卷边等原因致使片剂黏在上冲，此时颗粒填入模孔中又重复压一次或由于下冲上升位置太低，不能及时将片剂顶出，同时又将颗粒加入模孔内重复加压而成。出现叠片时由于压片机所承受的压力骤增，因此极易使压片机受到损伤。对此，应解决黏冲问题、冲头配套、改进装冲模的精确性、排除压片机故障。

(2) 爆冲　冲头爆裂缺角，金属屑可能嵌入片剂中。由于冲头热处理不当，本身有损伤裂痕未经仔细检查，经不起加压或压片机压力过大以及压制结晶性药物时均可造成爆冲。应改进冲头热处理方法、加强检查冲模质量、调整压力、注意片剂外观检查。如果发现爆冲，应立即查找碎片并找出原因加以克服。

(五) 片剂包衣过程中可能发生的问题及解决方法

糖衣片包衣工序复杂，时间长，易发生的问题有很多，如龟裂、露边、麻面、花斑等。鉴于糖衣已逐渐被薄膜衣替代，本章仅介绍薄膜包衣片制备中的问题。

(1) 起泡　原因是固化条件不当，干燥速率过快，应掌握成膜条件和适宜的干燥速率。

(2) 皱皮　多由两次包衣液的加料间隔时间过短和喷液量过多所致。因此，应掌握包衣材料的特性，调节间隔时间，适当降低包衣液的浓度，减少喷液量。

(3) 色泽不匀　色素与薄膜衣材料未充分混匀，或包衣处方中增塑剂、色素及其他附加剂用量不当，在干燥时溶剂将可溶性的物料带到衣膜表面。对此问题，可将薄膜衣材料配成稀溶液多喷几次，或将色素与薄膜衣材料先在胶体磨中碾磨均匀细腻后再加入，也可以通过调节空气和温度并减慢干燥速率来改善色泽不匀的问题。

(4) 衣膜强度不够　包衣材料配比不当，衣层与药物黏合强度低，衣层厚度不够。改变衣膜配方，增加包衣层厚度。

肠溶膜包衣除上述问题外，还有在胃部提前崩解的问题，原因是肠溶衣材料选择或配比不当、衣层与药物黏合强度低、衣层厚度不够或不均匀。肠溶衣片在肠道内不崩解的现象叫作排片，其原因是肠溶衣材料选择不当、衣层过厚或贮藏期间发生变化。

二、注射剂的生产过程与过程控制

玻瓶、塑瓶、软袋是大输液包装的三种形式，软袋输液包装具有成本低、运输和使用更为方便和安全的特点，在新修订药品 GMP 标准提升与成本加大的双重作用下，大输液正在向非 PVC 软袋包装过渡。大容量注射液的产品生产工艺规程内容如下。

(一) 生产工艺规程

1. 目的

2. 适用范围

3. 岗位职责

4. 程序

4.1 概述：产品名称、剂型、规格、贮藏条件、有效期、批准文号、产品质量标准、产品内部编号

4.2 原辅料质量标准

4.3 生产操作要求及工艺条件

4.4 物料进出洁净区基本流程

4.4.1 包材及原辅料外包装清洁要求

4.4.2 组合盖的包装洁净要求

4.4.3 生产场地的清洁与消毒

4.4.4 灯检与检漏

4.4.5 物料平衡的计算公式及内控指标

4.4.6 成品入库

4.5 产品质量控制点

4.6 产品的质量标准和内控标准

4.7 产品说明书

4.8 包装材料规格要求及损耗定额

4.9 主要生产设备和仪器（名称、型号、参数）

4.10 技术经济指标及质量考核指标：收率、实际产量、理论产量、一次合格率生产周期、劳动组织与岗位定员

4.11 安全、防火、工业卫生及劳动保护；空调净化系统的配置、维护和清洁；设备定期维修、保养和异常处理；操作间照明、防火、灭火、防爆、防尘的设施要求；人员卫生要求和培训规范操作，劳动纪律和劳动卫生要求

4.12 计量单位：重量单位、浓度单位、容积单位、长度单位、温度单位

5. 大容量注射液的产品生产过程质控点

5.1 检查洁净区温湿度、压差

5.2 检查设备管道的清洁状态

5.3 设备运行的状态

5.4 检查物料名称、种类、数量、批号是否与送料单、批生产计划相符

5.5 浓配称重投料复核

5.6 观察注明状态和温度控制，加活性炭吸附

5.7 检查 2.0μm 滤芯过滤完整性和密封性

5.8 控制稀配加水量、温度、搅拌速度和时间

5.9 检查 pH、含量、不溶性微粒、生物载荷

5.10 检查精滤 2 级过滤完整性和系统密封性

5.11 半成品 pH、含量、生物载荷、不溶性微粒、澄明度、热源等检查

5.12 入柜灭菌，控制温度、压力、时间

5.13 出柜灯检、检漏

5.14 贴签、包装、检查药品验证记录和数量

5.15 物料平衡及收率核对

5.16 车间与仓库进行数量、批号核对、产品入库

（二）工艺流程

软袋包装大容量注射液工艺流程及生产线整体工艺流程见图 3-12 和图 3-13。

（三）工艺描述

(1) 塑瓶输液容器（拉环式）密封盖的处理　上盖器自动将料斗中的盖进行振荡并按顺序排列至输盖轨道上，并经气吹走至定位销上，真空管抽吸盖至吸盖器内，送至加热部位。

(2) 多层共挤膜输液袋的处理　将口管在缓冲间外清理后脱去外包装，加入料斗，经气吹洗，送至加热部位，由加热片对口管进行预热，再和袋口进行焊接，焊好的软袋进入下一工序。

(3) 活性炭　活性炭在使用前应用适量注射用水进行润湿。

(4) 药液浓配　在浓配罐中加入适量注射用水，按处方量依次投入相关物料，循环搅拌使其溶解。加入稀配体积 0.01%（w/v）的药用活性炭，加热至 50～60℃左右保温 15min，脱炭过滤，连同冲洗水一并打至稀配罐，得浓配液。

(5) 稀配　将上述浓配液补加注射用水至全量，循环搅拌均匀。检测半成品含量、pH 值、检查药液澄明度后过滤，灌装。

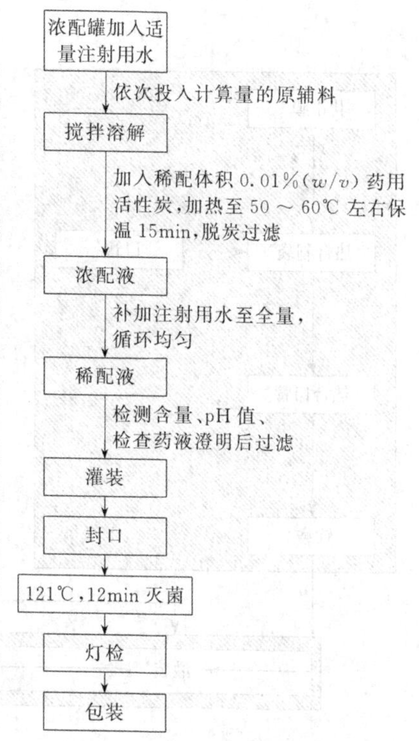

图 3-12　软袋包装大容量注射液工艺流程

（四）质量控制点

软袋式输液剂的质量控制点见表 3-16。

表 3-16　软袋式输液剂的质量控制点

项目质量指标	检查方法	控制指标
投料量	按照 100%投料，控制药液在规定 pH 范围内	含量在 95%～105%
可见异物	每次抽查 20 袋半成品，目测	应无可见异物、澄清透明
不溶性颗粒	2015 年版《中国药典》方法	大于 10μm≤25 粒/mL；大于 25μm 的微粒≤3 粒/mL
灭菌效果	121℃灭菌 12min	F_0 值>12
密闭性	采取真空或加压检漏方式，检查所有焊接点	均不得有液体渗漏现象

（五）主要生产设备

软袋输液剂的主要生产设备见表 3-17。

表 3-17　软袋输液剂的主要生产设备

项目	内容			
	名称	型号	生产厂	关键技术参数
主要仪器设备	浓配罐	1000L	长春富士特流体设备制造有限公司	容积：1000L
	稀配罐	5000L	长春富士特流体设备制造有限公司	容积：5000L
	洗灌封机	S3000	湖南千山制药机械股份有限公司	生产能力：3000 袋/h，功率：20kW
	灭菌柜	PSMZR	山东新华医疗器械股份有限公司	最高允许工作压力：0.27MPa 耐压试验压力：0.38MPa
	滤芯	222 型	密理博（上海）贸易有限公司	0.22μm 聚醚砜折叠滤芯

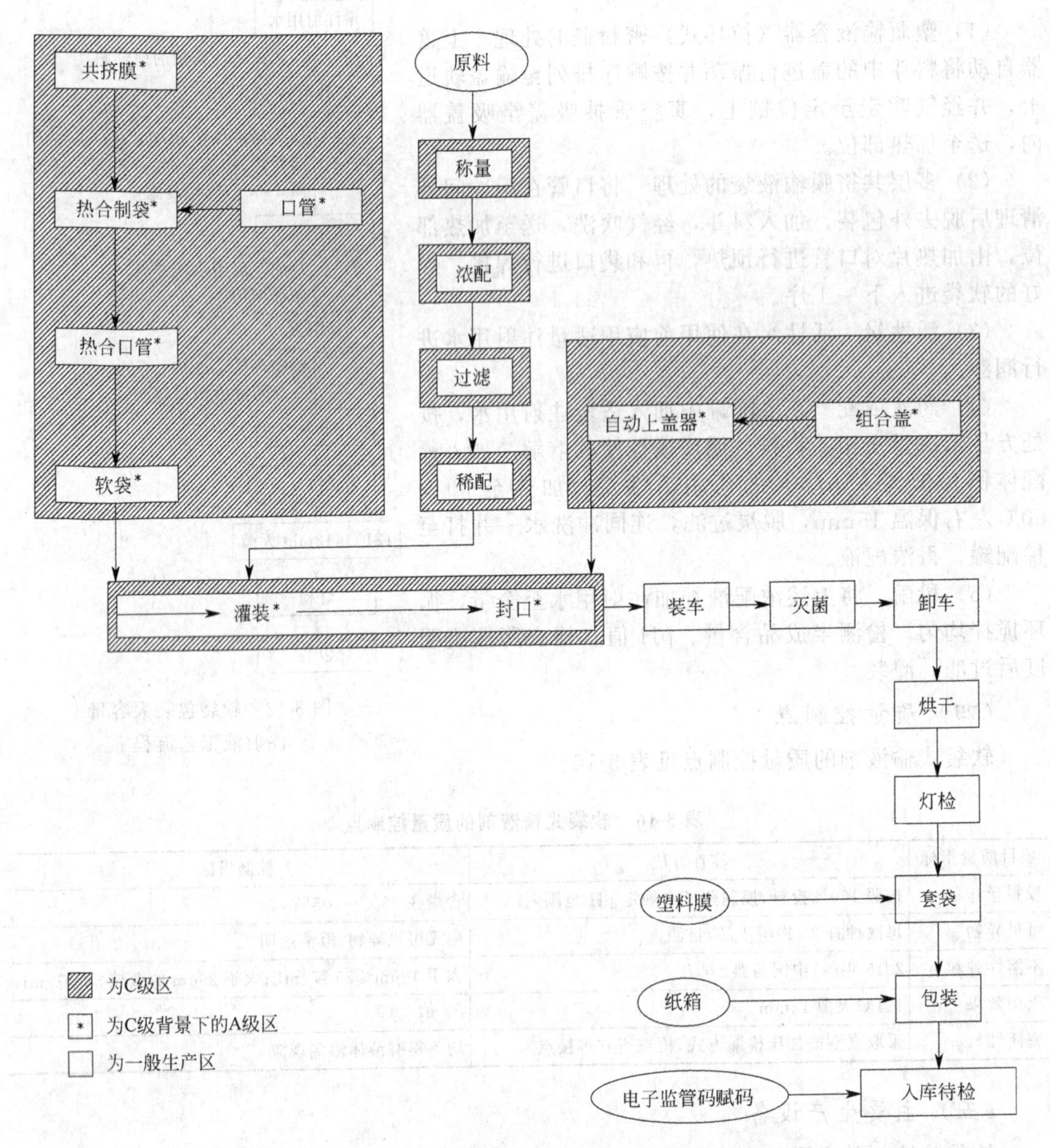

图 3-13　软袋包装大容量注射液生产线整体工艺流程

三、粉针剂的生产与过程控制

（一）工艺流程

螺杆分装线粉针剂工艺流程及环境区域划分示意见图 3-14。

（二）粉针产品的生产工艺规程

无菌粉针剂的产品生产工艺规程内容如下。

1. 目的
2. 适用范围
3. 责任

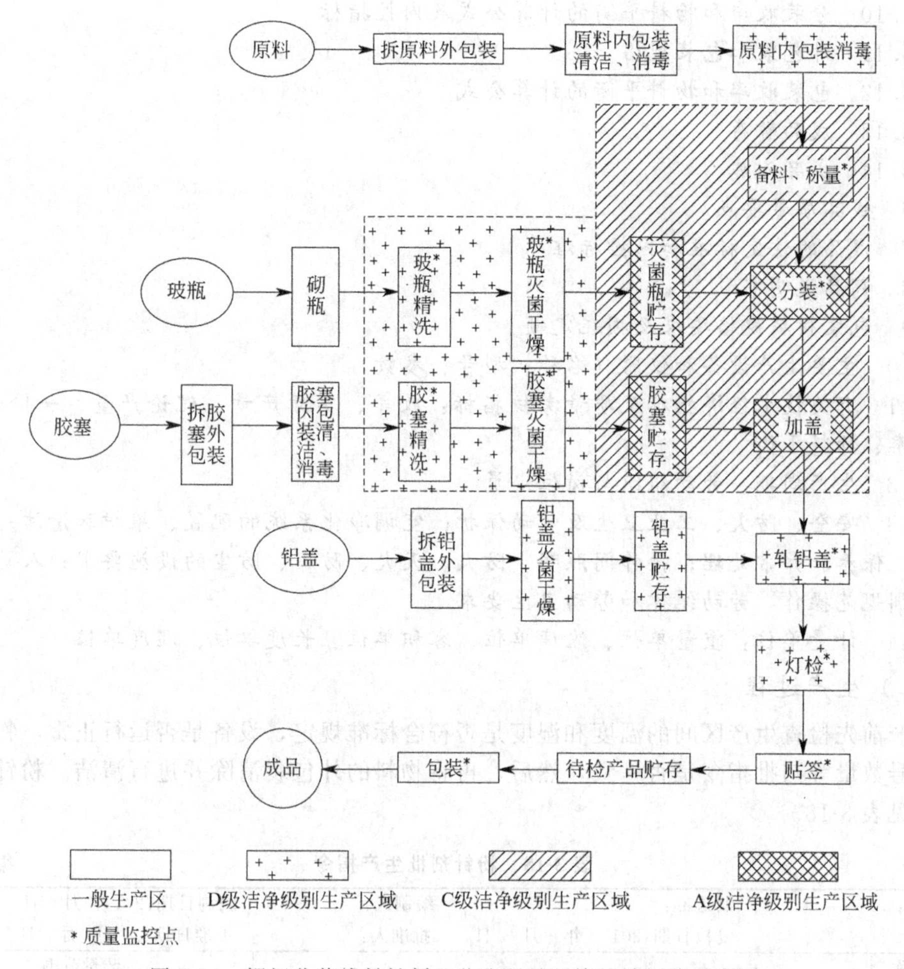

图 3-14　螺杆分装线粉针剂工艺流程及环境区域划分示意图

4. 程序

4.1　概述：产品名称、英文名称、剂型、规格、贮藏、有效期、批准文号、成品质量标准依据、成品分析方法编号、成品内控标准编号

4.2　处方和原料质量标准

4.3　装量计算

4.4　公式产品工艺流程图及生产区域洁净级别

4.5　生产操作要求及工艺条件

4.5.1　物料外包装清洁

4.5.2　西林瓶的清洁与灭菌

4.5.3　丁基胶塞的处理

4.5.4　铝塑组合盖干燥

4.5.5　分装

4.5.6　轧盖

4.5.7　生产场地的清洁与灭菌

4.5.8　灯检

4.5.9　贴标签

4.5.10 分装收率和物料平衡的计算公式及内控指标

4.5.11 外包装和包装规格

4.5.12 包装收率和物料平衡的计算公式

4.5.13 成品暂存

4.5.14 成品入库

4.6 成品质量要点

4.7 成品的法定标准和内控标准

4.8 药品说明书

4.9 包装材料规格要求及损耗定额

4.10 主要生产设备和仪器（名称、型号、参数）

4.11 有关技术经济指标及质量考核指标：收率、实际产量、理论产量、一检合格率、优级品率、物料平衡

4.12 生产周期、劳动组织与岗位定员

4.13 安全、防火、工业卫生及劳动保护；空调净化系统的配置、维护和清洁；设备定期维修、保养和异常处理；操作间照明、防火、灭火、防爆、防尘的设施要求；人员卫生要求和培训规范操作，劳动纪律和劳动卫生要求

4.14 计量单位：重量单位、浓度单位、容积单位、长度单位、温度单位

（三）生产过程

生产前先检查生产区间的温度和湿度是否符合标准规定，设备是否运行正常，物料的品名、批号数量等与批指令是否一致，然后，再将物料的外包装清除并进行清洁。粉针剂批生产指令见表 3-18。

表 3-18 粉针剂批生产指令 编号：

生产部门： 制造部： 编制人： 编制日期：201 年 月 日

复核人： 复核日期：201 年 月 日 批准人： 批准日期：201 年 月 日

产品名称						装量范围	
产品批号		规格		g/瓶		−2%	g
理论产量		瓶				标准装量	g
投产日期	201 年 月 日	生产线编号				+2%	g
工艺规程	生产工艺流程(编号：)						
原料							
原料名称					原料批号		
生产厂家							
领料量	kg	含量	%	水分	%	色泽	<号
内包装材料							
名称内容	领用数量						
西林瓶	个						
丁基胶塞	粒						
复合铝盖	个						
标签							
名称内容	生产日期		有效期至		领用数量		
	201 年 月 日		年 月 日		张		
备注：							

制造部签名： 日期：201 年 月 日

1. 西林瓶的洗涤及灭菌

把西林瓶整齐排列在盘内，瓶口向上，把变形、缺口的瓶子拣出。将西林瓶放在超声波

洗瓶机内清洗，KCZP-1 型机要求水压、气压不低于 0.3MPa，用纯化水冲洗后再用注射用水冲洗。洗净的西林瓶经输送带输送至隧道式灭菌干燥机进行干燥，加热温度 350℃，保温温度 310℃（灭菌处理），设定干燥时间为 12min，经冷却至室温后供分装用。灭菌后的西林瓶应当在 12h 内用完。

2. 螺杆分装机丁基胶塞处理

① 胶塞送到准备间，脱去外包装，进入 D 级洁净区。

② 将胶塞放入不锈钢桶，加纯化水漂洗并不断搅拌 15min，重复 3 次，再用注射用水清洗 1 次。

③ 将清洗合格的胶塞放在不锈钢盘内，于干燥箱内 121℃烘干 4h，取出供分装用。

④ 放盘时自上而下，取盘时自下而上，清洗后的胶塞应立即干燥灭菌，灭菌后的胶塞应在 24h 内用完。认真做好数量、温度、时间的记录。

3. 铝塑组合盖干燥

① 铝盖送到准备间，脱去外包装，目检，剔除破盖、缺口、污盖、斑痕等不合格的铝盖。清洗外包装，进入 D 级洁净区。

② 把合格的铝盖放入烘箱，120℃干燥 2h，供轧盖用。

4. 分装

① 对分装室、缓冲室、无菌走廊等区域按相应洁净级别要求进行消毒处理，同一品种连续生产一个月或更换品种时，对 C 级、局部 A 级洁净区域的尘埃数测定一次，沉降菌每天测定一次。

② 检查温度、相对湿度是否符合规定，控制分装室温度在 18～24℃，相对湿度在 30%～55%。工作期间每隔 1h 观察温度、相对湿度 1 次，并做好记录。分装前氮气流总流量应为 4～7L/min。

③ 定期对无菌衣、口罩、手套进行无菌检查，外衣胸口、前臂、帽兜头处≤5CFU/皿，手套≤3CFU/皿，口罩≤5CFU/皿。

④ 原料桶先用纯化水抹洗，然后用 0.2%戊二醛溶液或 0.1%新洁尔灭溶液擦抹消毒，再用 75%乙醇溶液擦抹消毒，最后经传递柜传入备料室，使用前用 75%乙醇溶液擦抹。

⑤ 接触药粉的机器部件、盘具先用 75%乙醇溶液消毒，晾干后装机。开机前机台、转盘、台面用 75%乙醇溶液消毒。

⑥ 按控制装量范围，将原料上机分装，充氮气并盖上胶塞。

⑦ 在取用原料时，应核对原料的品名、批号、产地、规格、重量，装量范围由工艺员根据原料含量按处方工艺计算公式进行计算。

5. 轧盖

① 轧盖室生产条件要求温度 18～26℃、相对湿度 45%～65%；同一品种连续生产 1 个月或更换品种时，对 C 级洁净区域的尘埃数测定 1 次，每天监测沉降菌。

② 同一品种连续生产两周或更换品种前必须对洁净室进行甲醛熏蒸灭菌。

③ 分装好的产品经轧盖机轧盖。抽检：以三个手指拧住盖，顺时针方向轻轻旋动，应无松动感。

6. 灯检

轧盖后送灯检机灯检，挑出空瓶、少量、多量、污瓶及有色点、玻璃、异物等不合格品。

7. 贴签

打印标签，将标签牢固贴于瓶的中间位置，标签应粘贴牢固、平整。

8. 分装计算公式及指标

$$理论产量=\frac{原料投入量}{标准装量}\times 100\%$$

$$分装收率=\frac{中间产品入库量}{理论产量}\times 100\%$$（分装内控标准：95.0%～101.0%）

$$分装物料平衡=\frac{中间产品入库量+破损量+废弃物量+取样量}{理论产量}\times 100\%$$

（分装物料平衡内控标准：97.0%～101.0%）

9. 包装

① 包装规格：1瓶/小盒，10瓶/中盒，20中盒/箱，200瓶/箱，20瓶/中盒，30中盒/箱，600瓶/箱。

② 包装过程：以200瓶/箱为例，取产品1瓶放入胶托内规定位置，放一张说明书在托面，然后放入小盒内，合上盒盖，在小盒正面贴上一张防伪标识。中盒合缝处贴一张检封证，在中盒正面规定的位置贴上一张防伪标识。在大箱印有防伪标识处贴上两张防伪标识。

③ 计算公式与指标

$$包装收率=\frac{成品量}{中间产品领出量}\times 100\%$$（包装收率内控标准：99.0%～101.0%）

$$包装物料平衡=\frac{成品量+破损量+留样量}{中间产品领出量}\times 100\%$$（包装物料平衡内控标准：97.0%～101.0%）

$$包装材料物料平衡=\frac{使用数+剩余数+残损数}{中间产品领出量}\times 100\%$$

（纸箱、胶托、检封证、防伪标识、合格证的物料平衡均为100%）

10. 成品暂存

将已包装好的成品凭暂存单暂存于成品仓待检区，挂上待检标志。

11. 成品入库

成品检验合格且批生产记录审核无误后，凭证入库。

12. 质量控制要点

粉针剂的质量控制要点见表3-19。

表3-19 粉针剂的质量控制要点汇总表（关键工序关键质量控制点）

工序	控制点	监控项目	质量要求	检查方法	频次	检查人
制水	注射用水	pH值、氯化物、氨	《中国药典》	《中国药典》	1次/2h	操作人
	纯化水	氨 pH值、电导率	电导率＜2μS/cm（1μS/cm = $10^8\Omega\cdot cm$）	《中国药典》	1次/2h	操作人
洗胶塞	清洗后胶塞	可见异物	毛点、白点合计≤3个/50粒	取50粒加300mL可见异物	1次/箱	质检员
	干燥后胶塞	可见异物	毛点、白点合计≤3个/50粒	检查合格的注射用水，目检	1次/箱	质检员
		水分	＜0.3%	干燥失重法	1次/箱	
洗瓶	清洗后西林瓶	可见异物	毛点、白点合计≤1个/瓶	取20瓶，每瓶加可见异物检查合格的注射用水10mL，目检	1次/2h	质检员
	干燥后西林瓶	可见异物	毛点、白点合计≤1个/瓶			
		水分	＜0.3%	干燥失重法		

续表

工序	控制点	监控项目	质量要求	检查方法	频次	检查人
分装	原料	性状、可见异物	外观不得变色、潮解，无异物、异味。毛点、白点、色点合计≤3个	每桶取5瓶，每瓶取粉量按规格抽取，加10mL可见异物检查合格的注射用水溶解，目检	1次/桶	质检员
	分装后半成品	装量	标示量±2%	天平称重法	1次/h	质检员
		可见异物	毛点、白点合计≤3个/瓶		次/20min	操作人
				《中国药典》	3瓶/(2h·台)	质检员
轧盖	轧盖后中间产品	紧密度	合格率≥98%	三指扭法	随时/台 1次/h	操作人 质检员
		外观	无裙边、无牙边	抽取10瓶目测	随时/台 1次/h	操作人 质检员
灯检	轧盖后中间产品	外观	无破损、色点、气泡或结石	抽取10瓶目测	随时/台 1次/h	操作人 质检员
贴签	贴签后中间产品	外观	标签牢固、平整、适中、内容符合要求	抽取10瓶目检	随时/台 1次/h	操作人 质检员
包装	包装材料打印	批号、生产日期、有效期	内容正确、字迹清晰	目检	1次/h	操作人 质检员
	装盒	数量、标签、小盒、中盒、说明书、防伪标识、检封证（小盒无）	内容正确、字迹清晰	目检	1次/h	质检员
	装箱	数量、批号、生产日期、有效期、产品合格证、防伪标识	内容正确、字迹清晰	目检	1次/h	质检员

13. 粉针剂成品的法定标准和企业内控标准

粉针剂成品的法定标准和企业内控标准见表3-20。

表3-20 粉针剂成品的法定标准和企业内控标准

标准	性状	含量（标识量）/%	溶液颜色/号	溶液澄清度/号	溶液可见异物	水分/%	pH值	装量差异	
								1.0g/%	0.5g/%
《中国药典》2015年版	白色或类白色结晶性粉末	90～110	≤9.0	≤1	毛点、色点、白点合计≤8个	8～11	6.0～8.0	±5	±7
企业标准	白色或类白色结晶性粉末	90～105	≤7.0	≤0.5	毛点、色点、白点合计≤5个	8～10	6.0～8.0	±4	±6

14. 药品说明书

要求以附件形式附上法定部门批准的药品使用说明书。

15. 包装材料质量要求及损耗定额

（1）包装材料的质量要求　粉针剂产品包装材料的质量控制项目见表3-21。

表3-21 粉针剂产品包装材料的质量控制项目

包装种类	包装材料	包装材料内控标准编号	包装材料验收方法编号
内包装	10mL低硼硅玻璃管制注射剂瓶	TSD-BN-009-02	SOP-ZL-009-02
	注射用无菌粉末用卤化丁基橡胶塞	TSD-BN-008-02	SOP-ZL-008-02

续表

包装种类	包装材料	包装材料内控标准编号	包装材料验收方法编号
外包装	抗生素玻璃瓶用铝塑组合盖	TSD-BN-011-02	SOP-ZL-011-02
	标签	TSD-BN-024-01	SOP-ZL-005-01
	小盒、中盒	TSD-BN-012-01	SOP-ZL-012-01
	纸箱	TSD-BN-014-01	SOP-ZL-014-01
	检封证	TSD-BN-025-01	SOP-ZL-021-01
	防伪标识	—	SOP-ZL-015-01
	说明书	TSD-BN-013-01	SOP-ZL-013-01

(2) 包装材料消耗定额　粉针剂产品包装材料损耗控制见表3-22。

表3-22　粉针剂产品包装材料的损耗控制

品名	计算单位	损耗率/%	品名	计算单位	损耗率/%
说明书	张	≤1.0	西林瓶	个	≤10.0
标签	张	≤3.0	丁基胶塞	个	≤12.0
小盒	个	≤4.0	铝塑组合盖	个	≤10.0
中盒	个	≤1.0	纸箱	个	≤0.5
检封证	枚	≤1.0	—	—	—

$$损耗率=\frac{生产中损耗量}{生产使用总量}\times 100\%$$

$$生产中消耗量=生产中使用总量-实际产量$$

$$生产中使用总量=领料量-退仓量$$

16. 主要设备

粉针剂生产的主要设备见表3-23。

表3-23　粉针剂生产的主要设备

设备名称	型号	台数	主要技术参数
超声波洗瓶机	KCZP-1	1	280瓶/min
灭菌干燥机	GMS-1	1	200瓶/min
螺杆分装机	KFG	2	100瓶/min
轧盖机	KGL120	2	100瓶/min
灯检机	KGL120	2	100瓶/min
贴签机	KK916	1	200瓶/min
热风循环烘箱(胶塞)	RXH-1	1	4000～6000粒/次
热风循环烘箱(铝盖)	RXH-1	1	40000只/次

17. 经济技术指标和质量考核指标

粉针剂产品相关的经济技术指标和质量考核指标。

$$收率=\frac{实际产量}{理论产量}\times 100\%$$

$$实际产量=进仓成品量+零散进仓量+留样量$$

$$理论产量=\frac{总投料量(折纯量)}{标示量}\times 100\%\ (内控标准:95.0\%\sim 101.0\%)$$

$$一检合格率=\frac{一检合格品入库量}{成品入库量}\times 100\%\ (内控标准:\geqslant 95.0\%)$$

$$优级品率=\frac{成品优级品量}{成品入库量}\times 100\%\ (内控标准:\geqslant 75.0\%)$$

$$物料平衡=\frac{入库产量+破损量+废弃物量+取样量+留样量}{理论产量}\times 100\%$$

（内控标准：97.0%～101.0%）

（四）影响粉针剂质量的因素及解决方法

受自身性质、生产环境以及包装材料的影响，粉针剂的内外在质量都有可能发生变化，影响粉针剂质量的因素主要包括如下。

1. 生产环境

生产环境对药品质量有着重要的影响，对于粉针剂的制备，洁净室与周围生产环境的压差对粉针剂质量的影响见表3-24。

表3-24　生产环境压差对头孢西丁钠粉针剂质量的影响

压差/Pa	澄明度	溶液可见异物	成品不溶性微粒/(个/mL)	
			≥10μm	≥25μm
7.0	澄清	合格	287	26
6.2	澄清	合格	1988	155
6.0	澄清	合格	2008	207
5.5	澄清	合格	2010	196
5.2	接近1号标准液	合格	4891	510
4.8	接近2号标准液	不合格	7929	618

从上述结果可知，洁净室与周围环境的压差控制在5.2Pa以上，可以有效避免周围环境中的尘埃进入生产区，从而可以保证无菌粉针剂的质量。

2. 生产过程

粉针剂所用的内包装材料为玻璃质西林瓶，使用前都有经过洗涤和干燥灭菌处理。研究表明，西林瓶洗涤后的干燥温度与干燥时间与瓶内的含水量有直接关系，而水分含量又与粉针剂的外观质量密切相关，结果见表3-25。

表3-25　西林瓶的干燥灭菌时间与其成品物理外观的影响

西林瓶通过隧道时间/min	西林瓶在干燥灭菌段停留时间/min	西林瓶水分/%	粉针剂外观质量
22	3	0.15	原粉挂壁、粘底
24	3.5	0.10	原粉挂壁、粘底
26	4	0.08	原粉挂壁、粘底
28	4.5	0.04	原粉松散、不粘底
30	5	0.02	原粉松散、不粘底

此外，西林瓶轧盖后的密封效果对青霉素粉针剂的质量也有较大的影响，见表3-26。

表3-26　西林瓶包装的严密性对青霉素粉针剂质量的影响

项目分类	不松动粘蜡	松动粘蜡	不松动不粘蜡	松动不粘蜡
考察数量/瓶	200	200	200	200
结块数量/瓶	0	28	57	106
结块率/%	0	14.0	28.5	53.0

思考题

1. 药物制剂生产的组织体系构成有哪些内容？
2. 药物制剂生产的文件系统编制流程及对药品生产和质量保证的重要性是什么？
3. 制订药品生产计划需要考虑哪些方面的内容？
4. 片剂生产中的质量控制点有哪些？常出现的质量问题及解决方法有哪些？

5. 影响粉针剂质量的因素有哪些？如何采取措施保证其质量稳定？
6. 提高口服固体制剂体外崩解时限和溶出速度的方法有哪些？
7. 药物制剂生产过程中对中转站和批号管理都有哪些具体要求？
8. 如何理解药品质量保证体现在药品品牌战略建设中的作用？
9. 如何采取措施来保障药物制剂的生产与环境保护协同发展？

参 考 文 献

[1] 冯丽珍，张会丽，李珂．药品生产企业 GMP 文件系统设计．中国医药工业杂质，2011，42（5）：400-403.
[2] 石庆丽．药品生产企业新版 GMP 文件管理系统编写研究．管理观察，2015，1：89-92.
[3] 汪达．浅谈新版 GMP 文件系统编写．设备验证与 GMP，2012，2：24-28.
[4] 食品国家药品监督管理局．药品生产质量管理规范，2010 年修订．
[5] 饶艳．基于供应链管理的药品生产计划研究．北京：北方交通大学，2010.
[6] 程婧，黄亮．基于 OLAP 技术在药品生产计划中的探讨与实践．科技咨讯，2009，28：186-187.
[7] 冯功，梁毅．对完善药品生产企业数据完整性的思考．中国药房，2017，8（13）：1732-1735.
[8] 武艳君．药品生产成本与控制浅谈．成本管理，2012，20：99-100.
[9] 杜滨，董艳峰．粉针分装过程中影响粉针剂质量的因素．黑龙江医药，2004，17（3）：221-222.
[10] 陈娥，吴育利．粉针剂分装过程中影响粉针剂质量的因素．海南医学，2012，23（18）：86-89.
[11] 游本刚，潘海敏，唐丽华等．共研磨法改善尼群地平体外溶出度的研究．中国药房，2010，21（21）：1976-1978.
[12] 毛利娟，王永禄，李学明等．共研磨法提高兰索拉唑的溶出度．中国医药工业杂志，2011，42（8）：595-599.
[13] 罗甜，徐宇虹．介孔材料在水难溶药物增溶中的应用．生物医学工程学进展，2012，33（3）：163-168.
[14] 郑璐璐，宋洪涛．纳米药物制备技术的研究进展．解放军药学学报，2012，28（6）：537-540.
[15] Navnit S，Raman M-I，Hans-Juergen M，et al. Improved human bioavailability of Vemurafenib，a practically insoluble drug，using an amorphous polymer-stabilized solid dispersion prepared by a solvent-controlled co-precipitation process. J Pharma Sci，2013，102（3）：967-981.

第四章 药物制剂包装工程

本章学习要求

1. 掌握药物制剂包装的概念，药品包装的作用。
2. 熟悉常用包装材料的类别与特性。
3. 熟悉不同剂型包装设计的一般原则。
4. 了解药品包装的相关法规、标准，药包材与药物相容性研究内容。
5. 了解药物制剂的包装机械及其包装工艺过程。

第一节 药物制剂包装概述

一、引言

药品包装（pharmaceutical packaging）在很多年间曾经被认为是无足轻重的，而现在人们已认识到其在保证药品的效价、安全性、均一性、重现性、纯度、最小副作用和最低产品责任风险以及良好的贮藏稳定性等方面的重要作用，因此，有必要将完整的药品包装工艺作为药物研发计划的组成部分。同时，需要一个优于大多数其他类型商品的包装标准，以确保实现药品包装的作用。

药物制剂包装是指选用适宜的材料和容器，利用一定技术对药物制剂的成品进行分(灌)、封、装和贴签等加工过程的总称。药物制剂包装包括内包装（直接接触药品的包装）和外包装，而内包装分为单剂量包装和多剂量包装。单剂量包装指按照用途和给药方法对药物制剂成品的分剂量和包装，如颗粒剂的小袋包装、注射剂的玻璃安瓿包装、片剂和胶囊的泡罩包装等。多剂量包装通常指将数个或数十个剂量的药品包装于同一容器内的过程，如多个片剂或胶囊的复合袋或塑料瓶包装、滴眼液的塑料瓶包装等。内包装是直接接触药品的包装，外包装则是指将已完成内包装的药品装入袋、纸盒、桶或罐、纸箱等容器中的过程。外包装的目的是将药品集中装于一个较大的容器内，以防止水分、光、微生物、外力撞击等因素对药品造成破坏性影响，从而有助于药品的贮存和运输、标识、销售和使用等。

广义地说，制剂包装工程（engineering of pharmaceutical preparation packaging）包括对制剂包装材料的研究和生产，以及利用包装材料和设备实施包装过程所需要进行的系列工作。本章着重讨论制剂包装材料生产后的相关内容。

二、药品包装的作用

由于药品这一商品的特殊性，现代药品包装的作用已经不单纯是保证药品的质量、稳定、便于贮存和运输、提供标识，甚至是作为给药装置、以及实现药品的经济价值的一种方式。

（一）保证药物制剂的质量

进行药品评价时，要求药品包装能在整个有效期内保证其稳定性，新药研发过程应当将药物制剂置于上市包装内进行稳定性考察。适宜的包装应能够对药品的质量起到关键性保证作用。

1. 防止有效期内药品变质

通常，药物制剂暴露在空气中易氧化、染菌，有些药物见光会分解、变色，遇水和潮气会造成制剂破坏和变质，遇热可能挥发、软化，强烈振动可导致制剂变形和碎裂等。药物制剂的物理或化学性质改变，会导致药品失效，或引起不良反应。药品包装的设计中，不管装潢设计如何，都应当将包装对药品的保护功能作为首要的考虑因素。

包装应能将药物制剂中的成分与外界隔离，防止活性成分的挥发、逸出及渗漏。挥发性成分能溶解于包装材料的内侧，并在浓度梯度的作用下向外部扩散，如含芳香性成分或其他挥发性活性成分的固体制剂，其活性成分易挥发，能穿透单层聚乙烯膜，并且对多种有机包装材料有强溶蚀作用，在这种情况下选择复合膜容器、玻璃容器或金属容器更适宜。包装的另一方面作用是防止外界的空气、光线、水分、异物、微生物和微粒等进入包装内部，导致药品氧化、水解、降解、污染和发酵。有些对光敏感的药物，除了在制剂处方设计中添加遮光剂（如片剂薄膜包衣中的二氧化钛），还应在包装中采取适当的措施，如用棕色瓶包装、用铝塑复合膜包装、在包装材料中添加遮光剂等。此外，对于如乳剂、栓剂、软膏剂和脂质体等物理性质对温度敏感的制剂，包装还应有一定的隔热防寒作用。

2. 防止运输、贮存过程中药品破坏

药物制剂在运输、贮存过程中，受到各种外力的振动、挤压和冲击，可能造成药品包装和制剂的物理性能和外观等的破坏。因此，片剂和胶囊剂等固体制剂的多剂量包装，通常在内包装容器内的多余空间填装消毒的棉花等；单剂量包装的外面可用瓦楞纸或硬质塑料将每个包装分隔和固定。新型的发泡聚乙烯、泡沫聚丙烯等包装材料的缓冲效果更理想。药物制剂的外包装应具有适宜的机械强度，起到防振、耐压和封闭作用。国际运输的包装应检测包装标示的部位及牢固性、包装适用的温度与湿度范围、堆码实验数据、跌落和垂直碰撞实验数据、水平实验、斜面实验和摆动实验数据等，以确证药品在搬运和运输过程中完好。

（二）对药物制剂的标示作用

1. 标签与说明书

标签是药物制剂包装的重要组成部分，而且，每个单剂量包装上都应具备标签。包装中应有单独的药品说明书，提供科学准确的对具体药品的基本介绍以及便于使用时识别。《中华人民共和国药品管理法》规定标签或者说明书上必须注明药品的通用名称、成分、规格、生产企业、批准文号、产品批号、生产日期、有效期、适应证或者功能主治、用法、用量、禁忌、不良反应和注意事项。麻醉品、精神药品、医疗用毒性药品、放射性药品、外用药和非处方药的标签，必须印有规定的标志。

2. 包装标志

包装标志的主要作用是便于药物制剂在分类、运输、贮存和临床使用时的识别和避免拿错。包装标志通常包含品名、装量等，还应当增加一些特殊标志。毒、剧毒、易燃易爆以及兽用药等药品应加特殊且鲜明的标志，避免不当处理和使用。包装封口处的防伪标志，与商标配合以防掺伪和造假。为防止药品在贮存和运输过程中质量受到影响，外包装（运输包装）上应有特殊标志。①识别标志：一般用三角形等图案配以代用简字作为发货人向收货人表示该批货的特定记号，同时要标出品名、规格、数量、批号、出厂日期、有效期、体积、质量、生产单位等，以防弄错。②运输与放置标志：对装卸、搬运操作的要求或存放保管条件，应在包装上明确标识“向上”“防湿”“小心轻放”“防晒”和“冷藏”等。

（三）便于药物制剂的携带和使用

药物制剂包装的多样化发展，为方便制剂的携带和使用起到了重要作用。

1. 单剂量包装

单剂量包装（unit packs）中所包装的药品剂量为单次使用的剂量，在多种剂型中广泛应用，如条状包装（strip packs）（小袋包装相连形成长条状）和泡罩包装（blister packs），常用于包装片剂和胶囊。单剂量包装一方面便于患者或医师使用和药房发售药品，同时可以减少药品浪费，包装的破损仅会影响一或两个剂量。单剂量包装可采用一次性包装，适用于临时性、必要时或一次性给药的药品，如止痛药、抗晕动药、抗过敏药和催眠药等。单剂量包装的滴眼液可有效避免染菌的风险。

2. 配套包装和组合包装

包括便于药品使用的与给药装置的配套包装和为实现治疗目标的组合包装。前者如和大容量注射液配套包装的输液管和针头。后者如将数种药物集中于一个包装盒内，便于旅行和家用，例如抗结核药物组合包装是将多种抗结核药物按给药方案和剂量及服用时间分类包装，从而避免药物漏服和错服。

3. 防触动和儿童安全包装

1982 年发生的 Tylenol（偷换药品）事件引起了人们药品包装安全性方面的关注，直接导致美国立法要求 OTC 产品包装有触动标识。制剂包装开启后应具有明显的触动或开启痕迹。儿童安全包装（child-resistant packaging）是为满足儿童用药方便和安全而设计的特殊包装，经过特殊设计的包装容器或材料（如特殊设计的瓶盖、耐撕裂的薄膜等）使儿童无法开启，从而防止儿童开启包装误食药物。

4. 作为给药装置

一些特殊的药物制剂中，包装已经不单纯是起到传统的“包装”作用，而是同时作为给药装置，对于这种情形，包装与药品实际上密不可分。预灌封注射剂是将单剂量或多剂量药物灌封在特殊的注射器套筒内无菌包装，使用时开启包装后，安装好针头后即可直接注射给药，不仅给药方便，还可避免注射剂配液时的污染风险，如自主给药的胰岛素注射液、棕榈酸帕利哌酮长效注射剂等均采用此包装。另一类典型的例子是气雾剂和吸入粉雾剂，其包装容器同时作为给药装置，配合适当的容器和喷雾/吸入装置可实现定量分配药物。

三、药品包装的法规

药品包装在很多年间曾经被认为是相当无足轻重的，而现在人们已逐渐意识到药品包装不仅具有重要的功能，同时需要严格程度远高于其他类型产品的法规和标准要求。这对于维护最终的使用者（专业人员或患者）和承担产品一般质量责任的企业的利益而言都是必需的。对药品包装的严格标准尤其与较高风险的制剂（如大容量注射液、注射剂和植入剂等），或包装同时作为给药装置的制剂密切相关。

（一）我国的药品包装法规

包装是药品生产的一个重要环节，是保证制剂安全有效的措施之一，它是制剂的组成部分。为了保证药品质量和提高医药包装技术，多年来，国家医药主管部门曾制定并颁布了一系列药品包装法规，使我国医药包装行业逐步走上规范化、法制化的轨道。

1981 年 1 月，国家医药管理局颁发了《药品包装管理办法》（试行），这是药品包装行业以法治业的开端，该办法实施六年后，国家医药管理局根据其试行及国内药品包装发展情况，参考国外有关药品包装的法令、法规和准则等，对其进行修订，修订后的《药品包装管理办法》于 1988 年发布实施。1991 年 5 月 28 日，国家医药管理局发布第 10 号令《药品包装用材料和容器生产管理办法》（试行），重点对生产直接接触药品的包装材料、容器的企业实施许可证制度。1996 年 4 月 29 日，国家医药管理局发布第 15 号令《直接接触药品的包装材料、容器生产质量管理规范》(试行)。中国医药包装协会各专业委员会根据15号令有关规定，分别起草了不同产品生产企业的实施细则。以上各项法规的出台，对规范医药包装材料、容器的生产经营秩序，提高产品质量的确起到了积极推动作用。在总结原发布过的法规和执行情况的基础上，国家药品监督管理局于2000年4月29日发布了第21号令《药品包装材料、容器管理办法》(暂行)，开始对药品包装材料、容器产品分类实施《药包材注册证书》的注册制度，步入统一监督管理轨道。为加强直接接触药品的包装材料和容器（以下简称“药包材”）的监督管理，保证药包材质量，国家食品药品监督管理局根据《中华人民共和国药品管理法》及《中华人民共和国药品管理法实施条例》制定了《直接接触药品的包装材料和容器管理办法》(以下简称《办法》)，并于2004年7月20日发布，其中规定“生产、进口和使用药包材，必须符合药包材国家标准。药包材国家标准由国家食品药品监督管理局制订和颁布”。其中，“药包材国家标准，是指国家为保证药包材质量、确保药包材的质量可控性而制订的质量指标、检验方法等技术要求”。国家食品药品监督管理局制定注册药包材产品目录，并对目录中的产品实施注册管理。实施注册管理的药包材包括：①输液瓶（袋、膜及配件)；②安瓿；③药用（注射剂、口服或者外用剂型）瓶（管、盖)；④药用胶塞；⑤药用预灌封注射器；⑥药用滴眼（鼻、耳）剂瓶（管)；⑦药用硬片（膜)；⑧药用铝箔；⑨药用软膏管（盒)；⑩药用喷（气）雾剂泵（阀门、罐、筒)；⑪药用干燥剂。对于不能确保药品质量的药包材，在国家食品药品监督管理局公布淘汰的药包材产品目录中列出。《办法》强调“国家鼓励研究、生产和使用新型药包材。新型药包材应当按照本办法规定申请注册，经批准后方可生产、进口和使用”。

除以上关于药品包装的专门法规之外，药品管理法规中也有药品包装的相应规定。2001年2月全国人大常委会审议通过的《中华人民共和国药品管理法》(2015年修订）第六章“药品包装的管理”中明确规定：直接接触药品的包装材料和容器，必须符合药用要求，符合保障人体健康、安全的标准，并由药品监督管理部门在审批药品时一并审批；药品生产企业不得使用未经批准的直接接触药品的包装材料和容器；药品包装必须适合药品质量的要求，方便储存、运输和医疗使用；药品包装必须按照规定印有或贴有标签并附有说明书；标签或者说明书上必须注明药品的通用名称、成分、规格、生产企业、批准文号、产品批号、生产日期、有效期、适应证或者功能主治、用法、用量、禁忌、不良反应和注意事项；麻醉品、精神药品、医疗用毒性药品、放射性药品、外用药和非处方药的标签，必须印有规定的标志等。

(二) 美国和欧盟的药品包装法规

世界各国对药品包装都十分重视，大力开展药品包装的相关培训和推广工作，在管理方面又制定了许多法规，以保证药品包装的质量。美国食品药品监督管理局（FDA）在进行药物评价时，要求必须确定此药物使用的包装能在整个使用期内保持其药效、纯度、一致性、浓度和质量。美国政府公布的食品、药品和化妆品法案中，虽然对容器或容器塞子没有提出规格或标准，但规定生产企业有责任证明包装材料的安全性，在用此材料来包装任何食品或药物前必须获得批准。

FDA不仅对包装容器，也对制造容器的材料进行审批。FDA公布过“一般认为安全”(Generally Recognized as Safe，GRAS）材料名单。专家们的意见认为，在质量良好的前提下，名单中所列的材料在一定条件下是安全的。如采用GRAS中未包括的或以前批准的材料包装药品或食品，必须由生产企业进行试验，并向FDA提供数据。FDA公布的包装容器标准，可作为生产、加工、包装或贮存药品的指导原则。FDA有关药物的这项规则要求“容器、塞子及其他包装的组成部分，为了适合预期的用途，不得与药品发生作用，对药物的均一性、浓度、质量和纯度不得产生影响或对药物有吸附作用”。使用塑料做包装品时，多数树脂制造企业都将其树脂向 FDA 备案。根据树脂制造企业的请求，FDA 将以该档案作为审批制药企业申请新药的参考资料。

在药品上市之前，所使用的任何容器必须与药物共同获得批准。制药企业应将容器及与药物接触的包装部件的数据，列在新药申请（NDA）资料中。FDA 确定药物是安全有效的，并且认定包装适宜，即可批准此药品和包装。一经批准，在再次获得 FDA 批准前，任何情况下均不得改变包装。

（三）药典对药物制剂包装的要求

《美国药典》、《欧洲药典》和《日本药局方》等都包含了有关药品包装的指导原则。《欧洲药典》是欧洲各国主要的参照来源，对塑料和各种类型的药用玻璃均有规定。《欧洲药典》规定了允许作为药品容器使用的塑料，对于每一类材料都给出相应的标准、测试方法和添加剂用量。其中规定，塑料容器的材料可由一种或多种聚合物及其某些添加剂组成，但不能含有任何能够被内容物萃取而改变产品的有效性和稳定性或导致毒性增加的物质。在各品种项下指出，添加剂的性质和用量依赖于聚合物的类型、将塑料加工为容器的工艺以及容器的使用目的。经许可的添加剂包括抗氧剂、稳定剂、增塑剂、润滑剂、染料和冲击改性剂等。抗静电和脱膜剂只可添加于口服和外用制剂的容器。特殊允许使用的添加剂在药典品种项下的材料标准中给出。选择适宜的聚合物材料时，需要重点关注的是药物不被包装材料吸附、不通过材料迁移，聚合物也不产生任何数量足以影响产品的稳定性和毒性的物质。

（四）GMP 对药物制剂包装的要求

发达国家对于药物制剂的包装均比较严格。美国是最早颁布相应 GMP 的国家，目前已逐渐被许多国家采纳。GMP 的要求之一是防止污染与混淆，其中规定药物制剂的包装应符合以下要求：①防止直接接触药物的容器与塞子带来杂物与微生物；②在装填和分包包装工序中防止交叉污染（其他药品粉尘混入）；③防止包装作业中发生标志混淆；④防止标志错误（如印刷、打印差错）；⑤标签与说明书等标志材料应加强管理；⑥包装成品需进行检验；⑦包装各工序皆应做好记录。

国家食品药品监督管理局颁布的《药品生产质量管理规范》（2010 年版）的第六章“物料和产品”、第九章“生产管理”部分，对包装材料的购买、使用、包装操作以及标签和说明书等有明确规定。

四、药品包装的相关标准

为了促进国际标准化发展，以便国际物资交流，并发展在知识、科学、技术和经济活动领域里的合作，国际标准化组织（ISO）第 122 包装技术委员会 CISO/T（122）制定了数十个包装标准，目前已被世界许多国家积极采用。我国也密切结合我国国情，根据国家的有关法规和政策，在讲求经济效益、技术先进、经济合理、安全可靠的原则下积极采纳国际包装标准，并制定了一系列药品包装相关的国家标准，以促进我国包装工业的发展和提升药品包装水平。

按照《中华人民共和国药品管理法》及其实施条例规定和《国家药品安全“十二五”规划》中关于“提高 139 个直接接触药品的包装材料的标准”要求，2015 年 8 月 9 日国家食品药品监督管理总局 2015 年第 164 号公告发布了 YBB 00032005—2015《钠钙玻璃输液瓶》等 130 项直接接触药品的包装材料和容器的国家标准。新标准于 2015 年 12 月 1 日起实施，其中包括产品标准 80 个、方法标准 47 个、通则 2 个以及指导原则 1 个。方法标准是在进行相关产品检验时通用性的检验方法；2 个通则分别是复合膜/袋和供挤出输液用膜/袋的通则；涵盖的材料包括塑料、橡胶、玻璃和金属等。

药包材标准是为保证所包装药品的质量而制定的技术要求，国家药包材标准由国家颁布的药包材标准（YBB标准）和产品注册标准组成，药包材质量标准又分为方法标准和产品标准。药包材产品标准的内容主要包括三部分：①物理性能。主要考察影响产品使用的物理参数、力学性能及功能性指标。如橡胶类制品的穿刺力、穿刺落屑，塑料及复合膜类制品的密封性、阻隔性能等。物理性能的检测项目应根据标准的检验规则确定抽样方案，并对检测结果进行判断。②化学性能。考察影响产品性能、质量和使用的化学指标，如潜出物试验、溶剂残留量等。③生物性能。考察项目应根据所包装药物制剂的要求制定，如注射剂类药包材的检验项目包括细胞毒性、急性全身毒性试验和溶血试验等；滴眼剂瓶应考察异常毒性、眼刺激试验等。药包材的质量标准应建立在经主管部门确认的生产条件、生产工艺以及原材料牌号、来源等基础上，按照所用材料的性质、产品结构特性、所包装药物的要求和临床使用要求制定试验方法和设置技术指标。不同给药途径的药包材，其规格和质量标准要求亦不相同，应根据实际情况在制剂规格范围内确定药包材的规格，并根据制剂要求、使用方式制定相应的质量控制项目。在制定药包材质量标准时既要考虑药包材自身的安全性，也要考虑药包材的配合性和影响药物贮藏、运输、质量、安全性和有效性的要求。药包材产品应使用国家颁布的YBB标准，如需制定产品注册标准的，其项目设定和技术要求不得低于同类产品的YBB标准。此外，自2016年起，为贯彻落实《国务院关于改革药品医疗器械审评审批制度的意见》（国发［2015］44号），简化药品审批程序，对于新申报的药包材，由以前的单独审批改为在审批药品注册申请时一并审评审批。

五、药包材与药物的相容性研究

药包材与药物的相容性研究是选择药包材的基础。药物制剂在选择药包材时必须进行药包材与药物的相容性研究。药包材与药物的相容性试验应考虑剂型的风险水平和药物与药包材相互作用的可能性（见表4-1），一般应包括以下内容。

表4-1 药包材风险程度分类

不同用途药包材的风险程度	药物制剂与药包材发生相互作用的可能性		
	高	中	低
最高	吸入气雾剂及喷雾剂； 注射液、冲洗剂	注射用无菌粉末； 吸入粉雾剂	
高	眼用液体制剂； 鼻吸入气雾剂及喷雾剂； 软膏剂、乳膏剂、糊剂、凝胶剂及贴膏剂、膜剂		
低	外用液体制剂； 外用及舌下给药用气雾剂； 栓剂； 口服液体制剂	散剂、颗粒剂、丸剂	口服片剂、胶囊剂

（1）药包材对药物质量影响的研究　包括药包材（如印刷物、黏合剂、添加剂、残留单体、小分子化合物以及加工和使用过程中产生的分解物等）的提取、迁移研究及提取、迁移研究结果的毒理学评估；药物与药包材之间发生反应的可能性；药物活性成分或功能性辅料被药包材吸附或吸收的情况和内容物的逸出以及外来物的渗透等。

（2）药物对药包材影响的研究　考察经包装药物后药包材的完整性、功能性及质量的变化情况，如玻璃容器的脱片、胶塞变形等。

（3）包装制剂后药物的质量变化（药物稳定性）　包括加速试验和长期试验药品质量的变化情况。具体不同的包材应考察的内容和研究方法可参见由国家药典委员会审定，于2015年12月1日开始实施的《药品包装材料与药物相容性试验指导原则》（YBB 00142002—2015）。

第二节　药物制剂的包装材料

药包材对于药品的稳定性和使用安全性有十分重要的影响，药包材的选择除了要满足法规的要求、经过适当的稳定性和相容性评价之外，同时还要能够适应工业生产（如高速加工处理）。药品包装中常用的包装材料有玻璃、金属、塑料、纸、橡胶以及复合膜材等。

一、玻璃

玻璃是包装应用最为普遍的材料之一，药品包装常用玻璃容器，如瓶、安瓿等。玻璃基本上具有化学惰性、非渗透性、坚固、有刚性，长期存放不变质，价格低廉等特性，对于药物制剂具有优越的保护作用，易于制成不同大小和各种形状，经适当密封，可成为优良的包装容器。易碎和重量较大是玻璃容器的缺点。

1. 化学成分

玻璃的主要成分是二氧化硅、碳酸钠、碳酸钙等，可以根据不同的性能要求改变其主要成分的比例，或添加不同量的附加成分。附加成分为玻璃引入金属元素进而产生不同的性质，如：氧化钠或氧化钾可降低其熔点使玻璃易于熔融，但过量添加又使其抗化学性能降低；氧化硼可使玻璃耐用、抗热震、增强机械强度；微量的铅可赋予玻璃透明度与光彩；氧化铝能增加玻璃的硬度和耐用性、抗化学性以及着色性、润滑性等。药用玻璃的成分中，除硅、硼、钠、钾以外，还可能含铝、钙、镁、锌和钡等阳离子，特殊玻璃还含氟、氯等离子。

2. 分类

药用玻璃国家药包材标准（YBB 标准）根据线热膨胀系数和三氧化二硼含量的不同，结合玻璃的性能要求将药用玻璃分为高硼硅玻璃、中硼硅玻璃、低硼硅玻璃和钠钙玻璃四类。按照《中国药典》2015 年版的规定，各类玻璃的成分及性能要求如表 4-2 所示。

表 4-2　各类玻璃的成分及性能要求

化学成分及性能①		类型			
		高硼硅玻璃	中硼硅玻璃	低硼硅玻璃	钠钙玻璃
B_2O_3/%		≥12	≥8	≥5	<5
SiO_2/%		约 81	约 75	约 71	约 70
Na_2O+K_2O/%		约 4	4～8	约 11.5	12～16
$MgO+CaO+BaO+(SrO)$/%		—	约 5	约 5.5	约 12
Al_2O_3/%		2～3	2～7	3～6	0～3.5
平均线热膨胀系数②（20～300℃）/$\times10^{-6}K^{-1}$		3.2～3.4	3.5～6.1	6.2～7.5	7.6～9.0
121℃颗粒耐水性③		1 级	1 级	1 级	2 级
98℃颗粒耐水性④		HGB 1 级	HGB 1 级	HGB 1 级或 HGB 2 级	HGB 2 级或 HGB 3 级
内表面耐水性⑤		HC1 级	HC1 级	HC1 级或 HC2 级	HC2 级或 HC3 级
耐酸性能	重量法	1 级	1 级	1 级	1～2 级
	原子吸收法	100μg/dm³	100μg/dm³	—	—
耐碱性能		2 级	2 级	2 级	2 级

① 各种玻璃的化学成分并不恒定，是在一定范围内波动，因此同类型玻璃化学成分允许有变化，不同的玻璃厂家生产的玻璃化学成分也稍有不同。

② 参照《平均线热膨胀系数测定法》。

③ 参照《玻璃颗粒在 121℃耐水性测定法和分级》。

④ 参照《玻璃颗粒在 98℃耐水性测定法和分级》。

⑤ 参照《121℃内表面耐水性测定法和分级》。

硼硅酸盐玻璃：《美国药典》中统称为Ⅰ型玻璃。Ⅰ型玻璃呈中性，其原料和加工成本较高、浸出物少，常用于对包装材料要求较高的药品内包装，如注射剂和血液制品，包装容器多为安瓿或小瓶（管制）。这种玻璃中大量的强碱离子（Na^{+}、K^{+}）和金属阳离子（Be^{2+}、Mg^{2+}、Ca^{2+}、Sr^{+}、Ba^{2+}、Ra^{2+}）被硼、铝和锌替代，化学惰性优于钠钙玻璃。

钠钙玻璃：又称碱石灰玻璃，《美国药典》中钠钙玻璃被细分为Ⅱ型（脱碱化）、Ⅲ型和NP型（nonparenteral glass）的钠钙玻璃。Ⅱ型为钠钙玻璃表面经二氧化硫处理得到的脱碱化的钠钙玻璃，有很强的化学惰性，但弱于硼硅酸盐玻璃，成本较低，在高pH条件下，玻璃中的氧化物很容易浸出，可用于药品包装（血液制品和pH高于7的含水药品除外）。Ⅲ型为普通钠钙玻璃，耐水解性接近玻璃的平均水平，可用于注射用干燥粉末、油性溶液的包装。NP型为一般用途的钠钙玻璃，其耐水解性最差，不能长时间贮存于潮湿环境中，可用于固体制剂、部分半固体和液体制剂的包装，不能用于注射剂的包装。

一般药用玻璃瓶常用无色透明或棕色的。需要遮蔽紫外线可采用棕色或红色玻璃，《美国药典》规定避光容器的玻璃应阻隔290～450nm的光线，棕色玻璃能符合此要求。但棕色玻璃中加入的氧化铁易渗入药品制品中，如药品中含有能被铁催化的成分时不宜用棕色玻璃包装。不同的添加成分，可使玻璃呈不同的颜色（见表4-3）。

表4-3 玻璃中添加成分与成品玻璃的颜色

添加成分	色泽	添加成分	色泽
碳与硫或铁与锰	棕色	氧化铁、二氧化锰、二氧化铝	绿色
镉与硫的化合物	黄色	硒与镉的亚硫化合物	红宝石色
氧化钴与氧化铜	蓝色	氟化物或磷酸盐	乳白色

3. 玻璃容器的特性

表4-4列出了玻璃容器的优缺点。由于具有显而易见的优点，玻璃容器作为一种较为理想的药包材，在相当长的时间内几乎用于所有类型药物制剂的包装。

表4-4 玻璃容器的优缺点

优点	缺点
具有化学惰性成分、耐水解性、耐溶剂性	抗冲击性差
无透湿性、无透气性、无透药香性	重量大
易洗涤、灭菌、干燥	耐热冲击性低
透明有光泽	有时会析出碱，并成片剥落
抗拉强度大，不变形	在截断、粘接等高精细加工方面比较困难
卫生	
原料容易得到，且可再生	
价格便宜	
易成型	
再密封性良好	
耐热性、腐蚀性强	

耐水解性是玻璃容器的一项重要性能指标。制剂包装用玻璃容器，尤其是注射剂用安瓿和小瓶，其清洁度要求高，灌装前需充分洗涤，这就要求玻璃具有良好的耐水解性。虽然玻璃基本为惰性材料，但也含有一定量的各种金属氧化物，这些金属氧化物遇水后会发生不同程度的水解而生成氢氧化物。水解作用使玻璃表面生成硅酸凝胶和氢氧化物，温度较低时水解作用和凝胶的生成未达到玻璃表面的内层，其水解过程主要为离子交换，但在高温高压灭菌过程中由于-Si-O-Si-晶格受到破坏而水解。因此，过高温（>160℃）或长时间盛装水溶液（尤其是偏碱性的水溶液）时，即使中性玻璃也常发生水解作用而新生成氢氧化物并产生脱片现象，溶出的苛性碱与药液中某些物质作用生成的沉淀和脱下的细小鳞片状物随注射剂

进入体内将导致过敏或栓塞。

根据溶度积规则，判断硅酸盐玻璃中各金属氧化物增加玻璃耐水性的顺序是：

$ZnO_2>Al_2O_3>SnO>ZnO>PbO>MgO>CaO>BaO>LiO>K_2O>Na_2O$

各类型玻璃的耐水性能为Ⅰ型玻璃>Ⅱ型玻璃>Ⅲ型玻璃（仅具有中等耐水性）。

二、金属

1. 金属材料的一般特性

金属材料的一般特性包括：①良好的延伸性，这是包装容器加工的基础；②强度和刚性大，故金属容器的机械保护作用好；③光泽好；④能耐受热、寒的影响；⑤气密性良好，不透气、不透光、不透水。因此，金属也是一种重要的制剂包装材料。

2. 常用金属材料

以往常用镀锡铁（马口铁）和铝，近些年来金属包装材料已被很多新型材料取代，镀锡铁已很少使用，但铝仍广泛使用（容器、铝管和铝箔等）。金属可用于制造对延展性要求较高的包装，如可折叠管；金属也可用于制造复杂的药物传递装置，如干粉吸入器、计量式吸入器和气雾剂容器等。

（1）锡　稳定性好，冷锻性能优良，可牢固地包覆在多种金属的表面（如牙膏皮系锡铅皮制成），但价格昂贵。目前除眼用软膏用纯锡管外，一般药品包装多用镀锡管或镀铝管。

（2）马口铁　马口铁是包覆纯锡的低碳钢皮。铁是较活泼的金属，表面镀锡后有强的抗腐蚀性，加之其较大的刚性，药品包装中多用于制造桶、盒、罐之类，保护作用强。马口铁表面涂漆，能更好地适应不同产品的包装要求。如内表面衬蜡后可盛装水性基质的制剂；涂酚醛树脂可用于酸性制品包装，涂环氧树脂则可用于包装碱性制品。

（3）铝　质轻、硬度大，具有延展性、可锻性、无味、无毒、无水气透过性，且加工性能好，可制成刚性、半刚性或柔性的包装容器。铝中加入3%锑可增加硬度；表面镀锡或涂漆可克服其活泼性而防腐蚀；铝表面与空气中氧作用后能形成氧化铝膜层，该膜层坚硬、透明，能保护铝不再继续氧化。

药品包装中，铝的应用形式多种多样。

① 铝板　可用于制作桶、箱、盒、罐和瓶盖，也可加工成软膏管，代替部分锡管。

② 铝箔　铝箔在药品包装中的主要包装形式是泡罩包装和条形包装。铝箔具有良好的包装加工性和保护、使用性能。对于易吸潮变质（分解、变色、软化、凝固、发霉等）的制剂，需要无水汽透过性的包装。铝箔是防潮包装不可缺少的材料，厚度20μm以上的铝箔防潮性能极佳（表4-5）。铝箔不透光，在泡罩包装的片材内衬以铝箔或蒸镀铝膜，可防止药品因光照而发生的变质。铝箔不透气，可以阻止外环境中空气里的氧与药物接触而发生氧化。铝箔易撕裂、又具有一定的韧性，作为药包材，临床使用方便。泡罩包装使用硬质铝箔便于从铝箔处撕开取药，条形包装可沿缝线孔分割。铝箔上容易实现印刷或刻字，便于在直接接触药品的包装上标示适应证和用法用量等信息。

表4-5　铝箔的特点

优点		缺点
密度小	加工性能好	不能透视内容物
不发生硫化而变黑	无毒、无害	如果无高分子材料涂覆则无热封性
不生锈，氧化物为白色	非磁性	力学性能脆弱
遮光性能好	易开封	耐腐蚀性能低
有热反射性	导热性能好	价格高
防潮、密闭性好	耐热、耐寒性能好	存在气孔
不通过昆虫、细菌等	有光泽	易出现皱褶

由于铝价较贵，厚的铝箔密封性好但耗费材料多，薄的气孔多，且铝箔热封强度差，这些缺点不利于药品包装，而铝塑复合膜可相互取长补短，是一类较理想的包装材料。

③ 蒸镀铝、电化铝　金属铝以蒸镀或电镀的方法附着在其他材料上，目前被广泛用于包装的装潢。

三、塑料

塑料是主要由天然或合成的高分子组成的、可模塑或热压成型的一类材料。塑料可以加工成形式多样、大小不同的瓶、罐、袋或管，亦可制成泡罩、条带等，用途十分广泛，已成为最主要的制剂包装材料，有逐步取代部分玻璃或金属容器的趋势。

1. 塑料的基本组成

塑料的组成除了基本的高分子材料外，一般还需要添加各种附加剂。可用作塑料的高分子材料分为两大类，一类是热塑性塑料，加热熔融塑化，冷却后变硬成型，成型过程分子结构和性能无显著变化，常用的有聚乙烯、聚丙烯和聚氯乙烯等；另一类为热固性塑料，热压成型过程中大分子间形成化学交联而固化，不能回收热塑成型，如酚醛树脂和环氧树脂等。塑料所用附加剂主要包括：①增塑剂，可以提高制品的柔性、弹性、抗冲击性和耐寒性；②稳定剂，阻止或延缓塑料在光线或高热作用下发生降解或变色，如某些金属化物或脂肪酸盐类，但长时间使用后，稳定剂会渗透到表面而致塑料变性，污染药品；③抗氧剂，可阻止塑料氧化而防止高分子链降解，防止交联和外观性能变差；④润滑剂，降低摩擦系数，改善流动性；⑤抗静电剂，降低塑料表面的静电荷；⑥其他，如着色剂、填充剂、防腐剂、阻燃剂和紫外线稳定剂等。

2. 常用塑料的种类

药品包装多用聚乙烯、聚丙烯、聚苯乙烯、聚氯乙烯、聚酰胺以及聚酯等热塑性塑料。

(1) 聚乙烯　聚乙烯（polyethylene，PE），通式为 $\left[\!-CH_2-CH_2-\right]_n$，有低密度聚乙烯（LDPE）、中密度聚乙烯（MDPE）和高密度聚乙烯（HDPE），HDPE目前应用广泛。聚乙烯呈半透明，防潮性能好，但氧和其他一些气体可透过，隔绝异味作用差。大多数溶剂与强酸强碱对聚乙烯无作用。聚乙烯的基本性质如刚性、湿气透过性、应力开裂（stress cracking）和透明度等，与其密度（0.9～0.96）有关，密度增大刚性增强。耐热和耐寒性好，透湿透气性低。

聚乙烯在加工过程和后续暴露在空气中可氧化降解，需加抗氧剂（常用丁羟甲苯或双十二烷基硫代二丙酸酯），抗氧剂的一般用量为百万分之一。加工聚乙烯瓶时可加入抗静电剂，以防止聚尘，常用的抗静电剂有聚乙烯二醇或长链脂肪胺（0.1%～0.2%）。

(2) 聚丙烯　聚丙烯（polypropylene，PP），通式为 $\left[\!-CH_2-\underset{\displaystyle CH_3}{\underset{|}{CH_2}}-\right]_n$，聚丙烯耐受强酸、强碱以及其他几乎所有类型的化合物，热的芳香或卤化溶剂能使之软化。聚丙烯熔点较高，在170℃时耐热性好，适用于热压灭菌；透湿及透气性低于低密度聚乙烯；无聚乙烯的应力开裂缺点。聚丙烯低温时较脆，需与聚乙烯或其他塑料共混以提高其抗冲击性能。

(3) 聚苯乙烯　聚苯乙烯（polystyrene，PS），结构式为 $\left[\!-CH_2-\underset{\displaystyle C_6H_5}{\underset{|}{CH_2}}-\right]_n$。聚苯乙烯是一种无色、透明的塑料，透湿透气性高于HDPE。聚苯乙烯刚性大，跌落或弯折时易破裂，易聚集静电，熔点较低（88℃），不能高温使用。耐酸碱但不耐强氧化性酸，易受许多化学品如豆蔻酸异丙酯的侵蚀而破裂，只用于包装固体制剂。与不同比例的橡胶与丙烯酸树脂混合，可改善聚苯乙烯的抗冲击强度和降低其脆性。

（4）聚氯乙烯　聚氯乙烯（polyvinyl chloride，PVC），结构式为 $\left[\!-CH_2-\underset{\underset{Cl}{|}}{CH_2}-\!\right]_n$ ，聚氯乙烯能加工成无色透明、不透气的塑料瓶，其耐油性好，但抗冲击性能较差。长期光照或加热会导致聚氯乙烯变黄，常添加各种稳定剂、增塑剂、抗氧剂、润滑剂和着色剂等，最常用的稳定剂为锡化物，如马来酸和月桂酸的二羟基锡酯，二辛基硫基醋酸锡与马来酸盐亦可作为 PVC 制品的稳定剂，但新制的瓶多有轻微异味。

硬聚氯乙烯（非增塑 PVC）柔性差、无色透明、不透水、不透气、化学稳定性好，广泛用于泡罩包装。增塑聚氯乙烯（软聚氯乙烯）常用于制造塑料袋、薄膜、层压膜和其他柔性包装，是制造管材和输液袋的常用材料。聚氯乙烯中增塑剂的加入可提高其柔性，但同时会降低聚氯乙烯的强度、熔点和阻隔性。常用的增塑剂是邻苯二甲酸二辛酯。此外，聚氯乙烯能吸附化学物质，因此当使用聚氯乙烯输液器时可能会引起药物含量的改变，应予以关注。常用的增塑剂为邻苯二甲酸酯。聚氯乙烯不受酸碱侵蚀（但一些氧化性酸除外），特别在低温下抗冲击性能较差。对于聚氯乙烯药包材应特别注意其单体氯乙烯的残留，有报道氯乙烯可能致肝癌。目前，国外的聚氯乙烯塑料的氯乙烯单体残留控制在 2×10^{-6}（$2\mu g/g$）以下。聚氯乙烯还可以用于玻璃瓶的表面涂层，将玻璃瓶浸于聚氯乙烯溶胶中，取出固化后在玻璃瓶表面形成防碎涂层。

（5）聚酰胺　聚酰胺（polyamide），俗称尼龙（nylon），是以二元羧酸与二元胺或内酰胺为单体，通过缩合聚合或开环聚合得到的产物。根据单体类型的不同，可合成不同类型的聚酰胺，如尼龙 66（ $\left[\!-NH(CH_2)_6NH-\overset{O}{\overset{\|}{C}}(CH_2)_4\overset{O}{\overset{\|}{C}}-\!\right]_n$ ）的单体为己二胺和己二酸。聚酰胺可制成薄型容器，能耐受热压灭菌，牢固不易损坏，能耐受多种无机和有机化学药品。聚酰胺的吸湿与透湿性较大，且可能与药品发生相互作用。聚酰胺薄膜内衬以聚乙烯或聚偏二氯乙烯，可改善其耐热、耐寒、耐水、耐油和避潮气等性质。

（6）其他塑料　药物制剂包装中也使用聚四氟乙烯（polytetrafluoroethylene，PTFE 或 Teflon®）、聚偏二氯乙烯（polyvinylidene chloride，PVdC）、聚碳酸酯（polycarbonate，PC）、聚酯类、聚甲醛、以及丙烯腈-丁二烯-苯乙烯共聚物（acrylonitrile-butadiene-styrene，ABS）等高分子材料。聚四氟氯乙烯是最昂贵的塑料，对水分的渗透性低，惰性强，迄今只用于泡罩包装，一般制成 PVC 复合膜。聚碳酸酯（结构式 $\left[\!-O-C_6H_4-\underset{CH_3}{\overset{CH_3}{\overset{|}{\underset{|}{C}}}}-C_6H_4-O-\overset{O}{\overset{\|}{C}}-\!\right]_n$ ）耐油性强、制成的容器清澈透明，坚硬似玻璃，能耐受反复灭菌（蒸汽灭菌或煮沸灭菌），在很大程度上可以考虑代替玻璃小瓶或针筒。透气、吸水（但吸湿性小）、抗稀酸，也能抗氧化剂与还原剂以及盐、脂肪烃等。可被酮、酯、芳香烃及一些醇所侵蚀。聚碳酸酯滴眼液瓶的抗冲击性能良好，约比普通包装塑料者大 5 倍。聚甲醛的拉伸强度高、刚度大，有良好的耐疲劳性，通常作为设备、气雾剂阀门等部件。聚丙烯腈类（如丙烯腈和甲基丙烯腈的聚合物）塑料的特点是对气体有极高的屏障力、耐化学品性能好、机械强度高、可安全焚化处理。聚丙烯腈类可以盛装汽水、热装食品和对氧敏感的产品，美国 FDA 已批准其用于一些药品的包装。

3. 塑料包装的特性及存在的主要问题

（1）塑料包装的特性　塑料包装通常具有良好的柔韧性、弹性和抗撕裂性，抗冲击性能好，作为包装材料既方便选型、又不易破碎、质轻携带方便，尤其重要的是其成型加工容易，采用不同的热塑成型工艺可以加工成不同形状和容积的瓶、袋、薄膜，作为金属或玻璃容器的涂层以及复合膜等。常用塑料薄膜的特性见表 4-6。

表 4-6　各种塑料薄膜的特性

分类	阻隔性			透明性	耐水性	耐油性	耐热性	耐寒性	强度	机械适应性	热成型性	热封性	印刷适应性
	水蒸气	气体	香臭气										
铝箔	最优	最优	最优	否	可	最优	最优	最优	最优	最优	否	否	最优
赛璐玢	否	良	可	良	否	优	优	否	良	最优	否	否	最优
聚偏二氯乙烯涂层的赛璐玢	良	优	优	优	可	优	良	否	良	优	否	否	优
低密度聚乙烯	良	否	否	良	优	可	可	良	良	否	优	优	良
中密度聚乙烯	良	否	可	良	优	可	可	良	良	否	优	优	良
高密度聚乙烯	优	否	可	可	优	良	良	良	良	否	优	良	良
聚丙烯	良	否	良	良	优	良	良	可	良	可	最优	良	良
乙烯-醋酸乙烯酯共聚物	可	否	可	良	良	良	可	优	良	否	良	最优	优
聚苯乙烯	可	否	良	优	良	良	良	良	良	良	最优	否	良
聚碳酸酯	可	否	优	优	良	良	优	优	优	良	良	否	良
尼龙	可	优	良	优	可	优	优	良	优	良	优	否	良
聚氯乙烯	良	良	良	优	良	优	可	可	良	优	最优	良	良
乙烯基乙烯醇	否	最优	最优	优	否	优	良	良	良	否	优	否	良
聚偏二氯乙烯	最优	优	优	良	良	优	良	良	良	否	良	可	良
聚三氟氯乙烯	最优	良	良	良	优	优	最优	最优	良	良	可	否	否

(2) 塑料包装存在的主要问题　①穿透性：大多数塑料包装有明显的透光、透气和透湿性，阻隔作用差，光线、氧和水分均能进入包装内部而接触药品。另外，药品中的挥发性成分亦可能通过包装而逸散出来，引起药品变质。②迁移性：塑料中可能加有各种附加剂，附加剂分子会迁移到药品中，造成污染。如聚氯乙烯输液器会引入微粒，而增塑剂邻苯二甲酸二乙酯亦能明显迁移到输液中（见表 4-7 和表 4-8）。塑料中的附加剂不仅能转移到液体、胶体溶液中，而且还能进入到药物粉末和片剂中，但通常迁移量较低。③吸附性：塑料包装容器有吸附药物的作用，导致药物含量降低、防腐效果减弱等药品稳定性问题。研究发现，用低密度聚乙烯瓶包装氯霉素眼药水，氯霉素和防腐剂尼泊金乙酯的含量均降低。影响塑料吸附药物量的因素是多方面的，如 pH、化学结构、溶剂种类、主药浓度、受热温度、接触面积与时间等，在产品和包装设计时，这些因素均应综合考虑。④化学反应：塑料中的某些成分可能并非完全惰性物质，在一定条件下会与某些被包装成分发生化学反应，这对于保证药品质量十分不利。因此，不是所有药品都适合用塑料包装。⑤变形性：塑料在光、热以及药品中成分的作用下会发生化学反应、降解、老化和变性等现象。例如，油能使聚乙烯瓶软化；冬季寒冷时塑料薄膜变脆、甚至破裂。至于降解产物，有的对人体是有害的，如聚氯乙烯降解产生的单体氯乙烯有致癌作用，氯乙烯的含量不能超过 2×10^{-6} ($2\mu g/g$)。

表 4-7　振动引起聚氯乙烯输液袋和玻璃瓶的微粒数变化

振动时间	每毫升的微粒数/粒	
	聚氯乙烯输液袋	玻璃瓶
0h	345	87
2h	16122	893
30h	24308	150

表 4-8　聚氯乙烯袋包装的大容量注射液贮存 24h 析出的邻苯二甲酸二乙酯量

溶液(1L 溶液)	邻苯二甲酸二乙酯析出量/(mg/袋)	
	未搅动	搅动后
0.9%氯化钠注射液	0.101	0.582
5%葡萄糖注射液	0.104	1.535

续表

溶液(1L溶液)	邻苯二甲酸二乙酯析出量/(mg/袋)	
	未搅动	搅动后
林格注射液	0.099	0.454
乳酸钠注射液	0.067	0.728
无菌冲洗液	0.102	1.151

塑料或容器主要通过对药物的吸附、增塑剂和抗氧剂的浸出及透氧、透湿等影响药物的稳定性，因此，不同的药品应通过药物相容性试验来选用适宜的塑料包装材料。塑料包装与药物的相容性试验主要包括提取试验、迁移试验和吸附试验三个方面。针对塑料包装存在的这些缺点，通过开展深入研究可找出许多行之有效的办法来克服，提高医药包装的水平。

四、纸

纸属于天然纤维制品，在包装上应用最广泛，几乎涉及各个行业的产品包装，药品包装亦不例外。

1. 包装纸的种类

① 单层纸：如牛皮纸等广泛用于制作小纸袋或印刷标签、说明书及各种标志。

② 厚纸板：一般采用亚硫酸盐纸浆及白牛皮纸浆等，里面以碎木纸浆为主加工制成。马尼拉板薄且质优，而白厚板纸用回炉纸作芯，内面用新闻纸或再生牛皮纸制成，质量次之。如将黏土或高岭土等白色颜料与淀粉、聚乙烯醇等黏合剂混合，涂布在厚板纸及马尼拉板纸表面，得到的涂层板纸要比没有涂层的白净得多，且印刷性能好。厚纸板易于造型，可制成各种样式的纸盒。单个药品包装除特殊情况外，几乎最终都装入厚纸盒。

③ 瓦楞纸板：瓦楞纸板系由垫板及芯组成。芯需制成槽形，瓦楞纸按其结构可分为单面板、两面板、双层板、三层板等多种规格。瓦楞纸的槽数（个/30cm）有 A［(36±3)槽］、B［(51±3) 槽］、C［(42±3) 槽］等类型。槽数愈少，则槽的深度愈深。其强度和可经受的垂直压力为 A>C>B；平面压力和平行压力则相反，B>C>A。具体应用则需要根据捆包内容物的性质及包装大小、重量来决定选用何种芯材的瓦楞纸。药品的捆包通常较小，重量亦轻，故多用 A 槽两面板瓦楞纸板，稍大且重的捆包就用双层瓦楞纸板。瓦楞纸板在包装上主要用于制作运输包装箱。因为它既具有一定的机械强度可保护内容物，且质轻便于贮运，一般物品都采用适当规格的瓦楞纸箱进行大型捆扎包装。每年各国皆需数以亿计的瓦楞纸箱用于包装，从而大大促进了瓦楞纸产业的发展。

④ 纸浆模塑品：以废纸为主要原料制成纸浆，通过模具，根据用途制成各种形状后加以干燥成型的纸制品。有软质模塑品和硬质模塑品两类。纸浆模塑包装材料具有节省资源、废物再利用、美观价廉、轻便等特点，且滤水性和抗拉强度皆好。

2. 包装纸和纸容器的特性

(1) 一般特性　纸和纸容器在各种物品的包装中应用广泛，这主要取决于其具有的多种优点。①纸取材于自然界中的纤维素原料，无毒、来源广泛且价廉物美；②纸有一定的机械强度和遮光性，可提供包装保护作用；③光洁、具有良好的印刷适应性；④易于改性，从而衍生出多种新材料，规格品种繁多，可适应包装中的不同需求；⑤质轻、不易碎裂而方便运输；⑥易回收处理，既节省资源，又能减轻垃圾处理的负担；⑦加工性能好，可制成各种形式的包装。

(2) 防潮性　纸本身不耐水，防潮性差，但用于固体的小包装和运输包装又要求具有一定的防潮能力，对纸的不同形式的改造能取得良好的效果。

① 普通纸：除传统方法采取浸蜡和填充沥青外，可进行表面处理，以赋予其防潮性、

防水性、耐油性、抗药性、难燃烧和耐热性等各种实用性，以及改善纸的剥离性、防滑性和耐磨损性等。纸的表面处理方法多种多样，如可用成膜性良好的聚合物（如聚乙烯、聚丙烯、聚氯乙烯或聚偏二氯乙烯等）涂敷、贴附或内部填充。这种纸虽然防潮性能好，但增加了回收再利用的难度。也可以在浆液中添加石蜡，乳胶、硬化剂或润湿剂、上胶剂、硫酸复合剂，制成的纸耐水性好，透湿度仅 28g/(m^2·24h)，而且能改善耐热性，方便回收处理。

② 厚纸板：可在表面粘贴或涂敷塑料薄膜，也可在纸层中间夹铝箔，从而极大提高耐水性，降低透湿度，制成的纸盒可盛装液体。

③ 瓦楞纸板：瓦楞纸板的包装产品很多，其防潮性是研究的重点。现有专门的防潮瓦楞纸板，即对瓦楞纸的垫板或芯纸进行特殊加工处理，防止纸板在遇水或遇潮后发生破坏而致包装产品损害，避免内装产品因吸潮、脱水而导致的质量下降。防潮瓦楞纸板有以下类型，即聚乙烯薄膜、铝箔等夹层瓦楞纸板，石蜡涂敷纸板，浸石蜡瓦楞纸板，聚乙烯合成纸浆混抄纸，涂沥青衬纸以及聚乙烯、聚丙烯或聚酯等薄膜夹入衬纸层之间的复合瓦楞纸板，用 MS 衬纸和超级耐水纸芯构成的 RC 瓦楞纸板等。各种隔潮材料和瓦楞纸板原纸的透湿度见表 4-9。

表 4-9 隔潮材料和瓦楞纸板原纸的透湿度

隔潮材料	透湿度/[g/(m^2·24h)]	隔潮材料	透湿度/[g/(m^2·24h)]
高密度聚乙烯薄膜	9	特殊耐水衬纸	1889
防水纸	40	一般瓦楞纸板纸芯	3681
聚氯乙烯加工纸	40	特殊耐水纸芯	2680
一般瓦楞纸板衬纸	38		

(3) 印刷适应性　标签、说明书、标志和纸容器，均需要印刷。从包装装潢的角度出发要求有良好的印刷效果，因此，包装过程很讲究纸容器的表面处理。目前，采用聚乙烯系列油漆涂料、硝基纸纤维素漆和氨固化环氧树脂涂料等多种涂膜性能好的印刷涂料，再加上各种附加剂，可提高纸的着色力、光泽性且不易褪色，极大改善纸容器的印刷效果。在有些方面，纸盒印刷比金属更有优势：①可采用任何方法印刷，无论在色彩方面还是风格方面都能获得比印铁制品更好的装潢效果；②通过压扎，易于实现精美的浮雕效果；③通过表面修饰可获得“缎面”“绒面”等特殊效果；④印刷与制盒的生产率高，易于实现自动化等。

五、橡胶

1. 橡胶的成分

橡胶广泛应用于许多注射剂包装和给药装置，包括注射剂小瓶的瓶塞、装注射器等。包装中使用的橡胶是多种成分的复杂混合物，典型的硫化天然橡胶的成分见表 4-10，其中的弹性体指橡胶中的基本聚合物。

表 4-10 典型的硫化天然橡胶的成分

种类	成分	含量(质量分数)/%	种类	成分	含量(质量分数)/%
弹性体	天然橡胶	60.0	活化剂	氧化锌	2.5
填充剂	碳酸钙	25.0	硫化系统	促进剂(硫胺类、二硫代氨基甲酸盐)	1.5
颜料	红色铁氧化物	4.0		硫	1.0
增塑剂	石蜡油	5.0	加工助剂	硬脂酸	1.0

2. 弹性体的种类

(1) 天然橡胶　天然橡胶是从橡胶树（herva braziliensis）得到的胶乳（latex）加工制得的天然高分子化合物，其化学名为聚顺式异戊二烯，结构式如图 4-1(a)。天然橡胶具有理想的密封性，其良好回弹性可使橡胶塞在注射针头刺穿后仍能重新密封。

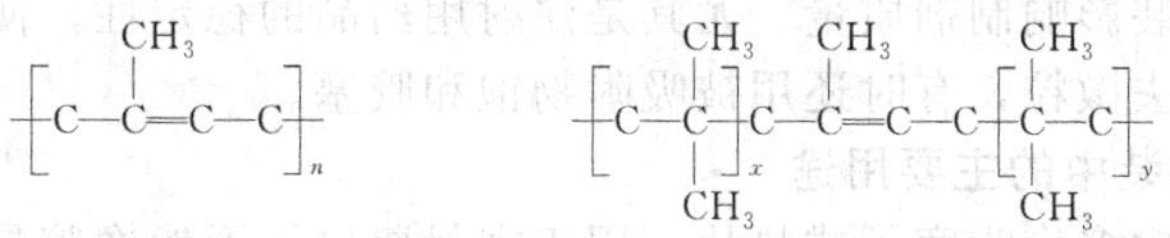

(a)天然橡胶(聚顺式异戊二烯)　　(b)丁基橡胶的结构式

图 4-1　两种橡胶结构式

(2) 丁基橡胶　丁基橡胶是异丁烯和少量异戊二烯的共聚物，结构式如图 4-1(b) 所示，异戊二烯的引入使丁基橡胶分子链上含有可用硫黄或其他硫化剂硫化的双键。

(3) 其他合成橡胶　制剂包装中使用的其他合成橡胶弹性体还有卤化丁基橡胶（氯丁或溴丁)、硅橡胶、丁腈橡胶与氯丁二烯橡胶等，其特性见表 4-11。

表 4-11　制剂包装常用弹性体的特性

聚合物	特性	聚合物	特性
天然橡胶	良好的物理特性	丁基橡胶	耐矿物油性
合成聚异戊二烯	良好的物理特性	硅橡胶	高渗透性
丁基橡胶	低渗透性	氯丁基橡胶	耐油性不如丁腈橡胶
卤丁橡胶	与丁基橡胶类相似,但水可提取物低		

3. 橡胶包装材料的性质

(1) 橡胶的一般性质常用橡胶的一般性质见表 4-12。

表 4-12　常用橡胶的一般性质

分类		丁基橡胶	天然橡胶	氯丁橡胶	聚丁二烯橡胶	丁苯橡胶	硅酮橡胶	含氟橡胶	三元乙丙橡胶
水蒸气渗透性		优	良	一般	一般	一般	差	良	良
气体渗透性		优	良	一般	良	良	差	良	优
碎片剥离性		一般	优	良	一般	差	差	一般	差
耐压缩性		差	优	良	良	一般	差	良	一般
灭菌性		优	良	良	良	良	优	优	良
耐磨损性		良	一般	一般	良	一般	一般	良	良
耐溶剂性	水	优	良	一般	良	一般	优	良	良
	动物油	优	差	良	优	差	良	优	一般
	植物油	优	差	良	优	差	优	优	一般
	矿物油	差	差	良	优	差	一般	优	差
	脂肪族溶剂	差	差	良	差	差	差	优	差
	芳香族溶剂	良	良	差	良	差	差	优	差
	氯化溶剂	差	差	差	差	差	差	优	差

(2) 浸出　由于橡胶配料中加有一定量的无机或有机添加剂，与某些液体接触时被浸出进入液体而导致药品污染。其中，问题最突出的是锌和有机物，这些浸出成分在注射剂或输液中形成微粒，其毒性仍不明确。另外，天然橡胶中的蛋白质是一种潜在的致敏源。

(3) 吸附性　橡胶能吸附药品中的特定组分，对药品的稳定性有不利影响。如防腐剂被橡胶吸附，则制剂的防腐能力降低。温氏（Wing）研究了约 30 个橡胶处方，其结果表明，最初的吸附迅速，随后逐渐变慢并最终达到平衡。吸附速率随温度的增高而增大，但在较高温度时分配系数的作用不大。橡胶与酚、煤酚或尼泊金甲酯接触，可吸附约 1/3 防腐剂；与氯甲酚、三氯甲基叔丁醇、硝酸苯汞接触，从溶液中的吸附量可达 90%。硝酸苯汞可能被橡胶中的—SH 基灭活。橡胶也可能与偏亚硫酸氢钠发生作用。

为了防止橡胶包装影响制剂质量，尤其是注射用药品的稳定性，使用前需要用稀酸和稀碱液煮、清洗，以除去微粒，有时还用被吸附物饱和胶塞。

4. 橡胶在药品包装中的主要用途

橡胶在药品包装中多作为塞子或垫片，用于密封瓶口。天然橡胶是第一代用于药用瓶塞的橡胶，但由于天然橡胶成分复杂、化学稳定性差、易老化、屏蔽和密封性不足、以及胶塞生产工艺的问题，影响到药品质量并对人体健康存在隐患，因此，国内自 2004 年底起已将天然橡胶药用胶塞列入淘汰行列。

丁基橡胶于 1942 年上市，具有低气体渗透性，低频下的高减振性，优异的耐老化、耐热、耐低温、耐化学性能和耐臭氧性能、耐水及蒸汽性能、耐油及较强的回弹性等特点。20 世纪 60 年代氯化丁基胶塞开始生产和应用，70 年代又出现了比丁基橡胶反应活性更高的溴化丁基橡胶。卤化丁基橡胶与丁基橡胶有着共同的性质和特点，卤元素（氯或溴）的引入使胶料的硫化活性和选择性更高，易于与不饱和橡胶共硫化，消除了普通丁基橡胶易被通用橡胶污染的弊病；在硫化过程中可以选择多种硫化体系，可以在不用硫黄或少量用硫黄的体系进行硫化，可以不用或用少量氧化锌进行硫化，用少量硫化剂获得快速硫化，从而使卤化丁基橡胶在医药包装领域得到更广泛的应用。目前，全球 90% 以上的瓶塞生产企业都采用药用级可剥离型丁基橡胶或卤化丁基橡胶，作为制造各类药用胶塞的原料。为全面提高我国药品包装的质量水平，国家食品药品监督管理局决定，在 2004 年底之前，我国的药用胶塞强制“丁基化”。为做好丁基橡胶逐步替代天然橡胶的工作，国家食品药品监督管理局曾于 2002 年颁布了两个药用卤代（氯化/溴化）丁基橡胶塞的试行标准。

六、复合膜材

膜（film）是非纤维、非金属物质，厚度＜250μm，常用于制膜的材料有玻璃纸、PVC、LDPE、聚丙烯和聚酯等。箔（foil）是金属薄片，常用铝箔，厚度＜100μm。两种或多种膜（或箔）结合在一起就构成了复合膜（或层压）材料，即由各种塑料膜与纸、金属或其他材料通过黏结、共挤出等工艺将其结合在一起而形成的多层结构的膜材。一般，按包装的需要，选择两种或两种以上的单体膜和辅助材料，加工制成 2～8 层的复合膜。复合膜综合了各种构成材料的优点，性能大幅提高，其应用的增长速率远高于单层膜。

1. 复合膜的基本组成

复合膜由基材、涂层材料、填充材料和黏合剂等成分，经特殊加工（干式贴合、湿式贴合、热熔和直接挤出等）而成。

（1）基材　制备复合膜的基本材料系前述的塑料（聚乙烯、聚丙烯和聚酯等）膜、金属（铝）箔、纸等，且多以纸、玻璃纸、铝箔、尼龙、聚酯和拉伸聚丙烯等非热塑性高熔点材料为外层，以非拉伸聚丙烯、聚乙烯、聚偏二氯乙烯和离子交联聚合物等热塑性材料为内层，中间层可以是一些特殊性能的材料。

（2）涂层材料　除基材外，涂层材料也是构成复合膜的主要材料，如硝化纤维素、聚偏二氯乙烯、氯化聚丙烯等乳剂或溶液，涂覆在薄膜上，可进一步改进防潮性和阻隔气体，主要用于聚乙烯薄膜。另外，薄膜蒸镀铝的技术制成镀金属薄膜，既美观又防潮阻气，同时便于加工。

（3）填充材料　为了改善塑料的性能，降低成本，可于聚合物中添加适当的填充材料，既不降低合成树脂原有的性能，又可起到填充增重、改性的目的。常用填充材料分无机物和有机物两大类。无机填充材料有滑石粉、石粉、云母、玻璃纤维、铝粉、铜粉、锌粉以及铝、铜、镁、铁、锌等金属的氧化物等；有机填充材料如木粉、纸、布、麻和碳纤维等。填充材料对塑料制品的性能影响各异，如纤维性结构或高强度的惰性材料、炭黑、玻璃纤维、石棉、麻丝、棉绒、布头等，可增加塑料制品的强度；特殊性能的碳纤维、硼纤维、陶瓷纤维，不但能增加强度，还有抗老化的作用；合成树脂中添加导电、导热材料（如铜、铅、锌等金属），导磁材料（如硫酸钡等金属盐类），可改善塑料制品的导热、导电和导磁性能；防辐射材料（如硫酸钡、铅粉及其氧化物），除能增加密度，还有良好的对抗丙种射线（γ射线）辐射的能力；而少量石墨等润滑剂，既可提高加工速度，又可提高自身的润滑性能。根据需要选择适当的填充材料，可改善药用包装的复合膜自身的包装功能。

(4) 黏合剂　复合膜系用黏合剂将单层膜黏结而成。干式贴合法中常用蜡、聚醋酸乙烯酯、聚氯乙烯、合成橡胶、天然橡胶和环氧树脂等。湿式贴合法中常用合成树脂、天然树脂乳胶等。热熔贴合法常用乙烯-醋酸乙烯酯共聚物、低分子聚乙烯、聚醋酸乙烯酯、聚氨酯、丁基橡胶、石蜡等。挤压复合膜常用聚氨酯。

2. 复合膜的加工工艺

(1) 黏结复合　包括湿式贴合法、干式贴合法和热熔贴合法。①湿式贴合法：用乳液状水性黏合剂把纸、薄板纸和普通玻璃纸等多孔性材料贴合在铝箔或蒸镀铝上。如 OPPVM (11μm) /黏合剂/白纸板（食品包装的“折叠盒”材料），普通玻璃纸（♯300）/黏合剂/铝箔（7μm）/黏合剂/上等纸（$52g/m^2$）/PE（40μm）（茶叶包装），铝箔（7μm）/黏合剂/纯的卷筒纸（标签材料）。②干式贴合法：将溶解在有机溶剂内的黏合剂涂敷到塑料薄膜、玻璃纸或金属箔等无孔基材上，蒸发干燥后进行压合。通常，食品和药品包装用复合膜多用此法，常用 CPP 薄膜和 PE 薄膜作为密封基材。如 PETVM（12μm）/干性黏合剂/PE (80μm)（胶囊包装），防潮玻璃纸（♯300）/干性黏合剂/铝箔（5μm）/干性黏合剂/PE (40μm)（咖啡包装）。③热熔贴合法：也称石蜡贴合法，黏合剂主要使用长链烷烃——石蜡。如铝箔（7μm）/黏合剂/上等纸（$52g/m^2$）（阻隔材料），铝箔（7μm）/黏合剂/白卷筒纸（糕点包装）。

(2) 挤出法　包括挤出复合和共挤出复合法。①挤出复合法：主要以高压聚乙烯为主体，加上 EVA、PP 等聚合物为原材料挤出加工。一般称为“复合聚乙烯”或“夹层聚乙烯”（涂敷法的称为“涂膜聚乙烯”）。如普通玻璃纸（♯300）/聚乙烯（50μm）/铝箔 (7μm) /聚乙烯（20μm)（熟食品包装）。②共挤出复合法：包括 T 形模头法和吹塑法，现多用吹塑法。如尼龙、聚乙烯的共挤膜，尼龙、高压聚乙烯、PP 以及低压聚乙烯等制成的复合膜，可用作防氧化的真空包装、耐煮沸消毒的含水食品包装、耐热包装、耐油包装和充气包装以及作衬袋纸盒等。

(3) 热复合　热层压贴合法（热复合）系通过热压辊，使热贴合薄膜与热塑性薄膜和铝箔等结合，如铝箔（9μm)/黏合薄膜/PET（25μm）-PET（250μm)。

3. 复合膜的包装特性

(1) 复合膜的一般性质　复合膜种类繁多、特性各异，可按物品包装的实际需求出发，从保护性、安全性、作业性、商品性、陈列性、销售性、经济性和社会性等多方面进行考虑，制成具综合特性的包装材料。一般地，复合膜的理化性能优于单层膜。

(2) 聚丙烯/聚乙烯复合膜　此种膜内层为聚乙烯单膜，外层为聚丙烯单膜，中间为黏合剂层。这种药用复合膜综合了聚乙烯和聚丙烯的优点，又有一定的厚度，其物理、化学性能优于单膜（表 4-13）。还可预先将品名、商标和说明等印刷在单层膜上，然后复合，这样印刷不会被抹掉，色泽鲜艳、字迹图案清晰。

表 4-13 聚丙烯/聚乙烯复合膜的物理、化学性能

性能	项目		指标	
			纵向	横向
物理性能	拉伸强度/Pa		≥2943	≥4905
	断裂伸长率		≥60%	≤30%
	热封强度/(N/15mm)			≥7.848
	撕裂强度/(N/mm)		≥392.4	≥586.6
	透氧气量/[mL/(m^2·24h·atm)]		—	≤1600
	透湿量/[g/cm^2·24h)]		—	≤6.0
	剥离强度/(N/15mm)		—	≥1.472
化学性能	钡		不得检出	
	溶出物实验	澄清度	溶液应澄清	
		重金属	不得检出	
		易氧化物	消耗 0.05mol/L $KMnO_4$ 溶液不超过 0.3mL	

注：1atm＝101.3kPa。

(3) 镀铝薄膜 镀铝薄膜由铝箔和收缩薄膜复合而成。由于铝箔与收缩薄膜的收缩性不一致，因此用普通的黏合方法不能将其复合。镀铝薄膜是根据收缩薄膜的收缩率设计出黏合部和非黏合部，将其分布成直线形或网格形贴合。贴合普通薄膜要用高温促进黏合剂的干燥，而收缩薄膜则不能加温，需采用高强度的、低温条件下即发生反应的黏合剂。黏合部和非黏合部的排列（黏合样式、收缩形状）可变。镀铝薄膜由于其黏合部保持铝箔和黏合剂特性，不发生收缩而具有金属光泽和良好阻隔性能；非黏合部呈现收缩薄膜原有特性，收缩形成美丽的皱纹图案，同时具有良好的印刷性和高的强度，是一种新颖的收缩包装材料。其物理性能见表 4-14。

表 4-14 镀铝薄膜的物理性能

检验项目			材料	
			直线形	十字形
拉伸强度/MPa		竖	460	480
		横	1065	1090
延伸率		竖	230%	175%
		横	40%	38%
断裂强度/(kgf/cm^2)		竖	12	12
		横	14	11
加热收缩率	黏合部位	竖	2%	3.5%
		横	2.5%	39%
	非黏合部位	竖	1.5%	5%
		横	50%	1%

注：1kgf/cm^2＝98.0665kPa。

(4) PVC/PVDC 复合膜 PVDC 是一种隔气性强且不随温度变化的材料，可与多种塑料膜复合，它能以乳液或溶液状涂敷在其他塑料膜或纸之类的材料上，也可与其他塑料共挤成型。在药用泡罩包装中，多将其涂敷在聚氯乙烯薄膜或聚氯乙烯、聚乙烯膜间和复合膜上。这种膜具有优良的隔气性、耐热水性，透明性好。据报道，A、B、C 型 PVC/PVDC 复合膜的水蒸气透过量（每 100in^2/24h）(1in＝0.02539m) 分别为 0.02～0.01g、0.097～0.003g 和 0.02g，而（每 100in^2/24h）的氧气透过量均为 0.0065mL。实验发现，多层膜复合结构的膜对水蒸气和氧气阻隔的有效性要比涂敷结构的膜低 20%～30%，因此，涂敷式的 PVC/PVDC 是一种较好的防止包装内容物氧化的薄膜，目前广泛用于片剂、胶囊剂和丸剂等的包装。

第三节　药物制剂包装及其工艺过程

一、药物制剂包装设计的一般原则

为药物制剂选择适宜的包装时，应充分考虑多个因素，包括药品和包装的成分、药品的使用方式、药品的稳定性、是否需要保护药品不受某些环境因素的影响、药品与包装材料的相容性、包装材料的患者顺应性、包装过程以及监管、法规和质量等。

（一）固体制剂

目前，片剂、胶囊剂等固体制剂仍是最常用的剂型，传统上固体制剂的包装常用玻璃瓶或塑料瓶。为避免药物的光解，器壁常为琥珀色或不透明。容器的封闭系统应具备适宜的阻隔作用，同时易于打开和可重复性封闭。此外，瓶口应足够大，以满足在高速生产线上的快速填充和分装。

粉末和颗粒作为最终剂型有多种用途，其药品包装也多样化。其中常见的感冒或流感疫苗散剂或颗粒剂在使用时用（温）水溶解，这类制剂常为单剂量包装，可将一天的剂量包装于软袋中，方便携带。包装小袋需用隔水性好的复合膜材料制成，同时可将药品的相关信息印刷在包装袋上。这类制剂的包装对药品的处方和生产工艺有一定要求，如所生产颗粒的粒径和密度分布应均匀，以避免在包装阶段出现粒子的离析，从而导致药物剂量不均匀。注射用无菌粉末是粉末作为最终剂型的另一个重要应用。生产中需将药液灌装于玻璃小瓶或安瓿中冷冻干燥，因此此包装容器应经合理的设计优化以满足冻干工艺和其他包装环节的需求。

（二）半固体制剂

半固体制剂往往黏度大、流动性差，由于通常含大量水分，存在产品被微生物污染和水分损失的潜在问题。半固体制剂包括乳膏、乳剂、凝胶、油膏和糊剂等，包装应考虑到方便制剂的取用。玻璃或塑料材质的广口瓶或管是常用的包装容器，该类制剂开口面积大，应采取适当的防腐措施以避免微生物污染。柔性管常用于盛装半固体制剂，包装容器的材料有铝、聚乙烯、塑料/铝的复合片材，纯铝管的使用已经不常见。塑料与铝的复合片材与单纯塑料相比成本更高，但复合片材制成的容器具有永久变形的优点，而塑料容器在外力去除后会回弹，回复到原来的形状，这会导致出现“回吸”现象，造成药品污染。

与多数药品包装不同，半固体制剂的包装管有两个封口，药品通过管尾填充，通过折叠、卷边（铝）或加热和加压的方式将管尾密封，半固体制剂应能在管内保持一定的形态而不流出，使用时能顺利挤出。

（三）液体制剂

传统的液体制剂包装常用玻璃容器，但目前品种繁多的塑料对液体的渗透性很低，也广泛用于液体制剂的包装。水性制剂是最常见的液体制剂，常用的包装材料如高密度聚乙烯适用于药品的中、短期贮存，不会出现水分的损失。油类可能被塑料吸附，导致制剂的药效改变或塑料容器的损坏。制剂处方中用于提供产品的芳香或调味的挥发油，如果与塑料包装存在亲和性，即使塑料对油类的吸附量很少，也会显著改变产品的味道或气味。

许多液体制剂要求无菌，因此，该类制剂的包装材料需能耐受终端灭菌。玻璃是最好的无菌液体制剂包装材料，通常不受灭菌过程的影响，可制成多种规格和形状（如大瓶、小瓶、安瓿等），且容易密封。选择塑料包材则存在一定的局限性，因为灭菌过程中可能会发生药品和包材间的相互作用或包材性能发生改变，如辐射灭菌可能会产生高反应活性的自由基。如果包装设计不完善，灭菌还可能引起其他问题，如热压灭菌过程标签纸可能从玻璃瓶上脱落。

目前，注射剂中使用的塑料包材主要包括聚丙烯输液袋、瓶，多层共挤输液用膜制袋等。其中聚丙烯输液瓶包含瓶和组合盖两部分，输液袋通常含袋、接口和组合盖。由于塑料输液袋具有一定的透湿、透气性，对于某些不稳定的产品，可以在直接接触药品的包装基础上，增加有一定阻隔性能的外袋，即所谓的内外袋组合包装，某些产品，如氨基酸注射液在内外袋间还可添加吸氧剂。

（四）气雾剂

在气雾剂方面，虽然玻璃容器、塑料容器和塑料涂层的玻璃容器都有使用，但使用最多的仍是金属容器。气雾剂容器可以用制造金属容器的任何一种主要方法制造，包括铝的冲挤、马口铁组合或者拉伸和壁打薄。不管制造方法如何，所有的金属气雾剂容器或由其他材料构成的气雾剂容器的制造技术均类似。在可以满足基本的相容性要求的前提下，容器的选择常应考虑形状、外观以及可能的装饰效果，容器内通常涂环氧-酚醛漆以防止容器和产品之间的作用。

最便宜的气雾剂容器是马口铁组合容器，喷射焊接、胶合以及溶焊工艺可减小接缝宽度，气雾剂容器外粘贴标签也可遮盖侧缝，这样组合容器包装越来越受欢迎。铝制气雾剂容器可制成“一体式”，即无侧缝也无底部的凸缘，然而由于技术或经济的原因，这些“一体式”容器通常仅限用于小型气雾剂容器。大型容器通常由两部分组成，即连续的侧壁和接缝连接的底。如果使用两种不同的金属，如铝身、马口铁底，由于存在电解腐蚀的危险，因此必须进行产品的相容性检查。另外，添加适当的特殊涂层有防止腐蚀的作用。

（五）封闭和封闭系统

封闭和封闭系统是所有基本包装的必要组成部分，还必须能够在经济的前提下有助于保护、说明及辨识（提供信息）和方便使用（直至产品完全从包装中取出）。

封闭本身必须洁净并且有足够的惰性，不能由于从产品的吸收/吸附、反应或允许外界迁移性物质通过其产品而对产品产生影响。另外，还要求在产品有效期内封闭能保护产品免受外界气候、化学、生物和机械等因素的影响。封闭系统提供的安全性及保障对于防止由于渗漏、渗出、泄漏、偷盗、被错误的人群（如儿童）接触，或污染和杂质造成的质量、纯度下降等原因所引起的危害是必要的。封闭也可以作为包装整体设计的组成部分，提升装饰的吸引力（形象/外观）；封闭能发挥使用中的功能性作用，如对于多剂量包装制剂，需要满足有效期内可重复封闭的特征；辅助产品的使用，如气雾剂阀门同时被设计成可以按需要的方式分配药品。对于重组后使用的产品，封闭必须承担两种不完全相同的作用，即重组前的粉末或结晶产品和重组后为液体形式的产品。由于行动不便、协调能力差、视力下降等原因，对于越来越多的老年人，使用方便的重要性增强。因此，需要平衡容易开启/再封闭与防止儿童接触和防触动等方面的要求。

常见的封闭系统包括瓶盖、软管的折边、胶塞、内衬以及热封和胶黏剂密封等。

瓶盖有5种基本的设计：①螺旋盖或凸耳盖；②冠型盖；③滚压盖；④攘压盖；⑤塞盖以及在基本类型上还衍生的防盗瓶盖、儿童安全盖、无内衬盖和调剂瓶盖等。螺旋盖的螺纹与瓶口螺纹啮合以实现密封。瓶盖内衬（通常为增塑溶胶内垫圈）与瓶口紧密接合，可解决封合面不平整的问题，使制品得到密封，以保证封存于容器中的产品稳定。螺纹旋盖通常由金属或塑料制成，所用的金属通常为马口铁或铝，热塑性塑料和热固性塑料均可使用。塑料螺旋盖一般都设计成内螺纹，模塑成型。金属瓶盖内部通常涂有珐琅或漆，防止腐蚀。凸耳盖与螺旋盖相似，上盖方法相同。在玻璃瓶口以间断的螺纹代替连续的螺纹，这些间断的螺纹啮合瓶盖内壁的突出部分，使瓶盖向下压紧从而完成瓶口表面的密封。与螺旋盖的不同之处是它只需旋转 1/4 圈就能打开，使用方便。冠型盖通常由未镀锡钢板和马口铁制成，为达到有效的密封效果，瓶盖内应包含可压性内衬。该类瓶盖需配合摩擦作用完成密封，可用于普通密封、压力密封和真空密封。金属螺旋盖的螺纹为滚压成型，故称滚压盖。制造滚压盖的材料应易于加工成型，常用的材料是铝或其他轻金属。可重复密封、不可重复密封和防盗型的滚压盖可用于玻璃瓶或塑料瓶或罐。包装厂购得的这些瓶盖是直边的、无螺纹，需在包装流水线上制成螺纹。滚压盖可以和不同尺寸的玻璃容器相匹配，每一种滚压盖适合一种特定的容器。

瓶盖的封闭作用能够受多种因素影响，如衬垫的弹性、容器密封面的平坦性，开启时所需施加的扭矩大小等。评价瓶盖体系是否有效，需考虑的主要因素包括容器的类型、产品的理化性质、在给定时间内及特定条件下容器与药品的稳定性和配伍性。

为保证瓶盖和容器间的密封性，可在瓶盖内增加密封内衬。内衬通常由弹性的背衬材料和表面材料制成。背衬材料应柔软，以便于垫补封合面的不平坦处。内衬需有足够的弹性，当拧下或再次拧上瓶盖时可恢复原状。内衬通常用封合剂黏附到瓶盖内部，或瓶盖底部有切口，使内衬卡入到位并可以自由旋转。普通的内衬是用橡胶和塑料制成的圆片或环形片，其性能稳定并能经受高温灭菌，广泛用于药品包装。例如金属盖用橡胶作内衬可达到很好的密封性。复合层压内衬是为满足特定要求，由不同材料组成的多层内衬。通常复合层压内衬由两部分组成：面层（face）和内衬层（back），面层直接与药品接触的一面常用铝箔或塑料薄膜以提供惰性屏障，内衬层起缓冲和密封作用。

胶塞多用于多剂量小瓶和一次性注射器。胶塞生产中，特定组分的加入使胶塞具有某些预期的性能。因胶塞的组成和生产工艺复杂，使用中常出现问题，如胶塞和注射液的接触过程中，胶塞可能会吸附溶液中的组分，同时胶塞中的成分可能会被提取入溶液中。

尽管上述提到的封闭似乎只是针对主包装或直接包装，封闭对于次级包装（外包装）同样重要，例如，全部用胶带缠封和胶合的包装箱比部分胶带缠封的刚性大，能更有效地耐受运输和堆码。

（六）安全包装和易开启包装

防触动或触动标识是药品安全包装所需考虑的重要问题。FDA 将防触动（偷换）包装定义为具有指示作用或打开障碍，如果违反或丢失，可以合理地预计并向消费者提供可视化证据，提示消费者已发生触动。防触动包装可能涉及密封体系或次级包装或其组合，目的是在生产、分销和零售期间提供关于包装完整性的可视化指示。可视化指示通过适当的插图或警示性说明将信息传达给消费者。触动标识封闭系统包括胶或胶带黏结的纸箱（前提是使用纤维性撕裂密封）、纸箱（薄膜）外层包装（透明的材料需印有可识别的标记）、隔膜密封、各种封盖断裂系统、收缩密封或收缩带、密封管（即具有封闭端软金属管）、袋装、泡罩和窄条包装等。如棘轮式塑料盖，在这种设计中，瓶盖底部有一个与瓶颈棘轮相接合的撕开带，当瓶盖和瓶颈棘轮之间的撕开带断裂后才能打开瓶盖，且瓶盖打开后不能恢复原状。此外，外包装须保证密封的完整性并且在包装上打印或带有独特的装饰，以排除包装内的产品被替换的可能性。例如在外包装纸箱的印刷表面涂覆一层热敏性清漆，即在外包装密封状态下外包装纸始终黏附在包装纸箱上。外包装的去除会损坏纸箱，使得纸箱不能够密封如初。

制药行业使用儿童安全包装已有 30 多年，通常使用儿童无法开启的包装封闭系统。儿童安全性包装的标准是 85%以上的儿童不能打开，而 90%以上的成年人可以开启。儿童安全包装有三种基本类型的盖：瓶盖旋转前需先下压，瓶盖旋转前需先挤压，以及需按容器盖上的箭头指示操作才能打开容器。泡罩包装和小袋也有一定程度的儿童安全性。

老人易开包装（senior-friendly packaging）是适合老人容易开启和重新密封的包装。便于开启是老年人求方便的最基本的心理要求，包装设计时应从包装材料盒、包装结构等方面入手改进开启方式，如适当增加撕启齿孔的数目、减少密封胶用量、降低开启扭矩以及使用质地优良的瓶盖和拉伸薄膜等。

二、药物制剂的包装机械

（一）包装机械及其特点

国家标准 GB/T 4122.1—1996《包装通用术语》中将包装机械定义为：“完成全部或部分包装过程的机器，包装过程包括充填、裹包、封口等主要包装工序，以及与其相关的前后工序，如清洗、堆码和拆卸等。此外，还包括盖印、计量等附属设备。”

包装机械从功能上和原理上都类似于装配机械，但因其工艺原理有一定的特殊性，故形成一种独立的机械类型。包装机械的运转包括包装材料与被包装物料的输送与供料、称量、包封、贴标、计数和成品输送等。包封机、灌装机、装袋充填机和捆扎机等均属此类机械。

包装机械在发展专用机种的同时，为满足现代包装的实际需要正在不断扩大其通用能力，积极开发各种新型的通用包装机。研制通用包装机的目的，一是要适应被包装物品、包装材料和包装形式的多样化；二是要照顾制造使用单位的技术力量、设备配备和生产成本。因而国际包装界日益重视包装机的通用性，以便借助有限的机械设备获得较大经济效益。

通常所说的包装机械化，是指包装技术方面的内容，凡是能够使用机械代替手工包装的工序则全部采用机械化。或者说在产品包装或商品包装的全过程中最大限度地采用机械操作，这就是包装机械化的概念。为了适应单品种大批量药品的生产和包装，自动包装机正向高速化和无人化的方向发展，直至产生自动包装生产线。在包装日趋自动化的同时，也要求包装结构标准化、规格化和科学化。

（二）药物制剂包装机械的组成、分类与展望

1. 组成

药物制剂包装机械具备包装机械的一般特点，也包括以下八个组成要素。

（1）药品的计量与供送系统　药品的计量与供送系统是指将被包装药品进行计量、整理、排列，并输送至预定工位的装置系统。

（2）包装材料的整理与供送系统　包装材料的整理与供送系统是指将包装材料进行定长切断或整理排列，并逐个输送至锁定工位的装置系统。有的在供送过程中还需完成制袋或包装容器的竖起、定型、定位。

（3）主传送系统　主传送系统是指将被包装药品和包装材料由一个包装工位顺续传送到下一个包装工位的装置系统。单工位包装机则没有主传送系统。

（4）包装执行机构　包装执行机构是指直接进行充填、裹包、封口、贴标、捆扎和容器成型等包装操作的机构。

（5）成品输出机构　成品输出机构是指将包装成品从包装机上卸下、定向排列并输出的机构。有的机器是由主传送系统或靠成品自重卸下。

（6）动力机与传送系统　动力机与传动系统是指将动力机的动力与运动传递给执行机构和控制元件，使之实现预定动作的装置系统。通常由机、电、光、液和气等多种形式的传动、操纵、控制以及辅助等装置组成。

（7）控制系统　控制系统由各种自动和手动控制装置等组成，是现代药物制剂包装机的重要组成部分，包括包装过程及其参数的控制，包装质量、故障与安全的控制等。

（8）机身　机身用于支撑和固定有关仪表零部件，保持其工作时要求的相对位置，并起一定的保护、美化外观的作用。

2. 分类

包装机械大体可以分为两大类，即：①用于加工包装材料的机械；②用于完成包装过程的机械。一般地，包装机械可分为成型机、充填机、真空与充气包装机、裹包机、计量机、贴标机、灌装机、收缩包装机、装盒装箱机、捆扎机和堆垛机等。此外，还有成型-灌装-封口机等多功能一体的包装机械。除了主要包装工艺过程的机械，还有完成前期和后期工作过程的辅助设备，如清洗机、灭菌机、烘干机、选别与分类机和输送运输联接机等。将几台自动包装机与某些辅助设备联系起来，通过检测与控制装置进行协调就可以构成自动包装线，如包装机之间不是自动输送和连接起来的，而是由工人完成某些辅助操作，则称为包装流水线。

目前，对药物制剂包装机械的分类并没有明确规定，一般按制剂剂型及其工艺过程分类。

3. 展望

在包装机械日趋联动化、高速化和功能多样化方面，国际包装机械的发展大体上经历了四个主要阶段。自20世纪初到第二次世界大战结束前，在食品、医药、卷烟、火柴和日用化工等工业部门实现了包装作业的机械化。50年代，包装机广泛采用以普通电开关和电子管为主要目的控制系统，实现了初级自动化；60年代，以机、电、光、液、气综合技术装备起来的先进包装机明显增多，机种进一步扩大，在此基础上实现了专用的自动包装线；70年代，微电子技术引入到自动包装机的包装线，实现了由电子计算机控制的包装生产过程。从80～90年代初开始，在部分包装领域里将微机、机械人更多地应用于供送、检测和管理等方面，向“软”自动包装线和“无人化”自动包装车间过渡。在科学高度发展的今天，一些跨学科的新技术也不断应用到包装机械领域。

① 利用热管与电热丝的有机组合可改善某些包裹机和填充机横封切断装置的热封效果，由于提高了封头的热容量和均匀导热性，使得封口质量稳定可靠，还降低了加热温度和能量消耗。

② 利用射线（如γ射线）可自动检测高速自动线上已密封好的瓶内的液面高度。其他类型的传感器及电子装置还可自动检测单个的或集装箱内液体瓶内的真空度。有些企业尝试建立塑料袋热封质量自动检查系统。

③ 利用激光可对被连续供送的塑料瓶、玻璃瓶进行缺陷检查和标记，这启示了人们，若能用发射激光束的办法来代替剪刀或滚刀切纸，那么将会改变现有卷带供送装置的结构状况和工作条件，不过要妥善解决防护问题。

④ 利用光导纤维可沿包装机内狭窄弯曲的空间布置线路，近距离或远距离地传递光信号，实行高密度的集中控制。

⑤ 利用图像识别技术可自动检测多种产品（如药品等）的形状大小、表面缺陷和贴标状况，以便按等级自动分类，剔除不合格产品，收到与人的判断几乎相同的效果。

⑥ 利用直线电机可驱动长行程的运转机构代替气缸和油缸。国外已研制成功一种低转速、大扭矩的电机，可对运转机构直接驱动和精确控制。这将引起某些包装机械在传动系统和总体构造上发生深远的变化。

⑦ 利用数控气动装置可实现快速动作和随意定位，有利于提高大负载自动包装机的工作性能和生产能力。

⑧ 利用智能机械人可将小批量、多品种产品进行不同式样的组合包装。工业机械人与包装机的配套使用必将与日俱增，并在很大程度上会影响到包装机械的技术水平。另一方

面，要想使复杂的控制程序化，必须开发能适应各种情况的人工智能专用语言。这些都离不开电子计算机技术的发展。

三、注射剂和输液的包装

（一）注射剂和输液包装的流程

小容量注射液（水针）与大容量注射液（输液）包装的一般流程见图 4-2。由于直接包装容器形状和包装数量的不同，其包装自动线的构成也不尽相同。

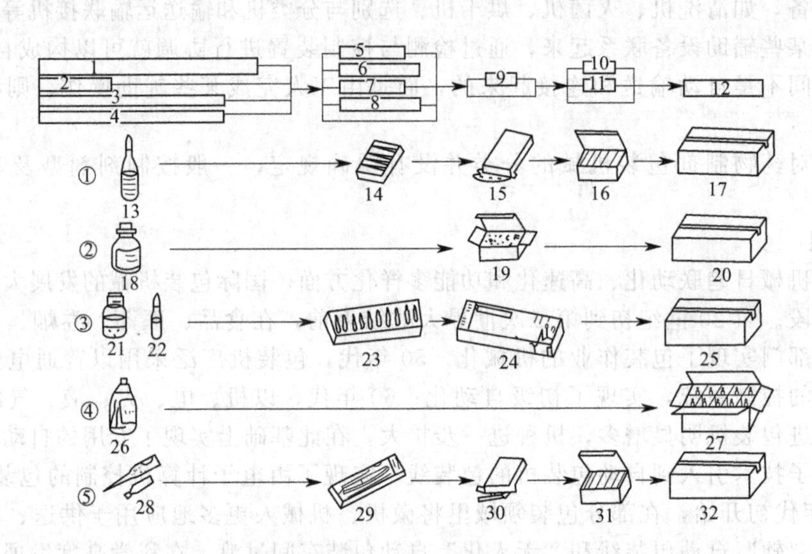

图 4-2　水针和输液的包装流程

1—安瓿（玻璃、塑料）；2—安瓿瓶；3—输液包装（玻璃、塑料）；4——次性注射器；5—间隔；6—成型托盘；7—波纹形座；8—起泡包装；9—内盒；10—外盒；11—外包装；12—瓦楞纸箱；13—安瓿灌装；14—装填波形座；15，24，30—装内盒；16，31—装外盒；17，20，25，32—装瓦楞纸箱；18，21—西林瓶灌装；19—装内盒（间隔）；22—溶解液灌装西林瓶；23—装填间隔；26—瓶灌装（附聚合物带）；27—装瓦楞纸箱（间隔）；28—注射器灌装运；29—泡罩包装

（二）水针剂安瓿包装

1. 水针剂安瓿包装自动线

如图 4-3 所示，水针剂安瓿包装自动线第一道工艺流程由水针联动机完成。它的生产工序包括：进瓶、洗瓶、烘瓶（灭菌）、灌装、封口、上色环和装盘。主要包括三台主机，即洗涤机、干燥灭菌机和灌封机。

安瓿洗瓶采用回转式针头插入法，安瓿经洗涤后进入隧道式灭菌烘箱进行灭菌，洗瓶机和烘箱的交接处配有层流罩，以防洁净瓶子被污染。灌封机为 4 针、6 针一次动作。其特点包括：①结构简单，操作平稳，滑动摩擦部位都有橡胶膨胀节密闭，保证摩擦部位不受到玻屑、水、尘等污物的影响，延长机器寿命；②停车时先停止送瓶，剩余安瓿全部灌封完毕后停车；③灌封机装有层流装置，洁净度可达 A 级；④采用拉丝封口，确保药品质量合格。

安瓿以 10 支为单位包装在带有波形注射剂床座的纸盒中，然后将 5 盒（50 支装）或 10 盒（100 支装）集装在一个大盒内（销售的最小单位）。安瓿的标识方法有直接印刷和贴标签两种，但由于需要标识的项目越来越多，印刷方式很难适应，采用贴标签方法是发展趋势。

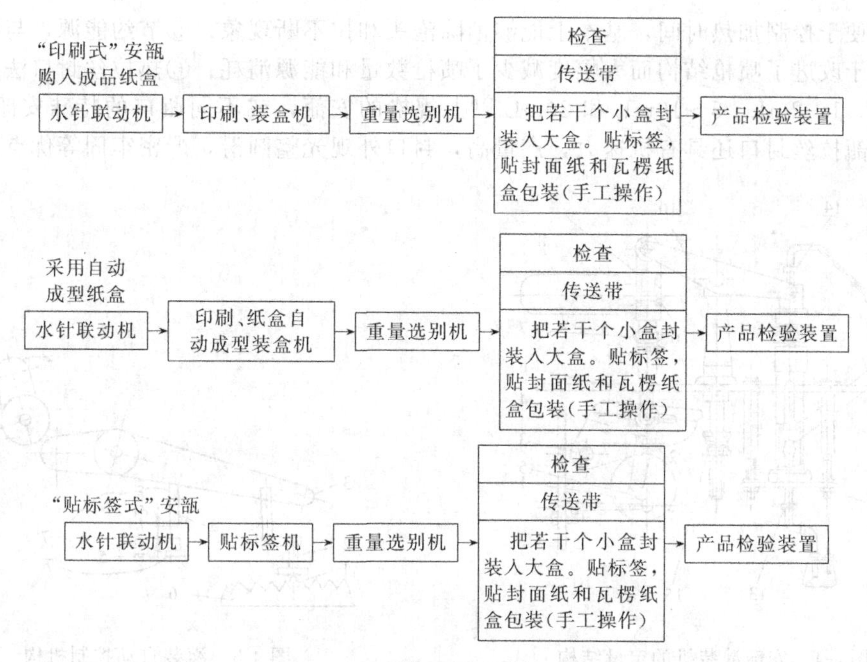

图 4-3 水针剂安瓿包装自动线

2. 安瓿定量灌装

灌装定量机构用于针剂的定量灌装。图 4-4 所示为安瓿灌装机的定量机构，利用杠杆 10 推动玻璃泵活塞 11 在玻璃筒 12 内移动，使液体进行灌装，杠杆推动一次，灌装一次。活塞泵的进料端和出料各装一单向止回阀 13 及 14。杠杆 10 的动作是由凸轮 1 通过滚柱 2、活板 4 和顶杆 6 完成，滚柱 2 的芯轴装在活板 4 上，活板绕支点 3 摆动，板上开有长形槽。由于活板的摆动使顶杆 6 动作，当有安瓿时，顶杆 6 向上运动，由于电磁阀不动作，故顶杆套一起向上运动推动杠杆 10 右端，使玻璃活塞推出液体。要调节灌装量时，可旋转调节螺母 15，当调节螺母向上拧后，在滚柱 2 和凸轮 1 的圆形轮廓间形成间歇，活板 4 的摆动量减少，顶杆 6 的推动量也减少，因此泵的输送量就减少。在调节灌装量后，必须再调整调节螺母 7 使顶杆 6 与移动块 16 之间保持 0.5mm 间隙。经调整后若发现玻璃泵活塞 11 的底与玻璃筒 12 的底部相撞，可以调整螺母 17 等零件。

定量机构采用电子自动控制，当有安瓿时进行灌注，无安瓿时，自动停止灌注（图 4-5）。其工作原理如下：①有安瓿通过时，压瓶杆 2 压住安瓿，此时两电极 4 和 5 的间距为 1.5～2mm，图 4-4 中单向止回阀不通电，处于如图所示位置，顶杆 6 通过移动块推动顶杆套动作，进行正常灌装。②无安瓿通过时，压瓶杆继续压下使两电极 4 和 5 相接触，有电流通过。通过电磁铁作用，图 4-4 中的玻璃筒被吸引而向右移动，顶杆套在顶杆内滑动，不能推动顶杆套上升，输送泵停止工作。图 4-5 中，凸轮的作用是使杠杆 3 上下摆动。当安瓿由活动输送槽送来时，杠杆向上摆动，当安瓿放到固定输送槽 6 上后，杠杆再下压断电。

3. 安瓿拉丝封口

以往安瓿封口大多采用熔封工艺，易产生封口毛细孔、"爆头""脱顶"等现象，目前已逐渐被拉丝封口工艺取代。拉丝封口部件由开钳机构、压瓶机构、喷枪机构和钳口传动机构四个组件构成，其特点如下：①利用旧的熔封灌装机，拆除熔封部件后，加装拉丝部件，即能生产出符合质量要求的拉丝封口的安瓿产品；②拉丝部件主要采用一对专用机械手，采用机械传动，整体性强，运行稳定，使用寿命长；③传动采用独立拉丝部件，将拉丝与灌液部件分开装配，使机械便于调节，有利于降低拉丝不合格率、利于维修保养；④加热喷枪按规律运动，便于控制加热时间，基本上能够消除泡头和拉不断现象；⑤节约能源，与熔封喷枪相比，由于改进了喷枪结构而大幅度减少了喷枪数量和能源消耗；⑥热拉丝封口法对安瓿的适应性大，1～2mL、5～10mL 和 20mL 以上规格的安瓿，或不同瓶口的特殊安瓿均适用。此外，安瓿拉丝封口还具有机速大，产量高，封口外观光整圆滑，严密牢固等优点。

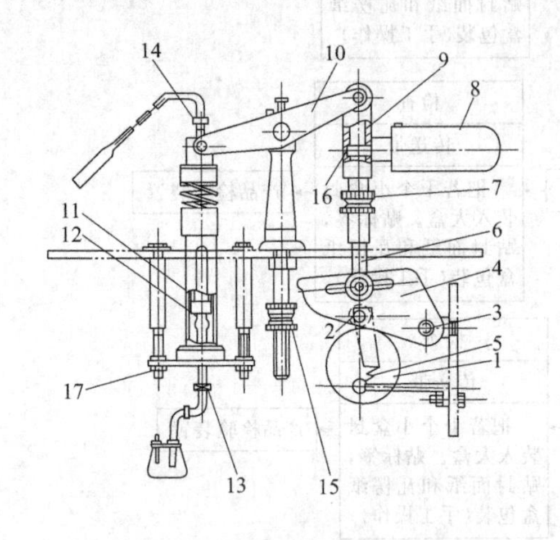

图 4-4　安瓿灌装机的定量结构

1—凸轮；2—滚柱；3—支点；4—活板；5—拉簧；6—顶杆；7，15—调节螺母；8—电磁线圈；9—顶杆套；10—杠杆；11—玻璃泵活塞；12—玻璃筒；13，14—单向止回阀；16—移动块；17—螺母

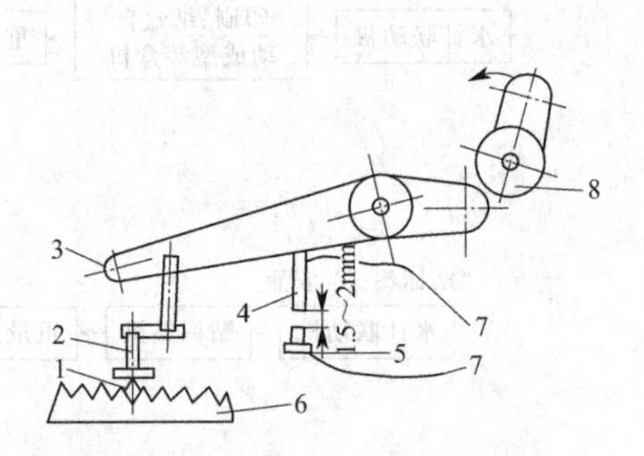

图 4-5　灌装自动控制机构

1—安瓿；2—压瓶杆；3—杠杆；4，5—电极；6—固定输送槽；7—电路；8—凸轮

（三）输液的包装

1. 瓶装输液的包装

瓶装输液，除采用玻璃包材外，目前更多使用塑料瓶包装。虽然瓶装注射剂的内装药品、形状、容量与容器材料各有不同，但加瓶塞和瓶帽卷边后的各道工序大体相同（图 4-6）。

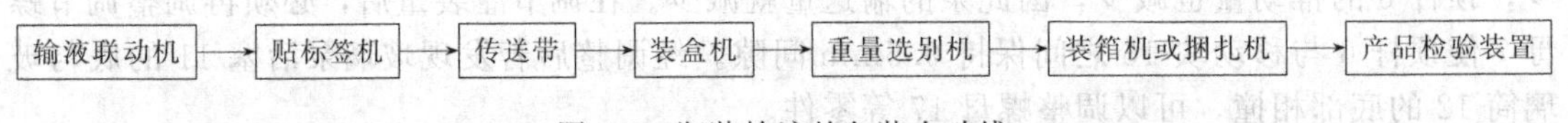

图 4-6　瓶装输液的包装自动线

大批量生产时，玻璃瓶装输液的灌装都采用回转式真空灌装机，目前已有 32 头的真空灌装机，其定量方法为玻璃容积计量法，机器规格适用范围分档，可以分为 150mL、250mL、500mL 一档；1000mL、2000mL 一档；有的分为 150mL、250mL 一档，500mL、1000mL 一档，2000mL 一档。灌装大瓶时产量可达到 120～140 瓶/min。灌装的原理除了真空灌装外，还有用活塞强制灌装的结构，材料为硬质合金，而活塞环与密封圈用工程塑料。灌装前玻璃内已充氮气，并在灌装的同时继续充氮，灌后加内塞。然后，通过真空罩将瓶内余气抽去，再由机械顶杆压紧内塞。输液瓶内真空度达到 57.33kPa，目的是便于使用者能及时发现玻璃输液成品密封不严的情况，以免造成药液变质；同时真空也起着保护药液不被氧化的作用。输液玻璃瓶的洗涤较为方便，只需蒸馏水多次冲洗，即可符合洁净要求。洗瓶机的形式与结构大部分都是履带行列式。

聚丙烯瓶输液生产线的优点甚多。首先从制瓶到输液成品完成，可在同一洁净车间一次完成，省去了玻璃瓶生产中空瓶包装、运输、拆开和清洗等重复劳动。更可取的是防止了瓶子污染，瓶子制成后可不用洗瓶，使车间内能保持清洁，易于管理，并可减少蒸馏水用量，生产过程中的劳动量及劳动强度均大为改善。

标签可直接印刷到瓶上，或先贴标签，然后连同说明书同时封装在一个小包装盒里，再将几个包装小盒包装在一个单元盒内或捆包起来，经检验，最后装入瓦楞纸箱。也有像安瓿那样，采用贴好标签后再自动封入包装小盒或单元纸盒的包装自动线。值得注意的是，对于输液，一向采用片状间隔的小包装盒，然后装入瓦楞纸箱，但最近根据多层带能提高缓冲力这一原理，采用薄凸型卷筒包装，这已成为输液包装的主流。

2. 输液联动机组

输液是临床急救不可少的药物，目前对输液用药生产及其包装的机械化、自动化的要求越来越高。以下介绍 SV500 型大输液联动机组的结构形式及特点。

SV500 型大输液联动机组由理瓶机、输瓶机、外洗机、内洗机、灌装机、翻塞机、轧盖机及贴签机 8 种单机 12 台设备联合组成输液自动生产线。本机组的基本机型为 SV500 型，派生机型为 SV250 型。该联动机组的联动工序为：

理瓶—输瓶—淋水—外刷—淋水—输瓶—第 1 次内刷—第 1 次内冲水（砂棒过滤自来水）—第 2 次内冲水（砂棒过滤自来水）—第 2 次内刷—冲洗涤液—第 3 次冲水（砂棒过滤自来水）—第 3 次外冲水—第 4 次内冲水（砂棒过滤自来水）—第 1 次内冲三级过滤交换水—第 2 次内冲三级过滤交换水—第 1 次内冲三级过滤蒸馏水—第 2 次内冲三级过滤蒸馏水—输瓶—灌装药液—人工放膜放塞—翻塞—落盖—轧盖—计数—装车—灭菌—人工灯检—贴标签—印批号等 30 个工序。

机组的内洗机，又称筒式洗瓶机或双筒洗瓶机，它由粗洗机、精洗机、输瓶机三个部分组成。粗精洗由输瓶机隔开，按输液生产的 GMP 要求放在各自的生产区域内。

翻塞机采用两次翻塞和翻塞头局部转动的跟踪式结构，翻爪中心转动式定位，对形变胶塞适应性强，翻塞率高。本机适用性好，适应 250mL 和 500mL 两种规格的输液瓶翻塞。

轧盖机的轧头为三刀行星式柔性结构，瓶固定，轧刀转动，可消除中心定位误差对轧盖质量的影响，增强了对玻璃瓶的适应性。250mL 和 500mL 的瓶能通用。

灌装机采用无机械摩擦的流动液灌装方式，灌装漏斗采用滚焊和氢弧焊的结构，确保输液灌装的质量。

落盖工序采用电磁振动自动落盖，舌形自动戴盖，结构简单，戴盖准确。

输瓶机结构简单，独立传动，运行稳定可靠，采用拨轮进出瓶机构，进瓶平稳，噪声小，变换规格及安装方便。

贴签机采用双转鼓真空吸签，能做到无瓶不递签、不取签，无签不涂浆、不印批号、不贴签。采用非等距搅笼进瓶机构，进瓶平稳，贴签效果好，适用规格广。

全套包装线以内洗机为中心，采用无级调速的直流电机，电控箱全部置于轨道之上，使用方便，且防水防潮。

3. 共挤膜软袋输液包装

(1) 非 PVC 软袋　输液的塑料袋包装主要包括 PVC 软袋、非 PVC 软袋和直立式聚丙烯袋等形式。PVC 软袋生产中需加入增塑剂，使用中增塑剂浸出可对人体造成伤害，已很少应用。目前，国内应用最多的是非 PVC 共挤膜软袋。

非 PVC 多层共挤膜软袋输液技术改变了传统的输液包装方式，具有很多优点，如：无毒、与药液相容性好、可自收缩，输液过程无需进入空气，消除了二次污染；低透水透气性和低迁移性；耐 121℃高温灭菌；机械强度高、抗低温、不易破裂、易于运输储存；回收处理对环境无害等。

国内外普遍采用的非 PVC 输液软袋的膜材主要有三层结构和五层结构的多层共挤复合膜。

① 三层共挤膜 外层为机械强度较高的聚酯或聚丙烯，要求具有能够阻绝空气及良好的印刷性能；中间层为聚丙烯与不同比例的弹性材料混合或 SEBS（苯乙烯-乙烯-丁烯-苯乙烯），要求阻水并具有抗渗透性和弹性；内层为聚丙烯与 SEBS 共聚物的混合，要求具有无毒、良好的热封性和弹性、与药液具有很好的相容性。

② 五层共挤膜 外层为机械强度较高的聚酯共聚物，要求能提供优良的热焊封性和保护性，有良好的印刷性能；第二层为乙烯甲基丙烯酸酯聚合物，起外层和第三层结合作用；第三层为聚乙烯，要求提供水汽阻隔性和柔软性；第四层为聚乙烯，起第三层和内层连接作用；内层为改性乙烯-丙烯聚合物，要求无毒、具有良好的输液产品的相容性，优秀的热封性和缓冲外界撞击性。五层共挤膜制袋过程中温度控制范围 128～205℃，热结合温度比较宽，袋的结合质量更易控制，渗漏率低。

(2) 非 PVC 软袋包装线 非 PVC 软袋包装线有两种主要形式，即以美国 PDC 为代表的回传式结构和德国普鲁玛为代表的直线式结构，其中直线式结构的市场占有率更高。直线式布局的结构又分为制袋-灌封分体机和制袋-灌封一体机。

制袋-灌封分体机的制袋和灌封分别采用独立同步带传送，无需控制袋固定夹的位置。从制袋到灌封增加袋转移交接工位，机械结构复杂，运动部件较多，容易造成袋转移故障，由于袋口定位的反复活动，会产生大量的塑料屑，增加不溶性微粒污染风险，整机占地面积大，增加净化运行成本。

制袋-灌封一体机的制袋和灌封采用一根同步带传送（图 4-7），结构简单，避免袋转移故障，袋无需变化位置，降低不溶性微粒污染风险，减少生产线运转时对 A 级层流的影响，整机短小紧凑，稳定性好，易损件少，能最大限度减少净化运行成本。但需要控制袋固定夹的位置，必须保证其在制袋和灌封时的状态。

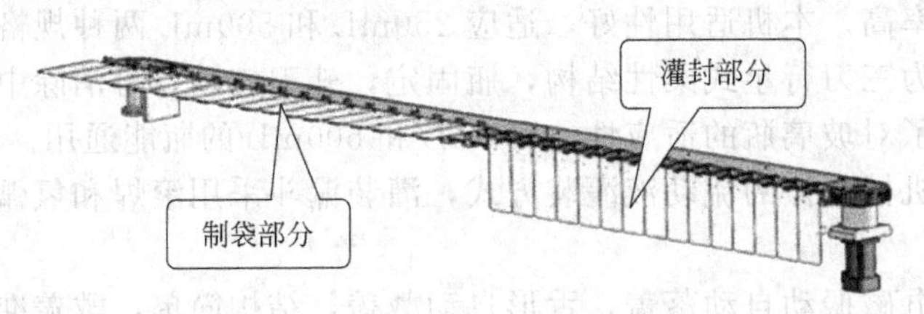

图 4-7 制袋-灌封一体机的传送结构示意图

四、片剂和胶囊剂的包装

从包装设计和剂型对包装机械的适应性来看，片剂与胶囊剂有较相近的物性，两者的包装形式、生产和包装流程有许多相同之处，其包装自动线也基本一致。需要关注的问题是，胶囊中的明胶及其本身的含水量会引起其硬度和脆性的变化，胶囊与内装药物的相互作用也可能导致胶囊不溶解。

片剂与胶囊剂的产量大，迫切需要实现生产和包装的机械化与自动化。对于片剂和胶囊剂，其包装虽然有各种类型，但不外乎如下三类：①条带式包装（SP），亦称条式包装，其中主要是条带状热封合包装；②泡罩式包装（PTP），亦称水泡眼包装；③瓶包装或袋类的散包装。目前，药品片剂和胶囊剂包装都向板片式包装方向发展。为保证使用和存放的方便，板片式包装应具有透明、隔水和遮光等功能。

（一）片剂与胶囊剂的板式包装

药物制剂的带状热封合包装和泡罩式包装，都是把片剂或胶囊剂有规则地封在两张包装材料的薄片之间，图 4-8 中只给出典型条带式热封合（SP）和泡罩式（PTP）板式包装自动线的组成示意图。PTP（或SP）包装机包装出一张张的板片，通常将其5～10板叠加在一起，在横型枕形包装机上捆扎成枕形包装，然后装进纸盒内，称其为装内盒；一般又以5个或10个内盒为单元，加以捆扎（捆包），再装进纸盒，即装外盒；最后装入瓦楞纸箱。

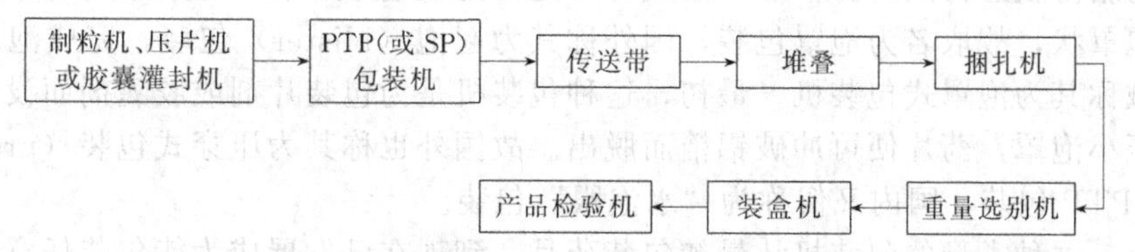

图4-8 片剂或胶囊剂泡罩式（PTP）或条带式（SP）包装自动线
（每个纸盒内包装1～10板）

片剂与胶囊剂包装线组成的区别仅在于自动线的起始端，片剂包装线始于压片机压制完的片剂，而胶囊包装线上首先要将内容物填充到空胶囊内。

胶囊剂包装自动线首先应包括胶囊剂产品的填充工序。药用硬胶囊壳体制造的一般生产过程是：模具表面涂润滑剂→浸胶→提升→干燥→拨壳→切割→套合（A、B头套合）。循环一次约30min。生产过程中对明胶的配制、胶囊壳的厚度和重量以及强度、干燥时间等需要严格控制。国外硬胶囊的A、B头都是带有环形凹痕和两个凹陷的圆点，B头为内缩口型。这样可使A、B头顶套后在输送与筛选过程中不易脱开；填充药物时易迅速分开，填充完毕压紧时，A、B头又易锁紧。它适用于胶囊充填机的高速运转。此外，胶囊壳体B头留有纵向微小凹痕，用作泄气，这样更有利于提高胶囊填充质量。

药用胶囊从制造机生产出来是以帽与囊身合在一起的状态供应的，将其输送到自动线内的胶囊填充机上之后，填充机则要将胶囊的帽与囊体分离开，再将药剂填入囊壳体内，再把帽盖合上，固定封闭胶囊，即成胶囊剂产品。胶囊填充机的稳定运转与药剂的物性（流动性、成形性、附着性等）和胶囊的尺寸精度等有很大的关系，胶囊内所装药物通常皆以粉末或颗粒状来进行填封。

从填充机出来的胶囊剂，还要经过胶囊清理抛光、重量选别机、外观选别机、胶囊印刷机等包装辅助机械设备，然后再进行PTP包装机或瓶包装设备操作。目前国外已制造出胶囊包装的成套设备，其中包括胶囊填充机、空胶囊选择（别）与喂（供）给机、胶囊抛光机、胶囊重量电子检测设备以及空气过滤器等附属通用设备。

目前有些高速PTP包装机的生产能力已经达到30万～40万粒/h，为此开发了一种与高速PTP包装机相匹配的堆叠和捆扎装置（枕形包装机）。枕形包装机有纵型与横型两种，但是药物制剂包装用的几乎全是横型包装机。泡罩式包装有许多凸起的泡罩，如果使它们面对面地凹凸套叠起来包装，就可以节省很多空间。为了做到这一点，利用一套专用的翻转装置，在自动线上把一半数量的板片翻转过来，然后把它们凸凹堆叠好，再用PP膜或PE膜进行外包装捆扎，成枕形包装形式，以便装盒或装瓦楞纸箱作业。为防止包装好的板片在使用前发生开封现象，还需要对其枕形包装进行质量监督和检查。这条PTP包装自动线的优点是：自动线对PTP包装板片的检查、板片捆扎、枕形包装、装内盒、装瓦楞纸箱等都由机械取代，减少了操作工的人数，同时减轻了劳动强度。

为确保药品包装质量，PTP包装机上还装有“缺片（缺胶囊）检验装置”。此外，还有批号的“刻印装置”“批号打印检验装置”以及“说明书装入检验装置”。在捆扎或枕形包装机之后的工序，还要装设重量选别机，以消除包装时的缺板现象。

上述包装自动线如果有一个部位发生故障，需全线停止运行，导致设备利用率大大降低。可在设备连接部装设一些道岔，当某一部位发生故障时，前面工序的包装半成品可以推向道岔，以避免全线停运。

(二) 片剂与胶囊剂的泡罩式包装

泡罩式包装即把被包装物品充填在由模具成型的泡罩状或盘、盒状的空穴之中，上面具有铝箔与树脂薄膜进行热封合，经冲切成为一定形态的包装。由于空穴的形状是PVC薄膜起泡而成泡罩状，故取名为泡罩包装，国外称其为起泡（blister）包装，完成泡罩包装形态的包装机械称其为泡罩式包装机。最初，这种包装机是为包装片剂或胶囊剂而设计的，服药时用手挤压小泡罩，药片便可冲破铝箔而脱出。故国外也称其为压穿式包装（press through pack），即PTP包装，国内又俗称为“水泡眼”包装。

事实上，这种类型的包装机从最初包装药品，到现在已发展成为能包装任意形态物料的包装机，从食品、日用品、药瓶到机器零件。形成的空穴容器已不是一个小泡罩，而是较大的盘或盒，一般亦称其为吸塑包装或容器热成型充填包装。尽管如此，这类包装形式都可归类为泡罩式包装。

泡罩式包装机也是将片剂或胶囊剂封装在两张PVC薄片之间，成为一张板片，所以也称为板式包装，其包装机也称为板式包装机。

泡罩式包装具有重量轻、运输方便、密封性好、能包装任何异形品、装箱不必用缓冲材料、外形美观、便于销售等优点。对于片剂、胶囊剂等药品，还有不互混、服用不浪费等优点。

泡罩式包装的适用范围较广，可以用作片剂、胶囊剂、安瓿、抗生素等瓶装，以及它们的组合式药芯包装。泡罩式包装是目前包装领域中重要且又有发展前途的包装形式，但对于一些温度敏感的药品，如有些抗生素胶囊或需要避光的药品等，不完全适宜。

1. 泡罩式包装机的组成

泡罩式包装机的类型很多，完成包装操作的方法也各不相同，但它们的组成及其部件功能基本相同。泡罩式包装机的机身造型结构可分为墙板型与箱体型，需按对机器各部件功能的要求，在设计时统一考虑造型问题。一般来讲，滚筒型机身取墙板型结构，平板型和组合型机身取箱体型结构。

2. 泡罩式药品包装机

泡罩式药品包装机，根据自动化程度、成型方法、封接方法和驱动方式等的不同，可分为多种机型。根据PVC类（除聚氯乙烯外，还有聚丙烯、聚偏二氯乙烯等）硬片薄膜成型的方法不同，有平板压缩空气成型与转鼓真空成型两种。转鼓真空成型都是连续式的，而平板成型大部分为间歇式的，但也存在连续式的，应该说平板的连续成型的这种结构较为先进，但对于充填液体等物料显然还是间歇式的好。因此，应根据具体的包装对象来确定用哪种结构的泡罩式包装机。泡罩式包装机组成部件与分类见表4-15。

表 4-15　泡罩式包装机组成部件与分类

部件	分类	部件	分类
加热部	直接加热：使薄膜与加热部接触，使其加热 间接加热：利用辐射热，靠近薄膜加热	驱动部	气动驱动 凸轮驱动、旋转
成型部	用压缩空气成型：间歇或连续传送的平板型 真空形成：负压成型，连续传送的滚筒型	薄膜盖板	卷筒（铝箔、纸）薄膜进给硬纸板（从料斗把硬纸板放在已成型的树脂薄膜上）
充填部	自动充填 手动充填（食品、杂货等形状复杂的物品）	机身部	墙板型 箱体型
封合部	平型封合，间歇传送 滚筒封合，连续传送		

(1) 平板型泡罩式包装机　外包装、包装较大型的商品或灌装液体药品等，由于所需容器尺寸较大，一般用平板型泡罩式包装机。这种包装机的生产率一般为800～1200包/h，最大容器（泡罩）尺寸可达200mm左右，深度可达90mm；成型采用间歇或直接加热空压式成型方法；封接用平板封接器，传动为气动。

(2) 卧式滚筒型泡罩式包装机　图 4-9 所示为包装机的工作原理。塑料薄膜加热后在真空成型滚筒模上成型为泡状，冷却后至料斗下方的充填管处装料，继续引进到热滚筒模处进行铝箔封合，最后到冲切机构处把成品冲裁下来，余料被卷在废料卷筒上。塑料薄膜的牵引速度可达 7m/min，上料速度高达 3000 片/min，膜宽约为 260mm，连续热封，生产率很高，适合于单一品种片剂大批量包装。

(3) 立式滚筒型泡罩式包装机　单滚筒多功能立式泡罩式包装机与卧式泡罩式片剂包装机相比，其主要改进是将成型滚筒与热封装置组合在一起，把辐射式加热改为接触式加热。经过这样改型，机器的结构集中，简化紧凑，维修操作方便，机器的占地面积小，成本大为降低，显示了它的优点，包装机的结构组成见图 4-10。

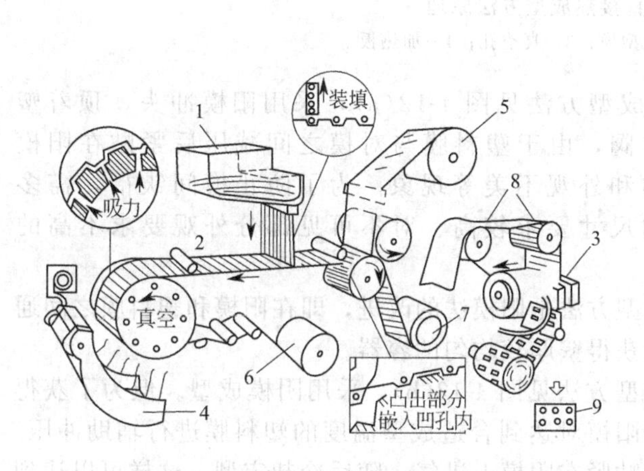

图 4-9　卧式滚筒型泡罩式片剂包装机工作原理
1—料斗与振荡送料器；2—热封滚筒模；3—冲剪机构；
4—电加热器；5—铝箔卷筒；6—PVC 卷筒；
7—薄膜缓冲轮；8—过桥轮；9—成品

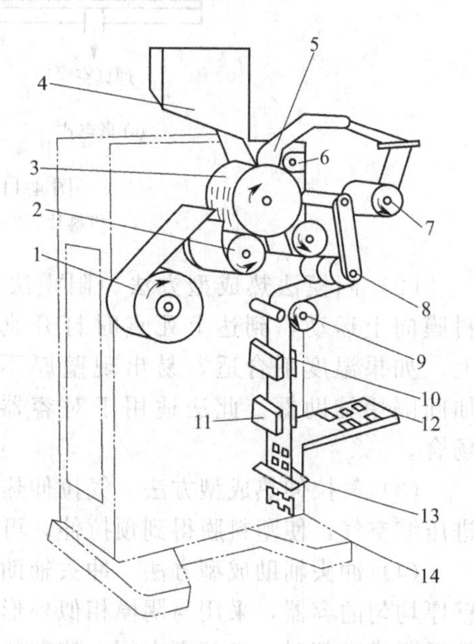

图 4-10　立式滚筒型泡罩式包装机结构组成
1—PVC 薄膜；2—加热滚筒（加热辊）；
3—成型滚筒模（成型辊）；4—进料斗；5—铝箔；
6—热封滚筒（热压辊）；7—卷筒铝箔（铝箔辊）；
8—缓冲张轮装置（张紧轮）；9—传送轮；
10—打印装置；11—冲切器；
12—成品输出；13—剪断；14—废料

滚筒型包装机（包括立式、卧式）由于采用滚筒式真空成型，故泡罩成型后的厚薄均匀性差，一定程度上影响了包装质量。还由于滚筒结构上的原因，限制了被包装物的范围，但从片剂小包装的发展和需要，以及机器本身结构简单、造价低等优点看，立式滚筒型泡罩式包装机仍有相当大的发展前途。

3. 泡罩式包装热成型方法

泡罩成型一般都采用热成型方法，其方法有以下几种。

(1) 直接热成型方法　直接热成型方法是最简单的方法，有真空式与空压式两种，见图 4-11(a) 与图 4-11(b)。塑料膜片厚度由被包装物品的大小确定，如包药片等，常用 0.028～0.030mm 的无毒塑料膜，加热至 120～150℃即软化。真空式是靠在凹模底部抽真空，使软化了的膜片在凹模内被向下吸引而成型，经冷却后保证容器定型。真空式结构简单，但不适于大直径、形状复杂和拉伸比（深度/直径）大的情况。空压式则靠压缩空气的压力向下使膜片在凹模内成型，成型力大，适合成型大且深的异性容器，但结构较复杂。成型辊一般用铸铝制成。一般有500多个凹模，每个模内有1～4个ϕ0.8mm的小孔道真空室。对于6.8m/min的成型速度，真空泵容量为180L/min，真空度为101.325kPa。辊内以低于15℃的水进行冷却定型和脱模。

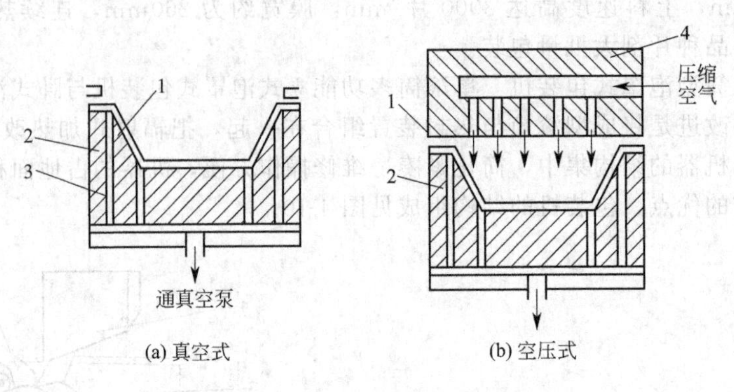

图4-11 直接热成型方法原理

1—塑料片；2—成型模；3—真空孔；4—加热板

(2) 阳模法热成型方法　阳模法热成型方法见图4-12(a)，采用阳模冲头，顶着塑料膜向上运动，到达上死点时打开真空阀，由于塑料膜与对模之间减压后紧贴在阳模上，如果温度不合适，易出现壁厚不均和外观不美等现象。为了防止模间皱褶，需多加间隔用辅助框。此法适用于对容器内尺寸要求较高、对不可见部分外观要求不高的场合。

(3) 气拉伸热成型方法　气拉伸热成型方法是阳模法的改进，即在阳模和塑料膜之间通进压缩空气，使塑料膜得到预拉伸，可以获得壁厚较均匀的容器。

(4) 冲头辅助成型方法　冲头辅助成型方法见图4-12(b)，采用阴模成型。但为了获得壁厚均匀的容器，采用与阴模相似外形的阳模对达到合适成型温度的塑料膜进行辅助冲压。接近阴模底部时，打开真空阀，使塑料模贴紧在阴模上进气，随后冷却定型，这样可以达到较高的拉伸比，用于深容器的成型。该方法利用压缩空气代替辅助冲头，工作过程与上法相似，可以得到1∶1～1∶1.5的拉伸比。

不管采用何种方法，容器底部壁厚总要变薄，在拉伸比小于0.7的情况下，容器底部壁厚一般只有平均厚度的60%。为了保证容器的强度，底部圆角半径应取1～3mm以上。成型时，塑料膜的加热温度对成型质量有很大影响，成型条件取决于塑料片的抗拉强度和延伸率等因素。拉伸强度与成型方向有关系。真空成型法是在大气压下进行的，因此，抗拉强度虽应保持在较高水平，但仍需限制在980Pa以上。至于延伸率则应依拉伸比的不同而定，一般最低也应大于200%，对于拉伸比较小者，100%的延伸率也可以。若温度不合适，会出现成型不良、壁厚不均、气孔、白化、皱褶等缺陷。

(5) 热封工艺规范　聚氯乙烯膜与铝箔的热封方法有辊式与板式两种，由于薄膜很薄，为了保证热封质量，封接器尺寸精度要求很高，如标准差不得大于0.001mm。

铝箔接合面上涂有一层热熔性黏合剂，在加热和加压情况下，铝箔才与塑料膜结合，塑料膜与铝箔的带结，要求黏合剂的黏结度好，但又不能强度过大，否则使用时不易撕开或压开。同时黏合剂应无毒、无味、不易透气透水、透明度高、熔化温度低等，常用的黏合剂为聚氨酯树脂加聚二氯乙烯。热封温度一般为100～300℃。过高易使已成型的容器变形；过低不能使黏结剂充分熔化，黏结不牢。为了提高黏结力和美化外观，在热封辊或板上均刻有图4-13所示的线密封或点密封两种花纹。

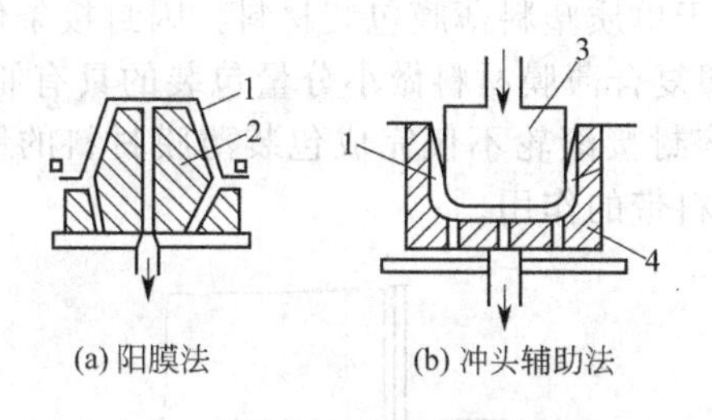

(a) 阳膜法　(b) 冲头辅助法

图 4-12　阳模法与冲头辅助法原理图
1—塑料片；2—阳模；3—冲头；4—阴模

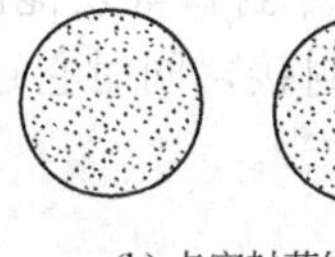
(a) 线密封花纹　(b) 点密封花纹

图 4-13　热封面的密封花纹图

4. 检测和冲裁装置

（1）缺料检测装置　由于自动上料机构在高速运行情况下，有可能出现漏装，自动包装机应能检测出来且报警，冲裁后能自动分选出来，为此常采用光电装置作为有无物料的传感器。无料时，光电管发出信号，放大后，带动报警系统动作，同时记忆下来，等传到冲裁机构动作之后，由分选机构将其分离到废品箱内。选别精度应超过 99.999%。

（2）冲裁装置　冲裁是最后的包装工序，它把包装物品按预定的数量和排列形式冲裁成片或件。冲裁必须十分精确，稍有偏离将会降低包装质量，所以一般均采用精密调节的结构。冲裁尺寸必须考虑到减少余料，同时考虑包装尺寸变化时的通用性，减少换产时的调整时间。

（三）铝塑热封包装机

铝塑热封包装机是以塑料薄膜为包装材料，间歇投入药片，分别为双片和单片包装。具有压合牢靠、花纹美观等特点，属于一种小剂量包装机。

热熔性塑料材料在受加热作用时，会软化成为熔融的热塑化状态，包装封接部位的薄膜层受热软化到熔融状态时，对其施加接触压力，使处于熔融状态的封接部位材料界面之间被突破而熔接成一体，冷却后得到熔接连接，即热封包装。因而热熔性塑料薄膜及有这种塑料膜层的复合材料用于包装材料，可采用加热、加压熔接的热熔封合连接方式（称热熔封接或热封合）。热封合的加热方法常用电阻加热和高频电流加热，超声波加热、电磁诱导加热和高能光源加热等技术。封合技术常常应用于塑料薄膜层的各种软性包装容器制造及其封口封接连接中。

常规电阻加热热封接法装置包括电气和机械两部分。电气部分包括电阻加热器（电热丝）、电源接线器件、测温器件、温度调节器件、温度显示仪表等。机械装置包括加压机构和电热封接器件。电热封接器有多种形式的结构，图 4-14 所示为板条式电热封接器结构。装在电热板条 1 中的电热丝 2 对电热板条加热，加热温度通常用电阻式测温元件检测，由温度显示仪表显示，温度调节通过调压器或电阻器件进行。加热温度达到要求值的电热板系由热封接加压运动的执行机构操控，紧压位于承托台 5 上的待封接薄膜叠层，使其受到加压、加热，在压力下实现熔接。电热板条 1 热封接加压运动机构可为气功式、液压式、凸轮式、电磁式等。为确保得到高质量的封接缝，电热板条封接表面要平直，承托台平面应平整或衬垫耐热橡胶垫层。此种板条结构形式的热熔封接装置，在间歇性工作的自动包装机中得到广泛应用。

图 4-15 所示为滚轮式电阻加热器熔接示意图。它由一对做回转运动的滚轮组成，外部设调节加热温度的调节器件以及检测与显示热封滚轮温度的器件与仪表。两滚轮相互压紧接触，要进行热熔封接的重合薄膜叠层在此两滚轮间通过时，受到加热、加压作用从而实现热熔封接。常在有聚乙烯复合薄膜层的玻璃纸-塑料复合材料、薄膜塑料复合材料以及聚乙烯

聚丙烯复合薄膜材料等包装中做连续热熔封接（对于单质塑料薄膜包装材料，因封接条件的调节控制较难，封接质量不易控制）。在一些用纸塑复合薄膜材料做小分量包装的具有制袋-计量装填-封口等功能的连续式自动包装机中，热熔封接滚轮不仅完成包装薄膜材料的制袋纵向热封接，同时它还担负起牵拉输送包装薄膜材料带的作用。

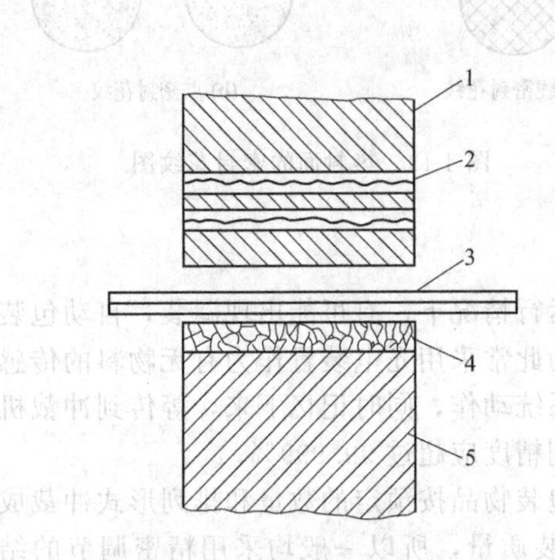

图 4-14 板条式电热封接器结构

1—电热板条；2—电热丝；3—热封薄膜；4—耐热胶垫；5—承托台

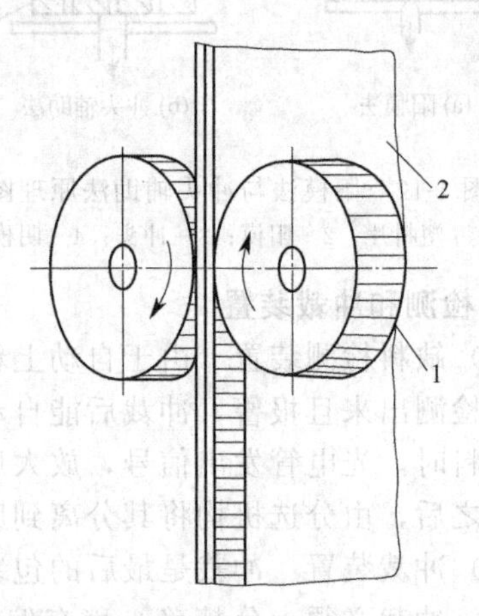

图 4-15 滚轮式电阻加热器熔接示意图

1—热封滚轮；2—热封薄膜

国产 NRB-8 型和 NRB-5 型热封包装机见图 4-16，是属同一种机型的小剂量片剂热封包装机。该机采用机械传动，皮带无级调速，电阻加热自动恒温控制，其结构主要由储片装置、控片装置、切刀装置、机座传动装置、横轴装置、热压轮机构、减速机和电气控制装置组成。可以完成理片、送片、加热压合和剪裁四道工序。

(1) 储片装置 如图 4-17 所示。所需包装的药片装在料斗 5 中，药片从料斗下部不断进入离心盘 4，药片在离心盘的旋转离心力作用下，向边缘散开，进入有八道或者五道槽的出片轨道，再进入出片盒 2，经方形弹簧 1 下片轨道进入控片装置。

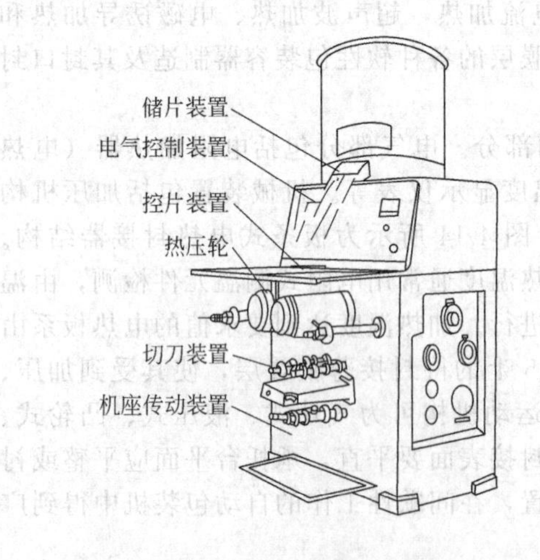

图 4-16 NBR-8 型、NRB-5 型热封包装机

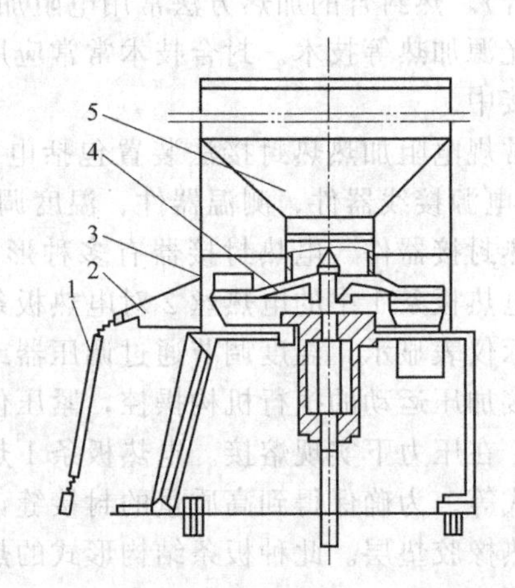

图 4-17 储片装置

1—方形弹簧；2—出片盒；3—出片导轨；4—离心盘；5—料斗

(2) 控片装置 如图 4-18 所示，从储片装置下片轨道落下来的药片经送片板 1 在图

4-18(a）的位置时药片进入送片牙条 2 的缺口中。当送片牙条向左移动时，送片牙条 2 中的缺口与下片槽 3 的通道对准，药片落下，进入两热压轨之间并进行热封。工作时，送片牙条左右往复运动，达到间歇式送片的要求。

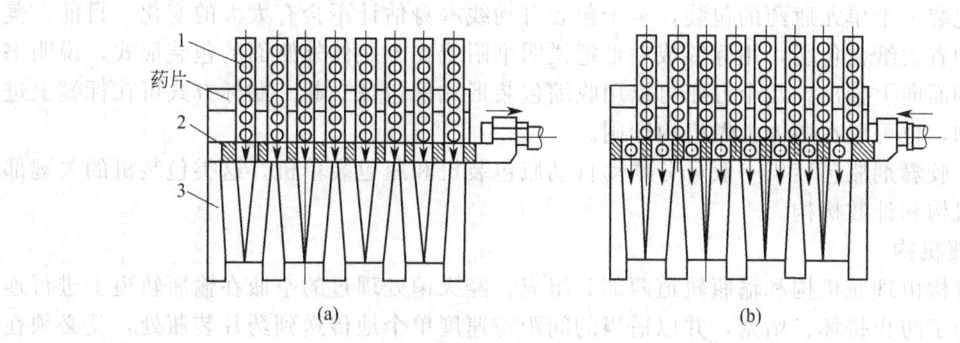

图 4-18　控片装置

1—送片板；2—送片牙条；3—下片槽

（3）热压轮机构　如图 4-19 所示，热压轮有两个，是该机最重要的工作部分。它由压轮 2、铝套 3、炉胆 4、前盖 1、后盖 6 和电热丝 5 等组成。热压轮的外圆周面上均匀分布 64 个凹长槽，表面纵横镜有直沟，沟距 0.8mm，两热压轮工作时，齿锋与齿沟相咬合，压出花纹。铝套 3 起均匀散热作用。其中一个热压轮的铝套和压轮上并联一组热敏电阻，是控制回路上的感应元件。另一热压轮内装有插入半导体温度计的插头，以测量热压轮温度。炉胆 4 内装有 1.3kW 的电热丝 5，两端有绝缘云母以防漏电。

（四）片剂和胶囊剂的瓶包装

瓶装片剂与胶囊剂主要采用玻璃瓶与塑料瓶两种包装。在采用塑料瓶时向计数填装机供应塑料瓶之前要经过一道预备工序：空气清洗。其余包装形式都是相同的。瓶子的容量最小是 10 片，大的可达 500 片、1000 片，因此为了封瓶计数和填装的自动化，一定要按不同的品种和容量分别采用专用设备。在片剂（胶囊剂）计数和装填机之后通常还有棉塞封机（塞入 PE 膜、聚氨酯泡沫塑料或棉花等作为缓冲材料）、封盖机、贴标签机、封盒机、纸盒集装机或纸盒捆扎机以及收缩包装机。

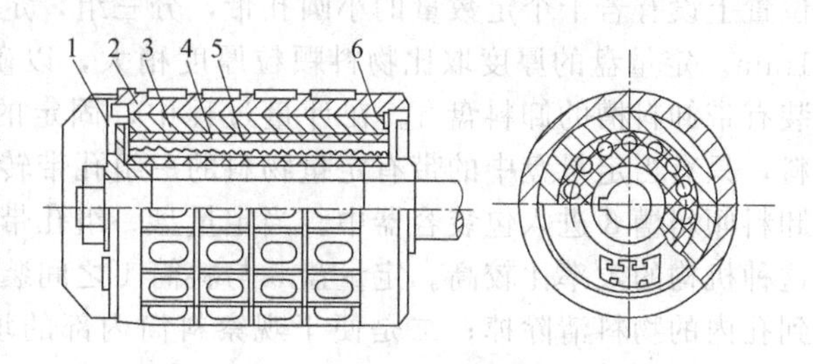

图 4-19　热压轮机构

1—前盖；2—压轮；3—铝套；4—炉胆；5—电热丝；6—后盖

就自动线内的纸盒集装机、纸盒捆扎机和收缩包装机的捆包方式而言，一般将片剂、胶囊剂装入单个内包装，如板片内盒和瓶装内盒，又以包装单位数集中装入外盒（箱），再将这外盒（箱）装入某个盒子里或瓦楞纸箱，这是一种代表性的捆包方式。包装线内代替这些外盒（箱）的是各种包装膜，将装有制剂的单剂量包装以包装单位数集中，然后用各种材料的膜进行捆包。这种集积捆包使用透明膜，单个内包装的设计可见，因而商品性提高，包装材料费减少，此外盒（箱）式包装的机械设备简单，这种趋势还将得到发展。但是因外箱包装改为膜包装，所以运输中缓冲性下降；时间长膜会变色，产生皱纹和吸附尘埃等。

自动线内设有一些检验装置，例如计数填装机上装有“缺片（胶囊）检验机”和“缺片瓶检出机”；封盖机上装有“瓶盖密封检验装置”；贴标签机以后的检验装置与水针剂包装自动线的装置情况大致相同。目前，计数填装机已经采用微机控制的全自动系统，提高了检验的效率和准确性。瓶装片剂（胶囊剂）的包装自动线由片剂计数装填机、棉塞封入机、封盖机、传送带、贴标签机、重量选别机、装盒机、纸盒集装机或捆扎机、产品检验机组成。

在瓶装药片方面，瓶体材料会有某些改变。为了节省空间，方形瓶体可能会普及，实行一个纸盒包装一个单元瓶药的包装，至于包装自动线本身估计不会有太大的变化。目前，美国推出一种省去纸盒包装，用标签或粘带把说明书附着在方瓶体外侧面的包装形式，说明书能从瓶体侧面向上抽出。几个方瓶可以用收缩包装形式捆包在一起。贴标方式可在标签上进行机内印刷，也可以在瓶体上做机内印刷。

片剂、胶囊剂瓶包装机一般可分联动自动瓶包装机和瓶包装单机。这类包装机的关键部件是输瓶机构和计数机构。

1. 输瓶机构

输瓶机构由理瓶机构和输瓶轨道两部分组成。经灭菌处理过的空瓶在输瓶轨道上进行连续送瓶，为了防止挤坏、堵塞，并以适当的间距与速度单个地传送到药片装瓶处，就必须在输瓶机构中采用限位机构。常见的限位机构有螺旋输送式和拨盘式两种。典型送瓶机构的基本组成包括由锥齿轮传动的变螺距螺杆、固定侧向导板、链式水平输送带和组合式拨瓶星轮等。

2. 药片计数机构

主要讨论转盘计数式和转轮计数式两种装置。

(1) 转盘计数式装置　转盘计数装置特别适用于药片等颗粒类产品的定量自动包装。如图 4-20 所示，是圆柱形粒状药剂的转盘计数机构，固定卸料盘 4 和料筒 1 由支架夹板 2 固定在底盘 6 上。物料装在料筒 1 内。装料筒底盘 3 系一转动的定量盘。定量盘上每隔 120°的位置上设有若干个定数量的小圆孔带，分三组，定量盘上孔往往稍大于物料直径，约 0.5～1mm。定量盘的厚度取比物料颗粒厚度稍大，以确保计量孔只能容纳一颗产品。定量盘下装有带卸料槽的卸料盘 4。在计量过程中，固定的卸料盘承托住充填在计数定量盘中的物料，只有当定量盘中的带有定量物料的一组孔带转到卸料槽时，才使已定量的物料自由落入卸料倾斜槽 8 进入包装容器中。当定量盘一组孔带在卸料时，其他两组孔带进行上料，所以这种机构的效率比较高。定量盘 5 与料筒 1 之间装有透明的刮板 9。其目的：一是将未落入到孔内的物料清除掉；二是便于观察料筒内部的填充情况。转动的锥齿轮 7 带动定量盘旋转，可连续转动，也可做间歇转动，根据装料速度的要求而定。

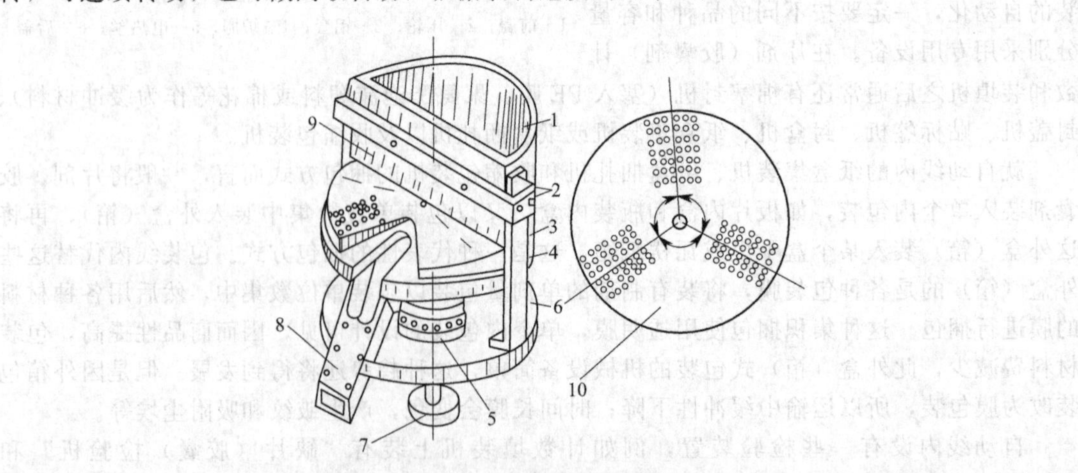

图 4-20　转盘计数装置原理图

1—料筒；2—支架夹板；3—装料筒底盘；4—卸料盘；5，10—定量盘；6—底盘；7—锥齿轮；8—卸料倾斜槽；9—刮板

（2）转轮式计数式装置　图 4-21 为转轮式计数装置的示意图，适用于药片、糖豆、钢球、纽扣等长径比较小的颗粒物料集合自动包装计量。计量原理与转盘计量基本相同。转盘表可按要求等间距地制作若干组计量孔眼（盲孔），转轮在传动装置带动下运转时，各组计量孔眼，在料斗中依靠物料自动落下来卸物料。采用该计量方法时，应注意到各组计量孔的间距与出料口所占弧角关系，以及物料与机体摩擦等问题，生产能力的计算同于圆盘计量。

3. 联动瓶包装机

国产 PZ10-55 型自动大、中、小瓶包装机的共同特点：生产率高，与手工操作相比，提高工效 3～5 倍；自动化程度高，大大降低劳动强度，改善劳动条件；机构紧凑，占地面积小；耗电量低。配有吸粉、自动报警、自动停车装置，能完成理瓶、计数装瓶、塞纸、理盖旋盖、贴标签（印批号）等工序，其中大瓶片剂包装机根据目前国内包装材料的情况还增加了塞内塞、封蜡工序。PZ10-55 型片剂自动小瓶包装机（图 4-22）主要由机身部分、电器控制部分、理瓶机构、输瓶轨道、圆盘数片头（片剂计数机构）、塞纸机构、振荡理盖机构、旋盖机构、贴标签机构和打批号机构 10 大部分组成。PZ80-250 型自动中瓶包装机和 PZ500-1000 型自动大瓶包装机的结构特点与 PZ10-55 型自动小瓶包装机相类似。

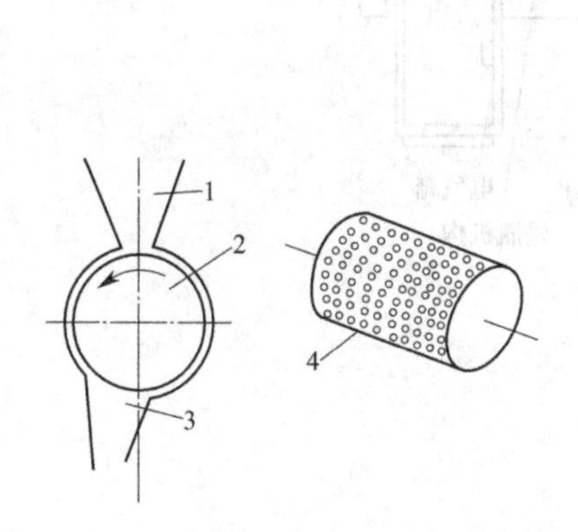

图 4-21　转轮式计数装置原理
1—料斗；2—转轮；3—出料器；
4—转轮计量机构

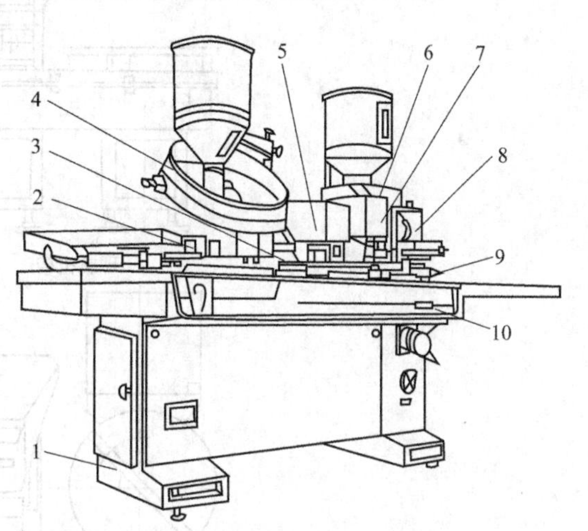

图 4-22　PZ10-55 型片剂自动小瓶包装机
1—机身部分；2—理瓶机构；3—输瓶轨道；4—圆盘数片头；5—塞纸机构；6—振荡理盖机构；7—旋盖机构；8—贴标签机构；9—打批号机构；10—电器控制部分

4. 单用途瓶包装机

上述自动瓶包装机固然有许多优点，亦有其不足之处，如：工序过于集中，某一机构发生故障，必须全机停车；通常不能再增加中间工序，一定程度上限制了工序各种不同需求的适应性。

以下介绍单用途瓶包装机，即国产 LJ10-1000 型履带计数机。

LJ10-1000 型履带计数机（图 4-23）主要由理瓶机构、输瓶机构、计数机构和电气箱组成。采用机械传动、直流电机可控硅无级调速。输瓶和送片均采用履带式传动。共同完成理瓶、输瓶和计数装瓶工序。包装容器为 10～1000mL 的大口瓶、方瓶和金属罐等。可适用于平片、糖衣片、丸剂（直径大于 5mm）和胶囊剂等的计数充填，产量可达 24～200 瓶/min。

计数机构的工作原理如图 4-24 所示。由机座里面的减速机传出的动力经链条 18 带动链轮 17 和 16，再经链条 19 将动力输入给链轮 7、12、20，使其转动。由链轮 12 传来的动力通过链轮 11、链条 10 和链轮 8、26 带动计数板 28 运动。由链轮 7 传来的动力经齿轮 6、2、

3、5带动上部毛刷4转动，由链轮20传来的动力经齿轮21、22、23、24带动下部毛刷25转动，工作时药片由料斗1倒入，经振荡机构27使药片进入计数板28的方孔内，多余的药片由上部毛刷扫回入片区内。药片进入观察区将要落片时，计数板碰上撞击机构9，并将药片全部落入隔板箱14经漏斗15装入瓶内，完成计数装瓶。计数机构装有静电消除装置，以消除药片与计数板摩擦产生的静电。在下片处有吸粉管13，吸除粉尘。

瓶在轨道上的动作程序如图4-25所示。计数机启动后，从理瓶盘送来的瓶进入输瓶轨道，这时瓶挡A的插销伸出，把瓶挡在漏斗下面进行装片，这时瓶挡的插销是缩回去的。当每1～6号瓶子装完后，瓶挡B的插销伸出，而瓶挡A的插销缩回。瓶在输送带的推动下向右移动，到达B时被挡位，这时A的插销又伸出，挡住第7个以左的瓶准备装片，此时B的插销又缩回，把已装好片的瓶送走。如此往复循环，完成计数装瓶的工作。瓶挡A、B的动作由电磁铁及计数器控制。

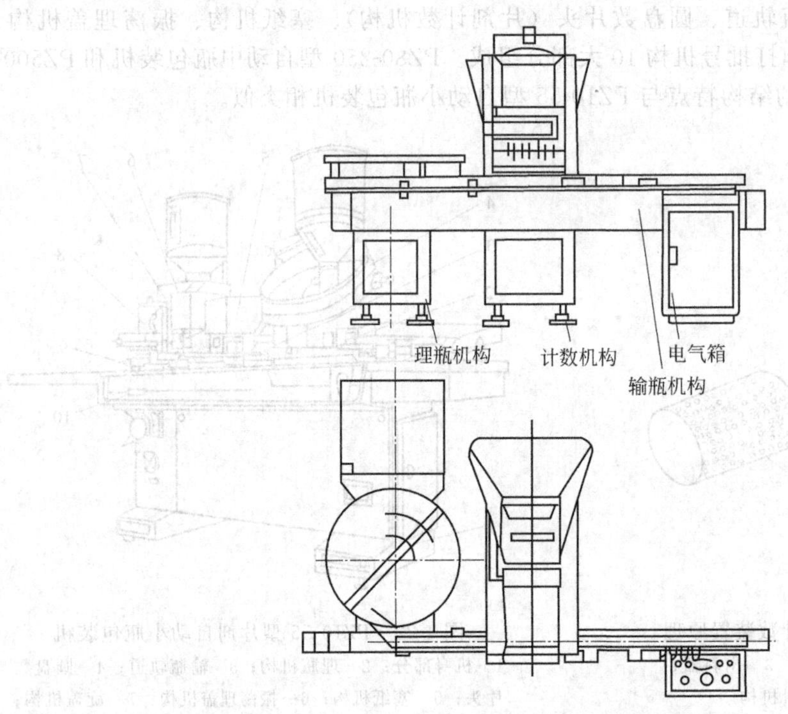

图4-23 LJ10-1000型履带计数机

五、软膏剂的包装

软膏剂是常用的半固体制剂，其包装容器主要有软膏管与软膏瓶罐两种形式。软膏管的充填过程是按软管的容积，采用活塞泵抽吸一定剂量的软膏，再将其注入各倒置的软膏管中。软膏剂自动充填机，除了高速、自动化之外，其机构运动与手动充填机械基本相同。生产中使用的软膏充填封合机，通常是由半自动的送管装置、上管装置、拧盖装置、充填装置、打印装置、加热料斗、料斗内搅拌装置或计数装置等一系列部件组成。金属软膏管一般采用折尾的方式封闭，而塑料软管的封闭采用热封合工艺。

（一）软膏剂的充填

软膏剂等膏状物料黏稠度大、流动性较差，若用一般的固体物料输送给料装置进行给料或用液体物料管道自高位靠重力流送给料，因其黏滞阻力很大而不易实现。即使应用真空灌注法，有些物料其流动速度也很慢，装填灌注的生产能力低下，无法适应包装生产的需要。

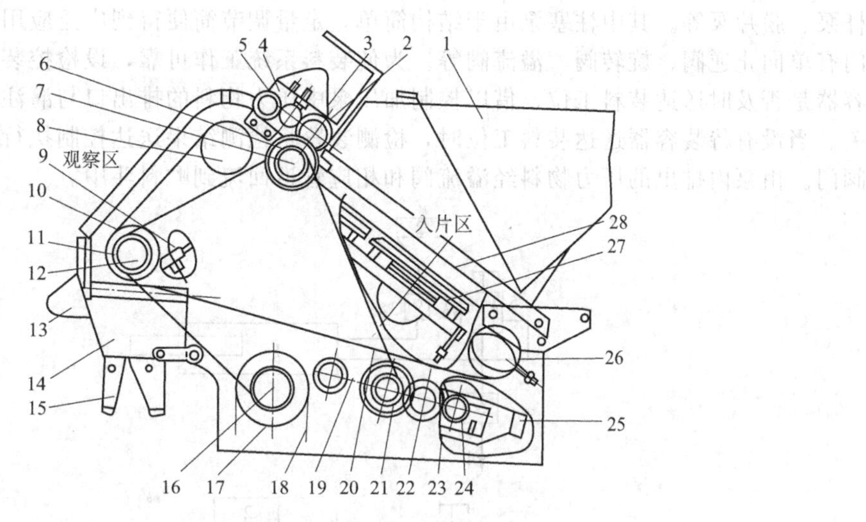

图 4-24　计数机的计数机构工作原理

1—料斗；2，3，5，6，21～24—齿轮；4—上部毛刷；7，8，11，12，16，17，20，26—链轮；9—撞击机构；10，18，19—链条；13—吸粉管；14—隔板箱；15—漏斗；25—下部毛刷；27—振荡机构；28—计数板

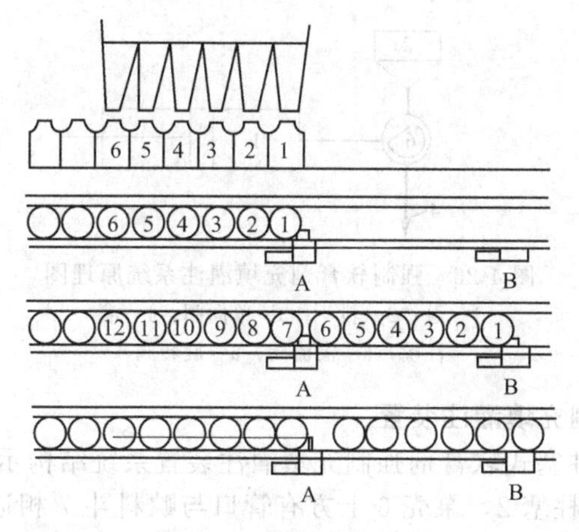

图 4-25　输瓶动作程序

这些膏状物料，其分子之间的结合力差，内摩擦阻力小，在外界压力作用下体积不可压缩，但很容易发生形变流动，能沿任何方向等强度地传递压力等性质，因而适宜采用加压后在管道内输送再充填（灌注）入包装容器的装料方法，即强制充填灌注装料法。

1. 强制充填灌注装置

强制充填灌注是用机械装置对包装物料施加机械压力后，再经装填导引注入包装容器中。强制充填灌注是压差灌注法，其灌注压力是由专门的机械装置泵所施加的，能得到较大的压差，可提高充填灌注的生产能力。机械设备所占的空间较小，但机械装备较复杂，工作耗能较大，强制充填灌注的装置系统原理见图 4-26。其中包括贮料斗、进料管道、排料管道、溢流管道和相应的阀门装置，加压等设备（机械泵），灌注嘴及充填控制装置等。贮料斗通常设置在高位，有进料管道和相应的阀门与加压机械设备相连通，在机械装置运转中，将待包装物料由进料通道抽吸到加压机械设备中进行加压，然后由与之连接的阀门和排料管道排出到灌注嘴供装填灌注到包装容器中。常用加压机械设备有柱（活）塞泵、齿轮泵、螺杆泵、膜片泵等。其中柱塞泵由于结构简单，定量调节简便得到广泛应用。装料系统用的阀门有单向止逆阀、旋转阀、溢流阀等。为使装料系统工作可靠，设检控装置，用以检测装料容器是否及时送达装料工位，借以控制加压泵中压力物料的排出口与灌注嘴间连接阀门的开关。当没有待装容器送达装料工位时，检测装置将检测结果送达控制执行器，阻止开放灌注阀门。由泵内排出的压力物料经溢流阀和相应管道回流到贮料斗中。

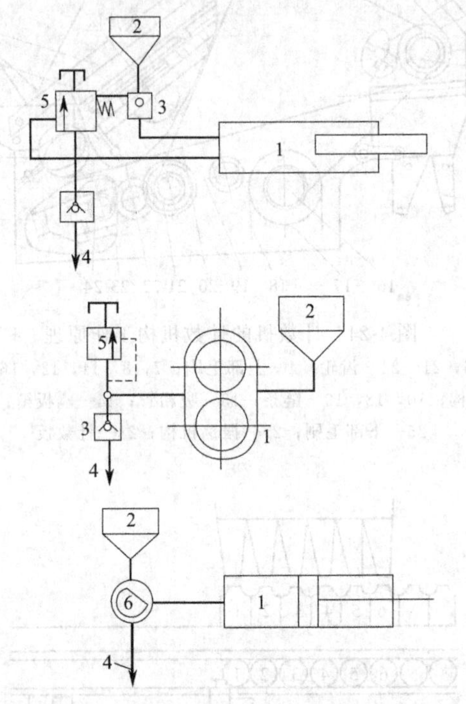

图 4-26　强制软膏剂充填灌注系统原理图

1—泵；2—料斗；3—单向阀；4—灌注嘴；5—溢流阀；6—旋转阀

2. 柱塞式软膏剂强制充填灌注装置

图 4-27 所示为一种柱塞式软膏剂强制充填灌注装置系统结构示意。泵壳 6 内装有缸套 5 和缸体 3，缸体 3 内装着柱塞 2，泵壳 6 上方有管口与贮料斗 7 相通，下方管口通道嘴套 11 接灌注嘴 12。缸体 3 上齿轮与齿条 4 相啮合，齿条 4 受装料检测控卸装置操控做往复直线运动，带动缸体 3 做往返摆转。在本装置系统中缸体 3 既是柱塞 2 工作运动的缸体，同时又是装料控制的转阀芯体。柱塞 2 由驱动杆 1 驱动做往复运动，图中所示柱塞泵正处在吸料行程状态，缸体 3 上的进料孔与贮料斗 7 接通，驱动杆 1 带着柱塞 2 往右运行时，柱塞泵自贮料斗 7 向缸体 3 中吸入膏剂，与此同时输送装置将待装料容器向装料工位运送，检测装置检测到有待装料容器，则由输送装置按要求送达装料工位。若在泵吸料行程终了时有待装料容器送达装料工位，则检测器发出指令操纵齿条 4 做直线运动。通过齿轮使缸体 3 做顺时针摆转，切断缸体与贮料斗 7 间的通道使缸体 3 与灌注嘴 12 相接通。当驱动杆 1 驱动柱塞 2 向左做运行时，柱塞 2 对缸体 3 内膏料实施加压，迫使其沿排料口经装料灌注嘴 12 灌注入待装料容器中，完成强制加压灌注工作。齿条 4 在弹簧恢复力作用下复位，开始下一装料工作循环。若在柱塞泵吸料行程终了，检测器检测到无待包装容器送达装料工位时，齿条 4 则将维持其原态不运动，缸体 3 不摆转，驱动杆驱动柱塞向左做排料运行时，仍将对已吸入缸体内的物料进行加压，强迫其沿用原吸入物料的通道排回到贮料斗中，待驱动杆又驱动柱塞向右做吸料工作运动时，柱塞泵就又开始下一个装料工作循环。装料装置系统的检测控制装

置，可为光电-电磁铁检控装置或为机械摆杆式检控装置。光电-电磁铁检控装置，以电开关，如光电半导体开关装置、接近开关装置等作检测器，通常多用光电开关装置作检测器。光电检测器检测到包装容器送达包装工位时即发出脉冲信号，经放大后促使接有光电继电器和时间继电器的电磁铁线路接通，电磁铁吸合，牵拉齿条4驱动缸体3做顺时针摆转，切断吸料，接通排料灌注。若光电检测器检测到没有装料容器送达装料工位，则电磁铁不吸合，柱塞泵不往料嘴方面做排料灌注，实现无装料容器不进行装料灌注。

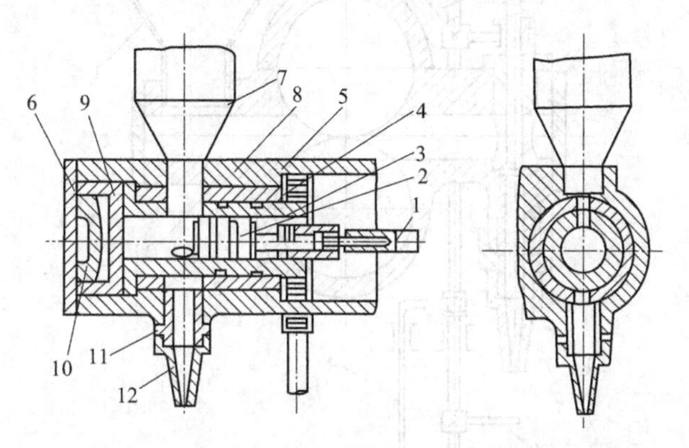

图 4-27　柱塞式强制式软膏剂强制充填灌注装置

1—驱动杆；2—柱塞；3—缸体；4—齿条；5—缸套；6—泵壳；
7—贮料斗；8—缸盖；9—泵盖；10—压块；11—嘴套；12—灌注嘴

3. 检控装置操纵的软膏剂强制充填灌注装置

图 4-28 所示为一种机械摆杆式检控装置操纵的装填软膏剂（膏状物料）的强制充填灌注装置系统。此处的强制加压装料泵为轮转式泵。膏体物料自料斗1吸入泵轮3中，经泵加压后由出口端排出。泵的出口端接有装料控制用灌注锥形阀8和灌注嘴6。此外还设有溢流装置（图中未示出）。吸装物料用加压泵可采用等速回转的或取间歇的步进式传动机构驱动。装料控制用灌注锥形阀8受机械摆杆式检控装置操控。机械摆杆检控装置包括检测杆5、顶杆9、控制杆10、挡圈及装料控制用凸轮推杆4和闭锁弹簧等。顶杆上按要求装有检测杆5及控制杆10，通过挡圈使得控制灌注锥形阀8开关的凸轮推杆4与顶杆9之间成功连接。装料机运行中，检测杆5检测输送装置即转盘上有无装料容器送达装料工位。当有装料容器送达时，装料容器将迫使检测杆5摆动，通过顶杆9带动控制杆10做偏摆，摆入装料灌注锥形阀8杆上固定安装的挡环7槽中，装料控制用凸轮推杆4促使顶杆向上运动驱使阀杆提升，开启装料控制用灌注锥形阀8。经泵加压输出的膏料，在压力作用下灌注入装料容器中，凸轮的廓形能够控制灌注时间，自动关闭装料灌注阀，完成装料工作。之后检测杆5及控制杆10复位，输送装置转位，将进行下一装料工作循环。若输送装置上没有装料容器，检测杆5检测不到装料容器，控制杆10就不会转入装料灌注锥形阀杆上的挡环7槽中，装料控制凸轮推杆4只推动顶杆9做空运行，不会开启装料灌注阀锥形阀8，从而实现无装料容器不进行装料灌注。由泵中排出的压力膏料则将通过溢流管道系统排回泵的入口端。

（二）软膏剂包装机

IU60 型全自动软膏灌装封口机（德国 IWKA 公司）采用软管输送，不同于大型灌装机，管架固定于旋转台上。IU60 型软管的输送在管座上的两个水平位置上进行。

（1）软管进料　软管进料最简便的方法是用手朝固定加料器槽方向推入。一般来讲，加料装置和自动储存装置的功能是自动的，如同一个盒式加料器，软管从槽到达预定位置的吸入部分，然后从吸入部分推入管孔。

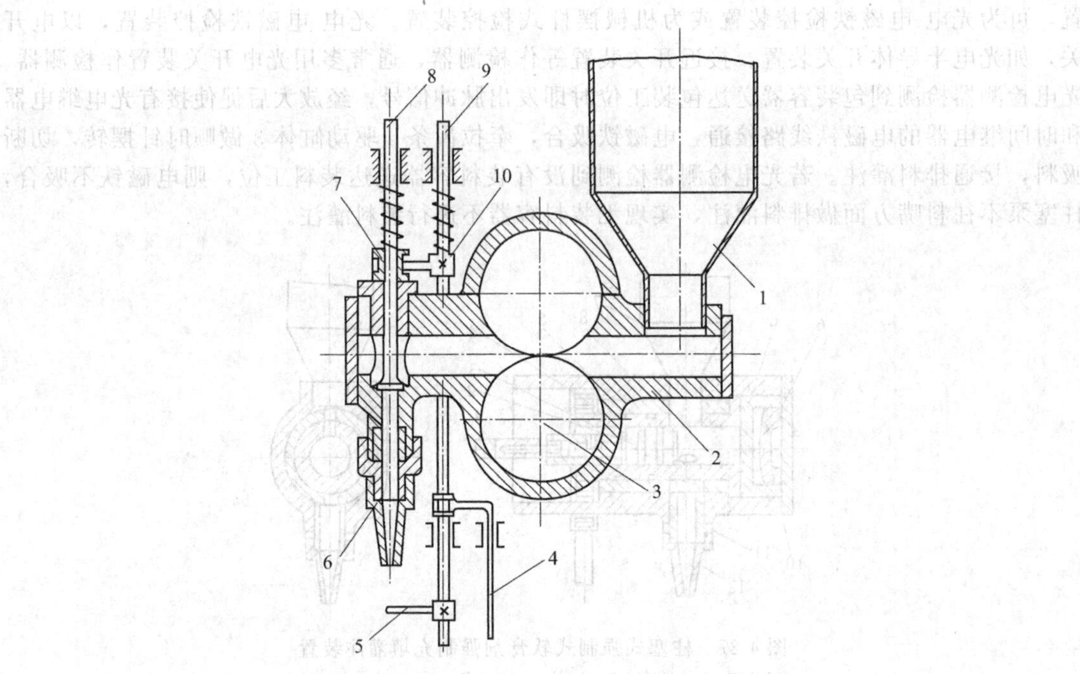

图 4-28 摆杆式检控装置

1—料斗；2—泵壳；3—泵轮；4—凸轮推杆；5—检测杆；
6—灌注嘴；7—挡环；8—灌注锥形阀；9—顶杆；10—控制杆

(2) 拧盖 采用与软管尺寸形式相当的工具拧紧螺纹盖，软管清洗装置也是处于这个拧盖的位置。

(3) 印刷标记 如果遗漏了印刷标记，旋转停止，后面灌装过程也停止。

(4) 软管灌装 从顶上的漏斗通过直接连接的管路，使膏剂下落进行灌装。水平的软膏剂量通过活塞挤出，漏斗和活塞间的旋转阀开启，软膏剂在活塞泵作用下经过灌装喷嘴进入软管。随着灌装过程不断地进行，软管升到盒式加料器喷嘴之上，然后降落下来，这个方法可以防止由于空气驻留而导致的介质不易充满情况。

(5) 软管清理 金属管在三个位置封口，必须根据是双褶或三褶的管托进行封闭，折叠工具回转而没有任何剪力，折叠工具加压，滚花并加上标记号码。PE 和层压管材的热封在两个位置完成。接缝是在两个冷却夹片中加压，还能按个别需要在调整前打印。

(6) 软管的翻转和弹出 封管摇摆地返回到较低的水平位置并弹出，特别设计的运转系统和纸盒机能适应多种软膏剂包装连续地进入纸盒。将 IU60 型全自动软膏灌装封口机与纸盒机连接，构成一种理想的软管包装自动线。

六、栓剂包装机及其自动线

目前，栓剂的包装形式主要有两种。一种是在 PVC 薄膜或铝箔模压成型的浅盘容器内，灌注栓剂的熔融混合物，然后使之冷却成型；另一种是加工成型的栓剂用铝箔加以热封合。前者类似于片剂的透明泡罩式包装，后者相当于片剂两面用铝箔进行热封合包装。

(一) 栓剂成型、充填和封合包装机

这类包装机的工作原理与前述卧式滚筒型泡罩式包装机的工作原理基本相同（见图 4-29）。栓剂包装用的材料是厚 40μm 的铝箔，铝箔的一侧与 12μm 厚的聚丙烯薄膜复合，另一侧与 20μm 厚的聚乙烯薄膜复合并在聚乙烯表面涂有 6～8g/m^2 黏合剂（见图 4-30）。栓

剂填入后进行封合。

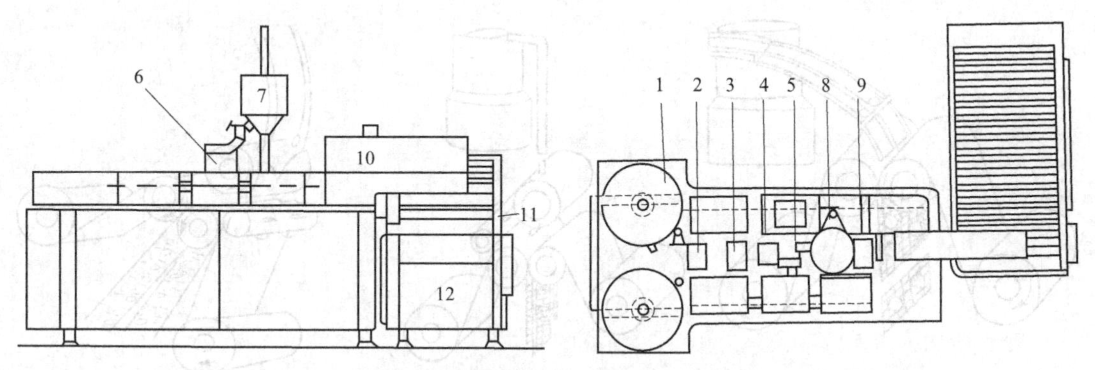

图 4-29 栓剂成型、充填和封合包装机

1—薄膜供给器；2—切条部位；3—热塑成型部位；4—偏离部位；5—封合部位；6—充填部位；7—加料斗；8—最后封合部位；9—起纹部位；10—薄膜贮存器；11—剪切部位；12—冷却部位

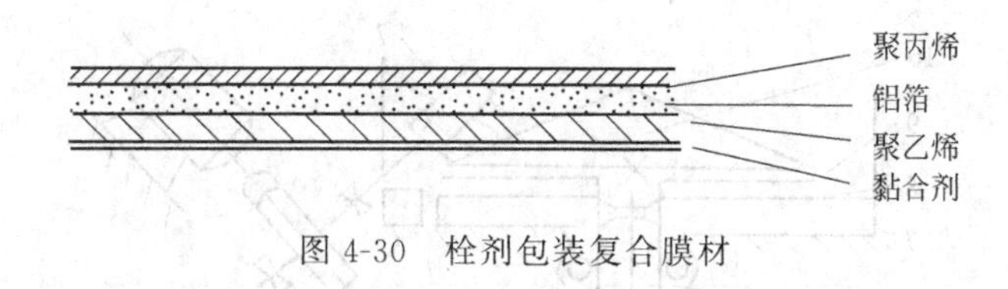

图 4-30 栓剂包装复合膜材

（二）铝箔热封合栓剂包装机

图 4-31 所示为单列与双列的栓剂充填包装机，成型的栓剂在该机上通过铝箔和铝塑复合材料自动封合进行包装，依靠电磁振荡器送料的功能将栓剂输入工位。这种热封包装形式一般都是双列以上，因为单列形式对栓剂包装而言是不经济的，所以可以采用多列包装，如四列、六列等。栓剂的进给与图 4-31（a）相同，但为了保证每一粒栓剂准确地进入包装工位，在热封滚筒中为对称配置物（图中仅示出单滚）。该机是采用四面封合的带状包装原理。

（三）栓剂输送机构

1. 立式旋转供栓剂机构

图 4-32 所示为连续式栓剂包装机的立式旋转供栓剂机构的传动示意图。动力由螺旋齿轮 2 传入，通过主轴 1 使装栓剂盘盖 10 旋转，同时，经双联齿轮 3、齿轮 4、双头螺纹轴 5、空心 6 使导栓剂盘 9 以低于装栓剂盘盖 10 的转速旋转（导栓剂盘转速为装栓剂盘的 1/4）。

栓剂从振动料斗落下（图中未画出），堆聚于装栓剂盘盖 10 上，具有锥形的装栓剂盘盖高速旋转时，栓剂因离心力的作用，易滑落入导栓剂盘 9 的等分格内，此时栓剂大部分处于平卧状态。旋转毛刷 7 的作用是刷去重叠的栓剂，保证每一栓剂格内只充填一粒栓剂。格内的栓剂随导栓剂盘做等速转动，当它转至法兰圈 8 的落口时，栓剂因自重而通过落料口落入输出槽 11 内，然后被送至包装部分。更换具有不同形状、尺寸的导栓剂盘，便能适应供送不同形状栓剂的要求。该机构供栓剂速度高，并能有效地使栓剂布满栓剂盘的分栓剂格内，以减少格内的缺栓剂现象。此外，在落栓剂口前面一分栓剂格内的上方，可设置触杆式或光电式传感器，当分栓剂格内缺栓剂时，传感器可控制传送机构停止运转，实现无栓剂不供给包装材料。

用于间歇式栓剂包装机的立式旋转供栓剂机构的结构、原理与上述基本相似，只是导栓剂盘并不是由齿轮带动做连续运转，而是通过间歇转位机构（如涡柱凸轮-滚子盘）带动做间歇回转运动，并与包装机构中的工序盘大致同步。此外，位于分栓剂格内的栓剂并不下落到栓剂槽内，而是由冲栓剂机构连同送来的栓剂包装材料一起夹住送入栓剂钳。

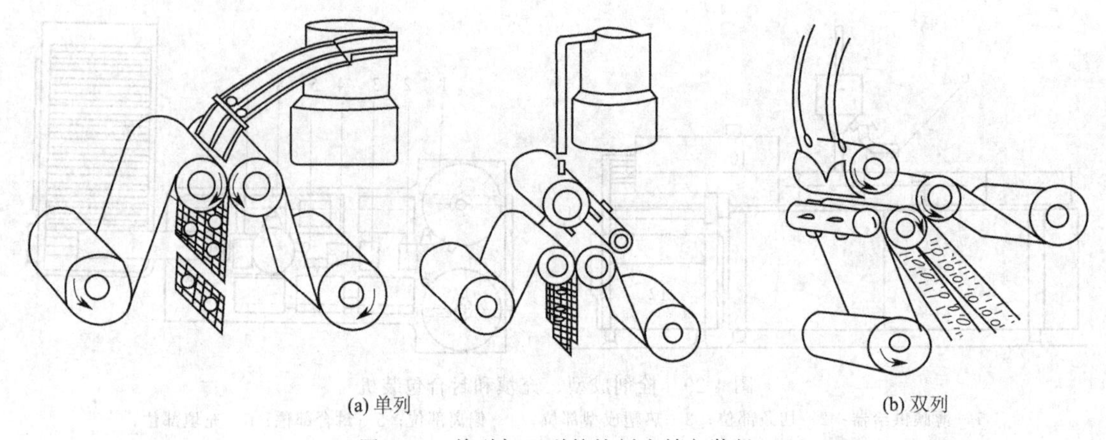

图 4-31 单列与双列的栓剂充填包装机

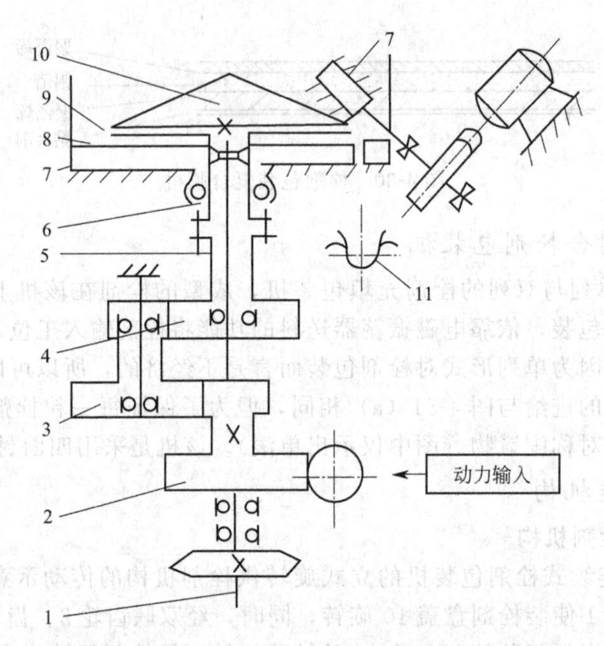

图 4-32 连续式立式旋转供栓剂机构传动示意图

1—主轴；2—螺旋齿轮；3—双联齿轮；4—齿轮；5—双头螺纹轴；6—空心；7—旋转毛刷；8—法兰圈；9—导栓剂盘；10—装栓剂盘盖；11—输出槽

2. 冲栓剂机构

图 4-33 是几种常见的冲栓剂机构传动原理简图。其中图 4-33(a) 的凸轮机构是最简单的冲栓剂机构，通过同轴线而相位角不同的两凸轮（或偏心盘）的运动控制前、后冲（图中只画出一个冲头）按不同规律运动；后冲先位于包装纸后，当前冲将供药剂机构送来的栓剂冲出，碰到包装纸和后冲时，前、后冲一起夹住栓剂与纸向后运动进入栓剂钳，当栓剂钳夹住纸与栓剂时，前冲退回原位，待工序盘转位后，后冲再前移进入接栓剂位置。图 4-33(b) 采用一对由柄摆杆滑块机构来代替上述的凸轮机构，以便于制造和减小运动时产生的振动和噪声，但因曲柄连杆的运动不可能任意停留，为保证前、后冲有一定的送栓剂时间以及后冲不与工序盘栓剂钳相碰，必须将前冲行

程增加，同时，前冲进到与栓剂接触时，正是前冲速度较快的位置，在高速包装机中，易击碎栓剂。此外，推栓剂总行程的增加，也增大了机构所占空间，所以，此种机构不宜用于高速包装机中。图 4-33(c) 所示为凸轮连杆组合机构，它可使冲头在送进时，运动轨迹为直线，而返回时，轨迹为曲线，这样，热包机的进给或冷包机供药剂盘的转位，可在冲头返回的同时进行，冲头回程也可缩短，从而节约了辅助时间，有利于提高包装机的生产率。图 4-33(d) 为上下、前、后冲方案，栓剂先被顶上，然后再被前、后冲夹持送往工序盘的栓剂钳内。图 4-33(e)、图 4-33(f) 分别为双凸轮机构和曲柄摆杆机构，只要通过合理设计，均可实现直线送进和曲线返回的运动。

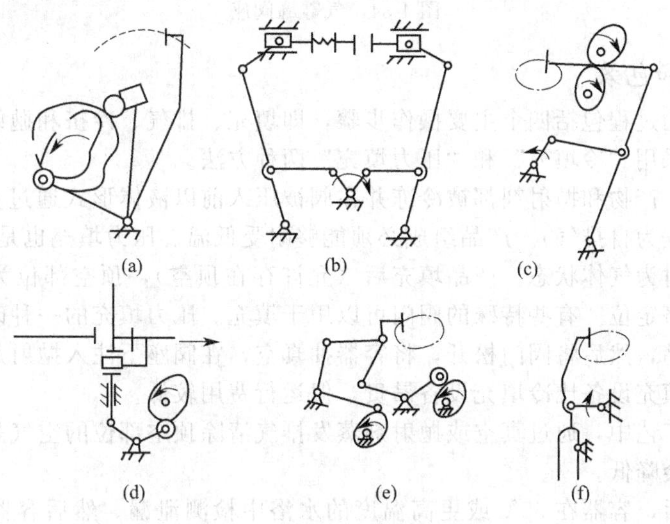

图 4-33　常见冲栓剂机构传动原理

七、气雾剂的包装

气雾剂包装的必要组成除了容器本身外，还包括产品、抛射剂和阀门组。不同类型的抛射剂，初始压力会有所不同，21℃时，压力通常在 10～70lbf/m^2 (1lbf＝4.45N) 范围内，但抛射剂是压缩的惰性气体时容器在初始时的压力很高 (90～150lbf/m^2)。阀门被设计成可以按需要的方式释放产品，同时在产品被用尽之前，保持产品和抛射剂的密封状态。产品被密封在容器内并与空气和外界其他污染物隔离。阀门类型需要根据处方、抛射剂和产品传递的方式进行选择，如喷雾、泡沫、细流、计量和液滴分配阀门。

(一) 阀座安装

气雾剂的容器是一种压力容器，通常采用金属材料制备，也有玻璃或塑料的气雾剂容器。阀门组的安装是确保包装密封性能的关键。

阀座通常由马口铁制成，并带有一个垫圈或浇铸化合物（通常为丁腈橡胶）以确保锥形体的防渗漏密封。除最小的“一体”容器外，锥形体均配以标准的 1in (1in＝0.02539m) 口。把阀座封闭连接至锥形体上的方法——卷边、箍紧，或更准确地说冷挤（即在锥形体的弯边以下通过机械方法使阀支座膨胀从而使连接处达到一定的机械强度），填充后的包装可耐受高达 150lbf/in^2 的压强。冷挤工艺本身非常关键，挤压深度和直径必须严格控制，以免泄漏（图 4-34）。在阀座中心安装有阀体，其中安装有阀杆。它通过一个不锈钢弹簧而保持“关”的位置。通过按下或侧压触动装置或按钮打开阀门，产品则通过吸液管向外释放。阀体和阀座之间的密封通常受丁腈橡胶或氯丁橡胶垫圈的影响。

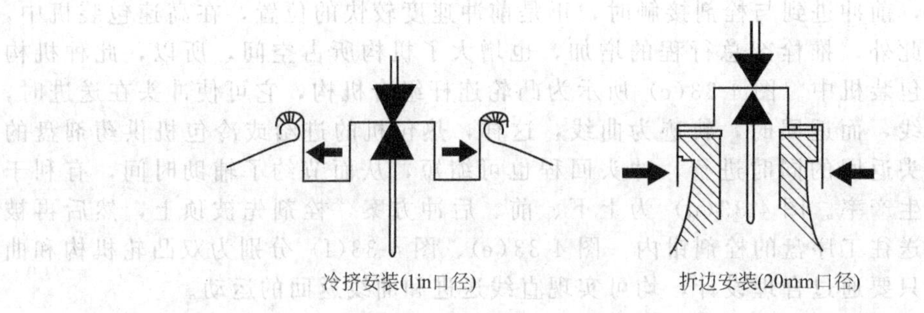

图 4-34 气雾罐阀座

（二）填充和包装

填充气雾剂的过程包括四个主要操作步骤，即填充、排气、冷挤和抛射剂填充，其顺序可以不同。可以采用“冷填充”和“压力填充”两种方法。

对于冷填充，产物和抛射剂都被冷冻并在阀被压入前以液体形式通过直径 1in 的口按容量填充（这一过程为自排气）。产品组成必须能够耐受低温。压力填充也是从产品填充开始，但抛射剂在填充时为气体状态。产品填充后（允许存在顶空），顶空部位为抛射剂蒸气所充满，然后将阀冷挤定位。有些特殊的阀门可以用于填充。压力填充的一种改型称为阀座下填充，即先填充产品，然后将阀门松开，将容器抽真空，在阀座下注入抛射剂，最后将阀座冷挤入容器。压力填充设备比冷填充设备昂贵，但运行费用较低。

在所有这些工艺中，通过真空或抛射剂蒸发排气清除顶空部位的空气是至关重要的，否则容器内部压力会降低。

填充和封闭后，容器在 55℃或更高温度的水浴中检测泄漏。然后容器被干燥，装上按钮。所有容器都在一特殊的喷台中检测喷雾情况。未印刷的容器被贴上标签并套盖。在这一阶段部分产品被取出，然后在一定贮存期内（允许垫圈膨胀）检查失重。

有时使用两部分组成的盖，其内部是触动装置，而外部质硬，其一般的功能是防止由于顶压而导致的意外喷射。加盖和贴标签的气雾剂，随后装入带隔板或无隔板的外包装箱，或收缩包裹。

在许多国家，强制性要求在容器加入警告性文字，如“高压容器，避光，不要暴露在超过 50℃温度中，即使使用后也禁止刺孔或燃烧，禁止冲明火或自燃材料喷射”等。如果根据适当标准检测方法认定阀门操作时的喷射物具有易燃性，则必须进行说明。这些警示语通常不仅在外包装，而且在单元包装容器上也是必需的。另一个对气雾剂而言日渐重要的要求是对防止儿童接触和触动标识封闭的要求。

第四节 药物制剂的辅助包装

药物制剂包装自动线中还包括辅助包装，如贴标（签）机、选别机、装盒机和装箱机（或捆扎机）等。

一、贴标机

药品包装的贴标签操作不仅关系到贴标工作本身的质量，而且还直接关系到患者的安全用药问题。因此，罐（瓶）装药品的贴标作业，无疑是一项十分重要的工序。按容器和标签的性质、形状、大小及黏合剂的种类所制成的贴标（签）机种类可达百种以上。

（一）贴标机的组成

1. 容器的供给及输送

一般情况是同时使用导向槽与输送螺杆，或输送量轮与往复柱塞对容器进行排列，并与定时器配合把容器供给贴标机的贴标部分。容器在贴标机中的运行方式有边移动边回转和只移动不回转两种。前者用于圆筒形容器的贴标，而后者不仅可用于圆筒形容器的贴标，同时可用于异形容器等的贴标。

2. 标签托架与给标、涂胶及贴标

这里简单介绍片状标签贴标机的典型结构。

图 4-35 所示装置的贴标过程为：用移动涂料胶辊把胶料涂布在分页的采标板上→采标板粘取标签盒内最下面的一张标签→把粘到的标签从标签中抽出→采标板把粘好的标签送到容器处→挡标板把标签贴到容器上。如此反复进行贴标工作。

图 4-36 所示装置的贴标过程为：首先把胶料涂布在采标滚筒的凸台上，该凸台和标签的大小相等；当采标滚筒上的凸台转到与标签盒中最下面一张标签相接触时，便逐渐把该张标签粘卷在凸台表面上，进而由与其同步回转的贴标滚筒上的卡爪把标签从采标滚筒上揭下，并仍保持标签上的涂胶面向外。当卡爪转到容器的位置时，便使标签与容器粘贴，由贴标滚筒完成贴标。

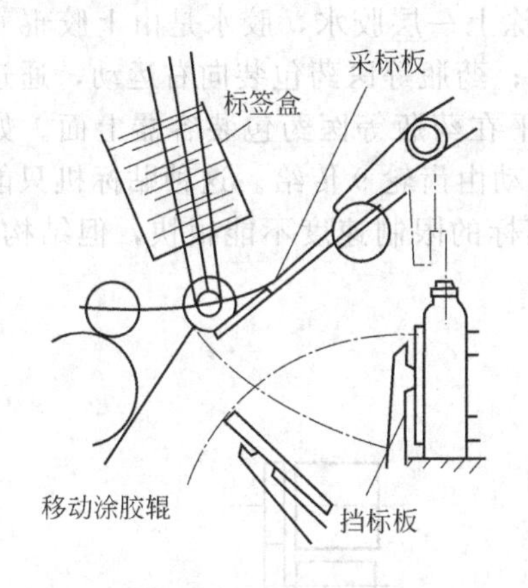

图 4-35　采标板取标签挡标板贴标签装置

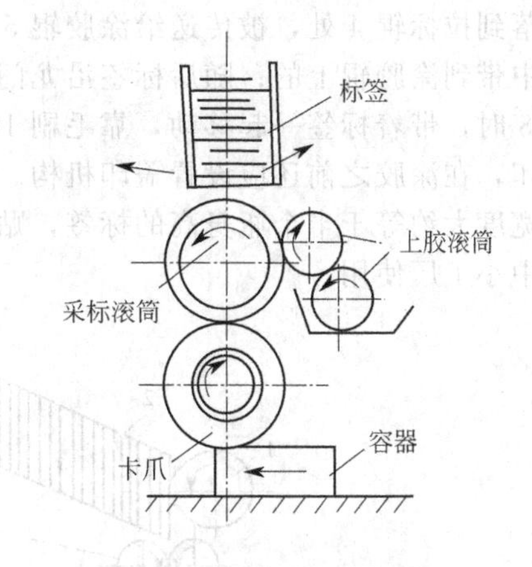

图 4-36　滚筒采标贴标装置

图 4-37 所示装置仅用真空转鼓取代了图 4-36 所示装置的卡爪及贴标滚筒，并用梳状揭标板帮助真空转鼓把标签从采标滚筒上转移到真空转鼓上，由真空转鼓完成贴标。

图 4-38 与图 4-37 所示装置类似，其采标、贴标均由真空转鼓完成。此处揭标板的作用是不使标签粘贴在涂胶滚筒上。采用真空转鼓贴标时，因标签表面是贴在真空转鼓上，故不应在标签表面上印很多数字，否则被污染后会导致难以识别。

3. 抚压装置

用上述种种方法把标签可靠地粘贴在容器上颇有困难，因此常用抚压装置使标签密贴。对于圆筒形容器所采用的方法是：把贴标的容器置于固定板和运动的主动带之间，从而对容器进行滚搓；也可使用低速回转带代替固定板，且主动带与低速回转带的运动方向相反，以加强对容器的搓滚作用。对于偏平或异形容器，则用两条厚而柔软且等速同向转动的传动带，对容器施加一定的夹持力而使标签密贴在容器上。此外尚有其他抚压装置。

4. 黏合剂

制造容器和标签的材料有很多种，因此必须使用与其性质相适宜的黏合剂。当容器是玻璃制品和金属罐，而标签是纸制品时，通常是用淀粉糨糊或合成糨糊作黏合剂；而当容器是薄膜容器时，则必须选用不会在胶槽中挥发凝固的黏合剂，同时贴标后标签的背面需迅速干燥，以防标签偏移和被揭下。目前聚乙烯容器要选得理想的黏合剂还颇有困难。

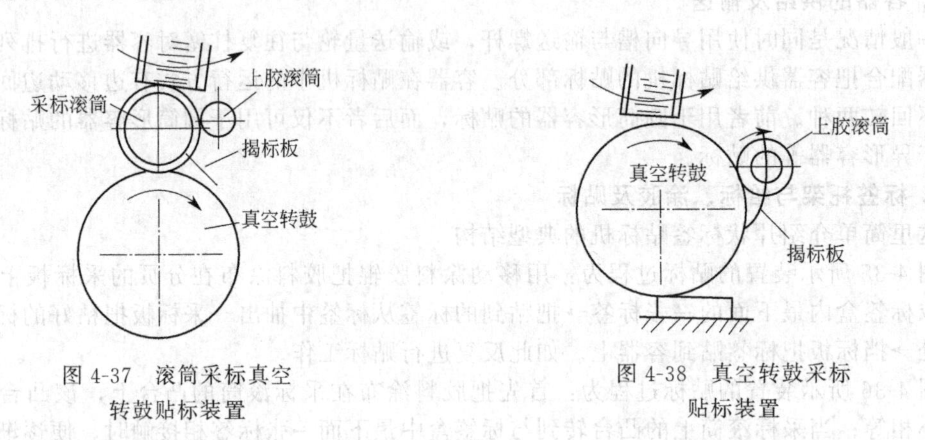

图 4-37 滚筒采标真空转鼓贴标装置

图 4-38 真空转鼓采标贴标装置

（二）黏合贴标机

最简单的是湿敏黏合贴标机，图 4-39 所示的龙门式贴标机。标签存放在标盒 2 中，重块 3 始终压着它们向左下方移动；取标辊 1 每转动一圈，从标盒中取出最前面的一张标签；向下落到拉标辊 4 处，被传送给涂胶辊 5，在其背面涂上一层胶水，胶水是由上胶辊 6 从胶缸 7 中带到涂胶辊上的；随后标签沿龙门导轨 8 落下；药瓶等医药包装向右运动，通过龙门导轨 8 时，带着标签一起移动，靠毛刷 10 将标签熨平在药瓶等医药包装容器上面。如果需要盖印，在涂胶之前还应设置盖印机构。各机构的运动由齿轮 9 传给。这种贴标机只能用于粘贴宽度大约等于半个瓶身高的标签，贴标速度受落标的限制速度不能很快，但结构简单，适合中小工厂使用。

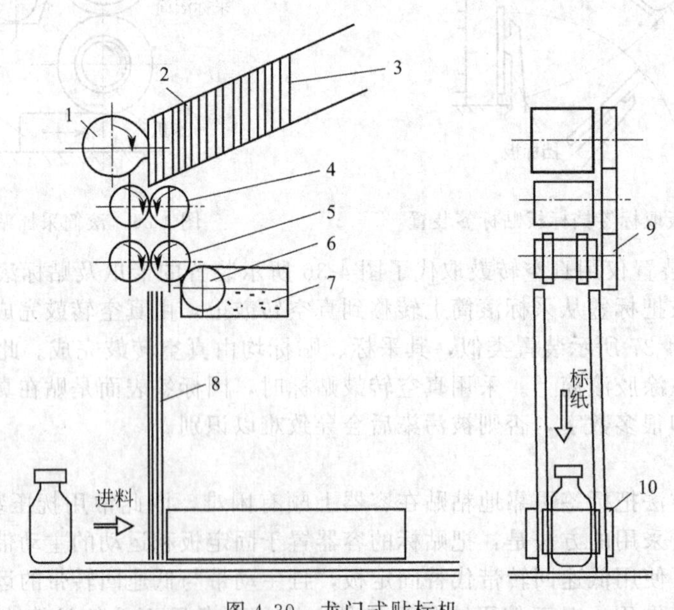

图 4-39 龙门式贴标机

1—取标辊；2—标盒；3—重块；4—拉标辊；5—涂胶辊；6—上胶辊；7—胶缸；8—龙门导轨；9—齿轮；10—毛刷

为了与高速灌装机配套，可以采用旋转式贴标机。容器沿着连续转动的托瓶盒旋转，用真空转鼓取标，并同步地粘贴在瓶身、瓶颈和瓶肩等处。所有的工作机构都要一面同步旋转，一面向前动作，因此结构比较复杂，但速度很快。

另一种黏合贴标机是热熔黏合贴标机，它所用的黏合剂是前面介绍过的热熔胶，能提高贴标速度并保证质量，但价格较贵。

标签背面的涂胶面积、部位、厚度等应合理控制，不一定在整个背面涂上很厚的黏合剂，就能达到很高的贴标质量，相反，还有可能造成污染、滑标等不良后果。

如果标签不是纸或纸基复合材料，而是透明的或易变形的薄膜，则不能采用上述单张方块标签的供标方案，应采用直接从卷薄膜冲裁出标签的机构。

涂胶贴标机主要用于大批量生产场合，贴标速度最高可达 500 件/min。如罐头、饮料等包装容器的贴标等多采用这类贴标机。此外，还有利用黏合剂在加热的条件下起黏合作用的热压和热敏黏合贴标机、压敏黏合贴标机、收缩圆筒贴标机和挂标签机等。

二、选别机

选别机种类很多，其中有机械式的、光电式的、人工式的。选别机设置在医药包装自动线的结合部位，利用其称重、光电、目测等来判断包装线的各种剂型数目是否足量，或者瓦楞纸箱中的包装盒是否足量。

1. 重量选别机

最初的包装重量选别工作是由简单机械进行的，随着现代化自动包装线的产生和发展，自动重量选别机（也称自动检重器）应用得越来越广泛。

自动重量选别机，是一种可以在药品包装落至高速输送带上的运动状态下对包装进行称重，而不需中断医药包装物流的装置。通过精确地对每件药物包装进行称重，检重器可以将药品包装按重量自动而有效地进行分类。

装有微型计算机随检重器能够提供每种重量区域中的包装数量、每工作班的包装产品等数据，也能计算出药物包装重量的平均误差和标准误差，甚至还可以用来自动控制充填机的充填精确度，降低因弃料而增加的成本。若检重器配置一种剔除装置，则可及时将重量不足和超重的药品包装从自动线上剔掉。具有这些功能的检重器，还可以用来检查药品包装中的缺片、缺袋、少瓶等的包装，并随后自动剔除。

（1）胶囊重量选别机　图 4-40 为胶囊直接重量选别机。该机并列安装着数台差动变压器式的小型秤，用上下针摆动式送料器把胶囊等剂型逐一送至各个秤中。按秤称取的结果，又分轻、合格、偏重等，并显示出各自的累计数。其选别精度为 ± 2mg。这种选别机每台选别能力为 125 粒/min。

（2）计数秤　计数秤也是利用杠杆原理制造的一种秤，与天平的称重原理是相同的。为了从杂乱的包装物中按一定的方式取出一部分大小（重量）相同的物品，可采用给料机构将包装以一定的方式取出并输入秤盘从而进行计数定量。这种秤适用于对物品重量基本相同、但呈杂乱无章排列的物品计数。

图 4-40　胶囊直接重量选别机

2. 光电式缺片检验器

缺片检验器装有自动排出装置。包装后若发现药片遗漏，也就是缺片时，能自动检出。一般缺片都是用肉眼进行检验。但是随着包装速度的提高，目视检验会出现错漏，若检查的项目又多，容易出现质量事故。采用缺片检验器，不但大大减轻了工作强度，而且还保证了药品的包装质量。

(1) PTP 片剂板片的检验原理及检验器构造　图 4-41 是带有缺片检验器的片剂包装机包装程序。缺片检验器的传感元件中，投光器、受光器相互对向安置。检验器有两种传感元件，一种是可以透过膜片的穿透型传感器，另一种是只能从一方检验的反射型传感器。穿透型适合于铝膜封合前检验，反射型适合于封合后的检验。

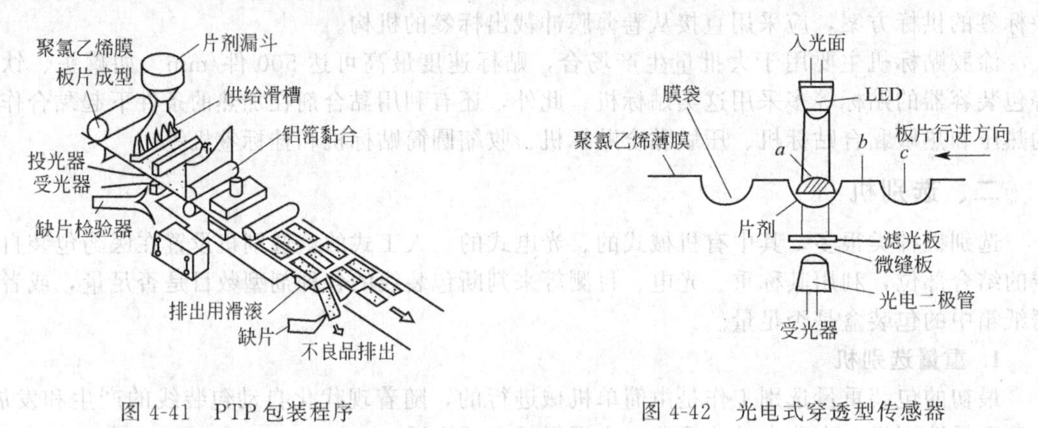

图 4-41　PTP 包装程序　　　　图 4-42　光电式穿透型传感器

① 穿透传感检测缺片　采用穿透型传感器检验时，片剂能将光源遮断，从而检测出有无片剂。光源采用透射率好、光通量稳定的近似于红外线的发光二极管。它发出的光能透过聚氯乙烯透明膜片、红色透明等着色膜片和半透明的纸类。

对于穿透型传感器，因薄膜片不易受到振动，且成本低廉，故使用广泛。光源主要采用非调制式发光二极管。受光器由滤光器组成，片剂直径与受光直径必须相称，如受光直径过小，则只能检测到片剂薄膜边缘的信号，因此要选好合适的受光直径，如图 4-42 所示，受光器于点 a 遮光，点 b、c 入光。受光直径不合宜时，会出现波长特性不好和在膜袋边缘点 a 遮光。

② 反射传感检测缺片　反射型传感器，是从片剂一面的一个方向来检测封合后的板片。投光部要与受光部保持一定角度，以使投光刚好入射在铝膜板上而反射到受光器上。

若有片剂存在则反射角有变化，或反射光减弱，从而检测出片剂的有无。光源仍然是发光二极管，为了易于辨认检测点，可使用红色可见光二极管，为补充能量可采用调制式点灯。另外，传感器内装有放大器、灵敏电位器，从而能够根据片剂位置校正反射的偏差。在检测被封合后的板片时，因为反射型传感器是根据板片的表面反射工作的，所以需要充分控制板片的振动，为此必须有专门的板片导轨（见图 4-43）。

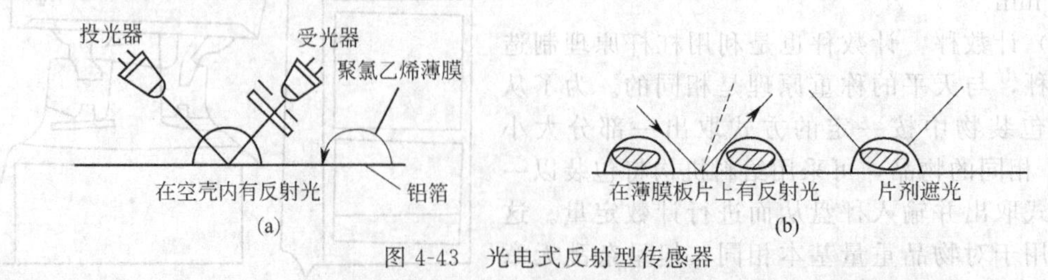

图 4-43　光电式反射型传感器

(a) 已设定好合适角度，有投、受光器，通过薄膜板上的光线有否反射，可检测出是否缺片；
(b) 如板片有振动，虚线的光线就向外反射

③ 辨别线路　检测片剂的信号经适当放大后，被变为数字信号，按图 4-44 所示的信号程序图进行处理。信号处理电路，一般采用程序化的专用机。

④ 不良时的信号处理 电路中移位是为计数而设置的，用来传送缺片信号。移送负载量为1～99板片，传感器从检测点开始穿透每一块PTP板片，将其送至检查传送带上时，正好能得到排出信号。与此同时，也可得到外部蜂鸣器的输出信号。操作人员则根据蜂鸣器响声引起注意。

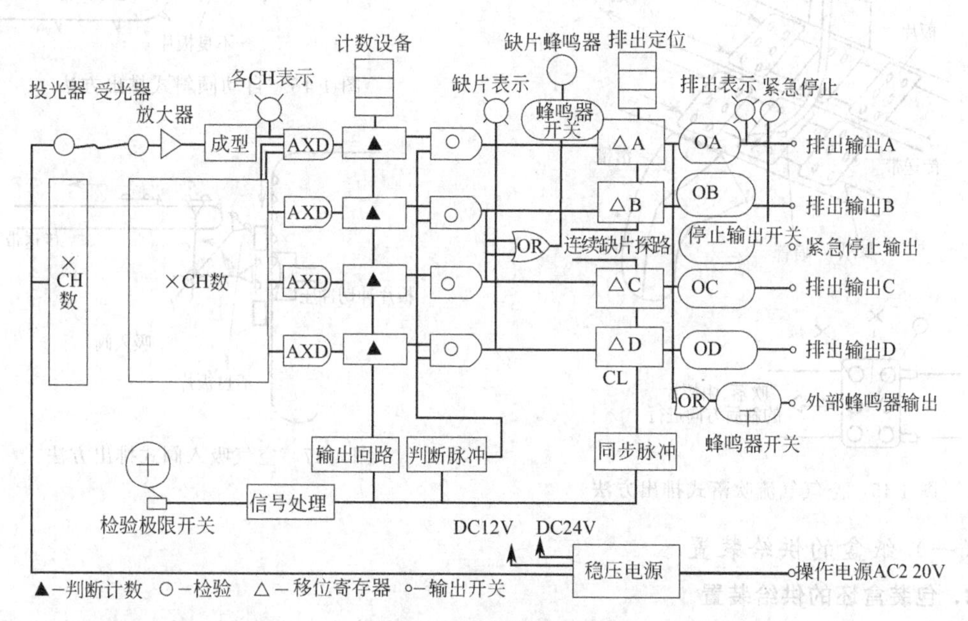

图4-44 缺片检验框图

图中的紧急停止输出装置，是为了缺片板片连续输出3片时，此输出接通包装机而使其停止。发生缺片的情况，一般是脱漏1片或2片，连续3片脱漏是由于供给筒口塞满等异常（故障）造成的，此时需要停止供给。这个输出电路，附有输入控制开关，无特殊需要时可以关上。

（2）缺片板片的排出原理 缺片板片的排出有三种基本形式。第一种是以空气气流吹落漏斗（滑槽）的形式，即在规定输出时间开启电磁阀门，而空气不致吹到前后膜板上。气流方向要求向后倾斜，在前、横方向上送进板片以棘爪挂住膜板。这样，既整齐又不会被吹落（图4-45）。第二种是自动倾斜式，仅使一块板片自动倾斜，让缺片的板片落下，这种方法需要定时凸轮。如果不使板片的流动与自动倾斜的开闭周期相一致的话，位于缺片板片前面的板片的后部会落下，而后面的板片的前部会向前伸出（图4-46）。第三种采用空气吸入阀，在信号穿透板片后．再将板片送至传送带。这种方式是一次吸引板片，传送带在传送过程中，使缺片的板片落下。与自动倾斜式一样需要定时凸轮，动作非常快（见图4-47）。

除空气气流吹落的输出形式外，还可用离合方式，让输出保持到第二次检验信号。输出形式的变换，可在程序机上选定一次通过形式或离合方式的排出结构组合。除此之外，还有图像监视药片检查仪、外观选别机等。

三、装盒机

药品装盒机是一种把一个贴有标签的药品的瓶子或安瓿与一张说明书同时装入一个包装纸盒的医药包装机械。按形式不同，装盒机可分为卧式和立式两种。按工艺不同，装盒机有两种类型：一种是由与包装机同步进行的制盒机来承担冲裁纸板并将纸盒糊好，而后供给包装机进行装盒折粘作业；另一种是仅将冲裁好的纸板供给包装机，而后由包装机充填药品并成型封口。后一种方式装盒机工艺比较合理，成本较低。

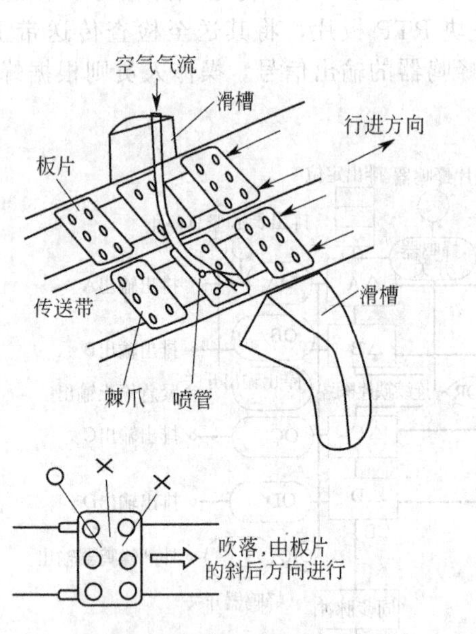

图 4-45 空气气流吹落式排出方法

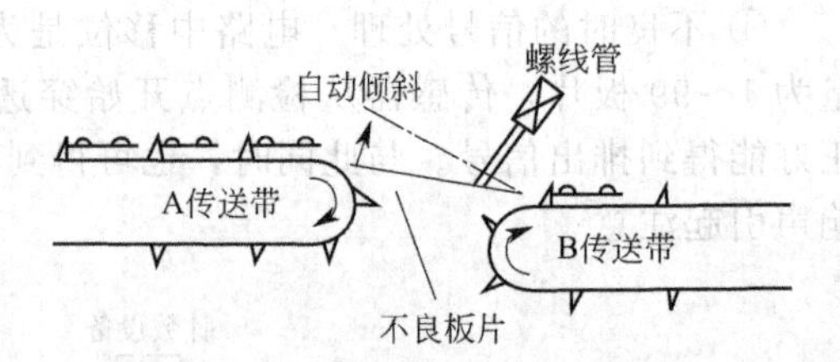

图 4-46 自动倾斜式排出方法

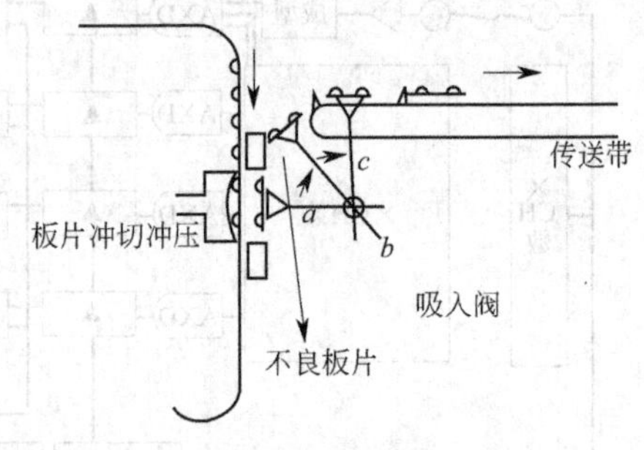

图 4-47 空气吸入阀式排出方法

（一）纸盒的供给装置

1. 包装盒坯的供给装置

纸盒盒坯可用于制盒机制盒，成盒后再叠合成盒片供装盒机应用；盒坯也可直接用于裹包机，在裹包过程中完成制盒、封盒。盒坯的供给可采用机械摩擦引送和真空吸送装置，也可用机械推板供给和胶带摩擦引送装置等。

(1) 机械推板供给装置 图 4-48 所示为机械推板供给装置原理。将纸盒坯成叠地置于角板构成的盒坯料箱 1 中，料箱下部前侧有盒坯的送出缝口。缝口大小可用调节螺杆、定位块等组成的调节装置 3 调节，使得每次只允许送出一张盒坯。推板 2 上有一锯齿形刀，它在传动装置驱动下，沿滑槽做往复运动。推板前进时，锯齿形刀即从料箱中将盒坯叠片最下一张推出，而后由输送辊 4 将盒坯在导板 5 引导下输送前进。盒坯送出后，或先折制成盒供装载药品，或先直接送到装料工作台接受供料，而后进行裹包折封，在裹包折封中成盒，并完成包装。

(2) 胶带摩擦引送装置 图 4-49 所示为胶带摩擦引送装置原理。盒坯料箱 1 为直角板与连接板组成的框架结构，其前方盒坯出口处设有调节器，用以调节出口缝隙；后端有托坯弯板，使盒坯叠片在盒坯料箱内倾斜置放。盒坯料箱底部安装一条传送胶带 2，盒坯叠最下一张的前端与传送胶带相接触。传送胶带运行时依靠摩擦力将盒坯料箱 1 中的盒坯逐张拖出，而后经导板 3 引导进到输送带 4 上，继续向前传送。传送胶带 2 连续地运行，故输送出盒坯的能力很大。盒坯自料箱内虽然是逐张送出，但前后紧密续接。由于胶带摩擦引送装置的供给能力很高，通常将其与高速糊盒机配用。设计中要使它的供给工作速率与制盒机或包装机工作速率相适应，需保持输送带 4 的线速度能大于传送胶带 2 的线速度，以促使盒坯相互按要求间距分离开。

2. 叠合盒片的真空吸送供盒装置

真空吸送叠合盒片是现代自动包装机广泛应用的供盒方法。这是因为真空吸送供盒具有工作可靠、效率高、适应性强、供送盒机构及运动较简单等优点。用真空吸嘴吸住叠合盒片的一个盒面（通常是一个大的盒侧面），将其从盒片贮箱下部经过通道送往纸盒托槽内。吸送过程中盒片自动撑展成方柱盒体，最后送进输送链道上的托盒槽。

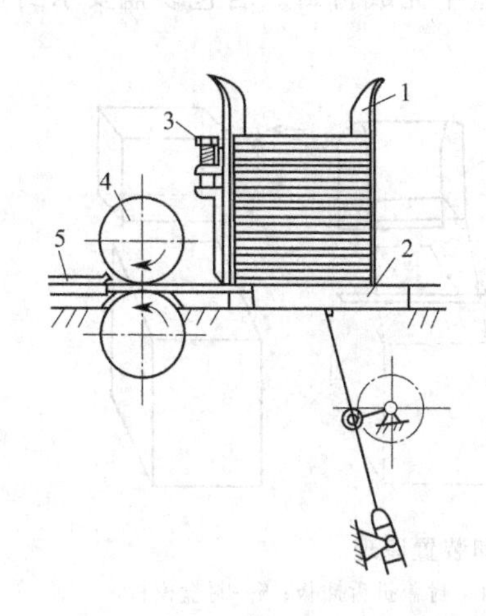

图 4-48 盒坯机械推板供给装置原理

1—盒坯料箱；2—推板；3—调节装置；4—输送辊；5—导板

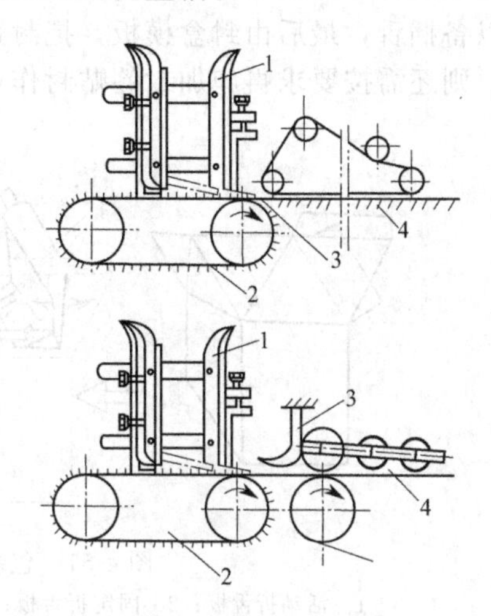

图 4-49 胶带摩擦引送装置的原理

1—盒坯料箱；2—传送胶带；3—导板；4—输送带

图 4-50 所示为真空吸送叠合盒片供盒装置原理。叠合盒片成叠地置放在盒片贮箱 1 内，由挡爪 2 支撑住。盒片贮箱下面有一段宽度逐渐缩小的成型通道。真空吸嘴 3 在传动机构驱动下往复运动。当真空吸嘴 3 上运行到盒片贮箱 1 底部与最下层一个盒片接触时，接通真空系统，于是真空吸嘴 3 紧紧吸住盒片。其后，真空吸嘴 3 吸住盒片向下运行，盒片脱开挡爪 2 后进入成型通道。向下运行过程中盒片侧面受到成型通道侧壁逐渐收缩部分的约束，被迫自动沿盒片上压的印迹偏转，将盒片撑展成方柱盒体。最后将撑展开的盒片从通道出口吸送到输送链道 4 上的纸盒托槽 5 中。此时，切断真空，真空吸嘴 3 释放对盒体的吸持。接着，真空吸嘴 3 再向下行进一小段距离后停止。之后，输送链道 4 上接受了盒片的纸盒托槽向前运行一个节距，以便由盒底折封装置（图中未示出）将送达纸盒托槽中的纸盒底折封住，以备装载包装药品。待输送链道 4 停住后，下一个吸送盒片成型的供盒工作循环，由传动装置驱动真空吸嘴 3 向上运动，到叠合盒片贮箱底部吸取盒片而开始。

此外，还有叠合盒片直立放置的真空吸送供盒装置、双摆杆式真空吸送供盒装置等。

（二）包袋盒的封口装直

图 4-51 所示为常见的有两个小封舌及带插舌的大封盖形式的包装盒的折封过程和装置原理，它们是装盒机结构组成中的一部分。装盒机包括包装盒片的供给装置、包装盒输送链道、底部盒口折封装置、包装物料的计量装填装置、包装盒的上盒口折封装置、包装盒的排出及检测装置等、图中仅示出了上盒口折封装置，它与包装盒底部盒口折封装置类同。从图中看到，包装盒的两个小封舌由活动折舌板 1 及固定折舌板 2 折合，活动折舌板 1 由凸轮杠杆机构或其他机构操控，在包装盒的输送链道运转停歇时间内完成；固定折舌板 2 则在输送链载着包装盒做输送运行中实现对另一小舌的折合。带插舌的大封盖也是在输送链载

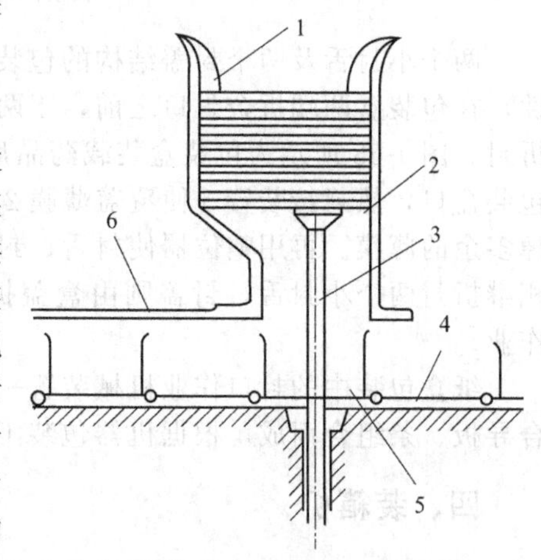

图 4-50 真空吸送叠合盒片供盒装置原理

1—盒片贮箱；2—挡爪；3—真空吸嘴；4—输送链道；5—纸盒托槽；6—导板

着包装盒运行中由封盖折合板 3 折合，当折合到一定程度后，封盖折舌插板 4 就将封盖插舌弯折以备插舌，最后由封盒模板 5 把封盖的插舌插入盒中完成折封。若包装盒要求封口处贴封签，则还需按要求再施加封签贴封作业。

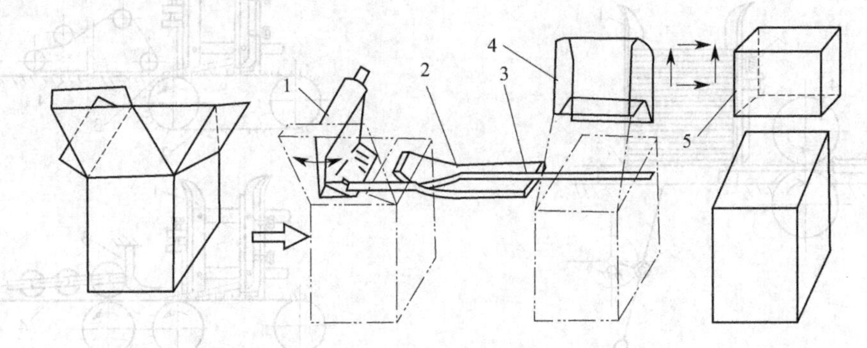

图 4-51　包装盒的折封过程和装置原理

1—活动折舌板；2—固定折舌板；3—封盖折合板；4—封盖折舌插板；5—封盒模板

有两个小封舌及两个封盖结构的包装盒，其端面用封签贴封封口时的封盒程序和装置原理示意见图 4-52。以活动折舌板 1 及固定折舌板 2 折合两个小封舌，两个封盖分别由两条固定式封盖折合板条 3 或折合机构进行折合。封盖折合后，于封盖表面用涂胶装置 4 施涂黏合剂，再用贴封签装置 5 把封签粘贴到盖表面，经加压贴合及干涸后得到牢固的封盒。

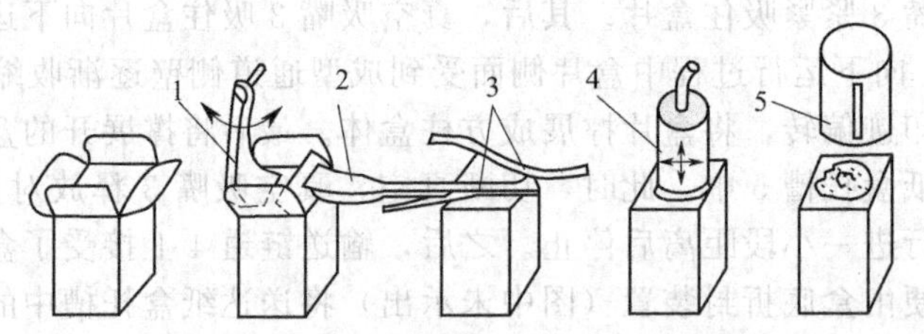

图 4-52　封签封盒的程序和装置原理

1—活动折舌板；2—固定折舌板；3—封盖折合板条；4—涂胶装置；5—贴封签装置

两个小封舌及两个封盖结构的包装盒，用于直接包装松散粉粒物品时，为保障包装严密性，在包装盒两端折合封口之前，于两端盒口先封接上一塑料薄膜覆盖层，然后再进行盒口折封。图 4-53 所示为包装盒装载药品后的封盒程序和装置原理。覆盖薄膜经输送而覆盖在包装盒口，热封接装置 3 使覆盖薄膜 2 与封舌、封盖热熔封接，形成密封。裁切装置 4 裁切掉多余的薄膜。再用整位器使封舌、封盖处于直立状态，之后活动折舌板 5 及固定折舌板 6 相继折封两个小封舌，封盖则由盒盖折板 7 及盒盖插接板结合在一起，完成包装盒的封盒作业。

纸盒包装中的封口作业机械装置——折合舌盖和封接机械装置，系由凸轮连杆机构和折合导板、条组合而成，根据机器包装工艺需要配置成多种形式。

四、装箱机

纸箱用于包装时，以箱坯或叠合箱片供给装箱机。装箱机的工艺流程与装盒机类似，只是包装材料不是纸盒，而是瓦楞纸箱或纸板。采用不同的箱坯类型，包装的工艺流程也不同。常见的有侧装侧封式、立装立封式、裹包式三种，这三种包装工艺各有所长。

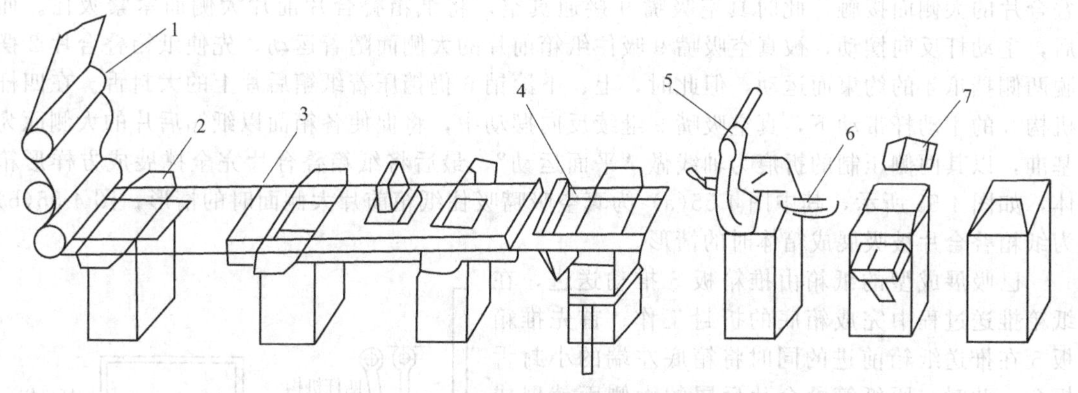

图 4-53 有覆盖膜的封盒程序和装置原理

1—薄膜输送装置；2—覆盖薄膜；3—热封接装置；4—裁切装置；5—活动折舌板；6—固定折舌板；7—盒盖折板

（一）包装纸箱的供给装置

包装纸箱结构与包装纸盒相似，但包装纸箱结构尺寸较大，所用纸板较厚，刚性大，封舌结构形式多种多样。包装纸箱用纸板（多为瓦楞纸板）预先制成箱体，再折叠成箱叠合片，供自动装箱机使用。包装纸箱的供给工序有：将纸箱叠合片从贮放架中取出，将其撑展成方柱形箱体，折封好箱底，最后送往装箱工作台等。纸箱叠合片的供给同样可用机械推送供给装置或真空吸送供给装置，后者具有机械结构简单、紧凑、工作可靠、适应性强等优点，得到广泛应用。

图 4-54 所示为一种包装纸箱真空吸送供给装置原理。包装纸箱叠合片 2 直立放置在贮放架 1 内，贮放架 1 的前方出口端两侧对称地配置着两对挡爪 4，上下横梁上各配置一个滚销 6，将纸箱叠合片 2 挡在贮放架 1 内。滚销 6 装在前一层箱片的小封舌和大封舌交界的间隙处，挡着纸箱叠合片后一层箱片的大封舌。纸箱叠合片贮放架 1 后部有推动纸箱叠合片前移续进的推动装置 3，可采用重锤、气动、液压或机械传动等推动装置。推动装置结构宜简单、灵巧、进给可靠。

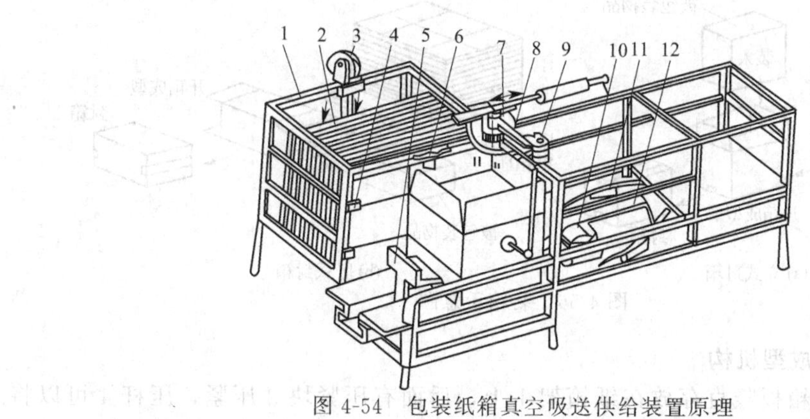

图 4-54 包装纸箱真空吸送供给装置原理

1—贮放架；2—纸箱叠合片；3—推动装置；4—挡爪；5—推箱板；6—滚销；7—驱动机构；8—四杆机构；9—真空吸嘴；10—施胶器；11—折舌导轨；12—折舌板

真空吸嘴 9 安装在四杆机构 8 上，四杆机构由传动装置驱动，能在 90°范围内往复摆动。主动杆向左（即俯视为顺时针）摆动到达极限位置时，真空吸嘴 9 与贮放架上最前一张纸箱叠合片的大侧面接触。此时真空吸嘴 9 接通真空，将纸箱叠合片前片大侧面紧紧吸住。而后，主动杆反向摆动，被真空吸嘴 9 吸住纸箱前片的大侧面随着运动，先使纸箱叠合片 2 摆脱两侧挡爪 4 的约束而运动，但此时，上、下滚销 6 仍挡压着纸箱后片上的大封舌。在四杆机构 8 的主动杆带动下，真空吸嘴 9 继续反向摆动中，将促使各箱面以纸箱后片的大侧面为基准，以其两侧压制的折痕为轴线做“平面运动”，最后将纸箱叠合片完全撑展成方样形箱体，如图 4-55 所示，其中图 4-55(a) 为真空吸嘴吸住纸箱前片大侧面时的情形；图 4-55(b) 为纸箱叠合片被吸展成箱体时的情形。

已吸展成型的纸箱由推箱板 5 推动送进，在纸箱推送过程中完成箱底的折封工作。首先推箱板 5 在推送纸箱前进的同时将箱底左端的小封舌折合，此时，原纸箱叠合片后层的大侧面就展成为箱体的纸箱后面，其大封舌也因向前滑行而脱离开滚销 6 的约束。箱底右端小封舌则受折舌板 12 作用而折合。施胶器 10 上的滚轮对已折合的小封舌底面施涂黏合剂。前、后两侧大封舌在箱体向前移送行进过程中，由于折舌导轨 11 的作用而折合，与两端的小封舌黏结在一起，为增强纸箱底封舌间的黏合强度，可增设加压装置对封底黏合部位加压，促使黏结面之间紧密接触。而后，将封好封底的纸箱送到装箱位置上。

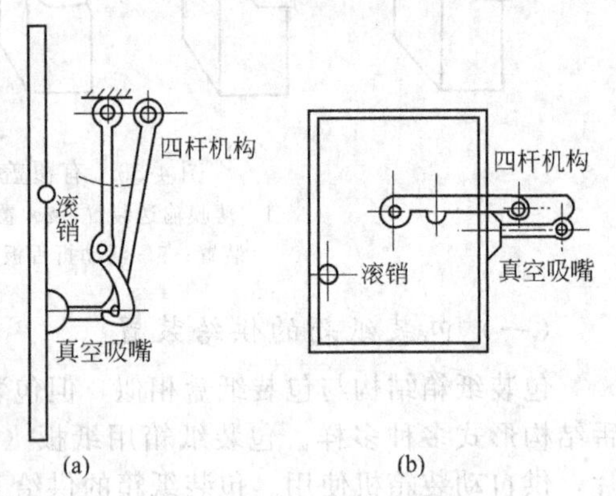

图 4-55 纸箱叠片吸展成型

包装纸箱的供给装置还有其他多种结构形式，如卧式真空吸送供给装置、机械推送供给装置、双链输送道式供给装置等。它们结构上各有其特点，都能用于纸箱叠合片的供给。

（二）开箱机构

开箱机构是装箱机械中的一个重要机构。瓦楞纸箱通常是折叠存放，需撑开成箱型，再送至装箱工位，由于装箱的方法一般分卧式与立式两种，如图 4-56 所示，因此，需要采用相应的开箱成型机构。

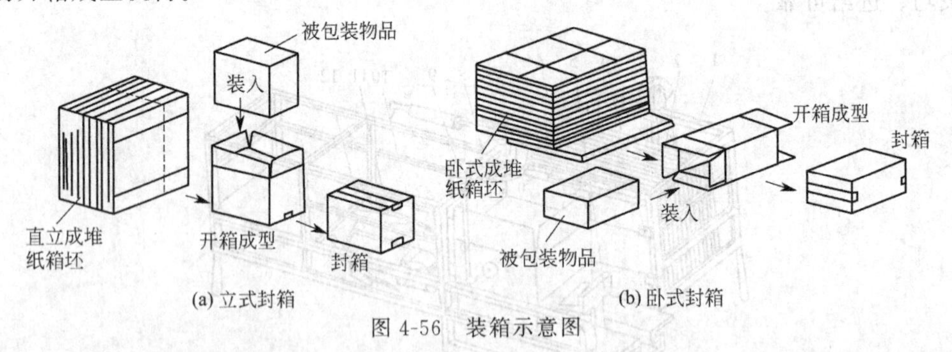

图 4-56 装箱示意图

1. 竖直存放机械成型机构

如图 4-57 瓦楞纸箱板竖直存放在纸箱架 1 上，后面有压紧块 3 压紧，压杆 4 可以将一张纸板压下，活动扇门 5（为一对，图中只画出一个）打开，与其相连的夹紧爪 6 即夹牢已下落的纸箱后面一层，推杆 7 从纸箱舌边间的开缝中插入，顶开前一层纸板，箱子初步撑开[图 4-57(b)]，压板 9 压下使之完全成型[图 4-57(c)]。

竖直存放堆积的纸箱板由下面的链条带动前进，链条由棘轮控制间歇送进，其他推杆、压板及活动扇门的摆动，可由凸轮机构、连杆机构或气动、液压传动来实现。这种开箱方式占地面积小，对于上开口式或侧开口式的装箱均可适用。

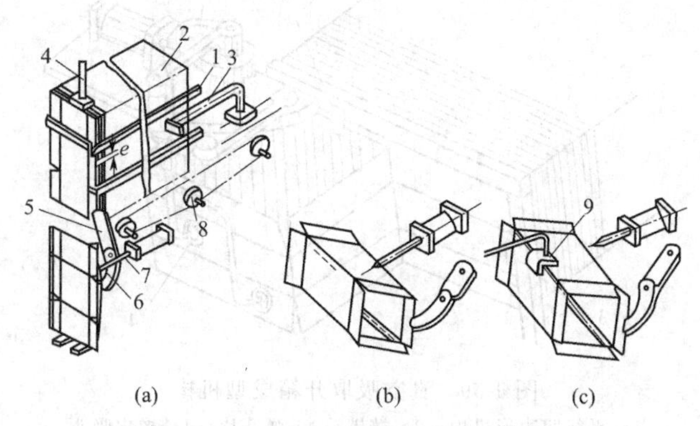

图 4-57　竖直存放机械成型机构

1—纸箱架；2—纸箱坯；3—压紧块；4—压杆；
5—活动扇门；6—夹紧爪；7—推杆；8— 链轮；9—压板

2. 水平堆积机械成型机构

如图 4-58，纸箱板放在纸箱板架 1 上，由推进板 4 将最底层的一张纸板推出，接着由滚轮 6 把纸板送到活动小平台上，再由推板 7 横向推送，与此同时，挑杆 8 插入舌边间的开缝中，将纸板挑起成箱子锥形，随后压板 9 抬起，与推板 7 共同将箱子开口成型。

纸板在送进前，由拨爪 3 将纸板架上面大部分纸板钩住，然后由凸轮 5 将下面的一小部分纸板在全部受重压的纸板中降低一张纸板的厚度，这样可使下层一小部分纸板从全部受重压的纸板堆中分离出来，以减轻底层一张纸板推送时的阻力。这种开箱方式只适用于侧开口式的纸箱。

3. 真空吸取成型机构

图 4-59 所示为一种真空吸取开箱成型机构，采用机械与气传动结合，结构简单，动作可靠。其中 1 是开箱的主要机构，是一个平行四边形机构。两个真空橡皮吸头装在机构连杆上，平行四边形机构由与气缸相连的齿条传至与曲柄固连的齿轮来运动。真空吸头吸住纸箱一边做开箱运动时，挡销 2 从纸板间封中穿过压住纸箱的另一边。

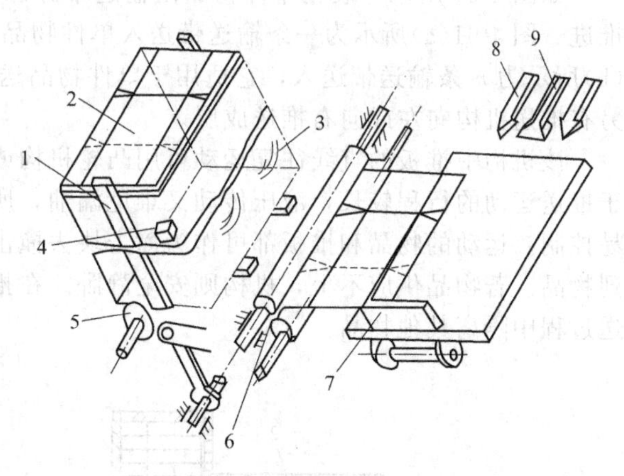

图 4-58　侧开口式开箱机构

1—纸箱板架；2—纸箱架；3—拨爪；4—推进板；
5—凸轮；6—滚轮；7—推板 ；8—挑杆；9—压板

（三）盒装药品的排列和装箱机构

呈块状的药品包装或已完成小包装的袋、盒、罐之类药品的装箱，在进行裹包和进箱之前必须将其有规则地排列起来，以节省所占空间，达到节约包装材料、美观包装外形和保护药品完好的作用。

装药瓶的小盒（通常以 5 盒或 10 盒为单元）属于块状物品，其一般排列顺序见图 4-60。集堆的方法，一般采用推板在不同方向推送，并附有限位装置，使其在一定的位置排列成堆。至于哪个方向先排列，要视包装的形状及包装方法而定，还要根据机器和具体操作位置来定机构布局，不管如何排列，就其运动特征来看，可以归纳为水平方向（或称横向）和垂

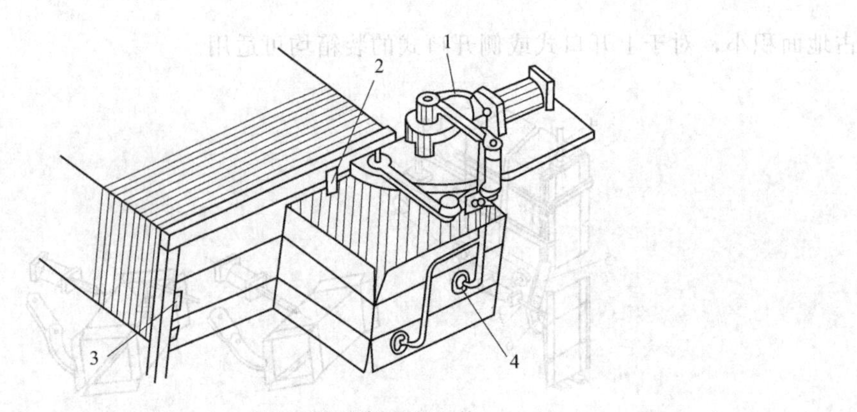

图 4-59 真空吸取开箱成型机构

1—平行四边形机构；2—挡销；3—弹簧片；4—橡皮吸头

直方向（或称纵向）两种推送方法。

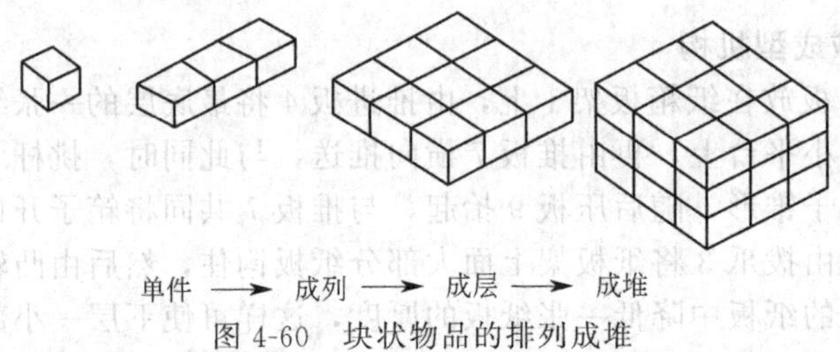

图 4-60 块状物品的排列成堆

1. 横向推进机构

如图 4-61 所示，装箱单件物品由输送带源源不断地送到，当一列堆满后，由横向推板推进。图 4-61(a)所示为一条输送带送入单件物品，可只用一个推送机构排列成层；图 4-61(b)所示为 n 条输送带送入，它适用于单件物品送来且速度较快的情况，一列推送后，必须另有推送机构向左或向右推送成层。

该机构中推板的直线往复运动可用凸轮机构或气动、液压传动控制，按时送达物品。由于推送运动的行程较长，液压传动又难免漏油，所以一般采用气动为佳。气动阀的开闭也容易控制。运动的物品和推板都可作为撞击块去撞击开关，使整个机构有节奏、有条不紊地排列物品。若物品供应不上，机构则安全静卧。在推板的一侧装有呈直角形的挡板，以便在推送过程中隔离其他物品。

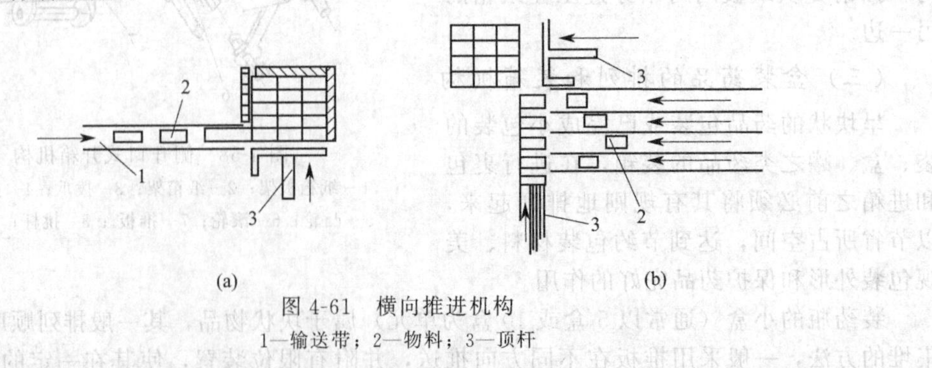

图 4-61 横向推进机构

1—输送带；2—物料；3—顶杆

2. 纵向推送机构

纵向推送机构较横向推进复杂一点，因为有物品本身的重力因素。一般有两种堆叠方法，即向下堆叠和向上推送。

图 4-62(a) 所示为物品在逐渐下降的升降平台上层排成堆，物品由横向推进机构推送到平台上（如将单件物品排列时，也可由传送带直接送至），升降平台下降一个物品的高度，然后重复上述动作，当达到层数要求后，由横向推进机构推出，也可用机械手取走，最后升降平台复位，承接下一次排列堆放。

图 4-62(b) 所示为向上推送的一种排列机构。物品送至顶杆上端，顶杆将其向上推送，当顶杆回程时，单向爪将物品钩住，不让其下落，这样重复数次，达到层排要求。这种机型表面不易受损，此方法可使物品不受冲击。

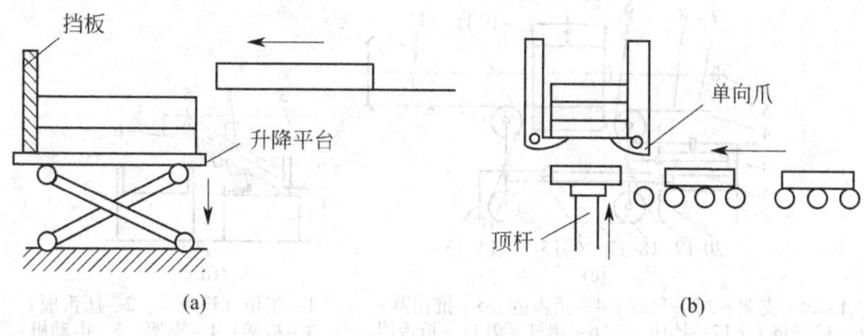

图 4-62　纵向排列机构

（四）封箱机构

封箱包括折小舌、上胶、折大叶和热压贴条等几个操作过程。

1. 折小舌机构

最简单的折小舌机构如图 4-63(a) 所示，先用折舌器 3 将左小舌在传送过程中压下，到位后随即用绕轴 1 旋转的转舌器 2 将箱子 4 的左舌折下，再送到下工位，折舌器 3 将继续保持小舌不回松。此种机型结构简单，但需一个传送工位折左舌，机器尺寸稍大。

图 4-63(b) 所示为利用两个转舌器，在一个工位上同时把两个小舌折下的机构。气缸 5 通过接头 4 推动摆杆 3 在铰链支座 2 上转动，使另一端的转舌器 1 完成折左右舌的动作，并停留在该位置，等待施胶。

图 4-63(c) 所示为利用双气缸收缩折舌的机构。已开的箱坯 10 向下落，并由输送链 6 上的推箱器 5 夹持，气缸 2 与 3 在指令控制下开始动作，带动活动块 14 和 19 沿滑杆 8 与 16 作相对运动，折舌链 4 通过链轮 18 与 15 也做同样的相对运动。这样，折舌器 9 与 11 就能把底部两小舌折合。气缸停止运动，此时折舌链 4 把住箱坯 10 的底部，输送链 6 运动，推箱器 5 把纸箱推到与折舌链同一水平位置的输送导轨 12 上，两大叶处于导轨两侧，气缸这时回复到原位，等待下个循环。挡块 7 与 17 可调节气缸行程以适应不同长度纸粗折舌的需要。这种结构因折舌器较宽，折舌质量要求高，落箱等机构较复杂而不易控制准确。

图 4-63(d) 所示为螺旋折舌机构。支架 4 固定在机架 3 上，螺旋折舌器 6 装在支架上，由电动机 5 带动旋转。当箱子 1 由输送带 7 向左送到工位 1 时，压舌板 2 将右舌压下，同时右舌刚好进入螺旋折舌器的螺旋槽，被旋转螺旋逐渐折合，然后经压舌器输出。这种机构在运动过程中连续完成各动作，生产率高，结构也较简单，改变螺旋折舌器的倾斜角与转速可适应不同长度的箱子。

2. 上胶机构

常见的有刷胶和滴胶两种上胶方式。

图 4-64 (a) 所示为刷胶机构原理。推箱入上胶工位时，压舌片 3 继续压住小舌，轴 7 带动胶水滚轮 1 旋转，把胶水缸中的胶水带上；轴 2 带动毛刷 5 旋转，先与胶水滚轮接触沾

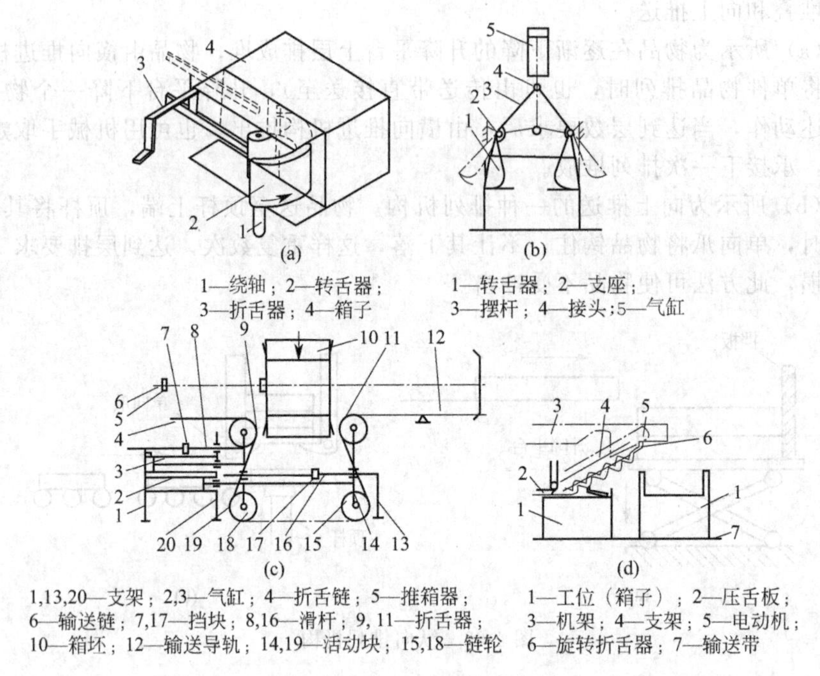

图 4-63　折小舌机构示意图

上胶水，转过去则把胶水刷在小舌表面上。

滴胶机构需要有专门的胶泵，结构本身很简单，只有 4 个喷头安在待上胶的小舌附近。图 4-64（b）所示为一台完整的装箱机示意图，采用热熔胶喷滴上胶方式，由胶箱、胶泵和加热器组成的热熔胶涂敷机作为单独部件放在机外 2 处，用管子把热熔胶引到喷头 8 等处；喷胶之前，折舌器 3 已把小舌折合。热熔胶的最大优点是胶结牢、凝固快，特别适合于高速包装线使用，不需额外加热干燥，只要用加压器 10 压一下即可，从而优化了机器外形尺寸。纸箱坯 4 由推爪 5 送出折方；品料排列好放入输送链板 6 上，由气缸 7 推入箱内，9 为机架。

热熔胶涂敷机的工作原理可以采用图 4-65 所示的三种方式。

图 4-65(a) 所示为泵喷式。固态热熔胶投入胶罐 1 内，用加热器 2 加热到 150～180℃，使之熔化，这时黏度约为 0.8Pa・s，经胶泵 3 由电磁阀 4 控制，从喷嘴 5 喷出。涂覆量一般为 1～2g/m，固化时间 1s 左右。

由于高温胶泵较贵，现多采用图 4-65(b) 所示的压喷式。热熔胶投入胶罐 1 内，密闭，加热器 2 加热使之熔化，由管子 6 通入压缩空气，熔化的热熔胶由电磁阀 4 控制从喷嘴 5 喷出。

图 4-65(c) 所示为吸喷式。由加热器 2 加热的胶罐 1 内的热熔胶，经管子 6 吸出，随压缩空气流经管子 6、电磁阀 4 与喷嘴 5 后喷射在小舌等表面。

采用热熔胶代替胶水，生产率高、不需要溶剂、适合几乎任意材料、机器占地面积小，但因需要加热设备，装置与热熔膜目前都较贵，需综合考虑其技术经济效果，酌情选用。

3. 折大叶装置

最简单的折叶装置是采用固定的曲面折叶板（图 4-66），利用纸箱传送过程，把大叶折合，这种装置简单可靠，造价低，但占地面大，折叶质量不好。

采用图 4-63(b) 或图 4-64(b) 的活动折叶板，可以在工位间完成折叶动作，缩短了一个工位的距离，从而减少占地面积。

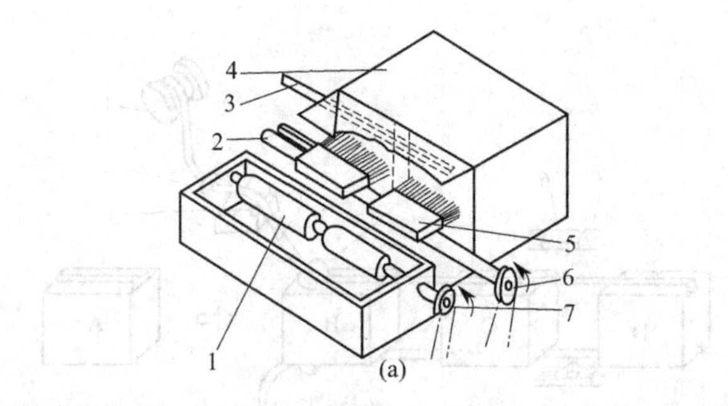

1—胶水滚轮；2，7—轴；3—压舌片；4—箱坯；5—毛刷；6—皮带轮

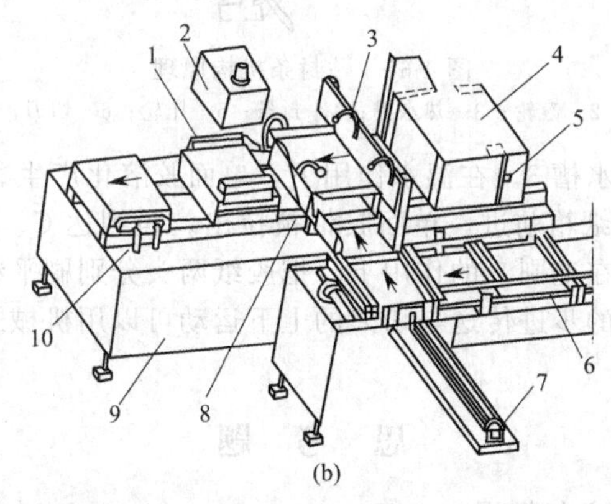

1—装好的箱子；2—涂胶机；3—折舌器；4—纸箱坯；5—推爪；
6—输送链板；7—气缸；8—喷头；9—机架；10—加压器

图 4-64　上胶机构与装箱机构示意图

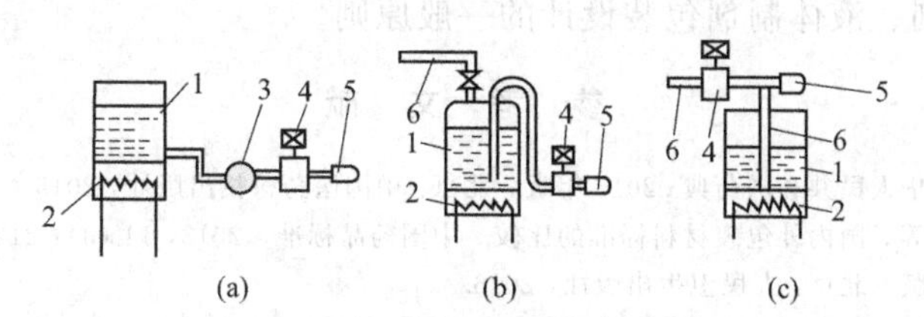

图 4-65　热溶胶涂覆机工作原理

1—胶罐；2—加热器；3—胶泵；4—电磁阀；5—喷嘴；6—管子

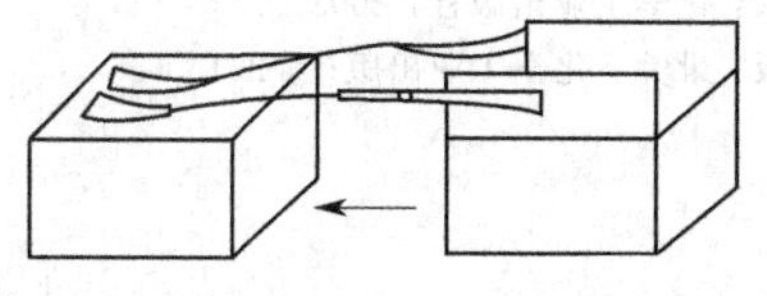

图 4-66　曲面折叶板示意图

采用图 4-64(b) 上的压板装置，把大叶压向上了胶的小舌，使之粘牢；使用热熔胶时，只需压 2～5s；用普通胶水则要压 20s 以上，甚至还要在压折内装加热器。为了减少在工位上的停留时间，在装箱机后面连接一段加热通道。

4. 贴封条机构

贴封条主要是为了防止产品受潮。粘贴的牢度与粘贴位置正确与否，直接关联到产品的保护与包装的外观质量。图 4-67 所示为贴封条机构原理。

纸箱 A 按图示箭头方向输送入工位；封条 4 纸卷采用单面胶带纸，装在上、下纸架 1

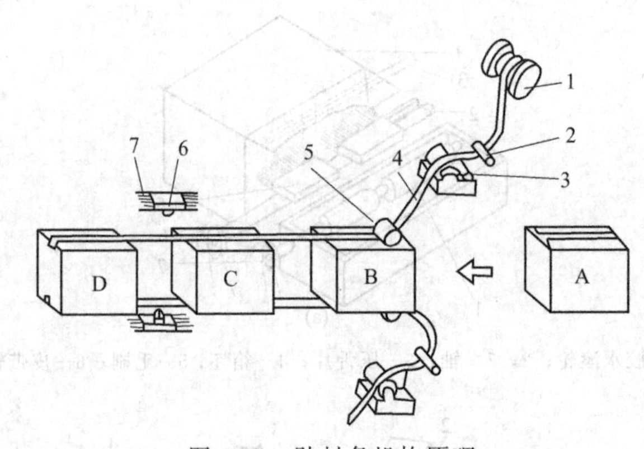

图 4-67 贴封条机构原理

1—纸架；2—滚轮；3—热水槽；4—封条；5—压轮；6—切刀；7—毛刷

上，拉出经滚轮 2 到达热水槽 3。在温水作用下，单面胶溶化产生黏性，在压轮 5 的作用下与纸箱 B 箱缝粘住。随着纸箱前进，单面胶带被拉出。当到达 C、D 位置时，切刀 6 动作，将上下两条胶带切断，并在毛刷 7 的作用下，把胶纸两头分别刷平粘在纸箱的两个侧面上。

因为结构简单，纸箱的步进传送与切刀的上下运动可以用机械式机构实现，多采用气动传动。

思考题

1. 简述药品包装的意义与作用。
2. 简述玻璃包装容器的一般特点，如何根据药物及玻璃成分与性能来选择制剂包装？
3. 简述聚乙烯、聚丙烯、聚氯乙烯作为药物制剂包装材料的特点。
4. 简述固定制剂、液体制剂包装设计的一般原则。

参考文献

[1] 国家药典委员会．中华人民共和国药典．2015 年版．北京：中国医药科技出版社，2015.
[2] 王丹丹，金宏，俞辉等．国内外包装材料标准的比较．中国药品标准，2013，14 (3)：212-214.
[3] 方亮．药剂学．第 8 版．北京：人民卫生出版社，2016.
[4] 朱盛山．药物制剂工程．第 2 版．北京：化学工业出版社，2009.
[5] (英) D. A. 迪安．E. R. 埃文斯．I. H. 霍尔．药品包装技术．徐晖，杨丽等译．北京：化学工业出版社，2006.
[6] 霍本洪．浅析非 PVC 膜软袋输液生产线的设计．上海医药，2012，33 (13)：36-40.
[7] 李永安．药品包装实用手册．北京：化学工业出版社，2003.
[8] 方亮．药用高分子材料学．第 4 版．北京：化学工业出版社，2015.

第五章　制剂质量控制工程

本章学习要求

1. 掌握制剂质量控制工程的含义及各环节要点。
2. 熟悉制剂留样方法及常用制剂分析技术，质量问题及处理方法。
3. 了解制剂质量控制工程法律依据，质量体系、质量控制及经济效益相关内容。

第一节　概　述

制剂质量控制工程是指对制剂研究、生产和使用的各环节进行质量监控的技术实施过程，质量控制的目的是为了向消费者提供符合质量特性的制剂产品。药物制剂质量控制的依据是《中华人民共和国药品管理法》、《中华人民共和国药品管理法实施条例》以及其他相关的政策法规。与药品生产关系比较紧密的法规是《药品生产质量管理规范》(good manufacturing practice，GMP)。与药物制剂质量控制相关的法规还有《中华人民共和国药典》、《药品注册管理办法》、《药品包装用材料容器管理办法》以及《药品包装标签和说明书管理办法》等。

全面质量管理（total quality control，TQC 或 total quality management，TQM）是一种全新的质量管理模式，它强调企业全员参加，并对产品生产全过程的各项工作都进行质量管理。此外，全面质量管理还特别强调产品的设计过程的质量控制。1987 年国际标准化组织（international organization for standardization，ISO）在总结各国全面质量管理经验的基础上，制定了 ISO 9000（质量管理和质量保证）系列标准。在国际质量认证工作中，均以 ISO 9000 系列标准作为评价企业质量保证能力的依据。ISO 9000 系列由五个标准构成。

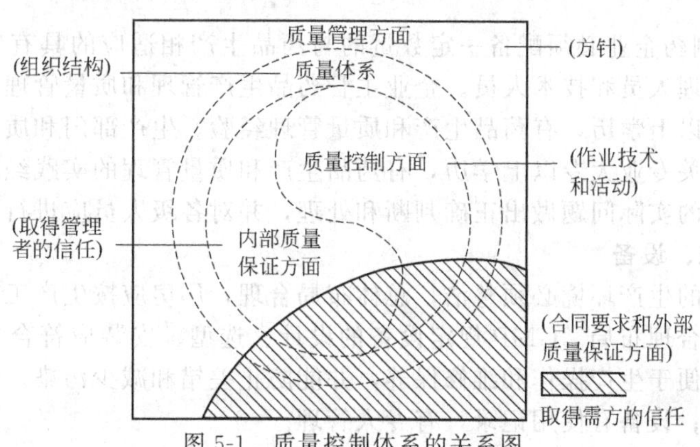

图 5-1　质量控制体系的关系图

ISO 9000 质量管理和质量保证标准的选择和使用指南。

ISO 9001 质量体系：设计、开发、生产、安装和服务的质量保证模式。

ISO 9002 质量体系：生产和安装的质量保证模式。

ISO 9003 质量体系：最终检验和试验的质量保证模式。

ISO 9004 质量管理和质量体系要素的指南。

其中，ISO 9000-0 标准是采用和选择 ISO 9000 系列标准的总指南，也就是本标准的指导性文件，阐明了质量管理、质量体系、质量控制和质量保证等几个基本概念和关系，见图 5-1。

质量管理　quality management（QM）：确定质量方针、目标和职责，并在质量体系中通过诸如质量策划、质量控制、质量保证和质量改进，使其实施的全部管理职能活动。

质量体系　quality system（QS）：为实施质量管理所需要的组织结构、职责、程序、过程和资源。

质量控制　quality control（QC）：为达到质量要求所采取的作业技术和活动。

质量保证　quality assurance（QA）：为提供某实体能满足质量要求的适当信赖程度，在质量体系内所实施的并按需要进行证实的全部有策划的和系统的活动。质量保证有“内部”和“外部”两种，内部质量保证是向管理者提供信任，外部质量保证是向顾客或其他人提供信任。GMP 涵盖了质量体系、质量控制和质量保证的全部内容。

一、质量体系

质量体系是“为保证产品、过程或服务质量满足规定或潜在的要求，由组织机构、职责、程序、活动、能力和资源等构成的有机整体”。

1. 组织机构

为保证质量管理组织机构的独立性和权威性，以便有效地组织各项质量活动，GMP 规定：药品生产企业应建立生产和质量管理机构，各机构和人员职责应明确；药品生产管理部门和质量管理部门负责人不得互相兼任；质量管理部门受企业负责人直接领导。

2. 质量责任和权限

每个企业的规章制度都应当明确规定各部门的职责范围。GMP 对质量管理部门的主要职责做了具体的规定：制订和修订物料、中间产品、成品的内控标准及检验操作规程；制订取样和留样制度；制订检验用设备、试剂、实验动物的管理办法；制订质量管理和检验人员的岗位责任制；具有检测物料、中间品、成品、洁净室的权力和质量否决权；会同有关部门对主要物料供应商质量体系进行评估。

3. 人员

GMP 规定：制药企业必须配备一定数量的与药品生产相适应的具有专业知识、生产经验及组织能力的管理人员和技术人员。企业主管药品生产管理和质量管理的负责人应具有医药或相关专业大专以上学历，有药品生产和质量管理经验。生产部门和质量管理部门的负责人应具有医药或相关专业大专以上学历，有药品生产和质量管理的实践经验，有能力对药品生产和质量管理中的实际问题做出正确判断和处理，并对各级人员应进行培训。

4. 厂房、设施、设备

药品生产企业的生产环境必须整洁，总体布局合理，厂房应按生产工艺流程及所要求的空气洁净级别进行合理布局。GMP 规定设备的设计、选型、安装应符合生产要求，易于清洗、消毒或灭菌，便于生产操作和维修保养，并能防止差错和减少污染。使用的设备要定期维修、保养和验证；设备有使用记录，有专人管理。

5. 标准和记录

标准是指为取得全面的最佳效果，依据科学技术和实践经验的综合成果，在充分协商的基础上，对经济、技术和管理等活动中具有多样性、相关性特征的重复事物和概念，以特定程序和形式颁发的统一规定。GMP 规定药品生产企业应有生产管理和质量管理的各项制度和记录，这就是生产、经营管理的书面标准和实施标准的结果，如图 5-2 所示。

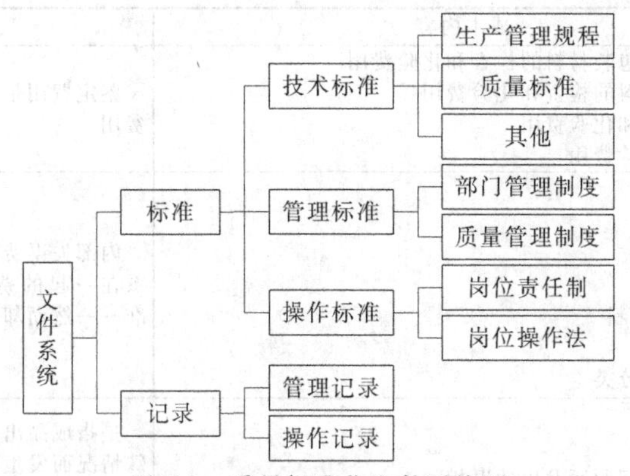

图 5-2　质量标准化文件系统图

为了保证产品质量，保持良好的技术状态控制，GMP 提出了一整套的控制方法，包括：工艺规程、岗位操作法和标准操作规程；物料、半成品和成品的标准；检验操作规程和验证制度。这套方法在实际应用过程中是以文件形式来进行表述的，管理者只要掌握并执行这套文件，即可将产品质量控制于技术状态。

二、质量控制与经济效益

人们早就注意到产品质量与经济效益的关系，并不断探求如何通过经济分析的手段来得到以最合理的投入产生适宜的质量水平，使企业与社会的经济效益都有最满意的效果。长春生物制品研究所通过实施 GMP 管理，将 1999～2005 年的 7 年中，产品合格率与实施 GMP 管理前（1993～1998）的 6 年进行比较，成品率提高了 1.33%（由 98.05% 上升至 99.38%），仅此就减少了不合格制品 430 批，减少损失 4660 万元。质量体系的有效性对组织的盈亏影响特别大，而从另外一个方面，盈亏分析在更广泛的范围上反映质量控制的有效性。实质上经济效益也是质量体系的结构要素，其主要表现在质量成本上。

1. 质量成本

国家标准 GB/T 19000 中质量成本（quality cost）的定义是：将产品质量保持在规定的质量水平上所需的有关费用。ISO 8402 的定义是：为了确保和保证满意的质量而发生的费用以及没有达到满意的质量所造成的损失。这里 ISO 8402 把“未能达到满意的质量水平而造成的损失（包括有形与无形的损失）”也计算在成本中，它是经营总成本的有机组成部分。质量成本内容见表 5-1 所示。

表 5-1　质量成本内容一览表

成本费用分类	成本内容	备注
预防性费用	质量规划 供应商验收审批系统 培训 文件编制——SOP 专论文章 预防性检修 校准 卫生工作 工艺验证 质量保证审查和自查 数据的年度总结和倾向分析	此类费用是防止失误和(或)减少鉴证开支所花费的投入

续表

成本费用分类	成本内容	备注
鉴证费用	原材料和包装材料的检查和化验费用 半成品材料的检查和化验费用 成品检查和化验费用 稳定性试验费用	鉴定费用是指检查和化验以及质量评估的费用
内部失误费用	不合格 返工 复查 复试 废料/碎角料 寻找故障 降级材料分类	内部失误费用是指那些与未确认的材料联系在一起的费用，这些材料不符合质量标准——然而却属于公司的财产
外部失误费用	索赔 不良反应 由于质量问题所发生的退货	是指成品出厂后不再属于公司之后由于特殊情况而发生的费用
外部质量保证费用	提供附加的质量保证措施、程序、数据 验证费用 质量体系认证	保证产品质量的附加费用

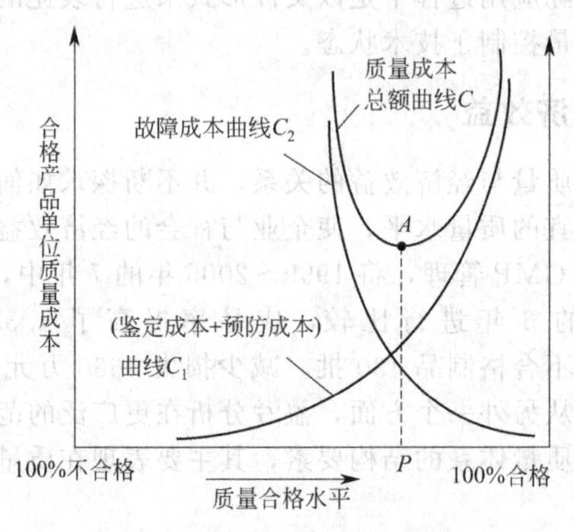

图 5-3 质量成本特征曲线

2. 最适宜的质量成本

在质量成本与效益之间取得最佳的经济效果，就是最适宜的质量成本。实践表明，鉴定成本和预防成本随着合格品率的提高而趋于增加，而内、外部故障（失误）成本则随合格品率的增加而减少。适宜的成本就是建立在这两类质量成本合理平衡的基础上，如图 5-3 所示。

图 5-3 中反映四大项目的成本费用与产品合格质量水平之间的变化关系的曲线，称为质量成本特性曲线。其中：曲线 C_1 表示预防成本加鉴定成本之和，此线随着合格率的提高而增加；曲线 C_2 表示内部故障加外部故障之和，它随着合格率增加而减少；曲线 C 为上述四项之和，为质量成本总额曲线，即质量成本特性曲线，C 曲线最低处 A 是质量成本的最低处，称为最佳质量成本，而对应的不合格品率 P，称为最适宜的质量水平。这就是从经济观点，选择质量目标的理论依据。虽然，就总体而言，企业内部运行质量成本变化的基本模式是一致的，但由于生产类型、产品性质和工艺特点不同，质量成本的最佳值应通过实践去寻求。

第二节 生产过程的质量控制

对产品质量的控制应当始于其设计阶段，药品的质量也与其设计有十分密切的关系，而任何设计理想的制剂只有通过生产过程才能实现。为使产品不偏离设计，保证产品质量，就要依靠过程的监控，即建立一个可控制的生产系统才能保证符合设计质量要求的产品有连续性和重现性。

ISO8402 定义过程是：将输入转化为输出的一组彼此相关的资源和活动。其中资源可包括人员、材料、设施、设备、技术和方法。在原辅料、包装材料、设施、信息等输入过程中通过人的劳动转化为产品、新的信息和服务等输出，并实现了增值的目的，见图 5-4，这就是企业生产的过程，也是质量形成的过程。使这个过程处于控制状态，就达到了监控的目的。

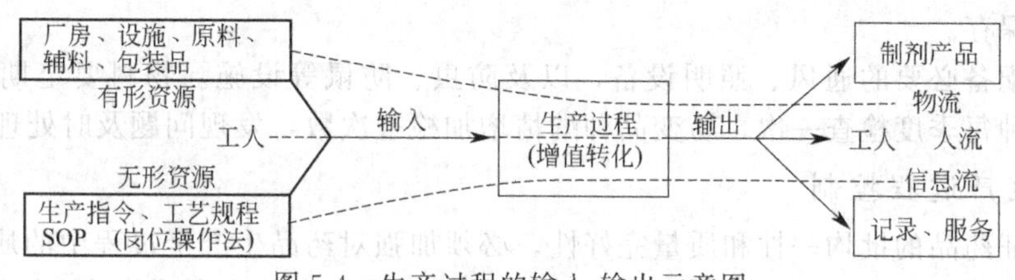

图 5-4 生产过程的输入-输出示意图

从图 5-4 中可以看出只要控制好过程中的物流、信息流和人流，就可以形成一个控制下的生产系统。

一、物流的控制

物流的控制就是对输入过程中的有形资源与输出的制剂产品在结构运行与质量等方面的控制。厂房、设施和设备是相对静止的，是有形资源的组成部分，是“流”的载体，企业可以通过验证（见第七章）对其实行监控。物料包括原料、辅料和包装材料等，是制剂生产的基本要素，其质量是制剂质量的保证。物料管理应贯彻制剂生产的全过程，从供应符合质量要求的物料到将合格的制剂产品发送给用户。

（一）物料管理

物料管理系统的职能可分为物料采购、入库和成品储存与发放。

1. 物料采购

根据采购计划，按质量标准购进物料。供应商的选择是质量保证的重要一环，首先考察供应商的基本情况，考察的内容包括：产品质量信誉，经营管理状况，工艺水平，质量管理水平，产品中可能出现的杂质及污染，存在的偏差对制剂的影响等。通过协商和交流，使供方了解对供货质量的一些特殊要求，并按 GMP 要求，对供应厂商进行产品、工艺、设备（必要时对生产车间）验证，然后将通过验证的厂商列为物料定点采购单位。

2. 物料的入库、储存与发放

原料、辅料及包装品的质量监控始于验收入库。物料到货后接收人员应核查送货凭证与订货合同一致，票物相符。注意外包装是否完整，标签是否正常，一切确认无误后方可入库。入库须填写入库单，化验申请单和库卡。这些单据包括名称、代码、批号、包装数量及重量等。在入库卡上写明该物料的库位号，并在该批物料上挂上待验标志，将化验申请单交质量部门，抽样检验原料（辅料）的纯度、含量、晶型及相关鉴别，包装材料检查货物类型、级别、尺寸、壁厚度、抗碰撞强度、光透射度及图文说明等。根据结果分别将该批物料转存于合格区或不合格区，同时挂上醒目的合格或不合格标志，严格地隔离待验品、合格品与不合格品，以免误用。

物料应分库存放，对有温度、湿度及特殊要求的物料应按规定条件储存。按温度分类，可分冷库（2～10℃，相对湿度 60%～75%）、阴凉库（10～20℃，相对湿度度 60%～

75%)、普通库（0～30℃，相对湿度60%～75%）；按性质分类则有原料库、净料库、包材库和易燃易爆库等。此外，固体物料与液体物料应分开储存；挥发性物料应注意避免污染其他物料。物料按规定的使用期限储存，无规定使用期限的，其储存期一般不超过三年，期满后须复验。储存期内如有特殊情况应及时复验。

药品的标签、使用说明书应由专人保管和领用，应有专柜或专库存放。凭包装指令计数发放。发放、使用和销毁都应有记录。

物料发放时应按照先进先出以及易变先出的原则进行。毒、麻及贵重药出库须双人复核，并依照生产指令中所列的物料品名、编号、批号、规格和数量等进行发放，同时，做好记录并妥善保存。

仓库应配备必要的通风、照明设备，以及防虫、防鼠等设施。物料要定期进行质量检查，一般品种每季度检查一次，易变品种酌情增加检查次数，发现问题及时处理。

（二）生产过程控制

为了保证药品的批均一性和质量完好性，必须加强对药品生产全过程中的质量控制（in process quality control）。工艺过程的控制方法包括：①监督岗位操作，保证不偏离验证过的工艺和SOP；②采用快速、简单的试验或观察，在规定的场所和规定的时间对操作和限度的变异进行监督，及时发现并采取措施纠正质量偏差。

制造过程是从下达生产批令开始，开领料单给仓库，经核对配送原材料到生产部门，再经核对后，按标准操作程序称量、配料。每次称量必须经核对无误方可投料，并及时做操作记录。记录包括所投料的各种成分、检验报告号和投料顺序。在每个容器或每件设备上都要有醒目标志，正确标出内容物、生产阶段、正常与否。对任何偏离标准的操作都应向生产部门和该产品的负责质控人员报告。下面以GMP实施指南附录的制剂质量控制要点为前提，讨论片剂、注射剂和软膏剂生产过程的质量控制。

1. 固体制剂（片剂）

片剂质量控制要点，见表5-2。

表5-2 片剂质量控制要点

工序	质量控制点	质量控制项目	频次
粉碎	原辅料	异物	每批
	粉碎过滤	细度、异物	每批
配料	投料	品种、数量	1次/班
制粒	颗粒	黏合剂浓度、温度	1次/批(班)
		筛网	
		含量、水分	
烘干	烘箱	温度、时间、清洁度	随时/班
	沸腾床	温度、滤袋	随时/班
压片	片子	平均片重	定时/班
		片重差异	3～4次/班
		硬度、崩解时限	1次以上/班
		外观	随时/班
		含量、均匀度、溶出度(特定品种)	每批
包衣	包衣	外观	随时/班
		崩解时限	定时/班

(1) 粉碎　原辅料使用前核对品名、批号、规格和重量；核对外观性状，如为固体粉末，随机抽样置于洁净的白盆上检视有无异物或黑点。过筛后再检视一遍，符合要求后再粉碎到要求的细度。本工序主要监控原辅料中的异物和粉碎后的细度。

（2）配料　配料前核对原辅料品名、规格以及批号等项目，按处方称量投料，按拟定工艺操作，预混合检视其均匀度，抽样检测几次，记录混合时间、速度等参数。

（3）制粒　将混合均匀的原、辅料加入黏合剂，按技术参数要求控制黏合剂温度、浓度和用量。黏合剂浓度、用量不仅与原辅料的种类性质和比例有关，还与其含水量、环境湿度以及温度有关。在制粒过程中，要控制颗粒的粒径大小、松密度和水分等参数。

（4）干燥　严格控制干燥温度，防止颗粒融熔、变质以及有效成分迁移，并定时检查干燥温度的均匀性。操作完成后测定颗粒的水分是否符合要求和药物的均匀性。

（5）整粒与总混合　整粒机的落料漏斗应装有金属探测器，以除去意外进入颗粒中的金属屑。芳香性药物应先与适量细粉混匀，然后逐渐加入颗粒中混匀并密闭放置至规定时间，使芳香性药物被颗粒充分吸附。

总混合是将整批量颗粒置于混合机内混匀，每混合一次为一个批号。测定颗粒的松密度、水分、粒度分布、含量均匀度、外观色泽及流动性。

（6）压片　压片前应试压，设定压片机转速、压力，并检查试压片的外观、片重、厚度、硬度、溶出度（崩解时限）、脆碎度。必要时可根据品种要求，测定含量或均匀度，符合要求后才能开车，开车后每15min抽样检查平均片重。

（7）包衣　包衣过程中使用的热空气应经过滤，所含微粒应符合要求：①包糖衣所用的糖浆需用纯水配制，煮沸后滤过，并在规定时间内用完。食用色素需用纯水溶解，过滤，再加入糖浆中搅匀后方能使用。②包薄膜衣时应按工艺要求配制薄膜衣材料，控制喷浆速度、气流量和包衣时间，必要时在最后工序加蜡打光。③包衣过程中，应定时取样检测外观，测定崩解时限。

2. 液体制剂（可灭菌大容量注射液）

可灭菌大容量注射液质量控制要点见表5-3。

表5-3　可灭菌大容量注射液质量控制要点

工序	质量控制点	质量控制项目	频次
制水	纯水	电导率	1次/2h
		全项	1次/周
	注射用水	电导率(厂订标准)	1次/2h
		全项	1次/周
洗瓶	过滤后纯水	澄明度	定时/班
	过滤后注射用水	澄明度	定时/班
	洗净后玻璃瓶	残留水滴及洗涤剂	定时/班
		清洁度	定时/班
配液	药液	主药含量、pH、澄明度	每批
	微孔滤膜	起泡点	每张
灌封	涤纶薄膜	清洁度	定时/班
	胶塞	清洁度	定时/班
	灌装后半成品	药液装量、澄明度	定时/班
	封口	轧口紧密度、外观	随时/班
灭菌	灭菌柜	标记、装量、排列层次、压力、温度、时间、记录	每锅
	灭菌前半成品	微生物含量(抽检)、外壁清洁度、标记、存放区	每锅
	灭菌后半成品	外壁清洁度、标记、存放区	每锅
灯检	灯检品	抽查澄明度	定时/班
		每盘标记、灯检者代号、存放区	随时/班

（1）制水　水是药品生产中使用最广、用量最大的重要辅料，在注射剂的生产中，70%的质量问题与水的质量有关。工艺用水必须验证（见第七章），其评价指标主要包括电阻率、

菌落数（CFU）、细菌内毒素（EU）。

为了有效地控制制药用水系统的运行状态，欧美药典针对微生物污染的水平设定了另一指标，"警戒水平"和"纠偏限度"。警戒水平（alert levels）是指微生物的某一污染水平，当监控结果超过它时，表明制药用水系统有偏离正常运行条件的趋势。纠偏限度（action levels）是指微生物污染的某一限度，监控结果超过此限度时，表明制药用水系统已经偏离了正常运行条件，应当采取纠偏措施，使系统回到正常的运行状态。警戒水平与纠偏限度有所不同，前者是报警，后者则已经偏离。《欧洲药典》与《美国药典》的纠偏限度指标是：纯水 100 CFU/mL，注射用水 10 CFU/100mL。纠偏限度仅用于系统监控，而不是用来判断产品合格与否。

（2）洗瓶　监控的项目是玻璃输液瓶经清洗后的清洁度。可取清洗后的输液瓶，灌装注射用水振摇，制得水样，然后按注射用水检验方法检验不溶性微粒、电阻率、微生物和内毒素等指标。

（3）配制　本工序包括称量、浓配、稀配、检验及过滤等过程。

① 药液经含量、pH 值检验合格后方可精滤，调整含量需重新测定。精滤药液经澄明度检查合格后直接进入灌装工序。

② 直接与药液接触的惰性气体，使用前需经净化处理，其所含微粒量要符合规定的洁净度要求。

③ 使用微孔滤膜时，先用注射用水漂洗至无异物脱落，并在使用前后做起泡试验（参考标准：起泡点压力小于临界压力，大于 0.31MPa）。

（4）灌封　本工序包括洗瓶塞、灌装、封口。

① 洗瓶塞　胶塞以注射用水最后淋洗，淋洗水应与注射用水一致。

② 灌装　应经常检查装量半成品澄明度，药液从稀配到灌装结束一般不宜超过 4h。

③ 封口　调整压盖机压力，保证瓶口的密封性。验证瓶口的密封性可用微生物挑战试验。将按正常生产条件灌装、加塞及铝盖的装有无菌培养基的产品倒置于接种有大肠埃希菌的培养基中，在 30～35℃下培养 14 天，瓶内的培养基不应出现浑浊（不得长菌）。

（5）灭菌　应按不同品种和规格，产品的灭菌条件如温度、时间、灭菌柜内放置数量及排列层次等进行灭菌。灭菌工艺和灭菌器验证参见第七章。

灭菌前对半成品的微生物控制　注射剂灭菌后的无菌保证值与灭菌前产品的微生物污染程度有关。控制灭菌前微生物污染程度是控制产品热原污染的重要手段。监控标准（参考标准）：每 100mL 药液中的污染菌数不得超过 100 个。灭菌后半成品的微生物控制按《中国药典》或企业内控标准来进行。

（6）灯检　按《中国药典》或企业内控标准，不得有可见微粒。

3. 半固体制剂（软膏剂）

软膏剂质量控制要点见表 5-4。

表 5-4　软膏剂质量监控要点

工序	监控点	监控项目	频次
配料	原辅料	核对实物、标志、品名、合格证、规格	每件
	配料	配料计算与复核	每件
	投料	核对品名、数量、批号	每件
基质灭菌	加热	温度	次/批
	过滤	筛号、滤材、清洁度	次/批
	灭菌	温度、时间、压力	次/批
		效果	次/月

续表

工序	监控点		监控项目	频次
配制软膏	原辅料		核对名称、数量、批号、药粉细度、浸膏浓度	每批
	制法	研合法	膏体细度、时间	每批
		熔合法	温度、搅拌时间、均匀度	每批
		乳化法	温度、搅拌时间、乳化剂用量、水质(电阻率)	每批
	过滤		滤材、筛号、性状、外观	每批
灌装	软膏		含量测定、pH 值、外观、性状等	每批
	玻璃瓶	洗瓶	纯化水(全项)	每批
		瓶子	清洁度、干燥程度	每批
	铝管		清洁度	每批
	塑料管		清洁度	每批
	灌装		装量	每批

(1) 原辅料处理　核对品名、规格、合格证。如为粉末或不溶性固体药物应先粉碎并筛分，达 100～120 目；可溶性药物应选用适宜溶剂溶解。

(2) 基质净化与灭菌　按不同类型的要求进行净化、灭菌。油性基质应加热熔融，并趁热过滤除去杂质，目测检查应澄明无异物。灭菌应加热至 150℃，保温 1h 以上。霜剂、凝胶剂所用水应为纯水，使用时检测电阻率应大于 1m・Ω/cm，微生物应小于 100 CFU/mL。无菌软膏的基质必须彻底灭菌。

(3) 配制　软膏的制备分研合法、熔合法和乳化法，配制按拟定工艺操作，并监测含量均匀度、细度等指标。

(4) 灌装

① 半成品膏体应检测外观、性状、pH 值和含量，符合规定后始能灌装。

② 直接接触药物的包装容器应经清洁灭菌。

③ 灌装过程中监控装量差异应符合规定。

(三) 中间品及中转站

中间品又称半成品，是指生产过程中的物料加工品。一般来说，每个操作工序都有一个产品（即中间品），如混合配料、制粒（颗粒）、压片（素片）等。液体制剂生产各工序往往是连续的，中间品可以在线管理而不需要另设贮存，但要定点抽样检测进行监控。固体制剂和有些半固体制剂生产作业线是间断的，往往是一个工序完成一个批量后转到下一个工序。各个工序的中间品转到下个工序停留的时间是不等的，有时还存在多个批量中间品停留在同一工序的情况。为了对中间品实施有效监控，避免混淆，除各工序对中间品进行抽查、自查、互查外，还必须加强中间品存放和交接的管理。设置中转站，实行划区、专人管理，以具有明显标记的周转容器交接。中间品出入站需双人严格复核并填写记录。中转站有分散式和集中式，图 5-5 为片剂车间中转站的两种布置：分散式，物流一条线，但不便专人管理；集中式，可以集中专人管理，能有效防止错乱，在设计中应尽量考虑工艺过程衔接的合理性。

包衣片待包装	中转站
包衣	中转站
素片存放	中转站
压片	中转站
颗粒	中转站
制粒总混	中转站

(a)分散式

图 5-5

包衣	中
压片	转
制粒总混	站

(b)集中式

图 5-5 片剂车间中转站布置形式

(四) 包装

包装操作是把产品、容器和标签结合成一个成品单元，是制剂生产的重要工序之一。当产品实验检查结果符合质量标准各项指标后，包装工段可按照生产指令规定的包装材料及其数量领料，并按生产指令的包装程序进行包装。在开始包装操作前，质监人员和包装管理员必须对以下内容进行检查核实：①包装线清场和设备清洗情况；②包装材料容器、标签品种和数量；③被包装产品品种数量。以保证没有外来的药物和标签混入，保证使用的容器、标签及其文字内容正确无误。

包装材料的选用应符合《药品包装用材料、容器管理办法》(暂行)，不得使用未获得《药包材注册证书》的包装材料容器。片剂包装用玻璃瓶需先用饮用水洗净，经纯水冲洗并经高温干燥灭菌，清洁贮存。贮存时间不得超过 3 天，超过规定时间应重洗。不需洗涤而直接使用的塑料瓶、袋、铝塑等包装材料的外包装应严密、内部清洁并保持干燥。

(五) 成品入库及发运

包装完成后的产品，经质量管理部门检验符合企业内控标准后，批准发放合格证可以入库。入库时必须经过验收和办理入库手续。制剂的贮存应当根据稳定性研究结果确定条件。仓储管理见上述物料管理。发运产品应按照“及时、准确、安全、经济”的原则，并及时做好出库发运记录。

不论在上述哪种剂型制剂产品制造结束时，以及在过程中的每个工序结束时，均需按理论值核对实际产量，并抽取有代表性的样品进行实验检查，同时确认生产全过程整个操作是按规定的程序（SOP）完成的。

二、信息流的控制

信息流的控制是通过质量管理文件体系的建立实现的。信息流流程见图 5-6，其过程的控制需要设计、规划及组织，程序文件则是为实现目标而进行设计、规划和组织的产物。它以文件的形式规定了如何实现管理目标的途径、方法及手段。文件涉及生产经营管理的标准与记录两大部分。

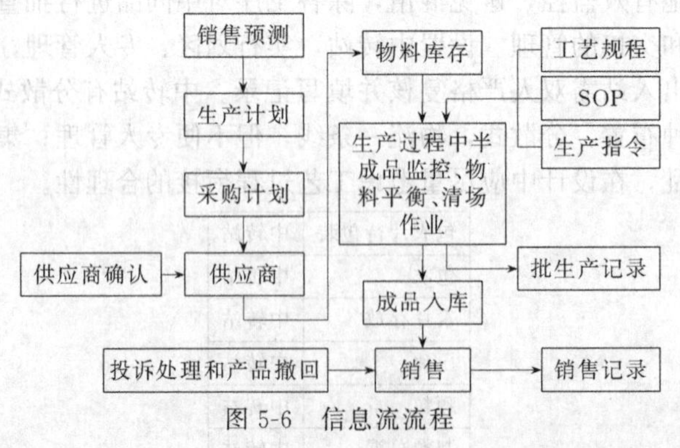

图 5-6 信息流流程

(一) 标准

标准是衡量事物的准则，它包括技术标准、管理标准和工作标准。例如生产计划、标准操作规程（SOP）及质量标准等。

生产计划分周、月、季、年和长期计划，主要内容包括产品、产量、产值、生产成本、产品质量和生产人员、生产程序、生产设备等。其编制一方面取决于市场，另一方面取决于物料、成品库存和生产能力。市场预测是生产计划的重要依据，以销定产；生产能力是实施生产计划的保证；原材料和成品库存量是评估生产计划的主要指标。生产计划与质量的关系主要表现在库存量信息上。如果市场预测有误，产大于销，成品积压。药品都有有效期，随着库存时间的延长，产品将濒临过期、销毁。另一方面，产品滞销，生产必然比原计划减产，累及原材料过剩。原材料也有其稳定性和有效期，库存时间过长，质量问题也是显而易见的。反之销大于产，企业为了追求更大的产出，增加任务使生产超负荷，质量难保证。原材料采购是实施生产计划的第一步。由物料管理部门以生产计划为依据，制定采购计划，向经认定的供应商定点订购。生产指令系对即将生产的一批产品下的指令，内容包括品名、数量、批号、生产完成日期等，是生产计划实施的具体化，也是批生产计划的量化评估依据，常与批生产记录一同存档。

SOP是经批准用以指示操作的通用性文件及管理办法。例如，压片标准操作规程、检验标准操作规程、设备清洗标准操作规程。每一项独立的生产作业可分别制定相应的SOP以规范操作。SOP的正文包括操作名称、方法、程序、条件、技术参数、考核指标（结果）、人员及应用的设备、材料、管理通则等。SOP是由岗位技术人员起草，经验证定稿后由技术负责人批准的文件。岗位操作执行SOP能有效地将影响产品质量的因素消除在生产过程中。操作的标准化是实现产品一致性的必由途径。编制制剂生产中的标准操作规程的主要依据是我国的GMP和企业拟订的工艺规程。工艺规程是企业生产和质量控制的重要文件，内容包括：品名、剂型、处方、制备工艺、操作要求、物料、半成品、成品质量标准、技术参数和物料平衡的计算方法等。

质量标准包括药典、部颁标准、注册标准、企业内控标准，内容有原料药、中药材、辅料、包装材料、半成品及成品的质量规格、试验方法及相关说明。质量标准是对生产过程全面控制、对产品质量合格与否判断和确保用药安全有效的依据。制定质量标准不仅是为了保证产品标示质量，同时也为了查检和鉴定杂质。杂质包括生产过程中外界引入的杂质和产品中药物和辅料的降解产物，这已成为值得关注的影响临床用药安全的问题。

（二）记录

记录是反映实际生产活动中执行标准的情况，包括生产操作记录、台账、报表和有关凭证等。例如批生产记录、销售记录、主处方记录、检验报告单。记录通常分批存档。随着科技的发展，有的记录转换成数字后以电子版形式储存。记录用于考评生产全过程的操作和结果是否偏离标准，用于追查产品不合格的根源，是分析解决问题的原始依据。各种生产记录应保存3年或产品有效期后1年。记录内容、表格都是经设计制订、检查审核签署后使用的。

每种产品的主处方记录内容应包括：产品名称、剂型、处方成分及处方量，各成分的标准（规格）、生产过程各工序的结果（指标）及注意事项等。为了保证每批产品能完全一致地再生产，每生产一批产品都需先把主处方记录中的生产处方、生产方法、质量标准等正确地复制。

批生产记录为该批药品生产全过程的完整记录。其中生产指令，内容有产品名称、剂型、规格、批号、计划产量、工艺及工艺要求、技术质量标准、生产日期；生产记录有物料领用记录、称量记录、各工序操作记录、设备清洗记录、清场记录、交接记录、问题分析处理结果记录和检验记录。表5-5(a)～表5-5(c)为片剂制造和进出中间（转）站的记录样张。

表 5-5(a)　压片制造记录（样张）

产品名称		规格		批号		领用颗粒	kg	领用者	
冲模规格	m/m	应压片重	g	片重	g	压片者		复核者	
崩解　min	压片日期	班次		第　间		工艺员签名		颗粒领用日期班次	
压片机号	时间／片重							每格时间	min
								每格重量	mg
								左轨	红色
								右轨	蓝色
								颗粒情况	
								压片情况	
								处理情况	

表 5-5(b)　片子进站记录（样张）

压片进站记录						包衣片进站记录						
日期	班次	压片者	桶数	总重	中间站签名	日期	班次	送片者	桶数	万片数	操作者	中间站签名
合计　桶　kg			堆放位置			合计　桶　万片			堆放位置			

表 5-5(c)　片子出站记录（样张）

中间站填写						领用人填写			
日期	班次	本批桶数	本批领用	剩余桶数	中间站签名	工作房间	本班领用	本批共用桶数	运片者签名

每份记录表都由操作者、复核者签全名。批生产中所有记录的批号、品名、规格、剂型等与生产指令一致，以便查找产品制备控制细节。批生产记录可以另张列表，由工艺员分段填写，也可将有关岗位原始记录、检验报告单汇总而成，对生产记录中不符合要求的填写必须由填写人更正并签字，标明更正日期。每批产品的记录及其他必需的文件，同抽取的该批产品样品一起送质量控制部门检查并做出评议。

销售记录，销售管理的核心是采取一切措施保证能追查每批产品的出厂情况，保证全部产品在必要时能及时收回。因此每批产品的去向（客户名称、地址）、检验报告单号、合同单号都必须记录清楚。销售部门要建立客户档案，以便查阅联系。

三、人流控制

把资源输入到"过程"中，通过人的劳动转化为产品和新的信息服务等输出，制剂产品质量控制以人为本。产品所达到的质量程度与生产全过程及质量监控人员的工作态度成正比。企业领导在重视引进高科技人才的同时，还必须坚持不懈地开展职工培训，这一点通过比较我国的 GMP 与美国的 cGMP 会发现，我国在软件和人员培训方面与发达国家有一定差距。我国的 GMP 规定：从事药品生产操作及质量检验人员应经专业技术培训，具有基础理论知识和实际操作技能；对从事药品生产的各级人员应按 GMP 的要求进行培训和考核。通过培训和政治学习，不仅能激发职工学知识、掌握技能的热情，还能规范其行为模式，增强质量意识。药品生产和检查方面的关键人员应当承担责任，监督产品配方、加工、取样、试验、包装等。保证生产操作符合GMP要求和制剂质量符合标准并具有一致性。直接管理人员必须指导并控制操作，在出现疑问或问题时，应随时到场答疑解难。操作人员必须遵照净化程序进出操作室，应严格执行SOP操作和上、下工序交接制度。

四、技术改造与生产过程质量控制

采用先进技术不断改造现有企业的产品、装备、技术和条件，不仅能扩大生产规模、节能增效，还能使生产规范化、标准化、现代化，从根本上保证产品质量。

GMP实施是医药工业的一场变革，GMP改造任务艰巨繁重，既要投入足够人力、物力和财力，使现期改造通过GMP认证，又要在认证以后在高成本运转下保证产品质量。GMP改造通常分硬件和软件两部分：厂房、设施、设备属硬件；制度、标准、记录、卫生和管理为软件。GMP认证管理办法规定企业在申请GMP认证之前，必须组织自查和验证。验证涉及企业生产的多个方面，通过GMP认证，一方面可以正确评估GMP改造的效果；另一方面也可加速制药工业标准化进程，规范药品的质量管理，对改进和保证药品质量具有现实的和长远的意义。

GMP改造是将制药工业引向规范化、标准化。随着科技的进步，特别是信息技术的迅速发展，技术改造的目标是为了企业实现现代化。例如，将企业资源规划（enterprise resource planning，ERP）工程引入药品质量控制中。

自动化，无人车间是工业现代化的标志之一。早期靠机械装置设计使某单元或某工序操作由设备运转完成就认为是自动化，例如自动计数（量）分装机、自动灌装机、自动制机等。但这些设备不知自己完成的工作质量和被加工对象是否合格。近30年来，在线检测监控成功地应用于生产实践，才使自动化真正走进制药工业，如高速压片机、自动灭菌柜、安瓿洗烘灌封生产线、自动包装机等。

灭菌器自动检测并显示灭菌压力、温度、时间可能是应用最早的在线监控设备。包装设备上的光电扫描装置通过对标签上的编码（标记）扫描，保证只有正确的标签才能贴上容器，而不正确的则被清除。压片机上的电子眼能对每个药片进行检查，能查出并剔除破碎的、有污点的、颜色不合格的药片。称量装置应用于高速压片机、全自动胶囊充填机的生产过程中，能对药片（胶囊）进行100%抽样检查，并按预定的重（装）量限度自动校对，将不合格的剔除。光阻扫描仪用于注射液生产线上可检测微粒和澄清度，并对不合格品进行清除。

计算机已广泛应用于在线检测。将检测仪器或探头测得的参数经传感器等装置转换成相对应的信号输入计算机，由计算机处理数据得出被测参数相对应的测量结果，通过发送装置显示打印输出，或形成相对应的决策（停机、警报或调整）。例如，近红外光谱仪，能提供物质的整体特征信息，与计算机系统和化学计量软件结合，可应用于检测固体制剂生产过程中干燥的水分、物料混合时的均匀度等。色谱分析与计算机联合，应用于注射剂在线检测：按设定的时间间隔定时进样，检测的结果数据（曲线下面积、滞留时间、药物浓度）由计算机自动输出。

计算机控制系统是事先将被控对象的状态设定值和数学模型输入计算机，然后计算机执行应用程序，定时、定点地采集被控对象的各项参数，并与设定值相比较，对偏差通过执行机构调整、控制，使偏差接近于0。例如，某企业计算机生产管理系统中的称量投料：仓库员将生产指令中配方原辅料的相关信息（物料代码、流水号、配方用量、接收日期及状态）输入系统，称量员根据生产信息系统提供的资料，对所称量物料的代码（流水号）扫描，系统将自动校对该物料的信息，其中任何一项不符合要求，系统将拒绝对该物料的使用。系统根据配方的实际含量自动计算其所需重量。称量时，随着物料的加入由系统执行机构监测控制称量及其偏差范围，确保称量无误并自动打出称量标签。在投料前，操作员用手提式扫描仪在现场对所称量物料进行全面扫描，然后，将扫描信息转入系统并比较确认，任何非本批，物料、漏扫或缺料都将及时给出提示。应用计算机控制系统能有效地防止人为投少料、投错料。

制造资源计划（manufacturing resource planningⅡ，MRPⅡ）计算机系统是目前应用比较普遍的企业生产经营管理系统。其主要功能有经营计划、物料采购、生产计划、生产流程、库存、销售、财务等，在企业各有关部门以多台微型计算机联成局部网络，实现对人、财、物、产、供、销等环节进行有效调控，有利于企业实施GMP和GSP，推进企业现代化管理。

第三节　抽样和检验

一、抽样方案

抽样，是指从总体中随机抽取适量的样本以判断总体的过程。通常对每批产品全数检查是不现实或没有必要的，因为产品批量大，检验时间长，生产数量多或检验费用高，加上有些方法还需要进行破坏性检验，因此，全数检查是不现实的，所以，经常要通过抽样来对产品的质量进行检查。一个有效的质量保证体系需要制订适宜的抽样方法以及抽取适当大小数目的样本，根据样本检验结果来判断对总体的接受与拒收。为了得到对总体有代表性的值，避免错判的发生，良好的抽样设计是必要的。

按样本的质量特性，抽样检查方法可分为计数抽样与计量抽样。计数抽样的数据是不能用测量仪器检测的，数据库是不连续的整数，如不合格品数、废品数、疵点数等；计量抽样数据是用测量仪器检测的质量特性值，如含量、长度、硬度等，这些数据是连续的。有时，也可混合使用计数与计量两种抽样检查方法，例如，某制剂的含量、黏度等数据是计量数据，而重量差异、装量差异等数据是计数数据，在抽样检查时既可选择计量抽样也可实施计数抽样。以下介绍计数抽样方案。

按抽样检查次数可分一次、二次和多次抽样方法。

一次抽样：从批中只抽取一次样本，判断批是否合格。

二次抽样：先抽取一次样本检验，如不合格，再抽取第二次样本，根据第一和第二次样本检查的结果，判断是否合格。

多次抽样：原理与二次抽样一样，每次抽样的样本大小相同，即 $n_1=n_2=n_3=\cdots=n_n$。

（一）计数抽样方案图

一次（单次）抽样方案（single sampling inspection），是对总体为 N 的制剂产品随机抽取 n 件产品作为样本进行检验，合格判定数为 c 的抽样方案，记作（n/c），即 n 中的不合格品数 d 和预先规定的允许不合格品数 c 对比，判断该批产品是否合格，实施方案见图5-7。

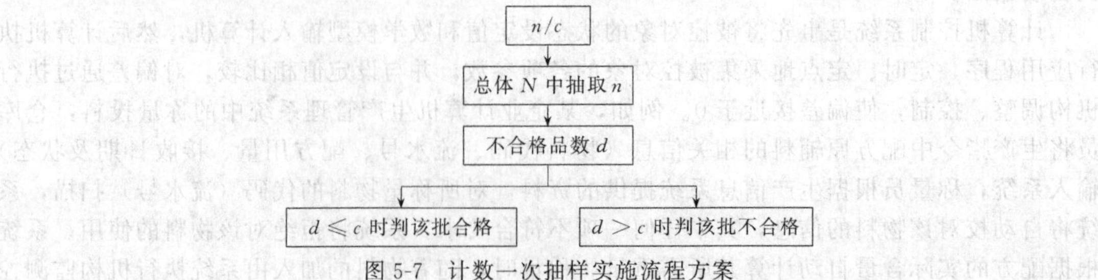

图5-7　计数一次抽样实施流程方案

二次（双次）抽样方案（double sampling inspection）是对总体为 N 的制剂产品，随机抽取两个样本 n_1 和 n_2，设定两个合格判定数 c_1 和 c_2，两次样本中的不合格品数分别为 d_1 和 d_2，实施流程方案见图 5-8。

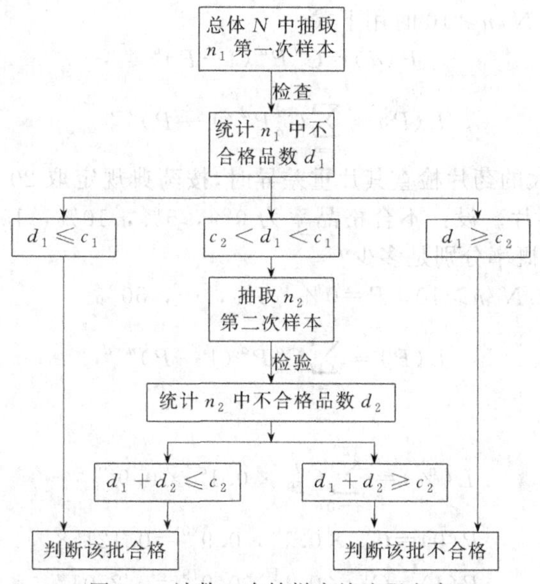

图 5-8　计数二次抽样实施流程方案

多次抽样方案（multiple sampling inspection）程序与二次抽样方案相似。

（二）计数抽样检查

（1）不合格品出现概率　设 N 为总体数，n 为样本数，总体不合格品率为 P，总体不合格数为 D，随机抽样，样本中不合格品个数 d 的出现概率用 $P(d)$ 表示。则：

$$P(d)=\frac{C_D^d C_{N-D}^{n-d}}{C_N^n}$$

例 5-1　批量为 $N=10$ 的产品，其中不合格品 $D=3$，现从中抽取 $n=2$ 个样本进行检查，求出现 1 个不合格的概率是多少？

解　出现 1 个不合格品的概率：

$$P(d)=\frac{C_3^1 C_{10-3}^{2-1}}{C_{10}^2}=\frac{C_3^1 C_7^1}{C_{10}^2}=\frac{\frac{3!}{1!\times 2!}\times\frac{7!}{1!\times 6!}}{\frac{10!}{2!\times 8!}}=\frac{3\times 7}{45}=0.466$$

不出现不合格的概率：

$$P(0)=\frac{C_3^0 C_{10-3}^{2-0}}{C_{10}^2}=\frac{\frac{3!}{0!\times 3!}\times\frac{7!}{2!\times 5!}}{\frac{10!}{2!\times 8!}}=\frac{21}{45}=0.466$$

出现 2 个不合格品的概率：

$$1-(0.466+0.466)=0.068$$

（2）批合格概率　设批量为 N，不合格品率为 P，抽样方案 (n/c)，则样本中出现不合格品数 $d\leqslant(c+1)$ 为批不合格。批合格概率 $L(P)$ 的计算：

$$L(P)=\sum_{d=0}^{c}\frac{C_D^d C_{N-D}^{n-d}}{C_N^n}=P(d=0)+P(d=1)+\cdots+P(d=c)$$

如上例，(n/c) 是 (2/1)，则批合格率 $L(P)$：

$$L(P)=P_0+P_1=0.466+0.466=0.932$$

批量较大时通常用二项分布做近似计算，超几何分布在数值较大时计算阶乘相当复杂，所以用二项分布，如果批量 $N/n\geqslant10$ 时用下式：

$$P(d)=C_n^d P^d(1-P)^{n-d}$$

$$L(P)=\sum_{d=0}^{c}C_n^d P^d(1-P)^{n-d}$$

例 5-2 对批量较大的药片检查其片重差异时，按药典规定取 20 片，依次检查超出规定限度的药片不得超过 2 片。设：不合格品率为 0%，5%，10%，15%，20%，25%，50% 时，该批药片被接收的概率分别是多少？

解 $n=20$，$c=2$，$N/n>10$，$P=0\%$，5%，…，50%

$$L(P)=\sum_{d=0}^{2}C_n^d P^d(1-P)^{n-d}$$

以 $P=10\%$ 为例

$$L(\%)=\sum_{d=0}^{2}C_{20}^d\times0.1^d\times0.9^{20-d}$$

$$P(0)=C_{20}^0\times0.1^0\times0.9^{20}=0.12158$$

$$P(1)=C_{20}^1\times0.1^1\times0.9^{19}=0.27017$$

$$P(2)=C_{20}^2\times0.1^2\times0.9^{18}=0.28518$$

$$L(P)=L(10\%)=0.12158+0.27017+0.28518=67.70\%$$

按此法计算：

$$L(0)=100\%$$

$$L(5\%)=92.46\%$$

$$L(10\%)=67.70\%$$

$$L(15\%)=40.49\%$$

$$L(20\%)=20.60\%$$

$$L(50\%)=0.02\%$$

（三）抽样检查特性曲线

对既定的抽样方案，交验批的质量水平与接收概率间的函数关系的曲线称抽样特性曲线(operating characteristic curve)，简称 OC 曲线。OC 曲线是说明抽样方案合理性的函数曲线。理想的抽样方案是不存在的，即合格判定标准定为 P_0 时，当交验批的不合格品率 $P\leqslant P_0$ 时，应当以100%概率接收；当 $P>P_0$时，以 100%概率拒收。这种理想抽检方案的 OC 曲线见图 5-9。

实际的抽检方案只能是以高概率接收合格批，或以高概率拒收不合格批，见图 5-10。

抽样方案将合格批错判为不合格批的风险概率为 α（又称生产厂风险，producer' srisk)；将不合格批错判为合格批被接受的概率为 β（又称用户风险 consumer' s risk)。抽样方案的 OC 曲线中包含了四个重要参数：α，β，合格质量水平 (acceptable quality level，AQL)，批最大允许不合格率 (lot tolerance percent defective，LTPD)。从图 5-10 中可以看出：α 与 AQL 相关，β 与 LTPD 相关。AQL 代表供方在正常生产下的平均不合格率，代表了供方的平均质量水平。当 $P_1<$AQL 时，该交验批产品为合格品，以高概率接收，$L(P_1)>1-\alpha$。LTPD 代表需求方能够接受的批不合格率的极限。当 $P_1>$LTPD 时，该交验批产品为劣质品，应以低概率接收 $L(P_1)<\beta$。AQL 与 LTPD 是两个分别代表供方与需求方双方利益的重要参数。

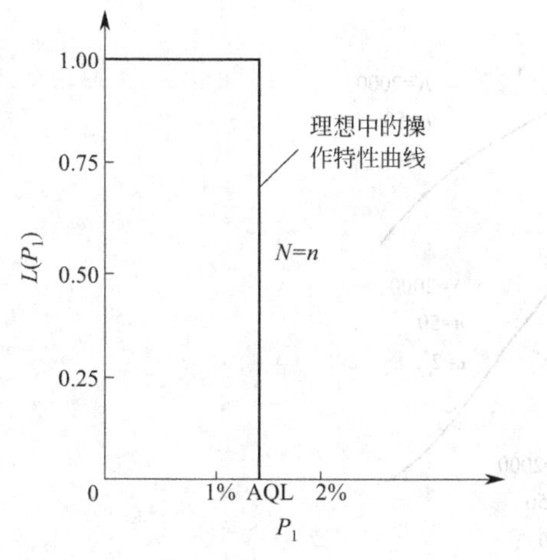

图 5-9　理想操作抽样特性曲线

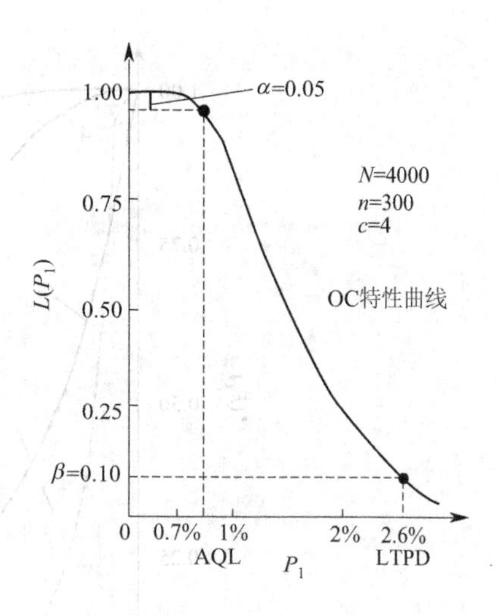

图 5-10　实际操作特性曲线

（四）抽样方案与 OC 曲线的关系

（1）n、c 一定，N 变化时对 OC 曲线的影响　如图 5-11 所示，$n=20$，$c=0$，N 分别为 1000、500、100 的 3 条曲线 A、B、C 变化不大，说明当批量 N 为样品量 n 的几倍时，随批量变大，其接收概率结果没有什么显著差别，即 N 变化时对 OC 曲线影响很小。

（2）N、c 一定，n 变化时对 OC 曲线的影响　如图 5-12 所示，$N=5000$、$c=1$，n 越大曲线越向左下方移动，倾斜度加大，方案更严，即供方风险增大，需求方风险减少；而 n 越小，曲线越向右上方移动，倾斜度变小，方案变宽，供方风险变小。

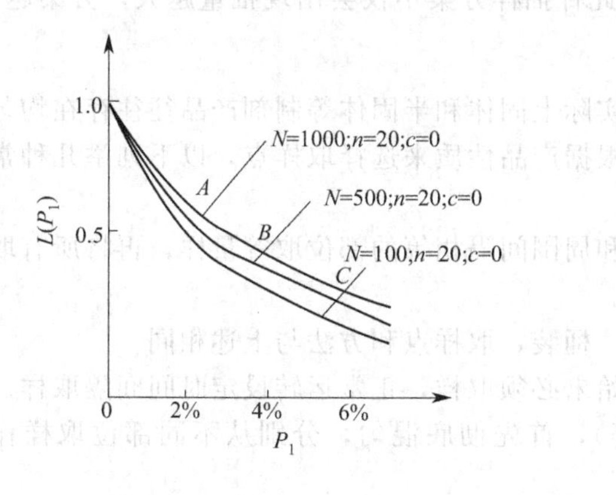

图 5-11　n、c 不变，N 不同时的 OC 曲线

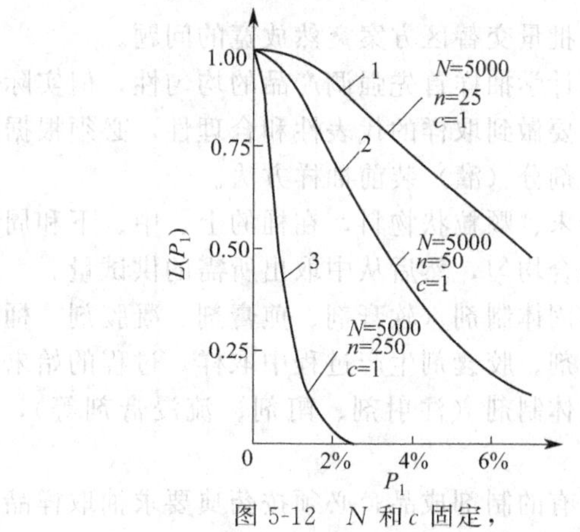

图 5-12　N 和 c 固定，n 对 OC 曲线的影响示意图

（3）N、n 一定，c 变化时对 OC 曲线的影响　如图 5-13 所示，$N=2000$、$n=50$，c 越小，OC 曲线越向左下方移动，倾斜度加大，方案变严；反之，方案变宽。

调整抽样方案是调整 n、c，当产品批质量较好时，以高概率判为合格批而接收；当产品批质量降低时，迅速降低接收概率；当产品批质量低到一定界限时，则以高概率拒收。

在实际工作中，常以百分比抽样，即样本大小 n 随批量 N 而变化。按上述讨论的 OC 线，N 的大小对 OC 曲线影响很小。当批量 N 增大，如果按百分比抽样 n 随之增大，由图 5-12 可知，n 越大，供方风险就越大。

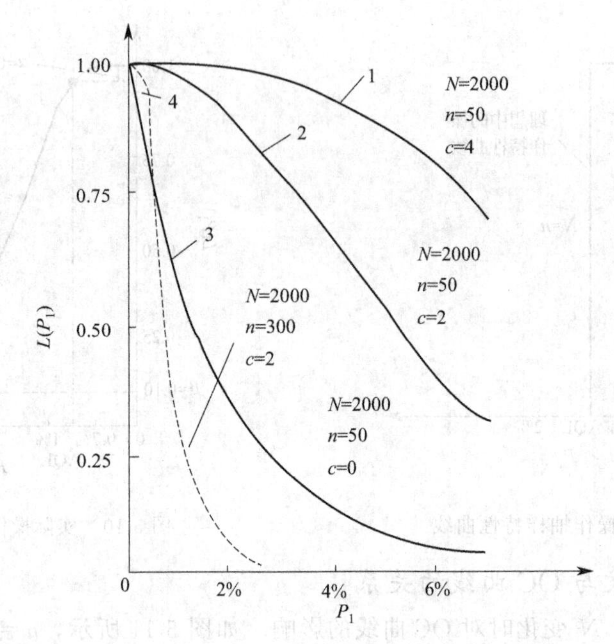

图 5-13 N 和 n 固定，c 对 OC 曲线的影响示意图

（五）其他抽样方案

我国 GMP 实施指南中规定的原辅料抽检方案为：当 $N<3$ 时，$n=N$；当 $N<300$ 时，$n=\sqrt{N}+1$；当 $N>300$ 时，$n=\frac{\sqrt{N}}{2}+1$。此种抽样方案不仅会出现批量越大，方案越严，还存在批量交替区方案突然放宽的问题。

统计学抽样首先强调产品的均匀性，但实际上固体和半固体等制剂产品往往存在均匀性问题，要做到取样的代表性和合理性，必须根据产品性质来选择取样点，以下列举几种常规剂型制剂分（灌）装前抽样方法。

粉末、颗粒状物料，在桶的上、中、下和周围间隔相等的部位取等量样，再将所有取样彻底混合均匀，然后从中取出所需的供试量。

半固体制剂（软膏剂、煎膏剂、凝胶剂）桶装，取样点和方法与上述相同。

片剂、胶囊剂生产过程中取样，过程的始末必须取样，正常运转设定时间间隔取样。

液体制剂（注射剂、酊剂、流浸膏剂等），首先彻底混匀，分别从不同部位取样作供试品。

所有的制剂成品，必须按药典要求抽取样品。

要控制制剂的质量，必须对原料、辅料、包装材料、半成品和成品进行抽样检验。供方可以是供应商和生产过程中的上道工序，用户可以是本企业生产过程中的下道工序如制剂产品发放单位。要使生产全过程处于监控状态，设计一套科学的抽样方案是必要的，为了保证产品符合国家标准，生产企业需要制订内控标准，抽样方案可以采用加严方案。生产正常的情况下，半成品检查，可以采用放宽方案，发现问题时再转到加严方案。

二、留样

GMP 实施指南规定，中心检验室应设有留样观察室，建立产品留样观察制度。明确规定留样产品、批数、数量、复查项目、复查期、留样时间等，并指定专人进行留样考察，填写留样观察记录。每批原料、辅料、代表性产品，经正式抽样都应予以留样，留样量至少为所有检验项目需要量的两倍。留样存贮条件应与产品标签中说明的药品存放条件相符，样品应贮存于与销售药品相同的包装容器中。留样时间应为药品的有效期到期后再保存1年。所留样品至少要每年由专人月检一次查看有否变质。若留样有任何变质的迹象应进行调查研究，调查结果应予记录并与药品的其他稳定性数据资料一起保存，调查发现变质原因后要及时研究并做出应对措施。

留样是生产企业内部考察产品质量稳定性的背景材料，产品在市场流通过程中，如果有不良质量的报告或投诉，只要把留样这份证据留好，对销售记录和批生产记录进行审查，就有可能找出不属于企业的质量问题，如：①残酷运输、激烈碰撞造成包装受损不能起到良好隔离保护药品作用，甚至片剂破碎、安瓿破裂、乳剂分层等；②贮运过程温度过高致使栓剂、半固体制剂及其他低熔点制剂分层和不耐热有效成分降解；③假药掺入。以留样为对照，首先比较包装，尤其是标签，再观察比较制剂性状，最后分析比较制剂组成成分。如果留样在有效期内质量不稳定，并且与市场质量报告一致，就必须从内部找原因。

三、常用制剂分析技术

（一）物理评价

通过观察和测量评价供试品是否符合药典附录制剂通则规定的有关要求。检查的内容包括：外观、相对密度、黏度、粒度、澄明度、不溶性微粒、硬度、脆碎度、重量差异、装量差异、最低装量、崩解时限、熔变时限、每瓶总揿（喷）次等。

（二）化学分析

化学分析，一方面利用化学反应结果（颜色变化、沉淀等）对供试品中的组分进行鉴别；另一方面对被测组分进行化学定量，其化学反应通式为：

$$m\mathrm{C}+n\mathrm{R}\longrightarrow \mathrm{C}_m\mathrm{R}_n$$

$$x\qquad\quad v\qquad\quad w$$

式中，C为被测组分，组分的量计为 x；R为试剂，试剂的量计为 v；$\mathrm{C}_m\mathrm{R}_n$ 为生成物，生成物的量计为 w。

依据上式，用称量方法求得生成物的重量 w 来计量被测组分的方法称为重量分析，制剂分析中常用沉淀法和炽灼残渣等。从与组分反应的试剂R的浓度和体积求得组分C的含量的方法称为容量分析，例如碱酸滴定、络合滴定、电位滴定等。化学分析主要用于测定含量、含量均匀度及溶出度。化学方法因为需要的样品量较大，耗费时间较长，自动化程度比较低或多用手工操作，故现在已越来越多地被仪器分析所取代。

（三）仪器分析

仪器分析为利用精密仪器，根据被测物质某种物理化学性质和组分之间的关系，进行鉴定或测定的分析方法，仪器分析灵敏、快速、准确，因此发展很快。药物制剂检验目前主要用光谱法和色谱法。

光谱法是通过测定被测物质在特定波长或一定波长范围内的光吸收度，对该物质进行定性定量分析的方法。光谱定量是基于Beer-Lamber定律（$A=EcL$）：单色光穿过被测物质溶液时，被测物质的吸收量（A）与该物质的浓度（c）、溶液层的厚度（L）成正比，吸收系数为 E。光谱法按物质对光的选择性吸收波长范围分：200～400nm为紫外分光光度法；400～760nm为比色法；2.5～25μm为红外分光光度法。药典还载有火焰光度法、荧光分析法。

色谱法根据分离方法分为：纸色谱法、薄层色谱法、柱色谱法、气相色谱法、高效液相色谱法等。所用溶剂应与供试品不起化学反应，纯度要求较高。分析时的温度，除气相色谱法或另有规定外，系指在室温操作。分离后各成分的检出，应采用各品种项下所规定的方法。采用纸色谱法、薄层色谱法或柱色谱法分离有色物质时，可根据其色带进行区分；分离无色但在紫外线下有荧光的物质时，可在短波（254nm）或长波（365nm）紫外光灯下检视，其中纸色谱或薄层色谱也可喷以显色剂使之显色，或在薄层色谱中用加有荧光物质的薄层硅胶，采用荧光猝灭法检视。柱色谱法、气相色谱法和高效液相色谱法可用于色谱柱出口处的各种检测器检测。柱色谱法还可分步收集流出液后用适宜方法测定。

为了确保仪器测量的精密度和准确度，所有仪器应按照国家计量检定规程定期校正。

仪器分析通常是在化学分析的基础上进行的，如试剂的溶解，对照品溶液的配制，制剂中干扰物质的分离，比色法中的显色，溶剂系统的选择等。在分析复方制剂时，往往不是用一种而是结合应用几种方法，取长补短，互相配合。

仪器分析还有热分析法、放射分析法、核磁共振光谱法、质谱法以及仪器联用技术。联用技术如气相色谱-质谱（GC-MS）、高效液相色谱-质谱（HPLC-MS）、高效液相色谱-质谱-质谱（HPLC-MS-MS）等，仪器联用技术的分离效果更好，辨别率更高，提供的参数更客观。

（四）生物学方法

当药物不可能或难以用上述方法测定时，可采用生物学方法，即利用健康动物、动物制品、离体组织或微生物对药物进行定性定量检测。法定的定性定量生物学试验有：抗生素抑菌试验，药物小鼠异常毒性试验，静脉注射剂兔热原检查，药品与垂体后叶标准品比较的大鼠升压试验，药品与组胺对照品的猫（狗）降压试验，灭菌制剂灭菌检查，非灭菌制剂微生物限量检查，肝素抗凝血试验，洋地黄和有关强心苷对鸽子的最小致死量测定，黄体生成素对幼大鼠精囊增重试验等。生物学试验耗时长，费用高且不方便，其精密度不及化学分析法和仪器分析法。生物学的试验结果值若在±20%之内为较好，在±10%之内则为优。

四、制剂的检验

检验（inspection）根据 ISO 8402 的定义是：“对实体的一个或多个特性进行诸如测量、检查、试验或度量，并将结果与规定要求进行比较以确定每项特性合格情况进行的活动。”药物制剂的检验是执行药典或部颁标准、注册标准以及某些行业或企业内控标准。

检验包括四个基本要素：度量、比较、判断和处理。度量就是采用有效的检查方法，测定样本的质量特性；比较就是将结果同质量标准比较；判断就是根据比较的结果，对产品做出是否合格的判断；处理就是对受检产品根据判断的结果，采取进一步的管理行动。

检验必备条件：有足够的合格检验人员，有检测手段，有可依据的标准，有一套管理制度。

（一）制剂分析评价指标

（1）精密度　是指用该法每次测得的结果与它们的平均值接近的程度，系用标准差（SD）或相对标准差（RSD）来衡量。SD 或 RSD 小，表明该法测量有良好的重现性。

（2）准确度　是指利用该法测得的测量值与真值接近的程度，表示该法测量的正确性，常用回收试验来衡量。加样回收率高，说明该法有较高的准确度。

（3）线性与范围　线性是指在分析过程中，供试物浓度的变化与试验结果呈线性关系。通常用最小二乘法处理数据求得的回归曲线的斜率来表示，斜率越近于 1.00，表明越呈线性。线性范围是指利用该法测得的精密度、准确度均符合要求的试验结果，呈线性的供试物浓度的变化范围即其最大量与最小量之间的间隔。

（4）专属性　是指样品介质中有干扰物质（辅料或其他组分）共存时该法对供试物准确选择的测定能力，通常用来表示含有干扰物质的制剂样品与原料药样品所得分析结果的偏离程度（即干扰程度），并以此评价测试结果的符合程度。

（二）检验操作规程（SOP）的内容

标题：名称、范围和采用方法。

定义：名词、术语的定义。

原理：操作方法的基本原理和化学反应式。

试剂：使用的试剂。

仪器：装置和设备，包括校正方法及使用注意事项等。

抽样：抽样方案和操作规程。

操作：包括供试品预处理，操作方法及注意事项。

计算和记录：写明计算方法或公式，对误差限度的要求及结果保留位数等，并对记录提出相应的格式和要求。

结果判定：应写明结果、判定依据和结果判定。

五、质量问题及处理

产品检验后，由质管部负责人签署核发检验报告单（见表5-6）。检验结果判定合格即可发售。如果检验不合格，一般会针对不合格指标，重新抽样复查，排除检测过程中因失误造成的错判，这是企业首先想到的也是企业所希望的。如果复查仍然不合格，则将产品进行标记后转入不合格品存放区，等待处理。

表5-6　某制药厂检验报告单（样张）

请检日期：　　　　　　　　　　　　　　　　　　　　　　报告日期：

检品名称		请检部门	
批号		生产单位	
数量		抽检数量	
规格		请检编号	
包装		检验编号	
检验依据			

检验项目	标准规定	检验数据	项目结论
结论(判定)			

质量部经理：　　　　　　　　　　复核人：　　　　　　　　　　检验人：

（一）返工或销毁

返工包括重新加工、重新包装、重新贴签等。引起返工的原因不同，情况各异，处理相当复杂。返工是每个企业均会遇到的问题，要注意以下几个方面。

① 明确返工的界线。企业根据产品质量的要求及生产的经验，确定返工的界线，即什么情况下产品（包括半成品）可以返工，什么情况下必须销毁。例如，产品受到污染，包括物理的、化学的、卫生学的污染，不宜返工，只能销毁。但在正常情况下出现的一些不合格品，如装量不合格、含量不均匀、标签有脱落等情况，只要返工的方法不会影响产品的质量就允许返工。

② 制订返工的审批程序及技术文件。返工不同于正常的生产，因此必须经过审批，并制订有关的技术文件，如返工方案、返工记录等。

③ 返工品的“批”必须与正常产品的批严格分开，返工产品的操作必须作为单独的一

个批。若对一批产品中的一部分进行返工，则此部分必须作为一个单独的小批，与原批号分开。

④ 返工方法的设计要注意产品的特性。例如，热稳定性差，对受热易变质的产品应避免重复加热；易氧化变质的产品要避免在空气中暴露时间过长，应采取措施隔离空气，如密闭或通氮气等；对含挥发性成分的产品尽量缩短返工过程的时间，必要时补足挥发的量。

⑤ 返工产品的检验。因不同于正常产品，所以检验方案需适应返工的新情况，要有针对性地设计新的检验方案，如抽样方案、检验方法等。

(二) 追查事故原因

制剂的生产包括一系列上下承接的操作工序，而每一操作工序都可能对成品的质量产生影响。从接收原材料开始，经过制备和包装的各个不同阶段，直至最后验收产品，在任何时间内，都有可能发生差错。追查事故原因一般是组织有关人员，从批生产原始记录入手，结合生产现场调查，采用统计学方法如因果图（见图 5-14）分析问题，找出主要原因，必要时做进一步核查。例如，片剂含量偏低的问题（见图 5-14），可按记录对生产工艺以及与产品质量相关的其他几个环节进行检查，找到问题的原因并制订整改措施。

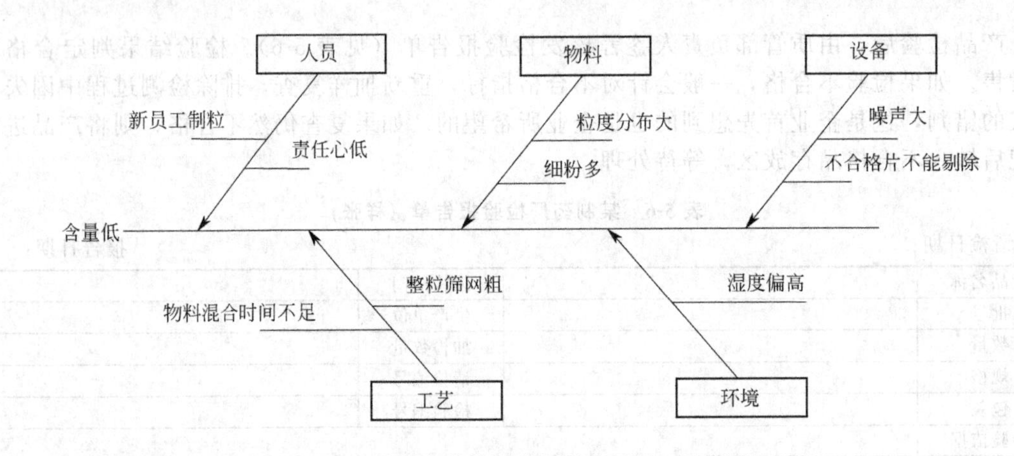

图 5-14 片剂含量偏低的原因分析图（因果图）

(三) 处理和改进

查清了事故的原因，即可做出针对性处理。为了改进和提高产品质量，企业应当在各个岗位（包括管理部门）经常性地开展 QC 小组活动，按照 PDCA 循环的规则对产品质量进行改进提高。

1. PDCA 循环

这是美国质量控制专家戴明倡导的，又叫戴明循环。PDCA 是英文 Plan（计划）、Do（执行）、Check（检查）和 Action（处理）四个词的缩写。PDCA 循环突出每一件事情都应分为四个阶段去做，在这种循环过程中得到改进和提高。此循环中的四个阶段的顺序是一定的、相连的，似爬楼梯，见图 5-15。

其中，P 阶段，充分应用统计学方法，分析现状找出存在的质量问题，再分析影响质量的因素并找出其中的主要原因，然后针对主要影响因素制订改进计划，主要内容包括 5W1H（见表 5-7）。D 阶段为按计划组织实施阶段。C 阶段检查实施效果，是否达到预期目标，常借助直方图、控制图进行统计分析。A 阶段，总结处理结果和经验，将改进的方法重新编制形成新的标准程序，批准执行；同时，将尚未解决的问题转入下一个 PDCA 循环，

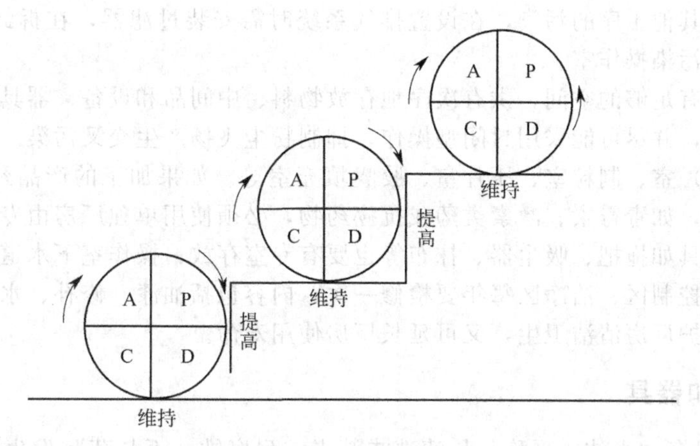

图 5-15　PDCA 循环示意图

以追求最终能 100％满足顾客需求的目标。

表 5-7　5W1H 的说明

5W1H	说明	5W1H	说明
What	要做的是什么，可否取消此任务	When	什么时间做此项任务最合适
Why	为什么这个任务必须做	Who	什么人做此项工作，可否由他人代替
Where	在什么地方做	How	如何做此项工作，用何种方法去做

2. 防故障设计

这是日本学者森口凡一先生的质量控制思想：运用源头检查和防故障程序，使产品达到零缺陷的目的。源头检查是指每个工序的每个操作人员都视下道工序为顾客，为确保给下位顾客提供完美产品，而在每道工序开始之前开展检查（或自查），把缺陷杜绝在下道工序开始之前。我国 GMP 实施过程中，提倡“四查”，即厂部中心检查、车间检查、工序间互相检查和自查，建立一个防故障的实施运行体系。

第四节　工艺卫生控制

在因药品质量问题导致的用户索赔事件中，大部分是由感官判断出异物混入药品问题；药检部门的不合格报告单中，有部分是微生物污染问题；临床副反应有的是交叉污染问题；这些都与制剂生产中的工艺卫生问题有关。为了防止污染，制药企业必须从涉及造成污染的各个方面抓卫生管理，包括厂房和环境，设备和器具，人员和操作，原料、辅料和包装材料以及操作规程和卫生文明生产。

一、厂房和环境

防止污染源侵入和使产生的污染源迅速排出体系外而不污染生产环境，空气净化系统能有效地解决空气中微粒和微生物的污染。一方面利用空气高效过滤器的高效除尘除菌作用，把 0.3μm 以上微粒除去 99.97％以上，使进入生产区的空气净化，同时驱除或带走生产过程中产生的微粒。另一方面，利用送、回风量的调节，保持室内外压差。操作间的正压可以切断外界微粒渗入，而负压状态可以防止工艺粉尘扩散。利用风淋室、气闸室或风帘可以有效地防止污染空气经过通道进入操作室。在使用空气净化系统时，要防止未经净化处理的空气参与再循环，或排气不注意而使受污染的空气再次侵入引起大范围污染的危险性。为了避免对其他产品或其他工序的污染，在设置排气系统时需安装过滤器，在拆卸更换过滤器时，应防止产生粉尘污染操作室。

建筑物内应有足够的空间，供有次序地存放物料、中间品和设备、器具。操作易起尘的工序必须有隔间，并尽可能采用封闭型操作，抑制粉尘飞扬产生交叉污染。如称量室、粉碎室、混合（配料）室、制粒室、压片室、胶囊填充室等。如果加工的产品药效强，毒性大，易引起过敏反应，如青霉素、激素类药或抗癌药物，必须使用单独厂房由专门生产线进行加工生产；清洁工具如拖把、吸尘器、抹布等也要有专室存放；操作室下水道要畅通。

厂房尤其是控制区、洁净区每年要检修一次，内容包括油漆、修补、水电气和空调系统检修等，既能保护厂房清洁卫生，又可延长厂房使用寿命。

二、设备和器具

GMP 要求设备“光洁、平稳、易清洗或消毒、耐腐蚀，不与药品发生化学变化或吸附药品”，并按工艺流程顺序布置，防止差错和减少污染。

第二章叙述的各单元操作称量、混合、制粒、干燥、整粒、压片、包衣、填充胶囊和粒分装等易产生粉尘的工序，为了防止在干燥状态下使用粉体时粉尘扩散，一般采用封闭操作系统和机械集尘控制，即在这些单元操作的设备上装备集尘器，可以最大限度降低粉尘的扩散。

机械设备和周围器具没有彻底清洗是造成交叉污染的普遍原因。对有粉尘作业的场地和设备，当批生产结束后，清理出无关的物料和记录表（卡），以吸尘器吸去表面的粉尘，如果可能的话可以用水对器具进行冲洗或用湿布进行擦洗。为了避免粉尘飞扬造成污染扩散，一般不选择用扫帚来清扫，以免扬尘。最后对场地设备进行冲洗和拆洗。设备的清洗应制订详细的操作规程。例如压片机的清洗，往往把压片机分为可拆卸和不可拆卸两部分，根据药物在水中的溶解特性来选择清洗方法（见表 5-8）。

表 5-8　压片机的清洗方法

清洗部位	水中易溶性药物	水中难溶性药物
不可拆卸部分 机台 上冲盘 下冲盘 压轮 转盘 齿轮 机械主体部分等	①用真空吸尘器吸收粉末、颗粒 ②用温热水浸湿的长纤维布巾擦拭 ③如果需要，与药物直接接触的部位，用醇类浸湿的长纤维布巾擦拭 ④机器组装好之后，与药物直接接触的部位，用长纤维布巾或刷子等做最后清理	①用真空吸尘器吸收粉末、颗粒 ②用温热水浸湿的长纤维布巾擦拭，清洗困难的药物或部位可使用适当的洗净机剂 ③如果需要，与药物直接接触的部位，用醇类浸湿的长纤维布巾擦拭 ④机器组装好之后，与药物直接接触的部位，用长纤维布巾或刷子等做最后清理
可拆卸部分 饲料斗 容器 进料室 上冲盖 下冲盖 集尘通风 管道 上冲 下冲 模圈等	①在有溢水孔的小槽中用长纤维布巾全面仔细擦洗，也可边放水边用尼龙刷或长纤维布巾擦洗 ②难以洗净的药物再用适当的洗净剂或适当的方法清洗干净 ③用常水进行清洗 ④用水清洗净后用适当的方法干燥，或用长纤维吸水布巾擦拭后再用蘸有醇类的长纤维布巾进行全面的最后清理	①用 40℃以上的温水，在有溢水孔的小槽中用长纤维布巾全面仔细擦洗，也可边放水边用尼龙刷或长纤维布巾擦洗 ②用温水难以洗净的药物可再用适当的洗净剂或适当的方法清洗干净 ③ 用常水进行清洗

在制剂生产车间还常附设设备清洗室。对不可拆卸的设备，如液体制剂的灌封设备大多

采用在线清洗。设备清洗方法必须通过验证确认（见第七章）。

设备清洗是固定岗位的工作，而周转容器的清洗，因其为公共用具而往往疏忽而流于失控，例如贮料桶的清洗、状态标牌的贴卸、存放场所等问题。鉴于此问题，必须设专人或兼职人员负责，并设有固定存放场所。

三、人员和操作

健康人每日排泄的微生物数目约 10^{14} 个，一根毛发中可检出千万个细菌和微粒，据统计每人每天掉落毛发 20～30 根；工作服、口罩、袜子和擦手巾等使用一日后，细菌数目可增加到使用前的 10^3～10^4 倍。可以说，除非无人车间，操作人员是制剂生产中最大的微生物污染源，所以对操作人员及操作人员穿戴的工作服、口罩、帽子、手套等的选材、式样、穿戴方法、清洗等要有严格的管理，并做好有关的记录。

① 需有良好的健康状况，每年至少体检 1 次。

② 人员进入操作室必须按程序净化（见第六章有关章节）。更衣室内设洗手池，为了避免污染应采用感应式水龙头、感应式给皂器和烘手器。

③ 操作人员的手不得直接接触原料、中间品和产品。

④ 生产区及相关区域严禁吃喝和抽烟以及存放这些物品。

⑤ 严格限制非操作人员进入车间。

⑥ 对操作人员进行卫生教育，是最重要最有效的办法。必要时做培养基接触试验，通过肉眼观察菌落生长的情况进行现场直观教育。使操作人员养成良好的卫生和健康习惯，勤剪指甲，勤洗手消毒，勤换洗工作服、帽、口罩、鞋，勤清理，以保持现场和设备清洁，不仅能有效防止微生物污染，还能从根本上减少交叉污染。

在操作过程中，对有可能造成污染和微生物易增殖的环节，除加强避免污染措施外，还要尽可能缩短工序。例如，注射液生产从配液到灭菌过程，片剂生产中湿法制粒工序以及所有制剂生产中有药物暴露的环节。灭菌制剂生产中，灭菌是防止微生物污染的关键工序，必须验证其灭菌效果（见第七章）。

四、原料、辅料和包装材料

原辅料中污染微生物数目每克从几个到 10^6 个不等，用于灭菌制剂生产，首先按灭菌制剂要求验收物料，配料生产通过灭菌操作排除微生物污染；用于非无菌制剂，对污染比较严重的原辅料，可先采用湿热灭菌或环氧乙烷灭菌，将微生物控制在最低限度。

原辅料特别是辅料中混入的异物种类多种多样，有人抽样调查发现可以鉴别的有纤维布、涂料片、铁锈、木屑、昆虫、毛发等，约 55%，不易鉴别的黑异物占 32%，其他占 13%。过滤检查时发现不溶性异物的概率相当大，有的聚合物有单体和溶剂残留。发现原辅料中有异物的处理办法或是退货或换货，并向供货商提出改进方法和明确规格要求；或是在制药厂内部处理，将被污染的原辅料通过过筛、选检或精制后使用。

工艺用水分饮用水、纯水和注射用水，生产企业一般都按有关规定选择、制备和使用水。不论用什么水，都应注意供水道内的滞留水是微生物污染繁殖的场所，过 12h 开工时从管道内放出的滞留水细菌可增殖 10^3 倍，因此必须在打开龙头待稍流放一段时间后才可使用流出的水。

包装材料如塑料薄膜（袋）、铝箔、塑料（合）瓶等，这些材料在高温下成型，在控制生产环境条件下刚生产时不会受到污染，但在包扎保管运输过程中往往被微生物和异物污染，异物的种类有油污、尘埃、毛发和昆虫等。由于这些包装材料不经清洗、灭菌工序，混进的异物、污染的微生物往往直接进入产品中。解决办法唯有责成材料厂在包装材料成型之后采用能防止污染的包装形式包装、运输材料到药厂。

任何原辅料和直接接触药品的包装材料，都要脱去外包装才能进入生产区，以保证生产区域内的清洁状态。

五、卫生制度和文明生产

卫生制度是加强卫生管理和指导文明生产的文件。企业根据生产区域环境、操作人员、物料种类、工作服等卫生要求建立清洁卫生制度：洁净区卫生管理制度、操作人员卫生管理制度、清洁卫生操作规程、卫生检查制度等对个人、环境、设备、器具和物料的清洁工作范围、清洁方法程序、清洁剂、消毒剂（方法）、清洁工作频次、检查程序等，以书面形式做出了明确规定，以规范生产、质量管理和生产人员的行为准则，是指导文明生产的依据。文明生产涉及企业的各个方面，以下简单介绍与工艺卫生有关的几个方面。

（1）把清洁视为操作的一部分　在开始生产前检查现场的清洁状态，换批或换品种时查看清场和设备清洗记录。在生产过程中或等待生产完毕时，及时清理清洁现场。每班结束后，做好清洁工作，交接班时交接清洁记录。

（2）妥善处理垃圾 生产过程中的垃圾有药品残屑、包装物料、机台油污等，应该随时清理。不能乱丢造成满地垃圾，要放入准备好的垃圾桶（袋）中。对有毒有害的垃圾要做销毁处理（焚烧或深埋）并备有记录。标签和贴有标签的容器等，必须将标签等标示材料撕碎后做垃圾处理。

（3）规范举止行为 操作人员的不良习惯如粗暴操作、贪简求快，以及其他不文明举止，都是造成生产差错和污染的因素，应采取措施予以杜绝。岗位操作都应严格按 SOP 的要求进行。

（4）营造良好的秩序 良好的生产秩序是一种高质量、高效率的表现，除了要求操作人员有良好的行为举止外，还包括将生产场所的设备、工具、容器、桌椅等定点定量存放，加强生产区的定置管理；各种文件、记录有条不紊，使其有规律性安排，让操作人员在一种条理清晰、心情舒畅的环境中工作。

第五节　流通跟踪和信息反馈处理

产品质量的流通跟踪和信息反馈也是保证药品质量和安全使用的重要环节。产品的正确标记是通过使用标示物（通常为标签）来保证的。标记除药品名称、企业名称外，还有商标、条形码防伪水印、批准文号、生产批号、有效期和打孔等组成产品的鉴别系统。自动包装机在包装时利用光电扫描器识别符号，再与预输入的对照符号比较，以此防止不同种类的标签混入而标错（详见第五章）。自此，产品带着这些标记进入仓库直至上市。

所谓标错是指与其他印刷材料混用或误用，标错主要原因出在产品的标签上。因此，产品在销售出库时必须仔细检查，每种产品要系统地建立销售记录。销售记录一般采用计算机系统存贮和检索，可很方便地根据记录追查每批药品的售出情况，必要时还能及时从市场追回指定产品。

制药企业为了及时了解产品尤其是新产品的质量和使用情况，会定期或不定期地走访有关部门和医疗单位，并以调查表的形式记录访问内容，如产品质量、稳定性、使用依从性、疗效和副反应等，将以上所得信息作为企业研发新产品、改进质量以及拓展市场的重要依据。

用户对药品质量的投诉主要有变质（注射剂主要是外观颜色，片剂有裂片）、掺假、标错和伪造。为了维护消费者和企业自身的利益，药品生产企业应设立或指定一个部门负责产品投诉，并对每一件投诉做好记录。记录内容至少应包括品名、批号、投诉理由、投诉单位

（人）及地址，并由专门人员调查研究投诉理由，从中获得关于产品的物理、化学或生物相关情报，通过讨论评定，拟出针对性处理措施，并在尽可能短的时间内给投诉者以答复。如果有来自医疗单位关于药品使用中出现不良反应的投诉，要详细记录投诉内容，并及时向当地药品监督管理部门报告。

由于种种原因产品被退货，对退货应做好记录和标记，并妥善保存，防止退货混乱和出现差错，记录退货品名、批号、数量、退货理由、退货单位（人）地址等。退货理由有产品质量问题、产品滞销问题和不支付货款问题等。如果问题属于产品质量问题，就应对产品进行详细的物理、化学或生物学分析，并根据分析检验结果做出适当处理。

药品发生不良反应或质量事故或标错等，在药品监督管理部门等机关的要求监督下，由制造企业收回。药品收回应做好记录，其内容包括品名、批号、规格、数量、收回单位（人）及地址、收回原因及日期。药品要做到及时完全收回，除了制药企业的努力外，还要有相关管理部门的支持，借助通信网络系统和新闻媒体与销售单位、消费者联系。因质量问题收回的制剂产品，应在质量管理部门监督下销毁。

鉴于其他产品（如汽车）已经实施召回制度，而药品作为一种特殊商品，与民众的生命密切相关，因此药品召回制度的实施是对消费者权益的有力保障，具有重大意义。目前，我国对有缺陷药品的处理主要是由消费者对有缺陷的药品，以违约或侵权为由，通过法律手段向生产企业或药品经营企业提出索赔。但是，对于批量生产出现的缺陷药品，并导致大量消费者健康受到损害时，应由药品监督管理部门拿出一整套管理、处罚以及弥补缺陷产品造成的损失的方案。只有实施药品召回制度，才能真正保护消费者的权益，促进生产企业按照质量规定生产出满足市场需求的合格药品。虽然召回制度的实施对药品生产和经营企业的利益会造成冲击，但是，只有这样，我国的药品质量才能提高并得到保证。

制药企业对保证药品质量在业务上、社会上和法律上负有重大责任，只有通过良好的生产组织、人员培训和配备，并在生产前、生产中与生产后正确地进行质量控制和质量跟踪，才能保证良好的产品质量和维持良好的企业信誉。

思考题

1. 制剂质量控制工程的法律依据是什么？
2. 简述片剂质量控制要点。
3. 简述产品记录的主要内容。
4. GMP对人流控制的要求是什么？
5. 常用抽样方法有哪些？
6. 简述返工应该注意的问题。

参考文献

[1] 朱盛山．药物制剂工程．第2版．北京：化学工业出版社，2009.
[2] 安登魁．现代药物分析选论．北京：中国医药科技出版社，2011.
[3] 邓海根．制药企业GMP管理实用指南．北京：中国计量出版社，2000.
[4] 国家食品药品监督局认证管理中心．药品GMP指南．北京：中国医药科技出版社，2011.
[5] 李钧．药品质量风险管理．北京：中国医药科技出版社，2011.
[6] 顾维军．制药工艺的验证．北京：中国质检出版社，2011.
[7] 李歆．设备验证方法与实务．北京：中国医药科技出版社，2012.
[8] 许钟麟．药厂洁净室设计、运行与GMP认证．上海：同济大学出版社，2011.
[9] 何国强．制药工艺验证实施手册．北京：化学工业出版社，2012.
[10] 中国药典委员会．中华人民共和国药典．北京：中国医药科技出版社，2015.

第六章　制剂工程设计

本章学习要求

1. 掌握物料衡算、能量衡算、制剂工艺流程设计技术方法、车间总体布置与基本要求、管道设计的内容与方法。

2. 熟悉制剂工程设计的工作程序、工艺流程设计的基本程序、药厂洁净室的环境控制要求。

3. 了解项目建议书、可行性研究报告以及设计任务书的内容、洁净区域排水系统、非工艺设计项目。

第一节　概　　述

制剂工程设计是一门以药学、药剂学、GMP（《药品生产质量管理规范》）、工程学及相关科学理论和工程技术为基础来综合研究制剂工程项目设计的应用性工程学科。它涉及的专业多，部门多，法规条例多，关系到经济、技术、资源、产品、市场、环境以及国情、国策、标准、法规、化学、化工、工艺、机械、电气、土建、自控、三废治理、安全卫生、运输、给排水、采暖通风等专业的方方面面，是一个具有综合性、整体性且必须统筹安排的系统工程和技术学科。制剂工程设计的研究对象就是如何组织、规划并实现药物制剂的大规模工业化生产，其最终成果是建设一个运行安全、生产高效的药物制剂生产工厂（车间）。

一种药物制剂在实验室研究成功后，如何进行大规模工业化生产，制剂工程设计是实现实验室产品向工业产品转化的必经阶段。制剂工程设计就是将小试经中试的药物制剂生产工艺经一系列相应的单元操作进行组织，设计出一个生产流程具有合理性、技术装备具有先进性、设计参数具有可靠性、工程经济具有可行性的一个成套工程装置或一个制剂生产车间。然后在一定的地区建造厂房，布置各类生产设备，配套一些其他公用工程，最终使这个工厂（或车间）按照预定的设计期望顺利地开车投产。这一过程即是制剂工程设计的全过程。制剂工程设计是把一项医药工程从设想变成现实的一个建设环节。

制剂工程设计通常是经过资格认证并获有主管部门颁发的设计证书，从事医药专业设计的设计单位或技术人员，根据建设业主或单位的需求，为了高质量、高效益地建设药物制剂生产厂或生产车间所进行的一系列工程技术活动。制剂工程设计质量关系到项目投资、建设速度和经济效益，是一项政策性极强的工作。同时，制剂工程设计是以医药工程技术人员的技术素质、道德素质、责任素质为基础，从事药物制剂生产项目建设技术活动计划的系统工程。

一、制剂工程设计的基本要求

药物制剂工程设计是根据各类制剂的特点对药物制剂的生产厂或生产车间进行合理的工程设计。根据具体的剂型，制剂生产设计又包括片剂车间设计、注射剂车间设计等。尽管各类制剂工程设计的细则不尽相同，但均遵循下列基本要求：

① 严格执行国家有关规范和规定以及原国家食品药品监督管理局《药品生产质量管理规范》(GMP，2010 年修订）的各项规范和要求，使制剂生产在环境、厂房与设施、设备、工艺布局等

方面符合 GMP 要求。

② 环境保护、消防、职业安全卫生、节能设计与制剂工程设计同步，严格执行国家及地方有关的法规、法令。

③ 对工程实行统一规划的原则，为合理使用工程用地，并结合医药生产的特点，尽可能采用联片生产厂房一次设计，一期或分期建设。

④ 设备选型宜选用先进、成熟、自动化程度高的设备。

⑤ 公用工程的配套和辅助设施的配备均以满足项目工程生产需要为原则，并考虑与预留设施或发展规划的衔接。

⑥ 为方便生产车间进行成本核算和生产管理，一般各车间的水、电、汽、冷单独计量。仓库、公用工程设施、备料以及人员生活用室（更衣室）统一设置，按集中管理模式考虑。

总之，制剂工程设计是一项技术性很强的工作，其目的是要保证所建药物制剂生产厂（或车间）符合 GMP 规范及其他技术法规，技术上可行、经济上合理、安全有效、易于操作。按照更新设计观念（即适应市场需要，满足客户需要，控制成本需要），更新设计方法，更新科技知识的"三更新"原则，在设计过程中，加强计算机的应用，先进技术和专利成果的采用，数据处理的水平、标准、规范的选用，政策法规的遵守等，制剂工程设计的高质量和高水平就一定能做到。

现将我国涉及医药工业规范设计的主要技术法规列举如下，供设计者查询。

①《药品生产质量管理规范》（2010 年修订，原国家食品药品监督管理局颁发）；

②《药品 GMP 指南》（2011 年，中国医药科技出版社）；

③《医药工业洁净厂房设计规范》GB 50457—2008；

④《洁净厂房设计规范》GB 50073—2013；

⑤《洁净室施工及验收规范》GB 50591—2010；

⑥《建设项目环境保护管理条例》（1998 年 11 月 29 日中华人民共和国国务院令第 253 号发布，根据 2017 年 7 月 16 日中华人民共和国国务院令第 682 号《国务院关于修改〈建设项目环境保护管理条例〉的决定》修订）；

⑦《工业企业噪声控制设计规范》GB 50087—2013；

⑧《环境空气质量标准》GB 3095—2012；

⑨《工业企业厂界环境噪声排放标准》GB 12348—2008；

⑩《污水综合排放标准》GB 8978—2002；

⑪《锅炉大气污染物排放标准》GB 13271—2014；

⑫《大气污染物综合排放标准》GB 16297—1996；

⑬《建筑设计防火规范》GB 50016—2014；

⑭《建筑灭火器配置设计规范》GB 50140—2005；

⑮《建筑防雷设计规范》GB 50057-2010；

⑯《爆炸和火灾危险环境电力装置设计规范》GB 50058—2014；

⑰《火灾自动报警系统设计规范》GB 50116—2013；

⑱《建筑工程消防监督管理规定》（公安部令第 106 号，2009 年）；

⑲《建筑内部装修设计防火规范》GB 50222—2017；

⑳《自动喷水灭火设计规范》GB 50084—2017；

㉑《工业建筑防腐蚀设计规范》GB 50046—2008；

㉒《建筑结构荷载规范》GB 50009—2012；

㉓《民用建筑设计通则规范》GB 50352—2005；

㉔《建筑结构设计统一标准》GB 50068—2001；

㉕《工程结构设计基本术语标准》GB/T 50083—2014；

㉖《建筑给排水设计规范》GB 50015—2010；

㉗《建筑结构制图标准》GB/T 50105—2010；

㉘《建筑地面设计规范》GB 50037—2013；

㉙《厂矿道路设计规范》GB J22—87；

㉚《工业企业设计卫生标准》GB Z1—2010；

㉛《工业建筑供暖通风与空气调节设计规范》GB 50019—2015；

㉜《通风与空调工程施工质量验收规范》GB 50243—2016；

㉝《自动化仪表选型设计规范》HG/T 20507—2014；

㉞《过程测量与控制仪表的功能标志及图形符号》HG/T 20505—2014；

㉟《建筑采光设计标准》GB 50034—2013；

㊱《化工工厂初步设计文件内容深度规定》HG/T 20688—2000；

㊲《化工工艺设计施工图内容和深度统一规定》HG/T 20519—2009；

㊳《关于出版医药建设项目可行性研究报告和初步设计内容及深度规定的通知》（国药综经字［1995］，第 397 号）；

㊴《化工装置设备布置设计规定》HG/T 20546—2009；

㊵《仓库防火安全管理规则》（公安部令第 6 号，1990）。

二、制剂工程项目设计的工作程序

一个制剂工程项目从设想提出、立项设计到交付生产整个过程的基本工作程序如图 6-1 所示。此工作程序分为设计前期、设计中期和设计后期三个阶段，这三个阶段是相互联系的，不同的阶段所要进行的工作不同，而且是步步深入的。

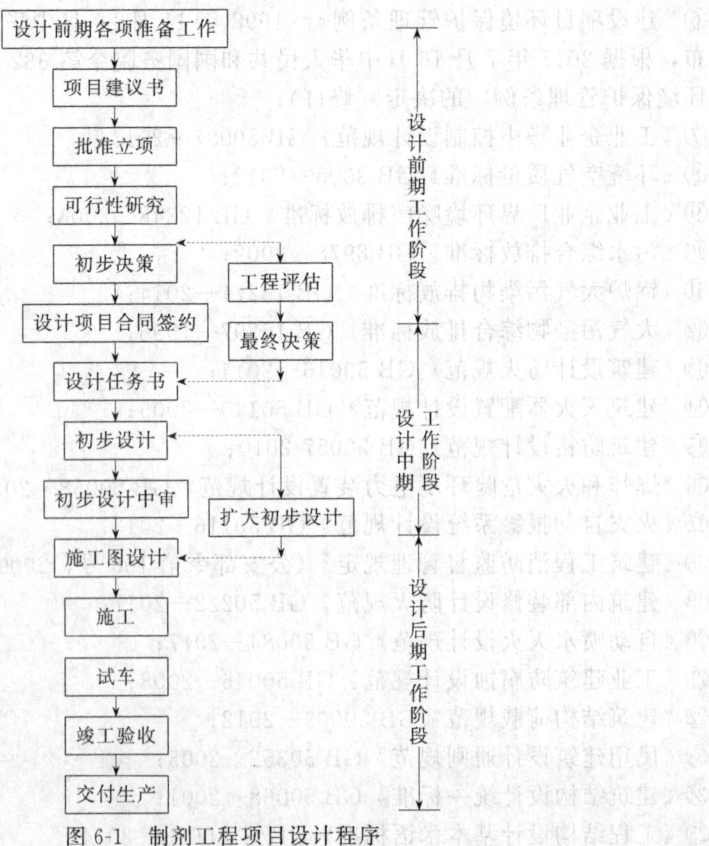

图 6-1 制剂工程项目设计程序

（一）设计前期工作阶段

设计前期的工作目的主要是对项目建设进行全面分析，主要对项目的社会和经济效益、技术可靠性、工程的外部条件等进行研究。该阶段的主要工作内容有项目建议书、可行性研究报告和设计任务书。

具体而言，该阶段主要是根据国民经济和医药工业发展的需要，提出欲建制剂工程项目的设置地区、生产药物制剂类别与年产量、项目投资及分配、生产工艺技术方案、原辅料来源、制剂机械设备和其他材料的供应，实施项目必需的非工艺条件、其他辅助设施配套等，做好技术和经济分析工作，以选择最佳方案，确保项目建设顺利进行和取得最佳经济效益。设计前期工作文件主要包括项目建议书（或申请书）及主管部门批复文件、可行性研究报告和设计任务书。

在设计前期的工作中，项目建议书是投资决策前对项目建设的轮廓设想，提出项目建设的必要性和初步可能性，为开展可行性研究提供依据。国内外都非常重视这一阶段的工作，称其为决定投资命运的环节。

（二）设计中期工作阶段

根据已批准的设计任务书（或可行性研究报告），可以开展设计工作，这样可通过技术手段把可行性研究报告和设计任务书的构思和设想变成工程现实。一般根据计划任务书的规定按照工程的重要性、技术的复杂性可将设计分为三段设计、两段设计或一段设计三种情况。

三阶段设计包括初步设计、扩初设计和施工图设计。两阶段设计包括扩大初步设计和施工图设计。一阶段设计只有施工图设计。

对于重大工程，可以采用比较新和比较复杂的生产技术的工程，为保证设计质量可采取三段式设计。而设计技术成熟的中、小型工程项目，为简化设计步骤，缩短设计时间，可将初步设计和扩初设计合并为扩大初步设计，扩大初步设计经过审批后即可着手施工图设计，称为两阶段设计。对于技术上比较简单、规模较小的工程项目，可直接进行施工图设计。目前，我国的制剂工程项目，一般采用两阶段设计。

随着我国设计体制与国际工程公司模式的接轨，制剂工艺专业在设计范围的划分及设计阶段的划分方面也在发生变化。在专业范围划分方面，传统的制剂工艺专业包括工艺系统和工艺管道两个部分，而在国际工程公司设计模式下，工艺系统专业和管道专业是分开设置的，而管道专业本身不仅仅包含工艺管道，可能包括车间或装置内的其他专业的管道（在目前的设计模式中，空调通风专业的管道也不包括在管道专业之中）；在设计阶段划分上，按照我国目前的项目建设程序，设计仍然主要分为初步设计（或方案设计或扩大初步设计）和施工图设计两个阶段，这两个阶段基本对应国际工程公司设计模式下的基础工程设计和详细工程设计，但其程序、内容和工作方式等方面有一定的差别。

我国医药工程设计相对化工行业工程设计而言，起步晚，规模小，且采用国际工程公司设计模式的单位和建设项目不多，因此，我国绝大多数医药工程设计单位在面对国内建设项目设计时，仍然采用传统的工艺专业范围划分方式，其设计阶段和工作程序也按照初步设计和施工图设计两个阶段的模式来进行。

现将制剂工艺专业设计流程介绍如下：

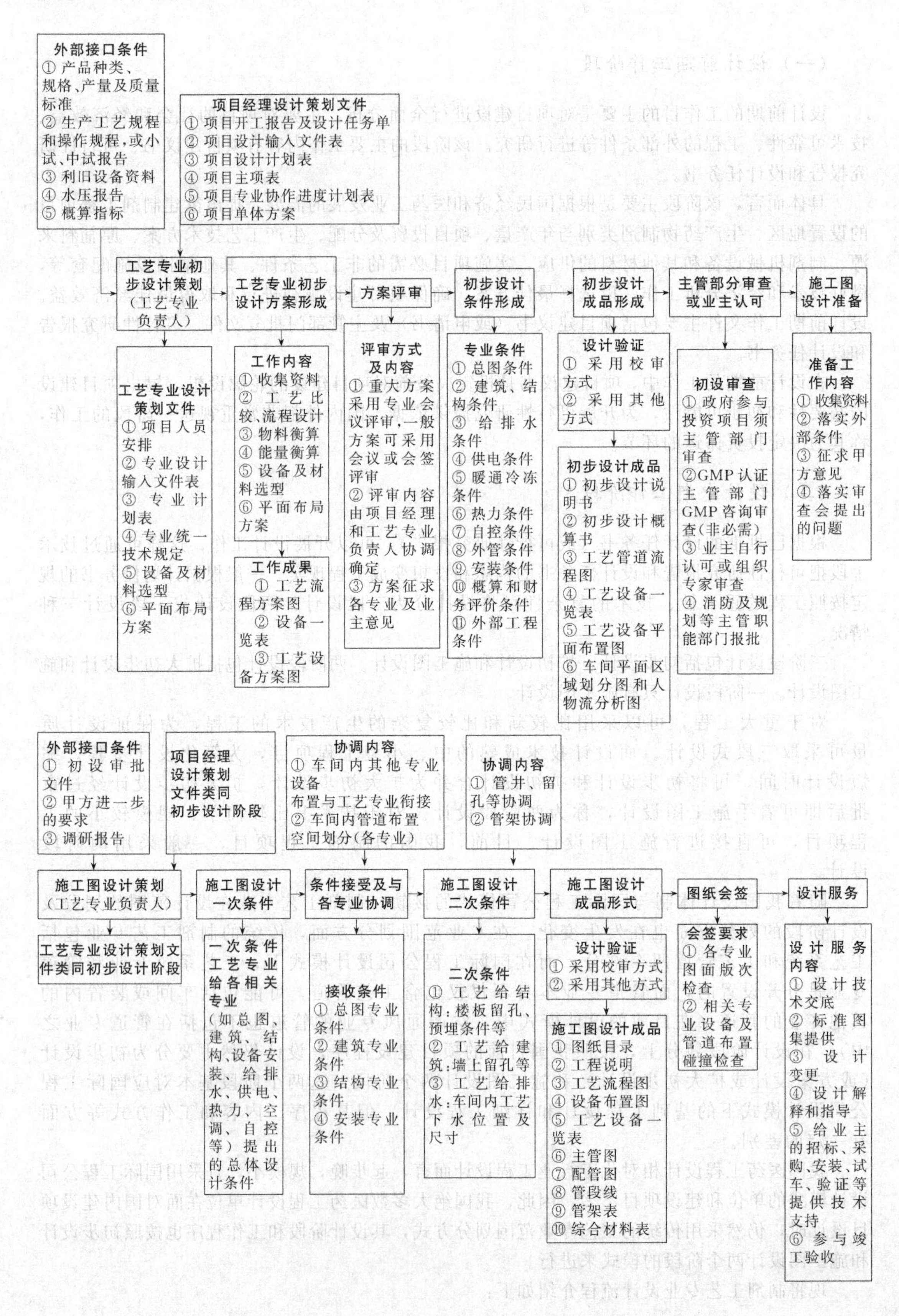
外部接口条件
①产品种类、规格、产量及质量标准
②生产工艺规程和操作规程，或小试、中试报告
③利旧设备资料
④水压报告
⑤概算指标
项目经理设计策划文件
①项目开工报告及设计任务单
②项目设计输入文件表
③项目设计计划表
④项目主项表
⑤项目专业协作进度计划表
⑥项目单体方案
工艺专业初步设计策划（工艺专业负责人）
工艺专业初步设计方案形成
方案评审
初步设计条件形成
初步设计成品形成
主管部分审查或业主认可
施工图设计准备
工艺专业设计策划文件
①项目人员安排
②专业设计输入文件表
③专业计划表
④专业统一技术规定
⑤设备及材料选型
⑥平面布局方案
工作内容
①收集资料
②工艺比较、流程设计
③物料衡算
④能量衡算
⑤设备及材料选型
⑥平面布局方案
工作成果
①工艺流程方案图
②设备一览表
③工艺设备方案图
评审方式及内容
①重大方案采用专业会议评审，一般方案可采用会议或会签评审
②评审内容由项目经理和工艺专业负责人协调确定
③方案征求各专业及业主意见
专业条件
①总图条件
②建筑、结构条件
③给排水条件
④供电条件
⑤暖通冷冻条件
⑥热力条件
⑦自控条件
⑧外管条件
⑨安装条件
⑩概算和财务评价条件
⑪外部工程条件
设计验证
①采用校审方式
②采用其他方式
初步设计成品
①初步设计说明书
②初步设计概算书
③工艺管道流程图
④工艺设备一览表
⑤工艺设备平面布置图
⑥车间平面区域划分图和人物流分析图
初设审查
①政府参与投资项目须主管部门审查
②GMP认证主管部门GMP咨询审查(非必需)
③业主自行认可或组织专家审查
④消防及规划等主管职能部门报批
准备工作内容
①收集资料
②落实外部条件
③征求甲方意见
④落实审查会提出的问题
外部接口条件
①初设审批文件
②甲方进一步的要求
③调研报告
项目经理设计策划文件类同初步设计阶段
协调内容
①车间内其他专业设备布置与工艺专业衔接
②车间内管道布置空间划分(各专业)
协调内容
①管井、留孔等协调
②管架协调
施工图设计策划（工艺专业负责人）
施工图设计一次条件
条件接受及与各专业协调
施工图设计二次条件
施工图设计成品形式
图纸会签
设计服务
工艺专业设计策划文件类同初步设计阶段
一次条件工艺专业给各相关专业（如总图、建筑、结构、设备安装、给排水、供电、热力、空调、自控等）提出的总体设计条件
接收条件
①总图专业条件
②建筑专业条件
③结构专业条件
④安装专业条件
二次条件
①工艺给结构：楼板留孔、预埋条件等
②工艺给建筑：墙上留孔等
③工艺给排水：车间内工艺下水位置及尺寸
设计验证
①采用校审方式
②采用其他方式
施工图设计成品
①图纸目录
②工程说明
③工艺流程图
④设备布置图
⑤工艺设备一览表
⑥主管图
⑦配管图
⑧管段线
⑨管架表
⑩综合材料表
会签要求
①各专业图面版次检查
②相关专业设备及管道布置碰撞检查
设计服务内容
①设计技术交底
②标准图集提供
③设计变更
④设计解释和指导
⑤给业主的招标、采购、安装、试车、验证等提供技术支持
⑥参与竣工验收

1. 初步设计阶段

（1）初步设计任务　初步设计是根据已下达的任务书（或可行性研究报告）及设计基础资料，确定全厂设计原则、设计标准、设计方案和重大技术问题。设计内容包括总图、运输、工艺、土建、电力照明、采暖、通风、空调、上下水道、动力和设计概算等。初步设计成果是初步设计说明书、图纸（带控制点工艺流程图、车间布置图及重要设备的装配图）和附表等。

（2）初步设计工作基本程序　初步设计阶段一般要经历初步设计准备、制定设计方案、签订资料流程、互提条件及中间审查、编制初步设计条件、成品复制、发送及归档。具体工作程序如图 6-2 所示。

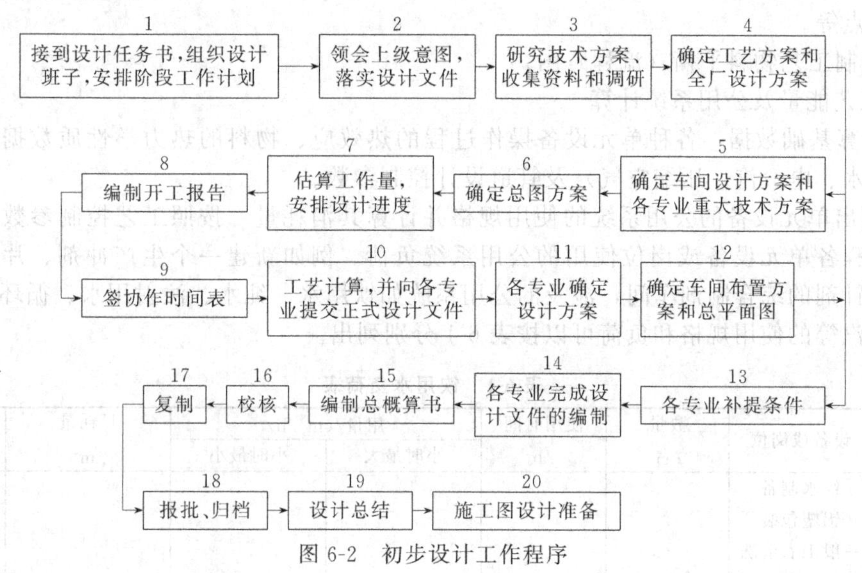

图 6-2　初步设计工作程序

（3）初步设计说明书的内容

① 设计依据和设计范围

a. 文件　任务书、批文等。

b. 设计资料　中试报告、调查报告等。

② 设计指导思想和设计原则

a. 设计指导思想　关于工程设计的具体方针政策和指导思想。

b. 设计原则　各专业设计原则，如工艺路线选择、设备选型和选用原则等。

③ 建设规模和产品方案

a. 产品、产品方案及包装方式　以列表方式说明产品品名、处方、规格、年产量、理化性质、包装方式、备注等。

b. 生产制度与设计规模　确定年工作（生产）日、日工作班次、各品种年生产量/班。

④ 生产方法、工艺过程及流程简述

a. 生产方法　扼要说明制剂处方组成和制备工艺。

b. 工艺过程及工序划分　按照各剂型和制剂品种的具体工艺要求进行工序划分。

c. 工艺流程简述　带控制点工艺流程图和流程叙述：按生产工艺工序物料经过工艺设备的顺序及单元设备操作及操作参数表化时序表，表明主要操作条件，如温度、流量、压力、时间等。

d. 绘制工艺流程框图。

⑤ 原料及中间产品的技术规格

a. 原料、辅料的技术规格。

b. 中间产品及产品的技术规格。

⑥ 工艺物料计算

a. 基础计算数据　说明年工作日、日工作班次、班有效工作时间、分步投料量、收率等计算依据。

b. 原料及其他辅料、包装材料的名称、规格、标准、单位、日耗量、年消耗量、来源地及运输方式（以列表方式）。

c. 三废的组成及其排放量　按废气（粉尘）、废水（废液）、废固分类列出三废的名称、组成及特性数据，排放特性如温度、压力，排放方式（连续排放或间歇式排放），日排放量和排放地点等。

d. 绘制工艺物料平衡（流程）图。

⑦ 工艺能量及公用系统计算

a. 计算基础数据　各种单元设备操作过程的热效应、物料的热力学性质数据、车间公用系统（水、电、汽、压缩空气）及管道设计控制参数。

b. 列出单元设备的公用系统的使用规格并计算其消耗量　按照工艺控制参数，计算制剂生产过程各单元设备或岗位使用的公用系统负荷。例如新建一个生产冲剂、片剂、胶囊剂、冻干针剂的综合制剂车间，涉及的公用系统如饮用水、纯水、注射用水、循环水、设备用电、蒸汽等的使用规格和负荷可以按表 6-1 分别列出。

表 6-1　饮用水负荷表

序号	设备或岗位	数量/台	使用时间/h	用量/(m^3/h)		日耗量/m^3	备注
				小时最大	小时最小		
1	纯水制备						
2	铝塑包装						
3	一般工衣清洗						
4	洁净工衣清洗						
5	清洗及其他						

c. 计算并列出工艺过程公用系统的使用规格及 24h 范围内的消耗量数据　以 b 中举例为例，其工艺过程公用系统消耗按表 6-2 列示。

表 6-2　综合制剂车间工艺过程公用系统消耗

序号	名称	规格	单位	最大小时量	日耗量	备注
1	饮用水		m^3			
2	循环水		m^3			
3	蒸汽		t			
4	供电		kW			

⑧ 工艺设备选型与计算

a. 工艺设备选型与设备选材的原则。

b. 主要设备选型与计算。

c. 工艺设备一览表。

⑨ 工艺平面布置

a. 车间平面布置原则。

b. 车间布置说明包括对生产部分、辅助生产部分、生活部分的区域划分、生产流向、防毒、防爆的考虑等。

c. 设备布置平面图与立面图。

⑩ 工艺过程控制

a. 主要工艺过程化验分析控制。

b. 车间分析化验室的设置。

⑪ 仪表及自动控制

a. 控制方案说明，具体表现在带控制点的工艺流程图上。

b. 控制测量仪器设备汇总表。

⑫ 土建

a. 设计说明。

b. 车间（装置）建筑物、构筑物表。

c. 建筑平面、立面、剖面图。

⑬ 采暖通风及空调

⑭ 公用工程

a. 供电　设计说明，包括电力、照明、避雷、弱电等；设备、材料汇总表。

b. 供排水　供水；排水，包括清下水、生产污水、生活污水、蒸汽冷凝水；消防用水。

c. 蒸汽　各种蒸汽用量及规格等。

d. 冷冻与空压　冷冻；空压；设备、材料汇总表。

⑮ 设备安装　说明厂房结构、建筑面积；厂房内各种工艺生产设备总台（件）数、总重量，最大设备的外形尺寸，最重设备的重量；设备的保温方式和保温材料用量，设备的安装和运输方式等。

⑯ 原、辅材料及产品贮运

⑰ 车间维修

⑱ 职业安全卫生

⑲ 环境保护

a. “三废”情况表。

b. 处理方法及综合利用途径。

⑳ 消防

㉑ 节能

㉒ 车间定员　生产工人、分析工、维修工、辅助工、管理人员等。

㉓概算

㉔ 工程技术经济

a. 投资。

b. 产品成本

计算数据：各种原料、中间产品的单价和动力单价依据；折旧费、工资、维修费、管理费用依据。

成本计算：原辅料和动力单耗费用；折旧、工资、维修、管理费用及其他费用；产品工厂成本。

c. 技术经济指标　规模；年工作日；总收率、分步收率；车间定员（生产人员与非生产人员）；主要原材料及动力消耗；建筑与占地面积；产品车间成本；年运输量（运进与运出）；基建材料；三废排出量；车间投资。

㉕ 存在的问题及建议

(4) 设计图纸

① 工艺流程框图（置说明书内）。

② 工艺物料平衡图（置说明书内）。

③ 工艺区域平面布置图。

④ 工艺设备平面布置图。

⑤ 带控制点工艺流程图。

⑥ 给排水平面布置图。

⑦ 空调系统流程图。

⑧ 送风管布置图。

⑨ 回风管布置图。

（5）设计附表

① 工艺设备一览表。

② 自控设备一览表。

③ 环保设备一览表。

④ 空调系统设备一览表。

⑤ 电气设备一览表。

⑥ 质检设备一览表。

（6）初步设计的审查和变更

对于工程项目的初步设计文件，按隶属关系由主管部门或投资方审批。特大或特殊项目，由国家发改委报国务院审批。具体项目的建设审批程序可查询各地建设主管部门的网站。必须经过原设计文件批准机关的同意才能变更已经过批准的设计文件。

2. 扩大初步设计

扩大初步设计是以已批准的初步设计为基础，解决初步设计中存在的和尚未解决而需要进一步研究解决的一些技术问题，如特殊工艺流程方面的试验、研究和确定，新型设备的试验、创造和确定等。

扩大初步设计的成果是技术设计说明书和工程概算书，其设计说明书内容同初步设计说明书，只是根据工程项目的具体情况作些增减。

3. 施工图设计

施工图设计是根据批准的（扩大）初步设计及总概算为依据，使初步（扩初）设计的内容更完善、具体和详尽，完成各类施工图纸和施工说明及施工图预算工作，以便施工。

（1）施工图设计深度　施工图设计深度应满足下列要求：

① 设备及材料的安排和订货。

② 非标设备的设计和安排。

③ 施工图预算的编制。

④ 土建、安装工程的要求。

（2）施工图设计的内容　施工图设计阶段的主要设计文件有设计说明书和图纸。

① 设计说明书　施工图设计说明书的内容除（扩大）初步设计说明书内容外，还包括以下内容：

a. 对原（扩大）初步设计的内容进行修改的原因说明；

b. 安装、试压、保温、油漆、吹扫、运转安全等要求；

c. 设备和管道的安装依据、验收标准和注意事项。通常将此部分直接标注在图纸上，可不写入设计说明书中。

② 图纸　施工图是工艺设计的最终成品，主要包括：

a. 施工阶段管道及仪表流程图（带控制点的工艺流程图）；

b. 施工阶段设备布置图及安装图；

c. 施工阶段管道布置图及安装图；

d. 非标设备制造及安装图；

e. 设备一览表；

f. 非工艺工程设计项目的施工图。

③ 施工图设计工作程序（见图 6-3）

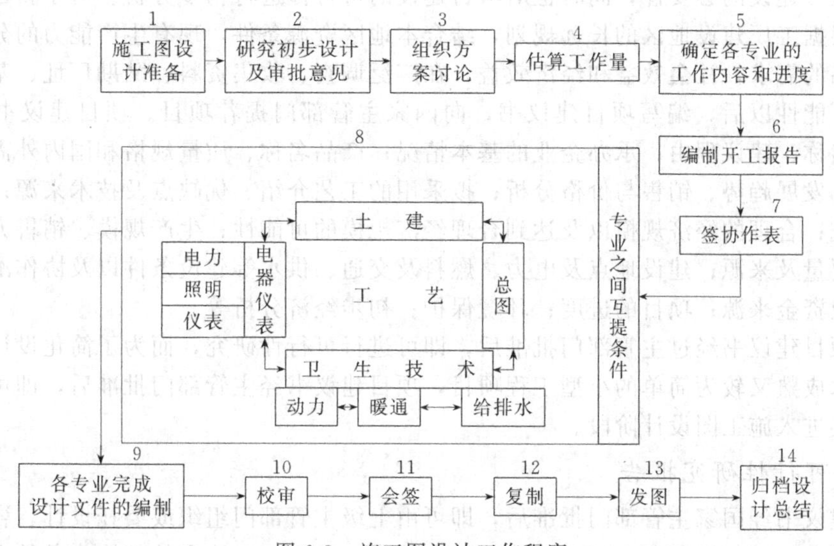

图 6-3　施工图设计工作程序

4. 设计后期阶段

设计完成后，设计人员对项目建设进行施工技术交底，还要深入现场指导施工，了解和掌握施工情况，确保施工符合设计要求，同时能及时发现和纠正施工图中的问题，并参与设备安装、调试、试运转和工程验收，直至项目运营。

施工中凡涉及方案问题、标准问题和安全问题变动，都必须首先与设计部门协商，待取得一致意见后，方可改动。因为项目建设的设计方案是经过可行性研究阶段，初步设计阶段和施工图阶段研究所确定的，施工中轻易改动，势必会影响到竣工后的使用要求；设计标准的改动涉及项目建设是否合乎 GMP 及其他有关规范和项目投资额度的增减；而安全方面的问题更是至关重要，其中不仅包括厂房、设施与设备结构的安全问题，而且也包括洁净厂房设计中建筑、暖通、给排水和电气专业所采取的一系列安全措施，因此都不得随意改动。

整个设计工程的验收是在建设单位的组织下，以设计单位为主，施工单位为辅，共同进行。

试车正常后，建设单位组织施工和设计等单位按工程承建合同、施工技术文件及工程验收规范先组织验收，然后向主管部门提出竣工验收报告，并绘制施工图以及整理一些技术资料，在竣工验收合格后，作为技术档案交给生产单位保存，建设单位编写工程竣工决算书以报上级主管部门审查。待工厂投入正常生产后，设计部门还要注意收集资料、进行总结，为以后的设计工作、该厂的扩建和改建提供经验。

三、项目建议书、可行性研究报告和设计任务书

如前所述，工程设计前期工作的目的和任务是对项目建设进行全面分析，研究产品的社会需求和市场，项目建设的外部条件，产品技术成熟程度，投资估算和资金筹措，经济效益评价等，为项目建设提供工程技术、工程经济、产品销售等方面的依据，以期为拟建项目在建设期能最大限度地节省时间和投资、在生产经营时能获得最大的投资效果奠定良好的基础。可以说，设计前期的三项内容——项目建议书、可行性研究报告和设计任务书的目的是

一致的，基本任务也相近只是深度不同。

（一）项目建议书

项目建议书是法人单位向国家、省、市有关主管部门推荐项目时提出的报告书，建议书主要说明项目建设的必要性，同时也对项目建设的可行性进行初步分析。对于新建或技术改造项目，根据工厂建设地区的长远规划，结合本地区资源条件，现有生产能力的分布，市场对拟建产品的需求，社会效益和经济效益，在广泛调查、收集资料、踏勘厂址、基本弄清工程立项的可能性以后，编写项目建议书，向国家主管部门提荐项目。项目建议书主要内容有：项目名称、建议理由；承办企业的基本情况；产品名称、质量规格和国内外需求预测及预期的市场发展趋势、销售与价格分析；拟采用的工艺介绍、优缺点及技术来源；主要设备的选择研究；合理的经济规模以及达到合理经济规模的可能性；生产规模、销售方向；主要原辅料需要量及来源；建设地点及电力、燃料及交通、供水等建设条件以及协作配套；项目投资估算及资金来源；项目的进度；环境保护；初步经济分析等。

通常项目建议书经过主管部门批准后，即可进行可行性研究，而为了简化设计程序，对于一些技术成熟又较为简单的小型工程项目，项目建议书经主管部门批准后，即可明确设计方案，直接进入施工图设计阶段。

（二）可行性研究报告

项目建议书经国家主管部门批准后，即可由上级主管部门组织或委托设计、咨询单位进行可行性研究。可行性研究主要对拟建项目在技术、工程、经济和外部协作条件上是否合理和可行，进行全面分析、论证以及方案比较。可行性研究是设计前期工作中最重要的内容，是项目决策的依据。可行性研究的成果是编写可行性研究报告，根据《医药建设项目的可行性研究报告编制内容及深度规定》（药综经字［1995］第126号文），可行性研究报告内容如下。

（1）总论　说明项目提出的背景，研究工作的依据，研究范围、研究工作评价（可行性研究的结论、提要、存在的主要问题）等。

（2）市场预测及原材料供应情况　阐述产品在国内外的近期和远期需求、销售方向、价格分析，并对原材料来源、供应量等情况进行说明。

（3）产品方案和生产规模　扼要说明项目产品名称、规格、生产规模及其确定原则。

（4）建设条件　项目建设条件主要包括厂址选择，厂址地理位置、所在地区气象资料，地质地形条件，水文、地震等情形，生产和生活等方面的配合协作情况，水、电、气、冷和其他能源供应，交通运输、三废排放等。

对于技改工程项目，则需结合原有的工厂条件阐明技改的有利因素。

（5）设计方案　阐明厂区地理位置以及各车间在厂区内的分布，项目产品工艺流程的选择，简要的工艺过程（以框图表示），主要制剂机械、设备及装置的选择原则、要求、生产能力和数量等，主要原材料来源及消耗，车间布置原则及方案（多层车间需说明各层分布情况），厂房的建筑设计和结构设计方案，公用系统设计方案［包括：①生产、生活、消防给排水方案；②配电设计范围、供电电源、车间环境特征如防爆、洁净度要求、负荷计算、配电设备选型、配电方式及线路敷设，照明设备选择、照度标准及线路敷设，防雷与接地等；③冷冻空压的用冷量和用气量、主辅机设备选型及水电消耗量；④采暖通风设计的室外气象条件，室内设计参数，系统划分及电、气、冷消耗量；⑤厂（车间）内通信和火灾报警系统等］及辅助设施如仓储与运输能力、生活设施、维修等。分析和评价项目工艺生产技术和设计方案的可行性、可靠性和先进性，技术来源和技术依托。

（6）职业安全卫生　阐述项目的防爆、防火、防噪、防腐蚀等保安技术及消防措施，确保职工生产安全；说明为保证项目产品达到GMP要求所采取的人净措施和各制剂车间净化区域的洁净度级别及净化措施。

(7) 环境保护　阐述项目建设地点，周围地域环境特征、厂区绿化规划、生产污染情况及污染的治理方案和可行性，环保投资，辖区主管环境保护部门对所建项目的环境评估。

(8) 管理体制和人员　项目的全面质量管理机构和劳动定员、组成及来源。

(9) 关于GMP实施要求　说明工程对管理人员、技术人员和生产工人的科学文化知识、GMP概念等知识结构的要求，有关GMP专门培训的培训对象、目标，主要内容和步骤，旨在软件方面建立一整套结合国情并能符合GMP要求的各项管理系统和制度，使项目无论是硬件还是软件，都能达到先进水平。

(10) 项目实施计划　对项目立项、落实资金渠道、可行性研究及论证、初步设计、施工图设计、设备订购、施工、验收设备、竣工和试生产等各阶段提出时间进度安排计划。

(11) 项目投资估算和资金筹措　对项目的建筑工程、设备购置、安装工程及其他（如配电增容、厂区绿化、勘察、咨询、工程设计、前期准备）投资费用进行估算，并说明建设资金筹措方式和资金逐年使用计划。项目资金若为（有）贷款，须明确贷款利率及偿还方式。

(12) 社会及经济效果评价

① 财务评价：估算产品成本、依照项目投产后的生产负荷计算销售收入、利税和税后纯收入，然后按项目总投入进行分析，评价项目的静态效益（投资利润率、投资利税率、投资收益率、投资回收期)、动态效益（内部收益率、财务净现值）和资金借贷偿还期。进行盈亏平衡及敏感性分析，计算盈亏平衡点（BEP)，评价影响内部收益率的变化因素。

② 国民经济评价；社会效益评价。

(13) 可行性研究结论　综合运用上述分析及数据，从技术、经济等方面对工程项目的技术可靠性、先进性、经济效益、社会效益、产品市场销售等做出结论；对项目的建设和经营风险做出结论，并列述项目建设存在的主要问题。

以上内容适用于新建大、中型医药建设项目。根据工程项目的性质、规模和条件，可行性研究报告的内容可有所侧重或调整。如小型项目在满足决策需要的前提下，可行性研究报告可适当简化；对于改建和扩建工程项目，应结合企业已有条件及改造规模规划进行项目的编制；对于中外合资项目，编制可行性研究报告时应考虑合资项目的特点。

可行性研究报告编制完后，由项目委托单位上报审批，审批程序包括预审和复审。通常，大中型工程项目的可行性研究报告由国家主管部门或各省、直辖市、自治区的主管部门预审，报国家发展和改革委员会（以下简称“国家发改委”）审批或由国家发改委委托有关单位审批。重大项目和特殊项目，由国家发改委会同有关部门预审，报国务院审批。小型工程项目按隶属关系报上级主管部门批准即可。

可行性研究报告的作用是：①作为建设项目投资决策和编制设计说明书的依据；②作为向银行申请贷款的依据；③作为建设项目主管部门与各有关部门商谈合同、协议的依据；④作为建设项目开展初步设计的基础；⑤作为拟采用新技术、新设备研制计划的依据；⑥作为建设项目补充地形、地质工作和补充工业化试验依据；⑦作为安排计划、开展各项建设前期工作的参考；⑧作为环保部门审查建设项目中对环境影响的依据。

以上内容适用于新建大、中型医药建设项目。根据工程项目的性质、规模和条件，可行性研究报告的内容可有所侧重或调整。如小型项目在满足决策需要前提下，可行性研究报告可适当简化；对于改建和扩建工程项目，应结合企业已有条件及改造规模规划进行项目的编制；对于中外合资项目，编制可行性研究报告时应考虑合资项目的特点。

（三）设计任务书

设计任务书是以政府、主管部门的文件形式下达给项目主管部门，以明确项目建设的要求，是进行工程设计的依据。

1991年国家计委明文规定，报批项目设计任务书统称为报批可行性研究报告。这样就明确取消了设计任务书的名称。

四、厂址的选择与总图布置

（一）厂址的选择

厂址选择是基本建设的一个重要环节，选择的好坏对工厂的进度、投资数量、产品质量、经济效益以及环境保护等方面具有重大影响。

厂址选择工作在阶段上属于可行性研究的一个组成部分。有条件的情况下，在编制项目建议书阶段就可以开始选厂工作，选厂报告也可先于可行性研究报告提出。

GMP规范中对厂房选址有明确规定。目前，我国制剂药厂的选厂工作大多采取由建设业主提出，主管部门及政府审批、设计部门参加的组织形式。选厂工作组一般由工艺、土建、供排水、供电、总图运输和技术经济等专业人员组成。

具体选择厂址时，应考虑以下各项因素。

（1）环境　GMP指出：药品生产企业必须有整洁的生产环境。生产环境包括内环境和外环境，外环境对内环境有一定影响。由于药品生产内环境应根据产品质量要求而有净化级别的要求，因此对药品生产内外环境中大气含尘浓度、微生物量应有了解，并从厂址选择、厂房设施和建筑布局等方面进行有效控制，以防止污染药品。从总体上来说，制剂药厂最好选在大气条件良好、空气污染少，无水土污染的地区，尽量避开热闹市区、化工区、风沙区、铁路和公路等污染较多的地区，以使药品生产企业所处环境的空气、场地、水质等符合生产要求。

（2）供水　制剂工业用水分非工艺用水和工艺用水两大类。非工艺用水（自来水或水质较好的井水）主要用于产生蒸汽、冷却、洗涤（如洗浴、冲洗厕所、洗工衣、消防等）；工艺用水分为饮用水（自来水）、纯水（即去离子水、蒸馏水）和注射用水。水在药品生产中是保证药品质量的关键因素。因此，药物制剂厂厂址应选择在靠近水量充沛和水质良好的水源的地方。

（3）能源　制药厂生产需要大量的动力和蒸汽。动力的来源有二：一是由电力提供；二是与蒸汽一样由燃料产生。因此，在选择厂址时，应考虑建在电力供应充足和便捷能源供应的地点，有利于满足生产负荷、降低产品生产成本和提高经济效益。

（4）交通运输　药物制剂工厂应建在交通运输发达的城市郊区，厂区周围有已建成或即将建成的市政道路设施，能提供快捷方便的公路、铁路或水路等运输条件，消防车进入厂区的道路不少于两条。

（5）自然条件（气象、水文、地质、地形）　主要考虑拟建项目所在地的气候特征（如四季气候特点、日照情况、气温、降水量、汛期、风向、雷暴雨、灾害天气等）是否有利减少基建投资和日常操作费用；地质地貌应无地震断层和基本烈度为9度以上的地震；土壤的土质及植被好，无泥石流、滑坡等隐患；地势利于防洪、防涝或厂址周围有集蓄、调节供水和防洪等设施。当厂址靠近江河、湖泊或水库的滨水地段时，厂区场地的最低设计标高应高于计算最高洪水位0.5m。总之，综合拟建项目所在地的自然条件，可以为整套设计必须考虑的全局性问题提供决策依据。

（6）环保　选厂时应注意当地的自然环境条件，对工厂投产后给环境可能造成的影响作出预评价，并得到当地环保部门的认可。选择的厂址应当便于妥善地处理三废（废水、废气、废渣）和治理噪声等。

（7）符合在建城市或地区的近、远期发展规划，节约用地，但应留有发展的余地。

（8）协作条件 厂址应选择在储运、机修、公用工程（电力、蒸汽、给水、排水、交通、通信）和生活设施等方面具有良好协作条件的地区。

（9）其他 下列地区不宜建厂：有开采价值的矿藏地区；国家规定的历史文物、生物保护和风景游览地；地耐力在 $1kgf/cm^2$ 以下的地区；对机场、电台等使用有影响的地区。

医药工艺设计人员从方案设计阶段开始，就应该全面考虑GMP对厂房选址的要求，避免在新建厂房进行GMP认证时留下后患。

（二）总图布置

确定厂址后，需要根据制剂工程项目的生产品种、规模及有关技术要求慎密考虑和总体解决工厂内部所有建筑物和构筑物在平面和竖向上布置的相对位置，运输网、工程网、行政管理、福利及绿化设施的布置等问题，即进行工厂的总图布置（又称总图运输、总图布局）。设计时，要遵循国家的方针政策，按照GMP要求，结合厂区的地理环境、卫生、防火技术、环境保护等进行综合分析，做到总体布置紧凑有序，工艺流程规范合理，以达到项目投资省，建设周期短，产品生产成本低，经济效益和社会效益高的效果。

1. 总图布置设计依据

总图布置设计的依据主要有以下几方面。

① 政府部门下发、批复的与建设项目有关的一系列管理文件；

② 建设地点建筑工程设计基础资料（厂区地貌、工程地质、水文地质、气象条件及给排水、供电等有关资料）；

③ 建设地点厂区用红线图及规划、建筑设计要求；

④ 建设项目所在地区控制性详细规划。

2. 总图布置设计范围

按照项目的生产品种、规模在用地红线内进行厂区总平面布置设计、总图竖向布置、交通运输布置设计和绿化布置设计。

（1）总平面布置 根据建设用地外部环境，工程内容的构成以及生产工艺要求，确定全厂建筑物、构筑物、运输网和地上、地下工程技术管网（上、下水管道，热力管道，煤气管道，动力管道，物料管道，空压管道，冷冻管道，消防栓高压供水管道，通信与照明电缆电线等）的坐标。

（2）总图竖向布置 根据厂区地形特点、总平面布置以及厂外道路的高程，确定（1）目标物的标高并计算项目的土石方工程量。竖向布置和平面布置是不可分割的两部分内容。竖向布置的目的是在满足生产工艺流程对高程的要求的前提下，利用和改造自然地形，使项目建设的土（石）方工程量为最小，并保证运输、防洪安全（例如使厂区内雨水能顺利排除）。竖向布置有平坡式和台阶式两种。

（3）交通运输布置 根据人流与货流分流的原则，设置人流出入口、物流出入口和对外、对内采用的运输途径、设备和方法，并进行运输量统计。

（4）绿化布置 确定厂区的绿化面积和绿化方式及投资。

3. 总图布置的要求

药物制剂厂要满足以下三个方面的要求。

（1）生产要求

① 有合理的功能分区和避免污染的总体布局 一般药厂包含下列组成：主要生产车间（制剂生产车间、原料药生产车间等）；辅助生产车间（机修、仪表等）；仓库（原料、辅料、包装材料、成

品库等）；动力（锅炉房、压缩空气站、变电所、配电房等）；公用工程（水塔、冷却塔、泵房、消防设施等）；环保设施（污水处理、绿化等）；全厂性管理设施和生活设施（厂部办公楼、中心化验室、药物研究所、计量站、动物房、食堂、医院等）；运输、道路设施（车库、道路等）。

总图设计时，应按照上述各组成的管理系统和生产功能划分为行政区、生活区、生产区和辅助区进行布置。要求从整体上把握这四区的功能分区布置合理，四个区域既不相互影响，人流、物流分开，又要保证相互便于联系、服务以及生产管理。具体应考虑以下原则和要求。

a. 一般在厂区中心布置主要生产区，而将辅助车间布置在它的附近；

b. 生产性质相类似或工艺流程相联系的车间要靠近或集中布置；

c. 生产厂房应考虑工艺特点和生产时的交叉感染，例如，兼有原料药物和制剂生产的药厂，原料药生产区布置在制剂生产区的下风侧；青霉素类生产厂房的设置应考虑防止与其他产品的交叉污染；

d. 办公、质检、食堂、仓库等行政、生活辅助区布置在厂前区，并处于全年主导风向的上风侧或全年最小频率风向的下风侧。所谓风向频率是在一定时间内，各种风向出现的次数占所有观察次数的百分比，用下式表示：

$$风向频率=\frac{该风向出现次数}{各种风向的出现次数}\times 100\%$$

e. 车库、仓库、堆场等布置在邻近生产区的货运出入口及主干道附近，应避免人、物流交叉，并使厂区内外运输短捷顺直；

f. 锅炉房、冷冻站、机修、水站、配电等严重空气噪声及电污染源布置在厂区主导风向的下风侧；

g. 动物房的设置应符合《实验动物管理条例》等有关规定，布置在僻静处，并有专用的排污和空调设施；

h. 危险品库应设于厂区安全位置，并有防冻、降温、消防等措施，麻醉产品、剧毒药品应设专用仓库，并有防盗措施；

i. 考虑工厂建筑群体的空间处理及绿化环境布置，符合当地城镇规划要求；

j. 考虑企业发展需要，留有余地（即发展预留生产区），使近期建设与远期的发展相结合，以近期为主。

工厂布置设计的合理性很重要，在一定程度上给生产及生产管理、产品质量、质量检验工作带来方便和保证。目前国内不少中小制剂药厂都采用大块式组合式布置，这种布局方式能满足生产并缩短生产工序的路线，方便管理和提高工效，节约用地并能将零星的间隙地合并成较大面积的绿化区。

② 有适当的建筑物及构筑物布置　药厂的建筑物及构筑物系指其车间、辅助生产设施及行政、生活用房等。进行建筑物及构筑物布置时，应考虑以下几个方面：

a. 提高建筑系数、土地利用系数及容积率，节约建设用地。为满足卫生及防火要求，药物制剂厂的建筑系数及土地利用系数都较低。设计中，以保证药品生产工艺技术及质量为前提，合理地提高建筑系数、土地利用系数和容积率，对节约建设用地、减少项目投资有很大意义。

厂房集中布置或车间合并是提高建筑系数及土地利用系数的有效措施之一。例如，生产性质相近的水针车间及大输液车间，对洁净、卫生、防火要求相近，可合并在一座楼房内分层（区）生产；片剂、胶囊剂、散剂等固体制剂加工有相近的过程，可按中药、西药类别合并在一层楼层（区）生产。总之，只要符合GMP规范要求和技术经济合理，尽可能将建筑物、构筑物加以合并。

设置多层建筑厂房是提高容积率的主要途径。一般可以根据药品生产性质和使用功能，将生产车间组成综合制剂厂房，并按产品特性进行合理分区。例如，在建一个中、西药（其中有头孢类抗生素）制剂厂房，当产品剂型有口服液、外洗剂、固体制剂和粉针剂时，可以按二层建筑进行厂房设计。将中、西药口服液、外洗剂及其配套的制瓶车间布置在综合制剂生产厂房一层；中、西药和头孢类药物固体制剂以及粉针车间布置在生产厂房二层。采用这种方式布局，一方面使制瓶机、制盖机等较为重大的设备布置在底层，利于降低土建造价，另一方面可以将使用有机溶剂的工艺设备和产生粉尘的房间布置在二层，有利于防火防爆处理和减轻粉尘交叉污染，同时也有利于固体制剂车间和粉针车间对相对湿度进行控制。与建成单层单体建筑厂房相比，二层建筑布置大大提高了土地利用系数和建筑容积率。

因此，在占地面积已经规定的条件下，需要根据生产规模考虑厂房的层数。现代化制剂厂以单层厂房较为理想，例如国外各制剂厂房的设计套中分采用单层大跨度、无窗厂房。

b. 确定药厂各部分建筑的分配比例。GMP 对厂房设计的常规要求：厂房占厂区总面积：15%；生产车间占建筑总面积：30%；库房占总建筑面积：30%；管理及服务部门占总建筑面积：15%；其他占总建筑面积：10%。

③ 有协调的人流、物流途径　掌握人、货（物）分流原则，在厂区设置人流入口和物流入口。人流与货流的方向最好进行相反布置，并将货运出入口与工厂主要出入口分开，以消除彼此的交叉。货运量较大的仓库，堆场应布置在靠近货运大门。车间货物出入口与门厅分开，以免与人流交叉。在防止污染的前提下，应使人流和物流的交通路线尽可能径直、短捷、通畅，避免交叉和重叠。生产负荷中心靠近水、电、气（汽）、冷供应源；有流顺和短捷的生产作业线，使各种物料的输送距离小，减少介质输送距离和耗损；原材料、半成品存放区与生产区的距离要尽量缩短，以减少途中污染。

④ 有周密的工程管线综合布置　药厂涉及的工程管线，主要有生产和生活用的上下水管道、热力管道、压缩空气管道、冷冻管道及生产用的动力管道、物料管道等，另外还有通信、广播、照明、动力等各种电线电缆。进行总图布置时要综合考虑。一般要求管线之间、管线与建筑物、构筑物之间尽量相互协调，方便施工，安全生产，便于检修。

药厂管线的铺设，有技术夹层、技术夹道或技术竖井布置法，地下埋入法，地下综合管沟法和架空法等几种方式。

⑤ 有较好的绿化布置　按照生产区、行政区、生活区和辅助区的功能要求，规划一定面积的绿化带，在各建（构）筑物四周空地及预留场地布置绿化，使绿化面积最好达 50% 以上。绿化以种植草坪为主，辅以常绿灌木和乔木，这样可以减少露土面积，利于保护生态环境，净化空气。厂区道路两旁植上常青的行道树，不能绿化的道路应铺成不起尘的水泥地面，杜绝尘土飞扬。

（2）安全要求　药厂生产使用的有机溶剂、液化石油气等易燃易爆危险品，厂区布置应充分考虑安全布局，严格遵守防火等安全规范和标准的有关规定，重点是防止火灾和爆炸事故的发生。

① 根据生产使用物质的火灾危险性、建筑物的耐火等级、建筑面积、建筑层数等因素确定建筑物的防火间距。

② 油罐区、危险品库应布置在厂区的安全地带，生产车间污染及使用液化气、氮、氧气和回收有机溶剂（如乙醇蒸馏）时，则将它们布置在邻近生产区域的单层防火、防爆厂房内。

（3）发展规划要求

药物制剂厂的厂区布置要能较好地适应工厂的近、远期规划，留有一定的发展余地。在设计上既要适当考虑工厂的发展远景和标准提高的可能，又要注意今后扩建时不致影响生产以及扩大生产规模的灵活性。

综上所述，药厂总图布置设计一是遵照项目规划要求，充分考虑厂址周边环境，做到功能分区明确，人、物分流，合理用地，尽量增大绿化面积；二是满足工艺生产要求，做到分区明确，人物分流，交通便捷。平面布置符合《建筑设计防火规范》（GB 50016—2014）和GMP的要求。建筑立面设计简洁、明快、大方，充分体现医药行业卫生、洁净的特点和现代化制剂厂房的建筑风格。

总之，工厂总图布置由于需要条件多，不可能全部满足。因此，需要有丰富的科学知识，足够的工程经验和较高的政策水平，才能编制出合理的工厂总布置图。图6-4是某综合

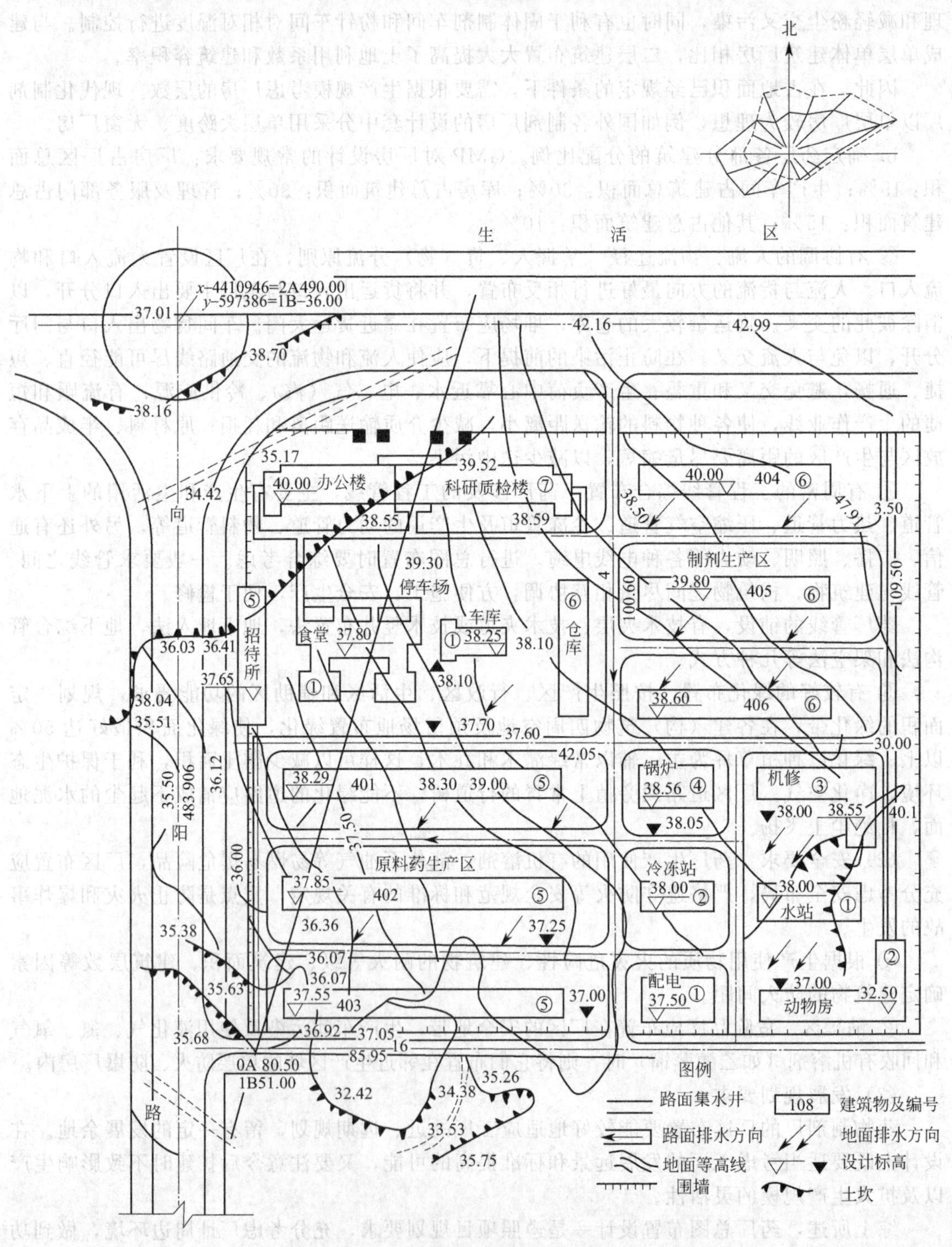

图6-4 某制药厂总平面布置图

制药厂的总平面布置图，分析这个总平面图，对于体会总平面设计中应考虑的问题是有益的。

4. 总图布置设计成果

(1) 设计图纸　鸟瞰图（根据项目要求可缺项），区域布置图；总平面图；竖向布置图；管道综合布置图；道路、排水沟、挡土墙等标准横断面图，土石方作业图（内部作业）等。

(2) 设计表格　总平面布置的主要技术经济指标和工程量表；设备表；材料表。

第二节 工艺流程设计

工艺流程设计一般包括试验工艺流程设计和生产工艺流程设计。本节讨论的主要是生产工艺流程设计。

生产工艺流程设计的目的是通过图解的形式，表示出在生产过程中，由原、辅料制得成品过程中物料和能量发生的变化及流向，以及表示出生产中采用哪些药物制剂加工过程及设备（主要是物理过程、物理化学过程及设备），为进一步进行车间布置、管道设计和计量控制设计等提供依据。

由于生产的药物制剂剂型类别和制剂品种不同，一个药物制剂厂通常由若干个生产车间所组成。其中每一个（类）生产车间的生产工段及相应的加工工序不同，完成这些产品生产的设施与设备也有差异，即其车间工艺流程亦不同。因此，只有以车间为单位进行工艺流程设计，才能构成全厂总生产工艺流程图。可以说，车间工艺流程设计是工厂设计的重要组成部分，它主要由制剂工程设计人员担负，是本节要阐述的中心内容。

一、工艺流程设计的重要性、任务和成果

（一）工艺流程设计的重要性

工艺流程设计是在确定的原辅料种类和药物制剂生产技术路线及生产规模基础上进行的，它与本章第四节将要讲述的车间布置设计是决定整个车间基本面貌的关键步骤。

工艺流程设计是车间工艺设计的核心，是车间设计最重要、最基础的设计步骤。车间建设的目的在于生产产品，而产品质量的优劣，经济效益的高低，取决于工艺流程的可靠性、合理性及先进性。而且车间工艺设计的其他项目，如工艺设备设计、车间布置设计和管道布置设计等，均受工艺流程约束，必须满足工艺流程的要求而不能违背。

（二）工艺流程设计的任务

工艺流程设计是工程设计所有设计项目中最先进行的一项设计，但随着车间布置设计及其他专业设计的进展，还要不断地做一些修改和完善，结果几乎是最后完成。在通常的两段式设计即初步设计和施工图设计中，工艺流程设计的任务主要是在初步设计阶段完成。施工图设计阶段只是对初步设计中间审查意见进行修改和完善。因此，工艺流程设计的任务一般包括以下几个方面。

(1) 确定全流程的组成　全流程包括由药物原料、制剂辅料（包括赋形剂、黏合剂、栓剂基质、软膏及硬膏基质、乳化剂、助悬剂、抑菌剂、防腐剂、抗氧剂、稳定剂）、溶剂及包装材料制得合格产品所需的加工工序和单元操作，以及它们之间的顺序和相互联系。流程的形成通过工艺流程图表示，其中加工工序和单元操作表示为制剂设备型式、大小；顺序表示为设备毗邻关系和竖向布置；相互联系表示为物料流向。

(2) 确定工艺流程中工序划分及其对环境的卫生要求（如洁净度级别）。

(3) 确定载能介质的技术规格和流向　制剂工艺常用的载能介质有水、电、汽、冷、气（真空或压缩）等。

(4) 确定生产控制方法　流程设计要确定各加工工序和单元操作的空气洁净度、温度、压力、物料流量、分装、包装量等检测点，显示计（器）和仪表，以及各操作单元之间的控制方法（手动、机械化或自动化）。以保证按产品方案规定的操作条件和参数生产符合质量标准的产品。

(5) 确定安全技术措施　根据生产的开车、停车、正常运转及检修中可能存在的安全问题，制定预防、制止事故的安全技术措施，如报警装置、防毒、防爆、防火、防尘、防噪等措施。

(6) 编写工艺操作规程　根据生产工艺流程图编写生产工艺操作说明书，阐述从原辅料到产品的每一个过程和步骤的具体操作方法。

（三）工艺流程设计的成果

在初步设计阶段，药物制剂工程的工艺流程设计成果有：①工艺流程示意图；②物料流程图；③带控制点的工艺流程图（简称工艺流程图）和工艺操作说明。

施工图设计阶段，设计成果主要是施工图阶段的带控制点工艺流程图即管道仪表流程图（piping and instrument diagram，PID）。它包括工艺管道及仪表流程图和辅助系统管道及仪表流程图。前者是以工艺管道及仪表为主体的流程图，后者的辅助系统包括仪表、空气、惰性气、加热用燃气或燃油、给排水、空气净化等。一般按介质类型分别绘制。对流程简单、设备不多的工程项目可并入工艺管道及仪表流程图中。

工艺流程设计成果，一部分是由工艺流程设计者完成；一部分由其他专业设计人员完成，而由工艺流程设计者表述在工艺流程设计成果中。例如工艺管道及仪表流程图中的制剂设备型式、大小、材料和计量控制仪表等是制药机械设备专业和仪表自控专业等设计人员完成设计，而经工艺流程设计者表达到工艺流程图中。

初步设计阶段带控制点的工艺流程图和施工图阶段的带控制点工艺流程图二者的要求和深度不同，后者是根据初步设计的审查意见，并考虑到施工要求，对初步设计阶段的带控制点工艺流程图进行修改完善而成。两者都要作为正式设计成果编入设计文件中。

二、工艺流程设计的原则

① 按 GMP 要求对不同的药物制剂进行分类的工艺流程设计。如口服固体制剂、栓剂等按常规工艺路线进行设计；外洗液、口服液、注射剂（大输液、小针剂）等按灭菌工艺路线进行设计；粉针剂按无菌工艺路线进行设计等。

② β-内酰胺类药品（包括青霉素类、头孢菌素类）按单独分开的建筑厂房进行工艺流程设计。中药制剂和生化药物制剂涉及中药材的前处理、提取、浓缩（蒸发）以及动物脏器、组织的洗涤或处理等生产操作，按单独设立的前处理车间进行前处理工艺流程设计，不得与其制剂生产工艺流程设计混杂。

③ 其他如避孕药、激素、抗肿瘤药、生产用毒菌种、非生产用毒菌种、生产用细胞与非生产用细胞、强毒与弱毒、死毒与活毒、脱毒前与脱毒后的制品的活疫苗与灭活疫苗、人血液制品、预防制品的剂型及制剂生产按各自的特殊要求进行工艺流程设计。

④ 遵循“三协调”原则，即人流物流协调、工艺流程协调、洁净级别协调，正确划分生产工艺流程中生产区域的洁净级别，按工艺流程合理布置，避免生产流程的迂回、往返和人、物流交叉等。

三、工艺流程设计的基本程序（初步设计）

1. 对选定的生产方法、工艺过程进行工程分析及处理

在确定产品、产品方案（品种、规格、包装方式）、设计规模（年工作日、日工作班次、班生产量）及生产方法的条件下，将产品的生产工艺过程按剂型类别和制剂品种要求划分为若干个工序，确定每一步加工单元操作的生产环境、洁净级别、人净物净措施要求、制剂加工、包装等主要生产工艺设备的工艺技术参数（如单位生产能力、运行温度与压力、能耗、型式、数量）和载能介质的规格条件。这些均为原始信息。

2. 绘制工艺流程示意图（见后述）

3. 绘制物料流程图

在物料计算完成时，开始绘制工艺物料流程图，它为设计审查提供资料，并作为进一步进行定量设计（如设备计算选型）的重要依据，同时为日后生产操作提供参考信息。

4. 绘制带控制点的工艺流程图

在开展上述2、3后，工艺设备的计算与选型即行开始，根据物料流程图和工艺设备设计的结果，结合车间布置设计的工艺管道、工艺辅助设施、工艺过程仪器在线控制及自动化等设计的结果，绘制带控制点工艺流程图。

上述工艺流程设计基本程序可以用图6-5表示。

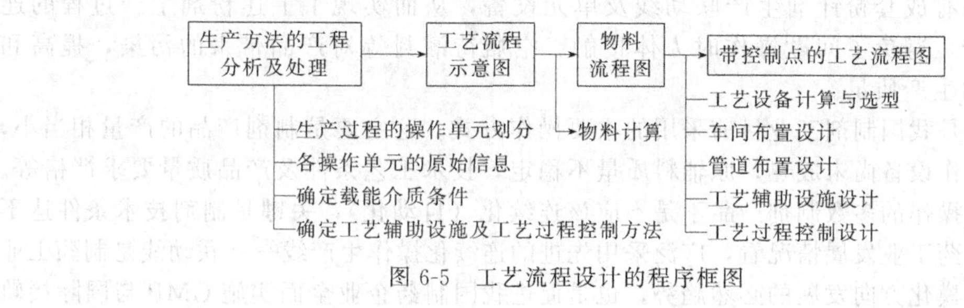

图6-5　工艺流程设计的程序框图

四、工艺流程设计技术方法

（一）工艺流程设计的基本方法——方案比较

1. 方案比较的意义

制剂工业生产中，一个工艺过程往往可以通过多种方法来实现。以片剂的制备为例，固体间的混合有搅拌混合、研磨混合与过筛混合等方法；湿法制粒有三步（混合、制粒、干燥）制粒法和一步制粒法；包衣方法有滚转包衣、流化包衣、压制包衣和埋管喷雾滚转包衣等。工艺设计人员只有根据药物的理化性质和加工要求，对上述各工艺过程方案进行全面的比较和分析，才能产生一个合理的片剂制备工艺流程设计方案。

2. 方案比较的判据

进行方案比较，首先要明确判断依据。制剂工程上常用的判据有药物制剂产品的质量、产品收率、原辅料及包装材料消耗、能量消耗、产品成本、工程投资、环境保护、安全等。制剂工艺流程设计应以采用新技术、提高效率、减少设备、降低投资和设备运行费用等为原则，同时也应综合考虑工艺要求、工厂（车间）所在的地理、气候环境、设备条件和投资能力等因素。

3. 方案比较的前提

进行方案比较的前提是保持药物制剂工艺的原始信息不变。例如，制剂工艺过程的操作参数如单位生产能力、工艺操作温度、压力、生产环境（洁净级别、湿度）等原始信息，设计者是不能变更的。设计者只能采用各种工程手段和方法，保证实现工艺规定的操作参数。

（二）工艺流程设计的技术处理

当生产方法确定后，必须对工艺流程进行技术处理。在考虑工艺流程的技术问题时，应以工业化实施的可行性、可靠性和先进性为基点，综合权衡多种因素，使流程满足生产、经济和安全等诸多方面的要求，实现优质高产、低消耗、低成本、安全等综合目标。应考虑下述主要问题。

1. 操作方式

制剂工业操作方式有连续操作、间歇操作和联合操作。采用哪一种操作方式，要因地制宜。

连续操作具有设备紧凑、生产能力大、操作稳定可靠、易于自动控制、成品质量高、符合 GMP 要求、操作运行费用低等一系列优点。因此，生产量大的产品，只要技术上可能，一般都宜采用连续操作方式。例如一些国家在水针剂生产中，除了灭菌工序外，从洗瓶到灌封以及异物检查到印包都实施了连续化生产操作，大大提高了水针剂生产的技术水平。又如抗生素粉针剂的生产，一般经过如下过程：粉针剂玻璃瓶的清洗、灭菌和干燥→粉针的充填及盖胶塞→轧封铝盖→半成品检查→粘贴标签→装盒装箱。目前，国外许多公司已有成套粉针剂生产联动线及单元设备，从而实现了上述粉剂生产过程的连续自动化生产，避免了间歇操作时人体接触、空瓶待灌封等对产品带来的污染，提高和保证了产品的生产质量。

间歇操作是我国制剂工业目前采用的主要操作方式。这主要是制剂产品的产量相当小，国产化连续操作设备尚未成熟，原辅料质量不稳定，技术工艺条件及产品质量要求严格等。目前采用间歇操作的多数制剂产品不是不应该连续化（自动化），关键是制剂技术条件达不到。从国外制药工业发展情况看，广泛采用先进的连续化操作生产线——联动线是制药工业向专业化、规模化方向发展的必然趋势，也是促进我国制药企业全面实施 GMP 与国际接轨的有效途径。

在不少的情况下，制剂工业采用联合操作即连续操作和间歇操作的联合。这种组合方式比较灵活，在整个生产过程中，可以有大多数过程采用连续操作，而少数过程为间歇操作的组合方式，也可以大多数过程采用间歇操作，少数为连续操作组成方式。例如片剂的制备工艺过程，制粒为间歇式操作，压片、包衣和包装可以采取连续操作方式。

2. 根据生产操作方法，确定主要制剂过程及机械设备

生产操作方法确定以后，工艺设计人员应该以工业化大规模生产的概念来考虑主要制剂过程及机械设备。例如，以间歇式浓配法配制水针剂药液，在实验室操作很简单，只需要玻璃烧杯、玻棒和垂溶漏斗，将原料加入部分溶剂中，加热过滤后再加入剩余溶剂混匀精滤即可。但是这个简单的混合过程在工业化生产中就变得复杂起来，必须考虑下面一系列问题。

① 要有带搅拌装置的配料罐；

② 配制过程是间歇操作，要配置溶剂计量罐。该溶剂若为混合溶剂，情况更复杂；

③ 由车间外供应的原料和溶剂不是连续提供则应考虑输送方式和贮存设备；

④ 用什么方法将溶剂加入溶剂计量罐中，如果采用泵输送，则需配置进料泵；

⑤ 固体原料的加入方法；

⑥ 根据药液的性质及生产规模选择滤器；确定过滤方式是静压、加压或减压；

综上所述，工业化生产中药液的配制工序，至少应确定备有配料罐、溶剂计量罐、溶剂贮槽、进料泵、过滤装置等主要设备。

3. 保持主要设备能力平衡，提高设备的利用率

制剂工业生产中，剂型加工过程是工艺的主体，制剂加工设备及机械是主要设备。在设计时，应保持主要设备的能力平衡，提高设备的利用率。若引进成套生产线，则应根据使用药厂的制剂品种、生产规模、生产能力来选定生产联动线的组成形式和由什么型号的单元设备配套组成，以充分发挥各单元设备的生产能力和保证联动线最佳生产效能。

4. 确定配合主要制剂过程所需的辅助过程及设备

制剂加工和包装的各单元操作（如粉碎、混合、干燥、压片、包衣、充填、配制、灌封、灭菌、贴签、包装等作业）是制剂生产工艺流程的主体，设计时应以单元操作为中心，确定配合完成这些操作所需的辅助设备、公用工程及设施如厂房、设备、介质（水压、压缩空气、惰性气体）及检验方法等，从而建立起完整的生产过程。

例如，包糖衣过程是片剂车间的主要制剂加工过程之一，除了考虑包衣机本身外，尚需考虑：

① 片芯进料方式，人工加料或者机械输送；

② 包衣料液的配制、贮存及加入方式；

③ 包衣锅的动力及鼓风设备；

④ 包衣过程的除尘装置；

⑤ 包衣片的打光处理；

⑥ 操作环境（洁净级别、空气湿度）；

⑦ 包衣设备的清洗保养。

5. 其他

还应考虑如物料的回收、套用、节能、安全；合理地选择质量检测和生产控制方法等问题。

五、工艺流程图

在通常的两段式设计中，初步设计阶段的工艺流程图有工艺流程框图、物料平衡图和带控制点的工艺流程图。

（一）工艺流程框图

工艺流程框图是用来表示生产工艺过程的一种定性的图纸。在生产路线确定后、物料计算前设计给出。

工艺流程框图（参见图 6-11）是用方框和圆框（或椭圆框）分别表示单元过程及物料，以箭头表示物料和载能介质流向，并辅以文字说明来表示制剂生产工艺过程的一种示意图。它是物料计算、设备选型、公用工程（种类、规格、消耗）、车间布置等项工作的基础，需在设计工作中不断进行修改和完善。

（二）物料平衡图

工艺流程示意图完成后，开始进行物料衡算，再将物料衡算结果注释在流程中，即成为物料平衡图。它说明车间内物料组成和物料量的变化，单位以批（日）计（对间歇式操作）或以小时计（对连续式）。从工艺流程框图到物料平衡图，工艺流程就由定性转为定量。物料平衡图是初步设计的成果，需编入初步设计说明书中。

对应于工艺流程框图，物料平衡图亦有两种表示方法：①以方框流程表示单元操作及物料成分和数量；②在工艺流程框图上方列表表示物料组成和量的变化，图中应有设备位号、操作名称、物料成分和数量。对总体工程设计应附总物料平衡图。图 6-6 为以①方式表示的某中药固体制剂车间工艺物料平衡。

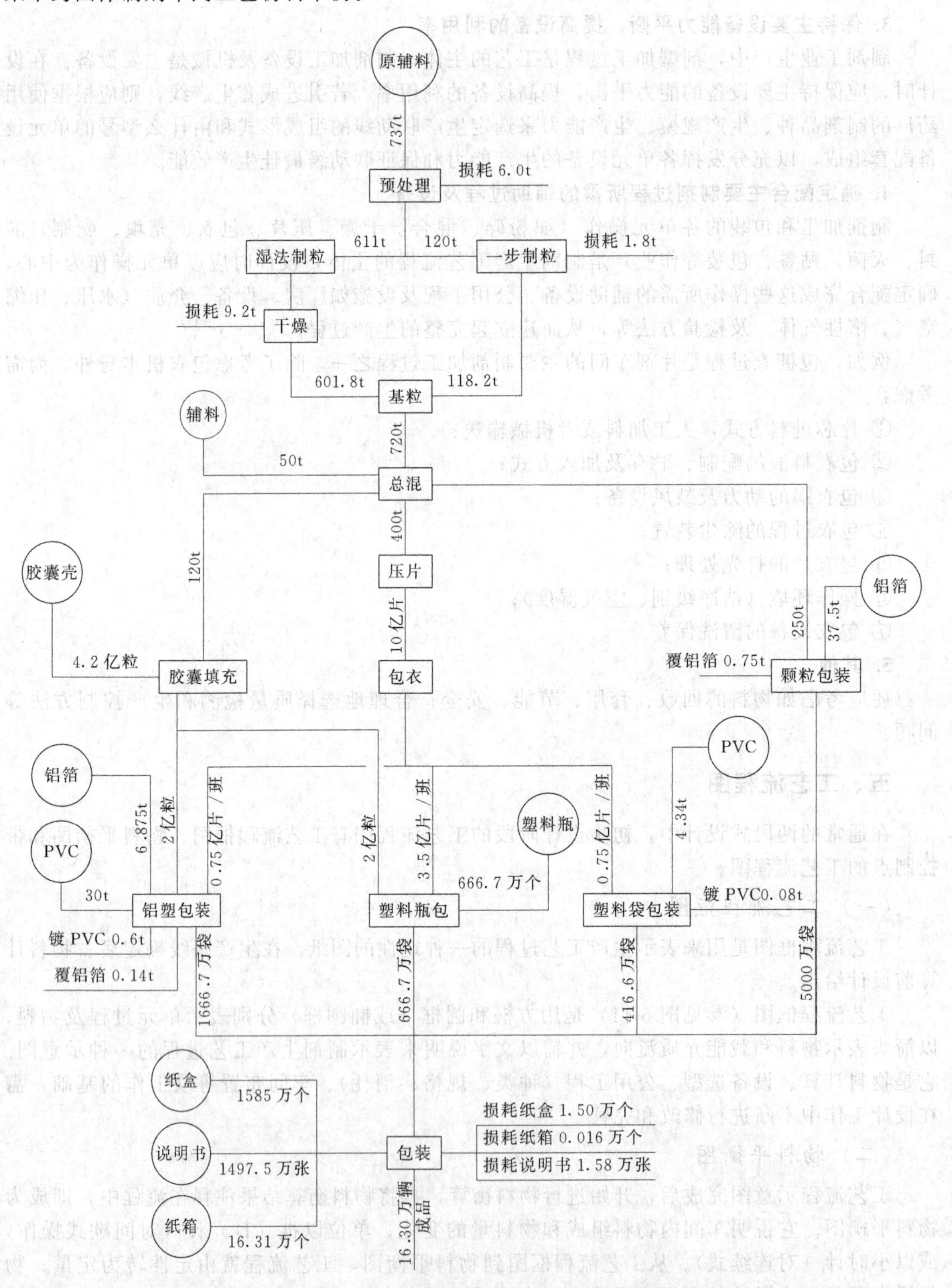

图 6-6　某中药固体制剂车间工艺物料平衡图

注：年工作日 250 天；片剂 5 亿片/年（单班产量），70%瓶包，15%铝塑包装，15%袋装；胶囊 2 亿粒/年（单班产量），50%瓶包，50%铝塑包装，颗粒剂 5000 万袋/年（双班产量）

由图 6-6 可知，①方式表达的物料平衡图中的圆框表示物料及种类，方框表示单元操作名称，在圆（或框）与框之间的物料流向连线上注明物料量。物料平衡图既包括物料由原辅料转变为制剂产品的来龙去脉（路线），又包括原料、辅料及中间体在各单元操作的类别、数量和物料量的变化。在物料平衡图中，整个物料量是平衡的，它为后期的设备计算与选型、车间布置、工艺管道设计等提供计算依据。

（三）带控制点的工艺流程图

带控制点的工艺流程图是指各种物料在一系列设备（及机械）内进行反应（或操作）最后变成所需要产品的流程图。它是在物料流程图给出后，再进行设备设计、车间布置、生产工艺控制方案等确定的基础上绘制，作为设计的正式成果编入初步设计阶段的设计文件中。

药物制剂工程设计带控制点的工艺流程图的绘制，没有统一的规定。从内容上讲，它应由图框、物料流程、图例、设备一览表和图签等组成。现结合某医药设计院对初步设计及施工图设计阶段带控制点的工艺流程图绘制规定并参考有关资料分述如下。

1. 物料流程

（1）物料流程包括的内容　厂房各层地平线及标高和制剂厂房技术夹层高度；设备示意图；设备流程号（位号）；物料及辅助管路（水、汽、真空、压缩空气、惰性气体、冷冻盐水、燃气等）管线及流向；管线上主要的阀门及管件（如阻火器、安全阀、管道过滤器、疏水器、喷射器、防爆膜等）；计量控制仪表（转子流量计、玻璃计量管、压力表、真空表、液面计等）及其测量—控制点和控制方案；必要的文字注释（如半成品的去向、废水、废气及废物的排放量、组分及排放途径等）。

（2）物料流程的画法　物料流程的画法比例是一般采用 1∶100。如设备过小或过大，则比例尺相应采用 1∶50 或 1∶200。

物料流程的画法采用由左至右展开式，步骤如下：

a. 先将各层地平线用细双线画出。

b. 将设备示意图按厂房中布置的高低位置用细线条画上，而平面位置采用自左至右展开式，设备之间留有一定的间隔距离。

c. 用粗线条画出物料流程管线并标注物料流向箭头。

d. 将动力管线（水、汽、真空、压缩空气管线）用细线条画出，并画上流向箭头。

e. 画上设备和管道上必要附件、计量-控制仪表以及管道上的主要阀门等。

f. 标上设备流程号及辅助线。

g. 最后加上必要的文字注解。

2. 图例

图例是将物料流程中画出的有关管线、阀门、设备附件、计量-控制仪表等图形用文字予以对照表示。

在工艺管道流程图上应尽可能地应用相应的图例、代号及符号表示有关的制药机械设备、管线、阀门、计量件及仪表等，这些符号必须与同一设计中的其他部分（如布置图、说明书等）相一致。为方便绘图使用，现将制药机械设备分类、代码、型号、外形、位号、数量及大小的表示方法，管件、管道、阀门及附件的表示方法等分述如下。

（1）制药机械设备分类、代码及型号　制药机械分类按国家标准分为八大类，产品型式分类以各大类中机器工作原理、用途或结构型式又分为若干项。制药机械产品分类名称代号及产品型式代号见表 6-3。

表 6-3 制药机械产品分类名称代号及产品型式代号

产品大类名称代号		产品型式代号		举例	
原料药机械及设备	L	反应设备	Y		
		结晶设备	J		
		萃取设备	Q		
		蒸馏设备	U	蒸馏设备	LU
		热交换器	R		
		蒸发设备	N		
		药用干燥设备	A		
		药用筛分机械	F		
		贮存设备	C		
		药用灭菌设备	M		
制剂机械	Z	混合机	H		
		制粒机	L	制粒机	ZL
		压片机	P		
		包衣机	B		
		水针剂机械	A		
		西林瓶粉、水针机械	K		
		大输液剂机械	S		
		硬胶囊剂机械	N		
		软胶囊剂机械	R		
		丸剂机械	W		
		软膏剂机械	G		
		栓剂机械	U		
		口服液剂机械	Y		
		薄膜剂机械	M		
		气雾剂机械	Q		
		滴眼剂机械	D		
		糖浆剂机械	T		
药用粉碎机械	F	齿式粉碎机	Z		
		锤式粉碎机	C		
		刀式粉碎机	D		
		涡轮式粉碎机	L		
		压磨式粉碎机	Y		
		铣削式粉碎机	X		
		气流式粉碎机	Q		
		分粒型粉碎机	F		
		球磨机	M		
		乳钵研磨机	R		
		胶体磨	J	胶体磨	FJ
		代温粉碎机	W		
饮片机械	Y	洗药机	X	洗药机	YX
		润药机	R		
		切药机	Q		
		筛选机	S		
		炒药机	C		
药用纯水设备	S	列管式多效蒸馏水机	L		
		盘管式多效蒸馏水机	P		
		压汽式多效蒸馏水机	Y		
		离子交换设备	H		
		电渗析设备	D	电渗析纯水设备	SD
		反渗析设备	F		

续表

产品大类名称代号		产品型式代号		举例	
药用包装机械	B	药用充填、灌装机	C 或 G		
		药用容器塞、封机	S 或 F		
		药用印字机	Y		
		药用贴标签机	T	药用贴标签机	BT
		药用包装容器成型充填一封口机	X		
		多功能药用瓶装包装机	P		
		联动瓶装包装机	LX		
		药用袋装包装机	D		
		药用盒装包装机	H		
		药用裹包机	B		
		药用捆盒包装机	K		
		药用玻璃包装容器制造机械	Z		
		药用塑料包装容器制造机械	V		
		药用铝管制造机	A		
		空心胶囊制造机械	N		
药用检测设备	J	硬度测定仪	Y		
		溶出试验仪	R		
		除气仪	Q		
		崩解仪	B	崩解机	JB
		栓剂崩解器	U		
		脆碎机	C		
		检片机	N		
		金属检测仪	J		
		冻力仪	D		
		安瓿注射液异物检查机	A		
		玻璃输液瓶异物检查机	S		
		塑料瓶输液检漏器	L		
		铝塑泡罩包装检测器	P		
制药辅助设备	Q	移动式局部层流装置	J		
		就地清洗、灭菌设备	M		
		理瓶机	L	理瓶机	QL
		输瓶机	S		
		垂直输箱机	U		
		送料装置	N		
		升降机	X		
		专用推车	T		
		打喷印装置	Y		
		说明书折叠机	Z		
		充气装置	C		
		振动落盖装置	E		
		揿盖装置	G		

制药机械的产品功能及特征代号以其有代表性的汉字的首位拼音字母（大写）表示；由1～2个符号组成，主要用于区别同一种类型产品的不同型式。如只有一种型式此项可省略。例如异形旋转压片机代号为ZPY。

产品的主要参数有生产能力、面积、容积、机械规格、包装尺寸、适应规格等。一般以阿拉伯数字表示。当需表示两组及以上参数时，用斜线隔开。

改进设计顺序号以A，B，C…表示，第一次设计的产品不编顺序号。

举例如下：

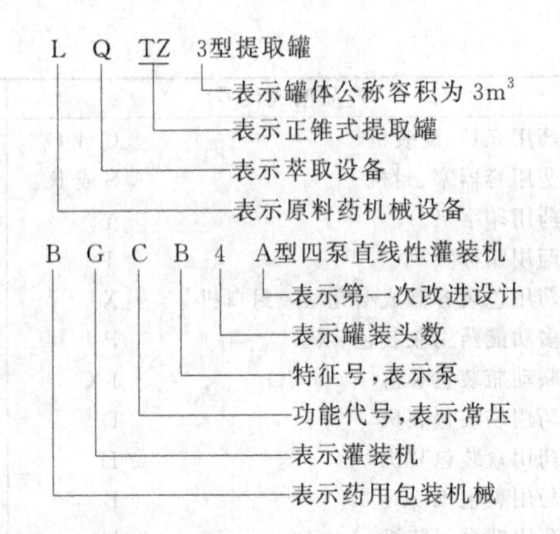

(2) 制药设备外形、位号、数量、大小表示方法

a. 设备外形表示　设备外形应与设备实际外形或制造图的主面视图相似，按设计规定绘制。未规定的图形可根据实际外形和内部结构特征按象形法用细线条绘制。设备上管道接头、支脚、支架一律不表示。表 6-4 为工艺流程中设备与机器图例。

表 6-4　工艺流程中设备与机器图例（摘录[①]）

设备类别	代号	图例
制药辅助设备	Q	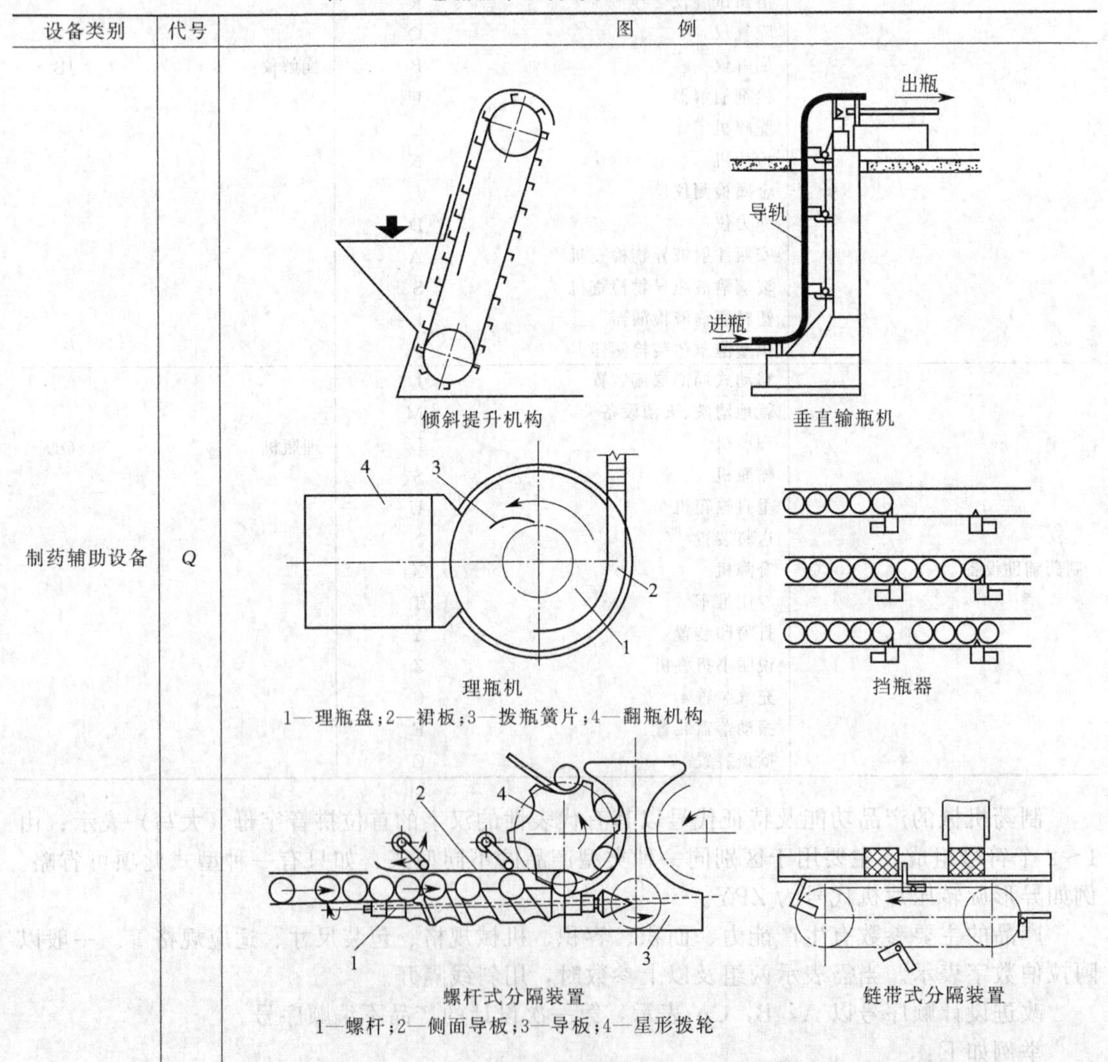倾斜提升机构　垂直输瓶机 理瓶机 1—理瓶盘；2—裙板；3—拨瓶簧片；4—翻瓶机构 挡瓶器 螺杆式分隔装置 1—螺杆；2—侧面导板；3—导板；4—星形拨轮 链带式分隔装置

续表

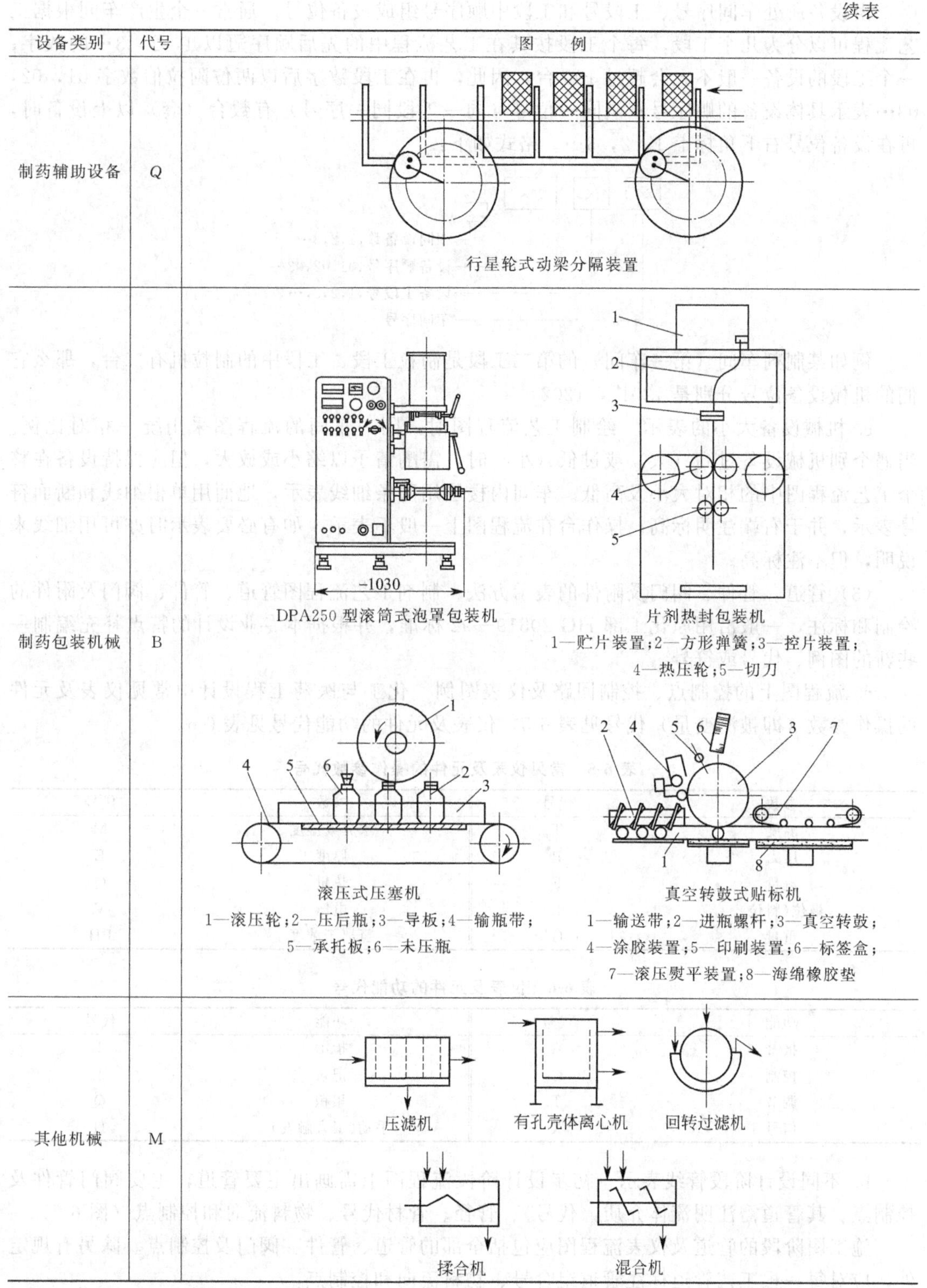

设备类别	代号	图　例
制药辅助设备	Q	行星轮式动梁分隔装置
制药包装机械	B	DPA250 型滚筒式泡罩包装机 片剂热封包装机 1—贮片装置；2—方形弹簧；3—控片装置；4—热压轮；5—切刀 滚压式压塞机 1—滚压轮；2—压后瓶；3—导板；4—输瓶带；5—承托板；6—未压瓶 真空转鼓式贴标机 1—输送带；2—进瓶螺杆；3—真空转鼓；4—涂胶装置；5—印刷装置；6—标签盒；7—滚压熨平装置；8—海绵橡胶垫
其他机械	M	压滤机　有孔壳体离心机　回转过滤机 揉合机　混合机

① 摘自化学工业部标准（HG 20519—92）及相关制药机械手册。

b. 设备位号、数量的表示　在工艺流程图中，每台机械设备可以按其所在的车间、工段及工段中的先后顺序标注其序号，这种序号即为设备位号。现列举一种编法如下。

由设备所处车间序号、工段号和工段中顺序号组成设备位号。通常一个生产车间根据工艺流程可以分为几个工段，每个工段按其在工艺流程中的先后顺序冠以1，2，3…的数字；一个工段的设备一般不大会超过100台，因此，再在工段数字后以两位阿拉伯数字01，02，03…表示具体设备的顺序号；当同一位号（同一工段同一序号）有数台（套）以上设备时，再在设备位号右下角标上1，2，3…。格式如下：

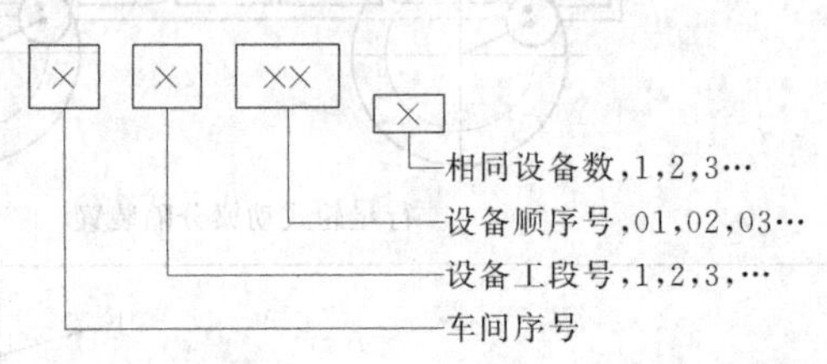

例如某制剂车间（第一车间）的第二工段是制粒工段，工段中的制粒机有二台，那么它们的机械设备位号分别是1201_1，1202_2。

c. 机械设备大小的表示　绘制工艺流程图时，同一车间的流程图采用统一相对比例。当遇个别机械设备过高（大）或过低（小）时，需酌情予以缩小或放大，但应保持设备在整个工艺流程图中的相对大小及高低。车间内楼层用两条细线表示，地面用单根细线和断面符号表示，并于右端注明标高。操作台在流程图上一般不表示，如有必要表示时亦可用细线来说明，但不注标高。

（3）管道、管件、阀门及附件的表示方法　制剂工艺流程图管道、管件、阀门及附件的绘制和标注，一般沿用原化工部HG 20519—92标准，并根据本专业设计的特点补充编制一些新的图例、代号或符号。

a. 流程图上的控制点、控制回路及仪表图例　化工与医药工程设计中常见仪表及元件的操作参数（即被测变量）代号见表6-5，仪表及元件的功能代号见表6-6。

表6-5　常见仪表及元件的操作参数代号

参数	代号	参数	代号
温度	T	水分或湿度	M
压力	P	厚度	E
流量	F	热量	Q
液位(料位)	L	电压	V
重量	G	氢离子浓度	PH

表6-6　仪表及元件的功能代号

功能	代号	功能	代号
报警	A	指示	I
控制	C	记录	J
调节	T	累积	Q
信号	X	手动(工人触发)	H

b. 不同设计阶段管线表示　初步设计阶段流程图上需画出主要管道，主要阀门管件及控制点。其管道需注明流体介质（代号）、管径、管材代号、物料流向和控制点（图6-7）。

施工图阶段的管道及仪表流程图应包括全部的管道、管件、阀门及控制点。除另有规定外，应对每一根工艺管道标注管道组合号、物料流向和控制点。

管道的组合号由下列六个单元组成（图6-8）：

管道组合号的标注有两种方式。一般是标注在管道的上方，也可将管道号、管径、管道等级和隔热（声）分别标注在管道的上下方。

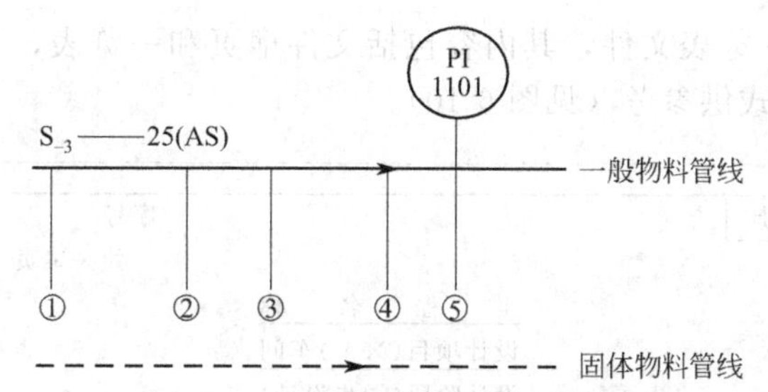

图 6-7　初步设计流程图管线表示举例

①流体代号；②管径（mm）用公称直径表示；③管材代号；

④物料流向；⑤（控制点）仪表符号（PI 即压力指示）

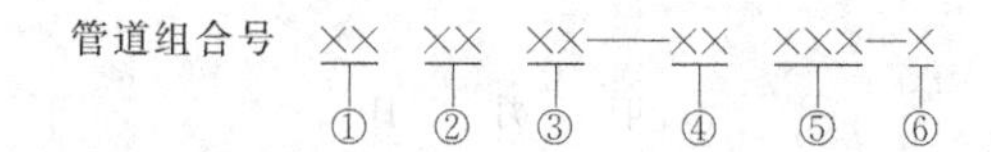

图 6-8　管道组合号组成单元

①物料代号；②主项编号，按工程规定的主项编号填写；③管道顺序号；

①、②、③三个单位组成管道号（管段号）；④管径，以 mm 为单位，

只注数字，不注单位；也可直接填写管子的外径×壁厚；⑤管道等级，

包括公称压力和管材；⑥隔热或隔声代号，可缺项或省略

3. 设备一览表

设备一览表的作用是表示出工艺流程图中所有工艺设备及与工艺有关的辅助设备的序号、位号、名称、技术、规格、操作条件、材质、容积或面积、附件、数量、重量、价格、来源、保温或隔热（声）等。设备一览表的表示方法有以下两种：

① 将设备一览表直接列置在工艺流程图图签的上方，由下往上写，如图 6-9 所示。

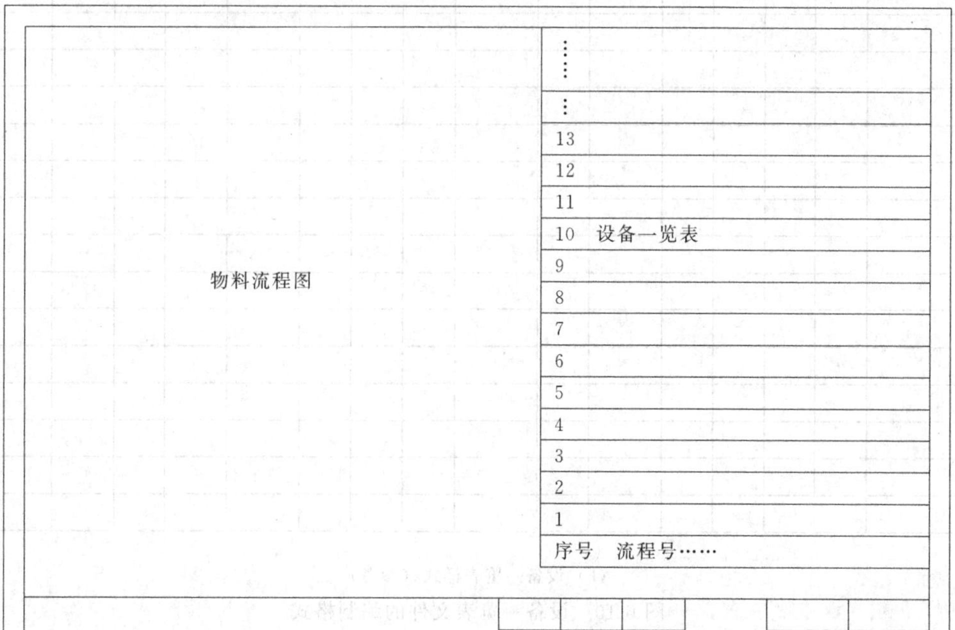

物料流程图

⋮

⋮

13

12

11

10　设备一览表

9

8

7

6

5

4

3

2

1

序号　流程号……

图签

图 6-9　设备一览表、图签在工艺流程图中的布置示意图

② 单独编制设备一览表文件，其内容包括文件扉页和一览表，现列述某医药设计院设备一览表文件的编制格式供参考（见图6-10）。

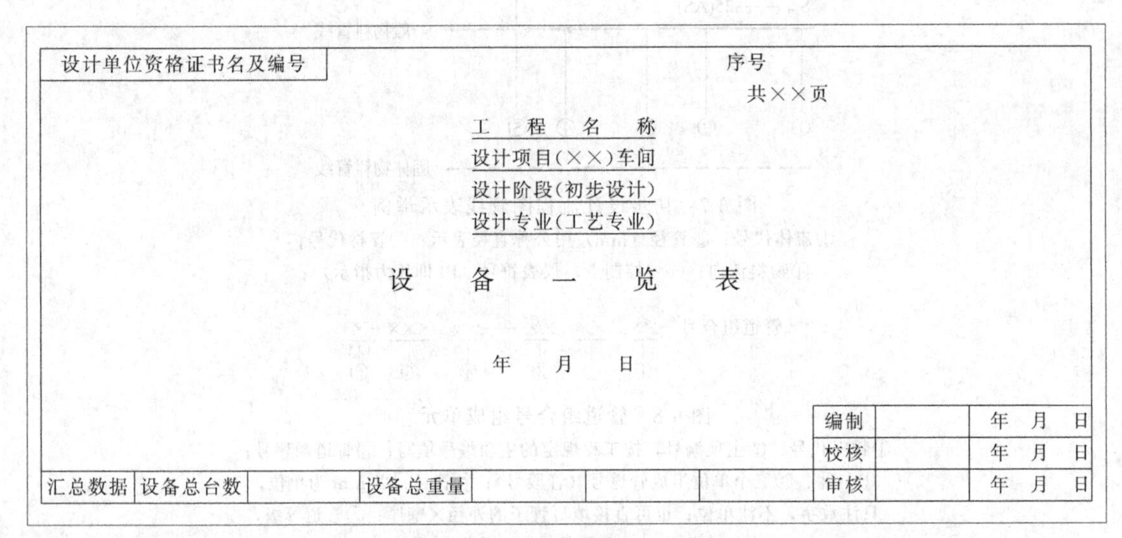
设计单位资格证书名及编号

序号
共××页

工　程　名　称
设计项目(××)车间
设计阶段(初步设计)
设计专业(工艺专业)

设　备　一　览　表

年　月　日

编制		年　月　日
校核		年　月　日
审核		年　月　日

汇总数据	设备总台数		设备总重量	

(a) 设备一览表扉页样式（参考）

设计单位	工程名称		设备一览表	编制		年　月　日	图号
	设计项目	×××车间(××工段)		校核		年　月　日	
	设计阶段	初步设计		审核		年　月　日	工程号

序号	流程图位号	设备名称	型号规格	操作条件			材料	容积(m^3)或面积(m^2)	附件	数量(台)	单位(kg)	单价(元)	复用或设计	图纸图号	保温		备注
				主要介质	温度℃	压力(MPa)									材料	厚度(mm)	

(b) 设备一览表样式（参考）

图6-10　设备一览表文件的编制格式

4. 图签

图签是将图名、设计单位，设计工程及项目名称、设计人、校核人与审核人、设计阶段、图纸比例、图号、设计日期等以表格的方式给出。

图签一般置于工艺流程图的右下角，若设备一览表亦在流程图中表示时，其长度应和图签的长度取齐，以使整齐美观（图 6-10）。

5. 图框

是采用粗线条，给整个流程图以框界。

（四）生产工艺流程框图举例

1. 胶囊剂生产工艺流程框图

胶囊剂包括硬胶囊剂和软胶囊剂。二者生产工艺的主要区别在于：硬胶囊剂是将固体、半固体或液体药物由自动化胶囊灌装机灌装于胶壳中而成；软胶囊剂则是在成囊的胶皮中加入一定量的甘油增塑，使囊壳具有较大的弹性，然后将液体或半固体药物以压制法或滴制法充填于软胶囊壳中。下面仅以硬胶囊剂生产工艺流程框图（图 6-11）举例。

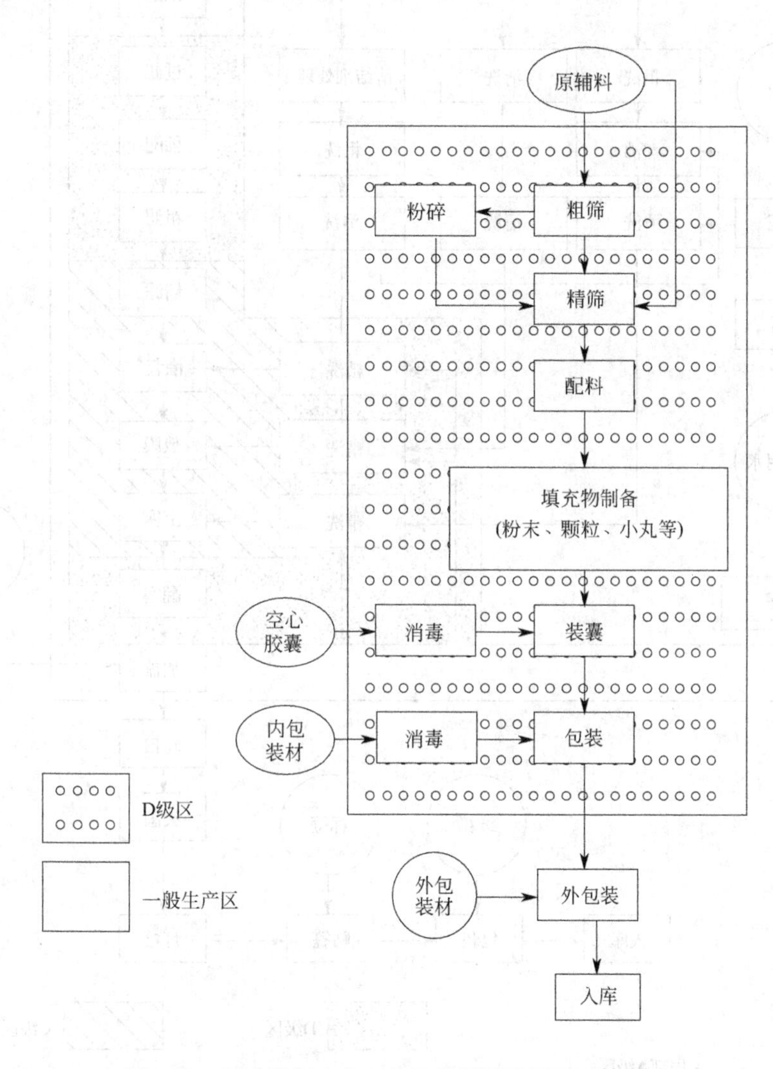

图 6-11　硬胶囊剂生产工艺流程框图及环境区域划分

2. 最终灭菌大容量注射液工艺流程框图

大容量注射液系指一次给药在 100mL 以上，借助静脉滴注方式进入体内的大剂量注射液，又称输液、补液、大型输液。由于其用量大又直接进入血液，故质量要求较高，生产工艺及洁净度级别要求与可灭菌小容量注射液有不同，它包括输液剂的容器及附件（输液瓶或塑料输液袋、橡胶塞、衬垫薄膜、铝盖）的处理，配液、过滤、灌封、灭菌、质检、包装等工序（图 6-12）。

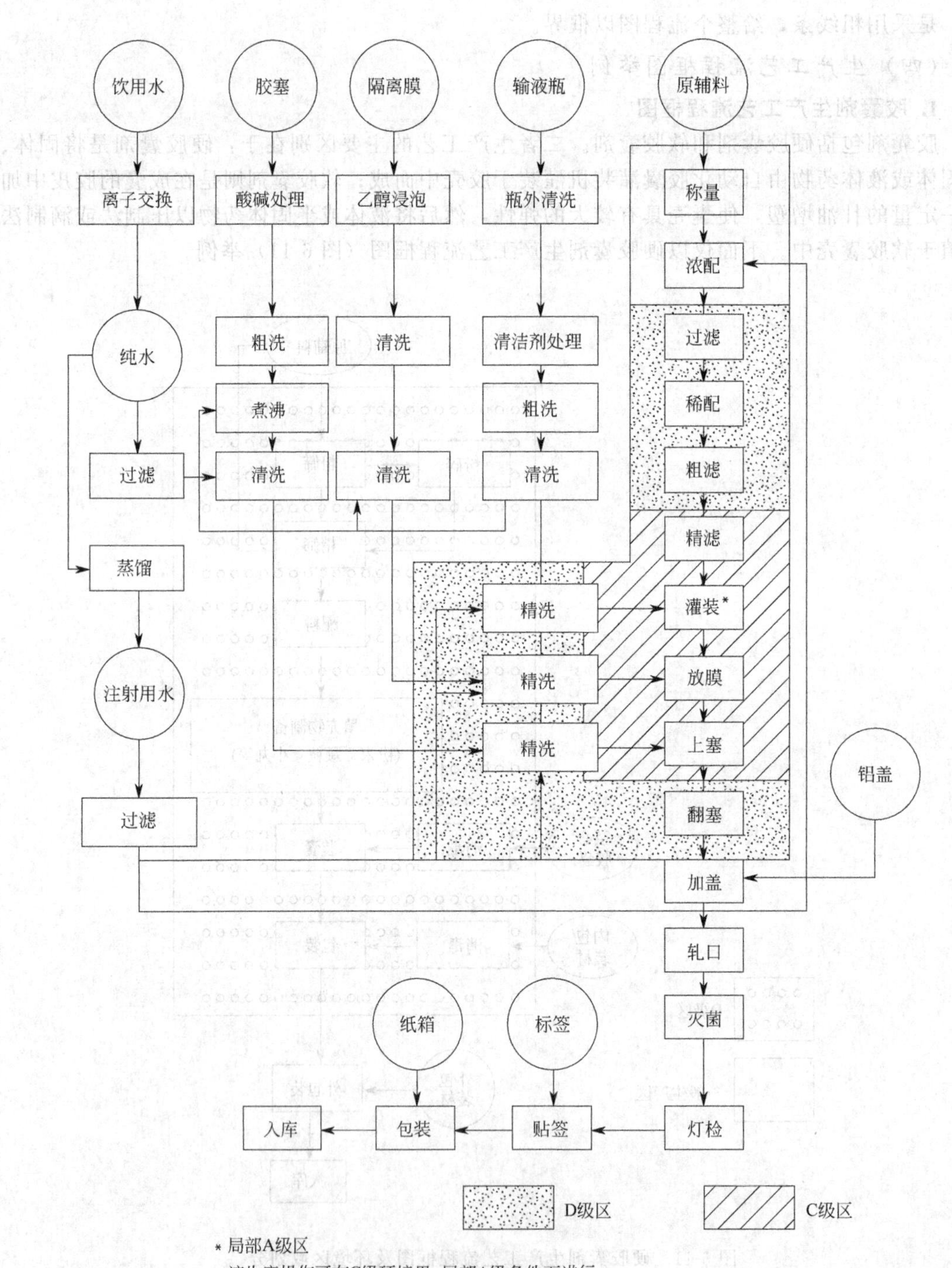

图 6-12　可灭菌大容量注射液工艺流程方框图及环境区域划分

3. 冻干剂生产工艺流程框图

冻干剂是利用冻结真空干燥工艺使药物以多孔疏松固态的方式长期保存的一种制剂，主要用于生化制品（如血浆、血清、激素、疫苗等）和不稳定抗生素的生产（图 6-13）。

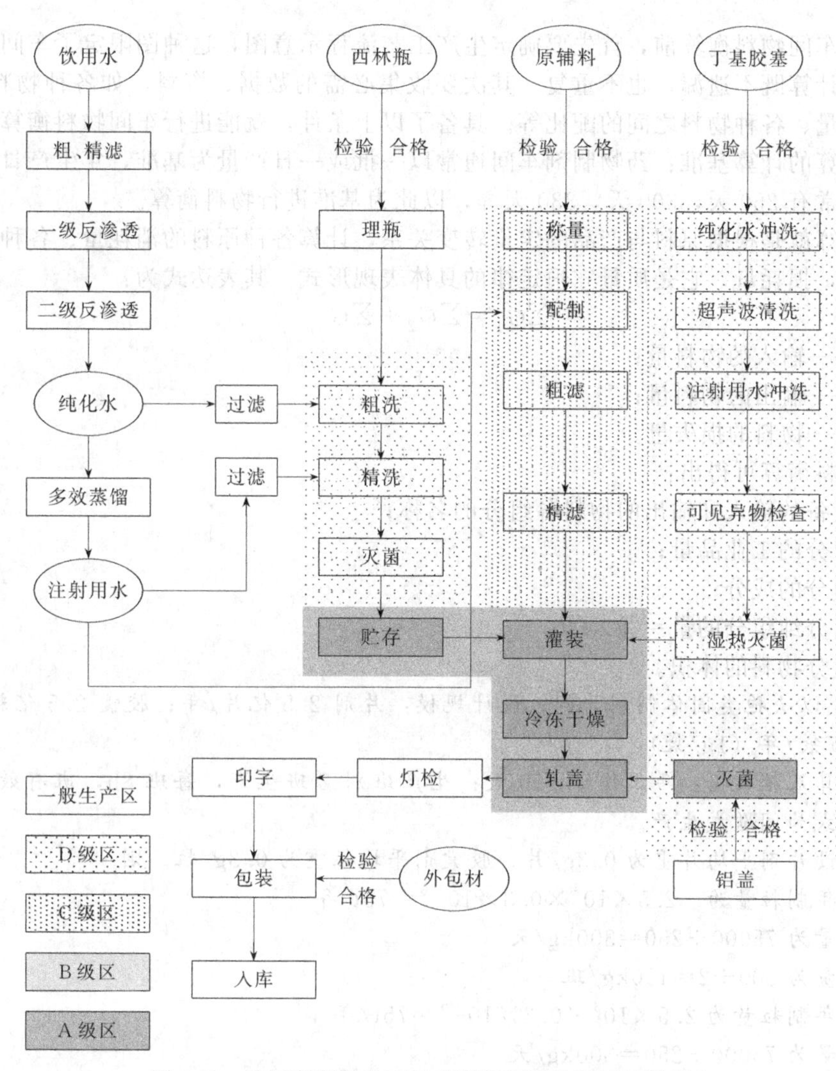

图 6-13　冻干制剂的生产工艺流程框图及环境区域划分

第三节　制剂工程计算

一、物料衡算

物料衡算是医药工艺设计的基础，根据所需要设计项目的年产量，通过对全过程或者单元反应与操作进行物料衡算，可以得到单耗［生产 1kg 产品所需要消耗的原料的质量 (kg)］、副产品量、输出过程中物料损耗量以及“三废”生成量等。在制剂生产工艺流程确定并绘制流程示意图以后，就可做产品的物料衡算。通过衡算，使设计由定性转向定量。物料衡算是车间工艺设计中最先进行并完成的一个计算项目，其结果是车间热量衡算、设备工艺设计与选型、进行车间设备布置设计和管路设计等各种设计的依据。因此，物料衡算结果的正确与否将直接关系到工艺设计的可靠程度。为使物料衡算能正确客观地反映出生产实际状况，除对生产过程要作全面而深入了解外，还必须有一套科学、系统而严密规范的分析、求解方法。

在进行车间物料衡算前，首先要确定生产工艺流程示意图，这种图限定了车间的物料衡算范围，使计算既不遗漏，也不重复。其次要收集必需的数据、资料，如各种物料的名称、组成及其含量、各种物料之间的配比等。具备了以上条件，就能进行车间物料衡算。

物料衡算的计算基准：药物制剂车间通常以一批或一日产量为基准，年生产日视具体情况而定，通常有250天，300天，330天等，以此为基准进行物料衡算。

物料衡算就是根据原料与产品的定量转变关系，计算各种原料的消耗量、各种车间产品及副产品量，损耗量，它是质量守恒定律的具体表现形式。其表达式为：

$$\sum G_1 = \sum G_2 + \sum G_3$$

式中 G_1——输入的物料量；

G_2——输出的物料量；

G_3——物料的损失量。

通过物料衡算可得出：

① 各设备的输入和输出的物料各组分的名称；

② 各组分的工业品量；

③ 各组分的成分；

④ 各组分纯组分的量＝②×③；

⑤ 各组分物料的体积。

例 6-1 以头孢类固体制剂为例，设计规模：片剂 2.5 亿片/年；胶囊 2.5 亿粒/年；颗粒剂 5000 万袋/年（1g/袋）。

已知计算基础数据：年工作日 250 天；生产班别 2 班生产，每班 8h，班有效工时 6～7h。生产方式为间歇式生产。

解 假设片剂平均片重为 0.3g/片，胶囊剂平均粒重为 0.3g/粒。则

片剂的年制粒量为 $2.5\times10^{8}\times0.3\times10^{-6}=75$t/年

日制粒量为 75000÷250＝300kg/天

班制粒量为 300÷2＝150kg/班

胶囊的年制粒量为 $2.5\times10^{8}\times0.3\times10^{-6}=75$t/年

日制粒量为 75000÷250＝300kg/天

班制粒量为 300÷2＝150kg/班

颗粒剂的年制粒量为 $5000\times10^{4}\times1\times10^{-6}=50$t/年

日制粒量为 50000÷250＝200kg/天

班制粒量为 200÷2＝100kg/班

故：班总制粒量为 150＋150＋100＝400kg/班

假设原辅料损耗为 2%，则

年原辅料总耗量(75＋75＋50)÷0.98≈204t/年

二、能量衡算

当物料衡算完成后，即进行车间能量衡算。能量衡算的主要目的是为了确定设备的热负荷。根据设备热负荷的大小、所处理物料的性质及工艺要求再选择传热面型式，计算传热面积，确定设备的主要工艺尺寸。同时，传热所需的加热剂或冷却剂的用量也是以热负荷的大小为依据进行计算的。对已投产的生产车间，进行能量衡算是为了更加合理的用能。通过对一台设备能量平衡测定与计算可以获得设备用能的各种信息，如热利用效率、余热分布情

况、余热回收利用等，进而从技术上、管理上制定出节能措施，以最大限度降低单位产品的能耗。

能量衡算主要依据是能量守恒定律。它是以物料衡算结果为基准而进行的。对于车间工艺设计中的能量衡算，其主要目的是要确定设备的热负荷，所以能量衡算可简化为热量衡算。其热量衡算一般表达式：

$$Q_1+Q_2+Q_3=Q_4+Q_5+Q_6$$

式中　Q_1——物料带到设备中的热量；

Q_2——由加热剂（冷却剂）传给设备和物料的热量（加热时取正值，冷却时取负值）；

Q_3——过程的热效应，它分为化学反应热效应和物理状态变化热效应；

Q_4——物料从设备离开所带走的热量；

Q_5——消耗于加热（冷却）设备和各个部件上的热量；

Q_6——设备向四周散失的热量。

通过上式可计算 Q_2，而关键是求取 Q_3。由 Q_2 进而可计算加热剂或冷却剂的消耗量。

例 6-2　纯水系统采用纯蒸汽灭菌所需的纯蒸汽用量计算。

纯水系统由 $10m^3$ 的立式 304 不锈钢贮罐及长 100m 管径（DN）为 50 的 304 不锈钢管道及输送泵组成，采用 0.3MPa（表压）的纯蒸汽灭菌，灭菌时用卡箍连接的同材质短管代替泵连接管路系统。

已知条件：不锈钢材料的比热容 $C_p=0.12kcal/(kg \cdot ℃)$；$10m^3$ 不锈钢纯水贮罐重量 $m=1900kg$，直径 $D=2400mm$，$H=2000mm$，立式椭圆形封头，贮罐封头表面积 $6.6m^2$；管路系统不保温，灭菌温度 121℃，维持 30min。

求需消耗 0.3MPa 的纯蒸汽的量。

解　先分析管路系统从 20℃（环境温度）升温至 121℃后的传热情况。

① 传入热量　系统内持续通入 0.3MPa 的饱和纯蒸汽，温度 143℃，其焓值 $H_1=654.9kcal/kg$，121℃水的焓值 $H_2=121.3kcal/kg$，143℃饱和纯蒸汽转化为 121℃的水的焓变为 533.6kcal/kg，设通入纯蒸汽量为 G_1。

② 传出热量　管路系统通过热传导散热量 Q_1。

$$Q_1=KA\Delta t$$

查《化工工艺设计手册》(化学工业出版社，2009) 取 $K=30kcal/(m^2 \cdot h \cdot ℃)$；

A 为 $10m^3$ 贮罐及 100m 管道的外表面积之和；

贮罐表面积：$A_1=\pi DH+2\times(\text{封头表面积})\approx 3.14\times 2.4\times 2+2\times 6.60\approx 28.3m^2$

管道表面积：$A_2=\pi dL=3.14\times 0.05\times 100=15.7m^2$

$$\Delta t=121℃-20℃=101℃$$

所以　$$Q_1=30\times(28.3+15.7)\times 101=133320kcal/h$$

管路系统内表面温度为 121℃时，假设外表面温度近似为 121℃，其辐射热为 Q_2。

将管路系统近似看成黑体，其最大辐射热：

$$Q_2=C_0\left(\frac{T}{100}\right)^4 A$$

$$=5.67\times\left(\frac{121+273}{100}\right)^4\times(28.3+15.7)$$

$$=60120.2W=60120.2J/s\approx 51943.9kcal/h$$

③ 排放活蒸汽的量 G_2　采用纯蒸汽灭菌时，各使用点及贮罐需分别打开阀门排气以达到活蒸汽灭菌的目的，假设每次同时排气点为 2 个，排气管内径（DN）10，蒸汽流速

20m/s，蒸汽密度2.12kg/m^3。蒸汽排放量：

$$G_2=2\times\frac{\pi}{4}d^2\rho u=2\times0.785\times0.01^2\times20\times2.12\times3600\approx24\text{kg/h}$$

根据能量守恒定律，达到灭菌稳态时通入蒸汽量G_1用于克服热损失，则

$$G_1\Delta H=Q_1+Q_2;\ G_1=\frac{Q_1+Q_2}{\Delta H}=\frac{133320+51943.9}{533.6}=347.2\text{kg/h}$$

因此灭菌达到稳态时纯蒸汽耗量：347.2+24=371.2kg/h

再来分析纯水系统从20℃升温至121℃时的传热情况，这是一个非稳态过程，由于升温时间可以调节，可以通过适当延长通入纯蒸汽的时间来达到。整个管路系统从20℃升温至121℃所需吸收的总能量$Q=CM\Delta t$，贮罐重量$m_1=1900$kg。

假设管道壁厚为2.0，其单重为3.5kg/m，则管路系统重量$m_2=100\times3.5=350$kg，则

$$Q=0.12\times(1900+350)\times(121-20)=27270\text{kcal}$$

其热量相当于蒸汽量：$\frac{27270}{533.6}=51.1$kg

该数值与维持稳态灭菌时蒸汽消耗量371.2kg/h相比相对较小，因此保证蒸汽流量为371.2kg/h时可满足该管路系统灭菌要求。

实际生产中，纯化水系统一般采用80℃热水循环的巴氏消毒法，仅注射水系统考虑采用纯蒸汽消毒，而注射水系统均为保温系统，灭菌时热损失较小，所消耗的纯蒸汽量也较小。

三、工艺设备设计、选型与安装

工艺设备设计、选型与安装是工程计算的重要内容，所有的生产工艺都必须有相应的生产设备，同时所有的生产设备都是根据生产工艺要求而设计选择确定的。所以设备的设计与选型是在生产工艺确定以后以物料衡算和热量衡算为基础进行的。

用于制药工艺生产过程的设备称为制药工艺设备，包括制药专用设备和非制药专用设备。按GB/T 15692可将制药设备分为以下八类：①原料药设备及机械；②制剂机械；③药用粉碎机械；④饮片机械；⑤制药用水设备；⑥药品包装机械；⑦药物检测设备；⑧制药辅助设备。

制药设备还可分为机械设备和化工设备两大类，一般说来，药物制剂生产以机械设备为主（大部分为专用设备），化工设备为辅。目前制剂生产剂型有片剂、水针剂、粉针剂、胶囊剂、颗粒剂、口服液、栓剂、膜剂、软膏、糖浆等多种剂型，每生产一种剂型都需要一套专用生产设备。

制剂专用设备又有两种形式：一种是单机生产，由操作者衔接和运送物料，使整个生产完成，如片剂、冲剂等基本上是这种生产形式，其生产规模可大可小，比较灵活，容易掌握，但受人的影响因素较大，效率较低；另一种是联动生产线（或自动化生产线），基本上是将原料和包装材料加入，通过机械加工、传送和控制，完成生产，如输液、粉针等，其生产规模较大，效率高，但操作、维修技术要求较高，对原材料、包装材料质量要求高，一处出毛病就会影响整个联动线的生产。

（1）工艺设备设计与选型的任务

① 确定单元操作所用设备的类型；

② 根据工艺的要求决定所有工艺设备的材料；

③ 确定标准设备的型号或牌号以及台数；

④ 对于已有标准图纸的设备，确定标准图的图号和型号；

⑤ 对于非定型设备，通过设计与计算，确定设备的主要结构及其主要工艺尺寸，提出设备设计条件单；

⑥ 编制工艺设备一览表。

当设备选择与设计工作完成后，将该成果按定型设备和非定型设备编制设备一览表（设备一览表的格式如表 6-7 所示），作为设计说明书的组成部分，并为下一步施工图设计以及其他非工艺设计提供必要的条件。

施工图设计阶段的设备一览表是施工图设计阶段的主要设计成果之一，由于在施工图设计阶段非标准设备的施工图纸已经完成，设备一览表可以填写得十分准确和详尽。

表 6-7 综合工艺设备一览表

<table>
<tr><td colspan="2" rowspan="3">（设计单位）</td><td colspan="2">工程名称</td><td></td><td colspan="3" rowspan="3">综合设备一览表</td><td colspan="3">编制　　年　月　日</td><td colspan="3">工程号</td><td colspan="3"></td></tr>
<tr><td colspan="2">设计项目</td><td></td><td colspan="3">校核　　年　月　日</td><td colspan="3">序号</td><td colspan="3"></td></tr>
<tr><td colspan="2">设计阶段</td><td></td><td colspan="3">审核　　年　月　日</td><td colspan="3">第页</td><td colspan="3">共　页</td></tr>
<tr><td rowspan="2">序号</td><td rowspan="2">设备分类</td><td rowspan="2">设备位号</td><td rowspan="2">设备名称</td><td rowspan="2">主要规格型号材料</td><td rowspan="2">面积/m²或容积/m³</td><td rowspan="2">附件</td><td rowspan="2">数量</td><td rowspan="2">单重/kg</td><td rowspan="2">单价/元</td><td rowspan="2">图纸图号或标准图号</td><td rowspan="2">设计或定购</td><td colspan="2">保温</td><td rowspan="2">安装图号</td><td rowspan="2">制造厂家</td><td rowspan="2">备注</td></tr>
<tr><td>材料</td><td>厚度</td></tr>
<tr><td></td><td></td><td></td><td></td><td></td><td></td><td></td><td></td><td></td><td></td><td></td><td></td><td></td><td></td><td></td><td></td><td></td></tr>
<tr><td></td><td></td><td></td><td></td><td></td><td></td><td></td><td></td><td></td><td></td><td></td><td></td><td></td><td></td><td></td><td></td><td></td></tr>
</table>

（2）工艺设备设计与选型的步骤　工艺设备设计与选型分两个阶段。

第一阶段：①定型机械设备和制药机械设备的选型；②计量贮存容器的计算；③定型化工设备的选型；④确定非定型设备的形式、工艺要求、台数、主要尺寸。

第二阶段是解决工艺过程中的技术问题，例如过滤面积、传热面积、干燥面积以及各种设备的主要尺寸等。

设备选型应按以下步骤进行。首先了解所需设备的大致情况，国产还是引进，使用厂家的使用情况，生产厂家的技术水平等。其次是搜集所需资料，目前国内外生产制剂设备的厂家很多，技术水平和先进程度也各不相同，一定要做全面比较。再次，要核实和你的要求是否一致。最后到设备制造厂家了解他们的生产条件和技术水平及售后服务等。总之，首先要考虑设备的适用性，使其能达到药品生产质量的预期要求，设备能够保证所加工的药品具有最佳的纯度、一致性。根据上述调查研究的情况和物料衡算结果，确定所需设备的名称、型号、规格、生产能力、生产厂家等，并造表登记。在选择设备时，必须充分考虑设计的要求和各种定型设备和标准设备的规格、性能、技术特征、技术参数、使用条件、设备特点、动力消耗、配套的辅助设施、防噪声和减震等有关数据以及设备的价格，此外还要考虑工厂的经济能力和技术素质。必须考虑需要与可能。一般先确定设备的类型，然后确定其规格。每台新设备正式用于生产以前，必须要做适用性分析（论证）和设备的验证工作。

在制剂设计与选型中应注意用于制剂生产的配料、混合、灭菌等主要设备和用于原料药精制、干燥、包装的设备，其容量应与生产批量相适应；对生产中发尘量大的设备如粉碎、过筛、混合、制粒、干燥、压片、包衣等设备应附带防尘围帘和捕尘、吸粉装置，经除尘后排入大气的尾气应符合国家有关规定；干燥设备进风口应有过滤装置，出风口有防止空气倒流装置；洁净室（区）内应尽量避免使用敞口设备，若无法避免时，应有避免污染措施；设备的自动化或程控设备的性能及准确度应符合生产要求，并有安全报警装置；应设计或选用轻便、灵巧的物料传送工具（如传送带、小车等）；不同洁净级别区域传递工具不得混用，C 级洁净室（区）使用的传输设备不得穿越其他较低级别区域；不得选用可能释出纤维的药液过滤装置，否则须另加非纤维释出性过滤装置，禁止使用含石棉的过滤装置；设备外表不得采用易脱落的涂层；生产、加工、包装青霉素等强致敏性、某些甾体药物、高活性、有毒害药物的生产设备必须专用等。

(3) 制剂专用设备设计与选型的主要依据和设计通则与发展方向　设备的设计与选型是否合理，是否符合企业工艺生产特点，便于操作、维修，特别是该设备是否符合 GMP 要求，将很大程度影响药厂的 GMP 认证以及今后的生产和进一步发展。

① 工艺设备设计选型的主要依据

a. 该设备符合国家有关政策法规，可满足药品生产的要求，保证药品生产的质量，安全可靠，易操作、维修及清洁。

b. 该设备的性能参数符合国家、行业或企业标准，与国际先进制药设备相比具有可比性，与国内同类产品相比具有明显的技术优势。

c. 具有完整的、符合标准的技术文件。

② 制药设备 GMP 设计通则的具体内容　制药设备在制药 GMP 这一特定条件下的产品设计、制造、技术性能等方面，应以设备 GMP 设计通则为纲，以推进制药设备 GMP 规范的建立和完善，其具体内容如下。

a. 设备的设计应符合药品生产及工艺的要求，安全、稳定、可靠，易于清洗，消毒或灭菌，便于生产操作和维修保养，并能防止差错和交叉污染。

b. 设备的材质选择应严格控制。与药品直接接触的零部件均应选用无毒、耐腐蚀，不与药品发生化学变化，不释出微粒或吸附药品的材质。

c. 与药品直接接触的设备内表面及工作零件表面，尽可能不设计有台、沟及外露的螺栓连接。表面应平整、光滑、无死角，易清洗与消毒。

d. 设备应不对装置之外的环境构成污染，鉴于每类设备所产生污染的情况不同，应采取防尘、防漏、隔热、防噪声等措施。

e. 在易燃易爆环境中的设备，应采用防爆电器并设有消除静电及安全保险装置。

f. 注射制剂的灌装设备除应处于相应的洁净室内运行外，要按 GMP 要求，局部采用 A 级层流洁净空气和正压保护下完成各个工序。

g. 药液、注射用水及净化压缩空气管道的设计应避免死角、盲管。材料应无毒，耐腐蚀。内表面应经电化抛光，易清洗。管道应标明管内物料流向。其制备、贮存和分配设备结构上应防止微生物的滋生和传染。管路的连接应采用快卸式连接，终端设过滤器。

h. 当驱动摩擦而产生的微量异物及润滑剂无法避免时，应对其机件部位实施封闭并与工作室隔离，所用的润滑剂不得对药品、包装容器等造成污染。对于必须进入工作室的机件也应采取隔离保护措施。

i. 无菌设备的清洗，尤其是直接接触药品的部位和部件必须灭菌，并标明灭菌日期，必要时要进行微生物学的验证。经灭菌的设备应在三天内使用，同一设备连续加工同一无菌产品时，每批之间要清洗灭菌；同一设备加工同一非灭菌产品时，至少每周或每生产三批后进行全面清洗。设备清洗除采用一般方法外，最好配备就地清洗（CIP），就地灭菌（SIP）的洁净、灭菌系统。

j. 设备设计应标准化、通用化、系列化和机电一体化。实现生产过程的连续密闭，自动检测，是全面实施设备 GMP 的要求的保证。

k. 涉及压力容器，除符合上述要求外，还应符合 GB 150—2011《压力容器》释义有关规定。

③ 制剂设备设计应实现机械化、自动化、程控化和智能化　制剂设备的发展取决于制药工艺与制药工程的进步。我国制剂设备的设计与制造应该沿着标准化、通用化、系列化和机电仪一体化方向发展，以实现生产过程的连续密闭、自动检测，这是全面实施设备 GMP

的要求和保证。同时，随着科学技术发展所提供的技术可能性和人类对健康水平的不断的追求，GMP对制剂工业的要求将不断提高。因此，制剂设备的设计应开发新型制剂生产联动线装置、全封闭装置及全自动装置，制剂设备的设计应实现机械化、自动化、程控化和智能化的更高要求。

(4) 工艺设备的安装 制剂工艺设备要达到GMP的要求，设备的安装是一个重要内容。首先设备布局要合理，其安装不得影响产品的质量；安装间距要便于生产操作、拆装、清洁和维修保养，并避免发生差错和交叉污染。同时，设备穿越不同洁净室（区）时，除考虑固定外，还应采用可靠的密封隔断装置，以防止污染。不同的洁净级别房间之间，如采用传送带传递物料时，为防止交叉污染，传送带不宜穿越隔墙，而应在隔墙两边分段传送，对送至无菌区的传动装置必须分段传送。应设计或选用轻便、灵巧的传送工具，如传送带、小车、溜槽、软接管、封闭料斗等，以辅助设备之间的连接。对洁净室（区）内的设备，除特殊要求外，一般不宜设地脚步螺栓。对产生噪声、振动的设备，应分别采用消声、隔振装置，改善操作环境，动态操作时，洁净室内噪声不得超过流70dB。设备保温层表面必须平整、光洁，不得有颗粒性物质脱落，表面不得用石棉水泥抹面，宜采用金属外壳保护。设备布局上要考虑设备的控制部分与安置的设备有一定的距离，以免机械噪声对人员的污染损伤，所以控制工作台的设计应符合人类工程学原理。

(5) 制剂设备GMP达标中的隔离与清洗灭菌 GMP是药品生产质量管理的基本规范和行为准则，其实质在于对影响药物生产质量的各种因素实施全面控制，核心是保证药品生产全过程在质量控制之下，把药品生产质量事故概率降低到最低点。因此，必须以新的视角注视世界GMP的发展趋势，从硬件（如厂房、设备和配套设备）和软件（如岗位SOP，全过程质量控制，各种技术管理制度，各种质量保证体系等）达到和超过GMP标准，特别要重视制剂设备的达标，因为它是直接生产药品的装置，是在GMP实施中具有举足轻重的决定因素。为此，以下探讨制剂设备GMP达标中的隔离与清洗灭菌问题。

① 无菌产品生产的隔离技术 按照GMP要求，制剂生产过程应尽量避免微生物、微粒和热原污染。由于无菌产品生产应在高洁净环境下进行配料、灌装和密封，而其工艺过程存在许多可变影响因素（如操作人员的无菌操作习惯等）。因此，对无菌药品生产提出了特殊要求，其中质量保证体系占有特别重要地位。它在制剂设备设计中的一个重要体现是其生产过程的密闭化，实行隔离技术。

医药工业的隔离技术涉及无菌药品如水针、粉针、输液等生产各方面。在无菌产品生产中，为避免污染，重要措施是在灌装线的制剂设备周围设计并建立隔离区，将操作人员隔离在灌装区以外，采用彻底的隔离技术和自动控制系统，以保证无菌产品生产无污染。因此，隔离技术成为无菌产品生产车间与设备设计、生产和改造的重要内容。

传统的制剂设备不能满足隔离技术的要求，开发适合隔离技术的现代制剂设备（如灌装设备）的原则是：保证设备设计合理、制造优良，保持设备的可靠性；满足隔离系统符合人机工程学要求和理念；具备精确的操作控制；设备与隔离装置之间严密的密封；设备适合于洁净室；选用耐消毒灭菌和清洗的材料；便于就地清洗和就地灭菌；设备的自动化功能等。

隔离技术要符合人机工程学的要求，就要体现人机工程学设计的合理性。充分考虑隔离系统工艺的衔接，即设备隔离后应使人工操作设备具有方便性。因为生产过程的全部自动化虽然减少了人工的介入，但在生产运行的起始和终止以及为了校正设备动作和纠正机械故障等，仍需要手工操作。

符合人机工程学要求的隔离系统设计，除在无菌区中接口的连接操作必须适合于手动外，还应考虑各种接口的快速操作，当需要进行某项操作（如高压蒸汽灭菌）时，最好不用工具或用简单工具即能迅速完成操作程序。自动化制剂生产作业线上设备的隔离区内，操作人员应能使用隔离手套，进行方便的手动操作，这就要求制剂设备结构设计具有充分的合理性。如用于灌装注射药品的制剂设备结构设计，无论从人机工程学角度来考虑，还是从灌装过程A级平行流保护考虑，都应避免回转型或宽深型结构。因为回转型结构在无菌操作过程中，无法保证处于A级平行流保护的临界点之内。最新一代具有隔离技术的灌装机就是设计成直线式细长型入墙式，背面靠在隔离墙上，检修可在隔壁非无菌区进行，使之不影响无菌环境。制剂设备设计若广泛使用隔离技术，可获得非常满意的无菌生产质量，并使其被环境污染的极大危险几乎降低为零。同时，质量的保证还可获得可观的经济效益。可见，我国制剂设备的设计必须学习和采用先进的隔离技术或隔离系统，须努力掌握GMP这一至关重要的保证技术。

② 就地清洗与就地灭菌　在药品生产中，设备的清洗与灭菌占有特殊的地位。就地清洗是一种包括设备、管道、操作规程、清洗剂配方、自动控制和监控要求的一整套技术系统。能在不拆卸、不挪动设备和管道的情况下，根据流体力学的分析，利用受控的清洗液的循环流动，清洗污垢。GMP明确规定制剂设备要易于清洗，尤其是更换产品时，对所有设备、管道及容器等按规定必须彻底清洗和灭菌，以消除活性成分及其衍生物、辅料、清洁剂、润滑剂、环境污染物质的交叉污染，消除冲洗水残留异物及设备运行过程中释放出的异物和不溶性微粒，降低或消除微生物及热原对药品的污染。应该说若就地清洗（CIP）和就地灭菌（SIP）的洁净灭菌系统建立不起来，则制剂设备GMP达标将十分困难。目前制剂车间的清洗和灭菌现状是在车间辅助区设立清洗间，清洗间的清洗对象主要是容器和工器具，设备清洗是一个问题。因此，国内制剂设备的设计应尽快设计和建立就地清洗和就地灭菌的洁净、灭菌系统，以解决不便搬动设备的就地清洗和就地灭菌，扭转我国制剂设备设计中就地清洗和就地灭菌系统设计的落后局面。同时，在制剂设备设计和安装时，要考虑CIP和SIP因素以及由此而引起的相关问题，如清洗后的干燥等。

以无菌注射剂生产过程为例，工艺设备的清洗通常分为手工、半自动和全自动清洗。手工清洗又称拆洗，如灌装机灌装头、软管等，只有拆洗才能确保清洁效果（应注意人工清洗在克服了物料间交叉污染的同时，常常容易带来新的污染）。清洗不锈钢过滤器用超声波清洗器属半自动清洗设备。大型固定设备需采用特殊的清洗方式，即就地清洗。在一个预定的时间里，将一定温度的清洗液和淋洗液以控制的流速通过待清洗的系统循环而达到清洗的目的。这种方式适用于注射用水系统、灌装系统、配制系统及过滤系统等。在就地清洗中，有两点不变，一是待清洗系统的位置不变；二是其安装基本不变。只有局部因清洗的需要作临时性变动，清洗程序结束后，安装即恢复原样。

一个稳定的就地清洗系统在于优良的设计，设计的首要任务是根据待清洗系统的实际情况来确定合适的清洗程序。首先要确定清洗的范围，凡是直接接触药品的设备都要清洗。二是确定药品品种，因为不同的品种，其理化性质不同，其清洗程序也要作相应的变化才能使其符合规定。还有清洗条件的确定、清洗剂的选择、清洗工具的选型或设计。并根据就地清洗过程中的待监测的关键参数和条件（如时间、温度、电导、pH和流量）来确定采用什么样的控制、监控及记录仪表等，特别应重视对制剂系统的中间设备、中间环节的就地清洗及监测。

清洗设备的设计与制造应当遵循便于维护及保养、设备所用的材料和产品与清洁剂不发生反应等原则。清洗工具应便于接装入待清洗系统或从系统中拆除。还应特别注意微生物污染问题，尤其是清洁后不再作进一步消毒或灭菌应特别注意微生物污染的风险。措施如系统管路应有适当的倾斜度，避免积水；清洗设备及所用的清洗剂应保持好的卫生学状态等。

清洗剂在清洗中作用重大，按照作用机理可分为溶剂、表面活性剂、化学清洗剂、吸附剂、酶制剂等几类。水是最重要的溶剂，它具有价廉易得、溶解分散力强、无毒无味、不可燃等突出优点。清洗剂的选择取决于待清洗设备表面及表面污染物质的性质。按照具体问题具体对待的原则，如大容量注射液生产中，常用的就地清洗的清洗剂是碳酸氢钠和氢氧化钠，因为它们具有去污力强和易被淋洗掉的特点，同时，碳酸氢钠可作为注射剂的原料，氢氧化钠常用来调节注射剂的 pH 值。

就地灭菌是制剂设备 GMP 达标的另一个重要方面。采用就地灭菌的系统是无菌药品生产过程的管道输送线，配制釜、过滤系统、灌装系统、冻干机和水处理系统等。就地灭菌所需的拆装操作很少，容易实现自动化，从而减少人员的疏忽所致的污染及其他不利影响。在大容量注射器生产系统设计时应当充分考虑系统就地灭菌的要求。如在氨基酸药液配制过程中所用的回滤泵、乳剂生产系统的乳化机和注射用水系统中保持注射用水循环的循环泵不宜进行就地灭菌，在就地灭菌时应当将它们暂时“短路”，排除在就地灭菌系统外。又如灌装系统中灌装机的灌装头部分的部件结构比较复杂，同品种生产每天或同一天不同品种生产后均需拆洗，它们在清洗后应进行就地灭菌。另一方面，整个系统中应有合适的空气和冷凝水排放口，应有完善的控制与监测措施来匹配，以免导致就地灭菌系统不能正常运转。至于具体产品采用何种灭菌方法，重要的不在于采用什么灭菌方法灭菌，而在于使用灭菌方法的可靠性。

值得推荐提出的是臭氧灭菌法，它具有强大而广谱的杀菌消毒作用，适合应用于多种致病微生物，原料易得，有较高的扩散性，杀菌无死角，浓度分布均匀，特别是臭氧能快速分解成氧气和单原子氧，单原子氧又可以自身结合成氧分子，不存在任何有毒残留物，没有二次污染问题，具有良好的环保性，是公认的绿色消毒剂。

清洁和灭菌是驱除微生物污染的主要手段，但必须保证清洁及灭菌的彻底性。以往清洁与灭菌往往是联系在一起，总是在清洁之后再进行消毒，消毒结束后再次清洁，相当麻烦。过去常见的消毒灭菌方法有紫外线灯照射，过氧乙酸、甲醛、环氧乙烷等化学气体熏蒸、消毒剂喷洒、高温杀灭等。而臭氧消毒灭菌具有高效彻底、高洁净性、操作方便使用经济的特点，它在药品生产设备系统在线灭菌中，能克服溶剂法（如酒精）、高压蒸汽法具有的溶剂用量大，消毒时间长，操作过程复杂以及易残留等问题，只要将高浓度的臭氧直接打入系统中，保持臭氧尾气有一定的浓度，就可以达到消毒灭菌的目的。

就地灭菌的具体方案必须在实际应用以前通过一定的方法予以确认。这种确认是通过恰当的灭菌验证试验，证明灭菌的方法是完整的、可靠的。如湿热灭菌，主要应确认灭菌设备在灭菌时的空载热分布试验、各种灭菌物装载方法下的负载热穿透试验和嗜热脂肪杆菌的细菌挑战实验。又如干热灭菌的空载热分布试验、负载热穿透试验和细菌与内毒素挑战试验。这些试验都应基于具体的灭菌设备或装置形式特点，分别设计灭菌验证的方案并实施。同理，制剂设备的材料选择也必须满足设备表面处于无菌状态，它要能够耐受高温蒸汽或化学气体的消毒处理，若灭菌使用的是纯蒸汽，则纯蒸汽对不锈钢材料的晶间会产生腐蚀，设备就需要用抗高温、对晶间腐蚀能力较强的含 Mo 和 Cr 等元素的材料（如316L）来制造。所有灭菌方法的效果与产品的内在质量、污染的形式、污染程度和产品制造的设备以及客观条件有关。总的原则是被灭菌的制剂设备必须尽可能没有微生物污染。

(6) 制剂设备材料的腐蚀和防腐蚀　腐蚀是指材料在环境的作用下引起的破坏或变质。金属腐蚀是由化学或电化学作用所引起的。化学腐蚀是金属和介质间由于化学作用而产生的，在腐蚀过程中没有电流产生，而电化学腐蚀是金属和电解质溶液间由于电化学作用而产生的，在腐蚀过程中有电流产生。非金属的腐蚀通常是由物理作用或直接的化学作用所引起。制药工业生产中，大多数物料都具有腐蚀性，在设备的选择与设计时，必须正确地选择设备的材料，以延长设备的使用寿命，以便降低成本、保证产品的质量。

① 材料腐蚀的形式

a. 金属腐蚀的形态　通常金属腐蚀的形态可划分为均匀腐蚀和局部腐蚀两大类。均匀腐蚀是材料表面均匀地遭到腐蚀，其结果一般是设备的壁厚减薄。局部腐蚀是材料表面部分地遭到腐蚀。其破坏的形式是产生麻点、局部穿孔、组织变脆以及设备突然开裂等。大多数局部腐蚀的结果会使设备突然遭到破坏，其危险性比均匀腐蚀大得多，在设备的腐蚀损害中，局部腐蚀约占70%，且局部腐蚀通常是突发性和灾难性的。局部腐蚀分为孔蚀、缝隙腐蚀、晶间腐蚀和应力腐蚀。在选材时，对局部腐蚀应予以高度的重视。

b. 材料腐蚀的评价　材料的耐腐蚀程度用腐蚀速度表示。腐蚀速度有两种表示方法。其一是用单位时间、单位面积的材料上损失的重量表示腐蚀速度；其二是腐蚀深度，即单位时间内材料损失的平均厚度为腐蚀深度，单位为mm/年。

② 耐腐蚀材料的选择步骤

a. 了解设备使用的环境。由于材料在不同条件（如介质、温度、浓度）下耐蚀性不同，因此选材前有必要了解设备使用的环境条件：

ⅰ. 设备所要接触的所有介质（包括反应物、生成物、溶剂、催化剂等）的组成和性质，如温度、浓度、压力等；

ⅱ. 空气混入的程度，有无其他氧化剂；

ⅲ. 混入液体中的固体物所引起的磨损和浸蚀情况；

ⅳ. 设备内所要进行的单元反应或单元操作情况，特别注意是否有高温、低温、高压、真空、冲击载荷、交变应力、温度变化情况、加热冷却的温度周期变化、有无急冷急热引起的热冲击和应力变化；

ⅴ. 液体的静止状态和流动状态；

ⅵ. 局部的条件差（温度差、浓度差），不同材料的接触状态；

ⅶ. 应力状态（包括残余应力状态）。

b. 根据设备使用的实际环境，结合各种材料手册、工艺设计手册、生产厂家的推荐数据以及实践经验等，进行初步选定，选出几种可供使用的材料，以便进一步筛选。

c. 进行材料腐蚀实验。

d. 现场实验，对于一些特别重要的设备有时还要补充实际运转条件的模拟实验。

e. 确定材料规格牌号。选择材料品种之后，还要根据具体用途，结合市场供应情况，进一步确定材料的牌号、规格。

f. 补充说明：所选材料在加工使用中如有特殊之处，需要强调说明，有时对可代用的材料，也需附加说明。对于昂贵材料的选用，常有几种方案的比较说明。

③ 耐腐蚀材料的选择方法　选择材料的最常用方法是根据使用设备条件查设计手册或腐蚀数据手册中耐腐蚀材料图及表。由于制药生产中所用介质很多，使用的温度、浓度等不尽相同，而手册不可能有每一种介质在各种温度和浓度下的耐蚀情况，当遇到这种情况，可按下列原则来选择材料。

a. 浓度。

ⅰ. 通常，腐蚀性是随浓度的变大而增强；

ⅱ. 对于腐蚀性不强的介质，各种浓度的溶液的腐蚀性往往是相似的；

ⅲ. 对于任何介质，如果邻近的上下两个浓度的耐蚀性相同，那么中间浓度的耐蚀性一般也相同；如上下两个浓度的耐蚀性不同，则中间浓度的耐蚀性常介于两者之间；

ⅳ. 强腐蚀性介质（如强酸）随浓度的不同，对同一材料的腐蚀性可能产生显著变化，如缺乏具体数据，选用时请慎重。

b. 温度。

ⅰ. 由于温度越高，腐蚀性越大，低温处标明不耐蚀的，则高温处通常也不耐蚀；

ⅱ. 当上下两邻近温度的耐蚀性相同时，中间温度的耐蚀性则相同。但如上下两个温度耐蚀性不同，则中间温度的耐蚀性介于两者之间。

当温度或浓度处于接近耐蚀或转入不耐蚀的边缘条件时，为保险起见，宁可不使用此类材料，而改选更优良的材料。

c. 腐蚀介质。

ⅰ. 一种物质组成的腐蚀性介质。当手册中无此介质时，可借用同类介质的数据，如若无硫酸钾的数据，可用硫酸钠、磷酸钾等的；若无软脂酸的数据，可用硬脂酸或其他脂肪酸的代替。

ⅱ. 两种或两种以上物质组成的腐蚀性介质。对于两种或两种以上物质组成的混合物，如这些物质间无化学反应，则其腐蚀性一般可看作是各组成物腐蚀性之和，此时各组成物的浓度均已变稀；物质之间发生反应，起了变化，则要考虑反应物与生成物的腐蚀性。

d. 使用年限的考虑　由于腐蚀与使用设备年限有关，在设备设计时要考虑材料的使用寿命。确定年限的一般依据是：

ⅰ. 满足整个生产装置要求的寿命；

ⅱ. 整个设备中各部分材料能均匀地劣化；

ⅲ. 材料费、施工费、维修费等要综合最佳地经济考虑。

目前国家对各类设备已有正式的折旧年限规定，在设计时可按规定的年限进行计算。

第四节　车间布置设计

一、概述

（一）车间布置设计的任务和基本要求

车间布置设计的目的是对厂房的配置和设备的排列作出合理的安排。车间布置设计是车间工艺设计的最重要环节之一，也是工艺专业向其他非工艺专业提供开展车间设计的基础资料之一。一个布置不合理的车间，基建时工程造价高，施工安装不便；车间建成后又会带来生产和管理问题，造成人流和物流紊乱、设备维护和检修不便等问题。因此，车间布置设计时应遵守设计程序，按照布置设计的基本原则，进行细致而周密的布置设计。

1. 制药车间布置设计的任务

第一是确定车间的火灾危险类别，爆炸与火灾危险性场所等级及卫生标准；第二是确定车间建筑（构筑）物和露天场所的主要尺寸，并对车间的生产、辅助生产和行政生活区域位置作出安排；第三是确定全部工艺设备的空间位置。

2. 制药车间设备布置设计的基本要求

（1）满足 GMP 的要求

① 设备的设计、选型、安装应符合生产要求，易于清洗、消毒或灭菌，便于生产操作和维修、保养，并能防止差错或减少污染。

② 与药品直接接触的设备表面应光洁、平整、易清洗或消毒、耐腐蚀，不与药品发生化学变化或吸附药品。设备所用的润滑剂、冷却剂等不得对药品或容器造成污染。

③ 与设备连接的主要固定管道应标明管内物料名称、流向。

④ 纯化水、注射用水的制备、储存和分配应能防止微生物的滋生和污染、储罐和输送管道所用材料应无毒、耐腐蚀。管道的设计和安装应避免死角、盲管。储罐和管道要规定清洗、灭菌周期。注射用水储存设备的通气口应安装不脱落纤维的疏水性除菌滤器。注射用水

的储存可采用70℃以上保温循环或在4℃以下存放。

⑤ 用于生产和检验的仪器、仪表、量具、衡器等，其适用范围和精密度应符合生产和检验要求，有明显的合格标志，并定期校验。

⑥ 生产设备应有明显的状态标志，并定期维修、保养和验证。设备安装、维修、保养的操作不得不影响产品的质量。生产、检验设备均应有使用、维修、保养记录。

(2) 满足工艺要求

① 必须满足生产工艺要求是设备布置的基本原则，即车间内部的设备布置尽量与工艺流程一致，并尽可能利用工艺过程使物料自动流送，避免中间体和产品有交叉往返的现象。原料药生产一般可将计量设备布置在最高层，主要设备（如反应器等）布置在中层，贮槽及重型设备布置在最低层。

② 在操作中相互有联系的设备应布置彼此靠近，除保持必要的间距以照顾到合理的操作范围、行人的方便、物料的输送外，还应考虑在设备周围留出堆存一定数量原料、半成品、成品的空地，必要时可作一般检修场地。还须考虑设备搬运通道应该具备的最小宽度，并留有车间的扩建位置。

③ 设备布置尽可能对称，相同或相似设备应集中布置，并考虑相互调换使用的可能性和方便性，以充分发挥设备的潜力。

④ 设备布置时必须保证管理方便和安全。关于设备与墙壁之间的距离、设备之间的距离的标准以及运送设备的通道和人行道的标准都有一定规范，设计时应予遵守。表6-8是建议可采用的安全距离。

表6-8 设备与设备、设备与建筑物之间的安全距离

项目	安全距离/m
往复运动的机械，其运动部分离墙应不小于	1.5
回转运动的机械与墙之间的距离	0.8～1.0
回转机械互相间距离	0.8～1.2
泵的间距不小于	1.0
泵列与泵列间的距离不小于	1.5
被吊车吊动的物品与设备最高点的间距不小于	0.4
贮槽与贮槽之间的距离	0.4～0.6
计量槽与计量槽之间的距离	0.4～0.6
反应设备盖上传动装置离天花板(如搅拌轴拆装有困难时，距离还须加大)，不小于	0.8
通廊，操作台通行部分最小净空，不小于	2.0
不常通行的地方，最小净高	1.9
设备与墙之间有一人操作，不小于	1.0
设备与墙之间无人操作，不小于	0.5
两设备间有两人背对背操作，有小车通过，不小于	3.1
两设备间有一人操作，且有小车通过，不小于	1.9
两设备间有两人背对背操作，偶尔有人通过，不小于	1.8
一设备间有两人背对背操作，且经常有人通过，不小于	2.4
两设备间有一人操作，且偶尔有人通过，不小于	1.2
操作台楼梯坡度，一般不大于	45°

(3) 满足建筑要求

① 尽可能的实现设备的露天化布置，这将大大节约建筑物的面积和体积，减少设计和施工的工作量，对节约基建投资具有很大意义。但设备的露天化必须考虑建设地区自然条件和生产操作的可能性。

② 在不影响工艺流程的原则下，将较高的设备集中布置，可简化厂房的立体布置，避免由于设备高低悬殊造成的建筑体积的浪费。

③ 十分笨重的设备、生产中能产生很大振动的设备，如压缩机及离心机等尽可能布置在厂房的地面层（设备基础的重量等于机组毛重的三倍），以减少厂房的荷载和振动。这些设备应避免设置于操作台上，个别场合必须布置在楼上时，应将设备安置在梁的上侧，设备穿孔必须避开主梁。

④ 操作台必须统一考虑，避免平台支柱零乱重复，以节约厂房类构筑物所占用的面积。

⑤ 厂房出入口、交通道路、楼梯位置都要精心设计与安排。

（4）满足安装和检修要求

① 制药厂物料腐蚀性大，需要经常对设备进行维护、检修和更换。在设备布置时，必须考虑设备的安装、检修和拆卸的可能性及其方式方法。

② 必须考虑设备运入或搬出车间的方法及经过的通道。一般厂房内的大门宽度要比需要通过的设备宽 0.2m 左右，当设备运入厂房后，很少需要再整体搬出时，则可在外墙预留孔道，待设备运入后再砌封。

③ 设备通过楼层或安装在二层楼以上时，可在楼板上设置安装孔。安装孔分有盖及无盖两种，后者需沿其四周设置可拆卸的栏杆。对需穿越楼板安装的设备（如反应器、塔设备等），可直接通过楼板上预留的安装孔来吊装。对体积庞大而又不需经常更换的设备，可在厂房外墙先设置一个安装洞，待设备进入厂房后，再行封砌。

④ 厂房中要有一定的供设备检修及拆卸用的面积和空间，设备的起吊运输高度，应大于在运输线上的最高设备高度。

⑤ 必须考虑设备的检修、拆卸以及运送物料的起重运输装置，若无永久性起重运输装置，也应该考虑安装临时起重运输装置的位置。

（5）满足安全和卫生要求

① 要创造良好的采光条件，设备布置时尽可能做到工人背光操作，如图 6-14 所示；高大设备避免靠窗设置，以免影响采光。

② 对于高温及有毒气体的厂房，要适当加高建筑物的层高，以利通风散热。

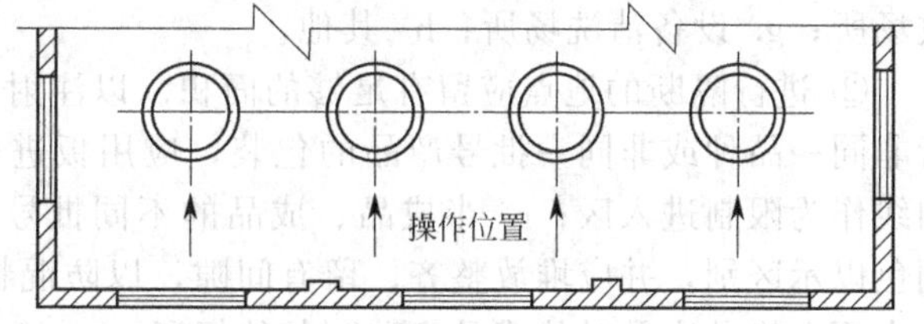

图 6-14　背光操作示意图

③ 必须根据生产过程中有毒物质、易燃、易爆气体的逸出量及其在空气中允许浓度和爆炸极限，确定厂房每小时通风次数，采取加强自然对流及机械通风的措施。对产生大量热量的车间，也需作同样考虑。在厂房楼板上设置中央通风孔，可加强自然对流通风和解决厂房中央采光不足的问题。

④ 有一定量有毒气体逸出的设备，应设有排风装置并将此设备布置在下风位置；对特别有毒的岗位应设置隔离单独排风的小间。处理大量可燃性物料的岗位，特别是在楼上，应设置消防设备及紧急疏散等安全设施。

⑤ 防爆车间必须尽可能采用单层厂房，避免车间内有死角，防止爆炸性气体及粉尘的积累，建筑物的泄压面积一般为 $0.05m^2/m^3$。若用多层厂房，楼板上必须留出泄压孔，防爆厂房与其他厂房连接时，必须用防爆墙（防火墙）隔开；加强车间通风，保证易燃、易爆物质在空气中的浓度不大于允许极限浓度；采取防静电及防火措施。

⑥ 对于接触腐蚀性介质的设备，除设备本身的基础须加防护外，对于设备附近的墙、柱等建筑物，也必须采取防护措施。

（二）制剂车间设计的一般原则和布置特殊要求

1. 制剂车间设计的一般原则

① 车间应按工艺流程合理布局，合理、紧凑，有利于生产操作，并能保证对生产过程进行有效的管理。

② 车间布置要防止人流、物流之间的混杂和交叉污染，要防止原材料、中间体、半成品的交叉污染和混杂。做到人流、物流协调；工艺流程协调；洁净度级别协调。

③ 车间应设有相应的中间贮存区域和辅助房间。

④ 厂房应有与生产量相适应的面积和空间，建设结构和装饰要有利于清洗和维护。

⑤ 车间内应有良好的采光、通风，按工艺要求可增设局部通风。

2. 制剂车间布置的特殊要求

（1）车间的总体要求

① 车间应按一般生产区、洁净区的要求设计。

② 为保证空气洁净度要求，应避免不必要的人员和物料流动。为此，平面布置时应考虑人流、物流的严格分开，无关人员和物料不得通过生产区。

③ 车间厂房、设备、管线的布置和设备的安装，要从防止产品污染方面考虑，便于清扫。

④ 厂房能够防尘、防昆虫、防鼠类等的污染。

⑤ 不允许在同一房间内同时进行不同品种或同一品种、不同规格的操作。

⑥ 车间内应设置更换品种及日常清洗设备，管道、容器等必要的水池，上下水道等设施，这些设施的设置不能影响车间内洁净度的要求。

（2）生产区的隔断　为满足产品的卫生要求，车间要进行隔断，原则是防止产品、原材料、半成品和包装材料的混杂和污染，并留有足够的面积进行操作。

① 必须进行隔断的地点：a. 一般生产区和洁净区之间；b. 通道与各生产区域之间；c. 原料库、包装材料库、成品库等；d. 原材料称量室；e. 各工序及包装间等；f. 易燃物存放场所；g. 设备清洗场所；h. 其他。

② 进行隔断的地点应留有足够的面积。以注射剂生产为例说明：a. 包装生产线间如进行非同一品种或非同一批号产品的包装，应用板进行必要的分隔；b. 包装线附近的地板上划线作为限制进入区；c. 半成品、成品的不同批号间的存放地点应进行分隔或标以不同的颜色以示区别，并应堆放整齐、留有间隙，以防混料；d. 合格品、不合格品及待检品之间，其中不合格品应及时从成品库移到其他场所；e. 已灭菌产品和未灭菌产品间；f. 其他。

3. 制剂车间洁净分区概念

药厂生产中细菌的传播途径主要有：①工具和容器。②人员。③原材料。④包装材料。⑤空气中的尘粒。其中①、②项可以通过卫生消毒、净化制度来解决。③项可以通过原材料检验手段、保存条件、精制过滤、工艺等来解决。④项可以通过洗涤、消毒来解决。⑤项空气中的尘粒是一个很关键的污染源，这一项的有效保证方法是控制洁净度。由此产生了一个新的车间洁净分区概念，即按照洁净度来分类。

（1）生产区域的划分　制剂车间根据药品工艺流程和质量要求进行合理布置和分区。按规范可将制剂车间分为2个区，即一般生产区、洁净区（D级、C级、B级、A级）。

（2）车间洁净度的细分

① 一般生产区　无洁净级别要求的房间所组成的生产区域。它包括：针剂车间的纯水制备、安瓿粗洗、消毒、灯检、包装，输液的纯水制备、洗涤（玻瓶、胶塞）、盖铝盖、轧盖、灭菌、灯检、包装；无菌粉针和冻干的胶塞、粗洗、包装；片剂的洗瓶、外包装；

化验。

② 洁净区

a. D级：口服固体制剂生产除去洗瓶和外包装以外的工艺过程；胶囊囊壳生产的全过程；口服液体制剂灌装、灌封、加盖；最终灭菌产品料液的配置和过滤，轧盖，产品配置和过滤，直接接触药品的包装材料和器具的最终清洗；洗瓶工段的粗洗以及非无菌原料药的精制、烘干、内包装等。

b. C级：最终灭菌注射剂的精洗、烘干、贮存工段；不能热压灭菌注射剂的调配室、粗滤、瓶子的清洗；大输液的稀配、粗滤、灌装，瓶、盖、膜的精洗，加薄膜、盖塞；滴眼剂的灌封；无菌粉针、冻干的原料外包装消毒、洗瓶、胶塞精洗、轧盖；无菌原料药的玻瓶精洗。

c. B级：最终不能热压灭菌注射剂（包括冻干产品及粉针）的瓶子的烘干、贮存；针剂的精滤、灌装、封口、玻瓶的冷却；输液的精滤、灌装、盖塞、瓶塞、膜的精洗；冻干制剂的无菌过滤、分装、加盖；粉针原料检查、玻瓶冷却、原料调配、过筛、混粉、分装、加盖；无菌眼药膏、药水的调配和灌封室；无菌原料药生产的过滤、结晶、分离、干燥、过筛、混粉、包装；血浆制品的粗分室、精分室。

d. 局部A级：无菌检验；菌种接种工作台；无菌生产用薄膜过滤器的装配；输液的精滤、灌装、放膜、盖塞；冻干制剂的无菌过滤、灌装；冻干、加塞；无菌粉针的玻瓶冷却、分装、盖塞；无菌原料药的瓶冷却、过筛、混粉、装瓶；血制品的冻干室、血浆的粗分工作台、精分工作台。

以上洁净分区是根据GMP的规定制定的。应该注意：因提高标准将增加能耗、提高成本，要根据实际需要制订标准，不必无限制地提高标准。

（三）车间组成

车间一般由生产部分、辅助生产部分和行政-生活部分组成。

生产部分包括一般生产区和洁净区。

辅助生产部分包括物料净化用室，原辅料外包装清洁室，包装材料清洁室，灭菌室；称量室，配料室，设备容器具清洁室，清洁工具洗涤存放室，洁净工作服洗涤干燥室；动力室（真空泵和压缩机室），配电室，分析化验室，维修保养室，通风空调室，冷冻机室，原料、辅料和成品仓库等。

行政-生活部分包括人员净化用室，有雨具存放间、管理间、换鞋室、存外衣室、盥洗室、洁净工作服室、空气吹淋室等；生活用室包括办公室、会议室、厕所、淋浴室与休息室，女工保健室等。

制剂车间从功能上可由仓储区、称量及前处理区、中贮区、辅助区、生产区、质检区、包装区、公用工程及空调区、人物流净化通道等几个部分所组成。

1. 仓储区

制剂车间的仓库位置的安排大致有两种，一种为集中式即原辅料、包装材料、成品均在同一仓库区，这种形式是较常见的，在管理上收存货方便，但要求分隔明确。另一种是原辅材料与成品库分开设置，各设在车间的两侧。这种形式在生产过程进行路线上较流畅，减少往返路线。

仓储的布置现一般采用多层装配式货架，物料均采用托板分别贮存在规定的货架位置上，装载方式有全自动电脑控制堆垛机、手动堆垛机及电瓶叉车。

仓储内容应分别采用严格的隔离措施，互不干扰，取存方便。仓库只能设一个管理出入口，若将进货与出货分设两个缓冲间，但由一个管理室管理是允许的。

仓库的设计要求室内环境清洁、干燥，并维持在认可的温度限度之内。仓库的地面要求耐磨、不起灰、有较高的地面承载力、防潮。

2. 称量及前处理区

称量及前处理区的设置较灵活，此岗位可设在仓库附近，也可设在仓库内。设在仓库内，使全车间使用的原辅料集中加工、称量，然后按批号分别堆放待领用。这样可避免大批原料领出，也有利于集中清洗和消毒容器。也有将称量间设在车间内的情况，这种布置要设一原料存放区，使称量多余的料不倒回仓库而贮存在此区内。

根据生产工艺要求，备料室内应设有原辅料存放间、称量配料间、称量后原辅料分批存放间，生产过程中剩余物料的存放间。当原辅料需要粉碎处理后才能使用时，还需要设置粉碎间和过筛间以及筛后原辅料存放间。对于可能产生污染的物料要设置专用称量间及存放间。

原辅料的加工和处理岗位，包括称量岗位都是粉尘散发较严重的场所，布置中应设置有效的捕集吸尘设施，岗位应尽可能采用多间独立小空间，这样有利于排风、除尘效果，也有利于不同品种原料的加工和称量，这些加工小室，在空调设计中特别要注意保持负压状态。这些小室中需设置地漏，以便工毕清洗，但条件是经清洗的洁净室的湿度在短时间内能调整到适合原辅材料存放要求的数值。这些岗位设计中特别要注意减少积尘点，故设计中宜在操作岗位后侧设技术夹墙，以便管道暗敷。

3. 中贮区

中贮区无论是一个场地或一个房间，对GMP管理都是极为重要和必需的。设置中贮区是降低人为差错，防止生产中混药，保证产品质量的最可靠措施之一，符合GMP有关厂房内应有足够的空间和场地安置物料的要求。不管是上下工序之间的暂存还是中间体的待检都需有地方有序的暂存，中贮面积的设置有几种安排方法。可将贮存、待检场地在生产过程中分散设置，也可将中贮区相对的集中设置。分散式是指在生产过程中各自设立颗粒中贮区、素片中贮区、包衣片中贮区。其优点是各个独立的中贮区与邻近生产操作室联系较为方便，不易引起混药。其缺点是不便管理，而且很多生产企业或设计人员由于片面追求人流、物流分开，在操作室和中贮区之间开设了专用物料传递的门，不利于保证操作室和中间站的气密性和洁净度。分散式在中、小型企业中普遍采用。集中式是指生产过程中只设一个大的中贮区，专人负责，划区管理，负责对各工序半成品入站、验收、移交，并按品种、规格、批号加盖区别存放，明显标志。其优点是便于管理，能有效地防止混淆和交叉污染。缺点是对管理者的要求很高。目前已在大型及合资企业中普遍采用。因此，在工艺布局设计时采用哪种型式的中贮区。应根据生产企业的管理水平来确定。重要的是设计人员应考虑使工艺过程衔接合理，进出中贮区或中贮间的路线是顺应工艺流程，不要来回交叉，更不要贮放在操作室内，并使物料传输的距离最短。

4. 辅助区

GMP要求：必须在洁净厂房内的适当位置设置设备和容器清洗室、清洁工具清洗室和洁净工作服洗涤室及其配套的存放室。

(1) 清洗室

清洗对象有设备、容器、工器具，现国内很少对设备清洗采取运到清洗室清洗，故清洗对象主要是容器和工器具，为了避免经清洗的容器发生再污染，故要求清洗室的洁净度与使用此容器的场地洁净度相协调。A级、B级洁净区的设备及容器宜在本区域外清洗。工器具的清洗室的空气洁净度不应低于D级，有的是在清洗间中设置层流罩，高洁净度区域用的容器在层流罩下清洗、消毒并加盖密闭后运出。工器件清洗后可通过消毒柜消毒后供使用。与容器清洗相配套的是设置清洁容器贮存室，工器件也需有专用贮存柜存放。

清洗室内清洗容器的洗涤池目前主要如下。

① 不锈钢地坑上加不锈钢格栅，此形式容器推上去方便，排水畅通无积水，但可能冲洗后的污染物易积聚在格栅处，难以清洗干净。

② 地槽型。即为一斜坡面形成的槽。

清洗用水要根据被洗物品是否直接接触药物来选择。不接触者可使用饮用水清洗，接触者还要依据生产工艺的要求使用纯水或注射用水清洗。但不论是否接触药物，凡进入无菌区的工器具、容器等均需灭菌。

洁净工作服洗涤必须是在与生产洁净区同等级的区域内清洗、干燥并完成封装的，存放在洁净工作服存衣柜中。洁净工作服室的洁净度级别应与穿着工作服后的生产操作环境的洁净度级别相同。此外，洁净工作服的衣柜不应采用木质材料，以免生霉长菌或变形，应采用不起尘、不腐蚀、易清洗、耐消毒的材料，衣柜的选用应该与 GMP 对设备选型的要求一致。

（2）清洁工具室

此岗位专门负责车间的清洁消毒工作，故房间要设有清洗、消毒用的设备，用于清洗揩抹用的拖把及抹布并进行消毒工作。此房间还要贮存清洁用的工具、器件，包括清洁车。并负责清洁用消毒液的配制，清洁工具间一般设在洁净区附近，也可设在洁净区内。

（四）车间布置设计的条件、内容和成果

制剂车间布置设计按二段式设计方案进行讨论。

1. 初步设计阶段

车间布置设计是在工艺流程设计、物料衡算、热量衡算和工艺设备设计之后进行的。

（1）布置设计需要的条件和资料

① 直接资料　它包括车间外部资料和车间内部资料。

车间外部资料包括：a. 设计任务书；b. 设计基础资料，如气象、水文和地质资料；c. 本车间与其他生产车间和辅助车间等之间的关系；d. 工厂总平面图和厂内交通运输。

车间内部资料包括：a. 生产工艺流程图；b. 物料计算资料，包括原料、半成品、成品的数量和性质，废水、废物的数量和性质等资料；c. 设备设计资料，包括设备简图（形状和尺寸）及其操作条件，设备一览表（包括设备编号、名称、规格型式、材料、数量、设备空重和装料总重，配用电机大小、支撑要求等），物料流程图和动力［水、电、气（汽）等］消耗等资料；d. 工艺设计部分的说明书和工艺操作规程；e. 土建资料，主要是厂房技术设计图（平面图和剖面图）、地耐力和地下水等资料；f. 劳动保护、安全技术和防火防爆等资料；g. 车间人员表（包括行管、技术人员、车间分析人员、岗位操作工人和辅助工人的人数，最大班人数和男女的比例）；h. 其他资料。

② 设计规范和规定　车间布置设计应遵守国家有关劳动保护、安全和卫生等规定，这些规定以国家或主管业务部制定的规范和规定形式颁布执行，定期修改和完善。它们是国家技术政策和法令、法规的具体体现，设计者必须熟悉并严格遵守和执行，不能任意解释，更不能违背。若违背造成事故，设计者应负技术责任，甚至被追究法律责任。

（2）设计内容

① 根据生产过程中使用、产生和贮存物质的火灾危险性按《建筑设计防火规范》和《炼油化工企业设计防火规定》确定车间的火灾危险性类别；按照生产类别、层数和防火分区内的占地面积确定厂房的耐火等级。

② 按《药品生产质量管理规范》确定车间各工序的洁净度级别。

③ 在满足生产工艺、厂房建筑、设备安装和检修、安全和卫生等要求的原则指导下，

确定生产、辅助生产、生活-行政部分的布局；决定车间场地与建筑（构筑）物的平面尺寸和高度；确定工艺设备的平、立面布置；决定人流和管理通道，物流和设备运输通道；安排管道电力照明线路，自控电缆廊道等。

（3）设计成果　车间布置设计的最终成果是车间布置图和布置说明。车间布置图作为初步设计说明书的附图，它包括下列各项：①各层平面布置图；②各部分剖面图；③附加的文字说明；④图框；⑤图签。布置图的比例尺一般为1∶100。布置说明作为初步设计说明书正文的一章（或一节）。

车间布置图和设备一览表还要提供给土建、设备安装，采暖通风、上下水道、电力照明、自控和工艺管道等设计工种作为设计条件。

2. 施工图设计阶段

初步设计经审查通过后，需对初步设计进行修改和深化，进行施工图设计。它与初步设计的不同之处如下。

① 施工图设计的车间布置图表示方法更深，不仅要表示设备的空间位置，还要表示进出设备的管口以及操作台和支架。

② 施工图设计的车间布置图只作为条件图纸提供给设备安装及其他设计工种，不编入设计正式文件。由设备安装工种完成的安装设计，才编入正式设计文件。

设备安装设计包括：①设备安装平、立面图；②局部安装详图；③设备支架和操作台施工详图；④设备一览表⑤地脚螺钉表；⑥设备保温及刷漆说明；⑦综合材料表；⑧施工说明书。

车间布置设计涉及面广，它以工艺专业为主导，在非工艺专业如总图、土建、设备安装、设备、电力照明、采暖通风、自控仪表和外管等密切配合下由工艺人员完成的。因此，在进行车间布置设计时，工艺设计人员要集中各方面的意见，采取多方案比较，经过认真分析，选取最佳方案。

二、车间的总体布置与基本要求

车间总体布置设计既要考虑车间内部的生产、辅助生产、管理和生活的协调，又要考虑车间与厂区供水、供电、供热和管理部分的呼应，使之成为一个有机整体。

1. 厂房组成形式

根据生产规模和生产特点，厂区面积、厂区地形和地质等条件考虑厂房的整体布置，厂房组成形式有集中式和单体式。药物制剂车间多采用集中式布置。

2. 厂房的层数

工业厂房有单层、双层或单层和多层结合的形式。这几种形式主要根据工艺流程的需要综合考虑占地和工程造价，具体选用。

洁净厂房的平面和高度设计，应满足生产工艺和空气洁净度级别要求，主要决定于工艺、安装和检修要求，同时也要考虑通风、采光和安全要求。应考虑生产操作、工艺设备安装和维修，管线布置、气体流型以及净化空调系统各种技术设施的综合协调。此外，厂房占地面积较少，提高土地利用率，降低基础工程量，缩短厂区道路，管线，围墙等长度，提高绿化覆盖率。考虑平面布局时应根据生产工艺流程，工序组合，人流物流路线，自然采光和通风的利用，柱网的选择应考虑除满足生产要求外，还应具有最大限度的灵活性和尽可能满足建筑模数（跨度、柱距、宽度、层数、荷载及其他技术参数）要求，结构型式（钢筋混凝土）框架结构：按受力方向的不同，一般有横向，纵向及纵横向受力框架。按施工方式分有全现浇、半现浇、全装配及装配整体式四种，医药洁净厂房以现浇框架居多。从经济分析中得出结论装配式框架的造价较整体式的造价增加近10%，由此可见。钢筋混凝土框架结构洁净厂房已为普遍接受。虽然它较单层厂房有较多的优点，但它的非生产面积，如走廊，楼梯间，电梯、卫生间等非生产面积较单层增加15%左右，建筑物的地基处理费用较高，尤其是地质状况较差的场地，其处理费用更高，故选择厂房结构方案时要根据生产要求及建筑场地的大小、自然地质状况和地震烈度等有关资料对其经济的合理性和安全可靠性进行认真分析，对比后最后确定。

药物制剂车间不论是多层或单层，车间底层的室内标高应高出室外地坪0.5～1.5m。如有地下室，可充分利用，将冷热管、动力设备、冷库等优先布置在地下室内。生产车间的层高为2.8～3.5m，技术类层高1.2～2.2m，库房层高4.5～6m（因为采用高货架），一般办公室、值班室高度为2.6～3.2m。

3. 厂房设计和建筑模数制

厂房的平面形状和长宽尺寸，既要满足工艺的要求，又要考虑土建施工的可能性和合理性。简单的平面外形容易实现工艺和建筑要求的统一。因此，车间的体形通常采用长方形、L形、T形、M形和Ⅱ形，尤以长方形为多。这些形状，从工艺要求上看，有利于设备布置，具有更多的可变性和灵活性，能缩短管线，便于安装，有较多可供自然采光和通风的墙面；从土建上看，占地较少，有利于设计规范化、构件定型化和施工机械化。

厂房的宽度、长宽和柱距，除非特殊要求，厂房应尽可能符合工业建筑模数制的要求。工业建筑模数制的基本内容是：①基本模数为100mm；②门、窗和墙板的尺寸，在墙的水平和垂直方面均为300mm的倍数；③一般多层厂房采用6-6的柱网（或6m柱距），若柱网的跨度因生产及设备要求必须加大时，一般不应超过12m；④多层厂房的层高为0.3的倍数。

常用的宽度为12m、15m、18m，柱网常按6-6、6-3-6、6-6-6布置。例如6-3-6，表示宽度为三跨，分别为6m、3m、6m，中间的3m是内廊的宽度，而制剂厂房用单层、全空调、人工照明时则不受限制。

（1）单层厂房　根据投资省、上马快、能耗少、工艺路线紧凑等要求，随着建筑技术与建筑材料的快速发展，参考国内外新建的符合GMP的厂房的设计，制剂车间以建造单层大框架大面积的厂房最为合算，同时可设计成以大块玻璃为固定窗的无开启窗的厂房。其优点是：

① 大跨度的厂房，柱子减少，有利于按区域概念分隔厂房，分隔房间灵活、紧凑、节省面积，便于以后工艺变更、更新设备或进一步扩大产量。

② 外墙面积最少，能耗少（这对严寒地区或高温地区更显有利），受外界污染也少。

③ 车间布局可按工艺流程布置得合理紧凑，生产过程中交叉污染、混杂的机会也最少。

④ 投资省、上马快，尤其对地质条件较差的地方，可使基础投资减少。

⑤ 设备安装方便。

⑥ 物料、半成品及成品的输送，有条件采用机械化输送，便于联动化生产，有利于人流物流的控制和便于安全疏散等。

不足是占地面积大。

（2）多层厂房　多层厂房是制剂的另一主要形式，多层厂房以条形为主要形式。

多层厂房具有占地少，节约用地，采用自然通风，采光容易，生产线布置比较容易，对剂型较多的车间可减少相互干扰，物料利用位差较易输送，车间运行费用低等优点，这在老厂改造、扩建时可能只能采用此种体型。但多层厂房的不足主要表现如下：

① 平面布置上必然增加水平联系走廊及垂直运输电梯、楼梯等，这就增加了建筑面积，使有效面积减小，建筑载荷高，造价高，同时也给按不同洁净度分区的建筑和使用带来难度。

② 层间运输不便，运输通道位置制约各层合理布置。

③ 人员净化路程长，增加人员净化室个数与面积。

④ 管道系统复杂，增加敷设难度。

⑤ 在疏散、消防及工艺调整等方面受到约束。

⑥ 竖向通道增加对药品污染的危险。

目前制剂厂这两种厂房都有建设和使用，也有将两种形式结合起来建设成大跨度多层厂房的。

制剂厂在确定跨距、柱距时，单层大跨度厂房是采用组合式布局方式，一般此类厂房是框架结构，布局灵活。跨距、柱距大多是 6m，也有 7.5m 跨距，6m 柱距，有些厂房宽度已突破过去 18m 或 24m 界限，宽度达 50m 以上，长度超 80m 的大型单层厂房也屡见不鲜。传统观念认为 6m 跨距是最经济的参数，但从现今生产需要看，6m 跨距已不是最合理的距离。所以常见的跨距、柱距一般为 6m，7.5m，9m 或大横向跨距与纵向 6m 柱距相结合，其形式应以生产工艺的具体要求而确定。由于大跨距、大柱距造价高，梁底以上的空间难以利用，又需增加技术隔层的高度，所以限制其推广，但如果能在梁上预埋不同管径，不同高度的套管，使除风管之外的多数硬管利用梁上空间来安装则可以大大提高空间的利用率，也可以有效地降低技术隔层的高度。

制剂厂关于有窗厂房和无窗厂房的考虑是，无窗厂房是一种理想的形式，其能耗少，受污染也少，但无窗厂房与外界完全隔绝，厂房内的工作人员感觉不良。有窗洁净厂房有两种形式：一种是装双层窗，这种节约面积，但空调能耗高；另一种是在厂房外设一环形封闭起环境缓冲作用的走廊，不仅为洁净区的温湿度有一缓冲地带，而且对防止外界污染也非常有利，同时也相对节能，但增加了建筑面积，提高了造价。究竟采用何种形式，要根据实际情况，统筹兼顾，综合考虑。

三、车间布置的方法、步骤和主要成果

（一）车间布置的方法和步骤

车间布置一般是根据已经确定的工艺流程和设备、车间在总平面图中的位置、车间防火防爆等级和建筑结构类型、非工艺专业的设计要求等，绘制车间平面布置草图，提交土建专业，再根据土建专业提出的土建图绘制正式的车间布置图。其具体步骤：

（1）将工艺设备按其最大的平面投影尺寸，以 1∶100 的比例（特殊情况可用 1∶200 或 1∶50）用硬纸制成平面图，并注上设备编号。

（2）把小方格坐标纸订在图板上，初步框定厂房的宽度、长度和柱网尺寸，划分生产、辅助和行政-生活区，并以 1∶100 的比例将其绘在坐标纸上。

（3）在生产区将制作好的设备硬纸片按布置设计原则精心安排，同时，考虑通道、门窗、楼梯、吊物孔和非工艺专业的要求，将设备描在坐标纸上，标注设备编号、主要尺寸和非生产用室的名称。这样就产生了一个布置方案，一般至少需考虑两个方案。

（4）将完成的布置方案提交有关专业征求意见，从各方面进行比较，选择一个最优的方案，再经修正、调整和完善后，绘成布置图，提交土建专业设计建筑图。

（5）工艺设计人员从土建专业取得建筑图后，再绘制成正式的车间布置图。

（二）车间设备布置图

车间设备布置图是表示车间的生产和辅助设备以及非生产部分在厂房建筑内外布置的图样，它是车间布置设计的主要成果。车间设备布置图比例一般用 1∶100，内容包括车间设备平面布置图和剖面布置图。初步设计和施工图设计都要绘制车间设备布置图，但它们的作

用不同，设计深度和表达要求也不完全相同。

1. 车间设备平面布置图

车间设备平面布置图一般每层厂房绘制一张。它表示厂房建筑占地大小，内部分隔情况以及与设备定位有关的建筑物、构筑物的结构形状和相对位置。具体内容如下。

(1) 厂房建筑平面图，注有厂房边墙及隔墙轮廓线，门及开向，窗和楼梯的位置，柱网间距、编号和尺寸以及各层相对高度。

(2) 安装孔洞、地坑、地沟、管沟的位置和尺寸，地坑、地沟的相对标高。

(3) 操作台平面示意图，操作台主要尺寸与台面相对标高。

(4) 设备外形平面图，设备编号、设备定位尺寸和管口方位。

(5) 辅助区（室）和行政-生活区（室）的位置、尺寸及区（室）内设备器具等的示意图和尺寸。

2. 车间设备剖面布置图

车间设备剖面布置图是在厂房建筑的适当位置上，垂直剖切后绘出的立面剖视图，表达在高度方向设备布置情况。车间设备剖视布置图内容如下。

(1) 厂房建筑立面图，包括厂房边墙轮廓线，门及楼梯位置（设备后面的门及楼梯不画），柱网距离和编号以及各层相对标高，主梁高度等。

(2) 设备外形尺寸及设备编号。

(3) 设备高度定位尺寸。

(4) 设备支撑形式。

(5) 操作台立面示意图和标高。

(6) 地坑、地沟的位置及深度。

图纸的表达深度因设计阶段不同而有差别。

四、制剂洁净厂房布置设计

（一）制剂车间洁净分区概念

根据药品工艺和质量要求进行合理布置和分区。按规范制剂车间生产部分一般为一般生产区和洁净区，洁净区分为四个级别（D级、C级、B级和A级）。

(1) A级洁净区

① 洁净操作区的空气温度：20～24℃；

② 洁净操作区的空气相对湿度：45%～60%；

③ 操作区的风速：水平风速≥0.54m/s，垂直风速≥0.36m/s；

④ 高效过滤器的检漏大于99.97%；

⑤ 照度：300～600lx；

⑥ 噪声：≤75db（动态测试）。

(2) B级洁净区

① 洁净操作区的空气温度：20～24℃；

② 洁净操作区的空气相对湿度：45%～60%；

③ 房间换气次数：≥25次/h；

④ 压差：B级区相对室外≥10Pa，同一级别的不同区域按气流流向应保持一定的压差；

⑤ 高效过滤器的检漏大于99.97%；

⑥ 照度：300～600lx；

⑦ 噪声：≤75db（动态测试）。

(3) C级洁净区

① 洁净操作区的空气温度：20～24℃；

② 洁净操作区的空气相对湿度：45%～60%；

③ 房间换气次数：≥25次/h；

④ 压差：C级区相对室外≥10Pa，同一级别的不同区域按气流流向应保持一定的压差；

⑤ 高效过滤器的检漏大于99.97%；

⑥ 照度：300～600lx；

⑦ 噪声：≤75db（动态测试）。

(4) D级洁净区

① 洁净操作区的空气温度：18～26℃；

② 洁净操作区的空气相对湿度：45%～60%；

③ 房间换气次数：≥15次/h；

④ 压差：D级区相对室外≥10Pa；

⑤ 高效过滤器的检漏大于99.97%；

⑥ 照度：300～600lx；

⑦ 噪声：≤75db（动态测试）。

各种药品生产环境的空气洁净度级别见表6-9。

表6-9 各种药品生产环境的空气洁净度级别

<table>
<tr><th colspan="2">药品种类</th><th colspan="2">洁净级别</th></tr>
<tr><td colspan="2" rowspan="2">可灭菌小容量注射剂(＜50mL)</td><td colspan="2">浓配、粗滤:D级</td></tr>
<tr><td colspan="2">稀配、精滤、灌封:C级</td></tr>
<tr><td colspan="2" rowspan="4">可灭菌大容量注射液(≥50mL)</td><td colspan="2">浓配:D级</td></tr>
<tr><td rowspan="2">稀配、滤过</td><td>非密闭系统:C级</td></tr>
<tr><td>密闭系统:C级</td></tr>
<tr><td colspan="2">灌封:局部A级</td></tr>
<tr><td colspan="2" rowspan="4">非最终灭菌的无菌药品及生物制品</td><td rowspan="2">配液</td><td>不需除菌滤过:局部A级</td></tr>
<tr><td>需除菌滤过:C+A级</td></tr>
<tr><td colspan="2">灌封分装、冻干、压塞:局部A级</td></tr>
<tr><td colspan="2">轧盖:A级</td></tr>
<tr><td rowspan="2">栓剂</td><td>除直肠用药外的腔道用药</td><td colspan="2">暴露工序:D级</td></tr>
<tr><td>直肠用药</td><td colspan="2">暴露工序:D级</td></tr>
<tr><td rowspan="2">口服液体药品</td><td>非最终灭菌</td><td colspan="2">暴露工序:C+A级</td></tr>
<tr><td>最终灭菌</td><td colspan="2">暴露工序:D级</td></tr>
<tr><td rowspan="2">外用药品</td><td>深部组织创伤和大面积体表创伤用药</td><td colspan="2">暴露工序:B+A级</td></tr>
<tr><td>表皮用药</td><td colspan="2">暴露工序:D级</td></tr>
<tr><td rowspan="2">眼用药品</td><td>供角膜创伤或手术用滴眼剂</td><td colspan="2">暴露工序:B+A级</td></tr>
<tr><td>一般眼用药品</td><td colspan="2">暴露工序:C级或D级</td></tr>
<tr><td colspan="2">口服固体药品</td><td colspan="2">暴露工序:D级</td></tr>
<tr><td rowspan="2">原料药</td><td>药品标准有无菌检查要求</td><td colspan="2">局部A级</td></tr>
<tr><td>其他原料药</td><td colspan="2">D级</td></tr>
</table>

（二）车间布置中的若干技术要求

1. 车间布置中的工艺要求

(1) 工艺布置的基本要求　工艺流程布置合理、紧凑，避免人流、物流交叉混杂是工艺布置的基本要求。

洁净厂房中人员和物料出入口必须分别设置，原辅料和成品的出入口也宜分开。对极易造成污染的物料和废弃物，必要时要设置专用出入口，洁净厂房内的物料传递路线要尽量短捷。相邻房间的物料传递尽量利用室内传递门窗，减少在走廊内输送。人员和物料进入洁净厂房要有各自的净化用室和设施。净化用室的设置要求与生产区的洁净度级别相适应。生产区的布置要顺应工艺流程，减少生产流程的迂回、往返。操作区内只允许放置与操作有关的物料，制造、贮存区域不得用作非区域内工作人员的通道。人员和物料使用的电梯宜分开。电梯不宜设在洁净区，必须设置时，电梯前应设置气闸室。货梯与洁净货梯也应分开设置。全车间人流、物流入口理想状态是各设一个，这样容易控制车间的洁净度。安排车间内的人、物流路线时，无关人员和物料不得通过正在生产的操作区。

工艺对洁净室的洁净度级别应有适当的要求，高级别洁净度（如A级）体积要严格加以控制且对洁净度要求高的工序应置于上风侧，对于水平层流洁净室则应布置在第一工作区，对于产生污染多的工艺应布置在下风侧或靠近排风口。洁净室仅布置必要的工艺设备，以求紧凑，在减少面积的同时，要有一定间隙，以利于空气流通，减少涡流。易产生粉尘和烟气的设备应尽量布置在洁净室的外部，如必须设在室内时，应设排气装置。

（2）提高洁净度的措施　在满足工艺条件的前提下，为提高净化效果，应按下列要求布置。

① 洁净房间或区域　对空气洁净度要求高的房间或区域宜布置在人最少到达的地方，并靠近空调机房，布置在上风侧。空气洁净度相同的房间或区域宜相对集中，以利于通风布置合理化。不同洁净度级别的房间或区域宜按空气洁净度的高低由里及外布置。同时，相互联系之间要有防止污染措施，如设置气闸室、空气吹淋室、缓冲间、传递窗（柜）等。

② 原材料、半成品和成品　洁净区内应设置与生产规模相适应的原材料、半成品和成品存放区，并应分别设置待验区、合格品区和不合格区，这样，能防止不同药品、中间体之间发生混杂的危险，防止由其他药品或其他物质带来的交叉污染，并防止遗漏任何生产或控制步骤的事故发生。洁净厂房使用的原辅料、包装材料及成品待检仓库与洁净厂房的布置应在一起，根据工艺流程，在仓库和车间之间设一输送原辅料的入口和一送出成品的出口，并使运输距离最短。多层厂房一般将仓库设在底层，或紧贴多层建筑物的单层裙房内。

③ 合理安排生产辅助用室　生产辅助用室应按下列要求布置：称量室宜靠近原料库，其洁净度级别同配料室。对设备及容器具清洗室，D级的清洗室可放在本区域内，A、B、C级区的设备及容器具清洗室宜设在本区域外，其洁净度级别可低于生产区一个级别。清洁工具洗涤、存放室，宜放在洁净区外。洁净工作服的洗涤、干燥室，其洁净度级别可低于生产区一个级别，无菌服的整理、灭菌室，洁净度级别宜与生产区相同。维护保养室不宜设在洁净生产区内。

④ 卫生通道　卫生通道可与洁净室分层设置。通常将换鞋、存外衣、淋浴、更内衣室置于底层，通过洁净楼梯至有关各层，再经二次更衣（即穿无菌衣、鞋和手消毒室），最后通过风淋进洁净区。卫生通道也可与洁净室设在同一楼层布置，它适用于洁净区面积小或严格要求分隔的洁净室。无论洁净室与卫生通道是否设在同一层，其进入洁净区的入口位置均很重要，理想的入口应尽量接近洁净区中心。

⑤ 物流路线　由车间外来的原辅料等的外包装不宜进入洁净区，只能将拆除外包装后的物料容器经过处理后，才能进入。进入D级区域的容器及工具需对外表面进行擦洗。进入C级区需在缓冲间内用消毒水擦洗，然后通过传递窗或气闸，并用紫外线照射杀菌。灌装用的瓶子，经过洗涤后，通过双门烘箱或隧道烘箱经消毒后进入洁净区。

⑥ 空调间的安排　空调间的安排应紧靠洁净区，使通风管路线最短。对于多层厂房的空调机房宜每层设一个空调机房，最多两层设一个。这样可避免或减少上下穿行大面积通风管道占用的面积，也简化风道布置，更有利于管道。空调机房位置的选定要根据工艺布置及

洁净区的划分安排最短捷、交叉最少的送回风管道，这时多层厂房的技术夹层更加显得重要，因技术夹层不可能很高，而各专业管道较多，作为体积最大、线路最长的风道若不安排好，将直接影响其他管道的布置。

2. 车间布置的其他技术要求

(1) 人员净化用室、生活用室布置的基本要求　人员净化用室和生活用室的布置应避免往复交叉，一般按下列程序进行布置。

① 非无菌产品、可灭菌产品生产区人员净化程序见图 6-15。

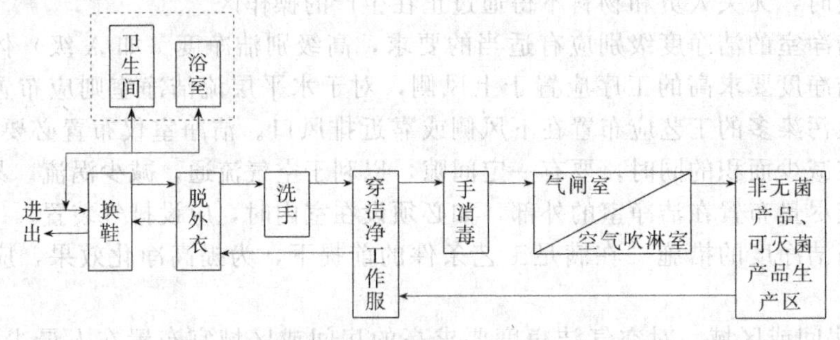

图 6-15　非无菌产品、可灭菌产品生产区人员净化程序

注：虚线框内的设施可根据需要设置

② 不可灭菌产品生产区人员净化程序见图 6-16。

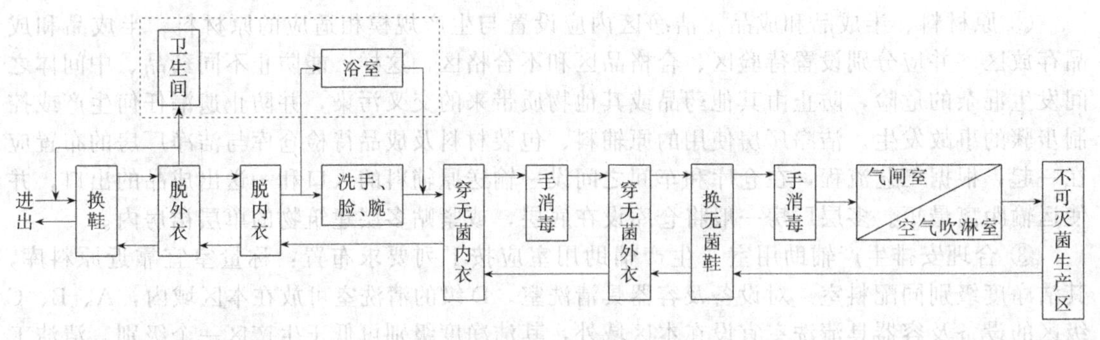

图 6-16　不可灭菌产品生产区人员净化程序

注：虚线框内的设施可根据需要设置

人员净化用室包括雨具存放室、换鞋室、存外衣室、盥洗室、缓冲室和气闸室或空气吹淋室等。人员净化用室要求应从外到内逐步提高，洁净度级别可低于生产区。对于要求严格分隔的洁净区，人员净化用室和生活用室布置在同一层。

人员净化用室的入口应有净鞋设施。在 A、B、C 级洁净区的人员净化用室中，存外衣室和洁净工作服室应分别设置，按最大班人数每人各设一外衣存衣柜和洁净工作服柜。盥洗室应设洗手和消毒设施，安装烘干器，水龙头按最大班人数每 10 人设一个，龙头开启方式以不直接用手为宜。洁净生产区内不得设厕所，厕所宜设在人员净化室外。淋浴室可以不作为人员净化的必要措施，特殊需要设置时，可靠近盥洗室。为保持洁净区域的洁净度和正压，洁净区域的入口处应设气闸室或空气吹淋室。气闸室的出入门应予联锁，使用时不得同时打开。设置单人空气吹淋室时，宜按最大班人数每 30 人一台，洁净区域工作人员超过 5 人时，空气吹淋室一侧应设旁通门。人员净化用室和生活用室的建筑面积应合理确定。一般洁净区设计人数可按平均每人 4～6m^2 计算。

(2) 物料净化用室布置要求　物料净化用室包括物料外包装清洁处理室、气闸室或传递窗（柜）。气闸室或传递窗（柜）的出入门也应予以联锁。

原辅料外包装清洁室，设在洁净区外，经处理后由气闸室或传递窗（柜）送入贮藏室、称量室。物料外包装洁净处理室，设在洁净室外，处理后送入贮藏室。凡进入无菌区的物料及内包装材料除设清洁室外，还应设置灭菌室。清洁室与灭菌室设于D级区域内，并通过气闸室或传递窗（柜）送入C级区域。生产过程中产生的废弃物出口应单独设置专用传递设施，不应与物料进口合用一个气闸室或传递窗（柜）。

(3) 生产洁净区布置要求　洁净车间在工艺条件许可下应尽可能地降低洁净室的净高，一般洁净车间净高可控制在2.6m以下，以减少空调净化处理的空气量，使空调费用减少，造价降低，也有利于提高防尘效果。但精制、调配设备带有搅拌器，房间高度应考虑搅拌轴的检修高度。当然若选用磁力搅拌配料罐，其搅拌器设在底部，可不必增高房间高度。对洁净度要求高的房间内，应少用地脚螺栓，尽量平放在地面上，以减少地面积尘的死角。

洁净车间布置时应考虑输送通道及中间品班存量（即临时堆放场地）。片剂生产时的粉碎、粗筛、精筛、制粒、整粒、总混、压片等工序，其粉尘大、噪声杂，应与其他工序分开，隔成独立小室，并采用消声隔音装置，以改善操作环境。干燥灭菌烘箱、灭菌隧道烘箱、物料烘箱等宜采用跨墙布置，即主要设备布置在低洁净区（如D级区），将要烘的瓶或物料送入，以墙为分隔线，墙的另一面为高洁净区（如C级区）。烘干后的瓶或物料从高洁净区（C级区）取出。所选设备应为双面开门，但不允许同时开启。设备既起到消毒烘干作用，又起到传递窗（柜）的作用。墙与烘箱需采用可靠密封隔断材料，以保证达到不同级别的洁净度要求。

(4) 人员与物料净化通道和设施

① 人员净化通道。净化通道分为缓冲区通道和洁净区通道。下述通道可列入缓冲区通道，主要是清除外界带入的尘埃。

a. 门厅与换鞋处。门厅是人员进入车间的第一个场所。为了最大限度地控制人员将外界泥砂带入车间，进入门厅前首先应将鞋上泥砂除去。目前常用的刮泥格栅，能将鞋底的大部分泥砂除去。为了进一步控制泥砂的带入，在门厅设换鞋区，将外用鞋在该区换掉，使进入更衣室时不致将泥砂带入而污染更衣室。方法可采用按车间定员数每人一个鞋柜，脱去外出鞋，通过换鞋平台，穿上车间供应的拖鞋，再将外出鞋存入鞋柜；也可采用鞋套方式，即在换鞋处套上鞋套，跨入换鞋平台进入车间，在存外衣室将鞋连鞋套一起存入各自的更衣柜内，换上车间供应的清洁鞋。鞋套可采用尼龙制的，也可采用纸质一次性鞋套。

b. 外衣存放室。为保证生产区洁净度，工人的鞋、外衣及生活用品（如手提包等）必须存放在指定地点，然后换上白大衣（一般生产区则为工作服），对进入洁净区的工人尚需再换洁净工作服。外衣存放室的衣柜数量按车间定员数每人一个。面积指标单层的约$0.8m^2$/人，双层的约$0.45m^2$/人。较理想存衣柜最好分三层，上部存放提包，中间挂衣服，下部存鞋；挂衣服处分左右两格，将外出衣和工作衣分开挂存，以减少污染。

c. 卫生间与淋浴室。在制剂厂房中卫生间与淋浴室的设置一直是难以统一的问题，这和管理制度是否严格、设计中气流组织是否正确，平面布置是否合理等有关，还与工人素质和自觉性有关。因为从生活习惯来讲，这两个房间必不可少，但它们又是给洁净车间带来污染、臭味和滋生细菌的场所。另外，淋浴室湿度很高，距洁净区较近，又影响洁净区的湿度。

淋浴是人员净化的一种手段，可清除人体表面的污垢、微生物和汗液。但国外资料表明：淋浴后不但不能降低人体的发尘量，相反，淋浴后使皮肤干燥，皮屑脱落，反而加强了发尘量。国外有的厂进入C级甚至B级洁净区的人员，并不经过淋浴室。一般淋浴室设在

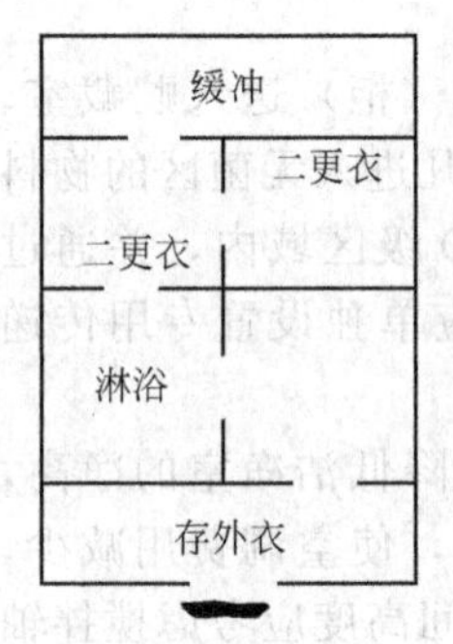

图 6-17 淋浴室

洁净区之外的车间存外衣室附近较理想，这样，淋浴室的湿气不致影响洁净区的湿度，既能减少污染又能解决洗澡问题。若洁净车间面积极小，人员也少，则可考虑将淋浴室设在更换无菌衣之前。淋浴室的位置呈口袋形，而不是通过式，如图 6-17 所示。这样可避免淋浴室的湿鞋子带入更换无菌衣室，减少污染，设计中要特别注意解决好淋浴室的排风问题，并使其与人员净化室维持一定的负压差。

卫生间应集中设置在洁净区更衣室之外，即人员净化程序以外，并布置在靠近人员净化设施的同一层面上。见图 6-18 和图 6-19。这样可避免污染和臭味。但给使用带来很大不便，实际上进入洁净室的人员一般进去后中途不出来。如需将卫生间、淋浴室设在人员净化程序以内时，卫生间、淋浴室前应增设前室，入厕者需更鞋，脱工作服。室内连续排风，以免臭气、湿气进入洁净区。改进的方法是开发 B 级垂直层流洁净卫生间，这种卫生间有坐式便桶、洗手池、烘手器，还有紫外线杀菌。便桶水箱内加有消毒液自动滴加器等。人员进入卫生间，风机立即自动启动，照明灯具点亮，人员离开卫生间，紫外线杀菌灯点亮至规定时间，便桶水箱内消毒液自动滴液器把消毒液滴入水箱中的水内。这种卫生间既无臭，又能消毒杀菌，这就可能使人员不再离开洁净区至非洁净区上卫生间，从而消除了因上卫生间从外界带入污染的可能。

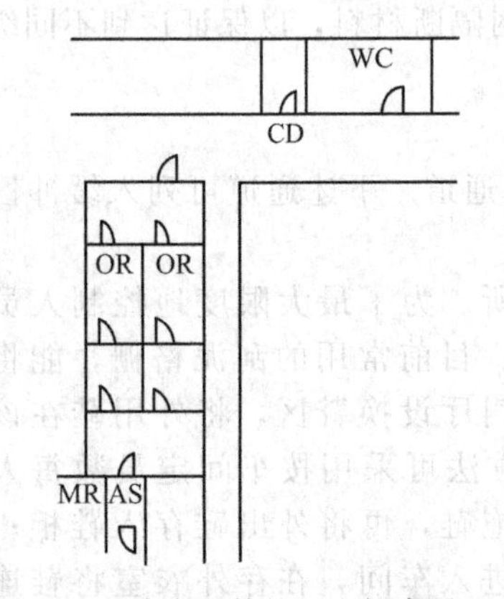

图 6-18 洁净室外的卫生间布置（1）

MR—洁净室；AS—空气吹淋室；

OR—更衣室；CD—走廊；WC—卫生间

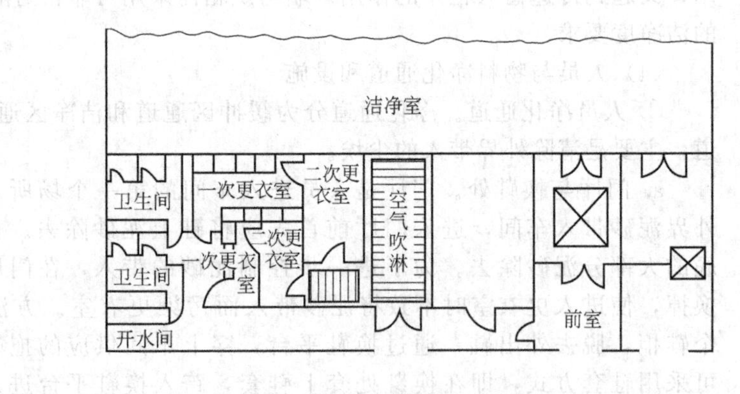

图 6-19 洁净室外的卫生间布置（2）

d. 风淋室、气闸室和缓冲室。人员净化后进入洁净生产区前应设风淋室、气闸室和缓冲室。

风淋室的目的是强制吹除工作人员及其工作服表面附着的尘粒，如图 6-20 所示。风淋室分三个部分，中间为风淋间，底部为站人转盘，旋转周期 14s，以保证人体受到同样的射流作用，并且射流强弱不等，使工作服产生抖动，使灰尘易除掉。左部为风机，电加热器、过滤器等。右部为静压箱，喷嘴，配电盘间。风淋室的门有自控联锁装置，不能将出入门同时开启。目前设计中 C 级洁净区入口处设风淋室，在 D 级洁净区入口处设风淋室或气闸室。使用风淋室时，当超过 5 个人时，应设置旁通门，以便于安全疏散并延长风淋室使用寿命。

气闸室是为保持洁净区的空气洁净度和正压控制而设置的缓冲室，也是人、物进出洁净室时控制污染空气进入洁净室的隔离室。气闸室必须有两个以上出入门，并有防止出入门同时被打开的措施，门的联锁可采用自控式、机械式或信号显示等方法。一般可采用无洁净空气幕的气闸室，当对洁净度要求高时，亦可采用有洁净空气幕的气闸室。空气幕是在洁净室入口处顶板设置有中、高效过滤器，并通过条缝向下喷射气流，形成遮挡污染的气幕。

缓冲室就是为了防止进门时带进污染的设施。它位于两间洁净室之间。与气闸室不同的是它除了可以有两个以上出入门，并有防止同时被打开的措施外，还必须送洁净风，使其洁净度达到将进入的洁净室所具有的级别。目前，在洁净厂房设计中，缓冲室的使用越来越广泛。

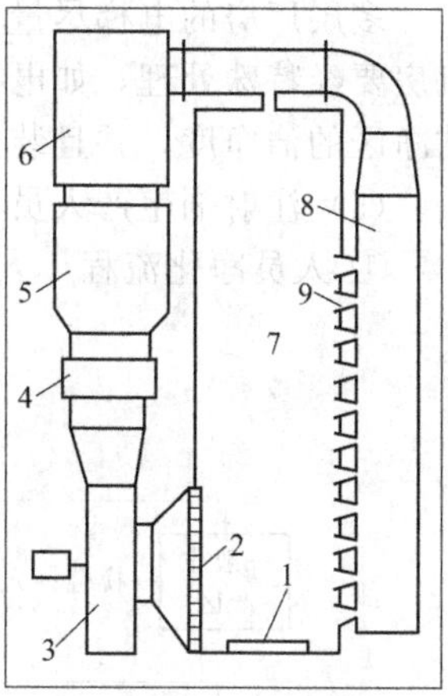

② 物料的传递技术。整个制药过程中的物料传递是非常重要的，如要避免它们可能带入的污染，就必须严格控制它们在洁净车间的进出。

原料必须在清洁的地方进行生产和包装。使用聚乙烯或类似的包装材料比纸好。在用到货运箱的地方，在物料进入洁净车间前，箱子等物品要彻底消毒。

物料通过气闸运送，应尽可能使用专用工具或手推车，避免使用卡车从中级洁净区运送到高级洁净区。当使用托架时，应使用塑料质地的托架。小批量物料通过气闸入口运送，如需要，可使用专用托盘。对于流体物料，在使用前也需要过滤，以保证在加工过程中不会出现固体颗粒。

图 6-20　单人风淋室

1—站人转盘；2—回风格栅；3—风机；4—电加热器；5—中效过滤器；6—精过滤器；7—门；8—静压箱；9—喷嘴

在强调粒子污染的同时，必须注意到当处理粒状原料时，会产生压片和装瓶过程的粉尘污染。另外，降低爆炸对人员和环境的危险也同等重要。

③ 人员净化程序。目前药厂制剂车间的人员净化流程是（参见图 6-21）：操作人员进入非无菌产品、可灭菌产品生产区，须经换鞋、脱外衣、洗手、穿洁净工作服、手消毒，通过气闸室后，进入生产区。进入不可灭菌产品生产区时，要经过换鞋→脱外衣→脱内衣→洗手脸腕→穿无菌内衣→手消毒→穿无菌外衣→换无菌鞋→手消毒→通过风淋室或气闸室后进入生产区。

生产青霉素、激素、抗肿瘤类人员进出均应经沐浴，防止污染源携带。生产人员的衣服是产生微生物和微粒污染的潜在因素，进入 D 级洁净区人员应有专用工作服。人员进入洁净区或无菌区必须更换特殊服装，包括帽子和鞋套，这些服装不产生纤维、微粒，同时阻隔人体脱落物。衣服应该宽松舒适，避免磨损。在无菌分装区穿全身整件式，其他区域穿两件式，裤装为在踝部有收口的高腰裤。头罩或工作帽必须将头发和胡须完全包住并塞进脖领中，鞋套应完全把脚包住，裤口也应该塞在鞋套里面。无填料橡胶或塑料手套应包在衣袖里面。还应戴一个无脱落纤维的面罩。上衣用手将袖口锁紧，然后将帽子戴到头顶，扣紧以确保帽子下边放在衣领内。注意不要让衣服裤子碰到地板。把上衣的下摆卷进裤子里面，系紧。材质应是长纤维，不起毛防静电，如聚酯或涤纶棉纶布料。

④ 物料净化的程序。物净与人净路线应分开独立设置。物料传递路线应短捷，并尽量避免与人员路线交叉。

原料及容器包装应按 GMP 要求清洁，故在进入车间的物料入口处，应安排一个清扫外包装的场所，其目的和人员的净鞋、换鞋相同。

凡进入 D 级洁净区的物料容器及工具，均须在缓冲室内对外表面进行处理或剥去污染的外皮，换生产区内使用的周转容器及托板。凡进入 A、B、C 级洁净区的物料容器及工具，均须在缓冲室内用消毒水擦洗，然后通过传递窗（柜）或气闸室用紫外线灯照射杀菌后传入。

多层厂房的电梯尽量不设在洁净室内。如果生产工艺要求在洁净区内装电梯，电梯间和机房要经特殊处理，如电梯出入口均应增加一缓冲间，此室应对洁净区保持负压状态，保证洁净区的洁净度，并且装入电梯内的物料、容器均应预先进行清洁处理。

（5）注射剂生产人员与物料净化流程　仅以注射剂为例说明人、物净化的流程。

① 人员净化流程　人员净化流程见图 6-21。

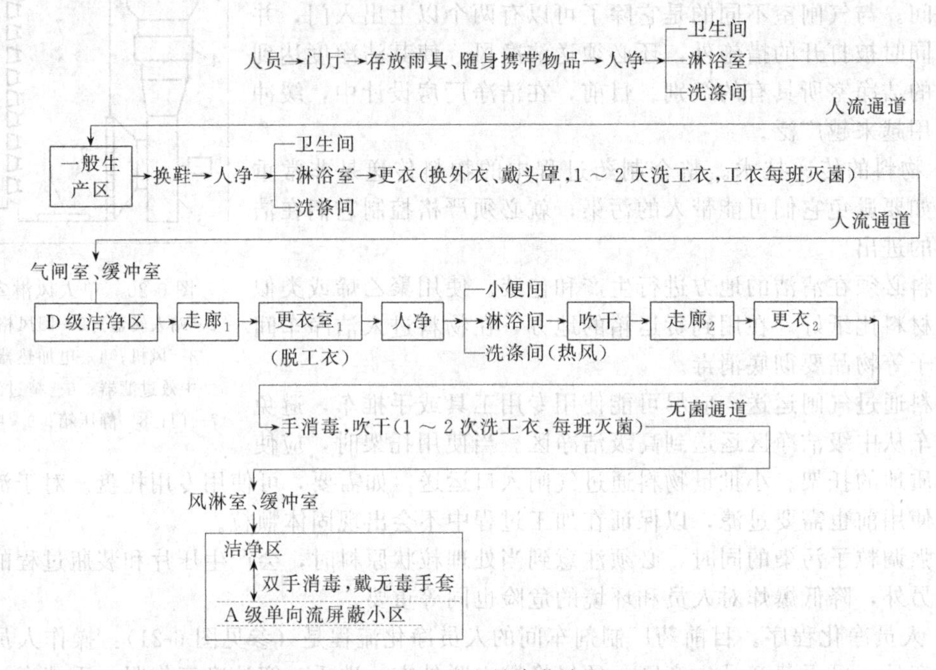

图 6-21(a)　人员净化流程

② 注射剂直接包装容器净化、灭菌。

a. 西林瓶，见图 6-21(b)。

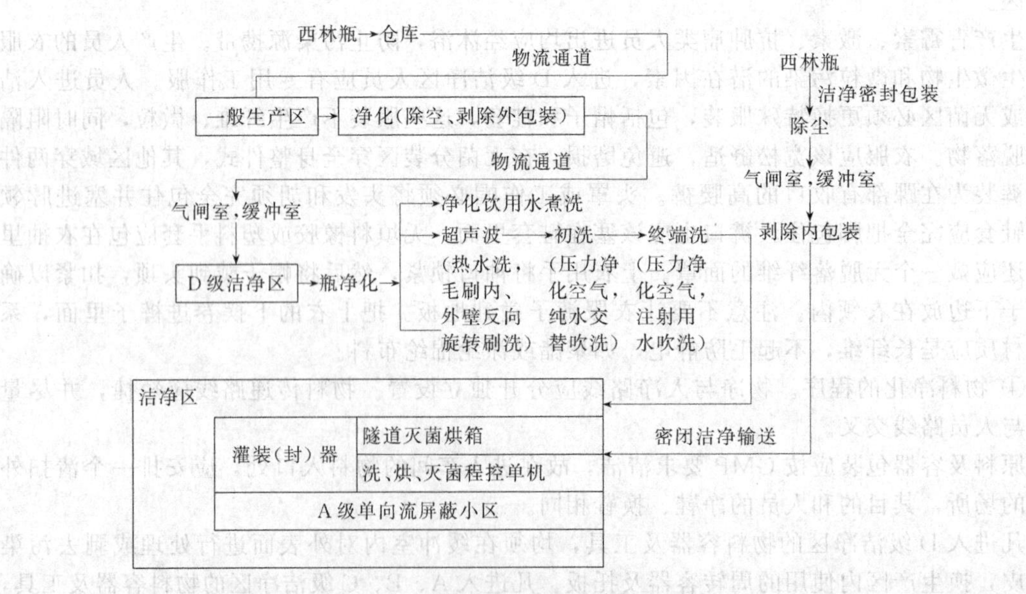

图 6-21(b)　西林瓶

b. 安瓿，见图 6-21(c)。

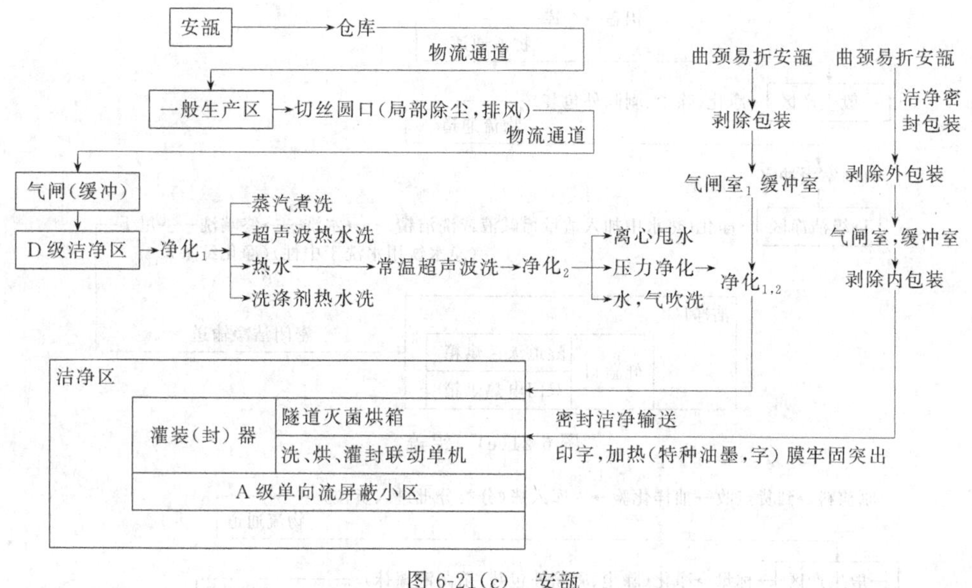

图 6-21(c)　安瓿

c. 胶塞，见图 6-21(d)。

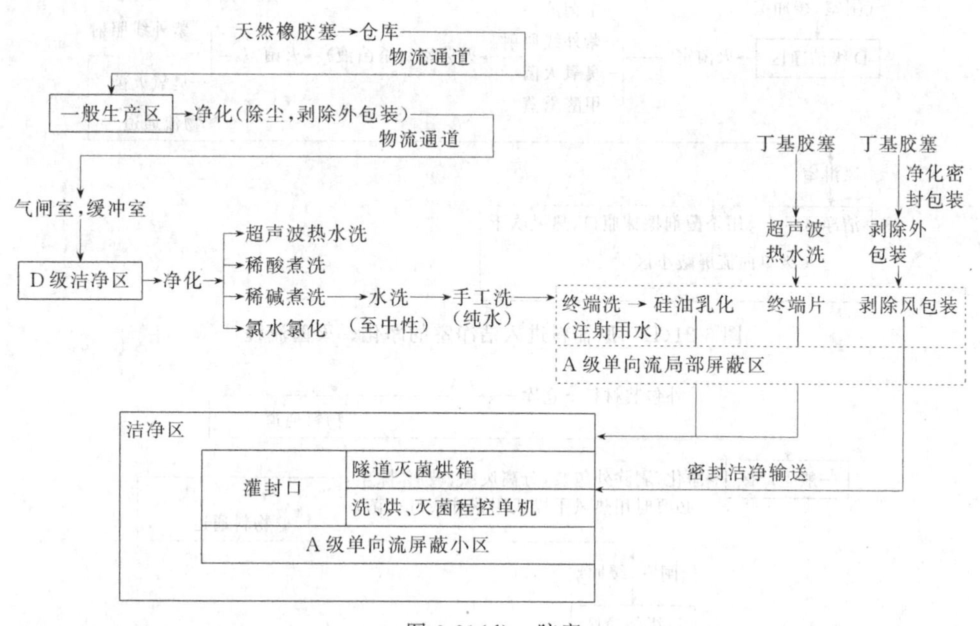

图 6-21(d)　胶塞

d. 铝盖，见图 6-21(e)。

③ 原辅料进入洁净室的净化、灭菌，见图 6-21(f)。

④ 外包装材料进入 D 级洁净区的净化，见图 6-21(g)。

⑤ 无菌工作服的净化、灭菌，见图 6-21(h)。

（三）制剂车间布置举例

1. 片剂车间布置

(1) 片剂的生产工序及区域划分　片剂为固体口服制剂的主要剂型，产品属非无菌制剂。片剂的生产工序包括原辅料预处理、配料、制粒、烘干、压片、包衣、洗瓶、包装。片剂工艺流程示意图及环境区域划分如图 6-22 所示。片剂生产及配套区域的设置要求见表 6-10。

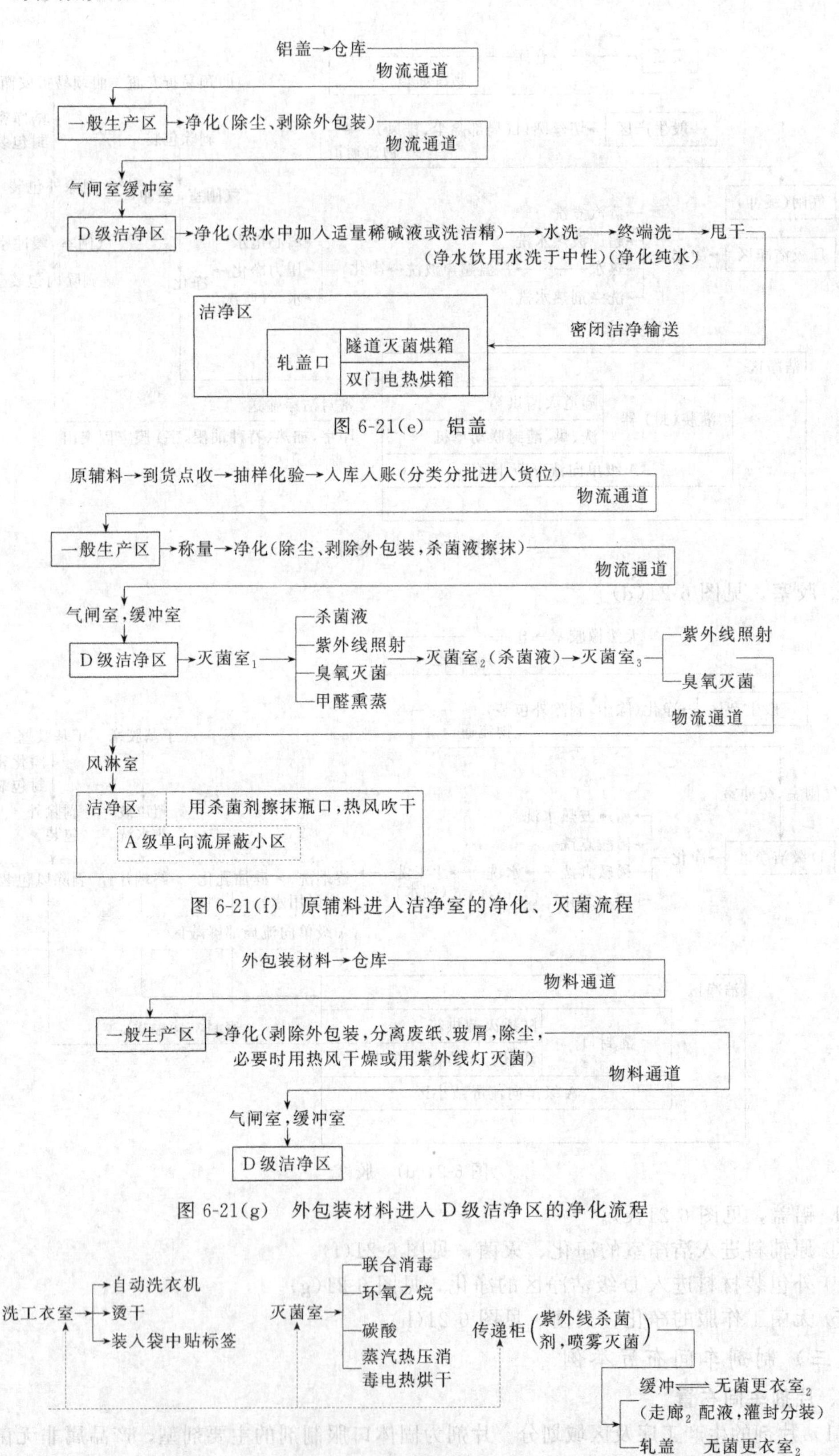

图 6-21(e) 铝盖

图 6-21(f) 原辅料进入洁净室的净化、灭菌流程

图 6-21(g) 外包装材料进入D级洁净区的净化流程

图 6-21(h) 无菌工作服的净化、灭菌流程

表 6-10 片剂生产及配套区域设置要求

区域	要求	配套区域
仓贮区	按待验、合格、不合格品划区温度、湿度、照度要控制	原材料、包装材料、成品库、取样室、特殊要求物品区
称量区	宜靠近生产区、仓贮区，环境要求同生产区	粉碎区、过筛区、称量工具清洗区、存放区
制粒区	温度、湿度、洁净度、压力要控制，干燥器的空气要净化，流化床要防爆	制粒室、溶液配制室、干燥室、总混室、制粒工具清洗区
压片区	温度、湿度、洁净度、压力要控制，压片机局部除尘，就地清洗设施	压片室、冲模室、压片室前室
包衣区	温度、湿度、洁净度、压力、噪声要控制，包衣机局部除尘，就地清洗设施，如用有机溶剂需防爆	包衣室、溶液配制室、干燥室
包装区	如用玻璃瓶需设洗瓶、干燥区，内包装环境要求同生产区，同品种包装线间距 1.5m，不同品种间要设屏障	内包装、中包装、外包装室，各包装材料存放区
中间站	环境要求同生产区	各生产区之间的贮存、待验室
废片处理区		废片室
辅助区	位于洁净区之外	设备、工器具清洗室，清洁工具洗涤存放室，工作服洗涤，干燥室，维修保养室
质量控制区		分析化验室

片剂车间的空调系统除要满足厂房的净化要求和温湿度要求外，重要的一条就是要对生产区的粉尘进行有效控制，防止粉尘通过空气系统发生混药或交叉污染。因此，在车间的工艺布局、工艺设备选型、厂房、操作和管理上应采取一系列措施，对空气净化系统还要做到：在产尘点和产尘区设隔离罩和除尘设备；控制室内压力，产生粉尘的房间应保持相对负压；合理的气流组织；对多品种换批次生产的片剂车间，各生产区均需分室，产生粉尘的房间不采用循环风，外包装可同室但需设不到顶的屏障。控制粉尘装置可用：沉流式除尘器、环境控制室、逆层流称量工作台等。

片剂生产需有防尘、排尘设施，凡通入洁净区的空气应经初效和中效过滤器除尘，局部除尘量大的生产区域，还应安排吸尘设施，使生产过程中产生的微粒减少到最低程度。洁净区一般要求保持室温 18～28℃，相对湿度 50%～65%，生产泡腾片产品的车间，则应维持更低的相对湿度。

(2) 片剂车间布置方案的提出与比较　一个车间的布置可有多种方案。进行方案比较时，考虑的重点是有效地避免不同药物、辅料和产品之间的相互混乱或交叉污染，并尽可能地合理安排物料、设备在各工序间的流动，减轻操作人员的劳动强度，使生产与维修方便，清洁与消毒简单，并便于各操作工序之间机械化、自动化控制。以下对片剂车间布置的三种方案进行比较。

方案一：如图 6-22 所示。箭头表示物料在各工序间的流动方向及次序。由于片剂原辅料大多为固体物质，故合格的原辅料一般均放于生产车间内，以便直接用于生产。方案一将原料、中间品、包装材料仓库设于车间中心部位，生产操作沿四周设置。原辅料由物料接收区、物料质检区进入原辅料仓库，经配料区进入生产区。压制后片子经中间品质检区（包括留验室、待包装室）进入包装区。这样的结构布局优点是空间利用率大，各生产工序之间可以采用机械化装置运送材料和设备，原辅料及包装材料的贮存紧靠生产区，缺点是流程条理不清（图中箭头有相互交叉），物料交叉往返；容易造成相互污染或混药差错。

方案二：如图 6-23 所示。本方案与方案一面积相同。为了克服发生混药或相互污染的可能性，可将车间设计为物料运输不交叉的布置。将仓库，接收、放置等贮存区置于车间一侧，而将生产、留检、包装区基本构成环形布置，中间以走廊隔开。在相同厂房面积下基本消除了人物流混杂。

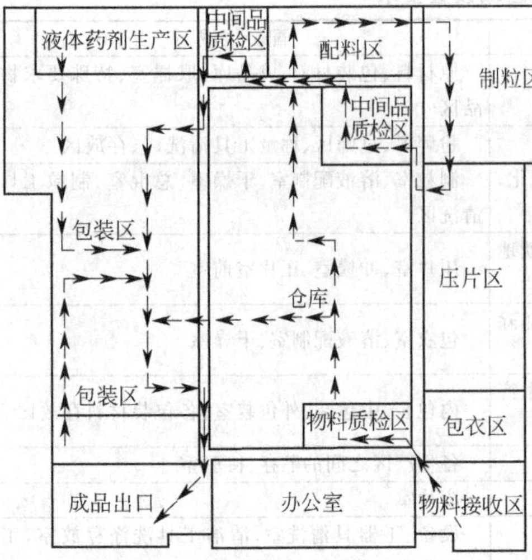

图 6-22　片剂车间平面布置图（方案一）

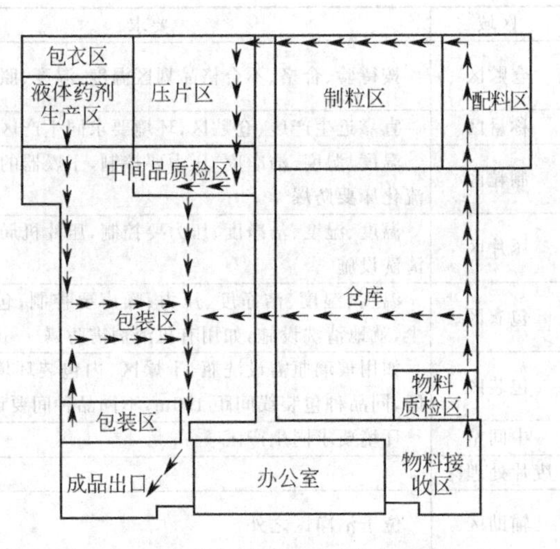

图 6-23　片剂车间平面布置图（方案二）

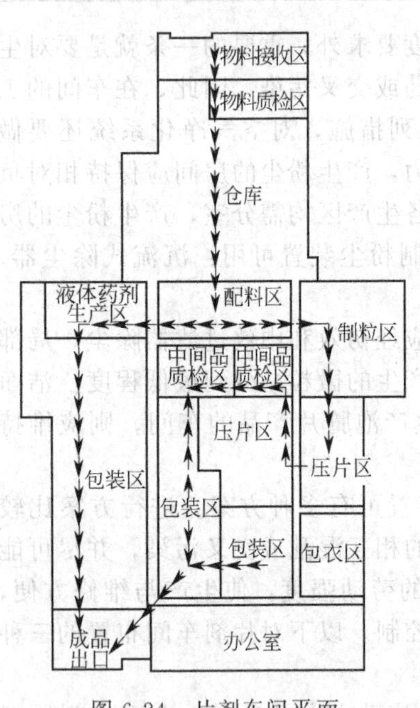

图 6-24　片剂车间平面布置图（方案三）

方案三：如图 6-24 所示。物料由车间一端进入，成品由另一端送出，物料流向呈直线，不存在任何相互交叉，这样就避免了发生混药或污染的可能。其缺点是这样布局所需车间面积较大。

（3）片剂车间的布置形式　片剂车间常用的布置形式有水平布置和垂直布置。水平布置是将各工序布置在同一平面上，一般为单层大面积厂房。水平布置有两种方式：

① 工艺过程水平布置，而将空调机、除尘器等布置于其上的技术夹层内，也可布置在厂房一角。

② 将空调机等布置在底层，而将工艺过程布置在二层。

垂直布置是将各工序分散布置于各楼层，利用重力解决加料，有两种布置方式：

① 二层布置　将原辅料处理、称量、压片、糖衣、包装及生活间设于底层，将制粒、干燥、混合、空调机等设于二层。

② 三层布置　将制粒、干燥、混合设于三层，将压片、糖衣、包装设于二层，将原辅料处理、称量、生活间及公用工程设于底层。

2. 针剂车间布置

（1）针剂的生产工序及区域划分　针剂属可灭菌小容量注射剂，将配制好的药液灌入安瓿内封口，采用蒸汽热压灭菌方法制备灭菌注射剂。针剂的生产工序包括：配制（称量、配制、粗滤、精滤）、安瓿切割及圆口（此步已取消），安瓿洗涤及干燥灭菌、灌封、灭菌、灯检、印字（贴签）及包装。

（2）针剂车间的布置形式　针剂生产工序多采用平面布置，可采用单层厂房或楼中的一层。如将配液、粗滤等工序置于主要生产车间的上层，则可采用多层布置，但从洗瓶至包装仍应在同一层平面内完成。

（3）针剂车间的基本平面布置　针剂的灌封是将配制过滤后的药液灌封于洗涤灭菌后的

安瓿中。布置中，安瓿灭菌、配液及灌封需按工序相邻布置，同时，对洁净度高的房间要相对集中。其基本平面布置如图 6-25 所示。

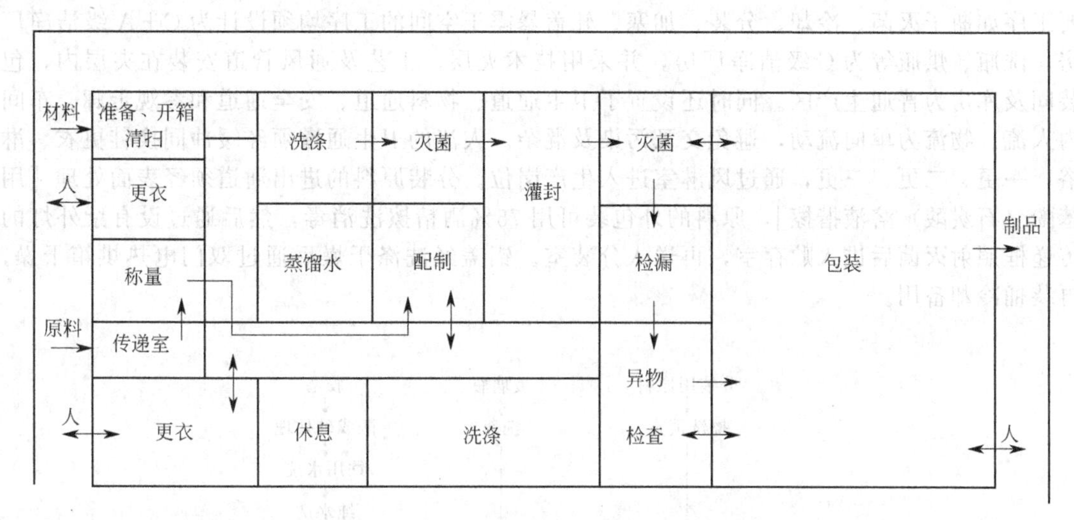

图 6-25 针剂车间基本平面布置

（4）针剂车间布置示例 如图 6-26 所示是制剂楼一层的水针车间。原料经浓配、稀配、灌封为一条线；安瓿经洗涤、干燥、冷却为另一条线；两条线汇合于灌封室，再经灭菌、检漏、包装至成品。

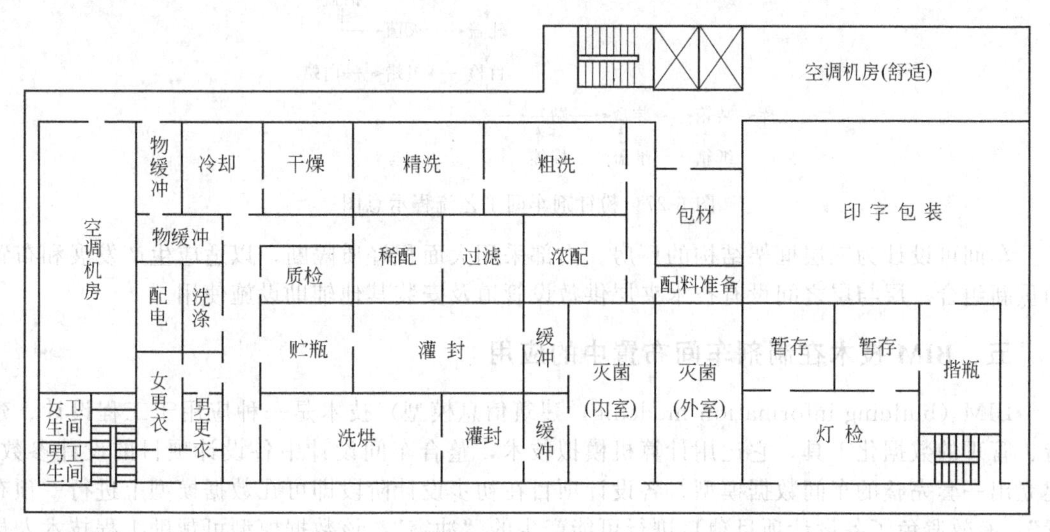

图 6-26 水针车间布置（一层）

3. 粉针剂车间的布置

粉针剂属于无菌分装注射剂，所需无菌分装的药品多数不耐热，粉针生产的最终成品不作灭菌处理，故生产过程必须是无菌操作；无菌分装的药品，特别是冻干产品吸湿性强，故分装室的环境相对湿度、容器、工具的干燥和成品的包装严密性应特别注意。

粉针剂车间工艺流程示意图见图 6-27。粉针车间包括理瓶、洗瓶、隧道干燥灭菌、瓶子冷却、检查、分装、加塞、轧盖、检查、贴签、装盒、装箱等工序。粉针剂由洗瓶至包装宜设于同一楼层，洗瓶、分装、轧盖至小包装宜按工序相邻布置，以便于用链带输送。烘干灭菌后的西林瓶、药粉及处理后的胶塞汇集于分装室进入分装及盖胶塞，然后再在轧盖室用处理后的铝盖进行轧盖。主要生产工序温度为20～22℃，相对湿度45%～50%。其中洗瓶、隧道干燥灭菌、瓶子冷却、分装、加塞及轧盖等生产岗位采用空气洁净净化技术与装置。主要工序如瓶子灭菌、冷却、分装、加塞、轧盖暴露于空间的工序均须设计为C+A级洁净厂房，洗瓶、烘瓶等为C级洁净厂房，并采用技术夹层，工艺及通风管道安装在夹层内，包装间及库房为普通生产区。同时还设置了卫生通道、物料通道、安全通道和参观走廊。车间内人流、物流为单向流动，避免交叉污染及混杂。人流的卫生通道须经缓冲间换鞋更衣、淋浴、一更、二更、三更，通过风淋室进入生产岗位。分装原料的进出通道须经表面处理［用苯酚（石炭酸）溶液揩擦］，原料的外包装可用75%酒精擦洗消毒，然后通过设有紫外灯的传递框照射灭菌后进入贮存室，再送入分装室。铝盖经洗涤干燥后通过双门电热烘箱干燥，再装桶冷却备用。

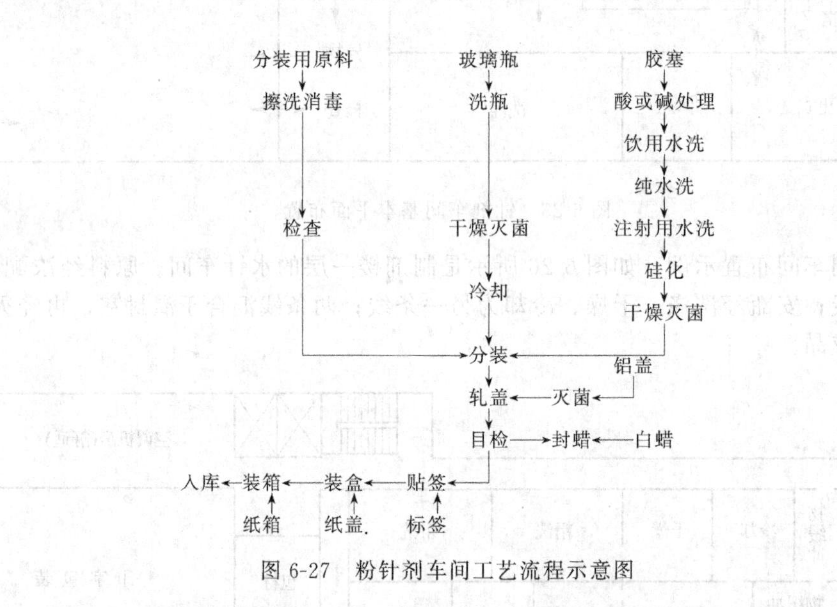

图6-27 粉针剂车间工艺流程示意图

车间可设计为三层框架结构的厂房。内部采用大面积轻质隔断，以适应生产发展和布置的重新组合。层与层之间设有技术夹层供敷设管道及安装其他辅助设施使用。

五、BIM技术在制剂车间布置中的应用

BIM（building information modeing，建筑信息模型）技术是一种应用于工程设计、建造、管理的数据化工具，它运用计算机模拟技术，整合车间设计中各设计项目的设计参数，建立出一套完整的车间数据模型。各设计项目在初步设计阶段即可在数据模型上进行“预布置”，有效避免了各设计项目独自进行可能产生的“冲突”。该数据模型可帮助工程技术人员对各种车间信息做出正确的理解和高效的应对，为设计团队以及包括建筑运营单位在内的各方建设主体提供协同工作的基础，在提高生产效率、保证施工质量、节约投资成本等方面都发挥了重要的作用。

BIM技术在制剂车间设计中的优势：①医药厂房对各制剂车间环境有特殊的要求，既要使各制剂车间保持良好的洁净度、可控的温度和湿度，又要调整好适度的光照、减低噪声污染。这必然要求厂房设置繁杂的通风和供回水管道，使工程设计难度增大。应用BIM技术设计时可以对项目的土建、管线、工艺设备进行管线综合布置及碰撞检查，在项目正式施工之前就可以消除因人为设计错误而产生的隐患，避免施工浪费，降低施工风险。②一套完备的医药工业标准厂房按照制药的整体流程应包括各类型标准生产厂房、库房及辅助生产用

房、附属设施用房等。整个厂房建筑面积大、工序复杂。整个项目的工程量计算和数据管理耗时巨大且容易出错，严重影响工程实施的效率。应用BIM技术可以简单准确地得到工程的基础数据，在建筑过程中还可以应用BIM模型进行模拟施工和协助管理，大大提高工程实施效率。③在设计和施工过程中，为了缩短工期提高效率，往往各个专业、各种厂房设计同时进行，各专业不能及时信息共享，时常需要设计返工，最终导致设计人员工作效率低下。应用BIM技术可以轻松完成对工程数据的共享和重复利用，为设计师、建筑师、水电暖铺设工程师、开发商乃至物业维护等各环节人员提供“模拟和分析”的科学协作平台。

第五节　管道设计

管道是制药生产中必不可少的重要部分，起着输送物料及传热介质的重要作用，药厂管道犹如人体的血管，规格多，数量大，在整个工程投资中占重要的比例。因此，正确地设计和安装管道，对减少工厂基本建设投资和维持日后的正常操作具有重大意义。

一、管道设计的内容和方法

在初步设计阶段，设计带控制点流程图时，须要选择和确定管道、管件及阀件的规格和材料，并估算管道设计的投资；在施工图设计阶段，还须确定管沟的断面尺寸和位置，管道的支承间距和方式，管道的热补偿与保温，管道的平、立面位置及施工、安装、验收的基本要求。

1. 管道设计的基础资料

进行管道设计应具有如下基础资料作为设计条件：①施工流程图；②车间设备平、立面布置图；③设备施工图；④物料衡算和热量衡算；⑤工厂地质情况；⑥地区气候条件；⑦其他（如水源、锅炉房蒸汽压力和压缩空气压力等）。

2. 管道设计的内容和方法

管道设计的成果是管道平、立面布置图，管架图，楼板和墙的穿孔图，管架预埋件位置图，管道施工说明，管道综合材料表及管道设计概算。

管道设计的具体内容、深度和方法如下：

（1）管径的计算和选择　由物料衡算和热量衡算，选择各种介质管道的材料；计算管径和管壁厚度，然后根据管道现有的生产和供应情况作出选择决定。

（2）地沟断面的决定　其大小及坡度应按管子的数量、规格和排列方法来决定。

（3）管道的配置　根据施工流程图，车间设备布置图及设备施工图进行管道配置，应注明如下内容：①各种管道内介质的名称、管子材料和规格、介质流动方向以及标高和坡度，介质名称、管子材料和规格、介质流向以及管件、阀件等用代号或符号表示，标高以地平面为基准面，或以楼板为基准面；②同一水平面或同一垂直面上有数种管道，安装时应予注明；③绘出地沟的轮廓线。

（4）提出资料管道设计资料　应包括：①将各种断面的地沟长度提供给土建专业设计人员；②将车间上水、下水、冷冻盐水、压缩空气和蒸汽等管道管径及要求（如温度、压力等条件）提供给公用系统专业设计人员；③各种介质管道（包括管子、管件、阀件等）的材料、规格和数量；④补偿器及管架等材料制作与安装费用；⑤做出管道投资概算。

（5）编写施工说明书　包括施工中应注意的问题；各种介质的管子及附件的材料；各种管道的坡度；保温刷漆等要求及安装时采用的不同种类的管件管架的一般指示等问题。

二、管道计算及选择连接

(一) 管径的计算和确定

管径的选择是管道设计中的一个重要内容，其与管道原始投资费用与动力消耗费用有着直接的联系。管径越大，原始投资费用越大，但动力消耗费用可降低；相反，如果管径减小，则投资费用可减少，但动力消耗费用就增加。

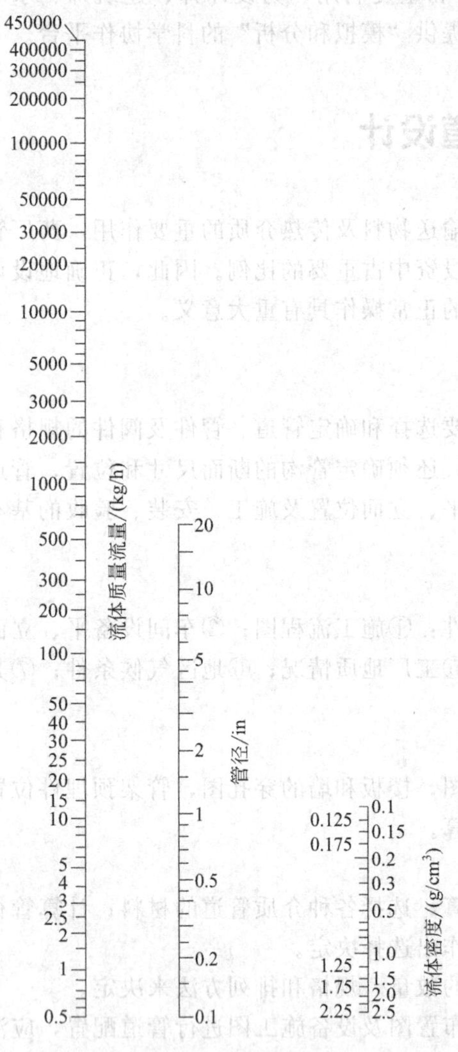

图 6-28 求取最经济管径的算图 (1in=0.02539m)

1. 最佳经济管道的求取

制药厂输送的物料种类多，但一般输送量不大，每根管道都用数学计算方法求取很繁琐，可采用如图 6-28 所示的算图，用以求取最经济管径，由此求得的管径能使流体处于最经济的流速下运行。

2. 利用流体速度计算管径

根据流体在管内的常用速度，可用下式求取管径：

$$d=\sqrt{\frac{V_s}{\frac{\pi}{4}u}}$$

式中，d 为管子直径，m；V_s 为通过管道的流量，m^3/s；u 为流体的流速，m/s。

不同场合下流速的范围，可查有关工程手册，确定了流速就可求出管道的直径。

一般来说，对于密度大的流体，流速值应取得小些，如液体的流速就比气体小得多。对于黏度较小的液体，可选用较大的流速，而对于黏度大的液体，如油类、浓酸、浓碱液等，则所取流速就应比水及稀溶液低。对含有固体杂质的流体，流速不宜太低，否则固体杂质在输送时，容易沉积在管内。

3. 管壁厚度

根据管径和各种公称压力范围，查阅有关手册可得管壁厚度。

4. 蒸汽管管径的求取

蒸汽是一种可压缩性气体，其管径计算十分复杂，为方便使用，通常将计算结果做成表格或算图。在制作表格及算图时，一般从两方面着手：一是选用适宜的压力降；二是取用一定的流速。如过热蒸汽的流速，主管取 40～60m/s，支管取 35～40m/s；饱和蒸汽的流速，主管取 30～40m/s，支管取 20～30m/s。或按蒸汽压力来选择，如 4×10^5 Pa 以下取 20～40m/s；8.8×10^5 Pa 以下取 40～60m/s；3×10^6 Pa 以下取 80m/s。

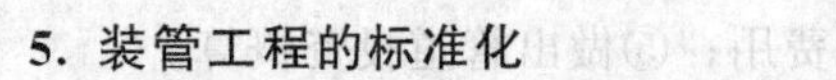

5. 装管工程的标准化

装管工程的标准化可使制造单位能进行零件的大量生产，使用单位可降低安装费用，减少日常的储备量，便利零件的互换，设计单位的工作得到很大的方便。

（1）公称压力　医药产品由于工艺方法的差异，对温度、压力和材料的要求不相同。在不同温度下，同一种材料的管道所能承受的压力不一样。为了使装管工程标准化，首先要有压力标准。压力标准是以公称压力为基准的，公称压力是管子、管件和阀门在规定温度下的最大允许用工作压力（表压），常用 PN 表示，可分为 12 级，它的温度范围是 0～120℃，此时工作压力等于公称压力，如高于这温度范围，工作压力就应低于公称压力。

（2）公称直径　公称直径是管子、管件和阀件的名义内直径，常用 DN 表示。一般情况下，公称直径既非外径，也非内径，而是小于管子外径的并与它相近的整数。管子的公称直径确定，其外径也就确定了，但内径随壁厚而变。某些情况下，如铸铁管的内径等于公称直径。管件和阀件的标准则规定了各种管件和阀件的外廓尺寸和装配尺寸。

（二）管道、阀门和管件的选择

1. 管道

（1）材料的选择　制药工业生产用的管道、阀门和管件的材料选择原则主要依据是输送介质的浓度、温度、压力、腐蚀情况、供应来源和价格等因素综合考虑决定。

选材应用最广的方法是查《腐蚀数据手册》（化学工业出版社，1982）（以下简称“手册”）。手册中罗列的大量材料——环境体系的腐蚀数据都是经过长期生产实践检验的。由于介质数量庞大，使用时的温度、浓度情况各不相同，手册中不可能标出每一种介质在所有的温度和浓度下的耐蚀情况。当手册中查不到所需要的介质在某浓度或温度下的数据时，可按下列原则来确定。

① 浓度：如果缺乏某一特定浓度的数据，可参阅临近浓度，对于腐蚀性不强的介质，各种浓度的溶液往往腐蚀性是相似的。不论介质强弱，如果相邻的上下两个浓度的耐蚀性相同，那么中间浓度的耐蚀性一般也相同。如果上下两个浓度的耐蚀性不同，则中间浓度的耐蚀性常常介于两者之间。一般情况下，腐蚀性随浓度的增加而增强。

② 温度：一般情况下，温度越高，腐蚀性越大。在较低温度下标明了不耐蚀时，较高温度也不耐蚀。当上下两个相邻温度的耐蚀性相同时，中间温度的耐蚀性也相同。但若上下两个温度耐蚀性不同，则低温耐蚀，高温不耐蚀，温度越高，腐蚀速度越快。

凡是处在温度或浓度的边缘条件下，即处于由耐蚀接近或转入不耐蚀的边缘条件下时，宁可不使用这类材料，而选择更优良的材料。在实际使用过程中，很可能由于生产条件的波动，或由于贮运过程中季节或地区的温度、湿度的变化以及蒸发、吸水、放空或液面的升降等，引起局部地区浓度、温度的变化，以致很容易达到不耐蚀的浓度或温度极限范围。

③ 腐蚀介质：当手册中缺乏要查找的介质量，可参阅同类介质的数据。例如缺乏硫酸钾的数据，可查阅硫酸钠、磷酸钾等。有机化合物中各类物质的腐蚀性更为接近。只要对各类物质的成分、结构、性能具备一定的知识，对选材有一些经验，即使表内缺乏某些数据，也能够大致判断它的腐蚀性。

两种以上物质组成的混合物，其腐蚀性一般为各组成物腐蚀性的和（假如没有起化学反应），只要查对各组成物的耐蚀性就可以（基准为混合物中稀释后的浓度）。但是有些混合物改变了性质，如硫酸与含有氯离子（如食盐）的化合物混合，产生了盐酸，这就不仅有硫酸的腐蚀性，还有盐酸的腐蚀性。所以查阅混合物时，应先了解各组成物是否已起了变化。

（2）常用管子　制药工业常用管子有金属管和非金属管。常用的金属管有铸铁管、硅铁管、水煤气管、无缝钢管（包括热辗和冷拉无缝钢管）、有色金属管（如铜管、黄铜管、铝管、铅管）、有衬里钢管。常用的非金属管有耐酸陶瓷管、玻璃管、硬聚氯乙烯管、软聚氯乙烯管、聚乙烯管、玻璃钢管、有机玻璃管、酚醛塑料管、石棉-酚醛塑料管、橡胶管和衬里管道（如衬橡胶、搪玻璃管等）。

2. 阀门和管件

阀门的作用是控制流体在管内的流动，其功能有启闭、调节、节流、自控和保证安全等作用。

(1) 阀门选用原则　各种阀门因结构形式与材质的不同，有不同的使用特性、适用场合和安装要求。选用的原则是：①流体特性，如是否有腐蚀性、是否含有固体、黏度大小和流动时是否会产生相态的变化；②功能要求，按工艺要求，明确是切断还是调节流量等；③阀门尺寸，其由流体流量和允许压力降决定；④阻力损失，按工艺允许的压力损失和功能要求选择；⑤温度、压力，由介质的温度和压力决定阀门的温度和压力等级；⑥材质决定于阀门的温度和压力等级与流体特性。

(2) 常用的阀门　常用的阀门见表6-11。

表 6-11　阀门的常用形式及其应用范围

阀门名称	基本结构与原理	优　点	缺　点	应用范围
闸阀	阀体内有一平板与介质流动方向垂直，平板升起阀即开启	阻力小，易调节流量，用作大管道的切断阀	价贵，制造和修理较困难，不易用非金属抗腐蚀材料制造	用于低于120℃低压气体管道，压缩空气、自来水和不含沉淀物介质的管道干线，大直径真空管等。不宜用于带纤维状或固体沉淀物的流体。最高工作温度低于120℃，公称压力低于100×10^5Pa
截止阀（节流阀）	采用装在阀杆下面的阀盘和阀体内的阀座相配合，以控制阀的启闭	价格比旋塞贵，比闸阀便宜，操作可靠易密封，能较精确调节装置，制造和维修方便	流体阻力大，不宜用于高黏度流体和悬浮液以及结晶性液体，因结晶固体沉积在阀座影响紧密性，且磨损阀盘与阀座接触面，造成泄漏	在自来水、蒸汽、压缩空气、真空及各种物料管道中普遍使用。最高工作温度300℃，公称压力为325×10^5Pa
旋塞	利用中间开孔柱锥体作阀芯，靠旋转锥体来控制阀的启闭	结构简单，启闭迅速，阻力小，用于含晶体和悬浮液的液体	不适于调节流量，旋转旋塞费力，高温时会由于膨胀而旋转不动	120℃以下输送压缩空气，废蒸汽-空气混合物及在120℃、10×10^5Pa或$(3\sim5)\times10^5$Pa输送包括结晶性及含有悬浮物的液体，不得用于蒸汽或高热流体
球阀	利用中心开孔的球体作阀芯，靠旋转球体控制阀的启闭	价格比旋塞贵，比闸阀便宜，操作可靠，易密封，易调节流量，体积小，零部件少，重量轻。公称压力大于16×10^{-5}Pa，公称直径大于76mm。现已取代旋塞	流体阻力大，不得用于输送含结晶和悬浮液的液体	在自来水、蒸汽、压缩空气、真空及各种物料管道中普遍使用。最高工作温度300℃，公称压力为325×10^5Pa
隔膜阀	利用弹性薄膜（橡皮、聚四氟乙烯）作阀的启闭机构	阀杆不与流体接触，不用填料箱，结构简单，便于维修，密封性能好，流体阻力小	不适用于有机溶剂和强氧化剂介质	用于输送悬浮液或腐蚀性液体
止回阀（单向阀）	用来使介质只做单一方面的流动，但不能防止渗漏	升降式比旋启式密闭性能好，旋启式阻力小，只要保证摇板旋转轴线的水平，可以任意形式安装	升降式阻力较大，卧式宜装在水平管上，立式应装在垂直管线上。本阀不宜用于含固体颗粒和黏度较大的介质	适用于清净介质
蝶阀	阀的关阀件是一圆盘形	结构简单，尺寸小，重量轻，开闭迅速，有一定调节能力		用于气体、液体及低压蒸汽管道，尤其适合用于较大管径的管路上

续表

阀门名称	基本结构与原理	优　点	缺　点	应用范围
减压阀	用以降低蒸汽或压缩空气的压力，使之成为生产所需的稳定的较低压力		常用的活塞式减压阀不能用于液体的减压，而且流体中不能含有固体颗粒，故减压阀前要装管道过滤器	
安全阀	压力超过指定值时即自动开启，使流体外泄，压力回复后即自动关闭以保护设备与管道	杠杆式使用可靠，在高温时只能用杠杆式。弹簧式结构精巧，可装于任何位置	杠杆式，体积大，占地大，弹簧式在长期缓热作用下弹性会逐渐减少。安全阀需定时鉴定检查	直接排放到大气的可选用开启式，易燃易爆和有毒介质选用封闭式，将介质排放到排放总管中去。主要地方要安装双阀

（3）阀门的选择　阀门的选用原则见表6-12。

表6-12　阀门的选用原则

流体名称	管道材料	操作压力/MPa	垫圈材料	连接方式	阀门形式		推荐阀门型号	保温方式
					支管	主管		
上水	焊接钢管	0.1～0.3	橡胶，橡胶石棉板	≤2″，螺纹连接；≥2½″，法兰连接	≤2″，截止阀；≥2½″，闸阀	闸阀	J11T-16 Z45T-10	
清净下水	焊接钢管	0.1～0.3	橡胶，橡胶石棉板	≤2″，螺纹连接；≥2½″，法兰连接	≤2″，截止阀；≥2½″，闸阀	闸阀	Z45T-H	
生产污水	焊接钢管，铸铁管	常压	橡胶，橡胶石棉板，或由污水性质决定	承插，法兰，焊接	旋塞		根据污水性质决定	
回盐水	焊接钢管	0.3～0.5	橡胶石棉板	法兰，焊接	球阀	球阀	Q41F-16	软木，矿渣棉，泡沫聚苯乙烯，聚氨酯
酸性下水	陶瓷管，衬胶管，硬聚氯乙烯管	常压	橡胶石棉板	承插，法兰	球阀		Q41F-16	
碱性下水	焊接钢管，铸铁管	常压	橡胶石棉板	承插，法兰	球阀		Q41F-16	
生产物料	按生产性质选择管材							
气体（暂时通过）	橡胶管	<1						
液体（暂时通过）	橡胶管	<0.25						
热水	焊接钢管	0.1～0.3	夹布橡胶	法兰，焊接，螺纹	截止阀	闸阀	J11T-16 Z45T-10	膨胀珍珠岩，硅藻土，硅石，岩棉
热回水	焊接钢管	0.1～0.3	夹布橡胶	法兰，焊接，螺纹	截止阀	闸阀	J11T-16 Z45T-10	
自来水	镀锌焊接钢管	0.1～0.3	橡胶，橡胶石棉板	螺纹	截止阀	闸阀	J11T-16 Z45T-10	
冷凝水	焊接钢管	0.1～0.8	橡胶石棉板		截止阀，旋塞		J11T-16 X13W-10T	
蒸馏水	硬聚氯乙烯管，ABS管，玻璃管，不锈钢管（有保温要求）	0.1～0.3	橡胶，橡胶石棉板	法兰	球阀		Q41F-16	

续表

流体名称	管道材料	操作压力/MPa	垫圈材料	连接方式	阀门形式		推荐阀门型号	保温方式
					支管	主管		
蒸汽(1表压)	3″以下,焊接钢管;3″以上,无缝钢管	0.1～0.2	橡胶石棉板	法兰,焊接	截止阀	闸阀	J11T-16 Z45T-10	膨胀珍珠岩,硅藻土,硅石,岩棉
蒸汽(3表压)	3″以下,焊接钢管;3″以上,无缝钢管	0.1～0.4	橡胶石棉板	法兰,焊接	截止阀	闸阀	J11T-16 Z45T-10	膨胀珍珠岩,硅藻土,硅石,岩棉
蒸汽(5表压)	3″以下,焊接钢管;3″以上,无缝钢管	0.1～0.6	橡胶石棉板	法兰,焊接	截止阀	闸阀	J11T-16 Z45T-10	膨胀珍珠岩,硅藻土,硅石,岩棉
压缩空气	＜1MPa焊接钢管;＞1MPa无缝钢管	0.1～1.6	夹布橡胶	法兰,焊接	球阀	球阀	Q41F-16	
惰性气体	焊接钢管	0.1～1	夹布橡胶	法兰,焊接	球阀	球阀	Q41F-16	
真空	焊接钢管或硬聚氯乙烯管	真空	橡胶石棉板	法兰,焊接	球阀	球阀	Q41F-16	
排气	焊接钢管或硬聚氯乙烯管	常压	橡胶石棉板	法兰,焊接	球阀	球阀	Q41F-16	
盐水	焊接钢管	0.3～0.5	橡胶石棉板	法兰,焊接	球阀	球阀	Q41F-16	软木,矿渣棉,泡沫聚苯乙烯,聚氨酯

注：1.“焊接钢管”系“低压流体输送用焊接钢管”(GB 3091—2015)的简称。

2. 截止阀将逐步由球阀取代。操作温度在100℃以下的蒸馏水、盐水(回盐水)及碱液尽量选用Q11F-16或Q41F-16。

3. 制剂专业用的真空、压缩空气、排气及惰性气体采用镀锌焊接钢管(GB 3091—2015)。

4. 垫片材料请参照《化工管路手册》(上册)表4-83的规定，一般采用XB200橡胶石棉板($p_N \leqslant 16MPa$，$T \leqslant 200℃$)。

各种阀门的结构如图6-29～图6-34所示。

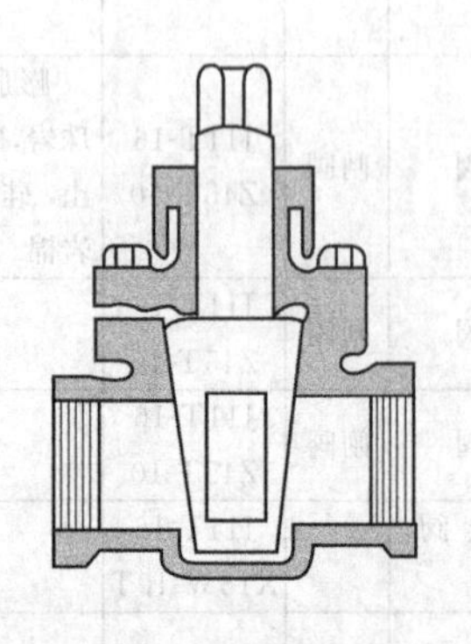

图6-29 旋塞阀

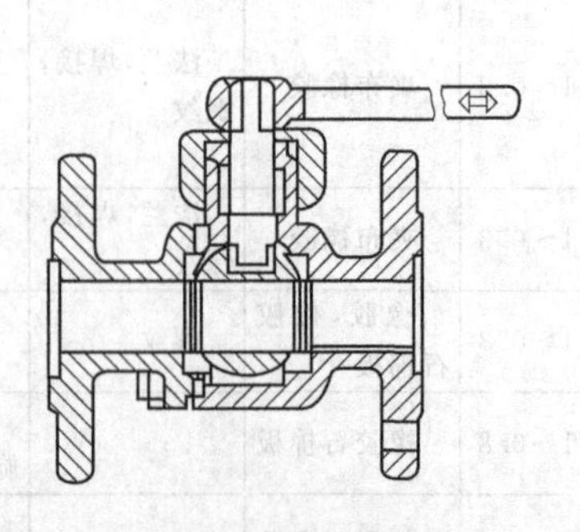

图6-30 球阀

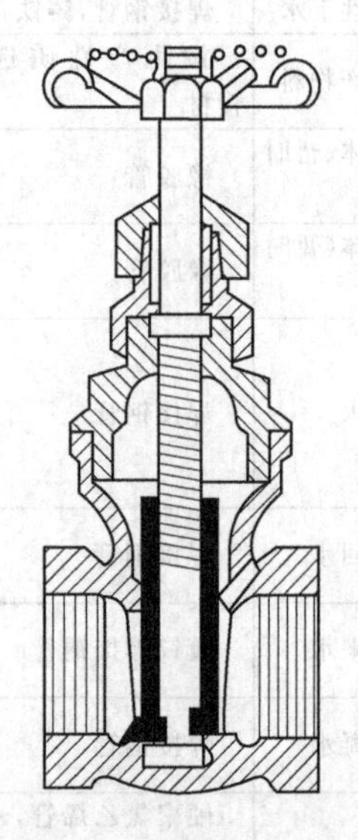

图6-31 闸阀

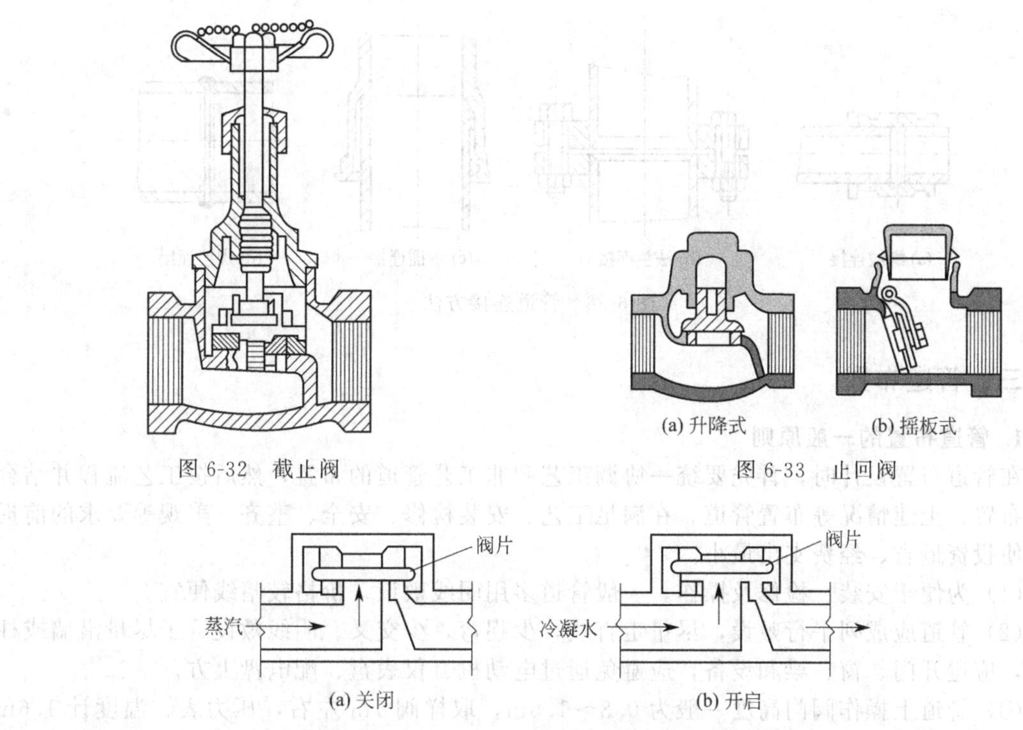

图 6-32　截止阀

图 6-33　止回阀

图 6-34　圆盘式疏水器

（4）管件　管件的作用是连接管道与管道，管道与设备或改变流向等，如弯头、活接头、三通、四通、异径管、丝堵、管接口、螺纹短节、视镜、阻火器、漏斗、过滤器、防雨帽等，可参考《化工工艺设计手册》（化学工业出版社，2009）选用。图 6-35 为常用管件示意图。

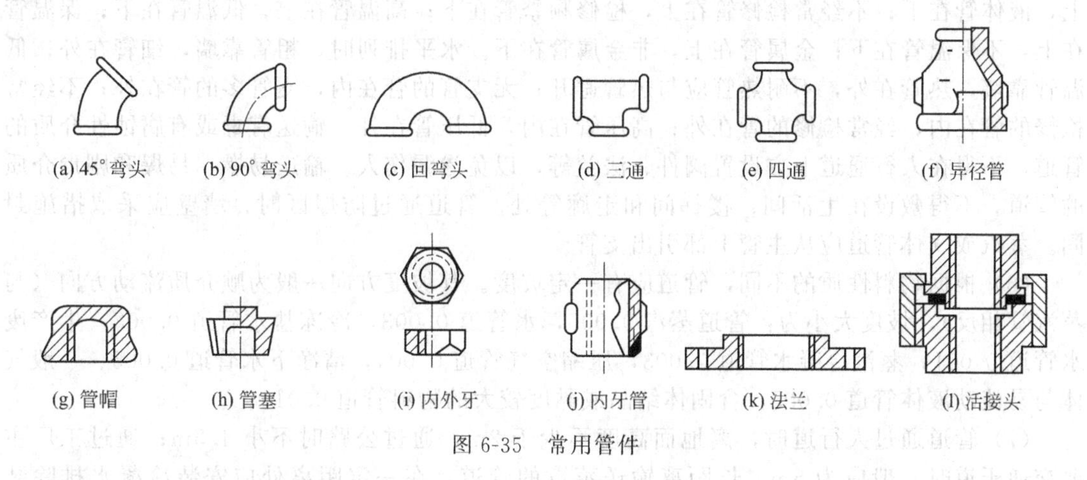

图 6-35　常用管件

（三）管道的连接

管道连接的基本方法有螺纹连接、法兰连接、承插连接和焊接，如图 6-36 所示。

此外，还有卡套连接和卡箍连接。卡套连接是小直径（≤40mm）的管路、阀门及管件之间的一种常用连接方式，具有连接简单、拆装方便等优点，常用于仪表、控制系统等管路的连接。卡箍连接是将金属管插入非金属软管，并在插入口外，用金属箍箍紧，以防止介质外漏。卡箍连接具有拆装灵活、经济耐用等优点，常用于临时装置或洁净物料管路的连接。

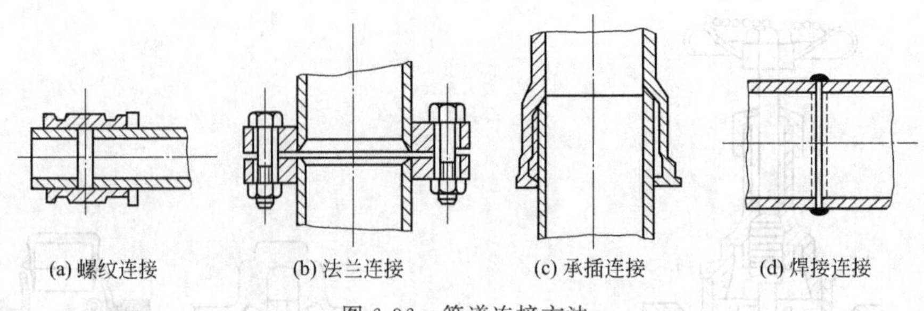

图 6-36 管道连接方法

三、管道布置

1. 管道布置的一般原则

在管道布置设计时，首先要统一协调工艺和非工艺管道的布置，然后按工艺流程并结合设备布置、土建情况等布置管道。在满足工艺、安装检修、安全、整齐、美观等要求的前提下，使投资最省、经费支出最小。

(1) 为便于安装、检修及操作，一般管道多用明线敷设，价格较暗线便宜。

(2) 管道应成列平行敷设，尽量走直线，少拐弯，少交叉。明线敷设管子尽量沿墙或柱安装，应避开门、窗、梁和设备，应避免通过电动机、仪表盘、配电盘上方。

(3) 管道上操作阀门高度一般为 0.8～1.5m，取样阀 1m 左右，压力表、温度计 1.6m 左右，安全阀为 2.2m。并列管路上的阀门、管件应错开安装。

(4) 管道上应适当配置一些活接头或法兰，以便于安装、检修。管道成直角拐弯时，可用一端堵塞的三通代替，以便清理或添设支管。

(5) 按所输送物料性质安排管道。管道应集中敷设，冷热管要隔开布置，在垂直排列时，热介质管在上，冷介质管在下；无腐蚀性介质管在上，有腐蚀性介质管在下；气体管在上，液体管在下；不经常检修管在上，检修频繁管在下；高温管在上，低温管在下；保温管在上，不保温管在下；金属管在上，非金属管在下。水平排列时，粗管靠墙，细管在外；低温管靠墙，热管在外，不耐热管应与热管避开；无支管的管在内，支管多的管在外；不经常检修的管在内，经常检修的管在外；高压管在内，低压管在外。输送有毒或有腐蚀性介质的管道，不得在人行通道上方设置阀件、法兰等，以免渗漏伤人。输送易燃、易爆和剧毒介质的管道，不得敷设在生活间、楼梯间和走廊等处。管道通过防爆区时，墙壁应采取措施封固。蒸汽或气体管道应从主管上部引出支管。

(6) 根据物料性质的不同，管道应有一定坡度。其坡度方向一般为顺介质流动方向（与蒸汽管相反），坡度大小为：管道蒸汽 0.005，水管道 0.003，冷冻盐水管道 0.003，生产废水管道 0.001，蒸汽冷凝水管道 0.003，压缩空气管道 0.004，清净下水管道 0.005、一般气体与易流动液体管道 0.005，含固体结晶或黏度较大的物料管道 0.01。

(7) 管道通过人行道时，离地面高度不少于 2m；通过公路时不小 4.5m；通过工厂主要交通干道时一般应为 5m。长距离输送蒸汽的管道，在一定距离处应安装冷凝水排除装置，长距离输送液化气体的管道，在一定距离处应安装垂直向上的膨胀器。输送易燃液体或气体时，管道应可靠接地，防止产生静电。

(8) 管道尽可能沿厂房墙壁安装，管与管间及管与墙间的距离应能容纳活接头或法兰，便于检修为度。一般管路的最突出部分距墙不少于 100mm；两管道的最突出部分间距离，对中压管道约 40～60mm，对高压管道约 70～90mm。由于法兰易泄漏，故除与设备或阀门采用法兰连接外，其他应采用对焊连接。但镀锌钢管不允许用焊接，$DN \leqslant 50$ 可用螺纹连接。

2. 洁净厂房内的管道设计

(1) 在有空气洁净度要求的厂房内，系统的主管应布置在技术夹层、技术夹道或技术竖井中。夹层系统中有空气净化系统管线，包括送、回风管道，排气系统管道，除尘系统管道，这种系统管线的特点是管径大，管道多且广，是洁净厂房技术夹层中起主导作用的管道，管道的走向直接受空调机房位置、逆回风方式、系统的划分等三个因素的影响，而管道布置是否理想又直接影响技术夹层设计。

这个系统中，工艺管道主要包括净化水系统和物料系统。这个系统的水平管线大都是布置在技术夹层内。一些需要经常清洗消毒的管道应采用可拆式活接头，并宜明敷。

公用工程管线气体管道中除煤气管道明装外，一般上水、下水、动力、空气、照明、通信、自控、气体等管道均可将水平管道布置在技术夹层中。洁净车间内的电气线路一般宜采用电源桥架敷线方式，这样有利于检修和洁净车间布置的调整。

(2) 暗敷管道的常见方式有技术夹层和管道竖井以及技术走廊。技术夹层的几种形式：①仅顶部有技术夹层。这种形式在单层厂房中较普遍；②双层洁净车间时，底层为空调机房、动力等辅助用房，则空调机房上部空间可作为上层洁净车间的下夹层，亦有将空调机房直接设于洁净车间上部的。

管道竖井：生产岗位所需的管线均由夹层内的主管线引下，一般小管径管道及一些电气管线可埋设于墙体内，但管径较大，管线多时可集中设于管道竖井内，但多层及高层洁净厂房的管道竖井，至少每隔一层要用钢筋混凝土板封闭，以免发生火警时波及各层。

技术走廊使用和管道竖井相同。在固体制剂车间，在有粉尘散发的房间后侧设技术走廊，技术走廊内可安排送回风管道、工艺及公用工程管线，既保证操作室内无明管，而且检修方便，这种方法对层高过低的老厂房来说是非常有效的办法。

(3) 管道材料应根据所输送物料的理化性质和使用工况选用。采用的材料应保证满足工艺要求，使用可靠，不吸附和污染介质，施工和维护方便。引入洁净室（区）的明管材料应采用不锈钢。输送纯化水、注射用水、无菌介质和成品的管道材料、阀门、管件宜采用低碳优质不锈钢（如含碳量分别为 0.08%、0.03%的 316 钢和 316L 钢），以减少材质对药品和工艺水质的污染。

(4) 洁净室（区）内各种管道，在设计和安装时应考虑使用中避免出现不易清洗的部位。为防止药液或物料在设备、管道内滞留，造成污染，设备内壁应光滑、无死角。管道设计要减少支管、管件、阀门和盲管。为便于清洗、灭菌，需要清洗、灭菌的零部件要易于拆装，不便拆装的要设清洗口。无菌室设备、管道要适应灭菌需要。输送无菌介质的管道应采取灭菌措施或采用卫生薄壁可拆卸式管道，管道不得出现无法灭菌的“盲管”。

管道与阀门连接宜采用法兰、螺纹或其他密封性能优良的连接管件，采用法兰连接时宜使用不易积液的对接法兰、活套法兰。凡接触物料的法兰和螺纹的密封应采用聚四氟乙烯。输送药液的管路的安装尽量减少连接处，密封垫宜采用硅橡胶等材料。

输送纯化水、注射用水管道，应尽量减少支管、阀门。输送管道应有一定坡度。其主管应采用环形布置，按 GMP 要求保持循环，以便不用时注射用水可经支管的回流管道回流至主管，防止在支管内因水的滞留而滋生细菌。见图 6-37。

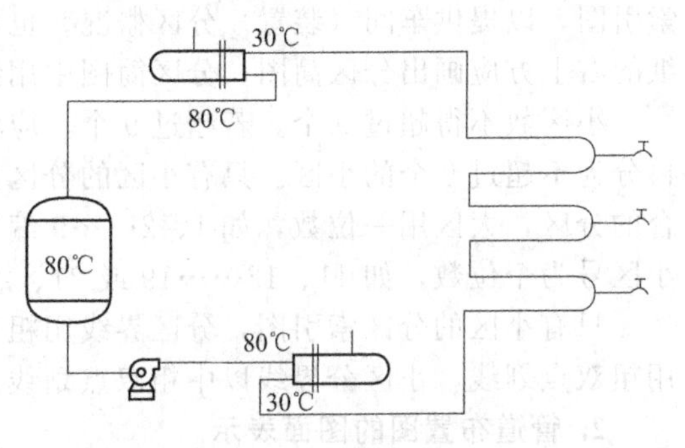

图 6-37　注射用水循环系统

引入洁净室（区）的支管宜暗敷，各种明设管道应方便清洁，不得出现不易清洁的部位。

洁净室内的管道应排列整齐，尽量减少洁净室内的阀门、管件和管道支架。各种给水管道宜竖向布置，在靠近用水设备附近横向引入。尽量不在设备上方布置横向管道，防止水在横管上静止滞留。从竖管上引出支管的距离宜短，一般不宜超过支管直径的6倍。排水竖管不应穿过对洁净度要求高的房间，必须穿过时，竖管上不得设置检查口。管道弯曲半径宜大不宜小，弯曲半径小容易积液。

地下管道应在地沟管槽或地下埋设，技术夹层主管上的阀门、法兰和接头不宜设在技术层内，其管道连接应采用焊接。这些主管的放净口、吹扫口等均应布置在技术夹层之外。

穿越洁净室的墙、楼板、硬吊顶的管道应敷设在预埋的金属套管中，管道与套管间应有可靠密封措施。

(5) 阀门选用应采用不积液的原则，不宜使用普通截止阀、闸阀，宜使用清洗消毒方便的旋塞、球阀、隔膜阀、卫生蝶阀、卫生截止阀等。

A级洁净室内不得设置地漏，B级和C级洁净室也应少设地漏。设在洁净室的地漏应采用带水封、带格栅和塞子的全不锈钢内抛光的洁净室地漏，能开启方便、防止废气倒灌。必要可消毒灭菌。

洁净区的排水总管顶部设置排气罩，设备排水口应设水封，地漏均需带水封。

(6) 洁净室管道应视其温度及环境条件确定绝热条件。冷保温管道的保温层外壁温度不得低于环境的露点温度。

管道保温层表面必须选用平整、光洁、整体性能好、不易脱落、不散发颗粒、绝热性能好、易施工的材料，并宜用金属外壳保护。

(7) 洁净室（区）内的配电设备的管线应暗敷，进入室内的管线口应严格密封，电源插座宜采用嵌入式。

(8) 洁净室及其技术夹层、技术夹道内应设置灭火设施和消防给水系统。

四、管道布置图的绘制

管道布置图又称配管图，是表达车间（或装置）内管道及其所附管件、阀门、仪表控制点等空间位置的图样。其图幅一般采用A0，也可采用A1和A2。同区的图应采用同一种图幅，图幅不宜加长或加宽。

常用比例为1∶30，也可采用1∶20、1∶25或1∶50，但同区的或各分层的平面图应采用同一比例。

图中标高的坐标以m为单位，小数点后取三位；其余尺寸以mm为单位，只注数字，不注单位。地面设计标高为EL100.000m或±0.000m，剖面图则标“A-A剖视”等字样。

1. 分区索引图

若装置或主项在管道布置图不能在一张图纸上完成时，需将装置分区绘图，并绘制分区索引图，以提供车间（装置）分区概况。也可以工段为单位分区绘制管道布置图，此时在图纸的右上方应画出分区简图，分区简图中用细斜线（或两交叉细线）表示该区所在位置。

小区数不得超过9个。若超过9个，应将装置先分成总数不超过9个的大区，每个大区再分为不超过9个的小区。只有小区的分区按1区、2区……9区进行编号。大区与小区结合的分区，大区用一位数，如1、2……9编号；小区用两位数编号，其中大区号为十位数，小区号为个位数，如11、12……19或21、22……29。

只有小区的分区索引图，分区界线用粗双点划线表示。大区与小区结合的，大区分界线用粗双点划线，小区分界线以中粗双点划线表示。

2. 管道布置图的图面表示

管道布置图应包括以下内容。

(1) 一组视图　画出一组平、立面剖视图，表达整个车间（装置）的设备、建筑物以及管道、管件、阀门、仪表控制点等的布置安装情况。

(2) 尺寸与标注　注出管道以及有关管件、阀门、仪表控制点等的平面位置尺寸和标高，并标注建筑定位轴线编号、设备位号、管段序号、仪表控制点代号等。

(3) 方位标　表示管道安装的方位基准。

(4) 管口表　注写设备上各管口的有关数据。

(5) 标题栏　注写图名、图号、设计阶段等。

管道布置图应以小区为基本单位绘制。区域分界线用粗双点划线表示，在线的外侧标注分界线的代号、坐标和与其相邻部分的图号。分界线的代号采用：B. L（装置边界）、M. L（接续线）、COD（接续图）。

管道布置图一般只绘平面图。当平面图中局部表示不清楚时，可绘制立面剖视图或轴测图补充，此二图可画在平面图边界线以外的空白处，或绘在单独的图纸上。当几套设备的管道布置完全相同时，允许只绘一套设备的管道，其余用方框表示，但在总管上应绘出每套支管的接头位置。

在管道布置图上，设备外形用细线表示，接口只画有关部分，按比例画出管道及阀门、管件、管道附件、特殊管件等，无关的附件（如液位计、手孔等）不必画出。管径小于或等于 ϕ150mm 的管道用单粗线表示，管径大于 ϕ150mm 的管道用双细线表示。一般情况每一层楼只画一张平面图。图上设备编号应与施工流程图、设备布置图一致。管道定位尺寸以建筑物的轴线、设备中心线、设备管口中心线、区域界限等作为基准进行标注。图上不标注管段长度，只标注管子、阀门、过滤器等的中心定位尺寸或以一端法兰面定位。

3. 管道的表示方法

(1) 管道图中的管件、阀件和管道的标高及走向可采用表 6-13 所示的方法。

表 6-13　管道的表示方法

管道类型	平面图	立面图
上下不重合的平行管线	+2.40 +2.20	+2.40 +2.20
上下重合的平行管线	+2.40 +2.20	+2.40 +2.20
弯头向上(法兰连接)		
弯头向下(法兰连接)		
二通向上(丝扣连接)		
二通向下(丝扣连接)		

(2) 主要物料代号表示方法见表 6-14。

表 6-14 主要物料代号表示方法

物料	代号	物料	代号
工艺空气	PA	低压过热蒸汽	LUS
工艺气体	PG	中压蒸汽	MS
气液两相流工艺物料	PGL	中压过热蒸汽	MUS
气固两相流工艺物料	PGS	蒸汽冷凝水	SC
工艺液体	PL	伴热蒸汽	TS
液固两相流工艺物料	PLS	锅炉给水	BW
工艺固体	PS	化学污水	CSW
工艺水	PW	循环冷却水回水	CWR
空气	AR	循环冷却水上水	CWS
压缩空气	CA	脱盐水	DNW
仪表空气	IA	饮用水、生活用水	DW
高压蒸汽	HS	消防水	FW
高压过热蒸汽	HUS	燃料气	FG
热水回水	HWR	气氨	AG
热水上水	HWS	液氨	AL
原水、新鲜水	RW	氟利昂气体	FRG
软水	SW	氟利昂液体	FRL
生产废水	WW	蒸馏水	DI
冷冻盐水回水	RWR	蒸馏水回水	DIR
冷冻盐水上水	RWS	真空排放气	VE
排液、导淋	DR	真空	VAC
惰性气	IG	空气	VT
低压蒸汽	LS		

（3）管道顺序号　管道顺序号的编制，以从前一主要设备来而进入本设备的工艺进料管线为第一号，其次按流程图进入本设备的前后顺序编制。编制原则是先进后出，先物料管线后公用管线，本设备上的最后一根工艺出料管线应作为下一设备的第一号管线。

（4）管径的表示管道尺寸一般标注公称直径，以 mm 为单位，只注数字，不注单位。黑管、镀锌钢管、焊接钢管用英寸表示，如 2″、1″，前面不加 ϕ；其他管材亦可用 ϕ 外径×壁厚表示，如 $\phi 57\times 3.5$。

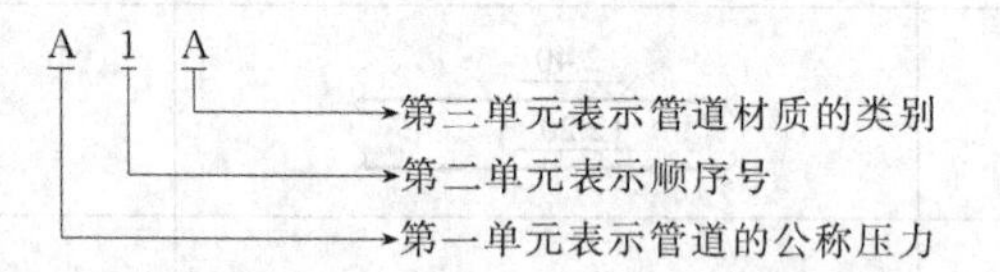

（5）管道等级　管道等级号由下列三个单元组成：管道的公称压力（MPa）等级代号，用大写英文字母表示；用于 ANSI 标准压力等级代号为 A～K（其中 I，J 不用）；L～Z 用于国内标准压力等级代号（其中 O、X、Y、Z 不用），见表 6-15。

表 6-15 用于国内标准的压力等级代号

压力等级/MPa	代号	压力等级/MPa	代号	压力等级/MPa	代号
1.0	L	6.4	Q	22.0	U
1.6	M	10.0	R	25.0	V
2.5	N	16.0	S	32.0	W
4.0	P	20.0	T		

管道材质类别代号（用大写英文字母表示）见表 6-16。

表 6-16　管道材质类别代号

管材	代号	管材	代号
普通不锈钢管	SS	316L 不锈钢管	316L
普通无缝钢管	AS	镀锌焊接钢管	SI
焊接钢管	CS	铸铁管	G
硬聚氯乙烯管	PVC	ABS 塑料管	ABS
聚乙烯管	PE	聚丙烯管	PP
玻璃管	GP	铝管	AP

(6) 管道及其连接的表示方法如图 6-38 所示。

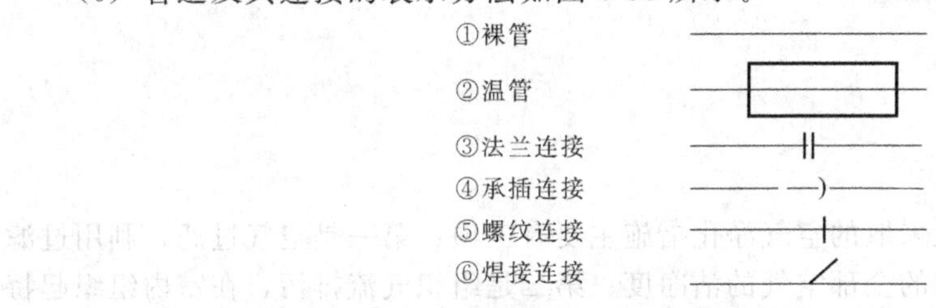

图 6-38　管道及其连接的表示方法

(7) 管件、阀门及常用仪表的表示方法见表 6-17。

表 6-17　管件、阀门及常用仪表的表示方法

序号	名称	代号	图例	序号	名称	代号	图例
1	闸阀	Z_x		19	孔板		
2	截止阀	J_x		20	大小头		
3	节流阀	L_x		21	阻火器		
4	隔膜阀	G_x		22	视盅		
5	球阀	Q_x		23	视镜		
6	旋塞	X_x		24	转子流量计		
7	止回阀	H_x		25	玻璃温度计		
8	蝶阀	D_x		26	水表		
9	疏水器	S		27	肘管(正视)		
10	安全阀(弹簧式)	A_x			(上弯)		
	(杠杆式)				(下弯)		
11	消火栓			28	三通(正视)		
12	一般管线($DN \leqslant 100$)				(上通)		
	($DN > 100$)				(下通)		
13	蒸汽伴管保温管线			29	固体物料线		
14	蒸汽夹套保温管线			30	绝热材料保温线管		
15	软管			31	气动式隔膜调节阀		
16	减压阀	Y_x		32	压力表		Ⓟ
17	管端盲板			33	温度计		Ⓣ
18	中间盲板						

注：下角符号 x 表示 1，2，3…

第六节 制药洁净厂房空调净化系统设计

实施GMP的目的是在药品的制造过程中，防止药品的混批、混杂、污染及交叉污染。它涉及药品生产的每一个环节，而空气净化系统是其中的一个重要环节。药厂洁净室关键技术是要控制室内浮游微粒及细菌对生产的污染，使室内的生产环境的空气洁净度符合工艺要求。药厂洁净区设计的总原则是：

① 合理平面布置；

② 严格划分区域；

③ 防止交叉污染；

④ 方便生产操作。

为了达到这个目的，一般采取的空气净化措施主要有三项：第一是空气过滤，利用过滤器有效地控制从室外引入室内的全部空气的洁净度；第二是组织气流排污，在室内组织起特定形式和强度的气流，利用洁净空气把生产环境中发生的污染物排除出去；第三是提高室内空气静压，防止外界污染空气从门及各种漏隙部位浸入室内。

一、制药厂洁净室的环境控制要求

（一）GMP对洁净厂房的环境控制要求

空气洁净度是指洁净环境中空气的含尘和含微生物的程度。由于尘粒数难以确定，因此空气洁净度是无量纲的。但是空气洁净度的高低可用空气洁净度级别来区分。

我国GMP对生产环境的控制要求可归纳为以下几方面：

（1）在洁净区厂房内应提供生产工艺所要求的洁净级别，设有必要的保暖、通风、降温及防尘、防污染、防蚊蝇、防虫鼠、防异物混入等设施。车间内墙、平顶和地坪要材质坚硬，平整光滑，无缝隙，无死角，无颗粒性物质脱落，易清洗，易消毒。与一般生产区的连接要有缓冲室。进入洁净区的人员均须更衣后，经缓冲室才能进入生产工序。洁净厂房内的空气尘粒数和活微生物数应定期监测、记录，级别不同的洁净室相邻房间的静压差应保持在规定数值内，并有适当的监测手段。

（2）洁净厂房的温度和相对湿度应与其生产和工艺要求相适应。

（3）青霉素类、高致敏性、β-内酰胺类药物、激素及抗肿瘤类药物的生产区域应设置独立的专用空调系统，空调系统的排气要经净化处理。

（4）在产生粉尘的房间里设置有效的捕尘装置，防止粉尘的交叉污染。

（5）对仓储等辅助生产室，其通风设施和温湿度应与药品生产要求相适应。

（二）洁净度分区及换气次数

医药工业洁净室（区）应以空气洁净度（尘粒度和微生物数）为主要控制对象，同时还应相应控制其环境的温度、湿度、新鲜空气量、压差、照度、噪声级等参数，其中需验证内容至少包括温度、湿度、压差、悬浮粒子、微生物。

1. 厂房的洁净度级别及换气次数

药品生产洁净室（区）空气洁净度分为四个级别，见表6-18。

换气次数就是通风量与房间体积之比。确定洁净室换气次数，需对各项风量进行比较，取最大值。这些风量包括：根据洁净要求所需的最小风量；根据室内热平衡和稀释有害气体所需的风量；根据室内空气平衡所需风量。一般而言，A级换气次数要达到垂直层流

0.3m/s，水平层流 0.4m/s，B 级换气次数≥25 次/h；A 级换气次数≥15 次/h。

表 6-18　洁净室（区）空气洁净度级别

<table>
<tr><th rowspan="3">洁净度级别</th><th colspan="4">悬浮粒子最大允许数/(个/m³)</th></tr>
<tr><th colspan="2">静态</th><th colspan="2">动态</th></tr>
<tr><th>≥0.5μm</th><th>≥5μm</th><th>≥0.5μm</th><th>≥5μm</th></tr>
<tr><td>A 级</td><td>3520(ISO5)</td><td>20</td><td>3520(ISO5)</td><td>20</td></tr>
<tr><td>B 级</td><td>3520(ISO5)</td><td>29</td><td>352000(ISO7)</td><td>2900</td></tr>
<tr><td>C 级</td><td>352000(ISO7)</td><td>2900</td><td>3520000(ISO8)</td><td>29000</td></tr>
<tr><td>D 级</td><td>3520000(ISO8)</td><td>29000</td><td>不作规定</td><td>不作规定</td></tr>
</table>

在实际运行中，一般来说，A 级换气次数为 300～400 次/h，B 级可为 50～80 次/h，C 级可为 20～50 次/h，D 级可为 10～15 次/h。

根据换气次数（n）计算洁净度级别和选择高效过滤器（净化器）的数量。

通风量计算：　$Q=nV$

换气次数计算：　$n=Q/V$

净化体积计算：　$V=Q/n$

净化器数量计算：　$X=Vn/Q$

式中，Q 为总风量，m^3/h；n 为换气次数，次/h；V 为净化体积，m^3；X 为净化器的数量，块。

例 6-3　建 $12m^3$ A 级净化间需要风量为 $600m^3/h$ 的净化器几块。

解　$X=Vn/Q=12\times300/600=6$（块）

2. 洁净度分区

药品生产环境对洁净度的具体分区，可参照表 6-19。

表 6-19　药品生产环境洁净度分区

<table>
<tr><th colspan="2">药品类别</th><th>A 级</th><th>B 级</th><th>C 级</th><th>D 级</th><th>备注</th></tr>
<tr><td rowspan="3">无菌药品</td><td>最终灭菌药品</td><td>大容量注射液：灌封</td><td></td><td>1. 注射剂：浓配(采用密闭系统的)
2. 注射剂：稀配、滤过</td><td>1. 与药品直接接触的包装材料和容器的最终清洗
2. 药物过滤前的配置</td><td>1. A 级：含 A 级洁净区或 C 级背景下的局部 A 级(以下均同)
2. 含放射性药品和中药制剂</td></tr>
<tr><td>非最终灭菌药品</td><td>1. 药液配制(灌装前不需除菌滤过的)
2. 注射剂：灌封、分装、压塞
3. 内包材料最终处理后的暴露环境</td><td>药液配制(灌装前需除菌滤过的)</td><td>1. 轧盖
2. 内包最后一次精洗的最低要求</td><td></td><td>含放射性药品和中药制剂</td></tr>
<tr><td>其他</td><td>供角膜创伤、手术用滴眼剂的配制灌装</td><td></td><td></td><td></td><td>含放射性药品和中药制剂</td></tr>
<tr><td colspan="2">非无菌药品</td><td colspan="2">眼用制剂、部分腔道用药按无菌药品生产</td><td>1. 非最终灭菌口服液
2. 深部组织创伤外用药品</td><td>1. 最终灭菌口服液
2. 口服固体药品
3. 表皮外用药品
4. 直肠用药
5. 放射免疫分析药盒</td><td>1. D 级环境的各剂型均为生产中暴露工序的最低要求
2. 含放射性质药品和中药制剂</td></tr>
</table>

续表

药品类别	A级	B级	C级	D级	备注
原料药	标准中列有无菌检查项目的原料药生产			其他原料药的生产暴露环境的最低要求	含放射性药品和中药制剂
生物制品	灌装前不经除菌滤过的制品：配制、合并、灌封、冻干、加塞、添加稳定剂、佐剂、灭活剂等	1. 灌封前经除菌滤过的制品：配制、合并、精制、添加稳定剂、佐剂、灭活剂除菌过滤、超滤等 2. 体外免疫诊断试剂阳性血清分装，抗原-抗体分装	1. 原料血浆的合并，非低温提取，分装前巴氏消毒，轧盖及制品最终容量的精洗 2. 口服制剂 3. 发酵培养密闭系统环境，暴露部分需无菌操作 4. 酶联免疫吸附试剂：包装、配液、分装、干燥 5. 胶体全试剂、聚合酶链反应试剂(PCR)、纸片法试剂等体外免疫试剂 6. 深部组织创伤用制品，大面积体表创面用制品：配制、灌装		各类制品生产过程中涉及高危致病因子的操作，其空气净化系统等设施还应符合特殊规定

（三）其他环境参数

1. 对操作人员和物料的要求

操作人员需经准备、淋浴、更衣、风淋后进入洁净区。一般工作服存在带电位高、发尘量大的缺点，因此，洁净区无菌衣和帽应选用一些质地光滑、不含棉纤维又能“中和”正负电荷，防止静电作用的混纺织物为宜。目前，国产防静电洁净服材料为防静电涤纶绸。

物料应通过缓冲室经清洁、灭菌后进入洁净区。

2. 温度与湿度

洁净室（区）的温度和相对湿度应与药品生产工艺相适应，并满足人体舒适的要求。除有特殊要求外，温度一般应控制在18～28℃，相对湿度在45%～65%（有低湿要求的产品除外）。A、B、C级洁净室属无菌室，为考虑到抑制细菌生长及穿无菌衣等情况，应取较低温度，即可取20～24℃（夏季）。D级洁净室取24～26℃，一般区空调26～27℃。相对湿度：45%～65%（有低湿要求的产品除外）。易吸潮产品（硬胶囊、粉针等）：45%～50%（夏季）。片剂等固体制剂：50%～55%。水针、口服液：55%～65%。

过高的相对湿度易长霉菌，过低的相对湿度易产生静电，使人体感觉不适。同时，相对湿度提高5%，能耗约提高10%。

3. 洁净室压力

为保持室内洁净度，室内需保持正压，可通过使送风量大于排风量的方法控制室内达到正压，并应有指示压差表或压差传感器装置；对于工艺过程产生大量粉尘、有害物质、易燃易爆物质及生产青霉素类强致敏性药物，某些甾体药物，任何认为有致病作用的微生物的生产工序的洁净室，室内要保持相对负压。这时，可将走廊做成与生产车间相同的净化级别，并把静压差调高一些，使空气流向产生粉尘的车间。此外，制造或分装青霉素等药物的洁净室有特殊要求，既要阻止外部污染的流入，又要防止内部空气的流出。因此，室内既要保持正压，又要与相邻房间或区域之间要保持相对负压。空气洁净度级别不同的相邻房间之间的静压差应大于5Pa，洁净室（区）与室外大气的静压差应大于10Pa。压差表的安装要根据实际需要，指示气流方向可有不同形式（如门顶风叶），没有必要在每个房间及工艺走廊间都安装压差表，其位置通常设在不同洁净区间人、物流缓冲室，并注意压差表或压差传感器不同装设位置的压差标准。

4. 噪声

洁净室内噪声级应符合下列要求：

① 动态测试时，洁净室的噪声级不宜大于75dBA；

② 静态测试时，乱流洁净室的噪声级不宜大于60dBA；

层流洁净室的噪声级不宜大于65dBA。

洁净厂房空调系统一般采用消声措施，其噪声控制设计不得影响洁净室的净化条件。

5. 新风量的确定

洁净室内应保持一定的新鲜空气量，其数值应取下列风量中的最大值：

① 非单向流洁净室总送风量的10%～30%，单向流洁净室总风量的2%～4%；

② 补偿室内排风和保持正压值所需的新鲜空气量；

③ 保证室内的新鲜空气量大于40m^3/(人·h)。

6. 对水池和地漏的要求

用于洁净室的地漏、水池下有液封装置，且耐腐蚀。

无菌操作的A级洁净室（区）内不得设置地漏，无菌操作的B级区和C级区应避免设置水池和地漏。

7. 特殊要求

避孕药品的生产厂房应与其他药品生产厂房分开，并装有独立的专用的空气净化系统。生产激素类、抗肿瘤类化学药品应避免与其他药品使用同一设备和空气净化系统；不可避免时，应采用有效的防护措施和必要的验证。放射性药品的生产、包装和储存应使用专用的、安全的设备，生产区排出的空气不应循环使用，排气中应避免含有放射性微粒，符合国家关于辐射防护的要求与规定。

（四）FFU系统

FFU为英文缩写，全称为fan filter units，中文意思为“风机滤器单元（机组）”，是近年来医药行业广为推崇的技术。FFU通过风机将新风从顶部吸入，并经初、高效过滤器过滤，过滤后的洁净空气在整个出风面以（0.45±20%)m/s的风速匀速送出。它为不同尺寸大小，不同洁净度级别的洁净室、微环境提供高质量的洁净空气。

FFU系统有以下三大优点：①能够有效平衡洁净区内的温度和湿度；②避免在洁净区通道内设计管盘，有效避免了由于管盘引起的一系列故障问题；③FFU系统不需要进行加压处理。经实践证明，FFU系统和暖风空调系统相结合，能够统一控制和调节温湿度。采用FFU系统除了能够有效保证洁净区温湿度以外，还能保证洁净区的洁净度和正压值，且操作简便、可靠性高。

二、制药厂空气洁净技术的应用

（一）片剂生产

片剂产品属于非无菌制剂，洁净度级别为D级。片剂车间的空调系统除要满足厂房的净化要求和温湿度要求外，重要的一条就是要对生产区的粉尘进行有效控制，防止粉尘通过空气系统发生混药或交叉污染。

为实现上述目标，除在车间的工艺布局、工艺设备选型、厂房、操作和管理上采取一系列措施外，对空气净化系统要做到：在产尘点和产尘区设隔离罩和除尘设备；控制室内压力，产生粉尘的房间应保持相对负压；合理的气流组织；对多品种换批生产的片剂车间，产生粉尘的房间不采用循环风。控制粉尘装置可用沉流式除尘器、环境控制室、逆层流称量工作台等。

（二）粉针剂生产

粉针剂工艺示意图见图 6-39。

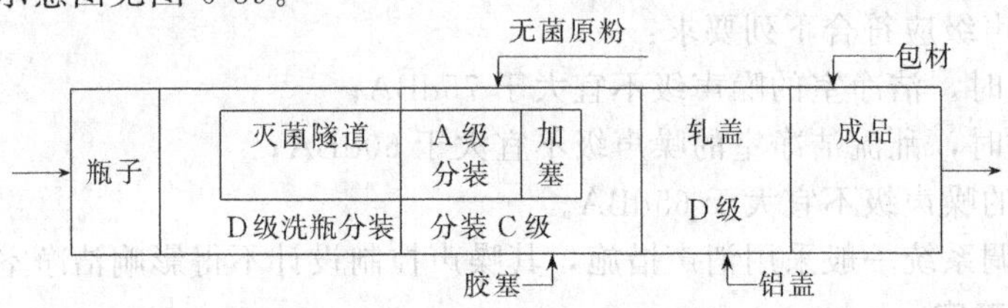

图 6-39　粉针剂工艺示意图

注射用无菌粉末简称粉针。用冷冻干燥法制得的粉针，称为冻干针；而用其他方法如灭菌溶剂结晶法、喷雾干燥法制得的称为注射无菌分装产品。粉针剂生产的最终成品不作灭菌处理，主要工序需处于高级别洁净室中，粉针剂的分装、压塞、轧盖、无菌内包装材料最终处理的暴露环境为B级背景下局部A级。称量、精洗瓶工序、无菌衣准备工序的环境洁净度要求最低为D级。配液、无菌更衣室、无菌缓冲走廊的空气洁净度级别为C级。灌装压塞和灭菌瓶贮存的洁净度级别为B级背景下局部A级。主要生产工序温度为20～22℃，相对湿度45%～50%。在粉针流水线上，可采用灭菌隧道、分装机、加盖机的空气净化装置，也可应用粉针生产层流带技术。

（三）水针剂生产

水针剂工艺示意图见图 6-40。

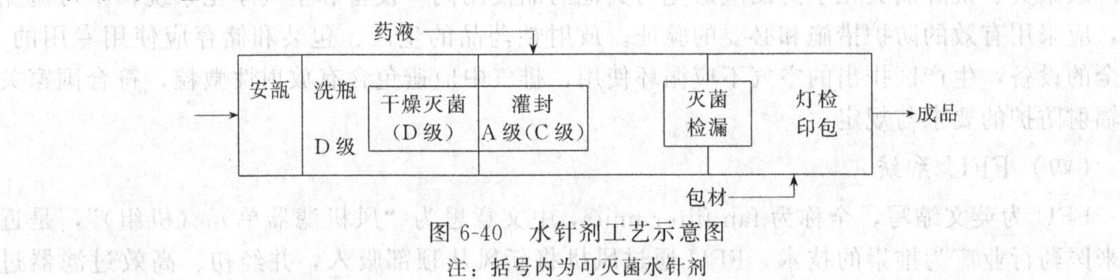

图 6-40　水针剂工艺示意图

注：括号内为可灭菌水针剂

水针剂生产分最终灭菌产品和非最终灭菌产品，其主要生产工序对洁净度有着不同的要求，前者的灌封及瓶处理要求为C级或C级背景下局部A级，后者为B级背景下局部A级；大容量注射液和小容量注射剂（<50mL）对级别的要求也不同，最终灭菌大容量注射液的过滤、灌封也需处于C级背景下局部A级环境，而由于吹灌封系统的广泛应用，缩短了药品在敞开条件下的暴露时间，所以最终灭菌小容量注射剂的灌封在C级条件下即可。

净化系统可使用水针洗、灌、封联动机的空气净化装置或选用U形布置的水针流水线。

三、空气调节净化设计条件

制药工艺设计人员必须向空调专业设计人员提供的空气调节净化设计条件有下列几项：①工艺设备布置图，并标明净化区域；②净化区域的面积和体积；③净化的形式；④洁净度要求和级别；⑤生产工房内温度、湿度、内外压差；⑥室内换气次数；⑦生产品种。

第七节 工艺用水及其流程设计与给排水

制药工业工艺用水分为饮用水、软化水、纯水（即去离子水、蒸馏水）和注射用水。制药工业工艺用水质量标准见表6-20。

表6-20 制药工业工艺用水质量标准

序号	用途	水质标准	水质类别	备注
1	原料药配料用水		饮用水	
2	原料药精制用水	电阻率≥0.5MΩ·cm(25℃)	去离子水	
3	口服制剂用水	电阻率≥0.5MΩ·cm(25℃)	去离子水	包装容器最终清洗用水水质与制备用水水质相同
		符合2015年版《中国药典》	蒸馏水	
4	注射剂配料用水	符合2015年版《中国药典》	注射用水	
5	注射剂容器初洗		饮用水	
6	注射剂容器精洗	电阻率≥1MΩ·cm(25℃)	去离子水	包装容器最终清洗用水采用注射用水
		符合2015年版《中国药典》	蒸馏水	
		符合2015年版《中国药典》	注射用水	
7	滴眼剂配料用水	符合2015年版《中国药典》	注射用水	
8	滴眼剂容器清洗		饮用水	
9	滴眼剂容器精洗	电阻率≥1MΩ·cm(25℃)	去离子水	包装容器最终清洗用水采用注射用水
		符合2015年版《中国药典》	蒸馏水	
		符合2015年版《中国药典》	注射用水	
10	外用制剂配料用水	符合2015年版《中国药典》	蒸馏水	
11	注射剂消毒后冷却用水	电阻率≥0.5MΩ·cm(25℃)	去离子水	

一、水的净化

通常工业用原水为自来水。它是用天然水在水厂经过凝聚沉淀和加氯处理得到的。但用工业标准衡量，其中仍含有不少杂质，主要包括溶解的无机物和有机物、微细颗粒、胶体和微生物等。其中，溶解的无机物是纯水处理的主要对象之一。

（一）饮用水

通常，饮用水宜采用城市自来水管网提供的符合国家饮用水标准的给水。若当地无符合国家饮用水标准的自来水供给时，可采用水质较好的井水、河水为原水，视为能保障供给的原水水质，采用沉淀、过滤、消毒灭菌等处理手段，自行制备符合国家饮用水标准的用水。需定期检测饮用水水质，不能因饮用水水质波动影响药品质量。

（二）纯化水

纯化水的制备是以饮用水作为原水，经逐级纯化，使之符合制药生产要求的过程。纯化水制备系统没有定型模式，要综合权衡多种因素，根据各种纯化手段的特点灵活组合应用。既要受原水性质、用水标准与用水量的制约，又要考虑制水效率的高低、能耗的大小、设备的繁简、管理维护的难易和产品的成本。采用离子交换法、反渗透法、超滤法等非热处理纯化水，称为去离子水。而采用特殊设计的蒸馏器，用蒸馏水制备的纯化水称为蒸馏水。

纯化水应严格控制离子含量，目前制药工业的主要指标是电阻率、细菌和热原，可通过控制纯化水电阻率的方法控制离子含量。纯化水的电阻率（25℃）应大于0.5MΩ·cm。注射剂、滴眼剂容器冲洗用纯化水（25℃）电阻率大于1MΩ·cm。图6-41所示为纯化水制取的典型流程。

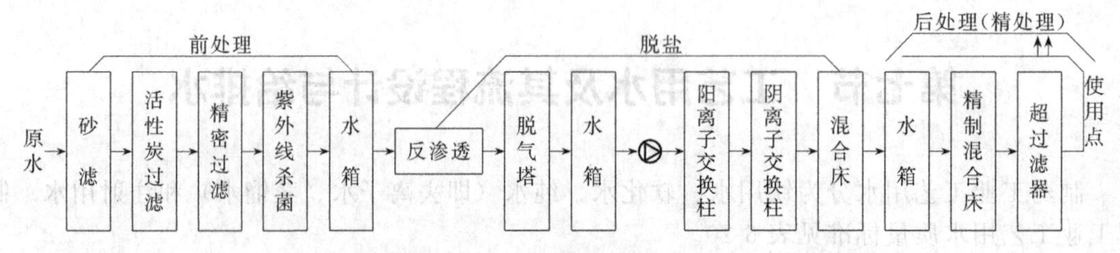

图 6-41 纯化水制取流程

纯化水具有极高的溶解性和不稳定性，极易受到其他物质的污染而降低纯度。为了保证纯化水水质稳定，制成后应在系统内不断循环流动，即使暂时不用也仍要返回贮槽重新纯化和净化，再进行循环，不得停滞。制备纯化水的设备应采用优质低碳不锈钢或其他经验证不污染水质的材料。并应定期检测纯化水水质，定期清洗设备管道，更换膜材或再生离子活性。

（三）注射用水

注射用水是以纯化水作原水，经过特殊设计的蒸馏器蒸馏、冷凝冷却后经膜过滤制备而得。目前一般采用的蒸馏器有多效蒸馏水机和气压式蒸馏水机等。过滤膜的孔径应≤0.45μm。注射用水接触的材料必须是优质低碳不锈钢（如316L不锈钢）或其他经验证不对水质产生污染的材料。注射用水水质应逐批检测，保证符合中国药典标准。注射用水制备装置应定期清洗、消毒灭菌，验证合格方可投入使用。

二、制药生产用水的水质要求与处理技术及装备

由于生产工艺过程对水质的不同要求和各地原水水质的差异，故要求对原水进行处理。工艺对水质的要求决定制水流程的繁简，而出水量（即生产用量）多少只取决于设备的大小。根据原水中存在杂质的不同，处理方法也不同，杂质颗粒大小与处理方法的选择见表6-21。

表 6-21 杂质颗粒大小与处理方法选择

粒径/mm	10^{-7} 10^{-6} 10^{-5} 10^{-4} 10^{-3} 10^{-2} 10^{-1} 1 10			
分类	溶解物	胶体	悬浮物	
常用处理方法	蒸馏、离子交换法、电渗析法、反渗透法	超滤	精密过滤	自然沉淀过滤
		混凝、澄清、过滤		

上述方法并非截然分开，如离子交换法，在水处理中主要用于除盐或软化，但通过树脂床层后，一些胶体和悬浮物含量也会有所降低。随着膜分离技术（如微过滤、超滤、反渗透）在水质处理中的应用，可获得高纯度的工业水，以满足不同生产工艺过程对水质的要求。

为达到所规定的水质要求，根据杂质颗粒大小与水处理方法的关系、原水水质所属类别确定水处理方法和最为经济、合理的水处理流程和设备。

（一）水质预处理及水中溶解物处理

为保证后续处理装备的安全、稳定运行，必须把水中的悬浮物、胶体、微生物、有机物和游离性余氯除去。对于地表水，常采用混凝、澄清的方法使浊度降至10以下，然后用粗滤器、精滤器除去微粒，再通过吸附除有机物、胶体、微生物、游离氯、臭味和色素。因为这些杂质常对离子交换、电渗析、反渗透产生不利影响。此外，水中溶解的盐、钙、镁离子及其化合物，需要采用除盐软化等手段将其除去，以免影响药品质量。除盐软化应用最广泛的方法是离子交换法、电渗析法、超滤法、反渗透法、蒸馏法等。

离子交换法、电渗析法、反渗透法等方法的适用范围对水质指标有一定要求。如离子交换法除盐通常适用于含盐量<500mg/L的进水，其产出水电导率初级1～10μS/cm（1S=

$1\Omega^{-1}$)；二级 0.1～0.2μS/cm。电渗析法是以直流电为动力，利用阴阳离子交换膜对水中阴、阳离子的选择透过性，进行除盐的膜分离法，通常适用于含盐量 300～4000mg/L 的进水，不适合除盐＜10mg/L 的出水水质，作为高含盐量进水的预除盐工艺和离子交换联合使用。电渗析法还适用于对含盐量 3000～4000μL/L 以下水的淡化，但因出口淡水的含盐量不宜低于 10～50mg/L，故不能用于深度除盐，因对解离度小的盐类和不解离的物质难以除去等因素而限制其应用范围。反渗透是除盐新技术，它以压力为推动力，克服反渗透膜两侧的渗透压差，使水通过反渗透膜，而达到水和盐类分离的除盐目的。此外，它还具有膜的筛分作用，不能仅除去水中的微粒，而且能除去极小的细菌，病毒和热原。

对于注射用水，水的用量相当大，如何正确地确定工艺用水的水质和用量，不仅牵涉产品质量、工程投资及运行费用，也影响到产品的成本，所以，制水工艺及其设备的选择十分重要。

(二) 几种水质处理方法的比较

1. 原水的预处理

对于地表水，当悬浮物含量＜50mg/L 时，采用接触凝聚过滤方法，悬浮物含量＞50mg/L 时，宜用混凝澄清后过滤，若后续工艺为电渗析法或反渗透法时，粗滤后以精滤作为保护性措施。当原水中有机物含量较高，又采用加氯凝聚，澄清过滤仍难以满足后续除盐工艺要求，宜采用活性炭过滤，良好的活性炭的比表面积一般在 $1000m^2/g$ 以上，细孔总容积可达 0.6～1.8mL/g，孔径 $1\sim10^4nm$。用于精滤的设备有各种材料烧结滤管过滤器，如滤芯用陶瓷，玻璃砂、合金、塑料（PE、PA 管）等的烧结管。硅藻土芯有粗号：孔径 8～12μm，中号：孔径 5～7μm，细号：孔径 3～4μm。白陶土滤芯孔径分八级，三级以上孔径为 2.5～2.7μm、1.5～1.7μm、1.3μm 甚至更小，这适合于 0.3MPa 以下的工作压力；塑料 PE 和 PA 型微孔滤管，微孔孔径 57μm，＞0.5μm 颗粒，可被截留；金属粉末烧结管 JLS 型，可滤除＞0.5μm 颗粒，效率达 99.999%，能力 $0.1\sim80m^3/min$。此外，还有蜂房式过滤，它可除去液体中的悬浮物、微粒、铁锈等，精度 0.8～100μm，可承受较高压力；叠片式过滤要求进水浊度＜3 度过滤，流量 $40\sim120m^3/h$，过滤精度 20～50μm，工作压力 0.4MPa，因过滤面积大，故应用很广泛。精滤很适合作反渗透、超滤、微过滤之前的处理，防止对后工序产生堵塞中毒等，从使用寿命看：金属＞塑料＞陶瓷，但价格也如此，由于金属烧结管易清洗，不易损伤，寿命长，故使用日益广泛。

2. 除盐软化的方法比较与设备选择

(1) 离子交换法　离子交换法是应用历史最长、最普遍、最广泛的交换剂。其具有交换容量大、水流阻力小、机械强度高、化学稳定性好的优点，同时又具有可逆性的交换反应，便于再生，对各种不同离子吸附的选择来达到除盐、提纯的目的。按其交换特性，分强、弱酸性阳离子交换树脂和强、弱碱性阴离子交换树脂，它是利用离子交换的选择性，针对水中盐类阴、阳离子的存在，进行组合来发挥这四类树脂的交换功能。在除盐系统中，阴交换器一般都置于阳交换器之后，阳交换器出水中含有强或弱酸，OH 型强碱性阴树脂与其中所有阴离子进行交换。这四类树脂可以组成单床或复床，这应视进水的水质及对出水的质量要求而定。

对离子交换法而言，虽然一次性设备投资较省，但占地面积大，运行费用高，再生时使用大量酸、碱，对环境造成严重的污染，对设备、厂房的腐蚀也较严重，在操作中，有劳动保护及安全问题。

(2) 反渗透法　反渗透法制得的纯水可用于生产的精制工序，如容器器具的洗净、注射用容器的首洗净用水及临床检查仪器的洗净用水。用反渗透法制备注射用水，除盐及除热原的效率高，完全能达到注射用水的标准。

反渗透是渗透的逆过程，是指借助渗透压作为推动力，迫使溶液中溶剂组分通过适当的半透膜从而阻留某一溶质组分的过程。要实现反渗透过程，必须借助于性能合适的半透膜。常用的半透膜有醋酸纤维素膜（又称 CA 膜）和聚酰胺膜等。反渗透装置主要有管式反渗透装置、板框式反渗透装置、螺旋卷式反渗透装置和中空纤维式反渗透装置。

首先，使用反渗透装置的脱盐率一般可稳定在 90%以上，并除去 95%以上的溶解有机物、98%以上的微生物及胶体，因而使离子交换树脂的负荷减轻到 1/10，从而减少树脂再生的成本（即减少消耗药品费、人工费、废水处理费），使相应设备小型化；其次，它可以稳定水质，有效地去除细菌等有机微生物，有机物，铁、锰、硅等无机物，既减轻对离子交换树脂的污染，又可减轻过滤器负担，延长使用时间，节省运行费用和投资费用；第三，具有设备结构紧凑、占地面积小，单位体积产水量高，能量消耗少等优点。但由于反渗透膜的孔径只有≤10×10^{-10}m 大小，所以操作压力较大。以单位体积产水量分：中空纤维式＞卷式＞板式＞管式；中空纤维式与卷式具有设备费用低，结构紧凑，占地面积小，单位体积内膜堆面积大等优点，而共同缺点是预处理要求严，否则易堵塞、清洗难。而管式虽进水流动状态好，易清洗，易安装拆换，但单位体积内膜堆面积小，占地面积大；板式目前用者较少，主要是设备费用高，效率低，占地大，易极化，逐渐被淘汰。单一的反渗透法和离子树脂交换法制水工艺的比较见表 6-22。

表 6-22 反渗透法与离子树脂交换法制水工艺的比较

项目 \ 工艺	二级反渗透法 C_n-C(Ⅱ)-1000 型	全离子交换法 C_n-A-1000 型
终端出水量	$1m^3/h$	$1m^3/h$
总投资	20 万元	10 万元(两组，一开一备)
操作过程	全自动	手动
酸碱耗费	无	30%盐酸，6.8t/年 40%氢氧化钠，10.2t/年
电耗	6kW	3kW
占地面积	$15m^2$	$20m^2$
操作环境	好	差(酸碱污染，腐蚀严重)

现已有反渗透-离子交换除盐系统，它可以降低水源水质剧变所带来的影响，并可减少再生频率，从而提高了水处理装置运行的灵活性和可靠性，在水源的选择上也有更大的余地，而且制水成本有所降低。当出水水质为除盐水时，采用反渗透-复床或反渗透-混床除盐系统；若出水水质为高纯水时，则采用反渗透-复床-混床系统。

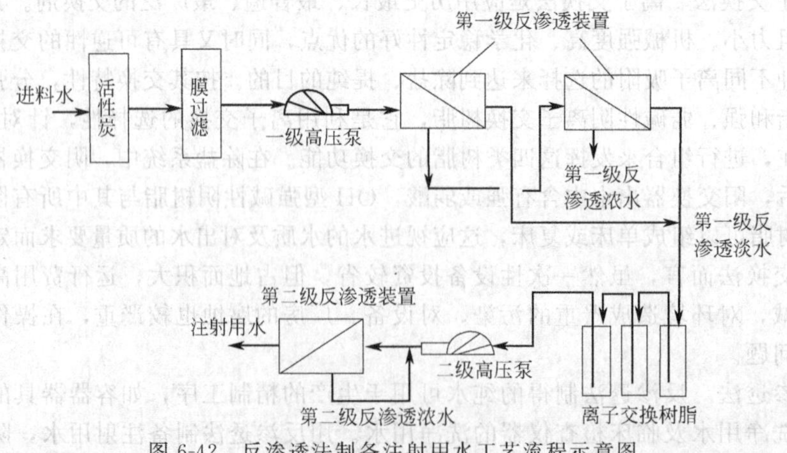

图 6-42 反渗透法制备注射用水工艺流程示意图

反渗透法制备注射用水的工艺流程为原水—预处理—一级高压泵—第一级反渗透装置—

离子交换树脂—二级高压泵—第二级反渗透装置—纯水。

反渗透法制备注射用水的工艺流程见图 6-42。

(3) 超滤与微滤制备纯水　超滤和微滤都是膜分离过程。超滤用多孔性半透膜为介质，依靠薄膜两侧的压力差作为推动力，以错流方式进行分离溶液中不同分子量物质的过程。

超滤膜是超滤技术的关键，大多数超滤膜是非对称性的多孔膜，与料液接触的一面有一层极薄的亚微孔结构的表面，称为有效层，起着分离作用，其厚度仅占总厚度的几百分之一，其余部分则是孔径较大的多孔支撑层。超滤膜的孔径在 2～50nm，大于反渗透膜而小于微孔滤膜。制造超滤膜的材料有醋酸纤维素、聚丙烯腈、聚砜、聚酰胺、聚偏氟乙烯等，聚砜的耐热、耐酸碱性能最好。

微滤所用膜均为微孔膜，平均孔径 0.02～10μm，能够截留直径 0.05～10μm 的微粒或分子量大于 10^6 的高分子，所用压差为 0.01～0.2MPa。微孔对微粒的截留机理是筛分作用，决定膜的分离效果的是膜的物理结构，孔的大小与形状。常用的微滤膜材料有醋酸纤维素、聚酰胺、聚四氟乙烯、聚偏氟乙烯、聚氯乙烯等。

超滤过程是按错流过滤的方式进行，料液从中空纤维膜的中心通道通过，其中溶剂及小分子溶质向膜壁透出，使料液中大分子浓度逐渐提高，过程中料液应保持一定压力，同时是流动状态使膜壁附近溶液浓度降低，加快透过速度。

微滤技术和设备用来截留微粒和细菌，在水针、输液方面应用广泛。它与常规的深层过滤有本质的区别，属精密过滤，它是属孔径分布较均一的多孔结构的天然或合成的高分子材料，具有过滤精度高、孔隙率高、流速快、吸附少、无介质脱落等优点，但颗粒容量少，易堵塞。微滤器可分板式：单板式，多板式，折叠式。

超滤（UF）、微滤（MF）和反渗透（RO）都是以压差为推动力使溶剂（水）通过膜的分离过程，它们组成了可以分离溶液中的离子、分子到固体微粒的三级膜分离过程，它们所能分离的物质如图 6-43 所示。由图可知料液中要求分离的物质不同，应该选用不同的方法。分离溶液中分子量低于 500 的糖、盐等低分子物质，应该采用反渗透。分离溶液中分子量大于 500 的大分子或极细的胶体粒子可以选超滤，分离溶液中的直径 0.1～10μm 的粒子应该选用微滤。需要指出反渗透、超滤和微滤的相互间的分界不很严格、明确。超滤膜的小孔径一端及反渗透膜相重叠，而大孔径一端则与微孔滤膜相重叠。反渗透、超滤和微滤的原理与操作性能比较见表 6-23。

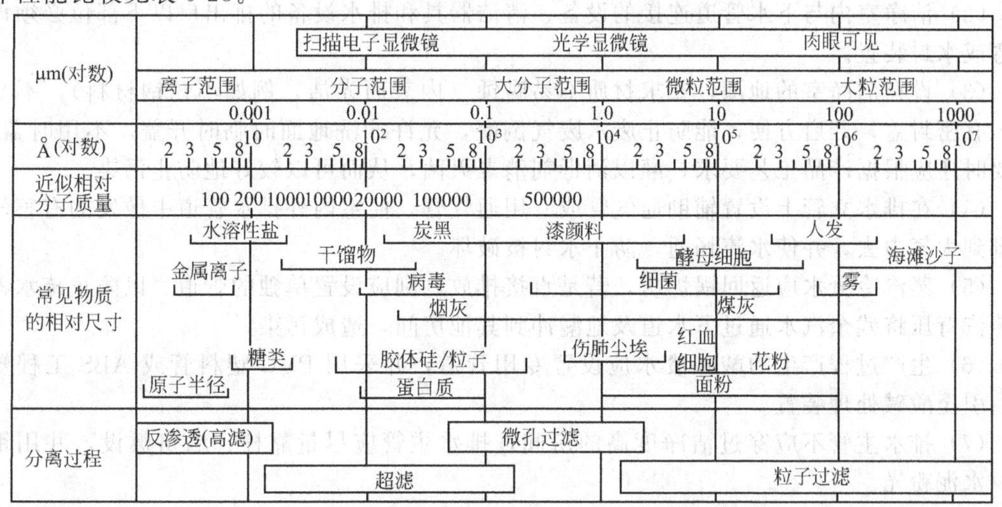

图 6-43　超过滤、微孔过滤和反渗透过滤范围

1Å=0.1nm

表 6-23 反渗透、超滤和微滤的原理与操作性能比较

项目	反渗透	超滤	微滤
过程用膜	表层致密的非对称性膜，复合膜	非对称性膜，表层有微孔	微孔膜，核孔膜
操作压差/MPa	2～10	0.1～0.5	0.01～0.2
分离的物质	分子量小于500的小分子物质	分子量大于500的大分子和细小胶体微粒	粒径大于0.1μm的粒子
分离机理	非简单筛分，膜物化性能起主要作用	筛分，膜表面的物化性质对分离有一定影响	筛分，膜的物理结构起决定性作用
水的渗透通量	$0.1～2.5m^3/(m^2·d)$	$0.5～5m^3/(m^2·d)$	$20～2000m^3/(m^2·d)$

3. 注射用水工艺技术与装备（参见本书第二章第二节）

三、洁净区域的排水系统

洁净区域排水系统指室内排水系统。其任务是将自洗涤与卫生器具和生产设备排除的污水以及降落在屋面上的雨水、雪水迅速排到室外排水管道中去。同时，防止室外排水管道的有害气体、臭气、有害虫类进入室内，产生微生物污染，并为室外污水的处理和综合利用提供便利条件，因此，洁净区域的排水系统也是极其重要的。

（一）医药工业的污水

① 生活污水包括卫生洁具、洗手设施、淋浴设施等排出的污水。

② 生产废水是生产过程中所产生的污水和废水，包括设备及容器洗涤用水、冷却用水等。

③ 雨水包括屋面的雨水及融化的雪水。

（二）洁净区域排水系统的要求

洁净区域的排水体制一般采用分流制，生活污水、生产废水及雨水分别设置管道排出去。排水系统除须遵守我国的给水、排水设计规范外，还须遵守GMP的有关规定。采取的措施主要如下。

（1）A级洁净室内不可设置水斗和地漏，B级及C级的洁净室应避免安装水斗和地漏，在其他级别的洁净室中应把水斗和地漏的数量减少到最低程度。

（2）洁净室内与下水管道连接的设备、清洁器具和排水设备的排出口以下部位必须设置水弯或水封装置。

（3）设在洁净室的地漏，要求材质不易腐蚀（内表面光洁，例如不锈钢材料），不易结垢，有密封盖，开启方便，能防止废水废气倒灌，允许冲洗地面时临时开盖，不用时盖死，必要时还应根据产品工艺要求，灌以消毒剂消毒灭菌，从而可以较好地防止污染。

（4）在排水立管上设置辅助通气管或专用通气管，使室内外排水管道中散发的有害气体能排到大气中去，并使水流畅通，防止水封被破坏。

（5）蒸汽冷凝水应返回锅炉房，若是直接排放，则应设置单独的管道，以防止疏水器后的蒸汽背压将残余汽水通过下水道及地漏冲到其他房间，造成污染。

（6）生产过程产生的酸碱废水应设置专用管道，并采用PVC塑料管或ABS工程塑料管，引至酸碱处理装置。

（7）排水主管不应穿过洁净度高的房间，排水主管应尽量靠柱、墙角敷设，并用钢丝网、水泥粉光。

总之，洁净区域应尽量避免安装水斗和下水道，而无菌操作区应绝对避免。如需安装的，设计应考虑其位置便于维护、清洗，使微生物污染降低到最小程度。

四、给排水设计条件

制药工艺设计人员应向给排水专业设计人员提供设计条件有下列几项。

1. 供水条件

(1) 生产用水 ①工艺设备布置图，并标明用水设备的名称；②最大和平均用水量；③需要的水温；④水质；⑤水压；⑥用水情况（连续或间断）；⑦进口标高及位置（标示在布置图上）。

(2) 生活消防用水 ①工艺设备布置图，并标明卫生间、淋浴室、洗涤间的位置；②工作室温；③总人数和最大班人数；④生产特性；⑤根据生产特性提供消防要求，如采用何种灭火剂等。

(3) 化验室用水

2. 排水条件

(1) 生产下水 ①工艺设备布置图，并标明排水设备名称；②水量，水管直径；③水温；④成分；⑤余压；⑥排水情况（连续或间断）；⑦出口标高及位置（标示在布置图上）。

生产下水分为两部分：一部分是生产过程中所产生的污水，达到排放标准的直接排入下水道，未达到排放标准的经处理后达到标准后再排入下水道；另一部分是洁净下水（如冷却用水），则直接回收循环使用。

(2) 生活下水 ①工艺设备布置图，并标明卫生间、淋浴室、洗涤间位置；②总人数、使用淋浴总人数、最大班人数、最大班使用淋浴人数；③排水情况。

第八节 非工艺设计项目

一、建筑设计与厂房装修

（一）工业建筑的基础知识

工业建筑是指用以从事工业生产的各种房屋，一般称为厂房。

1. 厂房的结构组成

在厂房建筑中，支承各种荷载的构件所组成的骨架，通常称为结构，它关系到整个厂房的坚固、耐用和安全。

各种结构形式的建筑物都是由地基、基础墙、柱、梁、楼板、屋盖、隔墙、楼梯、门窗等组成的。

2. 建筑物的结构

建筑物的结构有钢筋混凝土结构、钢结构、混合结构和砖木结构等。

(1) 钢筋混凝土结构 当使用上需要有较大的跨度和高度时，最常用的就是钢筋混凝土结构形式，一般跨度为12～24m。钢筋混凝土结构的优点：强度高，耐火性好，不必经常进行维护和修理，与钢结构比较可以节约钢材，医药化工厂经常采用钢筋混凝土结构。缺点：自重大，施工比较复杂。

(2) 钢结构 钢结构房屋的主要承重结构件（如屋架、梁柱等）都是用钢材制成的。优点：制作简单，施工快；缺点：金属用量多，造价高并需经常进行维修保养。

(3) 混合结构 混合结构一般是指用砖砌的承重墙，而屋架和楼盖则用钢筋混凝土制成的建筑物。这种结构造价比较经济，能节约钢材、水泥和木材，适用于一般没有很大荷载的车间，它是医药化工厂经常采用的一种结构形式。

（4）砖木结构　砖木结构是用砖砌的承重墙，而屋架和楼盖用木材制成的建筑物。这种结构消耗木材较多，对易燃易爆有腐蚀的车间不适合，目前已经在医药化工厂很少采用。

3. 厂房的定位轴线

厂房定位轴线是划分厂房主要承重构件标志尺寸和确定其相互位置的基准线，也是厂房施工放线和设备定位的依据。在厂房中，为支承屋顶须设柱子。为确定柱子位置，在平面图中要布置定位轴线。

通常，平行于厂房长度方向的定位轴线称为纵向定位轴线，在厂房建筑平面图中由下向上顺次按Ⓐ、Ⓑ、Ⓒ…等进行编号，厂房跨度就是由纵向定位轴线间的尺寸表示。垂直于厂房长度方向的定位轴线称为横向定位轴线，在厂房平面图中由左向右顺次按①、②、③…等进行编号，厂房柱距就是由横向定位轴线间尺寸表示的（见图6-44）。在纵横定位轴线相交处设置柱子，其在平面图上构成的网络称为柱网。柱网布置实际上是确定厂房的跨度和柱距。

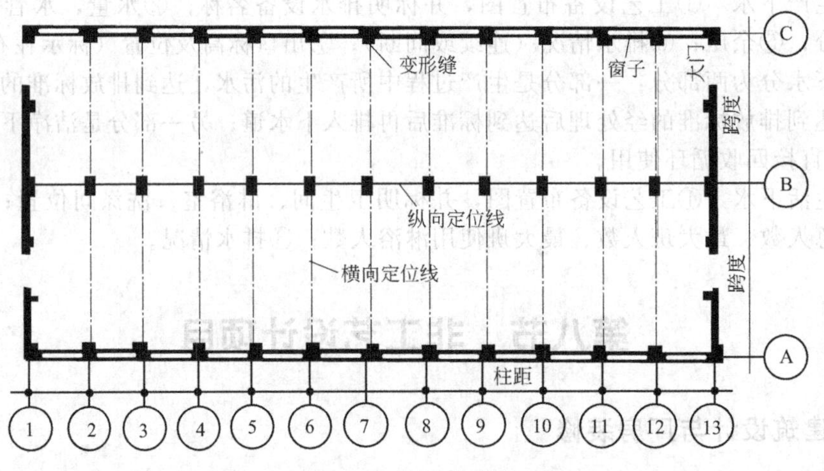

图6-44　柱网示意图

当厂房跨度在18m或18m以下时，跨度应采用3m的倍数；在18m以上时，尽量采用6m的倍数。所以厂房常用跨度为6m、12m、15m、18m、24m、30m、36m。当工艺布置有明显优越性时，才可采用9m、21m、27m和33m的跨度。以经济指标、材料消耗与施工条件等方面来衡量，厂房柱距应采用6m，必要时也可采用9m。6m柱距在目前采用比较广泛。

（二）洁净厂房的室内装修

1. 基本要求

（1）洁净厂房的主体应在温度变化和振动情况下，不易产生裂纹和缝隙。主体应使用发尘量少、不易黏附尘粒、隔热性能好、吸湿性小的材料。洁净厂房建筑的围护结构和室内装修也都应选气密性良好，且在温、湿度变化下变形小的材料。

（2）墙壁和顶棚表面应光洁、平整、不起尘、不落灰、耐腐蚀、耐冲击、易清洗。在洁净厂房装修的选材上最好选用彩钢板吊顶，墙壁选用仿瓷釉油漆。墙与墙、地面、顶棚相接处应有一定弧度，宜做成半径适宜的弧形。壁面色彩要和谐雅致，有美学意义，并便于识别污染物。

（3）地面应光滑、平整、无缝隙、耐磨、耐腐蚀、耐冲击，不积聚静电，易除尘清洗。

（4）技术夹层的墙面、顶棚应抹灰。需要在技术夹层内更换高效过滤器的，技术夹层的墙面及顶棚也应刷涂料饰面，以减少灰尘。

（5）送风道、回风道、回风地沟的表面装修应与整个送风、回风系统相适应，并易于除尘。

（6）洁净度C级以上洁净室最好采用天窗形式，如需设窗时应设计成固定密封窗，并尽量少留窗扇，不留窗台，把窗台面积限制到最小限度。门窗要密封，与墙面保持平整。充分考虑对空气和水的密封，防止污染粒子从外部渗入。避免由于室内外温差而结露。门窗造型要简单，不易积尘，清扫方便。门框不得设门槛。

2. 洁净室内的装修材料和建筑构件

洁净室内的装修材料应能满足耐清洗、无孔隙裂缝、表面平整光滑、不得有颗粒物质脱落的要求。对选用的材料要考虑到该材料的使用寿命，施工简便与否，价格来源等因素。洁净室内装修材料基本要求见表6-24。

表6-24　洁净室内装修材料基本要求一览表

项目	使用部位			基本要求	材料举例
	吊顶	墙面	地面		
发尘性	√	√	√	材料本身发尘量少	金属板材、聚酯类表面装修材料、涂料
耐磨性		√	√	磨损量少	水磨石地面、半硬质塑料板
耐水性	√	√	√	受水浸不变形、不变质、可用水清洗	铝合金板材
耐腐蚀性	√	√	√	按不同介质选用对应材料	树脂类耐腐蚀材料
防霉性	√	√	√	不受温度、湿度变化而霉变	防霉涂料
防静电	√	√	√	电阻值低、不易带电，带电后可迅速衰减	防静电塑料贴面板，嵌金属丝水磨石
耐湿性	√	√		不易吸水变质，材料不易老化	涂料
光滑性	√	√	√	表面光滑，不易附着灰尘	涂料、金属、塑料贴面板
施工	√	√	√	加工、施工方便	
经济性	√	√	√	价格便宜	

（1）地面与地坪

地面必须采用整体性好，平整、不裂、不脆和易于清洗、耐磨、耐撞击、耐腐蚀的无孔材料，地面还应是气密的，以防潮湿和尽量减少尘埃的积累。

① 水泥砂浆地面　这类地面强度较高，耐磨，但易于起尘，可用于无洁净度要求的房间，如原料车间、动力车间、仓库等。

② 水磨石地面　这类地面整体性好，光滑、耐磨、不易起尘，易擦洗清洁，有一定的强度，耐冲击。这种地面要防止开裂和返潮，以免尘土和细菌积聚、滋生。防止开裂可采取夯实回填土、加厚地坪、选用优质水泥等方法，对大面积厂房可适当配钢筋（如120mm厚200～400混凝土，内配$\phi 12\times 200$双向钢筋网片）等措施。防止返潮可采取加厚混凝土层和碎石层，湿度高的地区增加防水层，如一毡二油（油毛毡、沥青油）或用塑料布。常用于分装车间、针片剂车间、实验室、卫生间、更衣室、结晶工段等，它是洁净车间常用的地面材料。

③ 塑料地面　这类地面光滑，略有弹性，不易起尘，易擦洗清洁，耐腐蚀。常用厚的硬质的乙烯基塑料地面和PVC塑料地面，它适用于设备荷重轻的岗位，这种饰面材有块状和卷状之分，采用专用粘接剂粘贴，卷状的比块状的接缝少，接缝采用同质材焊接，也可用粘接剂粘接。缺点是易产生静电，因易老化，不能长期用紫外灯灭菌，可用于会客室、更衣室、包装间、化验室等。

④ 耐酸瓷板地面　这类地面用耐酸胶泥贴砌，能耐腐蚀，但质较脆，经不起冲击，破碎后降低耐腐蚀性能。这类地面可用于原料车间中有腐蚀介质的区段，也可在可能有腐蚀介质滴漏的范围局部使用。

⑤ 玻璃钢地面　具有耐酸瓷板地面的优点，且整体性较好。但由于材料的膨胀系数与混凝土基层不同，故也不宜大面积使用。

⑥ 环氧树脂磨石子地面　它是在地面磨平后用树脂（也可用丙烯酸酯、聚氨酯等）罩面，不仅具有水磨石地面的优点，而且比水磨石地面耐磨，强度高，磨损后还可及时修补，但耐磨性不高，宜用于空调机房、配电室、更衣室等。另一种是自流平面层工艺，一般为环氧树脂自流平，涂层厚约2.5～3mm，它是环氧树脂＋填料＋固化剂＋颜料。

（2）墙面与墙体

墙面和地面、天花板一样，应选用表面光滑、光洁、不起尘、避免眩光、耐腐蚀，易于清洗的材料。

① 墙面

a. 抹灰刷白浆墙面。只能用于无洁净度要求的房间，因表面不平整，不能清洗，具有颗粒性物质脱落的缺点。

b. 油漆涂料墙面。这种墙面常用于有洁净要求的房间，它表面光滑，能清洗，且无颗粒性物质脱落。缺点是施工时若墙基层不干燥，涂上油漆后易起皮。普通房间可用调和漆，洁净度高的房间可用环氧漆，这种漆膜牢固性好，强度高，还有苯丙涂料和仿搪漆。乳胶漆不能用水洗，这种漆可涂于未干透的基层上，不仅透气，而且无颗粒性物质脱落，可用于包装间等无洁净度要求但又要求清洁的区域。缺点是喷塑漆成本高，且其挥发物对人体不利。有关各种涂料层应采用的涂料可见表6-25。

表6-25　各种涂料层应采用的涂料

涂层名称	应采用的涂料种类
耐酸涂层	聚氨酯、环氧树脂、过氯乙烯、乙烯、酚醛树脂、氯丁橡胶、氯化橡胶等涂料
耐碱涂层	过氯乙烯、乙烯、氯化橡胶、氯丁橡胶、环氧树脂、聚氨树脂等涂料
耐油涂层	醇酸、氨基、硝基、缩丁醛、过氯乙烯、醇溶酚醛、环氧树脂等涂料
耐热涂层	醇酸、氨基、有机硅、丙烯酸等涂料
耐水涂层	氯化橡胶、氯丁橡胶、聚氨酯、过氯乙烯、乙烯、环氧树脂、酚醛、沥青、氨基、有机硅等涂料
防潮涂层	乙烯、过氯乙烯、氯化橡胶、氯丁橡胶、聚氨酯、沥青、酚醛树脂、有机硅、环氧树脂等涂料
耐溶剂涂层	聚氨酯、乙烯、环氧树脂等涂料
耐大气涂层	丙烯酸、有机硅、乙烯、天然树脂漆、油性漆、氨基、硝基、过氯乙烯等涂料
保色涂层	丙烯酸、有机硅、氨基、硝基、乙烯、醇酸树脂等涂料
保光涂层	醇酸、丙烯酸、有机硅、乙烯、硝基、乙酸丁酸纤维等涂料
绝缘涂层	油性绝缘漆、酚醛绝缘漆、醇酸绝缘漆、环氧绝缘漆、氨基漆、聚氨酯漆、有机硅漆、沥青绝缘漆等涂料

c. 白瓷砖墙面。墙面光滑、易清洗，耐腐蚀，不必等基层干燥即可施工，但接缝较多，不易贴砌平整，不宜大面积用，用于洁净度级别不高的场所。

d. 不锈钢板或铝合金材料。墙面耐腐蚀、耐火、无静电、光滑、易清洗，但价格高，用于垂直层流室。

e. 水磨石台面。为防止墙面被撞坏，故采用水磨石台面。由于垂直面上无法用机器磨，只能靠手工磨，施工麻烦不易磨光，故光滑度不够理想，优点是耐撞击。

② 墙体

a. 砖墙。常用且较为理想的墙体。缺点是自重大，在隔间较多的车间中使用造成自重增加。

b. 加气砖块。墙体加气砖材料自重仅为砖的35%。缺点是面层施工要求严格，否则墙面粉刷层极易开裂，开裂后易吸潮长菌，故这种材料应避免用于潮湿的房间和要用水冲洗墙面的房间。

c. 轻质隔断。在薄壁钢骨架上用自攻螺丝固定石膏板或石棉板，外表再涂油漆或贴墙纸，这种隔断自重轻，对结构布置影响较少。常用的有轻钢龙骨泥面石膏板墙、轻钢龙骨埃特板墙、泰柏板墙及彩钢板墙体等，而彩钢板墙又有不同的夹芯材料及不同的构造体系。

d. 玻璃隔断用钢门窗的型材加工成大型门扇连续拼装，离地面 90cm 以上镶以大块玻璃，下部用薄钢板以防侧击。这种隔断也是自重较轻的一种。配以铝合金的型材也很美观实用。

(3) 天棚及饰面

由于洁净环境要求，各种管道暗设，故设技术隔离（或称技术吊顶）。天棚材料要选用硬质、无孔隙、不脱落、无裂缝的材料。天花板与墙面接缝处应用凹圆脚线板盖住。所用材料必须能耐热水、消菌剂，能经常冲洗。

天棚分硬吊顶及软吊顶两大类。

天棚硬吊顶，即用钢筋混凝土吊顶，这种形式最大优点是：在技术夹层内安装、维修等方便；吊顶无变形开裂；天棚刷面材料施工后牢度也较高。但缺点是：结构自重大；吊顶上开孔不宜过密，施工后工艺变动则原吊顶上开孔无法改变；夹层中结构高度大，为了满足大断面风管布置的要求，故夹层高度一般大于软吊顶。

天棚软吊顶又称为悬挂式吊顶。它按一定距离设置拉杆吊顶，结构自重大大减轻，拉杆最大距离可达 2m，载荷完全满足安装要求，费用大幅度下降。为提高保温效果，可在中间夹保温材料。这种吊顶的主要形式有：

① 型钢骨架-钢丝网抹灰吊顶。这是介于硬吊顶与软吊顶之间的一种形式，此种吊顶强度高，构造处理得好可上人，而管道安装（特别是风管）都要求在施工吊顶之前先行安装，以免损坏吊顶。

② 轻钢龙骨纸面石膏板吊顶。此种吊顶用材较省，应用较广。缺点是检修管道麻烦。接缝处理可采用双层 9mm 板错缝布置，此种吊顶要加保温层。

③ 轻钢龙骨埃特板吊顶。其优缺点与墙体相同，接缝处理可采用双层 6mm 板错缝布置，此种吊顶上要加保温层。

④ 彩钢板吊顶。这种吊顶在小房间上可作为上人平顶，在大房间中若构造措施好也可上人，且吊顶上无需另加保温材料。

还有高强度塑料吊顶等，下面可用石膏板、石棉石膏板、塑料板、宝丽板、贴塑板封闭。

天棚饰面材料使用：无洁净度要求的房间可用石灰刷白；对洁净度要求高的一般使用油漆，要求同墙面；对轻钢龙骨纸面石膏板吊顶和轻钢龙骨埃特板吊顶要解决板缝伸缩问题，可采用贴墙纸法，因墙纸有一定弹性，不易开裂。

(4) 门窗设计

① 门。在洁净车间中门有两个主要功能：一是作为人行通道；二是作为材料运输通道。随着洁净级别的增加，为了减少污染负荷，这两种操作功能对门都有不同要求。

洁净室用的门要求平整、光滑、易清洁，不变形。门要与墙面齐平，与自动启闭器紧密配合在一起。门两端的气塞采用电子联锁控制。门的主要形式有：

a. 铝合金门。一般的铝合金门都不理想，使用时间长，易变形，接缝多，门肚板处接灰点多，要特制的铝合金门才合适。

b. 钢板门。国外药厂使用较多，此种门强度高，这是一种较好的门，只是观察玻璃圆圈的积灰死角要做成斜面。

c. 不锈钢板门。同上，但价格较高。

d. 中密度板观面贴塑门。此门较重，宜用不锈钢门框或钢板门框。

e. 彩钢板门。强度高，门轻，只是进出物料频繁的门表面极易刮坏漆膜。

还可用工程塑料制门。无论何种门，在离门底 100mm 高处应装 1.5mm 不锈钢护板，以防推车刮伤。

② 窗。洁净室窗必须是固定窗，形式有单层固定窗和双层固定窗，洁净室内的窗要求严密性好，并与室内墙齐平，窗尽量采用大玻璃窗，不仅为操作人员提供敞亮愉快的环境，也便于管理人员通过窗户观察操作情况，同时还可减少积灰点，又有利于清洁工作。洁净室内窗若为单层的，窗台应陡峭向下倾斜，内高外低，且外窗台应有不低于 30° 的角度向下倾斜，以便清洗和减少积尘，并避免向内渗水。双层窗（内抽真空）更适宜于洁净度高的房间，因两层玻璃各与墙面齐平，无积灰点。目前常用材料有铝合金窗和不锈钢窗。

③ 门窗设计的注意点。

a. 洁净度级别不同的联系门要密闭，平整，造型简单。门向级别高的方向开启。钢板门强度高，光滑，易清洁，但要求漆膜牢固能耐消毒水擦洗。蜂窝贴塑门的表面平整光滑，易清洁，造型简单，且面材耐腐蚀。

b. 洁净区要做到窗户密闭。空调区外墙上、空调区与非空调区之间隔墙上的窗要设双层窗，其中一层为固定窗。对老厂房改造的项目若无法做到一层固定，则一定将其中一层用密封材料将窗缝封闭。

c. 无菌洁净区的门窗不宜用木制，因木材遇潮湿易生霉长菌。

d. 凡车间内经常有手推车通过的钢门，应不设门槛。

e. 传递窗的材料以不锈钢的材质为好，也有以砖、混凝土及底板为材料的，表面贴白瓷板，也有用预制水磨石板拼装的。

f. 传递窗有两种开启形式：一为平开钢（铝合金）窗；二为玻璃推拉窗。前者密闭性好，易于清洁，但开启时要占一定的空间。后者密闭性较差；上下槛滑条易积污，尤其滑道内的滑轮组更不便清洁。但开启时不占空间，当双手拿东西时可用手指拨动。

（三）建筑设计条件

制药工艺设计人员必须向建筑设计人员提供的建筑设计条件有下列几项。

（1）工艺流程简图　应将车间生产工艺过程加以简要说明。这里生产工艺过程指从原料到成品的每一步操作要点、物料用量、反应特点和注意事项等。

（2）工艺设备布置图及说明　利用工艺设备布置图，并加简要说明，如房屋的高度、层数、地面（或楼面）的材料、坡度及负荷，门窗位置及要求等。

（3）设备一览表　设备一览表应包括流程位号、设备名称、规格、重量（设备重量、操作物料荷重、保温、填料等）、装卸方法、支承方式等项。

（4）人员一览表　人员一览表应包括人员总数、最大班人数、男女工人比例等。

（5）劳动保护情况

① 防火等级是根据生产工艺特性，按照防火标准确定防火等级。

② 卫生等级是根据生产工艺特性，按照卫生标准确定卫生等级。

③ 根据生产工艺所产生的毒害程度和生产性质，考虑排除有害烟尘的净化措施。

④ 提供有毒气体的最高允许浓度。

⑤ 提供爆炸介质的爆炸范围。

⑥ 特殊要求，如汞蒸气存在时，女工对汞蒸气毒害的敏感性。

（6）《药品生产质量管理规范》的要求　应包括总体布局、环境要求，厂房、工艺布局、室内装修、净化设施等。

（7）安装运输情况

① 工艺设备的安装采取何种方法，人工还是机械，大型设备进入房屋需要预先留下安装门，多层房屋需要安装孔以便起吊设备至高层安装，每层楼面还应考虑安装负荷等。

② 运输机械采取何种形式，是起重机、电动吊车、还是吊钩等；起重量多少，高度多

少，应用面积多大等。

二、电气设计

（一）车间供电系统

车间用电通常由工厂变电所或由供电网直接供电。车间用电一般最高为6000V，中小型电机只有380V。所以必须变压后才能使用。

1. 车间供电电压

医药工业洁净厂房内的配电线路应按照不同空气洁净度级别划分的区域设置配电回路。分设在不同空气洁净度级别区域内的设备一般不宜由同一配电回路供电。进入洁净区的每一配电线路均应设置切断装置，并应设在洁净区内便于操作管理的地方。若切断装置设在非洁净区，则其操作应采用遥控方式，遥控装置应设在洁净区内。洁净区内的电气管线宜暗敷，管材应采用非燃烧材料。

2. 用电负荷等级

根据用电设备对供电可靠性的要求，将用电负荷分成三级。

(1) 一级负荷　设备要求连续运转，突然停电将造成着火、爆炸、重大设备损毁、人身伤亡或巨大的经济损失时，称一级负荷。一级负荷应有两个独立电源供电，按工艺允许的断电时间间隔，考虑自动或手动投入备用电源。

(2) 二级负荷　突然停电将产生大量废品、大量原料报废、大减产或将发生重大设备损坏事故，但采用适当措施能够避免时，称为二级负荷，对二级负荷供电允许使用一条架空线供电，用电缆供电时，也可用一条线路供电，但至少要分成两根电缆，并接上单独的隔离开关。

(3) 三级负荷　一、二级负荷以外的称为三级负荷，三级负荷允许供电部门为检修更换供电系统的故障元件而停电。

（二）洁净厂房的人工照明

人工照明所用光源一般为白炽灯和荧光灯。

人工照明方式为一般照明、局部照明、混合照明。

人工照明的照度按以下系列分级（单位为lx）：2500、1500、1000、750、500、300、200、150、100、75、50、30、20、10；5、3、2、1、0.5、0.2。

1. 洁净厂房照明特点

洁净厂房通常是大面积密闭无窗厂房，由于厂房面积较大，操作岗位只能依靠人工照明。无窗厂房有利于保持室内稳定的温、湿度和照明度，又确保了外墙的气密性，有利于保证室内生产要求的空气洁净度，但从工人生理、心理及卫生学上考虑，在设计密闭无窗厂房时还有必要在某些部位开设一些外窗，使工人能在视觉上与大自然相通，减少工人心理上的压抑感，有利于提高工人效率。

2. 照度标准

为了稳定室内气流以及节约冷量，故选用光源上都采用气体放电的光源而不采用热光源。国外洁净车间的照度标准较高，约800～1000lx。我国洁净厂房照度标准为300lx，一般车间、辅助室、走廊、气闸室、人员净化和物料净化用室可低于300lx，如为200lx。

3. 灯具及布置

洁净厂房使用的灯具有如下。

(1) 照明灯　洁净区内的照明灯具宜明装，但不宜悬吊。照明应无影，均匀。灯具常用形式有嵌入式、吸顶式两种。嵌入式灯具的优点是室内吊顶平整美观，无积灰点，但平顶构造复杂，当风口与灯具配合不好时，极易形成缝隙，故应可靠密封缝隙，其灯具结构应便于清扫，更换方便。吸顶灯安装简单，当车间布置变动时灯具改动方便，平顶整体性好。并可处理好吊顶内外的隔离，如有缝隙可用硅胶密封。目前，国内一般做法是C和D级区采用嵌入式，A和B级区可采用吸顶式，光源宜用荧光灯。

(2) 蓄电池自动转换灯　洁净厂房内有很多区域无自然采光，如停电，人员疏散采用蓄电池自动转换灯，它能自动转换应急，用作善后处理，或做成标志灯，供疏散之用，且应有自动充电自动接通措施。

(3) 电击杀虫灯　洁净厂房入口处及分入口处，须装电击杀虫灯，以保证厂房内无昆虫飞入。

(4) 紫外光灯　紫外线杀菌灯用在洁净厂房的无菌室、准备室或其他需要消毒的地方，安装后作消毒杀菌用。紫外线波长为136～390nm，按相对湿度60%的基准设计。紫外光灯在设计中可采用三种安装形式：

① 吊装式。紫外线向下反射，供上下班前后无人时消毒用，其杀菌效果最高。

② 侧装式。紫外灯光向上反射，对上部空气消毒，然后靠室内空气循环，达到全部消毒效果，用于边消毒边有人操作的情况，以避免直接照射在人的眼睛和皮肤上。

③ 移动式。可根据生产需要灵活设置。

洁净室灯具开关应设在洁净室外，室内宜配备比试验用数为多的插座，以免临时增添造成施工困难。不论插座或开关，应有密封的、抗大气影响的不锈钢（或经阳极氧化表面的铝材）盖子，并装于隐蔽处。线路均应穿管暗设。对易燃易爆的洁净区，电气设计系统应满足洁净度级别要求。

（三）电气设计条件

电气工程包括电动、照明、避雷、弱电、变电、配电等，它们与制药生产车间有密切关系。制药工艺设计人员应向电气工程设计人员提供如下设计条件。

1. 电动条件

①工艺设备布置图，并标明电动设备位置；②生产特性；③负荷等级；④安装环境；⑤电动设备型号、功率、转数；⑥电动设备台数、备品数；⑦运转情况；⑧开关位置，并标示在布置图上；⑨特殊要求，如防爆、连锁、切断；⑩其他用电，如化验室、车间机修、自控用电等。

2. 避雷、照明条件

①工艺设备布置图，并标明灯具位置；②防爆等级；③避雷等级；④照明地区的面积和体积；⑤照度；⑥特殊要求，如事故照明、检修照明、接地等。

3. 弱电条件

①工艺设备布置图，并标明弱电设备位置；②火警信号；③警卫信号；④行政电话；⑤调度电话；⑥扬声器，电视监视器等。

第九节　制剂车间的节能

制药行业是一个高耗能的行业，在当前能源及生态问题突出的形势下，制药行业应转变传统的发展观念，树立节能减排的意识，把环保意识渗入到生产中的每个环节中。此外，在竞争日趋激烈的医药行业，医药制造企业若想占有一席之地就必须在生产制药的每个环节都运用节能设计手段节约成本，提高生产效率及药品质量，这样不仅能满足国家对医药制药行业的规范要求，履行社会责任，同时可提升企业的竞争力，有利于企业的可持续发展。

医药厂房的节能设计是非常重要的一环，与普通建筑的节能设计相比，医药厂房节能设计难度大、涉及的知识面广，不仅涉及建筑方面的知识，同时也需要采暖工程、空调系统等方面的知识，需要专业的综合型设计人员来统筹规划。而对于制剂车间来说，由于制剂车间往往对空气洁净度的要求苛刻，需要复杂的空调及净化系统，这使得其能耗尤为突出，制剂车间的节能问题已是制药工程工艺设计中的一个不容忽视的重要问题。

下面从制剂车间节能设计的多个方面，讨论制剂车间的节能问题。

1. 门窗节能设计

门窗是建筑外围结构中功能最丰富的部分，它既能防风、防飞虫及灰尘、保温隔热，同时又具通透性，可通风、采光。然而门窗同时是制剂车间外围结构耗能较大的部分，是制剂车间节能设计的重点，其节能措施主要从以下几个方面考虑：一是在保证通透性的前提下，控制窗墙比、调整围护结构的传热系数可达到降低能量损耗的目的；二是通过增加玻璃层数改善窗户的保温性能，同时为降低造价，单框双玻是不错的选择，另外窗框的面积比例不宜过大，并且应选择热导率小且环保的材料，如塑钢门窗；三是提高门窗的密封设计，确保门窗的气密性，减少冷空气的渗入，降低耗能。除此之外，可在外门夹板中填充绝热材料以达到保温效果，减少能量散失。

2. 屋面节能设计

屋面设计的目标是保证制剂车间顶层冬暖夏凉，是制剂车间节能设计中比较重要的一环，其中比较重要的是屋面保温设计，主要包括保温层的厚度设计、保温层材质选择。表征保温材料保温效果的指标主要是热导率，实际选择保温材料时应综合热导率、重量、价格等因素。

3. 建筑布局规划的节能设计

建筑布局的节能可以从车间形式的设计、洁净空间体积的控制来考虑。对于车间形式，目前制剂车间多采用单层大框架正方形厂房，具有外墙面积小、节能等优点，能够有效节约成本，除上面介绍的门窗设计外，还应注意隔热保温的设计，另外控制合适的湿度提高防潮效果也是十分必要的。对于洁净室的设计，控制洁净室面积、控制风量比可以有效降低送风所带来的动力消耗，除此之外，高级别洁净室要更靠近空调，以缩短管线，降低能量损耗。另外，采用洁净隧道或隧道式洁净室可减少洁净室面积，降低送风量，节能效果较好。

4. 空调系统的节能设计

制剂车间中的洁净室和单纯空调房间比，单位面积建设费用要大得多。有资料表明洁净室比普通空调办公楼每平方米耗能约多10～30倍，这就给空气洁净技术的节能提出了更高的要求。优化制剂车间内空调系统的运行方式降低耗能，是十分必要的，一般可以从下面几个方面考虑。

(1) 调整换气次数　按照GMP的要求，通常B级洁净区的换气频率为40～60次/h，C级为20～40次/h。这里就可能产生一种误区，为了安全，所有换气次数都取最高值，如B级统一取60次/h，这对业主初投资和日后运行成本都会产生很大影响。其实，换气次数大小是由房间的洁净度级别、最终指标和房间冷（热）负荷决定，同样是B级标准，如果房间设备发尘少，设备自动化程度高，操作人员少，操作人员工作习惯和防护好，这样换气次数也不一定要达到60次/h；反之，设备及生产过程产尘量较大，工作人员密集，设备及生产过程发热量大，60次/h也可能不够。因此，节能关键在于根据每个项目实际情况计算换气次数。

(2) 减少排风量　洁净室内需要补充大量新风的另一个主要原因是有局部排风，但局部排风并非全天运行，可根据排风量变化或室内正压变化，不断调节新风量，以维持既定的正压。

(3) 排风热回收　回收排风携带的热能，比如：可利用排风对新风进行热集成的预热预冷。

(4) 全新风切换　制剂厂房换气量较大，所以冷热介质需消耗大量能源，合理利用室外新风节能，减少冷冻水及热能的使用，可以大量节省运行费用。GB 50189—2005《公共建筑节能设计标准》第 5.3.6 条明确提出该项节能措施，该项技术即将在医药领域大规模推广。

(5) 更衣间风量切换　由于更衣间一般不安放生产设备，在没有人员更衣时取 60 次/h 换气次数来维持 B 级，浪费较大。并且更衣间在生产过程中，使用时间非常短，大部分时间更衣间都处于无人状态。因此合理进行更衣间设计，减少无人期间换气次数，也成为节能的一个措施。目前，一些药厂 B 级更衣间采用 FFU 设计，当有人员准备进入更衣间时，按动开关，FFU 启动，换气次数达 60 次/h；当无人员进出时，FFU 关闭，采用高效送风，换气次数降低。这样既大大减少了更衣间的能源浪费，同时又保证了人员进出的洁净。

思考题

1. 简述制剂车间设计的一般原则。
2. 工艺流程设计的任务有哪些？
3. 简述口服固体制剂车间设计的特殊要求。

参考文献

[1] 上海医药设计院．化工工艺设计手册．北京：化学工业出版社，1996.
[2] 何志成．制剂单元操作与车间设计．北京：化学工业出版社，2018.
[3] 蒋作良．药厂反应设备及车间工艺设计．北京：中国医药科技出版社，1994.
[4] 王恒通，王桂芳．制药工程与工艺设计．成都：四川大学出版社，1994.
[5] 丁浩等．化工工艺设计（修订版）．上海：上海科学技术出版社，1989.
[6] 张绪峤．药物制剂设备与车间工艺设计．北京：中国医药科技出版社，2000.
[7] 李钧，药品 GMP 实施与认证．北京：中国医药科技出版社，2000.
[8] 涂光备等．制药工业的洁净与空调．北京：中国建筑工业出版社，1999.
[9] 国家食品药品监督管理局．药品生产质量管理规范．2010.
[10] 中国医药工业公司．药品生产管理规范（GMP）实施指南．1992.
[11] 国家医药管理局．医药工业洁净厂房设计规范．1996.
[12] 徐匡时．药厂反应设备及车间工艺设计．北京：化学工业出版社，1981.
[13] 张珩．制药工程工艺设计．第 2 版．北京：化学工业出版社，2013.
[14] 周丽莉．制药设备与车间设计．第 2 版．北京：中国医药科技出版社，2011.
[15] 张珩．万春杰．药物制剂过程装备与工程设计．北京：化学工业出版社，2012.
[16] 霍保全等．医药工程设计，1999（4）：11.
[17] 严德隆，杨学武．对制药洁净室空气洁净度等要求的分析．洁净与空调技术，1999.2.
[18] 李书云，许仲麟．关于定风向可调风量回风口．洁净与空调技术，1999.4.

第七章　工程验证

本章学习要求

1. 掌握验证的概念、内容、原则、过程；掌握 D 值、Z 值、对数规则、F_T 值、F_0 值以及无菌保证值的定义；掌握 HVAC 的概念与验证过程；掌握灭菌与生产工艺的验证过程。

2. 熟悉工艺用水系统安装与验证过程；熟悉检验方法的验证过程；熟悉洁净度的测定方法。

3. 了解验证文件的管理方法、工程设计审查的内容与要求、设备清洗过程与验证等。

第一节　概　述

一、验证的定义与基本内容

验证指的是证明任何程序、生产过程、设备、物料、活动或系统确实能达到预期结果的有文件证明的一些活动。验证是制药企业正确、有效地实施 GMP 的基础。内容包括：新药开发过程验证、药品生产过程验证、药品检验过程验证。根据 GMP 的要求，涉及药品的生产设备与生产过程等均需要进行验证，包括厂房、设施及设备安装确认、运行确认、性能确认、产品验证、空气净化系统、工艺用水系统、生产工艺、设备清洗及灭菌的验证等。验证可按验证方式或验证对象进行分类。按验证方式可分为：前验证、同步验证、回顾验证与再验证。按验证对象可分为：厂房与设施验证、设备验证、计量验证、生产过程验证、产品验证、计算机系统验证。

二、验证的基本原则与步骤

验证贯穿于药品生产的全过程，以保证药品在开发、生产以及管理上的可靠性、重现性，生产出预期质量的药品。验证应遵循以下原则。

（1）符合 GMP 与药典的基本原则　我国 GMP 与药典有关规定提出了验证实施的基本要求，同时，GMP 是实施验证的必要条件，是验证过程中首先要遵守的基本原则。不符合 GMP 基本条件的制药企业无法进行有效验证。

（2）切合实际的原则　验证的实施应根据生产的不同环节、不同产品采用不同的方案；不同的生产企业，采用不同的验证方案；如生产大输液的企业，灭菌设备、药液过滤、灌封、分装系统、空气净化系统、工艺用水系统、生产工艺、主要物料、设备清洗等方面的验证应符合各自的要求。

（3）符合验证技术要求的原则　验证科学与计算机技术的相结合，与高精度测量技术相结合，使验证仪器智能化、精密化，从而更加符合验证技术要求的基本原则（统计上的合理性、精确的数据、确凿的证据、低成本且有效的报告）。

验证的基本步骤如下。

(1) 建立验证组织　企业应根据自身情况与验证需求组建由研究开发、设计、工程、生产、质管、设备维修等部门的人员组成验证研究机构。

(2) 提出验证项目　项目由企业各有关部门或验证小组提出。明确项目范围、内容与目的等。

(3) 制订验证方案　验证方案是阐述如何进行验证的工作文件，其内容主要包括：目的、要求、任务、责任者、验证试验仪器、检查要点、质量标准、实施方法、数据处理、所需的条件及时间进度等。

(4) 验证准备　根据验证方案提出的条件进行仪器、材料、设备、操作人员等的准备。

(5) 组织实施　按验证方案实施：软件与硬件查看、测试系统运行、参数与抽样分析、收集整理验证数据、起草阶段性与结论性文件。这些文件主要包括：验证方案、方案批复、仪器校验记录、验证过程、抽样规程、测试方法与结果等。结果分析及结论同报告一并上报验证负责人审批。

(6) 审批验证报告　对验证起始完成时间、验证人员姓名、验证地点、设备（仪器）校验日期、测试点、设计参数、实际参数、签名等进行审批。

三、验证文件管理概述

验证文件是在验证过程中形成的、记录验证活动全过程的技术资料，也是确立生产运行各种标准的客观证据。其主要包括根据验证要求建立验证组织、提出验证项目、制订验证方案、审批验证方案、组织实施验证方案、验证报告撰写、验证报告审批、验证证书发放等。其作用在于：①向药品监督管理部门报备、明确验证计划有关的企业责任等；②作为管理和执行验证行为的指南，根据GMP要求并结合生产企业的实际情况，对验证文件进行系统化管理等，以实现验证过程的方法重现、有案可查、责任明确等目标。

验证文件的编制应符合以下原则：

(1) 系统性　质量体系验证文件要从质量体系的总体出发，包含所有要素及活动要求。

(2) 动态性　药品生产和质量管理是一个持续改进的动态过程，验证文件必须依据验证与日常监控的结果进行不断修订。

(3) 适用性　企业应根据实际情况，按有效管理的要求制订切实可行的文件。

(4) 严密性　文件的书写应用词明确，标准应量化。

(5) 可追溯性　文件的标准涵盖了所有的要素，记录了执行的过程，文件的归档应考虑其可追溯性，为企业的持续改进奠定基础。

第二节　工程设计审查

工程设计主要包括项目规模、厂房、车间布局、设施、设备及工艺流程。其中厂房与设施的设计是工程的基础，是工程验证与审查最重要的一环。工程设计审查的主要内容如下：产品品种、制剂剂型、生产工艺、质量控制方法、生产规模和发展方向、厂房、车间布局、设施、设备的设计等。审查项目范围是工程验证的第一步，也是重要的一步。

一、厂址选择与厂区布局总图

厂址选择工作组应包括工艺、土建、供排水、供电、总图运输与技术经济等专业人员，制剂厂址的选择除了应考虑地形、气象、水文地质、工程地质、交通运输、给排水、电力与动力及生产因素协作外，还需按洁净厂房的特殊性对周围环境进行考察。

厂址选定后，需对厂区进行规划或平面布置。厂区布局总图应满足生产、安全与发展规划三方面的要求。厂区布局主要考虑以下内容：①按生产区、行政-生活区与辅助区合理布局，不得互相妨碍。各区域所占场地均应有发展余地。厂内功能设施配套，除制剂生产所需车间、仓库、科研、检验、办公、公用工程外，还需配备机修、培训、食堂和停车等辅助设施。②洁净室（制剂车间）应远离污染源，并在污染源上风侧，有一定防护距离。锅炉、三废排放和处理在下风侧。中药材前处理，原料药生产在制剂车间下风侧。③进厂人流、物流分开。路面坚固不起尘，可通行消防车。其他空地合理绿化，不种花，不栽阔叶树。

二、工艺与车间布局

工艺流程设计是工程设计的根据，主要包括试验工艺流程图与生产工艺流程图。它是根据研究、开发部门提供的有关产品资料，用图解的形式描述将原料和辅料制成合格制剂成品的过程。全过程包括若干工序，各工序的设备、设施、工艺条件及其说明，审查时务必注意：①工艺流程设计及其说明的依据。②各工序对扩大规模的适应性。③全过程与批准的新药工艺路线的一致性。④先进设备和优良控制装置的采用。

车间的布置应考虑以下问题：生产区须有足够的平面与空间；保证不同操作在不同的区域进行；相互联系但洁净级别不同的房间之间要有防污染措施；要有与洁净级别相适应的净化设施与房间；原辅料、半成品与成品以及包装材料的存储区域应明显；车间的人流与物流应简单、合理；不同生产工序的区域应按工序先后顺序合理连接；应有足够宽的过道，应有无菌服的洗涤、干燥室；应有设备与容器清洗区。

第三节　检验方法的验证

未验证的检验方法不能用于评价工程质量。检验方法的验证是工程验证的重要组成部分，必须在其他验证工作开始之前完成。验证基本内容包括检验仪器与试剂的确认、检验方法的适应性验证、检验方法过程的验证。具体而言包括起草、审批验证方案，检验仪器与试剂确认，方法适应性试验，总结和报批。图 7-1 是检验方法验证工作的内容示意图。

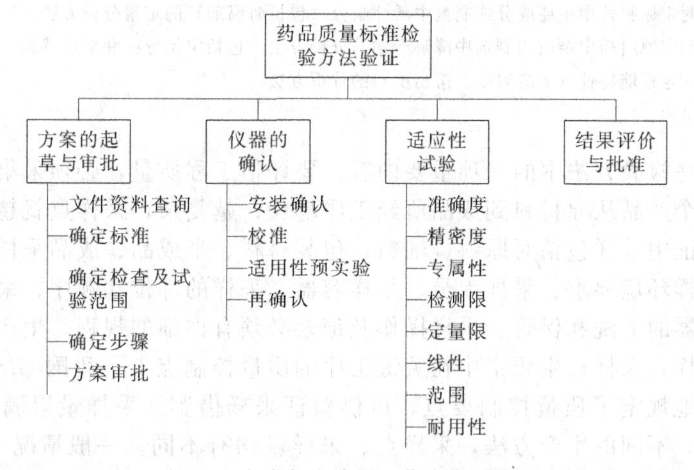

图 7-1　检验方法验证工作内容示意图

一、检验仪器与试剂的确认

1. 仪器

检验仪器包括测量仪器与分析仪器。仪器的选型和安装确认与生产设备相似。对于分析仪器精度的检验有严格要求，因此对安装环境参数（振动、粉尘、湿度、温度、噪声等）也有严苛的要求。仪器的检验包括安装确认与性能确认。安装确认是指资料检查归档、备件验收入库、检查安装是否符合安装与设计要求有记录与文件证明的一系列活动；而性能确认主要考察仪器运行的可靠性、主要运行参数的稳定性与结果的重现性等。

2. 试剂

试剂的纯度会直接影响检验的结果。试剂按纯度分为三个级别：化学纯、分析纯、色谱纯。如：紫外-分光光度法所用的溶剂确认，用 1cm 石英吸收池盛溶剂，以空气为空白测定其吸收度。溶剂和吸收池的吸收度，在 220～240nm 范围内不得超过 0.40；在 241～250nm 范围内不得超过 0.20；在 251～300nm 范围内不得超过 0.10；在 300nm 以上时不得超过 0.05。检验用的试剂，不仅要考虑纯度级别，还需明确生产厂商。

二、检验方法的适应性验证

检验方法的适应性验证的内容包括：准确度、精密度、专属性、检测限、定量限、线性、范围、粗放性与耐用性。并非所有的方法都需要进行以上 8 项验证，视实际情况而定，具体要求见表 7-1。以上项目的验证必须进行一定样品的采集。

表 7-1 不同分析方法的验证要求

验证项目	类型				
	类型Ⅰ	类型Ⅱ		类型Ⅲ	类型Ⅳ
		定量测定	限度试验		
准确度	要求	要求	*	*	—
精密度	要求	要求	—	要求	—
专属性	要求	要求	要求	*	要求
检测限	—	—	要求	*	—
定量限	—	要求	—	*	—
线性	要求	要求	—	*	—
范围	要求	要求	*	*	—

注：“—”表示不做要求，“*”表示根据实验特性决定是否做要求。

1. 类型Ⅰ指用于测定原料药中主要成分或制剂中活性组分（包括防腐剂）的定量分析方法。
2. 类型Ⅱ指用于测定原料药中杂质或制剂中降解产物的分析方法，包括定量分析和限度试验。
3. 类型Ⅲ指用于测定性能特性（如溶解度、溶出度）的分析方法。
4. 类型Ⅳ指鉴别试验。

采样即抽样是检验方法中的一项重要内容。要评估工程质量，必须采集具有代表性的样品进行分析。一个产品从原材料到成品所经工序越长、越复杂，采样点就越多。

生产工艺验证中采样包括对原料、辅料、包装材料、半成品、成品采样。采样应先制订采样方案。对采样环境要求、采样人员、采样容器、采样的部位和顺序、采样量、样品的混合方法、采样容器的清洗和保管、采样操作及记录必须有详细的规程。生产过程中半成品抽样又称中间品抽样，采样点主要集中在关键工序的质量控制点上。我国 GMP 实施指南对片剂、针剂都详细地规定了质量控制要点，可供验证采样借鉴。采样量以满足测试和留样为准。不同的产品，不同的生产方法，采样点、采样量均有不同。一般情况下，对同一批次、同一工序常采集前、中、后或上、中、下样品，或按时间间隔定时取样。成品采样，分随机采样，前、中、后采样和以极限条件试车采样；在正常生产时，可按时间间隔取样。取样量同半成品，每个取样点采集样品 2 份，供测试和留样。如果采样分析不合格，为避免采样和分析过程产生失误带来的影响，有必要考虑重新采样分析，在不合格点重新取样，检验不合格指标，确认该点样品质量合格与否。

三、检验方法过程的验证

由相关人员提出验证方案后，实施包括仪器和试剂确认、检验方法适应性试验的确认，进行数据汇总分析，得出结论，撰写报告，由相关人员进行审批。只有验证合格的方法方可投放质管部门使用。

第四节　空气净化系统验证

药品生产环境包括室内与室外环境，室内环境可直接影响药品的质量，而室外环境可以影响室内环境的空气质量。室内空气质量主要靠洁净度控制，主要体现为对空气中粒子数的控制。生产环境按空气中粒子（≥0.5μm）数分为四个洁净度级别，习惯划为一般生产区、洁净区。洁净区通过以滤过的空气驱除室内被污染的空气，控制进出空气速度，使室内保持正压，避免外界污染。

生产环境的洁净度主要通过供热通风与空气调节（heating and ventilation and air conditioning，HVAC）实现。HVAC 主要构成包括：送回风机、加热与冷却盘管、多级过滤器、加湿器和除湿机、空气分配管道以及调节各个部件性能的控制仪器。

首先应对 HVAC 的设计进行审查。防止粉尘、微生物污染，创造良好的药品生产环境是空气净化设计的主要目的。HVAC 是制剂工程验证的重点之一。其设计的审查是该验证的基础。设计的审查主要内容如下：

① 是否遵循 GMP 的要求，按产品与生产工序设置了相应级别的洁净工作室。系统构件材料是否符合洁净室要求，设计规格是否与洁净室大小相适应。

② 气流组织形式和换气次数是否合理。

③ 进入洁净室的人和物是否经过了相应净化和缓冲。不同级别洁净室的人、物净化系统是不同的。

④ 工作室的温、湿度是否符合规定，如何对其进行控制。

⑤ 内部装修材料是否合适。C 级、D 级洁净室不应使用铝合金、玻璃隔断，应选择硬结构的墙壁。

⑥ 不同洁净级别工作间使用的工作服的洗、干及消毒设施是否设置妥当。

⑦ 送风口尽可能设在关键工位。回风口应设在沿墙的地坪高度，靠近角落。送风口、回风口不应被设备、设施挡住，尽可能让洁净空气掠扫工作室的全部区域。

一、HVAC 系统的安装确认

HVAC 系统的安装确认主要由施工单位和工程部门共同完成。确认的主要内容包括：空调设备的安装确认、风管制作与安装的确认，风管与空调设备清洁的确认，按照随箱清单清点材料或数据的完整性，空调所用设备的仪表及测试仪器的一览表与鉴定报告，操作手册，标准操作规程及控制标准等。

风管接头（法兰密封垫）采用阶梯形、企口形，如图 7-2 所示。风管、法兰、送风口、层流罩、吊顶及其他设备、部件间连接时，翻边和框架边必须平整紧贴，宽度不应小于 7mm。密封垫厚度 4～6mm，压缩率为 25%～30%。密封垫内侧与风管内壁相平。法兰螺钉或铆钉间距不大 100mm。风管口径大于 300mm，应设清扫孔和风量、风压测定孔；过滤器前后应设微粒、风压测定孔；安装后必须将孔口密封。

高效过滤器（high efficiency particulate air，HEPA）在安装前除清洁和检查缺损、规

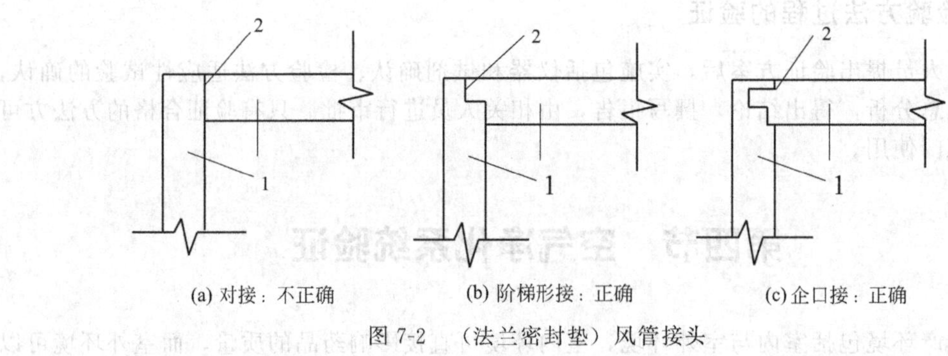

图 7-2 （法兰密封垫）风管接头

1—密封垫；2—密封胶

格、渗漏外，还需对洁净室空调系统进行试运行和再清洁。试运行 12h 以上，经再清洁方可安装。高效过滤器与框架之间紧贴缝隙不超过 1mm。其密封可采用密封垫、负压和液槽密封。安装完毕进行渗漏测试。吹淋室、气闸室、空气自净器、层流罩等设备的安装与高效过滤器的安装要求相似。

阀门的安装应便于操作，监控仪器（表）的安装应便于观察和校正。安装场所的地面应平整、清洁。安装的设备应纵轴垂直，横轴水平。系统中凡与洁净空气接触的部位都应平整，光滑，易清洁。凡有连接缝、孔处（除采用密封装置外）都必须涂密封胶，以防泄漏。凡安装、加工都应避免损坏镀层，损坏处应重新镀锌、镀铬或涂涂料保护。凡有风机的设备（气闸室、吹淋室等），风机与地面之间应垫隔震层，安装完毕，风机应试运行 2h 以上。凡有联锁装置的设备［传递窗、气闸室（柜）等］，安装应确保联锁处于正常状态。

然后，对照比较竣工图与设计图，如果竣工图有改动，必须是按修改规程进行：①查看现场，设备就位，风管分布应与竣工图一致；②系统连接及连接处涂料、密封胶的涂层应无漏涂、起泡、露底现象；③系统应内外整洁、平整。然后检查、校正仪表（温度计、湿度计、风速仪、压力表、粒子计数器等），测试设备的试运行，并确认调试记录，同时拟写修改操作规程和控制标准。

二、HVAC 系统的运行确认

确认内容包括：空调设备的测试、高效过滤器的测试、温湿度的测试、烟雾测试与悬浮粒子与微生物测定等。

高效过滤器的安装密封性是空气净化的关键，也是最难通过的一项检验。许多洁净室的不成功就是因为密封不达标，导致泄漏和生菌。通常的密封方式包括：负压密封、机械压紧与液槽密封。过滤器泄漏是指送风过滤器本身和过滤器与框架之间以及框架本身和框架与围护结构之间的渗漏。过滤系统的检漏试验是粒子测定的基础，其重要性不亚于粒子测定。检漏方法主要有气溶胶光度计法与粒子计数器法。

图 7-3 所示为 DOP 气溶胶光度计工作原理，含 DOP 的气体经过锥形光束时，悬浮粒子使光发生散射，散射光照射到光电放大器上并将光强度的差异转换为电量大小，并由微安表显示仪快速显示。其光（电）量的输出可以反映气体中胶粒的浓度。将气溶胶（如 DOP）发生器放置于适当的位置，使溶胶能顺利到达每只高效过滤器的气流上游侧，打开一定数量的喷嘴孔直到气溶胶的浓度达到 100μg/L 空气。达到该浓度时在高效滤过器上游侧的气溶胶光度计上对数刻度显示在 4～5 之间，再把气溶胶光度计转到下风侧取样口距离被测过滤器表面 2～3cm 处（见图 7-4），以 2～3cm/s 的速度扫过过滤器整个断面检漏，扫描路线见图 7-5。

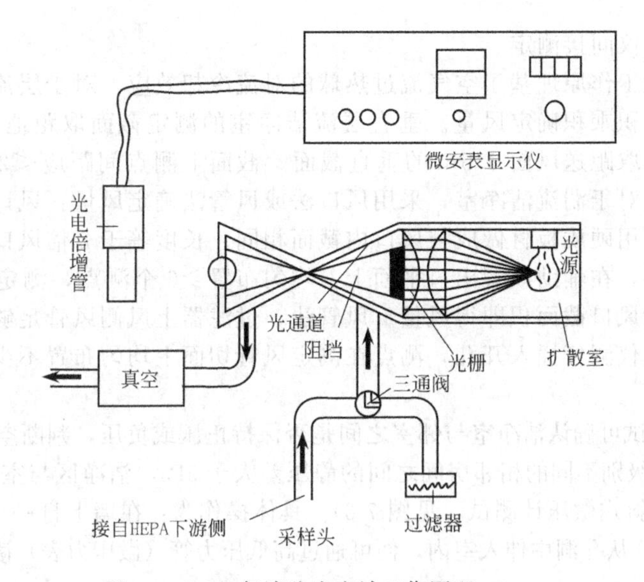

图 7-3 DOP 气溶胶光度计工作原理

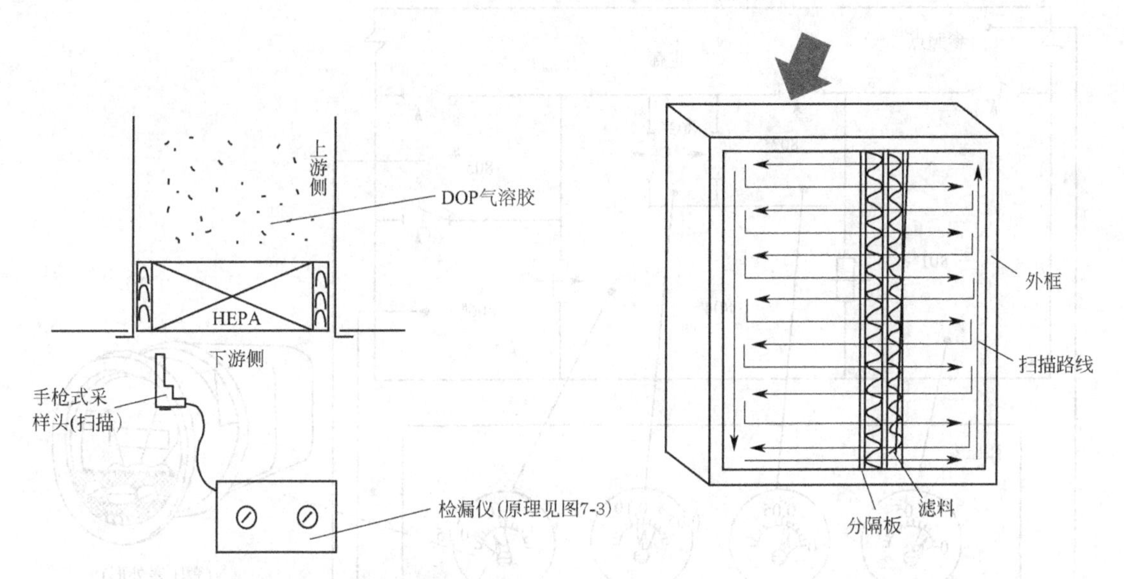

图 7-4 DOP 气溶胶光度计检漏方法示意图

图 7-5 DOP 气溶胶光度计扫描路线

粒子计数器法（参见图 7-7）检漏操作类同气溶胶光度计法，但测试时间较长，检查一个过滤器约需要 1h，而气溶胶光度计法仅需要 5min，在实际生产中采用较多。

过滤系统的检漏范围包括：过滤器的滤材、滤材与其框架内部的连接、过滤器框架的密封垫与过滤器支持框架之间、支持框架与墙壁或顶棚之间。新安装的过滤器或更换后的过滤器必须进行检漏，正常情况下需对过滤系统进行每年 1 次的检漏。

泄漏标准判断如下：由受检过滤器下风侧测得的泄漏浓度换算成穿透率，对于高效过滤器，不应大于过滤器出厂合格穿透率的 2 倍，对于 D 级高效过滤器不应大于过滤器出厂合格穿透率的 3 倍。

风量、风压对维持一个洁净环境的完整性是非常重要的。适当的风压能使洁净室迅速自净、控制污染并调节温湿度。

风量测试内容包括：总送风量测定、新风量、1 次/2 次回风量、排风量以及各干支风管内风量与送风口的风量等。测定方法包括：①用毕托管和微压计测风管内风量；②用叶轮风速仪或热球风速仪间接测定。

热球风速仪工作原理基于空气流过热球的对流冷却效应。对于层流洁净室，采用室截面平均风速和截面积乘积确定风量。垂直层流洁净室的测定截面取距地面 0.8m 的水平截面；水平层流洁净室取距送风面 0.5m 的垂直截面。截面上测点间距应＜2m，测点数不少于 10 个，均匀布置。对于湍流洁净室，采用风口法或风管法确定风量：风口法，根据风口形式选用辅助风管，即用硬质板材做成与风口内截面相同、长度等于 2 倍风口长的直管段，连接在过滤器风口外部，在辅助风管出口平面上，均匀布置≥6 个测点，测定各点风速。以各点风速的平均值乘以风口截面积即得风量。风管法，过滤器上风侧风管足够长并且已经或可以打孔，将热球风速仪测杆插入开孔，测点在测定风管切面上均匀布置不少于 3 点。每点测定时间不少于 15s。

通过风压测试可确认洁净室与邻室之间是否保持正压或负压，判断空气的流向。根据 GMP 要求，空气洁净级别不同的相邻房间之间的静压差大于 5Pa，洁净区与室外的静压差大于 10Pa。风压测试采用倾斜式微压计测试（见图 7-6）。具体操作为：在墙上打一个孔洞，将测定用胶管（口径小于 5mm）从孔洞中伸入室内，便可通过高低压力管（微压力表）读取各测点压力。

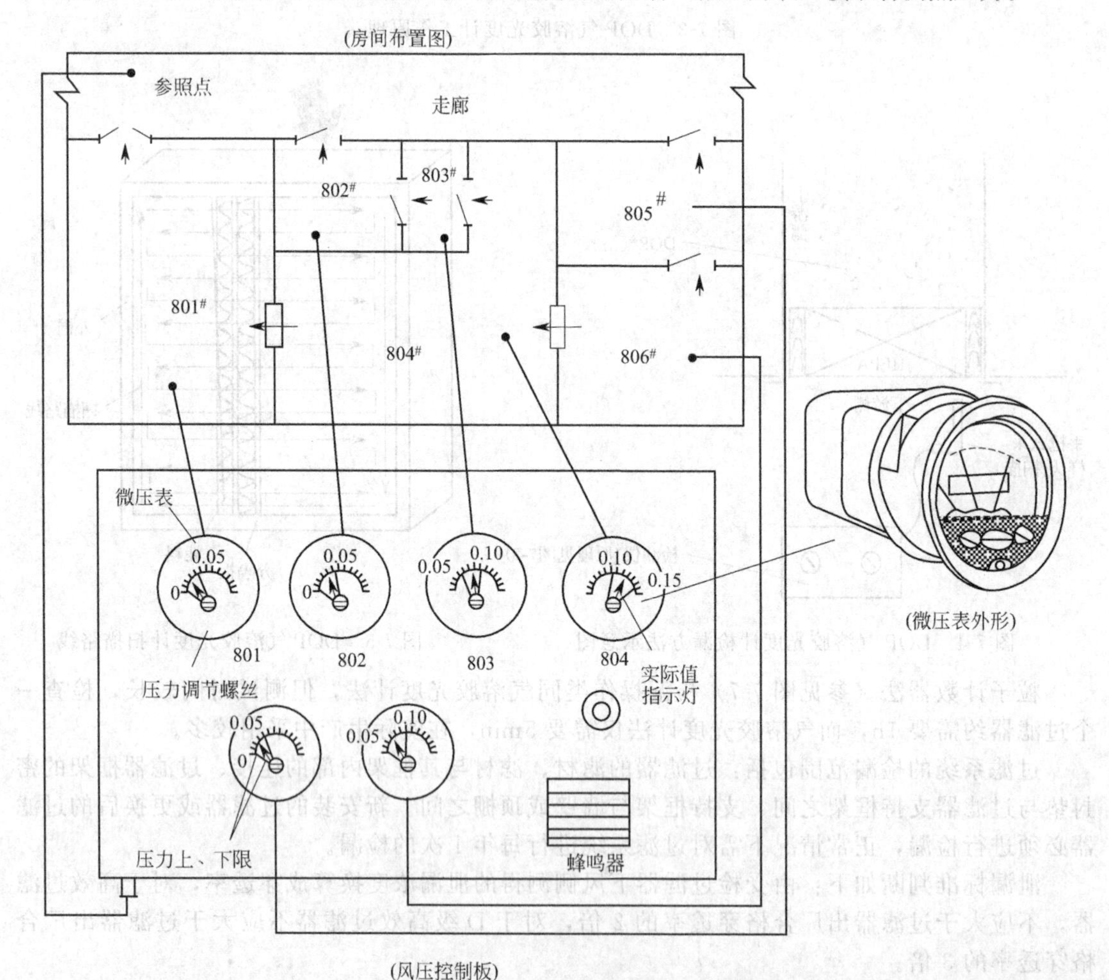

图 7-6　微压表测定房间风压

温度、湿度是制剂生产环境的两个重要参数，系统以温度调节器和湿度调节器监控。测试分动态测试和静态测试。测点宜在同一高度，离地面 0.8m，距外墙面应大于 0.5m，选择具有代表性的地点布置。如送回风口处、设备周围、敏感元件（材料）处、室中心。B级、C级洁净室，室面积≤50m^2 布5个测点，每增加20～50m^2 增加3～5个测点。≥D级洁净室测点不少于5个。测定时，预先打开照明灯，空调系统至少连续运行24h，每个房间每个测点用校准过的干球温度计、热电流表、自动湿度记录仪测量和记录温度、湿度。静态测试，每隔15min测1次，共持续8～24h。一般情况下，B级、C级洁净室控制温度为20～24℃，相对湿度为45%～65%；≥D级洁净区控制温度为18～28℃，相对湿度为50%～65%。

烟雾测试包括气流流型、粒子扩散和恢复能力的测试，目的在于测试在洁净条件下气流与机械设备的相互作用。发烟器常用烟源为巴兰香烟。

(1) 气流流型测试　在灭菌产品或原料暴露的地方或其他关键位置安装烟雾发生器，释放烟雾。当烟雾流过机器的每个关键位置时拍摄下烟雾流线。烟雾流过关键位置，如果空气由于湍流而回流，则系统不能被接受，必须重新调节。但可以允许因设备构造产生小湍流。当烟雾产生时，人员进入洁净区操作，烟雾回到关键位置，则必须建立规程防止动态交叉污染，并重新验证。如果烟雾试验的湍流会将污染物从其他地方带到流水线的关键位置，应调整气流以得到最小的湍流并迅速清洁。如果湍流不能停止，则必须建立不同的空气动力学模型。如果湍流仍将污染物带到关键位置，则生产线和层流设备应分别重新评估，变换或改装。变动后再验证直至湍流最小且不影响关键位置。

(2) 粒子扩散试验　在风量测试合格后，将整个工作区划分成60cm×60cm的方块。安装烟雾发生器，将输出管置于入口中心对准气流的方向，调节压力使烟雾出口速度等于该测点风速。在工位高度上，从各个方向上把粒度计数器采样管从远离烟雾源向烟雾源中心移动，直到发现粒子数有一个快速的突然增加（达3个/L），准备一张图纸记录方块面积和相应的烟雾发散情况。如果从烟雾源出发径向距离不超过60cm，大于等于0.5μm的粒子数不超过3个/L，说明层流洁净室具有限制粒子扩散功能。

(3) 恢复能力测试　又称自净时间的测试，用来评价系统在污染后的恢复能力或自净能力。测试方法如下。①如果洁净室停止运行相当时间，或受污染较严重，粒子浓度与大气相当，可在先测定粒子浓度后立即开机，同时采用粒子计数器测定，定时（每隔0.5min或1min）读数，直到浓度明显稳定为止，或直到浓度达到设计要求为止。②如果洁净室粒子原始浓度太低，可采用烟雾发生器放烟。在室中心离地面0.8m以上处点发烟2min，立即关闭。待2min后，将粒子计数器的采样管口在工作区平面的中心点直接对准烟雾污染下方，记录测得的粒子数。开机后定时读取衰减的浓度，直至恢复符合设计要求，记下时间。层流洁净室以恢复时间小于2min为合格，湍流洁净室以恢复时间一般小于30min。

洁净室中的悬浮粒子与微生物测定是为最终环境评价做准备，以便在测定时发现问题及时解决；为空气平衡与房间消毒方法的进一步改进提供依据。悬浮粒子的测定应在空调调试及空气平衡完成后进行。微生物的测定应在悬浮粒子测定结束、消毒后进行。尽管如此，悬浮粒子与微生物预测定并非控制区环境验证的必要步骤，企业可根据实际情况进行。

另外在对空气净化系统的测试、调整及监控过程中，需要对空气的状态参数和冷媒（热媒）物理参数、空调设备的性能、洁净室的洁净度等进行大量的测定工作；将测得的数据与设计数据进行比较、判断，这些物理参数的测定需要通过比较标准的准确的仪表仪器来完成。主要仪表仪器包括：测量温度的仪表、测量空气相对湿度的仪表、测量风速的仪表、测量风压的仪表、直接测量风量的仪器、层流罩等设备上使用的微压表、高效过滤器检漏用仪器、洁净室洁净度测定用的仪器、细菌采样用的仪器等。所有仪器仪表均应制订标准操作规程。所有仪器仪表的校正，必须在设备确认及环境监控前完成，并记录在案，作为整个验证的一个重要组成部分。

三、洁净度测定

洁净度测定是HVAC系统验证的最后阶段，主要测试有：①房间的洁净度确认，在静态下按GMP的要求进行，测试方法可参照ISO 14644-1《洁净室及相关控制环境国际标准》的规定；②洁净室动态测试，包含空气微粒与微生物项目；③洁净室由动态恢复到静态标准的时间测试；④房间的温湿度。

1. 悬浮粒子的测定

洁净室的级别通常以每立方米含0.5μm以及5μm以上的悬浮粒子数两种粒径的悬浮粒子确定。因此，悬浮粒子的测定是空气净化系统验证中极为重要的一项。测定方法包括：自动粒子计算法与显微镜法。

自动粒子计算法工作原理为：来自光源的光线被透镜组聚焦于测量区域，当被测空气的每个微粒快速地通过测区时，便把入射光散射一次，形成一个光脉冲信号。这一信号经透镜组被送到光电倍增管阴极（见图7-7），正比地转换成电脉冲信号再放大，选出需要的信号，通过计数系统显示出来。电脉冲信号的高度反映粒径的大小，信号的数量反映微粒的个数，见图7-8。

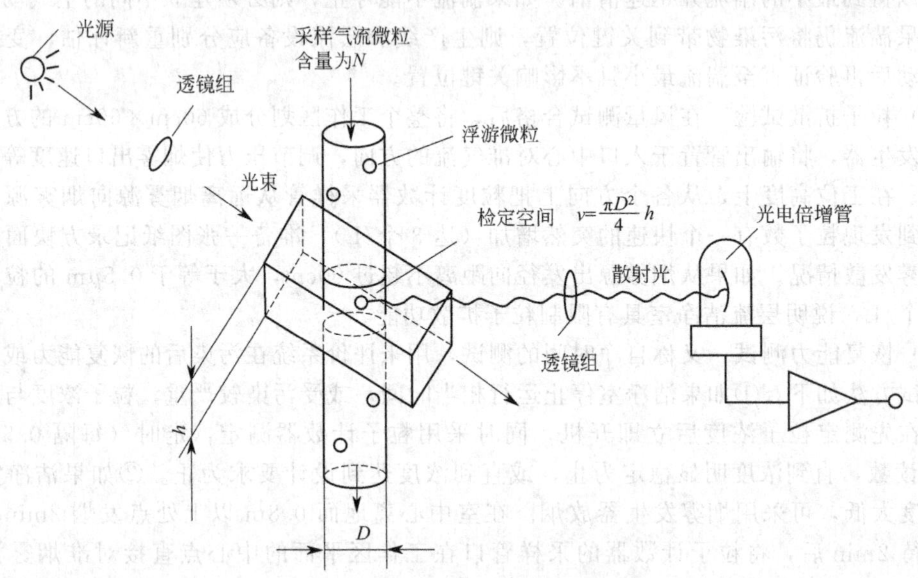

图7-7 粒子计数器工作原理示意图

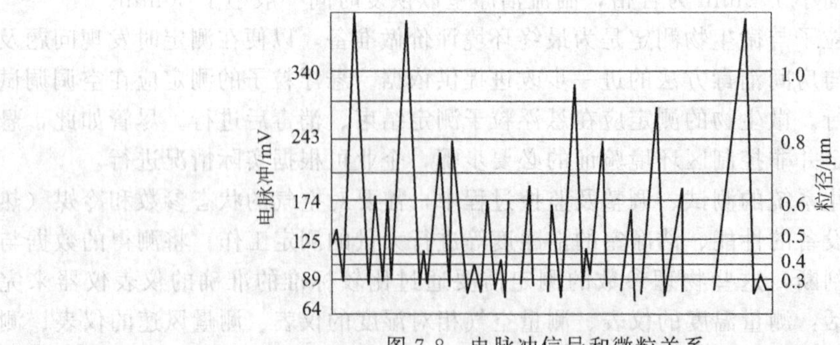

图7-8 电脉冲信号和微粒关系

显微镜法是用抽气泵抽取洁净空气的空气，是在测定用的滤膜表面上捕集到的粒径中大于5μm的粒子用显微镜计数的方法。

洁净室悬浮粒子监测取样点数、取样量及布置应根据产品的生产工艺及生产工艺关键操作区进行设置，最低限度取样点按表7-2的规定确定。每点取样不少于3次，各点取样次数可以不同。最低取样量按表7-3的规定确定。取样点即测点布置：5点或5点以下时布置在离地0.8m高平面的对角线上或该平面上的两个过滤器之间的地点，也可以布置在认为需要布点的其他地方；多于5点时可分层布置。

表7-2　最低限度取样点

面积/m^3	洁净度级别		
	D级	B级	C级
<10	2～3	2	2
10	4	2	2
20	8	2	2
40	16	4	2
100	40	10	3
200	80	20	6
400	160	40	13
	400	100	32
	800	200	63

注：表中的面积，对于单向流洁净室，是指送风面积；对于乱流洁净室是指房间的面积。

表7-3　最低取样量

净化级别	悬浮粒子		浮游菌	
	工作区	送风口	工作区	送风口
	每个采样点1 ft^3 采样量的数目		每点采样量/m^3	
B级	10		2	2
C级	11	5	2	2
D级	11	5	2	2

注：1ft=0.3048m。

悬浮粒子洁净度级别的结果评定参照《医药工业洁净室（区）悬浮粒子的测试方法》（GB/T 16292—2010）规定的两个条件。测试状态有静态与动态两种。①静态测试：洁净室HVAC已经处于正常运行状态，工艺设备已安装，在洁净室内没有生产人员的情况下进行测试。②动态测试：洁净室已处于正常生产状态下进行测试。为了对静态下测得的含尘浓度与运行时（动态）测得的浓度关系进行比较，验证时可按动、静比取（3～5）：1判定。空气洁净度级别以静态控制为先决条件、动态控制为监控条件是必要的，因为生产环境的污染控制，最终必然是正常生产状态下空气中悬浮颗粒与微生物的控制。

2. 微生物的测定

空气中的生物性粒子即悬浮菌和物体表面附着的微生物是药物制剂的污染源，尤其是对灭菌制剂的最终质量构成严重威胁。细菌培养时，由一个或几个细菌繁殖而成的一个细菌团称为菌落形成单位（colony forming unit，CFU），也称菌落数。浮游菌用计数浓度CFU/L或CFU/m^3表示；沉降菌用沉降浓度CFU/皿（沉降30min）表示。浮游菌与沉降菌的关系可用以下公式表示：

$$N_g = NV_s/T$$

式中，N_g为在f面积上的细菌沉降数，CFU；N为空气中的浮游菌浓度，CFU/m^3；V_s为含菌粒子沉降速度，cm/s；T为沉降时间，s。

生物性粒子的测定是空气净化系统验证的重要项目。在测定时必须注意以下问题：①测定的仪器、用具、培养基要做绝对灭菌处理；②严防人对样品的污染；③对使用条件、培养基、培养条件及其他参数做详细记录。常用的测定方法有沉降法、过滤法和表面取样法（如棉签擦拭法）等。

沉降法：主要用于测定沉降菌，用盛有培养基的培养皿（$\phi=90$mm）放在待测地点，暴露一定时间，盖上皿盖，于31～35℃培养24～48h，计算菌落数目（CFU）。

过滤法：使空气通过过滤介质（如孔径为0.3μm或0.45μm的微孔滤膜），微生物被捕集在滤膜上，再将滤膜直接放在培养基上培养计数。

培养基可以采用胰蛋白大豆琼脂培养基，或血液琼脂培养基等固态平板培养基。开始取样前，先确定取样风速、时间及培养皿的位置，测点及取样是参照悬浮粒子测定，即培养皿应布置在有代表性的地点和气流扰动少的地点。培养皿最少数量应满足表7-4的规定。取样结束，盖皿盖，做好标记及记录，然后把培养皿倒置放入培养箱中35℃培养18～24h进行菌落计数（n）。一般测定取样时间为20min，如果取样空气流量为Q，即可计算出该洁净室空气洁净度为$\frac{n}{20Q}$。

表7-4　培养皿最少数量

洁净度级别	所需 ϕ90mm 培养皿数[以沉降(0.5h)计]	洁净度级别	所需 ϕ90mm 培养皿数[以沉降(0.5h)计]
B级	14	D级	2
C级	2		

表面取样法：物体（操作台、地板、设备等）表面微生物测试可采用按粘法、擦抹法和洗落法。例如：按粘法是将营养琼脂培养基直接接触需采样的物体表面（注意采样后立即清理去污），培养后计数，合格标准为每10cm^{2}菌落数最多不超过1个（B级）。

生物微粒取样的图解说明见图7-9。

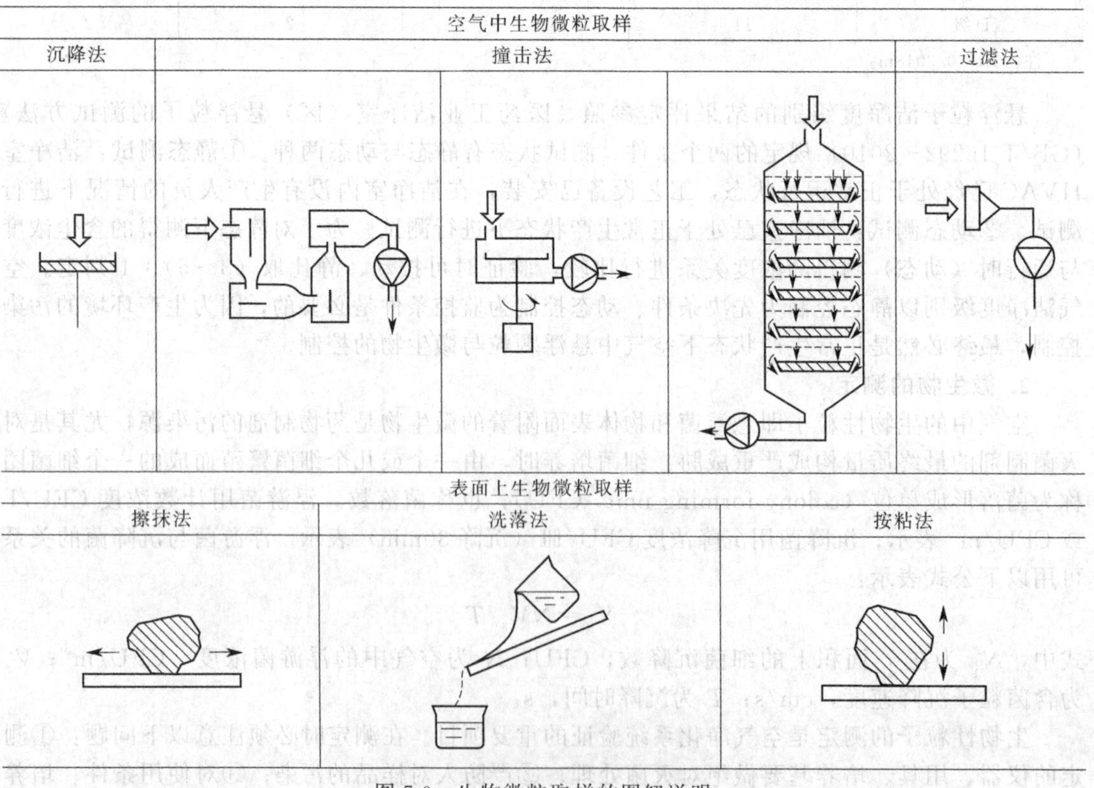

图7-9　生物微粒取样的图解说明

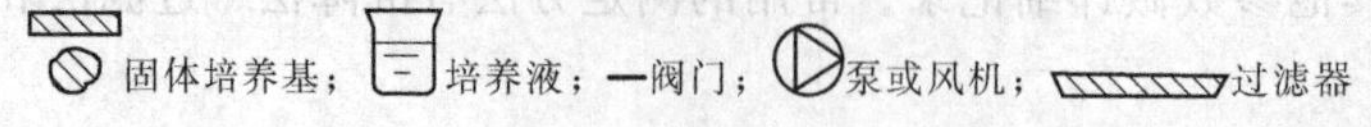

第五节　工艺用水系统验证

水是药物制剂生产中用量最大、使用最广的原料。制药用水的质量直接影响药品的质量，因此制药用水的质量控制，特别是微生物指标的控制极为重要。按使用范围不同可分为纯化水、注射用水以及灭菌用水，纯化水与注射用水水质标准见表 7-5。

表 7-5　纯化水与注射用水水质标准

检验项目	纯化水(PW)	注射用水(WFI)	检测手段
酸碱度	符合规定	—	在线检测或离线分析
pH	—	5～7	在线检测或离线分析
硝酸盐	<0.000006%	同纯化水	采样和离线分析
亚硝酸盐	<0.000002%	同纯化水	采样和离线分析
氨	<0.000003%	同纯化水	采样和离线分析
电导率	符合规定 不同温度对应不同的规定值 如 20℃ < 4.3μS/cm；25℃ < 5.1μS/cm	符合规定 不同温度对应不同的规定值 如 20℃ < 1.1μS/cm；70℃ < 2.5μS/cm	在线用于生产过程控制，后需取水样进行电导率的实验室分析
总有机碳(TOC)	<0.5mg/L	同纯化水	在线 TOC 进行生产过程控制，后需取样进行实验室分析
易氧化物	符合规定	—	采样和离线分析
不挥发物	1mg/100mL	同纯化水	采样和离线分析
重金属	<0.00001%	同纯化水	采样和离线分析
细菌内毒素	—	<0.25EU/mL	注射用水系统中采样检测，实验室测试
微生物限度	100CFU/mL	10CFU/100mL	实验室测试

制药工艺用水系统验证的目的在于证明该系统能够按照设计的要求稳定地生产规定数量与质量的合格用水。通过已验证数据，证明被验证的工艺用水系统是一个具有高度保证的系统。验证工作需要从设计阶段就开始，通过监控建造以及安装确认、运行确认、性能确认等属性认定、使用过程的监控，收集和整理相关的数据资料，最终形成完整的验证文件，以及在不断的验证中形成的标准操作规程。验证的内容包括：安装确认、运行测试、监控与周期等。

一、安装确认

（1）纯化水制备装置的安装确认　比较对照竣工图和设计图，检查安装是否符合设计要求和规范；水、电、气、汽等管线、仪表、过滤器等连接情况；水管焊接质量，除做 X 光拍片检查外，还要做静压试验，试验压力为工作压力的 1.5 倍，无渗漏为合格；阀门和控制装置是否正常；纯水设备、蒸馏水机试运行情况；测试设备的参数和系统各功能作用；化验分析每台设备进、出口点水质，以确定该设备处理水的效率、产量是否符合设计要求。例如，对离子交换树脂应检查牌号，交换能力，再生周期，再生用酸、碱浓度，每次用量和自动反冲情况，测定出水的电阻率、流量、pH 值、Cl 离子；贮水罐应检查加热、制冷、保温和循环情况，通气过滤器膜的完整性（测定起泡点），φ0.22μm 滤膜起泡点压力不小于 0.4MPa/cm^2；确认校正的仪表和控制器，如流量计、电导仪、温度计、压力表，使其起到监测和控制作用。检查设备调试记录，确认 SOP 草案。

（2）管道分配系统的安装确认　管道与阀门材料应为不锈钢材料；管道的连接和试压；

管道的清洗、消毒与钝化；完整性测试；

（3）仪器仪表的校准 纯水处理装置上的所有仪器仪表必须定期校验，使误差控制在允许范围内。

（4）操作手册与SOP 列出纯化水系统所有设备手册与日常操作、维修、检测的SOP。

二、运行测试

运行确认阶段是为了对进入贮罐和配水管网上的各个用水点的水质进行评价，建立一套完整的文件用于确认制水系统能在预定范围内正常运行，以证明制水系统能按照标准操作规程运行，能始终稳定地生产出符合质量要求的制药用水。需要确认的内容包括：系统充满水后，泄漏点修理和已损坏的阀门与密封的更换；水泵检验，确认制造与运行符合规定；热交换和蒸馏水器在最大负荷与最小负荷范围内的关键操作参数的测试；验证阀门与控制器的操作适应性；贮水罐与系统配管部位灭菌；离子交换树脂再生，反渗透装置的清洗；检验超过设计规定的流速；书写运行、关闭和灭菌过程的标准操作程序（SOP）。

三、监控与周期

根据设计和使用情况，验证监测一般持续三个星期。整个水监控一般分为三个验证周期，每个周期约7天。要控制自进水开始一直到最后使用点的整个水处理过程的水质，必须把水处理系统划分区域采样，以对应的检查方法和标准进行监控。采样阀内径要小，阀门宜全部打开，冲洗就会既高速又迅速，保证在实际的采样之前把阀门后的微生物去除掉。整个系统采样阀应保持型号一致。以去离子水和注射用水为例介绍采样点和采样：贮水罐、总送水口、总回水口均每天取样；各使用点，去离子水每周取水1次，注射用水各使用点每天取样。水质检查按我国GMP实施指南规定“一般饮用水每月检查部分项目一次，纯水每2h在制水工序抽样检查部分项目一次，注射用水至少每周全面检查一次”，表7-6列举美国对工艺用水的监测情况。

表7-6 美国对工艺用水的监测情况

采样点所在地	项目	周期		评注
		验证	运行	
原水（自来水）①②	微生物	每天	每天	共同审阅决定接触时间
	余氯	每天	每天	
	化学成分 TDS	每天	每天	快速，低成本化验
	全化学	每周	6个月	
	pH	—	—	取决于设备的使用
砂滤器	微生物	每天	每天	
	余氯	每天	每周	
炭滤器	微生物	每天	每天	
	余氯	每天	每周	
离子交换设备	电导率	连续	连续	
	固体总量（USP）	每天	每天	与该级水的使用有关
	pH	每天	每天	与该级水的使用有关
	微生物	每天	每天	
	热原	每天	每周	与该级水的使用有关
	胶体硅和溶解硅	每天	每周	与该级水的使用有关
	树脂分析	初期	6个月	
反渗透设备	微生物	每天	每天	
	pH	连续	连续	对某些设备是重要的
	余氯	连续	连续	

续表

采样点所在地	项目	周期		评注
		验证	运行	
反渗透设备	热原	每天	每天	取决于使用要求
	电导率	连续	连续	
	固体总量(USP)	每天	每天	取决于使用要求
	进水硬度	每天	每天	对某些设备是重要的
蒸馏水设备(假设为USP的注射用水)	微生物	每一周期多次采样	每天	
	pH		每天	
	热原		每天	
	电导率	连续	连续	进、出口
	化学成分(USP)	每一周期多次采样	每天	
	排污 TDS		每周	
	颗粒		每周	
贮存	微生物	每一周期多次采样	每天	
	pH		每天	
	热原		每天	如是 WFI 可另有要求
	化学成分(USP)		每天	
分配系统的使用点[①③]	微生物	每天	每周一次	轮换
	热原	每天	④	
	化学成分 TDS	每天	每月一次	快速低成本化验
	化学成分(USP)	每周一次	④	
	颗粒	每天	每月一次	
	pH	每周一次	④	
	排污化学物成分 TDS	每天	每月一次	防止结垢

① TDS—溶解的固体总量（按电导率确定）。
② 可以有很大的变化，与水源和季节有关。
③ 溶解固体总量（蒸发方法）。
④ 只有在不合格的情况下为了满足其他的化验才采样化验。

验证的周期：新建或改建的水系统必须验证；水系统正常运行后一般循环水泵不得停止工作，若较长时间停用，在正式生产三个星期前开启水处理系统并做三个周期监控；每周上班第一天应做全检；发生异常情况或出现不符合规定的情况应增加取样检验的频率。系统一般每周用清洁蒸汽消毒一次，鉴定蒸汽能接触到系统的所有部分，其压力、温度均达到指定值。

工艺用水系统验证应特别注意：①设备管道的材料是否污染水质，其粗细是否符合设计要求；②输送水的管线坡度能否保证排水无死角；③设备设施清洗、消毒能否满足工艺用水要求；④离子交换树脂、活性炭、半透膜处理水的效率；⑤水贮存和循环温度，纯水、注射用水 85℃或 4℃保温保存，或 65℃循环；⑥复验证时，还要注意易损件、水垢生物膜等。

四、验证项目

制药用水系统在验证过程中，除检测药典规定的水质指标外还需监控工艺用水的制备过程。检测监控水处理过程（单元）和管道系统安全运行所必需的内容，见表 7-7。

表 7-7 常见制药用水系统验证项目的检测内容

系统类型	设备及位置	检测项目	检测方式
纯化水系统	原水	浊度全分析	
	砂滤装置后	浊度分析	在线或离线
	活性炭滤器后	浊度、硬度、pH、SDI、TOC	在线或离线
	软化器后	硬度、电导率、pH、TOC	在线或离线
	反渗透装置后	电阻率、压力、温度	在线或离线

续表

系统类型	设备及位置	检测项目	检测方式
纯化水系统	混床后	电导率、氧含量、pH	在线或离线
	贮罐管道内水	电导率、氧含量、pH、压力、温度、贮罐液位	在线或离线
注射用水系统	蒸馏水机	出水量、压力温度、电导率、pH、热原	在线或离线
	纯蒸汽发生器	产汽量、压力温度、电导率、pH、热原	在线
	贮罐管道系统	液位、温度、压力	在线
	水泵	压力	在线
	换热器	介质压力温度	在线
	用水点	灭菌温度、热原、微生物	离线

第六节　灭菌验证

灭菌方法主要包括热压蒸汽灭菌（湿热灭菌）、干热灭菌、紫外线灭菌、辐射灭菌、微波灭菌、环氧乙烷灭菌和过滤除菌等。灭菌的验证实际是对产品、灭菌设备与装载方式的验证。验证活动包括：对照灭菌设备的参数校验灭菌设备的性能；确认产品与装载方式灭菌程序的有效性与重现性；预估灭菌过程中产品可能发生的变化。本节主要讨论湿热灭菌与干热灭菌的验证。

一、灭菌验证的有关术语

(1) 灭菌的对数规则　作为生物指示剂孢子的死亡规律符合阿伦尼乌斯（Arrhenius）一级反应式的质量作用定律，即灭菌时微生物的死亡遵循对数规则。

(2) 灭菌的 D 值　即单位对数灭菌时间，是微生物耐热参数。即一定温度下将微生物杀灭 90%或使之下降一个对数单位所需的时间（min）。不同的微生物具有不同的 D 值。D 值较小说明微生物抗热性弱，短时间曝热，即可消灭 90%；D 值较大说明微生物的抗热性强，长时间曝热才能消灭 90%。所以 D 值能代表微生物的抗热性。

(3) 灭菌的 Z 值　即灭菌温度系数，即使某一种微生物的 D 值下降一个对数单位时，灭菌温度应升高的度数。换言之，Z 值是 D 值减少 90%所需升高的温度。Z 值被用于定量地描述微生物对灭菌温度变化的敏感性。Z 值越大，微生物对温度变化的敏感性就越弱，此时，如果通过升高灭菌温度的方式来加速杀灭微生物的收效就不明显。

(4) F_T 值　即温度为 T(℃) 时的灭菌时间，系指给定 Z 值下，在温度 T(℃) 下灭菌产生给定灭菌效果所需的等效灭菌时间（min）。由于 D 值随温度的变化而变化，所以不同温度下达到相同灭菌效果时，F_T 值将随 D 值的变化而变化。灭菌温度高时，所需的“等效灭菌时间”就短；灭菌温度较低时，则所需的“等效灭菌时间”就长。

(5) F_0 值　即标准灭菌时间，系灭菌过程赋予一个产品 121℃下的等效灭菌时间。

(6) 灭菌率 L　系指在温度 T(℃) 下灭菌 1min 所获得的标准灭菌时间，阐明了标准灭菌值 F_0 和 T(℃) 灭菌值 F_T 之间的关系。

(7) 无菌保证值（sterility assurance level，SAL）：《中国药典》规定无菌保证值定为 6，作为最终灭菌产品最低限度的无菌保证要求。

二、热压蒸汽灭菌的验证

（一）设备的确认

安装前必须查看设备订单、合格证书、说明书及设备缺损情况。湿热灭菌设备确认内容包括：检查设备构造、安装控制系统、蒸汽系统、冷却系统、零部件等均应与采购要求相同；各控制器、仪表、计时器与测量仪等确认。安装结束后，查对设计图与竣工图。查看工程质量：各部件连接情况（蒸汽、水、压缩空气无渗漏），控制仪器校准情况，各系统试运行；在操作条件下试车，对照设计标准，测定关键变量（温度、压力、真空度、排水温度、灭菌蒸汽洁净情况等）。

（二）热压蒸汽灭菌工艺验证

验证内容主要包括热电偶校正、空载与满载热分布测试、热穿透性试验与灭菌周期研究。灭菌效力的评价可从生物学与物理学手段方面进行评价。生物学的评价使用的是一种特定的微生物作为指示剂（生物指示剂），其数据能直接反映灭菌的效果。灭菌工艺、生物指示剂及其 *D* 值见表 7-8。验证中指示剂的破坏或去除的结果，将能精确地预测常规操作中灭菌方法的灭菌除菌有效性。每种产品都有适应本身的灭菌方法。

表 7-8　灭菌工艺、生物指示剂及其 *D* 值

生物指示剂	灭菌工艺	*D* 值
嗜热脂肪芽孢杆菌	饱和蒸汽 121℃	1.5min
枯草杆菌黑色变种	干热 179℃	1min
枯草杆菌格罗别杰变种	环氧乙烷(600mg/L) 50%RH,54℃	3min
短小芽孢杆菌	γ 射线(湿)	0.2Mrad
	γ 射线(干)	0.15Mrad

注：1rad（拉德）$=10^{-2}$J/kg。

1. 热电偶校正

温度的测量和控制是湿热灭菌的关键部分，必须予以验证。热电偶的校正选择两个温度：一个是冰点，参照温度是 0.0℃；另一个是正常的操作温度的高温点，通常为 121.0℃ 或选用稍高温度（130.0℃）。校正方法：将热电偶与标准温度器件一起放在高稳定性的温度槽（0.0℃和 130.0℃）中，记录读数的误差。其允许误差不得大于热电偶导线准确度（−0.3～0.1℃）与标准器件传递准确度（±0.2℃）的总和。在 0.0℃与 130.0℃范围内，热电偶响应值进行线性处理，相对于标准器件输出的最大一次性误差在整个范围内不得超过 ±0.1℃，否则，热电偶必须更换。

2. 空载、满载热分布与热穿透性试验

在空载条件下进行热分布测试，灭菌柜内不放置灭菌产品，即为空载。目的在于确认灭菌柜内保持温度均匀性的能力和灭菌蒸汽的稳定性，测定灭菌腔内不同位置的温差状况，确定可能存在的冷点。热分布研究中使用的热电偶分置在灭菌器中有代表性的水平及垂直的平面上，灭菌器的几何中心位置及几个角、蒸汽入口、冷凝水排放口，温度控制传感器旁边必须标示出来，一般用 10～20 根热电偶有规律地把温度记录下来，温度探头装载位置见图 7-10，热电偶分置见表 7-9。应注意热电偶焊接处不能与腔室的金属表面接触。在空载条件下按预定的灭菌条件连续灭菌 3 次必须呈现均匀的热分布，无冷点，全部温度探头的平均值应小于 1℃；如存在低于平均值 1℃及以上的点，则存在冷点，要求最冷点的温度大于要求温度；探头应覆盖被分化成体积大致一致的整个空间，有 3 个点必须检测：最冷点的产品探头、设备本身附带的温度探头、冷凝水排水口探头。

表 7-9　热电偶分置

探头号	探头位置	探头号	探头位置
1	4-B-Ⅱ	3	4-A-Ⅰ
2	4-C-Ⅲ	4	3-A-Ⅰ

续表

探头号	探头位置	探头号	探头位置
5	3-D-Ⅳ	8	1-B-Ⅱ
6	2-B-Ⅲ	9	1-C-Ⅳ
7	2-A-Ⅰ	10	1-A-Ⅰ

满载热分布试验使用的热电偶必须放在与空载试验相同的位置上，以得到稳定的结果和可信度。通常采用最小装载、最大装载、典型装载三种方式。其标准与空载时类似，要求各点之间的差值不得超过2℃。满载热分布可确定灭菌柜装载中的“最冷点”。

热穿透性试验又称冷点测定，是为了确认灭菌柜针对某品种能进行有效灭菌，了解灭菌程序对产品的适用性，合格标准应保证“最冷点”在预定的灭菌条件下获得足够多的无菌保证值。测定时，在代表容器的高、中、低三个区域内放置 3 根热电偶（见图 7-11），至少反复测试 3 次，记录温度。

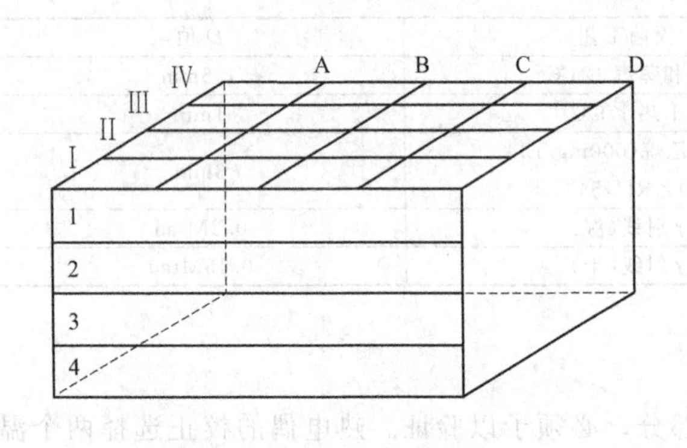

图 7-10 温度探头装载位置

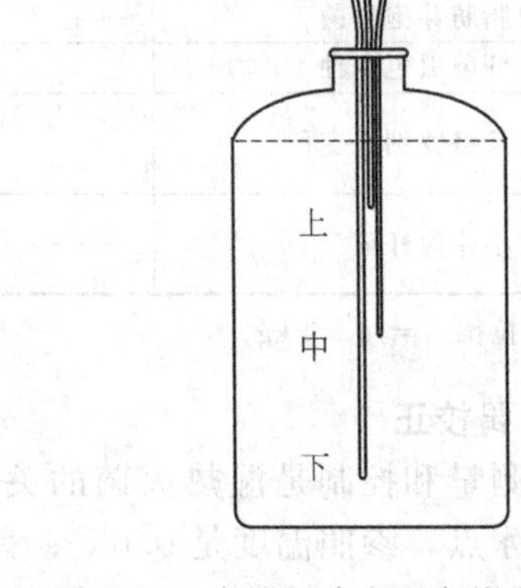

图 7-11 容器的冷点测定热电偶的放置

热穿透测试探头随灭菌器容积大小而变化。一般的装载托盘或装载车至少配置 10 个探头，全部插入相应的产品容器，将容器固定在难于穿透的位置进行测试。通过热穿透性试验确定热点、冷点、选择的温度控制点之间的关系。热穿透数据可以证实负载内所获取的最高温度和最大 F_0 值，应不影响产品的质量稳定性；同时确保冷点达到足够的灭菌效果（见表 7-10）。

表 7-10 热穿透性试验结果分析

试验次数	最低 F_0 值		平均 F_0 值	要求	结论
	位置	F_0 值			
第一次				最低 F_0 值≥8； 最低 F_0 值与平均 F_0 值的差值≤2.5	
第二次					
第三次					
热穿透性试验结果分析：					

3. 微生物挑战性试验

确认蒸汽灭菌工艺的真实灭菌效果往往使用生物学手段，即生物指示剂法，又称微生物挑战性试验。热穿透数据确认负载后各位置温度接近，而微生物挑战性试验可以进一步确认负载后各位置具有相同的杀灭微生物的效率。对于湿热灭菌程序，该试验将一定量嗜热脂肪芽孢杆菌或生孢梭菌的耐热孢子接种入待灭菌产品中，在设定的灭菌条件下进行灭菌。通常和热穿透性试验同时进行。标定的生物指示剂也可用于 F_0 值的计算，并证实温度探头所获取的温度测试数据。

生物指示剂应选择耐热性比产品初始菌更强的微生物。此外，生物指示剂的耐热性和菌种浓度应通过测试确认。尤其是生物指示剂所处的溶液或载体对生物指示剂的耐热性有影响时，应在验证试验中，对实际条件下生物指示剂的耐热性进行评估。

三、干热灭菌验证

干热灭菌器的确认与湿热灭菌器的确认相似，进行设计确认、安装确认后，在运行确认时进行控制仪表及记录仪的校正和测试、控制器动作确认、整体空机系统确认、高效过滤器的定期完整性测试、空载热分布试验。性能确认需进行热穿透和满载热分布试验、微生物挑战性试验等项目。

第七节 生产工艺验证

为保证产品质量的均一性与有效性，在产品开发阶段要筛选合理的处方和工艺，然后进行生产工艺验证，并通过稳定性试验获得必要的技术数据，以确认工艺处方的可靠性和重现性。生产工艺验证需遵循以下原则：①产品的质量、安全性和有效性必须是在设计和制造中得到的；②质量不是通过检查或检验成品所能得到的；③必须对生产过程的每一步骤加以控制，以使成品符合质量和设计的所有规格标准的概率达到最大程度。

一、处方与操作规程审阅

处方（prescription）是用专业术语按照单位剂量的数量或批量生产中的数量写成的，是验证的基础。操作规程既是一整套的单元操作，又列有必须检测的参数。在审阅处方和操作规程时，必须注意设备动力、加工能力、物料性质和工序周期等在关键步骤上的生产与中试的差别。这种差异是否会导致对产品质量不能确保或者不稳定。一般情况下，处方在验证工艺时不改动或者尽可能少的改动，除非处方达不到分析技术上的要求。例如：注射剂生产与中试比较往往因扩大批量而使配料加热时间延长、灭菌器负荷增大（即 F_0 值增大），严重影响热敏感药物的稳定性，当通过改变现有生产线工艺条件无法改善时，就必须考虑重新设计处方，更改附加剂或附加剂的用量，甚至考虑增加主药投料。在片剂生产中，由于设备动力和生产加工能力比中试增大，在物料输送、混合制粒、整粒、压片各工序有可能对物料提出新的要求。如颗粒输送到压片机，当需要提高输送速度时，就必然要求颗粒流动性增加，这与颗粒粒度大小、分布、松密度有关，而生产上首先想到的是改变或调节助流剂、润滑剂。

生产操作规程（manufacturing direction）主要内容包括：制剂名称和特点、生产条件和操作方法、重点操作复核、异常情况处理、设备维护、使用和清洗、工艺卫生和环境卫生、劳动保护和安全防火、仪器（表）检查和校正、技术经济指标计算和消耗定额等。审查时必须从实际出发，站在操作人员的角度，逐条分析，确认规程的可操作性。例如：生产条件各工序是否具备，能耗定额是否恰当，能否落实。与生产操作规程相关的技术规程还有检验规程、采样规程及工艺变更规程等。对规程的审阅是工艺验证的前期工作，工艺验证是规程修改完善的过程。

二、设备与物料确认

（一）设备确认

设备验证指对生产设备的设计、选型、安装及运行的正确性以及工艺适应性的测试和评估，证实该设备能达到设计要求及规定的技术指标。设备验证包括预确认（prequalification）或设计确认（DQ）、安装确认（IQ）、运行确认（OQ）和性能确认（PQ）。其目的是通过一系列的文件检查和设备考察以确定该设备与GMP要求、采购设计及使用产品工艺要求的吻合性。常规设备验证程序见表7-11。

表7-11 常规设备验证程序

程序	文件	确认内容
预确认	设备设计要求及各项技术指标	1. 审查技术指标的适用性及GMP要求 2. 收集供应商资料 3. 优选供应商
安装确认	1. 设备规格标准及使用说明书 2. 设备安装图及质量验收标准 3. 设备各部件及备件的清单 4. 设备安装相应公用工程和建筑设施 5. 安装、操作、清洁的SOP 6. 记录格式	1. 检查及登记设备生产的厂商名称、设备名称、型号、生产厂商编号及生产日期、公司内部设备登记号 2. 安装地点及安装状况 3. 设备规格标准是否符合设计要求 4. 计量、仪器(表)的准确性和精密度 5. 设备相应的公用工程和建筑设施的配套 6. 部件及备件的配套与清点 7. 制订清洗规程及记录表格 8. 制订校正、维护保养及运行的SOP草案及记录表格式草案
运行确认	1. 安装确认记录及报告 2. SOP草案 3. 运行确认项目、试验方法、标准参数及限度确定 4. 设备各部件用途说明 5. 工艺过程详细描述 6. 试验需用的检测仪器校验记录	1. 按SOP草案对设备的单机或系统进行空载试车 2. 考察设备运行参数的波动性 3. 对仪表在确认前后各进行一次校验，以确定其可靠性 4. 设备运行的稳定性 5. SOP草案的适用性
性能确认	1. 使用设备SOP 2. 产品生产工艺 3. 产品质量标准及检验方法	1. 空白料或代用品试生产 2. 产品实物试生产 3. 进一步考察运行确认中参数的稳定性 4. 产品质量检验 5. 提供产品的与该设备有关的SOP资料

（二）物料确认

物料包括生产过程中的起始原料、辅料、包装材料、过程物料等。化学原料、中药原药材及其提取物、辅料及包装材料都应有质量标准，除了国家颁发的法定标准、行业指定的行业标准外，企业应根据生产实际需求制定切实可行的企业内控标准。

1. 原辅料

原辅料的物理性状、化学组成是影响产品质量最重要的因素之一，其差异还直接影响到生产的适应性和重现性。例如，原料的晶型不同，会影响到粉碎、混合、填充和压片等操作。其溶解性、稳定性也有差异。对于灭菌制剂来说，原辅料中的微生物、不溶性微粒对制剂质量的影响是不容忽视的。生产工艺验证中一般先评价原辅材料，确认程序如下：

（1）准备工作　建立验证方案，审查原辅料质量标准和操作规程，校正维护好相关的仪器设备。

（2）检查　参照药典及有关标准检测原辅料的含量、均匀度、微生物、不溶性微粒、晶型、粒度、松密度和溶解度等。

（3）模拟试验　模拟生产操作将检验合格的原辅料进行3个批量的试生产（辅料多以空白做试验）。试生产遵循操作规程，按工序顺序进行，依次分别取样检查：固体制剂粉碎的粒度、混合的均匀性、流动性、附着性、可压性；液体、半固体制剂，分散性、溶解性、澄明度等。灭菌制剂，应同时做空白和阳性对照，检查微生物和不溶性微粒。

（4）生产评价　按生产计划进行批量生产试验。抽取生产过程中各工序的样品进行检查。如果对选用的原辅料有相当的经验和把握，可以采用同步验证。试验可以结合原辅料的特点，在设计投料的标准范围内挑战极限：投料的多少、粒度的大小、浓稠度的高低等。这有利于评价原辅料投料参数的变化与生产操作和产品质量的关系。

（5）供应商确认　选择原辅料供应商，主要确认以下内容：生产场所，生产设备，检测仪器，生产操作，操作人员，操作规程及制造厂商熟悉GMP和信誉情况。

2. 包装材料

包装通常分为外包装和内包装：把直接与制剂接触的包装称为内包装，其他则归类到外包装。确认的内容主要有：规格、材料属性、变形系数、热封性、透气和防潮、生产适应性及相关的文字说明。对内包装的评价可参考上述原辅料。

3. 过程物料

过程物料又称中间产品。由于企业在获得质量保证的同时，追求的总是最大产出，这就要求必须采用极限参数验证设备、工艺条件。其中物料的定时、定速、定位、定量传递是现代制剂生产必须重视且应该实现的。这除了要求设备运行必须具有完善的控制系统外，还要求物料的性能必须适应生产工艺需要。不同物料状态的主要认证性能见表7-12。

表7-12　不同物料状态的主要认证性能

物料状态	主要认证性能
固体	粉粒粒度大小及分布、松密度、静电荷、流动性、吸湿性、附着性、分散性、可压性、成型制剂(片、丸、胶囊等)规格、抗磨损等
液体	相体系、流动性、张力、渗透压、稠度、黏度、密度、稳定性、澄明度、pH
半固体	稠度、黏度、流动性、相变温度、稳定性、混入空气
气体	压力、组分、密度

三、工艺条件验证与管理

工艺条件是为生产合格产品设定的一系列参数。其中包括：环境参数，厂房、设施结构参数，生产处方，物料性能，设备运行参数，检测条件，介质参数，电气参数等。为了生产出质量始终一致的制剂产品，不仅要设定生产工艺条件，而且要保证工艺条件的一致性。验证能为各参数的设定和在生产过程中重现提供保证。

对于工艺验证，药企应对生产工艺有充分的理解，找到对产品质量，生产成本产生影响的关键工艺参数（critical process parameters，CPP）。同时关键工艺参数（CPP）的识别应具有一定的科学性并经过充分证明。工艺验证中所包含的CPP，必须明确且在验证期间必须严格监控，因其可能会影响产品质量；CPP设定的限制条件，应符合市场认可的限额、稳定性的规格、放行的规格及验证的范围。

以湿法制粒工艺为例，其关键工序及关键控制参数示例见表7-13。

表7-13　湿法制粒工艺关键工序及关键控制参数示例

工序	工艺参数	考察指标
备料	如需要，粉碎/过筛的目数	物料粒度分布，水分
湿法制粒	批量，制粒机切刀和搅拌的速度；添加黏合剂的速度、温度和方法；原辅料加入顺序；制粒终点的判定；湿法整粒方式和筛网尺寸；出料方法	粒度分布、水分、松紧密度(如需要)；如可能，可采用PAT技术(过程控制技术)进行在线监测
干燥	批量；进风温度、湿度和风量、出风温度；产品温度；干燥时间；颗粒水分	水分

续表

工序	工艺参数	考察指标
整粒	筛网尺寸；整粒类型；整粒速度；颗粒的粒度分布	粒度分布，水分
混合	批量；混合速度；混合时间	混合均匀度
分料	无	含量均匀度
压片	压片机转速、主压力；加料器转速	外观，片重，片重差异，片厚，脆碎度，水分，硬度，溶出度/崩解度，含量均匀度
包衣	包衣液的制备：投料顺序；温度和搅拌时间；过滤网孔径	外观，包衣增重，水分，硬度，溶出度/崩解度
	预加热：片床温度，排风温度及风量；转速；预加热时间	
	喷浆：进风温度及风量；锅内负压；片床温度；蠕动泵转速；浆液温度和雾化压力；喷浆量；排风温度及风量；锅体转速	
	干燥：进风温度；锅内负压；片床温度；排风温度及风量；锅体转速；干燥时间	
	冷却：进风温度；锅内负压；片床温度；排风温度及风量；锅体转速；降温时间	

新产品生产工艺验证和文件编制就绪后，产品顺利投入生产。一般情况下不应更改验证过的工艺，而是在生产中验证相关的操作规程，建立数据库（生产记录、设备维修记录、检验报告等），确定操作中不合格的极限范围，建立控制技术图表，借助控制技术图表判断生产工艺是否处于受控状态。这就是复验证或称追溯型验证。通过复验证，还可以尽早发现和解决问题，进一步完善操作规程。

事实上，生产工艺没有一成不变的，因为没有改进就没有发展。凡对产品质量产生差异和影响的生产工艺改变都应经过重新验证。例如，生产批量、生产设备、生产地点、原料制造商、配制方法、设备清洗方法、处方及分析技术等，其中任何一个条件有了变动，一般来说，必须进行重新验证。

四、生产工艺计算机控制系统验证

制剂生产装备不断向自动化发展，计算机控制系统的应用越来越广泛。计算机控制系统能否对工艺起到设计所希望的作用，验证是质量的保证。计算机控制系统是用来执行一种特定功能或一组功能的硬件、系统和应用软件及有关外围设施的系统。其验证过程与设备验证相类似。

(1) 设计审查　主要审查计算机控制系统硬件图，计算机控制系统平面图，软件设计是否遵循数据处理规范，是否具有完整、清晰且能满足生产工艺控制需要的文档，明确全系统要做什么，每个模块要做什么，模块间怎样联系等。

(2) 安装确认　安装确认的目的是保证系统的安装符合设计标准，并保证所需技术资料俱全。具体确认内容包括各种标准清单，各种标准操作程序，配置图，硬件和软件手册，硬件配置清单，软件清单和源代码的复制件，环境和公用工程测试等。

(3) 运行确认　系统运行确认的目的是保证系统和运作符合需求标准。系统运行确认应在一个与正常工作环境隔离的测试环境下实施，但应模拟生产环境。具体包括系统的安全性测试，操作人员接口测试，报警、互锁功能测试，数据的采集及存贮，确认数据处理能力等。

(4) 性能确认　性能确认是为了确认系统运行过程的有效性和稳定性，应在正常生产环境下进行测试。测试项目依据对系统运行希望达到的整体效果而定，测试应在正常生产环境下重复 3 次以上。

（5）系统验证　模拟生产实际环境，以黑盒测试方法测试系统功能，证明系统运行是否符合设计要求。

（6）工艺控制验证　这与工艺条件验证相似，只是生产过程受计算机系统控制。验证至少测试3批样品，以证明计算机系统能否用于控制生产过程，处理与产品制造、质量控制及质量相关的数据。

验证合格后可交付生产部门使用。

第八节　设备清洗验证

在制剂生产中，总会有一些原辅料和微生物残留，如果这些残留的原辅料、微生物及其代谢产物进入下一批生产过程，则必然会对下批产品产生不良影响。因此在的每一道生产工序完成后，需要按照清洗操作规程对制药设备进行清洗，并对清洗进行验证，才能够保证产品质量，防止药品污染和交叉污染。清洗是指通过有效的清洁手段将生产设备中残留的原辅料、微生物及其代谢产物除去的方法。设备的清洁程度，取决于残留物的性质，设备的结构、材质和清洗的方法。对于某一产品和与其相关的工艺设备，清洁效果取决于清洗的方法。

设备清洗的方法通常可以分为手工、全自动和半自动清洗三种。

手工清洗又称拆洗，是由操作人员持清洁工具按预定的要求清洗设备，根据目测确定清洁程度的一种方式，主要用于清洗易拆装的设备部件。

全自动清洗是指大型固定设备或系统在安装基本不变的情况下由专门的清洗装置按一定的程序自动完成整个清洁过程，又称在线自动清洗，常用于某些体积庞大且内表面光滑无死角的设备的清洗，如灭菌器、针剂灌装系统等。

半自动清洗是将设备或部件拆卸移至清洗间用机械或超声波清洗。

有些设备（如配料罐、包衣锅）可实行在线手工清洗。设备清洗应在清场后进行，否则，清洗的设备必然会受到粉尘或其他异物的再次污染。

清洁效果评价应以设备中各种残留物的总量降低至不影响下批产品规定的疗效、质量和安全性的状态为标准。良好的清洁效果可降低交叉污染的风险，降低产品受污染而报废的可能性，延长设备的使用寿命，降低患者产生负面效应的概率，同时降低产品投诉的发生率，也降低卫生部门或其他机构检查不合格的风险。

一、清洗设计的审查

审查清洗设计的主要内容包括：清洗房间的大小、位置、结构和设施，清洗设备（工具）的设计和选型，清洗方法和操作规程草案，清洗剂的选择，清洁规程的制订。

清洗方式的选择应当全面考虑设备的材料、结构、产品的性质、设备的用途及清洁方法能达到的效果等各个方面。

清洁剂能有效溶解残留物，不腐蚀设备，且本身易被清除。选择清洁剂应符合四点要求：①应能有效溶解残留物，不腐蚀设备，且本身易被清除；②符合人用药品注册技术要求国际标准协调会（ICH）在“残留溶剂指南”中的使用和残留限度的要求；③清洁废液对环境尽量无害或可被无害化处理；④满足以上前提下应尽量廉价。常用清洁剂见表7-14。

表7-14　常用清洁剂

清洁剂种类	举例	用途
酸	磷酸、柠檬酸、乙醇酸	调节pH，可清洗碱式盐、微粒、生物碱及某些糖
碱	氢氧化钠、氢氧化钾	调节pH，可清洗酸式盐、片剂赋形剂、蛋白质及发酵产品

续表

清洁剂种类	举例	用途
螯合剂	EDTA	增加金属离子的溶解度
助悬剂	低分子聚丙烯酸酯	残余物悬浮在冲洗液中而不沉积在设备上
氧化剂	次氯酸钠	氧化有机化合物成为小分子，清除蛋白质沉积
酶	蛋白酶、脂肪酶、淀粉酶	选择性催化底物降解

根据不同的清洁对象，不管采用何种清洁方式，都必须制订一份详细的书面规程，规定每一台设备的清洁程序，从而保证每个操作人员都能以相同的方式实施清洗，并获得相同的清洁效果。这是进行清洗验证的前提。

从保证清洗重现性及验证结果的可靠性出发，清洗规程至少应对以下方面进行规定。

① 清洗开始前对设备必要的拆卸要求和清洗完成后的装配要求；

② 所有清洁剂的名称、成分和规格；

③ 清洁溶液的浓度和数量；

④ 清洁溶液的配制方法；

⑤ 清洁溶液接触设备表面的时间、温度、流速等关键参数；

⑥ 淋洗要求；

⑦ 生产结束至开始清洗的最长时间；

⑧ 连续生产的最长时间；

⑨ 已清洁设备用于下次生产前的最长存放时间。

二、污染限度审查

1. 采样方法

(1) 洗液法　在末次清洗时，以给定数量的漂洗水或溶剂漂洗，收集洗出液作为样品，一般检查残留物浓度和微生物污染水平。如生产有澄明度与不溶性微粒要求的制剂，通常要求淋洗水符合相关剂型不溶性微粒和澄明度的标准。本方法适用于贮罐、配料锅、管道、包衣锅的清洗验证。

(2) 擦拭法　擦拭取样的原则是选择最难清洁部位取样，通过验证其残留物水平来评价整套生产设备的清洁状况。用蘸有溶剂的棉签擦拭清洗设备的边角或死角（最难清洗的部位)。以此棉签作为样品进行残留物料分析。本法适用于各机械表面残留物的测试。

(3) 空白料法　设备清洗后，生产空白料批号。该批号必须涉及在活性成分的批号生产中所采用的所有设备。在空白料批号的最后一步中测定活性成分，以此来确认各部位的清洗效果。

2. 样品的检查

(1) 物理检查

① 外观无可见残留物痕迹。

② 最后淋洗设备的回流水，以淋洗用水为空白，在波长 210～360nm 处测吸收度应小于 0.03。

③ 灭菌制剂生产设备清洗后，应取样检查不溶性微粒。

(2) 化学检查

化学检查主要测定活性成分和清洁剂的残留量。由于残留量很小，要求检测仪器灵敏度高，可操作性强。常用的仪器有高效液相色谱仪和紫外-可见分光光度计。

化学污染限度：①活性成分残留量，任何产品污染前一品种的活性成分不得超过其日剂量的 0.1%；②洗洁剂、毒剧成分，不能超出 10mg/kg；③末次冲洗设备收集的水检查各项指标应与选用的工艺用水一致。

活性成分残留限度计算：①清洗后最难清洗部位每一取样棉签活性成分最大允许残留量（Q_1）的计算式：

$$Q_1(\text{mg/棉签})=\frac{A}{B}\times\frac{C}{E}\times DF$$

式中，A 为前一组产品中活性成分日最低剂量乘以0.1%；B 为一组产品中最大日服用剂量，mg(mL)/日；C 为一组产品中最小批量，kg或L；D 为棉签取样面积，$25cm^2$/棉签；E 为设备内表面积，cm^2；F 为棉签取样有效性（一般取50%）。

② 末次清洗液取样活性成分最大残留量（Q_2）的计算式：

$$Q_2(\text{g/mL})=\frac{A}{B}\times\frac{C}{G}\times F$$

式中，G 为末次淋洗液的体积，mL。

(3) 微生物检查

① 最难清洗部位棉签擦拭取样培养，菌落计数不大于50CFU/棉签。

② 以终淋洗水取样培养，同时以淋洗用水为空白作对照。菌落计数不大于25CFU/mL。

3. 确定残留量限度

(1) 分析方法能达到的灵敏度能力：残留物浓度限度标准（10×10^{-6}）。

残留物浓度限度标准规定：由上一批产品残留在设备中的物质全部溶解到下一批产品中的浓度不得高于10×10^{-6}。对液体制剂而言，这就是进入下批各瓶产品的残留物浓度。残留物浓度（10×10^{-6}）也可进一步简化成最终淋洗水中的残留物浓度限度为10mg/kg。取10×10^{-6}为残留物浓度限度的理论依据是因为高效液相色谱仪、紫外-可见分光光度计、薄层色谱仪等常规实验分析仪器的灵敏度一般都能达到10×10^{-6}以上。

(2) 生物学活性限度：最低日治疗剂量的1/1000。

在实际生产中，残留物并不是均匀分布的。可能存在于某些特殊表面，如灌封头。残留物溶解后并不均匀分散到整个批中，而是全部进入一瓶或几瓶产品中。在这种情况下上述限度就不再适用，必须为特殊部位制定特殊的限度。

依据药物的生物活性数据—最低日治疗剂量（minimum treatment daily dosage，MTDD）确定残留物限度是制药企业普遍采用的方法。其理论依据是：不同人群对不同药物产生活性或副作用的剂量存在个体差异，某些患者即使服用较最低日治疗剂量更小的某种药物仍会产生药理反应。

(3) 肉眼观察限度：不得有可见的残留物。

(4) 残留物成分不稳定时限度标准的确定方法。

上述残留物浓度限度、生物学活性限度方法的合格标准是最难清洁物质的残留量或产品中的活性成分应低于规定的限度，而对活性成分的化学稳定性未加考虑。应该看到，清洗过程中和清洗结束后残留物以薄膜的形式，充分暴露在水分、氧气和通过较高的温度下（如需高温清洗和灭菌），其活性成分的化学性质很不稳定，有可能通过化学反应部分转变为其他物质。清洗验证的合格标准自然失去意义。另一方面，通过化学反应生成的其他物质对人体有更大的毒性，则更须严格限制其在后续成品中的含量。因此残留物成分不稳定时制定限度标准必须考虑这类物质对下批产品带来的不利影响。

三、清洗设备与清洁剂的确认

1. 清洗设备安装确认

侧重检查清洁剂输送管道的安装情况（渗漏、倾斜度）、清洁剂喷淋速度控制系统、清洗操作是否方便。清洗后能否防止再污染。

2. 清洁剂的确认

清洁剂是根据待清洗设备表面及表面污染物的性质进行选择。确认时必须注意以下几点：

① 明确碱、酸和洗涤剂的种类和用量。选用的酸、碱和洗涤剂必须符合有关法规要求。不与物料成分作用析出沉淀物，且在清洗过程中容易除去。目前常用的清洁剂主要有碳酸氢钠、氢氧化钠和盐酸溶液。

② 明确能否适应热洗。

③ 明确清洁剂是水还是乙醇（或其他），其纯度（浓度）要求如何。

四、清洗方法的验证

首先列出待进行清洗验证的设备所生产的一组产品，从中选出最难清洗（最难溶解）的产品作为参照产品。接着选择难清洗的部位，然后进行预试验与方法验证。预试验，经济的做法是以参照产品的过期（失效）原料进行试生产后，按照清洗规程清洗设备，记录关键参数，监测每个清洗过程的清洗效果。与此同时修改好操作规程。方法验证，按正常生产参照品种一个批量后，对生产设备进行清洗，监控关键参数，取样分析清洗效果，试验不少于3（批）次，以证明清洗方法的可操作性、结果的重现性。

设备清洗验证的维护主要是通过制订清洗周期和定期复验证来实现的。设备清洗周根据生产需要制订：同一设备在加工同一无菌产品时，每批之间要清洗灭菌；同一设备在加工同一非无菌产品时，至少每周或每生产3批后，要全面清洗一次；当更换品种时，设备必须全面彻底清洗。

思考题

1. 验证的定义、内容与基本原则是什么？
2. 工程设计主要包括哪些内容？
3. 如何进行检验方法的验证？
4. 什么是HVAC？其构成有哪些？如何进行HVAC验证？
5. 制药工艺用水系统验证目的是什么？如何进行验证？
6. 灭菌方法有哪些？
7. 何为灭菌的D值、Z值、对数规则、F_T值、F_0值以及无菌保证值？
8. 如何进行热压蒸汽灭菌的验证？
9. 如何进行生产工艺验证？
10. 为什么要进行设备清洗验证？

参考文献

[1] 白慧良，李武晨．药品生产验证指南．北京：化学工业出版社，2003．
[2] 朱盛山．药物制剂工程．第2版．北京：化学工业出版社，2009．
[3] 夏晓静，黄晓静．药品生产过程验证．北京：化学工业出版社，2014．
[4] 李亚琴，周建平．药物制剂工程．北京：化学工业出版社，2008．
[5] 周建平，唐星．工业药剂学．北京：人民卫生出版社，2014．